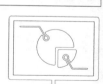

JIXIE DIANQI KONGZHI YU

PLC

YINGYONG

机械电气控制与

PLC应用

陈继文　范文利　逄 波　等编著

化学工业出版社

·北京·

本书内容主要包括：常用低压电器，电气控制的基本电路，电气控制电路的设计方法，常用机床的电气控制电路，可编程控制器的组成及其工作原理，S7-200 PLC 的系统配置，S7-200 PLC 的基本指令和功能指令，顺序控制梯形图的设计，PLC 控制系统的程序设计方法，变频器及其控制，PLC 人机界面与网络通信等。本书从应用出发详述了实用的电气控制的典型功能电路，介绍的电气控制系统分析、设计方法简便、直观。本书内容的阐述深入浅出，便于自学和实践。

本书适合从事机械设计和电气自动控制的工程技术人员阅读，可作为机械电子工程、机械工程、自动化以及相近专业的参考教材。

图书在版编目（CIP）数据

机械电气控制与 PLC 应用/陈继文，范文利，逄波等编著. —北京：化学工业出版社，2015.1（2023.1 重印）
ISBN 978-7-122-22337-1

Ⅰ.①机… Ⅱ.①陈…②范…③逄… Ⅲ.①工程机械-电气控制②plc 技术 Ⅳ.①TU6②TM571.6

中国版本图书馆 CIP 数据核字（2014）第 268765 号

责任编辑：张兴辉　　文字编辑：项　潋
责任校对：徐贞珍　　装帧设计：王晓宇

出版发行：化学工业出版社（北京市东城区青年湖南街 13 号　邮政编码 100011）
印　　装：北京盛通数码印刷有限公司
787mm×1092mm　1/16　印张 20¾　字数 516 千字　2023 年 1 月北京第 1 版第 8 次印刷

购书咨询：010-64518888　　售后服务：010-64518899
网　　址：http://www.cip.com.cn
凡购买本书，如有缺损质量问题，本社销售中心负责调换。

定　　价：69.00 元

前 言 FOREWORD

为了适应21世纪电气自动控制技术不断向电子化、智能化和可通信化等方向发展的需要，本书的内容吸取了同类书籍的优秀成果，介绍了有关电气控制方面的新技术。本书从机械电气控制的实际情况出发，在内容安排上突出科学性和系统性，理论联系实际，实用性强，力求内容新颖、系统和详尽，原理介绍深入浅出，难易适度，便于自学和实践。

全书共分11章，主要包括：常用低压电器的工作原理及选用，机械电气控制的基本电路，电气控制电路的设计方法，常用机床的电气控制电路，可编程控制器的组成及其工作原理、S7-200 PLC的基本指令和功能指令，PLC控制系统的设计方法，变频器及其控制，PLC人机界面与网络通信等。

本书可供从事机械设计和电气自动控制的工程技术人员参考，可作为机械电子工程、机械工程、自动化以及相近专业的参考教材。

本书由陈继文、范文利、逄波等编著，参与编写的还有张蔚波、吕志杰、姜洪奎、许向荣、李彦凤、刘辉、李凡冰、张涵等。陈继文执笔并统稿。全书由宋现春教授、于复生教授主审。感谢山东建筑大学机电工程学院及机电教研室的大力支持。在本书编写过程中，参阅了大量相关书籍和文献资料成果，在此向相关作者一并致以深深的谢意。

由于编者水平所限，加之时间仓促和缺乏经验，书中不足之处在所难免，敬请批评指正。

编著者

目 录 CONTENTS

第1章 绪论

1.1 机械电气控制目的和任务

在现代化生产中，通过设备来生产和加工产品，控制设备以保证生产效率和加工精度，控制方式主要有机械控制、电气控制、液压控制、气动控制或上述几种方式的配合使用。由于电气控制的显著优点，使电气控制技术成为设备控制的主要方式。机械电气控制是指利用电气自动控制系统，在无人工直接参与（或少量参与）的情况下，使被控机械设备按预定的工作程序，自动完成电动机的启动、停止、正转、反转、调速或液压传动系统、气压传动系统的工作循环。如组合机床、专用机械手和其他工艺过程相对固定的自动化生产机械，在启动后就自动地按预定的动作顺序、行程和速度完成其工作循环；再如数控机床，按照事先编制的程序，自动地按预定的速度、位移、走刀轨迹和动作顺序进行形状复杂零件的加工；又如乘客电梯，也是按照乘客的指令信号可能构成的各种逻辑关系预先设计电路，编制程序，电梯按照控制程序自动地响应乘客要求以完成不同起止楼层的载运任务。对电动机的控制是电气控制技术的主要研究内容，电动机包括普通电动机和控制电动机，控制方法有继电接触器控制、可编程序控制器（PLC）控制等。

1.2 机械电气控制技术的发展

电气控制技术是一门不断发展的技术，从最早的手动控制发展到自动控制，从简单控制发展到智能控制，从有触点的硬接线继电接触器逻辑控制发展到以计算机为中心的软件控制系统，从单机控制发展到网络控制，电气控制技术随着新技术和新工艺的不断发展而迅速发展。现代电气控制技术已经是应用了计算机、自动控制、电子技术、精密测量、人工智能、网络技术等许多先进科学技术的综合成果。

早期的电气控制主要是继电接触器控制，由继电器、接触器、控制按钮、行程开关等组成，按一定的控制要求用电气连接线连接而成，通过对电动机启动、制动、反向和调速的控制，实现生产加工过程的自动化，保证生产加工工艺要求。继电接触器控制的优点是线路简单、设计安装方便、维护容易、价格低廉、抗干扰能力强，其缺点是采用固定接线方式，灵活性差，但它是现代电气控制技术发展的基础。

随着生产技术的进步和生产过程的复杂化，对控制系统提出了新的要求，特别是多品种、小批量生产技术的出现，需要针对不同的生产工艺和要求来不断变换控制系统，而固定接线式的继电接触器控制系统根本无法满足不断变化的控制要求，而且生产系统的扩大需要采用更多的继电器，控制系统的可靠性进一步降低。为此，美国数字设备公司（DEC）依据通用汽车公司（GM）的生产要求研制了第一台用来代替继电接触器控制系统的可编程序控制器（PLC），可以依据生产工艺要求，通过改变控制程序来满足控制系统的变化要求，并在通用公司的汽车生产线上试用成功，获得了极为满意的效果。PLC 技术一出现，就得到了广泛应用，并且发展极为迅速，现已成为电气控制技术的主流。

随着计算机技术的发展，PLC 将继电接触器系统的优点与计算机控制系统的编程灵活、功能齐全、应用面广、计算功能强等优点结合起来，已不仅仅是一种比继电接触器更可靠、功能更齐全、控制更灵活的工业控制器，而是一种可以通过软件来实现控制的工业控制计算机。许多生产工程中，用 PLC 来实现整个生产流程的控制，常规电器仅仅是输入设备或执行电器。PLC、机器人、CAD/CAM 技术已被列为工业自动化的三大支柱。

在电气控制技术中，低压电器元件是重要基础件，是电气控制系统安全可靠运行的基础和主要保证。低压电器不断更新换代，朝着高性能、高可靠性、小型化、模块化、组合化、智能化和网络化方向发展。模块化和组合化简化了电器制造过程，可以通过不同的模块组合形成新的电器。由于微处理器的速度越来越快，体积越来越小以及产品集成技术的发展，厂商越来越多将智能芯片集成到产品中，包括许多传统的电器元件，形成了智能化电器。

现代化的工业生产过程不断需要逻辑控制，而且要求自动控制生产过程中的各种参数（例如温度、压力、流量、速度、时间、功率等）。因此，电气控制技术引入许多新技术，依据生产过程的参数变化和规律，自动调节各控制变量，保证生产过程和设备的正常运行，而且这个生产过程也可由计算机来智能管理，实现集中数据处理、集中监控以及强电控制与弱电控制的结合。

计算机网络和通信技术的飞速发展，使得电气控制技术发生了巨大变革，基于网络的电气控制技术不但能对工业现场电器进行控制与操作，而且能实现了网络异地控制。通过网络，可以对现场的电器进行远程在线控制，根据需要进行编程和组态等，实现电气控制技术的信息化，构成由计算机进行智能化控制信息管理。将计算机网络应用到工业现场，形成了现场总线技术。现场总线技术是自动化领域中计算机通信体系最低层的低成本网络，是一种工业数据总线，能将传感器、执行器与控制器等现场设备连接起来，协调工作，实现控制系统的集成，优化整个系统的性能，而且由于采用同一的通信接口使得现场控制设备实现即插即用，具有可扩充性。现场总线技术的发展使得低压电器具有了智能化和网络通信功能。基于现场总线的电器设备和技术已成为电气技术的发展方向。

电气控制技术一直伴随着实现生产过程自动化、提高生产制造设备效率而不断发展。当今生产过程的柔性制造系统（FMS）、计算机集成制造系统（CIMS）、计算机辅助制造（CAM）、智能制造技术（IMT）、批量定制技术（MC）以及制造业信息化技术等为电气控制技术的发展提供了新的方向，柔性控制技术、智能控制技术等电气控制技术也必将进一步推动生产制造技术的进步。

综上所述，随着科学技术的进步，特别是计算机技术、微电子技术和机械制造技术的发展，电气控制技术正朝着集成化、智能化、网络化、信息化方向发展，并和各种新技术结合，相互促进、相互发展。电气控制技术已广泛应用在各行各业，从简单的电动机起停逻辑控制到加工生产线上的数控加工中心、柔性制造设备控制，从传统的机床加工设备控制到现在的物流系统设备、立体车库系统控制等，电气控制技术都发挥着重要作用。

1.3 电气控制系统的组成

任何一个电气控制系统，都可以分为输入、控制器和输出三个部分，如图 1-1 所示。

图 1-1　控制系统的组成

① 输入部分。输入部分是电气控制系统与工业生产现场控制对象的连接部分，一般由各种输入器件组成，其主要功能是把外部各种物理量转换为电信号，并输入到控制器中，如控制按钮、行程开关、热继电器以及各种传感器（热电偶、热电阻等）等。

② 控制器。控制器是电气控制系统的核心，主要是将输入信息按一定的生产工艺和设备功能要求进行处理，产生控制信息。在继电接触器电气控制系统中，控制器主要为一些控制继电器，依据不同的生产控制要求，利用继电器机械触点的串联或并联及延时继电器的滞后动作等组合成控制逻辑，采用固定的接线方式连接起来完成控制输出。各控制电器一旦连接完毕，其完成实现的控制功能也就固定，不会产生改变。如果控制系统的功能需要改变，则各控制电器元件本身和连线方式都需要重新变化。在 PLC 电气控制系统中，控制功能是可编程的，其控制逻辑以程序的方式存储在内存中，在控制功能需要改变时，可以通过编程来改变程序即可，使得控制系统变得非常方便和灵活，扩大了控制器的应用范围。这是与继电接触器逻辑控制系统的最大不同之处。

③ 输出部分。控制系统将输入经过控制处理后，要将控制信息输出，其功能是控制现场设备进行工作，将控制系统送来的信号转换成其他所需的物理信号，最终完成这个控制系统的功能，如电动机的启动停止、正反转，阀门的开关，工作台的移动、升降等。

第2章 常用低压电器

2.1 常用低压电器分类与应用

电气控制中，无论传统的继电器-接触器逻辑控制系统、直流调速系统、硬件数控系统，还是现代的PLC控制系统、交流变频调速系统、计算机数控系统，均离不开电源的通断、电路的切换、电动机的启动、停止、正转、反转的控制及控制电路的保护。要实现这些功能必须依赖于低压电器及其基本控制电路。随着科学技术和生产的发展，低压电器的种类不断增多，用途更为广泛。电磁式低压电器是低压电器中最典型、应用最广泛的一类。

2.1.1 常用低压电器分类

电器是指能控制电的器具，即对电能的生产、输送、分配和使用起控制、调节、检测、转换及保护作用的电工器械。低压电器指工作在交流1200V、直流1500V额定电压以下的电路中，能根据外界信号（机械力、电动力和其他物理量），自动或手动接通和断开电路的电器。低压电器种类繁多，工作原理各异，故有不同的分类方法。

（1）按用途和控制作用分类

① 用于低压电力网的配电电器　这类电器主要用于低压供电系统中电能的输送和分配。对其主要技术要求是断流能力强、限流效果好；系统发生故障时保护动作准确，工作可靠；有足够的动稳定性及热稳定性。例如刀开关、转换开关、隔离开关、空气断路器和熔断器等。

② 控制电器　这类电器主要用于电力拖动及自动控制系统。对其主要技术要求是有一定的通断能力，操作频率要高，寿命要长。例如接触器、启动器和各种控制继电器等。

③ 主令电器　这类电器主要用于发送控制指令。对其主要技术要求是操作频率要高，抗冲击，寿命要长。例如按钮、主令开关、行程开关和万能转换开关等。

④ 保护电器　这类电器主要用于对电路和用电设备进行保护，对其主要技术要求是有一定的通断能力，可靠性要高，反应要灵敏。例如熔断器、热继电器、电压和电流继电器等。

⑤ 执行电器　这类电器主要用于完成某种动作和传动功能。例如电磁铁、电磁离合器等。

（2）按动作方式分类

① 自动切换电器　这类电器通过电磁或气动机构来完成接通、分断、启动、反向和停止等动作。例如接触器、继电器等。

② 非自动切换电器　这类电器主要依靠外力来直接操作来完成接通、分断、启动、反向和停止等动作。例如刀开关、转换开关和主令电器等。

(3) 按工作原理分类

① 电磁式电器　这类电器是根据电磁感应原理进行工作。例如交直流接触器、电磁式继电器等。

② 非电量控制电器　这类电器是以非电物理量作为控制量进行工作的。例如按钮开关、行程开关、刀开关、热继电器、速度继电器等。

(4) 按执行机构有无触点分类

① 有触点电器　有触点电器具有可分离的动触点和静触点，利用触点的接触和分离来实现电路的通断控制。

② 无触点电器　无触点电器没有可分离触点，主要利用半导体元器件的开关效应来实现电路的通断控制。

另外，低压电器按工作条件还可划分为一般工业电器、船用电器、化工电器、矿用电器、牵引电器及航空电器等几类，对不同类型低压电器的防护形式、耐潮湿、耐蚀、抗冲击等性能的要求不同。

2.1.2　低压电器的应用

在输电线路和各种用电场合，需要使用不同的电器来控制电路通断，并对电路的各种参数进行调节。低压电器的用途就是根据外界控制信号或控制要求，通过一个或多个器件组合，自动或手动接通、分断电路，连续或断续地改变电路状态，实现对电路或非电对象的切换、控制、保护、检测和调节。随着电子技术、自动控制技术和计算机技术的发展，自动电器越来越多，不少传统低压电器将被电子线路所取代。但即使是在以计算机为主的工业控制中，继电器-接触器控制技术仍占有相当重要的地位，因此低压电器是不可能完全被替代的。

低压电器产品的种类多、数量大，用途极为广泛。为了保证不同产地、不同企业生产的低压电器产品的规格、性能和质量一致，通用和互换性好，低压电器的设计和制造必须严格按照国家的有关标准，尤其是基本系列的各类开关电器必须保证执行"三化（即标准化、系列化、通用化）"、"四统一（即型号规格、技术条件、外形及安装尺寸、易损零部件统一）"的原则。在购置和选用低压电器元件时，也要特别注意检查其结构是否符合标准，防止给以后的运行和维修工作留下隐患和麻烦。

2.2　电磁式低压电器结构与工作原理

电磁式低压电器的基本结构是由触点系统和电磁机构组成。触点是电磁式电器的执行部分，电器就是通过触点的动作来分合被控的电路的。触点在闭合状态下，动、静触点完全接触，并有工作电流通过时，称为电接触。电接触时会存在接触电阻，动、静触点在分离时，会产生电弧，触点系统存在的接触电阻和电弧的物理现象，对电器系统的安全运行影响较大；另外电磁机构的电磁吸力和反力特性又是决定电器性能的主要因素之一。低压电器的主要技术性能指标与参数就是在这些基础上制定的。因此，触点结构、电弧、灭弧装置以及电磁吸力和反力特性等是构成低压电器的基本问题，也是研究电器元件结构和工作原理的基础。

2.2.1　电器的触点和电弧

(1) 电器的触点系统

① 触点的接触电阻　当动、静触点闭合后，不可能是完全紧密地接触，由微观看，只是一些凸起点之间的有效接触，因此工作电流只流过这些相接触的凸起点，减少了有效导电

面积，该区域的电阻远大于金属导体的电阻。这种由于动、静触点闭合时形成的电阻，称为接触电阻。接触电阻不仅会造成一定的电压损耗，还会增加铜耗，导致触点温升超过允许值，造成触点表面的“膜电阻”进一步增加及相邻绝缘材料的老化，严重时可使触点熔焊，造成电气系统发生事故。因此，对各种电器的触点都规定了它的最高环境温度和允许温升。

为了确保导电、导热性能良好，触点通常由铜、银、镍及其合金材料制成，有时也在铜触点表面电镀锡、银或镍。对于有些特殊用途的电器，如微型继电器和小容量的电器，其触点常采用银质材料，以减小接触电阻；对于大中容量的低压电器，在结构设计上，采用滚动接触结构的触点，可将氧化膜去掉。此外，触点在运行时会有磨损，该磨损包括电磨损和机械磨损。电磨损是由于在通断过程中触点间的放电作用使触点材料发生物理性能和化学性能变化而引起的。电磨损是引起触点材料损耗的主要原因之一。机械磨损是由于机械作用使触点材料发生磨损和消耗。机械磨损的程度取决于材料硬度、触点压力及触点的滑动方式等。

因此，减小接触电阻的方法主要有：触点材料选用电阻系数小的材料，使触点本身的电阻尽量减小；增加触点的接触压力，一般在动触点上安装触点弹簧；改善触点表面状况，尽量避免或减少触点表面氧化膜的形成，在使用过程中尽量保持触点清洁。

② 触点的接触形式　触点按接触形式可为分三类：点接触、线接触和面接触，如图 2-1 所示。面接触时的接触面要比线接触的大，而线接触的又比点接触的大。

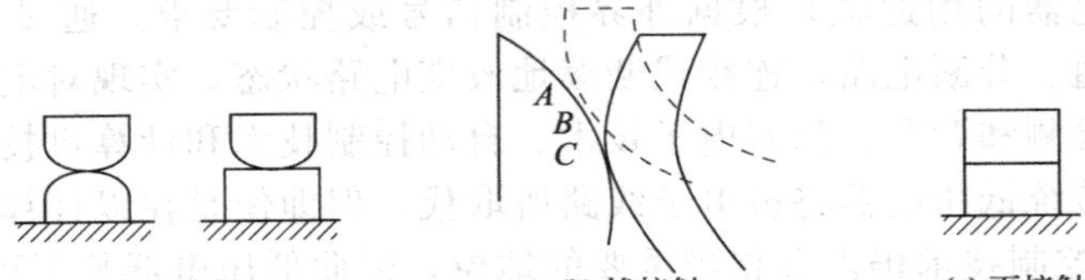

图 2-1　触点的接触形式

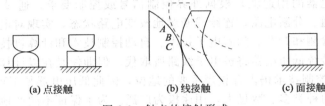

图 2-1 (a) 所示为点接触，由两个半球形触点或一个半球形与一个平面形触点构成。这种结构有利于提高单位面积上的压力，减小触点表面电阻，常用于小电流的电器中，如接触器的辅助触点和继电器触点。图 2-1 (b) 所示为线接触，通常被制成指形触点结构，其接触区是一条直线。触点通、断过程是滚动接触并产生滚动摩擦，利于去掉氧化膜。开始接触时，静、动触点在 A 点接触，靠弹簧压力经 B 点滚动到 C 点，并在 C 点保持接通状态。断开时做相反运动，这样可以在通断过程中自动清除触点表面的氧化膜。同时，长时期工作的位置不是在易烧灼的 A 点而是在 C 点，保证了触点的良好接触。这种滚动线接触适用于通电次数多、电流大的场合，多用于中等容量电器。图 2-1 (c) 所示为面接触，该类触点一般在接触表面上镶有合金，以减小触点的接触电阻，提高触点的抗熔焊、抗磨损能力，允许通过较大的电流。中小容量的接触器的主触点多采用这种结构。

触点在接触时，为了使触点接触得更加紧密，以减小接触电阻，消除开始接触时产生的振动，一般在触点上都装有接触弹簧。当动触点与静触点刚接触时，由于安装时弹簧预先压缩了一段，因此产生一个初压力 F_1，如图 2-2 (b) 所示。并且随着触点闭合，逐渐增大触点间的压力。触点闭合后由于弹簧在超行程内继续变形而产生一个终压力 F_2，如图 2-2 (c) 所示。弹簧被压缩的距离称为触点的超行程，即从静、动触点开始接触到触点压紧，整个触点系统向前压紧的距离。有了超行程，在触点磨损情况下，仍具有一定压力，磨损严重时超行程将失效。

触点按其原始状态分为常开触点和常闭触点。原始状态时（即线圈未通电）断开，线圈通电后闭合的触点叫常开触点；原始状态时闭合，线圈通电后断开的触点叫常闭触点。线圈断电后所有触点复原。触点按控制的电路可分为主触点和辅助触点。主触点用于接通或断开主电路，允许通过较大的电流；辅助触点用于接通或断开控制电路，只能通过较小的电流。

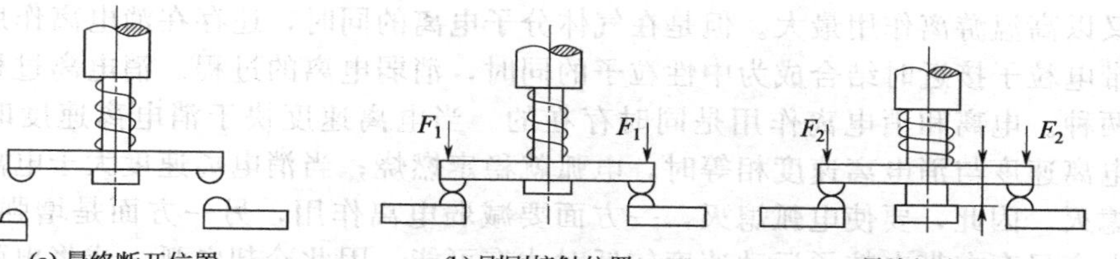

图 2-2 桥式触点闭合过程位置示意图

触点的结构形式主要有桥式触点和指形触点，如图 2-3 所示。桥式触点在接通与断开电路时由两个触点共同完成，对灭弧有利，这类触点的接触形式一般是点接触和面接触。指形触点在接通或断开时产生滚动摩擦，能除掉触点表面的氧化膜，从而减小触点的接触电阻，一般采用线接触。

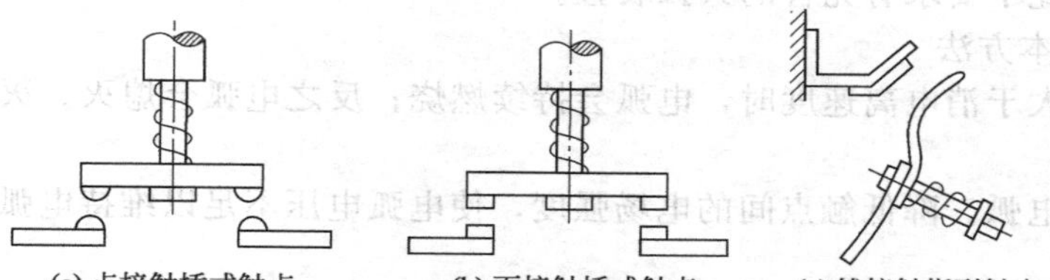

图 2-3 触点的结构形式

(2) 电弧的产生及灭弧方法

① 电弧的产生及其物理过程　触点在自然环境中分断电路时，如果电路的电流（或电压）超过某一数值时（根据触点材料的不同，此值为 0.25～1A，12～20V），触点在分断的时候就会产生电弧。电弧实际上是触点间气体在强电场作用下产生的放电现象。气体放电就是触点间隙中的气体被游离产生大量的电子和离子，在强电场作用下，大量的带电粒子做定向运动，则绝缘的气体就变成了导体。电流通过这个游离区时所消耗的电能转换为热能和光能，发出光和热的效应，产生高温并发出强光，使触点烧损，并使电路的切断时间延长，甚至不能断开，造成严重事故。电弧的产生主要经历下述四个物理过程。

a. 强电场放射。触点在通电状态下开始分离时，其间隙很小，电路电压几乎全部降落在触点间很小很小的间隙上，使该处电场强度很高，每米可达几亿伏，此强电场将触点阴极表面的自由电子拉出到气隙中，使触点间隙中存在较多的电子，这种现象就是强电场放射。

b. 撞击电离。触点间隙中的自由电子在电场作用下，向正极加速运动，经一定路程后获得足够大的动能，在其前进途中撞击气体原子，该原子被分裂成电子和正离子。电子在向正极运动过程中，又撞击其他原子，使触点间隙中气体内的电荷越来越多，这种现象称为撞击电离。触点间隙中的电场强度越强，电子在加速过程中所走的路程越长，它所获得的能量就越大，故撞击电离的电子就越多。

c. 热电子发射。撞击电离产生的正离子向阴极运动，撞击在阴极上会使阴极温度逐渐升高，使阴极金属中电子动能增加，当阴极温度达到一定程度时，一部分电子有足够动能从阴极表面逸出，再参与撞击电离。由于高温使电极发射电子的现象称为热电子发射。

d. 高温游离。当电弧间隙中气体的温度升高时，气体分子热运动速度加快。当电弧的温度达到 3000℃或更高时，气体分子将发生强烈的不规则热运动并造成相互碰撞，结果使中性分子游离成为电子和正离子。这种因高温使分子撞击所产生的游离称为高温游离。当电弧间隙中有金属蒸气时，高温游离大大增加。

由以上分析可知，在触点刚开始分断时，首先是强电场放射。当触点完全打开时，由于触点间距离增加，电场强度减弱，维持电弧存在主要靠撞击电离、热电子发射和高温游离，而其中又以高温游离作用最大。但是在气体分子电离的同时，还存在消电离作用。消电离是指正负带电粒子接近时结合成为中性粒子的同时，消弱电离的过程。消电离过程可分为复合和扩散两种。电离和消电离作用是同时存在的。当电离速度快于消电离速度时，电弧就增强；当电离速度与消电离速度相等时，电弧就稳定燃烧；当消电离速度大于电离速度时，电弧就会熄灭。因此，要使电弧熄灭，一方面要减弱电离作用，另一方面是增强消电离作用。对于消电离只有在带电粒子运动速度较低时才有可能。因此冷却电弧，或将电弧挤入绝缘的窄缝里，迅速导出电弧内部热量，降低温度，减小离子的运动速度，以便加强复合过程。同时，高度密集的高温离子和电子，向周围密度小、温度低的地方扩散，使电弧间隙中的离子和电子浓度降低，电弧电流减小，也使高温游离大为减弱。

② 电弧的熄灭及灭弧方法　对于需要通断大电流电路的电器，如接触器、低压断路器等，需要有较完善的灭弧装置。对于小容量继电器、主令电器等，由于它们的触点是通断小电流电路的，因此不要求有完善的灭弧装置。

a. 灭弧的基本方法

当电离速度大于消电离速度时，电弧会持续燃烧；反之电弧会熄灭。灭弧的基本方法有以下几种。

i. 快速拉长电弧。降低触点间的电场强度，使电弧电压不足以维持电弧的燃烧，从而使电弧熄灭。

ii. 冷却。使电弧与冷却介质接触，带走电弧热量，从而使离子运动速度减慢，同时又使离子的复合速度加快，使电弧熄灭。

iii. 窄缝灭弧。将电弧挤入窄缝，使电弧与固体介质接触以加强扩散和冷却的作用，减小离子运动速度，加快离子复合速度，使电弧熄灭。

iv. 短弧灭弧。将长电弧分割成几段，就增加了维持电弧燃烧所需的电压要求，而且增加了散热面积，使触点间电压不足以击穿各段的所有气隙，短电弧同时熄灭，不再重燃。

② 常用的灭弧装置　根据以上分析的原理，常用的灭弧方法和装置有以下几种。

a. 电动力吹弧。如图 2-4 所示，流过触点两端的电流方向相反，将产生互相排斥的电动力。当触点打开时，在断口中产生电弧。电弧电流在两电弧之间产生图中以“⊗”表示的磁场，根据左手定则，电弧电流要受到一个指向外侧的电动力 F 的作用，使电弧向外运动并拉长，使其迅速穿越冷却介质，从而加快电弧冷却并熄灭。这种灭弧方法多用于小功率的电器中，当配合栅片灭弧时，也可用于大功率的电器中。交流接触器通常采用这种灭弧方法。

b. 磁吹灭弧。它利用电弧在磁场中受力，将电弧拉长，并使电弧在冷却的灭弧罩窄缝隙中运动，产生强烈的消电离作用，从而将电弧熄灭。其原理如图 2-5 所示。

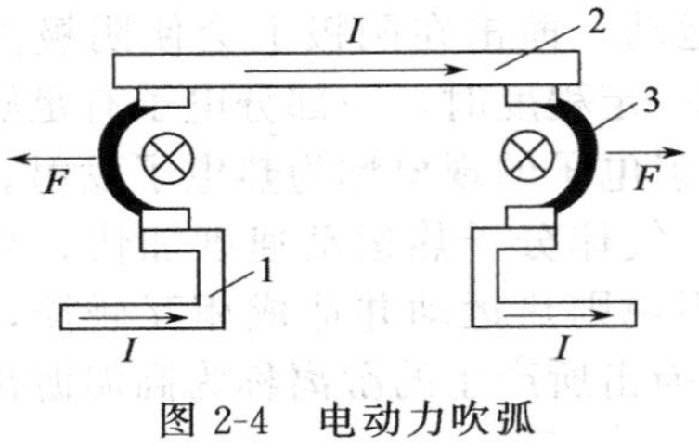

图 2-4　电动力吹弧

1—静触点；2—动触点；3—电弧

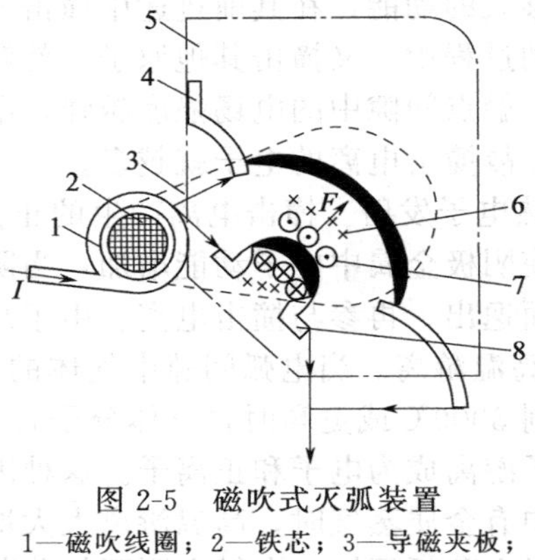

图 2-5　磁吹式灭弧装置

1—磁吹线圈；2—铁芯；3—导磁夹板；4—引弧角；5—灭弧罩；6—磁吹线圈磁场；7—电弧电流磁场；8—动触点

该线圈产生的磁场由导磁夹板引向触点周围。磁吹线圈磁场与电弧电流磁场相互叠加，这两个磁场在电弧下方方向相同，在电弧上方方向相反，因此电弧下方的磁场强于上方的磁场。在下方磁场作用下，电弧受力方向为 F 所指的方向，在 F 的作用下，电弧被吹离触点，经引弧角引进灭弧罩，电弧被拉长并受到冷却而很快被熄灭。此外，这种灭弧装置利用电弧电流本身灭弧，电弧电流越大，吹弧能力也越强。它广泛应用于直流灭弧装置中（如直流接触器中）。

c. 栅片灭弧。图 2-6 为栅片灭弧示意图。灭弧栅一般是由多片镀铜薄钢片（称为栅片）和石棉绝缘板组成，它们通常在电器触点上方的灭弧室内，彼此之间互相绝缘，片间距离为 2～5mm。当触点分断电路时，在触点之间产生电弧，电弧电流产生磁场，由于钢片磁阻比空气磁阻小得多，因此，电弧上方的磁通非常稀疏，而下方的磁通却非常密集，这种上疏下密的磁场将电弧拉入灭弧罩中，当电弧进入灭弧栅后，被分割成数段串联的短弧。这样每两片灭弧栅片可以看成一对电极，而每对电极间都有 150～250V 的绝缘强度，使整个灭弧栅的绝缘强度大大加强，而每个栅片间的电压不足以达到电弧燃烧电压，同时栅片吸收电弧热量，使电弧迅速冷却而很快熄灭。由于灭弧栅对交流电弧更有效，故灭弧栅装置常用于交流灭弧。

d. 窄缝灭弧。这种灭弧方法是利用灭弧罩的窄缝来实现的。灭弧罩内有一个或数个纵缝，缝的下部宽上部窄，如图 2-7 所示。当触点断开时，电弧在电动力的作用下进入缝内，窄缝可将弧柱分成若干个直径较小的电弧，同时压缩电弧直径，使电弧与缝壁紧密接触，加强冷却和消游离作用，同时也增大了电弧运动的阻力，使电弧运动速度下降，迅速熄灭。灭弧罩通常用陶土、石棉水泥或耐弧塑料制成。

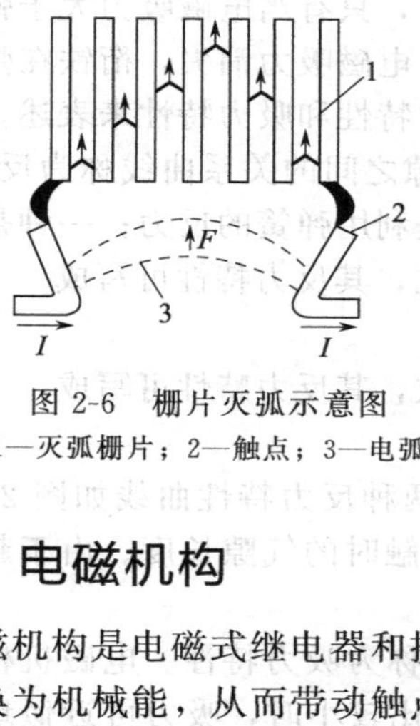

图 2-6　栅片灭弧示意图

1—灭弧栅片；2—触点；3—电弧

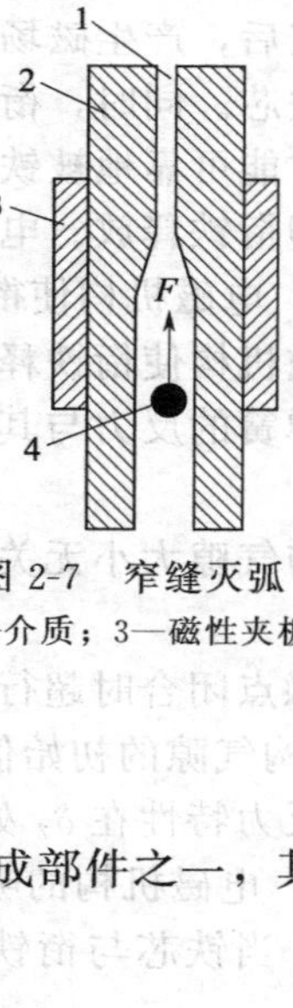

图 2-7　窄缝灭弧

1—纵缝；2—介质；3—磁性夹板；4—电弧

2.2.2　电磁机构

电磁机构是电磁式继电器和接触器等低压电器件主要组成部件之一，其工作原理是将电磁能转换为机械能，从而带动触点动作。

（1）电磁机构的结构

电磁机构由吸引线圈（励磁线圈）和磁路两部分组成，其中磁路包括铁芯、铁轭、衔铁和空气隙。当吸引线圈通过一定的电压或电流时，产生激励磁场及吸力，并通过气隙转换为机械能，从而带动衔铁运动使触点动作，以完成触点的断开和闭合。

图 2-8 是几种常用的电磁机构结构示意图。由图可见，衔铁可以直动，也可以绕支点转动。按电磁系统形状分类，电磁机构可分为 U 形［见图 2-8（a）］和 E 形［见图 2-8（b）］两种。铁芯按衔铁的运动方式分为如下几类。

① 衔铁沿棱角转动的拍合式铁芯，如图 2-8（a）所示，其衔铁绕铁轭的棱角转动，磨损较小，铁芯一般用电工软铁制成，适用于直流继电器和接触器。

② 衔铁沿轴转动的拍合式铁芯，如图 2-8（b）所示，其衔铁绕轴转动，铁芯一般用硅钢片叠成，常用于较大容量交流接触器。

③ 衔铁做直线运动的直动式铁芯，如图 2-8（c）所示，其衔铁在线圈内成直线运动，较多用于中小容量交流接触器和继电器中。吸引线圈按其通电种类一般分为直流电磁线圈和交流电磁线圈。直流线圈一般制成无骨架、高而薄的瘦高型，线圈与铁芯直接接触，易于线圈散热；交流线圈由于铁芯存在磁滞和涡流损耗，造成铁芯发热，为此铁芯与衔铁用硅钢片叠制而成，且为改善线圈和铁芯的散热，线圈设有骨架，将铁芯和线圈隔开，并将线圈制成短而厚的矮胖型。此外，根据在电路中的连接方式不同，线圈又分并联线圈和串联线圈。当线圈并联于电源工作时，称为电压线圈，它的特点是线圈匝数多，导线较细。当线圈串联于电路工作时，称为电流线圈，它的特点是线圈匝数少，导线较粗。

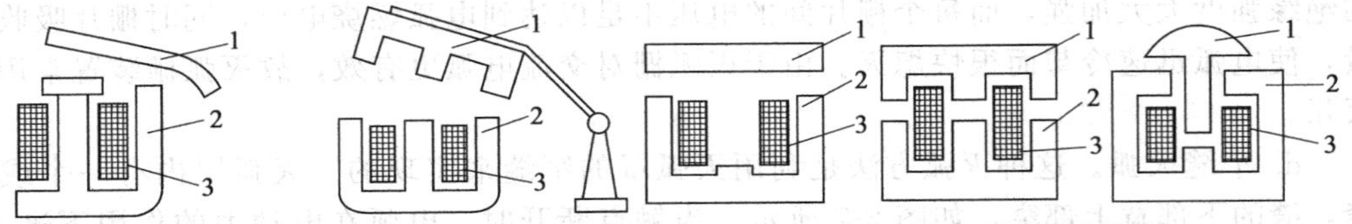

(a) 衔铁沿棱角转动的拍合式铁芯 (b) 衔铁沿轴转动拍合式铁芯 (c) 衔铁做直线运动的直动式铁芯

图 2-8 常用电磁机构结构示意图

1—衔铁；2—铁芯；3—线圈

（2）电磁机构的工作原理

线圈通入电流后，产生磁场，磁通经铁芯、衔铁和工作气隙形成闭合回路，产生电磁吸力，将衔铁吸向铁芯。同时，衔铁还受到弹簧的反作用拉力，只有当电磁吸力大于弹簧反作用拉力时，衔铁才能可靠地被铁芯吸住。而当线圈断电时，电磁吸力消失，衔铁在弹簧作用下与铁芯脱离，即衔铁释放。电磁机构的工作特性常用反力特性和吸力特性来表述。

① 反力特性　电磁机构使衔铁释放（复位）的力与气隙之间的关系曲线称为反力特性。由上述所述，电磁机构使衔铁释放的力主要有两种：一种是利用弹簧的反力；一种是利用衔铁的自身重力。弹簧的反力与其机械形变的位移量 δ 成正比，其反力特性可写成

$$F_{f1}=K_1\delta \tag{2-1}$$

自重的反力与气隙大小无关，如果气隙方向与重力一致，其反力特性可写成

$$F_{f2}=-K_2 \tag{2-2}$$

考虑到常开触点闭合时超行程机构的弹力作用，上述两种反力特性曲线如图 2-9 所示。图中 δ_1 为电磁机构气隙的初始值；δ_2 为动、静触点开始接触时的气隙长度。由于超行程机构的弹力作用，反力特性在 δ_2 处有一突变。

② 吸力特性　电磁机构的吸力与气隙之间的关系曲线称为吸力特性。电磁机构的吸力与很多因素有关，当铁芯与衔铁端面互相平行，且气隙 δ 比较小时，吸力可近似地按下式求得

$$F=4\times10^5B^2S=4\times10^5\frac{\Phi^2}{S} \tag{2-3}$$

式中，F 为电磁吸力，N；B 为气隙间磁通密度，T；S 为吸力处气隙端面积，m^2；Φ 为气隙间磁通。

当端面积 S 为常数时，吸力 F 与磁通密度 B^2 成正比，即 F 与 Φ^2 成正比，与 S 成反比，即

$$F \propto \Phi^2/S \tag{2-4}$$

电磁机构的吸力特性反映的是其电磁吸力与气隙的关系，而励磁电流的种类不同，其吸力特性也不一样。图 2-10 所示为直流电磁机构和交流电磁机构吸力特性。

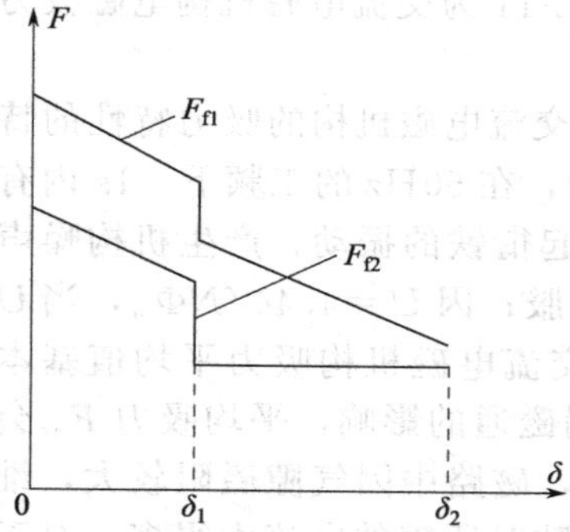

图 2-9　反力特性

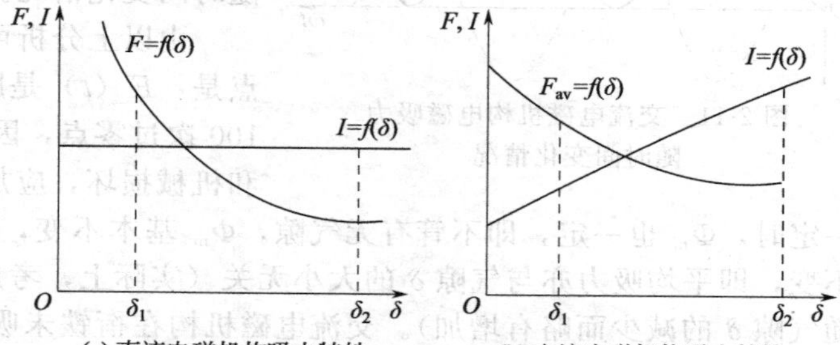

(a) 直流电磁机构吸力特性　(b) 交流电磁机构吸力特性

图 2-10　吸力特性

a. 直流电磁机构的吸力特性。对于直流电磁机构，当直流励磁电流处于稳态时，直流磁路对直流电路无影响，因此励磁电流不受磁路气隙的影响，即其磁势 IN 不受磁路气隙的影响，根据磁路欧姆定律有

$$\Phi = \frac{IN}{R_m} = \frac{IN}{\dfrac{\delta}{\mu_0 S}} = \frac{IN\mu_0 S}{\delta} \tag{2-5}$$

而电磁吸力 $F \propto \Phi^2/S$，则

$$F \propto \Phi^2 \propto \left(\frac{1}{\delta}\right)^2 \tag{2-6}$$

可见，直流电磁机构的吸力 F 与气隙 δ 的平方成反比。由此看出，衔铁闭合前后吸力变化很大，气隙越小、吸力越大。但衔铁吸合前后线圈励磁电流不变，且衔铁吸合后电磁吸力大，工作可靠，故直流电磁机构适用于动作频繁的场合。但当直流电磁机构线圈断电时，由于电磁感应，线圈中将会产生很大的反电势，其值可达线圈额定电压的十多倍，将使线圈因过电压而损坏，为此，常在线圈两端并联一个放电电阻与一个硅二极管，形成一个放电回路。正常励磁时，因二极管处于截止状态，放电回路不起作用；而当线圈断电时，放电回路导通，将原先储存在线圈中的磁场能量释放出来消耗在电阻上，不至于产生过电压。一般情况下，放电电阻值取线圈直流电阻的 6～8 倍。

b. 交流电磁机构的吸力特性。交流电磁机构线圈的电阻值远比其感抗值要小，在忽略线圈电阻和漏磁情况下，线圈电压与磁通的关系为

$$U \approx E = 4.44 f \Phi_m N \tag{2-7}$$

$$\Phi_m = \frac{U}{4.44 f N} \tag{2-8}$$

式中，U 为线圈电压，V；E 为线圈感应电势，V；f 为线圈电压的频率，Hz；N 为线圈匝数；Φ_m 为气隙磁通最大值，Wb。

当线圈电压 U、频率 f 和线圈匝数 N 为常数时，气隙磁通 Φ_m 亦为常数。当交流励磁时，电压、磁通都随时间做正弦规律变化，电磁吸力也相应地做周期性变化。

由上述分析可知，交流磁感应强度 B（磁通密度也称为磁感应强度）虽按正弦规律变化，但其交流电磁吸力却是脉动的，且方向不变，并由两部分构成：一部分为平均吸力 F_{av}，其值为最大吸力的一半，即 $F_{av} = 4B^2 S \times 10^5$；另一部分为以 2 倍电源频率变化的交流

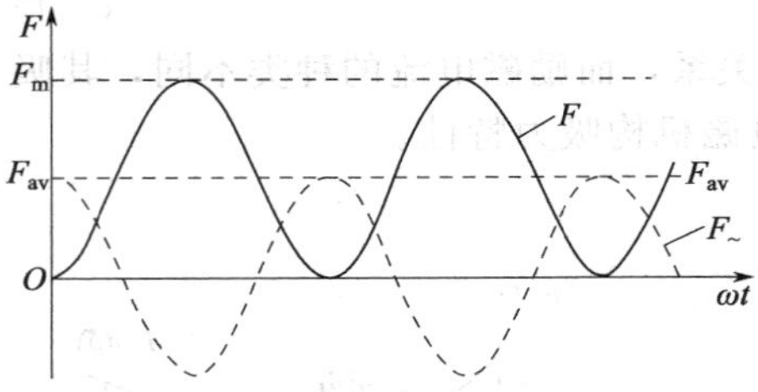

图 2-11 交流电磁机构电磁吸力随时间变化情况

分量 $F_\sim = 4B^2S \times 10^5 \cos 2\omega t$。因此，交流电磁机构电磁吸力 $F = F_{av} - F_\sim$ 随时间变化情况如图 2-11 所示。吸力在 0 和最大值 $F_m = 8B^2S \times 10^5$ 的范围内以 2 倍电源频率变化。图 2-11 为交流电磁机构电磁吸力随时间变化情况。

由以上分析可知，交流电磁机构的吸力特性的特点是：$F(t)$ 是脉动的，在 50Hz 的工频下，1s 内有 100 次过零点，因而引起衔铁的振动，产生机构噪声和机械损坏，应加以克服；因 $U = 4.44fN\Phi_m$，当 U 一定时，Φ_m 也一定，即不管有无气隙，Φ_m 基本不变，因此交流电磁机构吸力平均值基本不变，即平均吸力亦与气隙 δ 的大小无关（实际上，考虑到漏磁通的影响，平均吸力 F_{av} 会随气隙 δ 的减少而略有增加）。交流电磁机构在衔铁未吸合时，磁路中因气隙磁阻较大，维持同样的磁通 Φ_m 所需的励磁电流（线圈电流）比吸合后无气隙时所需的电流大得多。对于 U 形交流电磁机构，衔铁尚未动作时的励磁电流为衔铁吸合后的额定电流的 5～6 倍；对于 E 形电磁机构则高达 10～15 倍。故交流电磁机构的线圈通电后，衔铁因卡住而不能吸合，或交流电磁机构频繁通断，都将因励磁电流过大而烧坏线圈。因此，交流电磁机构不适用于可靠性要求高与操作频繁的场合。

c. 交流电磁机构短路环的作用。由图 2-11 所示，当线圈中通以交流电时，磁感应强度为交变量，交流电磁铁的电磁吸力 F 在 0（最小值）～F_m（最大值）之间变化。在一个周期内，当电磁吸力的瞬时值大于反力时，衔铁吸合；当电磁吸力的瞬时值小于反力时，衔铁释放。因此，电源电压每变化一个周期，电磁铁吸合两次、释放两次，使电磁机构产生剧烈的振动和噪声，因而不能正常工作。

为了消除交流电磁铁产生的振动和噪声，在铁芯的端面开一小槽，在槽内嵌入铜制短路环，也叫阻尼环，如图 2-12 所示。短路环把端面 S 分成两部分，即环内部分与环外部分，短路环仅包围了磁路磁通 Φ 的一部分。这样，铁芯端面处就有两个不同相位的磁通 Φ_1 和 Φ_2，穿过短路环的 Φ_2 滞后不穿过短路环的 Φ_1。它们分别产生电磁吸力 F_1 和 F_2，而且这两个吸力之间也存在一定的相位差。这样，虽然这两部分电磁吸力各自都有到达零值的时候，但到零值的时刻已错开，二者的合力就大于零，只要总吸力始终大于反力，衔铁便被吸牢，也就能消除衔铁的振动。

d. 剩磁的吸力特性。铁磁物质存有剩磁，导致电磁机构的励磁线圈断电后仍有一定的剩磁吸力，剩磁吸力随气隙 δ 增大而减小，其特性如图 2-13 中曲线 4 所示。

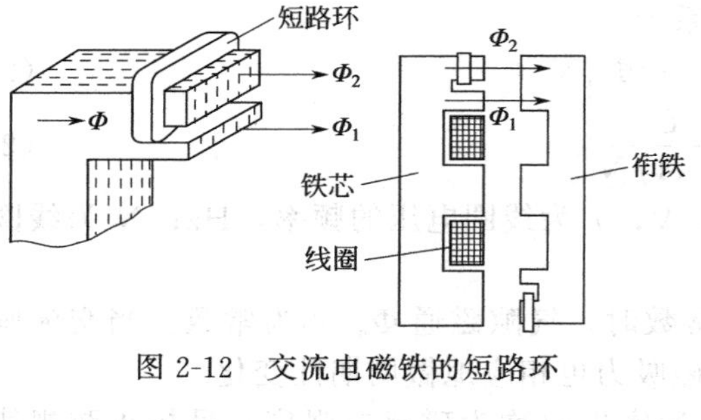

图 2-12 交流电磁铁的短路环

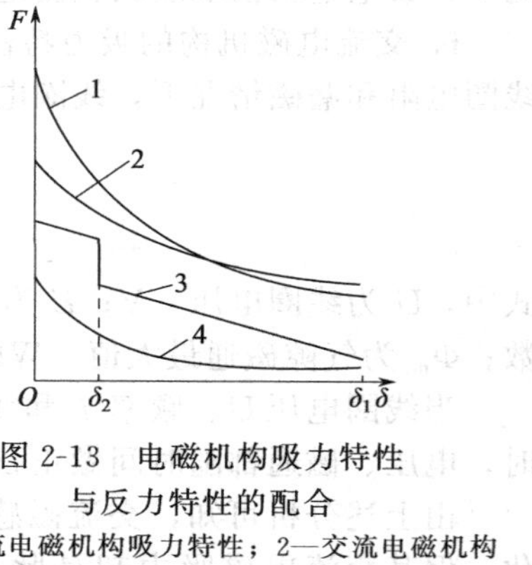

图 2-13 电磁机构吸力特性与反力特性的配合

1—直流电磁机构吸力特性；2—交流电磁机构吸力特性；3—反力特性；4—剩磁吸力特性

③ 吸力特性与反力特性的配合　电磁机构如果要使衔铁吸合，则应在整个吸合过程中，吸力都要大于反力，但也不宜过大，否则会影响电器的机械寿命。这就要求吸力特性在反力特性的上方，并且二者尽可能靠近。在衔铁释放时，电磁机构的反力必须大于剩磁吸力，这样才能保证衔铁可靠释放，这也就要求电磁机构的反力特性必须介于电磁吸力特性和剩磁吸力特性之间，如图 2-13 所示。

④ 电磁机构的输入-输出特性　电磁机构的线圈加上电压（或通入电流），产生电磁吸力，从而使衔铁吸合。因此，也可将线圈电压（或电流）作为输入量 x，而将衔铁的位置作为输出量 y，这样电磁机构衔铁位置（吸合与释放）与线圈电压（或电流）的关系称为电磁机构的输入-输出特性，称为继电特性。

若将衔铁处于吸合位置记作 $y=1$，处于释放位置记作 $y=0$。由上分析可知，当吸力特性处于反力特性上方时，衔铁被吸合；当吸力特性处于反力特性下方时，衔铁被释放。将吸力特性处于反力特性上方的最小输入量用 x_0 表示，称为电磁机构的动作值；将吸力特性处于反力特性下方的最大输入量用 x_r表示，称为电磁机构的复归值（返回值）。

电磁机构的输入-输出特性如图 2-14 所示，当输入量 $x<x_0$ 时衔铁不动作，其输出量 $y=0$；当 $x=x_0$ 时，衔铁被吸合，输出量 y 从“0”跃变为“1”；再进一步增大输入量使$x>x_0$，输出量仍为 $y=1$。当输入量 x 从 x_0 减小的时候，在 $x>x_r$的过程中，虽然吸力特性向下降低，但因衔铁吸合状态下的吸力仍比反力大，衔铁不会被释放，其输出量 $y=1$。当 $x=x_r$时，因吸力小于反力，衔铁被释放，输出量由“1”变为“0”，再减小输入量，输出量仍为“0”。因此，电磁机构的输入-输出特性为一矩形曲线。动作值与复归值（返回值）均为继电器的动作参数。电磁机构的继电特性是电磁式继电器的重要特性。

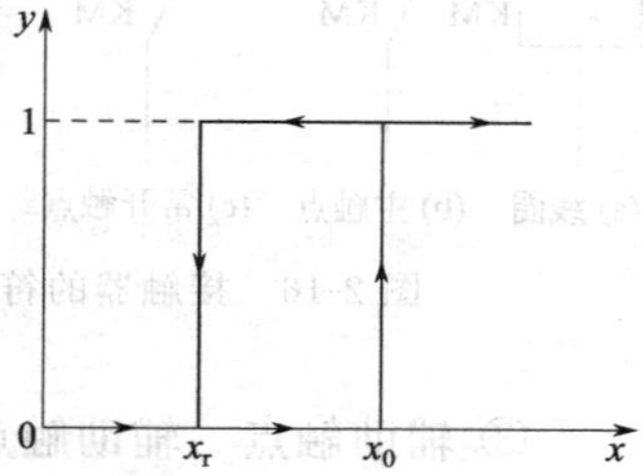

图 2-14　电磁机构的输入-输出特性

2.3　接触器

接触器是一种用于中远距离频繁接通与断开交、直流主电路及大容量控制电路的自动开关电器，主要用于控制交、直流电动机、电热设备、电容器等。接触器具有大的执行机构，大容量的主触点以及迅速熄灭电弧的能力。当系统发生故障时，能根据故障检测元件所给出的动作信号，迅速、可靠地切断电源，并有欠电压释放功能，常与保护电器配合用于电动机的控制及保护，故应用十分广泛。

2.3.1　接触器的结构及工作原理

接触器由磁系统、触点系统、灭弧系统、释放弹簧机构、辅助触点及基座等几部分组成，如图 2-15 所示。接触器的基本工作原理是利用电磁原理通过控制电路的控制和可动衔铁的运动来带动触点控制主电路通断的。交流接触器和直流接触器的结构和工作原理基本相同，略有区别。接触器符号如图 2-16 所示。

① 电磁机构　电磁机构由线圈、铁芯和衔铁组成。对于交流接触器，为了减小因涡流和磁滞损耗造成的能量损失和温升，铁芯和衔铁用硅钢片叠成；对于直流接触器，由于铁芯中不会产生涡流和磁滞损耗，所以不会发热，铁芯和衔铁用整块电工软钢制成，为使线圈散热良好，通常将线圈绕制成高而薄的圆筒状，不设线圈骨架，使线圈和铁芯直接接触以利于散热。中小容量的交、直流接触器的电磁机构一般都采用直动式磁系统，大容量的采用绕棱

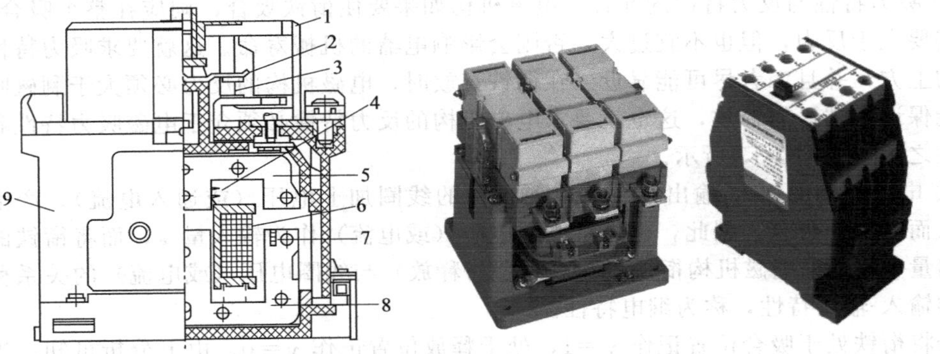

图 2-15　交流接触器结构示意图

1—灭弧罩；2—动触点；3—静触点；4—反作用弹簧；5—动铁芯；6—线圈；7—短路环；8—动铁芯；9—外壳

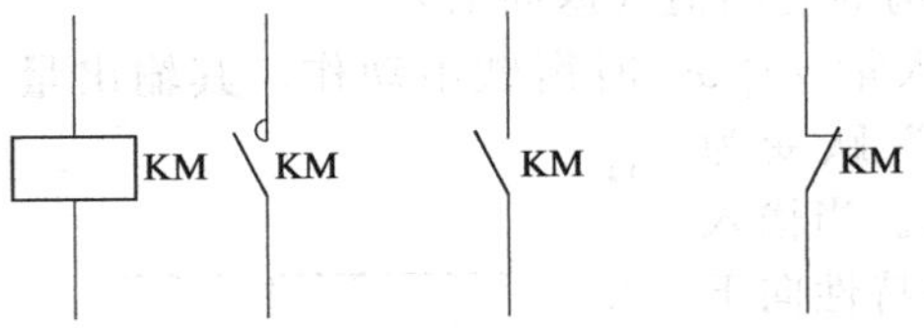

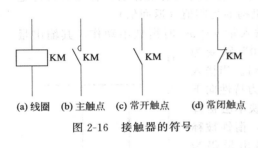

(a) 线圈　(b) 主触点　(c) 常开触点　(d) 常闭触点

图 2-16　接触器的符号

角转动的拍合式电磁铁结构。

② 主触点和熄弧系统　接触器的触点分为主触点和辅助触点两类。根据容量大小，主触点有桥式触点和指形触点，大容量的主触点采用转动式单断点指形触点。直流接触器和电流 20A 以上的交流接触器均装有熄弧罩。由于直流电弧比交流电弧难以熄灭，直流接触器常采用磁吹式灭弧装置灭弧，交流接触器常采用多纵缝灭弧装置灭弧。

③ 辅助触点　辅助触点有常开触点和常闭触点，在结构上它们均为桥式双触点。接触器的辅助触点在其控制电路中起联动作用。辅助触点的容量较小，所以不用装灭弧装置。

④ 反力装置　反力装置由释放弹簧和触点弹簧组成。

⑤ 支架和底座　支架和底座用于接触器的固定和安装。当交流接触器线圈通电后，在铁芯中产生磁通，由此在衔铁气隙处产生吸力，使衔铁产生闭合动作，同时带动主触点闭合，从而接通主电路。另外，衔铁还带动辅助触点动作，使常开触点闭合，常闭触点断开。当线圈断电或电压显著下降时，吸力消失或减弱，衔铁在释放弹簧的作用下打开，主触点、辅助触点又恢复到原来状态。

2.3.2　接触器的主要特性和参数

接触器主要有如下特性参数。

① 极数和电流种类　按接触器主触点的个数不同有两极、三极和四极接触器。按接触器接通与断开主电路电流种类不同，有直流接触器和交流接触器。

② 额定值和极限值　额定值包括额定工作电压、额定绝缘电压、约定发热电流、约定封闭发热电流（有外壳时）、额定工作电流或额定功率、额定工作制、额定接通能力、额定分断能力，极限值为耐受过载电流能力。

额定工作电压是指主触点之间正常工作时的电压值，即指主触点所在电路的电源电压。直流接触器的额定工作电压有：110V、220V、440V、660V；交流接触器的额定工作电压有：10A、20A、40A、60A、100A、150A、250A、400A、600A。

额定工作电流是指主触点所在电路的额定电流。直流接触器的额定工作电流有：40A、80A、100A、150A、250A、400A、600A；交流接触器的额定工作电流有：10A、20A、40A、60A、100A、150A、250A、400A、600A。

耐受过载电流能力是指接触器承受电动机的启动电流和操作过负荷引起的过载电流所造

成的热效应的能力。

③ 控制回路　常用的接触器操作控制回路是电气控制回路。电气控制回路有电流种类、额定频率、额定控制电路电压和额定控制电源电压等几项参数。在多数情况下，接触器控制电路的输入电压（即控制电源电压）和其线圈电路电压（即控制电路电压）是一致的。当需要在控制电路中插入变压器、整流器和电阻器等时，这两个电压可以不同。但当控制电路电压与主电路额定工作电压不同时，应采用如下标准数据，通常直流电压为 24V、48V、110V、125V、220V、250V；交流电压为 24V、36V、48V、110V、127V、220V。具体产品在额定控制电源电压下的控制电路电流由制造厂提供。

④ 线圈额定工作电压　它指接触器线圈正常工作时的电压值。常用接触器线圈的额定工作电压为：直流线圈有 24V、48V、110V、220V、440V；交流线圈有 36V、110V、127V、220V、380V。

选用时一般交流负载用交流接触器，直流负载用直流接触器，若交流负载频繁动作时，也可采用直流吸引线圈的接触器。

⑤ 额定通断能力　额定通断能力指接触器主触点在规定条件下能可靠地接通和分断的电流值。在此电流值下接通电路时主触点不应发生熔焊；在此电流下分断电路时，主触点不应发生长时间燃弧。电路中超出此电流值的分断任务，则由熔断器、断路器等电器承担。

⑥ 使用类别　使用类别不同负载对接触器主触点的接通和分断能力要求不同，应按不同使用条件来选用相应使用类别的接触器。在电力拖动控制系统中，接触器常见的使用类别及典型用途见表 2-1。

表 2-1　接触器常见的使用类别及其典型用途

电流种类	使用类别	典型用途
AC（交流）	AC1	无感或微感负载、电阻炉
	AC2	绕线式电动机的启动和中断
	AC3	笼型电动机的启动和中断
	AC4	笼型电动机的启动、反接制动、反向和点动
DC（直流）	DC1	无感或微感负载、电阻炉
	DC3	并励电动机的启动、反接制动、反向和点动
	DC5	串励电动机的启动、反接制动、反向和点动

接触器的使用类别代号通常标注在产品的铭牌或工作手册中。表 2-1 中要求接触器主触点达到的接通和分断能力为：AC1、DC1 类允许接通和分断额定电流；AC2、DC3、DC5 类允许接通和分断 4 倍的额定电流；AC3 类允许接通 6 倍的额定电流，分断额定电流；AC4 类允许接通和分断 6 倍的额定电流。

⑦ 额定操作频率　它是指接触器在每小时内可实现的最高操作次数。交、直流接触器的额定操作频率有 600 次/h、1200 次/h。操作频率直接影响到接触器的电寿命和灭弧罩的工作条件，对于交流接触器还影响到线圈的温升。

⑧ 机械寿命和电气寿命　接触器的机械寿命用其在需要正常维修或更换机械零件前（包括更换触点），所能承受的无载操作循环次数来表示。国产接触器的寿命指标一般以 90%以上产品能达到或超过的无载循环次数（百万次）为准。如果产品未规定机械寿命数据，则认为该接触器的机械寿命为在断续周期工作制下按其相应的最高操作频率操作 8000h 的循环次数。操作频率即每小时内可完成的操作循环数（次/h）。接触器的电气寿命是在规

定的正常工作条件下，接触器不需修理或更换的有载操作次数。

2.3.3 接触器的选用原则

接触器的选用主要是选择类型、主电路参数、控制电路参数和辅助电路参数，以及按电寿命、使用类别和工作制选用，另外需要考虑负载条件的影响。选用原则分述如下。

① 接触器极数和电流类型选择 根据接触器所控制的负载性质来确定接触器的极数和电流种类。电流种类由系统主电流种类确定。三相交流系统中一般选用三极接触器，当需要同时控制中性线时，则选用四极交流接触器；单相交流和直流系统中则常有两极或三极并联的情况；一般场合下，选用空气电磁式接触器；易燃易爆场合应选用防爆型及真空接触器等。

② 主电路参数的确定 主电路参数主要是额定工作电压、额定工作电流（或额定控制功率）、额定通断能力和耐受过载电流能力。接触器可以在不同的额定工作电压和额定工作电流下工作。但在任何情况下，接触器的额定工作电压应大于或等于负载回路额定工作电压；接触器的额定工作电流应大于或等于被控回路的额定电流；接触器的额定通断能力应高于通断时电路中实际可能出现的电流值。耐受过载电流能力也应高于电路中可能出现的工作过载电流值。

③ 控制电路参数和辅助电路参数的确定 接触器的线圈电压应与其所控制电路的电压一致。交流接触器的控制电路电流种类分交流和直流两种，一般情况下多用交流，当操作频繁时则常选用直流。接触器的辅助触点种类和数量，一般应满足控制电路的要求，根据其控制电路来确定所需的辅助触点种类（常开或常闭）、数量和组合形式，同时应注意辅助触点的通断能力和其他额定参数。当接触器的辅助触点数量和其他额定参数不能满足系统要求时，可增加中间继电器以扩展触点。

2.4 继电器

2.4.1 概述

继电器是一种自动和远距离操纵用的电器，广泛用于自动控制系统、遥控系统、遥测系统、电力保护系统及通信系统中，起着控制、检测、保护和调节作用，是现代电气装置中最基本的器件之一。它根据某种输入信号的变化，接通或断开控制电路，实现自动控制和保护电力拖动装置的自动电器。其输入量可以是电压、电流等电量，也可以是压力、温度、时间、速度等非电量，而输出则是触点的动作，或者是电参数的变化。根据转化的物理量的不同，可以构成各种各样不同功能的继电器，以用于各种控制电路中进行信号传递、放大、转换、联锁等，从而控制主电路和辅助电路中的器件或设备按预定的动作程序进行工作，达到自动控制和保护的目的。

继电器主要参数如下。

（1）额定参数

它指继电器的线圈和触点在正常工作时的电压和电流的允许值。同一系列的继电器，其线圈有不同的额定电压或额定电流的数值。

（2）动作参数

它指衔铁刚产生动作时线圈的电压（或电流）数值。有吸合电压或电流，释放电压或电流。电压继电器的动作参数有吸合电压U_o与释放电压U_r，电流继电器的动作参数为吸合电

流 I_o 与释放电流 I_r。

(3) 整定参数

它包括整定值、灵敏度、返回系数、动作时间等。

① 整定值是人为调节的动作值，该值是用户使用时可调节的动作参数。

② 灵敏度是指继电器在整定值下动作所需的最小功率或安匝数。

③ 返回系数是指继电器的释放值与吸合值的比值，用 K 表示。电压继电器的电压返回系数 $K_U=U_r/U_o$，电流继电器的电流返回系数 $K_I=I_r/I_o$。返回系数实际上反映了继电器吸力特性和反力特性配合紧密程度，是电压、电流继电器的重要参数。

④ 动作时间分为吸合时间与释放时间。吸合时间是指从线圈通电瞬间起，到动、静触点闭合为止所需的时间。释放时间是从线圈断电瞬间起，到动、静触点恢复到原始状态为止所需的时间。一般继电器动作时间为 0.05～0.2s。动作时间小于 0.05s 的为快速动作继电器，动作时间大于 0.2s 的为延时动作继电器。

继电器的种类繁多，按动作原理分有电磁式继电器、感应式继电器、电动式继电器、温度（热）继电器、光电式继电器、压电式继电器等，其中时间继电器又分为电磁式、电动机式、机械阻尼（气囊）式和电子式等；按反应激励量的不同，又可分为交流继电器、直流继电器、电压继电器、中间继电器、电流继电器、时间继电器、速度继电器、温度继电器、压力继电器、脉冲继电器等；按结构特点分有接触器式继电器、（微型、超小型、小型）继电器、舌簧继电器、电子式继电器、智能化继电器、固体继电器、可编程序控制继电器等；按动作功率分，有通用继电器、灵敏继电器和高灵敏继电器等；按输出触点容量分有大功率继电器、中功率继电器、小功率继电器和微功率继电器等；按应用领域、环境不同可分为电气系统继电保护用继电器、自动控制用继电器、通信用继电器、船舶用继电器、航空用继电器、航天用继电器、热带用继电器、高原用继电器等。

2.4.2 电磁式继电器

电磁式继电器是应用最早同时也是应用最多的一种继电器。它由电磁机构（包括动、静铁芯、衔铁、线圈）和触点系统等部分组成，如图 2-17 所示。铁芯和铁轭用于作气隙内的磁场；衔铁用于电磁能与机械能的转换；极靴用于增大工作气隙的磁导；反力弹簧和簧片用来提供反力。

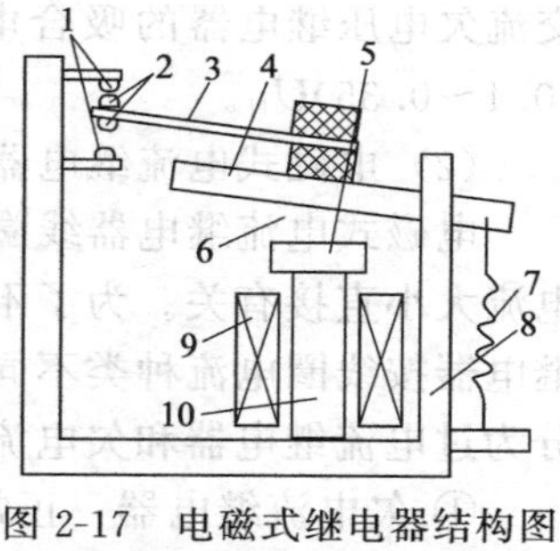

图 2-17　电磁式继电器结构图

1—静触点；2—动触点；3—簧片；4—衔铁；5—极靴；6—工作气隙；7—反力弹簧；8—铁轭；9—线圈；10—铁芯

继电器的工作特点是具有跳跃式的输入输出特性。当线圈通电后，线圈的励磁电流就产生磁场，从而产生电磁吸力吸引衔铁。一旦电磁力大于反力，衔铁就开始动作，并带动与之相连接的动触点向下移动，使动触点与其上面的动断静触点分开，而与其下面的动合静触点吸合。最终衔铁被吸合在与极靴相接触的最终位置上。若在衔铁处于最终位置时切断线圈的电源，磁场便逐渐消失，衔铁会在反力的作用下，脱离极靴，并再次带动动触点脱离动合静触点，返回到初始位置处。

电磁式继电器有很多种类，如电压继电器、中间继电器、电流继电器、电磁式时间继电器、接触器式继电器等都属于这一类。接触器式继电器是一种作为控制开关电器使用的继电器。实际上，各种和接触器动作原理相同的继电器如中间继电器、电压继电器等都属于接触器式继电器。接触器式继电器主要用来扩展控制触点数量或增加触点容量。因此，电磁式继电器的结构和工作原理与接触器相似，也是由电磁机构（包括动、静铁芯、衔铁、线圈）和触点系统等部分组成，但是它们仍有些不同，其主要区别如下。

① 接触器一般只能对电压的变化做出反应；各种继电器能对相应的各种电量或非电量做出反应。

② 继电器一般用于控制小电流电路，触点数量较多，触点额定电流不大于5A，故不加专门的灭弧装置，所以体积小，动作灵敏，只能用于控制电路；接触器一般用于控制大电流电路，因此加有灭弧装置。

(1) 电磁式电压继电器

电磁式电压继电器的线圈并联在电路中，用来反映电路电压的大小。其触点的动作与线圈电压大小有直接关系，在电力拖动控制系统中起电压保护和控制作用。为了不影响负载电路，电压继电器的线圈匝数多、导线细、阻抗大。根据动作电压值的不同，电压继电器有过电压、欠电压继电器和零电压继电器之分。

① 过电压继电器　当线圈为额定电压时，衔铁不吸合，当线圈电压高于其额定电压时，衔铁才吸合。当线圈所接电路电压降低到继电器释放电压时，衔铁才返回释放状态，相应触点也返回原来状态。

过电压继电器通常用于过电压保护电路中，当电路中出现过高的电压时，过电压继电器就马上动作，从而控制接触器及时分断电气设备的电源，起到保护作用。由于直流电路一般不会出现过电压，因此产品中没有直流过电压继电器。交流过电压继电器吸合电压调节范围为$U_o=(1.05\sim1.2)U_N$。

② 欠电压继电器　当电路中的电气设备在额定电压下正常工作时，欠电压继电器的衔铁处于吸合状态；若电路中出现电压降低时，并且低到欠电压继电器线圈的释放电压，其衔铁打开，触点复位，从而控制接触器及时分断电气设备的电源。

一般直流欠电压继电器吸合电压$U_o=(0.3\sim0.5)U_N$，释放电压$U_r=(0.07\sim0.2)U_N$。交流欠电压继电器的吸合电压与释放电压的调节范围分别为$U_o=(0.6\sim0.85)U_N$，$U_r=(0.1\sim0.35)U_N$。

(2) 电磁式电流继电器

电磁式电流继电器线圈串联在电路中，用来反映电路电流的大小，触点是否动作与线圈电流大小直接有关。为了不影响负载电路，电流继电器的线圈匝数少、导线粗、阻抗小。该继电器按线圈电流种类不同分为交流电流继电器与直流电流继电器。按吸合电流大小不同可分为过电流继电器和欠电流继电器。

① 欠电流继电器　正常工作时，欠电流继电器的衔铁处于吸合状态，继电器线圈流过负载额定电流。当电路的负载电流低于正常工作电流时，并低至欠电流继电器的释放电流时，欠电流继电器的衔铁释放，从而可以利用其触点的动作来切断电气设备的电源。

当直流电路中出现低电流或零电流故障时，往往会导致严重的后果，如直流电动机的励磁回路电流过小会使电动机发生超速，导致危险。因此电器产品中有直流欠电流继电器，对于交流电路因无欠电流保护，也就没有交流欠电流继电器了。直流欠电流继电器的吸合电流与释放电流的调节范围分别为$I_o=(0.3\sim0.65)I_N$和$I_r=(0.1\sim0.2)I_N$。图2-18为电压继电器的符号。

② 过电流继电器　正常工作时，线圈流过负载电流，即便是流过额定电流，衔铁处于释放状态，而不被吸合；当流过线圈的电流超过额定电流一定值时，衔铁才被吸合而动作，从而带动触点动作，其常闭触点断开，分断负载电路，起到过电流保护作用。

一般交流过电流继电器的吸合电流$I_o=(1.1\sim3.5)I_N$，直流过电流继电器的吸合电流$I_O=(0.75\sim3)I_N$。由于过电流继电器在出现过电流时衔铁吸合动作，其触点切断电路，故过电流继电器无释放电流值。图2-19为电流继电器的符号。

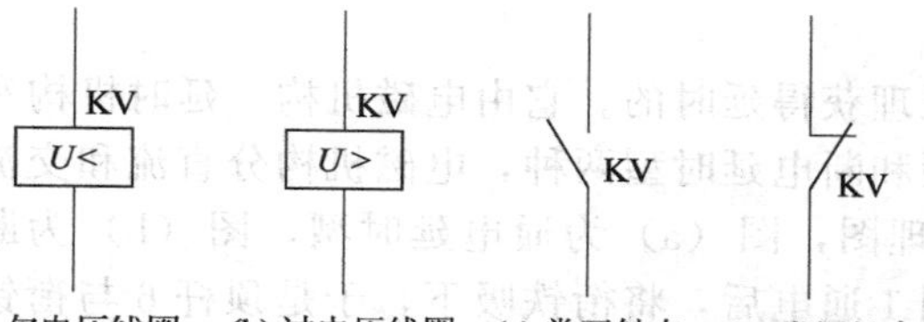

(a) 欠电压线圈 (b) 过电压线圈 (c) 常开触点 (d) 常闭触点

图 2-18 电压继电器的符号

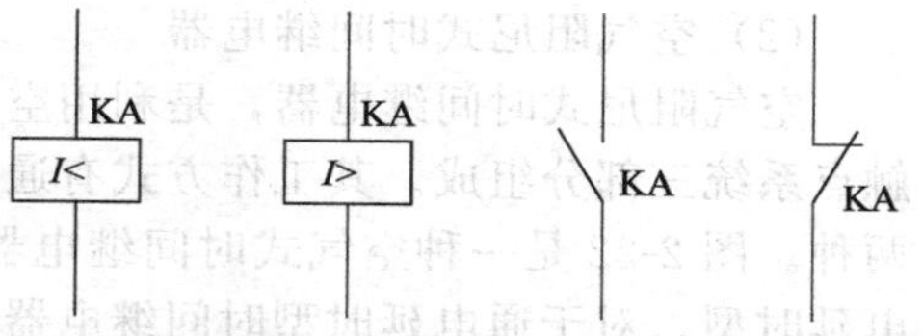

(a) 欠电流线圈 (b) 过电流线圈 (c) 常开触点 (d) 常闭触点

图 2-19 电流继电器的符号

2.4.3 时间继电器

时间继电器是一种利用电磁原理或机械动作原理实现触点延时接通或断开的电器，即从得到输入信号（线圈的通电或断电）开始，经一定延时后才输出信号（触点的闭合或断开）的继电器。时间继电器种类很多，按延时原理可分为电磁式、空气阻尼式、电动机式、双金属片式、电子式、可编程式和数字式时间继电器等，时间继电器主要作为辅助电器元件用于各种电气保护及自动装置中，使被控元件达到所需要的延时，应用十分广泛。

时间继电器的延时方式有两种：一种是得电延时，即线圈得电后，触点经延时后才动作；另一种是失电延时，即线圈得电时，触点瞬时动作，而线圈失电时，触点延时复位。

(1) 直流电磁式时间继电器

直流电磁式时间继电器是在电磁式电压继电器铁芯上套上阻尼铜套，其结构示意图如图 2-20 所示。当电磁线圈接通电源时，在阻尼铜套内产生感应电动势，流过感应电流。在感应电流作用下产生的磁通阻碍穿过阻尼铜套内原磁通的变化，因而对原磁通起阻尼作用，使磁路中的原磁通增加缓慢，达到吸合磁通值的时间加长，衔铁吸合时间后延，触点也延时动作。由于电磁线圈通电前，衔铁处于打开位置，磁路气隙大，磁阻大，磁通小，阻尼铜套作用也小，因此衔铁吸合时的延时只有 0.1～0.5s，延时作用可不计。但当衔铁已处于吸合位置，在切断电磁线圈直流电源时，因磁路气隙小，磁阻小，磁通变化大，阻尼铜套的阻尼作用大，因此电磁线圈断电后衔铁延时释放，相应触点延时动作，线圈断电获得的延时可达 0.3～5s。

直流电磁式时间继电器延时时间的长短可通过改变铁芯与衔铁间非磁性垫片的厚薄（粗调）或改变释放弹簧的松紧（细调）来调节。垫片厚则延时短，垫片薄则延时长；释放弹簧紧则延时短，释放弹簧松则延时长。

直流电磁式时间继电器具有结构简单、寿命长、允许通电次数多等优点。但仅适用于直流电路，若用于交流电路则需加整流装置；仅能获得断电延时，且延时时间短，延时精度不高。一般只用于要求不高的场合，如电动机的延时启动等。常用的有 JT18 系列电磁式时间继电器，如图 2-21 所示。

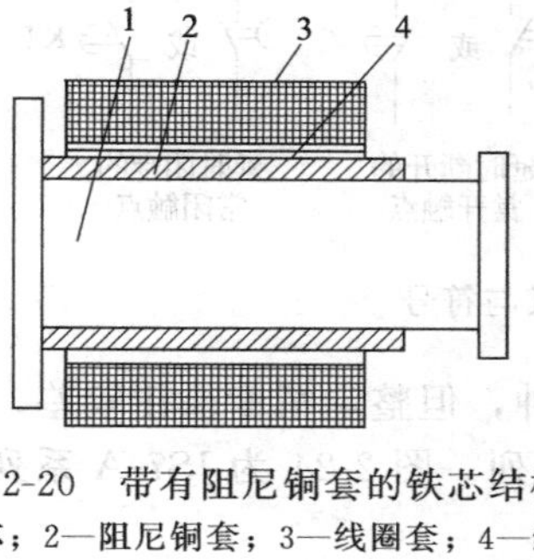

图 2-20 带有阻尼铜套的铁芯结构

1—铁芯；2—阻尼铜套；3—线圈套；4—绝缘层

图 2-21 JT18 系列电磁式时间继电器

（2）空气阻尼式时间继电器

空气阻尼式时间继电器，是利用空气阻尼原理获得延时的。它由电磁机构、延时机构和触点系统三部分组成。其工作方式有通电延时型和断电延时型两种，电磁机构分直流和交流两种。图 2-22 是一种空气式时间继电器结构原理图，图（a）为通电延时型，图（b）为断电延时型。对于通电延时型时间继电器，当线圈 1 通电后，将衔铁吸下，于是顶杆 6 与衔铁间出现一个空隙，当与顶杆 6 相连的活塞 12 在弹簧 7 作用下由上向下移动时，在橡皮膜 9 上端形成空气稀薄的空间（负压气室），橡皮膜受到空气的向上托力，使活塞受阻而不能迅速下降。随着空气从节流孔 11 进入气室，橡皮膜推动顶杆 6 缓慢下降，到一定位置时，杠杆 15 使微动开关 14 动作（常开触点闭合，常闭触点分断）。当线圈断电时，弹簧使衔铁和活塞等复位，空气经橡皮膜 9 与顶杆 6 之间推开的气隙迅速排除，触点瞬时复位。通过旋动螺钉 10 调整节流孔的空气通流截面积的大小，即可调节顶杆的下降速度，从而调节延时时间的长短。对于断电延时型时间继电器，其与通电延时型时间继电器的不同之处是二者的电磁机构吸合方向相反。图 2-23 为时间继电器的符号含义与符号。

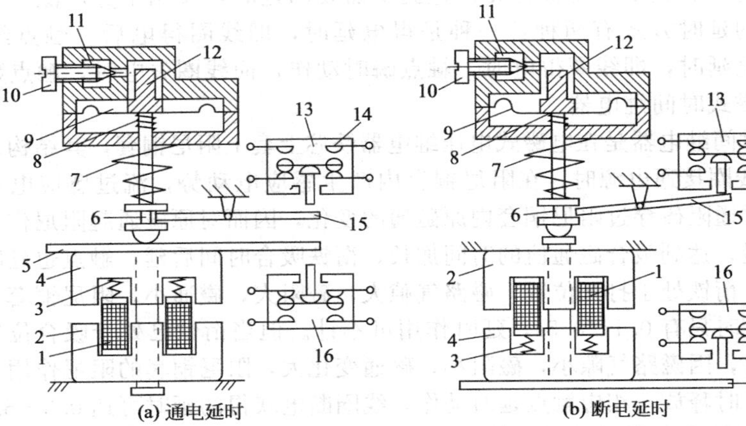

图 2-22　空气式时间继电器结构原理图

1—线圈；2—静铁芯；3，7—弹簧；4—衔铁；5—推板；6—顶杆；8—弹簧；9—橡皮膜；10—螺钉；11—节流孔；12—活塞；13，14—微动开关；15—杠杆；16—延时触点

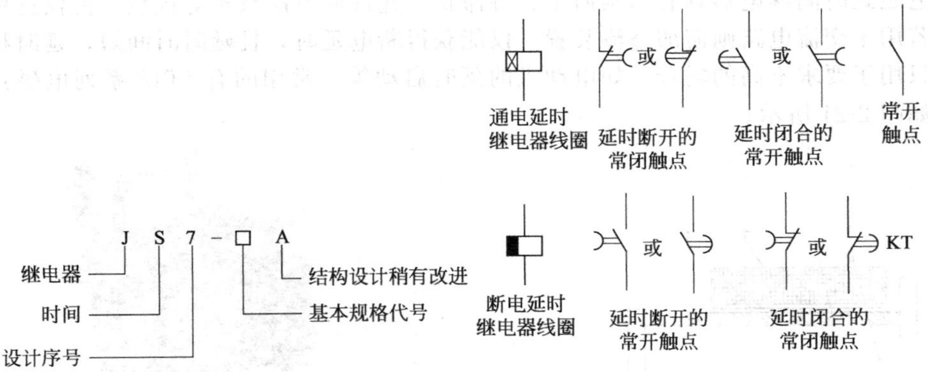

图 2-23　时间继电器的型号含义与符号

空气阻尼式时间继电器的延时范围可以扩大到数分钟，但整定精度往往较差，只适用于一般场合。国产空气阻尼式时间继电器有 JS7、JS7-A 系列。图 2-24 为 JS7-A 系列空气阻尼式时间继电器外形与结构图。

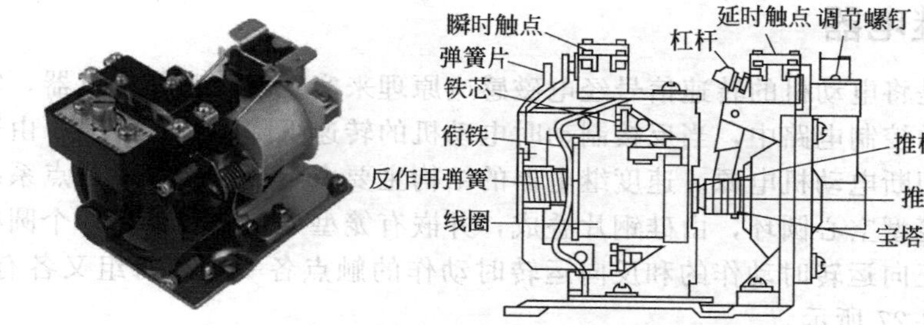

(a) 外形　　(b) 结构

图 2-24　JS7-A 系列空气阻尼式时间继电器外形与结构图

(3) 电动式时间继电器

电动式时间继电器是由微动同步电动机拖动减速齿轮，获得延时的。其主要优点是延时范围宽，可以由几秒到数十小时，重复精度也较高，调节方便，而且有得电延时和失电延时两种类型。缺点是结构复杂，价格较贵。常用的产品有 JS10、JS11 系列，以及西门子公司引进的 7FR 型同步电动机式时间继电器。图 2-25 为电动式时间继电器外形图。

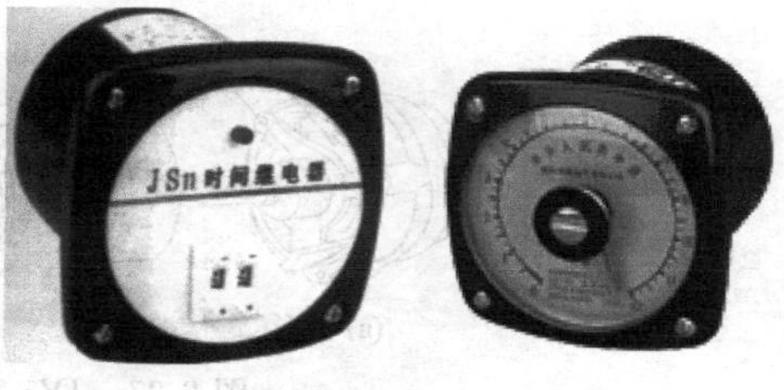

图 2-25　电动式时间继电器外形图

(4) 晶体管时间继电器

晶体管时间继电器除了执行继电器外，均由电子元器件组成，没有机械零件，因而具有延时范围广、精度高、体积小、耐冲击和耐振动、调节方便及使用寿命长等优点，因此其发展很快，在时间继电器中已成为主流产品。晶体管时间继电器已逐渐取代阻容式、空气式、电动式等时间继电器。晶体管时间继电器的种类很多，电路各异。

图 2-26 为 JSJ 系列晶体管式时间继电器的原理图与实物外形图。JSJ 系列晶体管时间继电器选用了单结晶体管作主触发元件，因此，线路简单、元件少、动作可靠，整机具有体积小、重量轻、使用方便等特点，同时又由于采用了辅助脉冲帮助单结晶体管触发的线路，因此延时范围宽，短达 0.02s，长达几十分钟。该产品适用于工业企业自动化的电路中作时间控制。图中 C_1、C_2 为滤波电容器，当电源变压器接上电源，正、负半波由两个二次绕组分别向电容器 C_3 充电，A 点电位按指数规律上升。当 A 点电位高于 B 点电位时，V_5 截止、V_6 导通，V_6 的集电极电流流过继电器 K 的线圈，由其触点输出信号，同时 K 的常闭触点脱开，切断了充电电路，K 的常开触点闭合，使电容器放电，为下次再充电做准备。要改变延时时间的大小，可以通过调节电位器 R_{P1} 来实现，此电路延时范围为 0.2～300s。

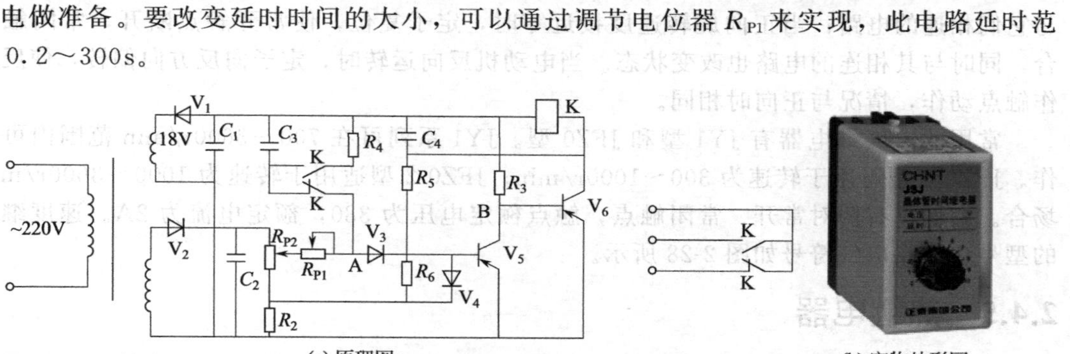

(a) 原理图　　(b) 实物外形图

图 2-26　JSJ 系列晶体管时间继电器

2.4.4 速度继电器

速度继电器是将电动机的转速信号经电磁感应原理来实现触点动作的电器，它常被用于电动机反接制动的控制电路中，当反接制动时电动机的转速下降到接近零时，由速度继电器触点来控制自动切断电动机电源。速度继电器的结构主要由定子、转子和触点系统三部分组成。定子是一个笼型空心圆环，由硅钢片叠成，并嵌有笼型导条；转子是一个圆柱形永久磁铁；触点系统有正向运转时动作的和反向运转时动作的触点各一组；每组又各有一对常闭、常开触点，如图 2-27 所示。

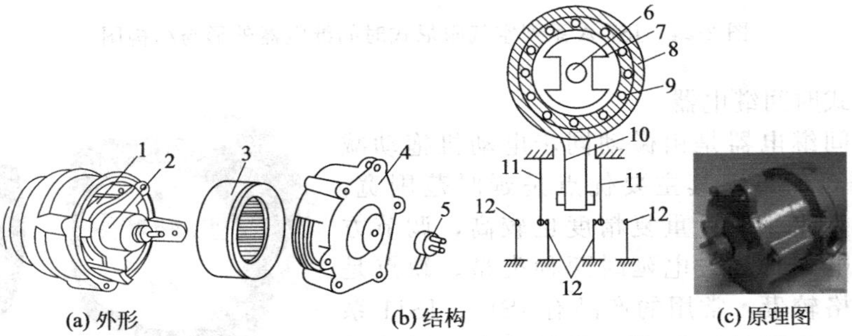

图 2-27 JY1 型速度继电器的外形、结构和符号

1—可动支架；2—转子；3—定子；4—端盖；5—连接头；6—电动机轴；7—转子（永久磁铁）；8—定子；9—笼型导条；10—胶木摆杆；11—簧片（动触点）；12—静触点

工作时，连接头与电动机轴相连接，定子空套在转子外围。当电动机启动旋转时，转子 7 随着转动，永久磁铁的静止磁场就成了旋转磁场。定子 8 内的笼型导条 9 因切割磁场而产生感应电动势，形成感应电流，并在磁场作用下产生电磁转矩，使定子随转子旋转方向转动，与定子相连的胶木摆杆也随之偏转，但定子只能随转子旋转方向偏转。当定子偏转到一定角度时，在胶木摆杆 10 的作用下使常闭触点打开而常开触点闭合。在摆杆推动触点的同时也压缩相应的反力弹簧，其反作用力阻止定子偏转。当电动机转速下降时，继电器转子转速也随之下降，笼型导条中的感应电动势、感应电流、电磁转矩随之减小。当继电器转子转速下降到一定值时，电磁转矩小于反力弹簧的反作用力矩，定子返回原位，继电器触点恢复到原来状态。调节螺钉的松紧，可调节反力弹簧的反作用力大小，即调节了触点动作所需的转子转速。一般速度继电器的动作转速为 120r/min，触点的复位转速在 100r/min 以下。

当电动机正向运转时，定子偏转使正向常开触点闭合、常闭触点断开，同时接通与断开与它们相连的电路；当正向旋转速度接近零时，定子复位，使常开触点断开，常闭触点闭合，同时与其相连的电路也改变状态。当电动机反向运转时，定子向反方向偏转，使反向动作触点动作，情况与正向时相同。

常用的速度继电器有 JY1 型和 JFZ0 型。JY1 系列可在 700～3600r/min 范围内可靠工作。JFZ0-1 型可用于转速为 300～1000r/min；JFZ0-2 型适用于转速为 1000～3600r/min 的场合。它们具有两对常开、常闭触点，触点额定电压为 380，额定电流为 2A。速度继电器的型号含义及电气符号如图 2-28 所示。

2.4.5 热继电器

在电力拖动控制系统中，当三相交流电动机出现长时间过载运行，或是长时间单相运行等不正常情况时，将可能导致电动机绕组严重过热甚至烧毁。由电动机的过载特性得

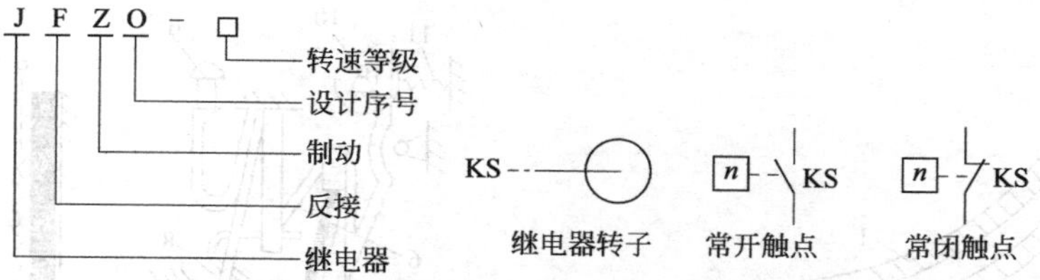

图 2-28 速度继电器的型号含义及电气符号

知，在不超过允许温升的条件下，电动机可以承受短时间的过载。为了充分发挥电动机的过载能力，保证电动机的正常启动和运转，同时在电动机出现长时间过载时又能自动切断电路，因而需要一种能随过载程度及过载时间而变动动作时间的电器，来作为过载保护器件，热继电器的动作特性可以满足上述要求。热继电器是利用电流流过发热元件产生热量使感测元件受热弯曲，进而推动机构动作的一种保护电器。由于发热元件具有热惯性，所以热继电器在电路中不能用作瞬时过载保护，更不能作短路保护，主要用作电动机的长期过载保护。热继电器广泛应用于电动机绕组、大功率晶体管等的过热保护电路中。

(1) 电气控制对热继电器性能的要求

① 应具有合理可靠的保护特性　热继电器主要用作电动机的长期过载保护，为适应电动机的过载特性，又能起到过载保护作用，要求热继电器具有形同电动机过载特性的反时限特性。热继电器保护特性与电动机过载特性的配合如图 2-29 所示。它是流过热继电器发热元件的电流与热继电器触点动作时间的关系曲线。考虑各种误差的影响，电动机的过载特性与热继电器的保护特性是一条曲带，误差越大，带越宽。从安全角度出发，热继电器的保护特性应处于电动机过载特性下方并相邻近。这样，当发生过载时，热继电器就在电动机未达到其允许过载之前动作，切断电动机电源，实现过载保护。

② 工具有一定的温度补偿　当环境温度变化时，热继电器检测元件受热弯曲存在误差，为补偿由于温度引起的误差，应具有温度补偿装置。

③ 热继电器动作电流可以方便地调节　为减少热继电器发热元件的规格，热继电器动作电流可在发热元件额定电流 66%～100%范围内调节。

④ 具有手动复位与自动复位功能　热继电器动作后，可在 2min 内按下手动复位按钮进行复位，也可在 5min 内可靠地自动复位。

(2) 工作原理

在电力拖动控制系统中应用最广的是双金属片式热继电器。双金属片热继电器主要由热元件、主双金属片、触点系统（动触点、静触点）、动作机构、复位按钮、电流整定装置和温度补偿元件等部分组成，如图 2-30 所示。

双金属片是热继电器的感测元件，它将两种线胀系数不同的金属片以机械方式压成一体，线胀数大的称为主动片，线胀系数小的称为被动片。而绕其上的电阻丝串联于电动机定子电路中，流过电动机定子线电流，反映电动机过载情况。由于电流的热效应，双金属片遇热产生膨胀，向被动片一侧弯曲。当电动机正常运行时，热元件产生的热量虽能使双金属片弯曲，但还不足以使热继电器的触点动作；只有当电动机长期过载时，过载电流流过热元件，使双金属片弯曲位移增大，经过一定时间后，双金属片弯曲到推动导板 3，并通过补偿双金属片 4 与推杆 6 将静触点 7 与动触点 8 分开。此常闭触点串联于接触器线圈电路中，触点分开后，接触器线圈断电，接触器主触点断开电动机定子电源，实现电动机的过载保护。

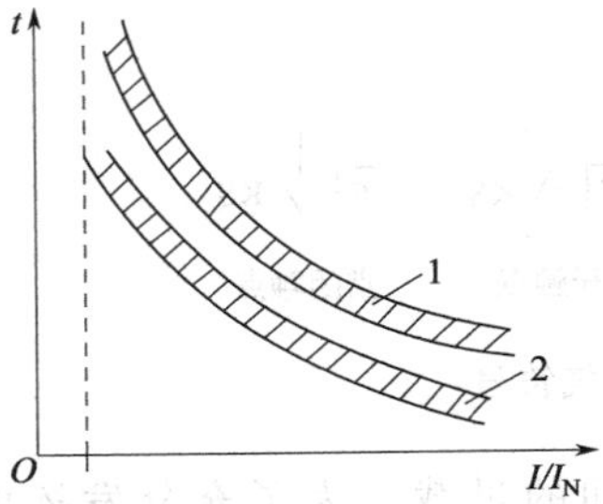

图 2-29 热继电器保护特性与电动机过载特性的配合

1—电动机过载特性；2—热继电器保护特性

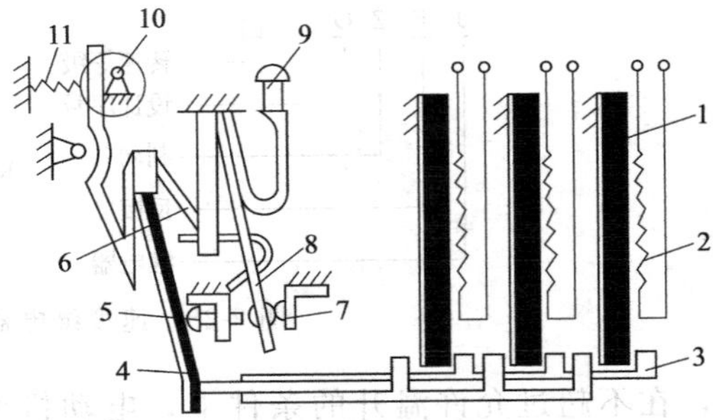

图 2-30 双金属片式热继电器结构原理图与符号

1—主双金属片；2—电阻丝；3—导板；4—补偿双金属片；5—复位螺钉；6—推杆；7—静触点；8—动触点；9—复位按钮；10—调节凸轮；11—弹簧

调节凸轮 10 用来改变补偿双金属片与导板间的距离，达到调节整定动作电流的目的。此外，调节复位螺钉 5 来改变常开触点的位置，使继电器工作在手动复位或自动复位两种工作状态。调试手动复位时，在故障排除后需按下复位按钮 9 才能使常闭触点闭合。

补偿双金属片可在规定范围内补偿环境温度对热继电器的影响，当环境温度变化时，主双金属片与补偿双金属片同时向同一方向弯曲，使导板与补偿双金属片之间的推动距离保持不变。这样，继电器的动作特性将不受环境温度变化的影响。

热继电器的型号含义及符号如图 2-31 所示。常用的热继电器有 JR0、JR1、JRZ、JR15、JR20、JRS1、JR36、JR21 系列。

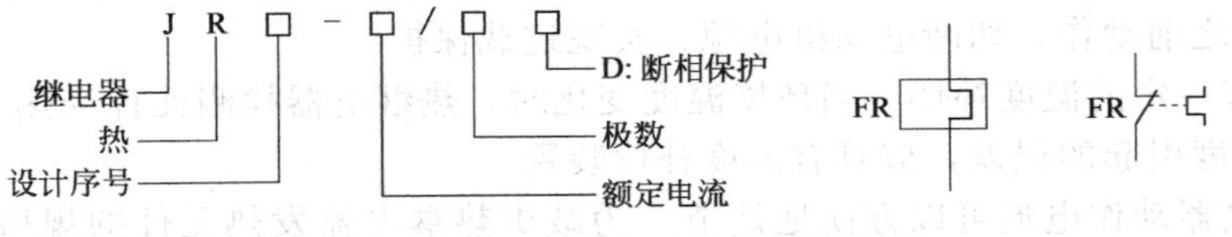

图 2-31 热继电器的型号含义及符号

（3）电子式热过载继电器

NRE8 系列电子式过载继电器（以下简称继电器）主要用于交流 50/60Hz，额定工作电压 690V 以下，电流为机壳标定的整定电流范围内的电路中，作三相电动机过载、断相保护。该继电器是一种应用微控制器的新型节能、高科技电器。对应于相同规格双金属片式热继电器可节能 80%以上。该继电器利用微控制器检测主电路的电流波形和电流大小，判断电动机是否过载和断相。过载时微控制器通过计算过载电流倍数决定延时的长短，延时时间到，通过脱扣机构使其常闭触点断开，常开触点闭合。断相时微控制器缩短延时时间。NRE8-40 型电子式热过载继电器外形图如图 2-32 所示。

（4）热继电器的合理选用

热继电器的选用是否合理，直接影响着过载保护的可靠性。若选择与使用热继电器不合理将会造成电动机的烧毁事故。在选用时，必须了解被保护电动机的工作环境、启动情况、负载性质、工作制及电动机允许的过载能力，原则是热继电器的安秒特性位于电动机过载特性之下，并尽可能接近。

① 保护长期工作或间断长期工作的电动机时，热继电器的选用应注意以下事项。

a. 保证电动机能启动。当电动机的启动电流为其额定电流的 6 倍，且启动时间不超过

6s时，可选取的热继电器额定电流低于6倍电动机的额定电流，动作时间通常应大于6s。

b. 原则上热断电器的额定电流应按电动机的额定电流选择。但对于过载能力较差的电动机，其配用的热继电器的额定电流应适当小些，通常选取热继电器的额定电流（实际上是选取热元件的额定电流）为电动机额定电流的60%～80%。

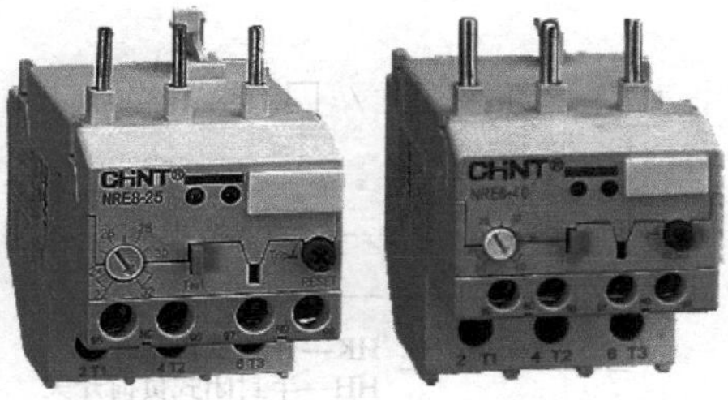

图2-32 NRE8-40型电子式热过载继电器外形图

c. 一般情况下可选用两相结构的热继电器。对于电网电压均衡性较差、无人看管的电动机或与大容量电动机共用一组熔断器的电动机，宜选用三相结构的热继电器。定子三相绕组为三角形连接的电动机，应采用带断相保护的三元件热继电器作过载和断相保护。

② 保护反复短时工作制的电动机时，此时应注意确定热继电器的操作频率。双金属片式热继电器一般用于轻载、不频繁启动电动机的过载保护。因为热继电器的操作频率很有限的，操作频率较高时，热继电器的动作特性会变差，甚至不能正常工作。当电动机启动电流倍数为其额定电流的6倍、启动时间为1s、满载工作、通电持续率为60%时，热继电器的每小时允许操作数不能超过40次。如果操作频率过高，可选用带快速饱和电流互感器的热继电器，或者不用热继电器保护而选用电流继电器作它的过载和短路保护。因为热元件受热变形需要时间，故热继电器不能作短路保护。

③ 对于频繁正反转和频繁通断的电动机，不宜采用热继电器作保护，可选用埋入电动机绕组的温度继电器或热敏电阻来保护。

2.5 低压开关

低压开关主要用作隔离、转换及接通、分断电路，多用于机床电路的电源开关和局部照明电路的控制开关，有时也可用于直接控制小容量电动机的启动、停止和正反转。低压开关主要类型有刀开关、组合开关和低压断路器等。

2.5.1 刀开关

（1）开启式负荷开关

开启式负荷开关又称瓷底胶盖刀开关，简称闸刀开关。这种开关适用于照明、电热负载及小容量电动机控制电路中，供手动不频繁接通和分断电路，并起短路保护作用。开启式负荷开关的型号含义及电气符号如图2-33所示。

HK系列开启式负荷开关是由刀开关和熔断器组合而成。它的瓷底座上装有进线座、静触点、熔体、出线座和带瓷质手柄的动触点，并有上、下胶盖用来灭弧。HK1开启式负荷开关的外形和内部结构如图2-34所示。HK1系列开启式负荷开关基本技术参数见表2-2。

（2）封闭式负荷开关

封闭式负荷开关又称为铁壳开关，其灭弧性能、操作性能、通断能力和安全防护性能都优于开启式负荷开关。它适用于不频繁接通和分断的负载电路，并能作为线路末端的短路保护，也可用来控制15kW以下交流电动机的不频繁直接启动及停止。

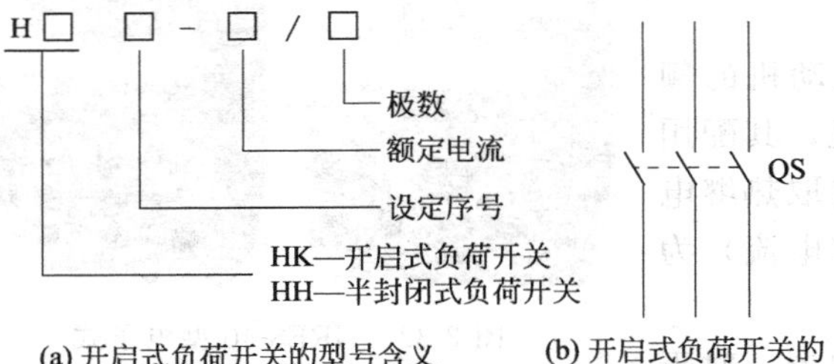

(a) 开启式负荷开关的型号含义　(b) 开启式负荷开关的电气符号

图 2-33　开启式负荷开关的型号含义及电气符号

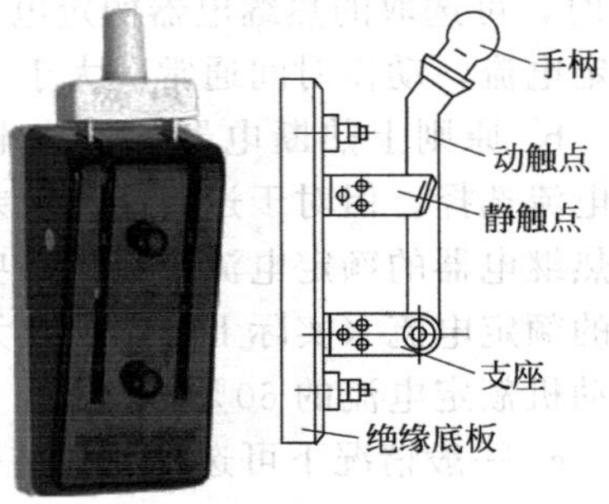

图 2-34　HK1 开启式负荷开关的外形和内部结构图

表 2-2　HK1 系列开启式负荷开关基本技术参数

型号	额定电流值/A	额定电压值/V	极数	可控制电动机最大容量值/kW		配用熔丝规格/A
				220V	380V	
HK1-15/2	15	220	2	1.5	—	1、2、3、5、6、10、15
HK1-30/2	30	220	2	3.0	—	20、25、30
HK1-60/2	60	220	2	5.0	—	30、40、50、60
HK1-15/3	15	380	3	—	2.2	1、2、3、5、6、10、15
HK1-30/3	30	380	3	—	5.0	20、25、30
HK1-60/3	60	380	3	—	7.5	30、40、50、60

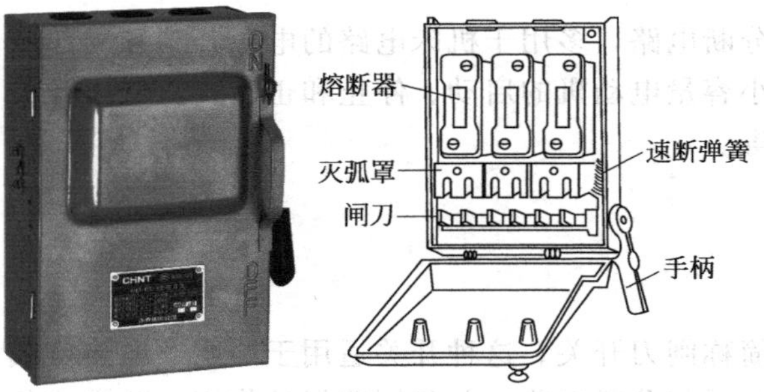

图 2-35　封闭式负荷开关外形和内部结构图

封闭式负荷开关的外形和内部结构如图 2-35 所示。封闭式负荷开关主要由刀开关、熔断器、速动机构、灭弧装置、手柄和外壳构成。封闭式负荷开关具有以下特点：一是采用了储能分合闸方式，提高了开关的通断能力，延长了使用寿命；二是设置了联锁装置，确保操作安全。

常用的有 HH3、HH4、KH10、HH11 系列和 HHX-30 带断相保护的封闭式负荷开关。额定电流有 15A、30A、60A、100A、200A、300A 和 400A 等。额定电流较小的封闭式负荷开关内配置的是瓷插式熔断器，电流较大时为封闭式熔断器。

2.5.2　组合开关

组合开关又叫转换开关，适用于工频交流电压 380V 以下及直流 220V 以下的电气线路中，供手动不频繁接通和断开电路、换接电源和负载以及控制 5kW 以下三相异步电动机的直接启动、停止和换向。组合开关实际上也称“转换开关”。在实际应用中，组合开关又可分为无限位组合开关和有限位组合开关；另外还有一种“万能转换开关”。

(1) 无限位组合开关

常用的无限位型组合开关为 HZ10 系列，主要用于机床中电源的引入开关，交流频率 50Hz、电压 380V 及以下、直流 220V 及以下的电气设备中作不频繁接通、断开电路之用；以及转换电源或负载，测量三相电压，调节电加热器的并、串联和作为电动机功率小于 5.5kW 时的不频繁直接启动和停止之用。无限位组合开关的结构示意图如图 2-36 所示。它由动触点 1、静触点 2、方轴 3、手柄 4、定位机构及外壳等组成。动、静触点叠装在数层绝缘壳内，按 90°或 180°分布。图中为断电位置，当手柄顺时针转动 90°时，方轴带动各层动触点一起转动，使各个静触点与动触点接合，接通电源。

无限位组合开关的外形和内部结构如图 2-37 所示。无限位组合开关一般有水平和垂直两个停止位置，触点是分层结构。转动手柄时，方形转轴带动装在绝缘胶木垫片上的动触点，使之卡入或离开与接线端子相连的静触点，以实现线路的接通与断开。动、静触点可以放置数层，通断方式也可以根据要求进行调整。开关的顶盖部分是由滑板、凸轮、扭簧和手柄等构成的操作机构。由于采用了扭簧储能，可使触点快速闭合或分断，提高了开关的通断能力。

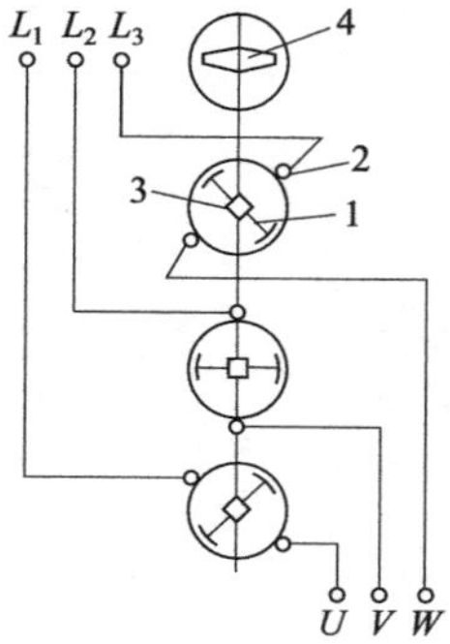

图 2-36 无限位组合开关结构示意图

1—动触点；2—静触点；

3—方轴；4—手柄

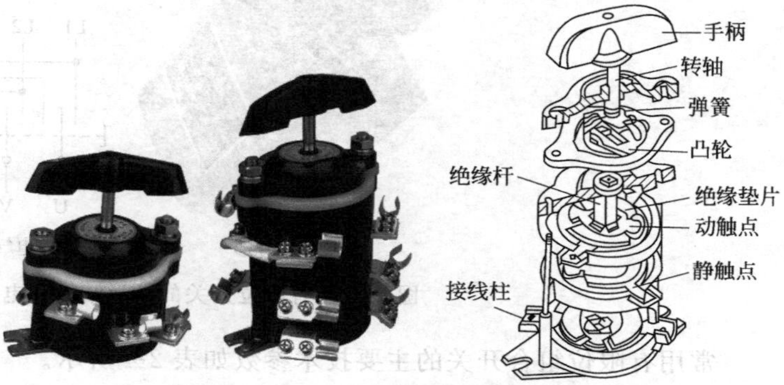

图 2-37 无限位组合开关的外形和内部结构图

无限位组合开关的型号含义及电气符号如图 2-38 所示，应根据极数、电源种类、电压等级及负载的容量选用。用于直接控制异步电动机的开关电流一般取电动机额定电流的 1.5～2.5 倍。常用的 HZ10 系列组合开关的技术参数如表 2-3 所示。

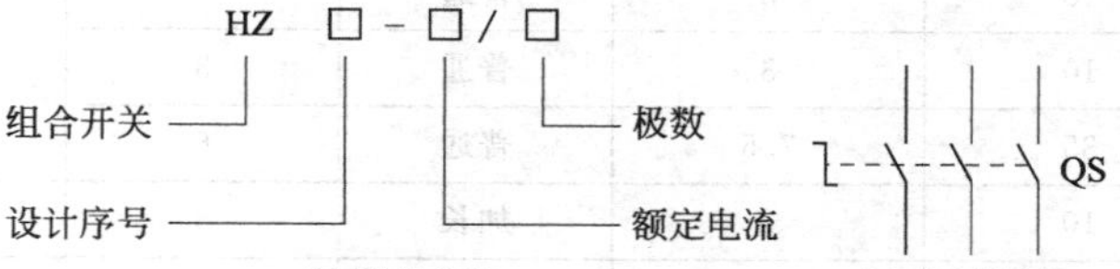

(a) 型号含义 (b) 电气符号

图 2-38 无限位组合开关的型号含义及电气符号

(2) 有限位组合开关

有限位组合开关指的是组合开关的手柄在正、反转时，其转动位置是受限制的。有限位组合开关又称“倒顺开关”，它分为三挡：即“停”“正转”“反转”挡。通常情况下，“停”挡在中间位置，从“停”挡扳到“正转”挡位置，组合开关手柄转动 45°空间角度，电路上接通负载（电动机）的正转电源；从“停”挡扳到“反转”挡位置，组合开关手柄向相反的

表 2-3 HZ10 系列组合开关的技术参数

型号	极数	额定电流/A	额定电压/V	极限操作电流/A		可控制电动机最大容量和额定电流		在额定电压、电流下通断次数	
				分断	接通	最大容量/kW	额定电流/A	功率因数	
								≥0.8	≥0.3
HZ10-10	单极	6	交流 380	62	94	3	7	20000	10000
	2、3	10							
HZ10-25		25		108	155	5.5	12		
HZ10-60		60							
HZ10-100		100						10000	5000

方向转动 45°空间角度，电路上接通负载（电动机）的反转电源。有限位开关的外形结构和电气符号如图 2-39 所示。

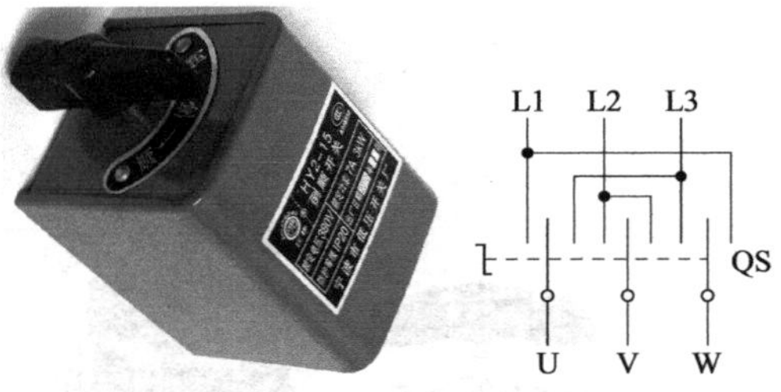

(a) 外形　(b) 电气符号

图 2-39 有限位开关的外形结构和电气符号

常用有限位组合开关的主要技术参数如表 2-4 所示。

表 2-4 常用有限位组合开关的主要技术参数

型号	额定电流/A	控制电动机容量/kW	手柄形式	鼓轮节数	用途
HY2-15	15	3	普通	3	控制电动机正反转
HY2-30	30	5.5	普通	3	
QX1-13N1/5.5	12	5.5	加长	6	
HZ3-132	10	3	普通	3	
HZ3-133	10	3	普通	3	
HZ3-161	35	7.5	普通	6	
HZ3-451	10	3	加长	5	控制双速电动机换速
HZ3-452	2.5（220V）	—	加长		控制机床电磁吸盘

2.5.3 低压断路器

低压断路器又称自动空气开关，是低压配电网中的主要开关电器之一，既有手动开关作用又能自动进行欠电压、失电压、过载和短路保护。它可以接通和分断正常负载电流、电动机工作电流和过载电流，也可分断短路电流，通常用于不频繁操作的低压配电线路或电器开关柜（箱）中作为电源开关使用，并可以对线路、电器设备及电动机等实行保护，当发生严重过电流、过载、短路、断相、漏电等故障时，能自动切断线路，起到保护作用，而且在分断故障电流后，一般不需要更换部件，因此获得了广泛应用。

低压断路器的分类方式很多，按使用类别分有选择型和非选择型。非选择型保护特性，多用于支路保护。主干线路断路器则要求采用选择型，以满足电路内各种保护电器的选择性断开，把事故区域限制到最小范围。按灭弧介质分有空气式和真空式。根据采用的灭弧技术，断路器又有两种类型：零点灭弧式断路器和限流式断路器，在零点灭弧式断路器里，被触点拉开的电弧在交流电流自然过零时熄灭，限流式断路器的“限流”是指把峰值预期短路电流限制到一个较小的允通电流。按结构形式分，有万能式、塑壳式（装置式）和小型模数式。按操作方式可分为有人力操作、动力操作以及储能操作。按极数可分为单极式、二极式、三极式和四极式；按安装方式又可分为固定式、插入式和抽屉式等。根据不同的用途，断路器被分为保护电动机用、保护配电线路用和其他负载（如照明）用等类型。应用比较普遍的是按结构形式分为万能框架式、塑壳式和模块式三种。低压断路器型号含义及电气符号如图 2-40 所示。

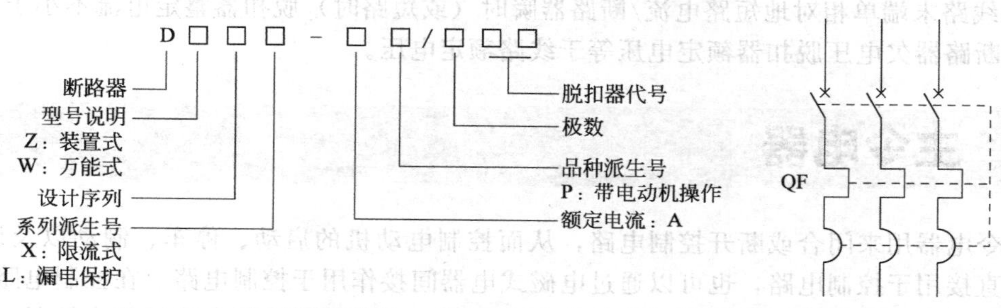

(a) 型号含义　　(b) 电气符号

图 2-40　低压断路器型号含义及电气符号

（1）低压断路器结构和工作原理

低压断路器由操作机构、触点、保护装置（各种脱扣器）、灭弧系统等组成。低压断路器工作原理图如图 2-41 所示。

低压断路器的主触点是靠手动或电动闭合的。主触点闭合后，自由脱扣机构将主触点锁在闭合位置上。过电流脱扣器的线圈和热脱扣器的热元件与主电路串联，欠电压脱扣器的线圈和电源并联。当电路发生短路或严重过载时，过电流脱扣器的衔铁吸合，使自由脱扣机构动作，主触点断开主电路。当电路过载时，热脱扣器的热元件发热使双金属片向上弯曲，推动自由脱扣机构动作。当电路欠电压时，欠电压脱扣器的衔铁释放，也使自由脱扣机构动作。分励脱扣器则作为远距离控制用，在正常工作时，其线圈是断电的，在需要距离控制时，按下启动按钮，使线圈通电，衔铁带动自由脱扣机构动作，使主触点断开。

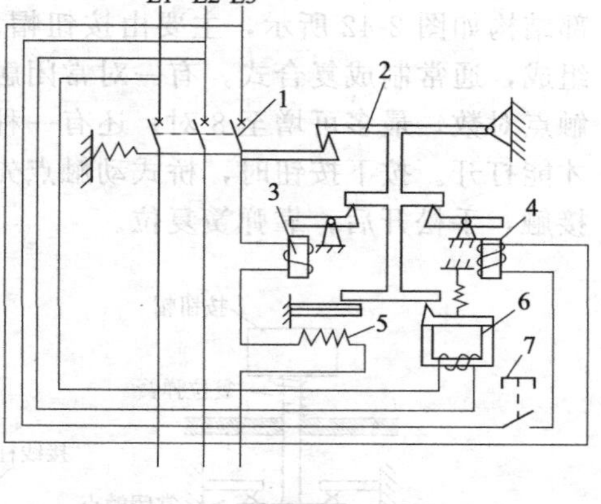

图 2-41　低压断路器工作原理图

1—主触点；2—自由脱扣机构；3—过电流脱扣器；4—分励脱扣器；5—热脱扣器；6—欠电压脱扣器；7—停止按钮

（2）低压断路器的选用

① 低压断路器的特性及技术参数　我国低压电器标准规定低压断路器应有下列特性参数。

a. 形式：包括相数、极数、额定频率、灭弧介质、闭合方式和分断方式。

b. 主电路额定值：主电路额定值包括额定工作电压，额定电流，额定短时接通能力，额定短时耐受电流。万能式断路器额定电流还分主电路的额定电流和框架等级的额定电流。

c. 额定工作制：断路器的额定工作制可分为8h工作制和长期工作制两种。

d. 辅助电路参数：断路器辅助电路参数主要为辅助触点特性参数。万能式断路器一般具有常开触点、常闭触点各3对，供信号装置及控制回路用；塑壳式断路器一般不具备辅助触点。

e. 其他：断路器特性参数除上述各项外，还包括脱扣器形式及特性、使用类别等。

② 断路器的选用　额定电流在600A以下，且短路电流不大时，可选用塑壳断路器；额定电流较大，短路电流也较大时，应选用万能式断路器。一般选用原则如下。

a. 断路器额定电流不小于负载工作电流。

b. 断路器额定电压不小于电源和负载的额定电压。

c. 断路器脱扣器额定电流不小于负载工作电流。

d. 断路器极限通断能力不小于电路最大短路电流。

e. 线路末端单相对地短路电流/断路器瞬时（或短路时）脱扣器整定电流不小于1.25。

f. 断路器欠电压脱扣器额定电压等于线路额定电压。

2.6 主令电器

主令电器用来闭合或断开控制电路，从而控制电动机的启动、停车、制动以及调速等。它可以直接用于控制电路，也可以通过电磁式电器间接作用于控制电路。在控制电路中，由于它是一种专门发布命令的电器，故称为主令电器。主令电器分断电流的能力较弱，因此不允许用于分合主电路。

2.6.1 控制按钮

控制按钮是一种结构简单、应用广泛的主令电器。在低压控制电路中，远距离操纵接触器、继电器等电磁式电器时，往往需要使用按钮开关来发出控制信号。

控制按钮的结构形式很多，可分为普通按钮式、蘑菇头式、自锁式、自复位式、旋柄式、带指示灯式、带灯符号式及钥匙式等，有单钮、双钮、三钮及不同组合形式。按钮的内部结构如图2-42所示，主要由按钮帽、复位弹簧、常开触点、常闭触点、接线柱、外壳等组成，通常制成复合式，有一对常闭触点和常开触点，有的产品可通过多个元件的串联增加触点对数，最多可增至8对；还有一种自持式按钮，按下后即可自动保持闭合位置，断电后才能打开。按下按钮时，桥式动触点先和上面的常闭静触点分离，然后和下面的常开静触点接触，手松开后，靠弹簧复位。

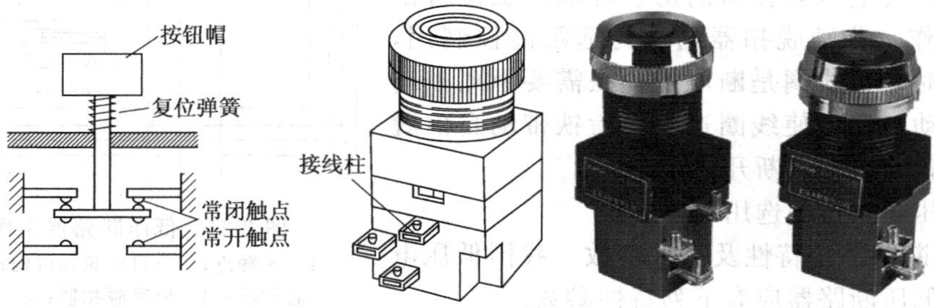

图2-42　按钮的内部结构及外形图

按钮的型号含义和电气符号如图 2-43 所示。

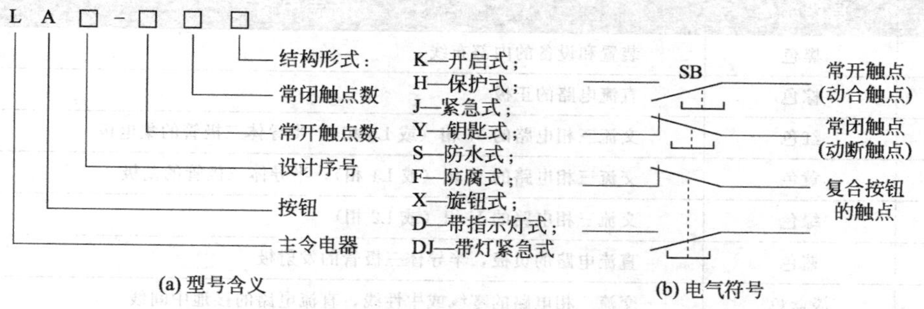

图 2-43　按钮的型号含义和电气符号

① 指示灯和按钮用色的统一规定，表 2-5 列出了指示灯的颜色及其含义。表 2-6 列出了按钮颜色及其含义。指示灯和按钮颜色的选择原则是按照指示灯被接通（发光、闪光）后所反映的信息来选色，或按钮被操作（按压）后所引起的功能来选色。另外还有形象化符号可供选用。控制按钮的主要参数有形式及安装孔尺寸，触点数量及触点的电流容量，在产品说明书中都有详细说明。控制按钮常用产品有 LAY 3、LAY6、LA20、LA25、LA101、LA38、NP1 系列等。国外进口及引进产品品种也很多，几乎所有大的国外低压电器厂商都有产品进入我国市场，并有一些新的品种，结构新颖。

表 2-5　列出了指示灯的颜色及其含义

颜色	含义	解释	典型应用
红色	异常情况或报警	当出现危险或需要及时处理的情况时用于报警	超温，短路故障
黄色	警示或警告	变量接近极限值或状态发生变化	温度值偏离正常值出现过载
绿色	准备好，安全	设备预备启动，处于安全运行状态	正常运行指示
蓝色	特殊指示	上述几种颜色未包括的任一种功能	选择开关处于指定位置
白色	一般信号	上述几种颜色未包括的其他功能	某种动作正常

表 2-6　按钮颜色及其含义

颜色	含义	典型应用
红色	发生危险的时候操作用	急停按钮
	停止，断开	设备的停止按钮
黄色	应急情况	非正常运行时的终止按钮
绿色	启动	开启按钮
蓝色	上述几种颜色未包括的任一种功能	
黑色 灰色 白色	其他任一功能	

② 用颜色来标记绝缘导体和裸导体的一般规定，表 2-7 列出了按照导线颜色标志电路的规定及其含义。为安全起见，除绿、黄双色外，不能用黄或绿与其他颜色组成双色。在不引起混淆的情况下，可以使用黄和绿之外的其他颜色组成双色。为便于区别，除绿、黄双色外，优先选用下列五种颜色：淡蓝、黑、棕、白、红。颜色标志可用规定的颜色或用绝缘导体的绝缘颜色标记在导体的全部长度上，也可标记在所选择的位置上。

表 2-7　按照导线颜色标志电路的规定

序号	导线颜色	标志电路
1	黑色	装置和设备的内部布线
2	棕色	直流电路的正极
3	红色	交流三相电路的 W 相（或 L3 相），半导体三极管的集电极
4	黄色	交流三相电路的 U 相（或 L1 相），半导体三极管的基极
5	绿色	交流三相电路的 V 相（或 L2 相）
6	蓝色	直流电路的负极，半导体三极管的发射极
7	淡蓝色	交流三相电路的零线或中性线，直流电路的接地中间线
8	黄绿	安全接地线

2.6.2　行程开关

行程开关又称位置开关或限位开关，其作用与按钮相同，只是其触点的动作不是靠手动操作，而是利用生产机械某些运动部件上的挡铁碰撞其滚轮使触点动作来接通或分断某些电路，使之达到一定的控制要求。行程开关被用来限制机械运动的位置或行程，使运动机械按一定位置或行程自动停止、反向运动或自动往返运动等。

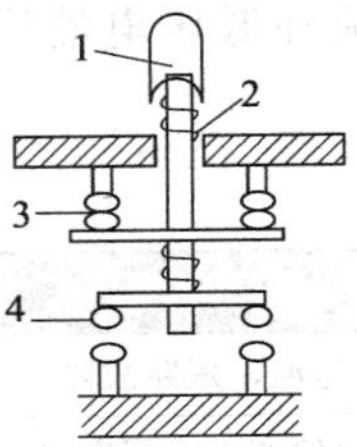

图 2-44　直动式行程开关动作原理示意图

1—顶杆；2—弹簧；3—常闭触点；4—常开触点

行程开关的基本结构可以分为三个主要部分：摆杆（操作机构）、触点系统和外壳。其结构形式多种多样，其中摆杆形式主要有直动式、杠杆式和万向式三种。触点类型有一常开一常闭、一常开二常闭、二常开一常闭、二常开二常闭等；动作方式可分为瞬动、蠕动、交叉从动式三种。行程开关的主要参数有形式、动作行程、工作电压及触点的电流容量。动作原理示意图如图 2-44 所示。图 2-45 为 LX 系列行程开关外形图。

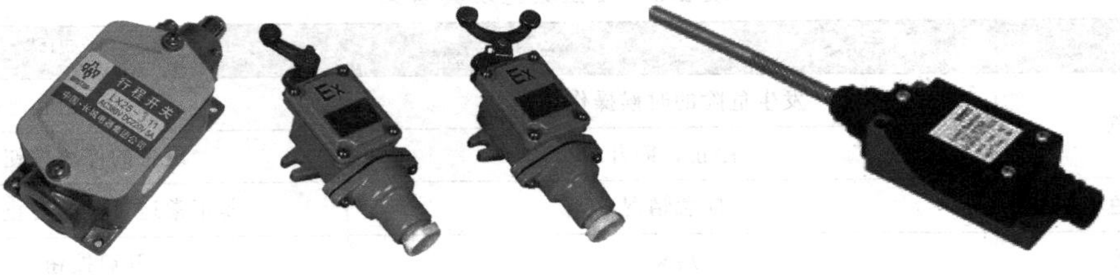

图 2-45　LX 系列行程开关外形图

2.6.3　转换开关

转换开关主要应用于低压断路操作机构的合闸与分闸控制、各种控制电路的转换、电压和电流表的换相测量控制、配电装置线路的转换和遥控等，是一种多挡式、控制多回路的主令电器。目前常用的转换开关类型主要有两大类：万能转换开关和组合开关。两者的结构和工作原理基本相似，在某些应用场合两者可相互替代。

万能转换开关是由多组相同结构的触点组件叠装而成。图 2-46 所示为万能转换开关结构示意图和外形图。在每层触点底座上均可装三对触点，并由触点底座中的凸轮经转轴来控

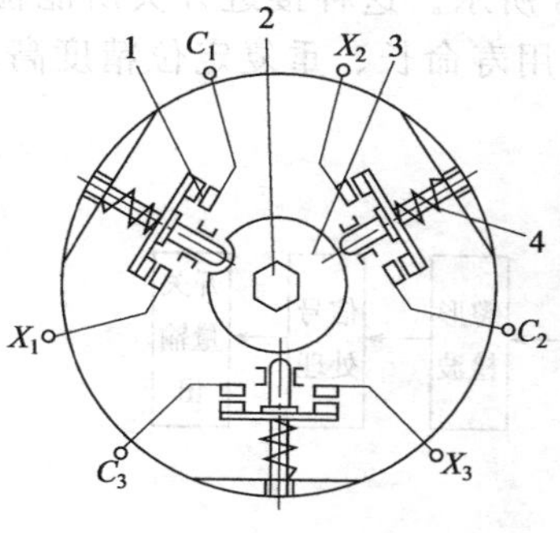

(a) 结构

(b) 外形图

图 2-46　万能转换开关结构示意图和外形图

1—触点；2—转轴；3—凸轮；4—触点弹簧

制这三对触点的通断。操作手柄，使转轴带动凸轮转动，当正对着凸轮上的凹口时触点闭合，否则断开。每层上的触点数根据型号的不同而不同，凸轮上的凹口数也不一定只有一个，这样用手柄将开关转至不同位置时，经凸轮的作用，可实现各层中的各触点按所规定的规律接通或断开，以适应不同的控制要求。

2.6.4　接近开关

接近开关是一种不必与运动部件进行机械接触就可以动作的位置开关，当物体与接近开关感应面的距离小于动作距离时，不需要机械接触及施加任何压力即可使开关动作，从而驱动交流或直流电器或给计算机装置提供控制指令。接近开关是开关型传感器（即无触点开关），它既有行程开关、微动开关的特性，又具有传感性能，且动作可靠，性能稳定，频率响应快，应用寿命长，抗干扰能力强并具有防水、防振、耐蚀等特点。在完成行程控制和限位保护方面，它完全可以代替机械式有触点行程开关。除此之外，它还可用作高频计数、测速、液面控制、零件尺寸检测、加工程序的自动衔接等的非接触式开关，在机床、纺织、印刷、塑料等工业生产中应用广泛。常用接近开关外形图如图 2-47 所示。

图 2-47　常用接近开关外形图

接近开关由感应头、高频振荡器、放大器和外壳组成。当运动部件与接近开关的感应头接近时，接近开关输出一个电信号。按工作原理来区分，有高频振荡型、电容型、感应电桥型、永久磁铁型、霍尔效应型等多种，其中最常用的是高频振荡型。常用的国产接近开关有3SG、LJ、CJ、SJ、AB 和 LXJO 系列等，另外，国外进口及引进产品也在国内应用广泛。

电感式接近开关属于一种有开关量输出的位置传感器，主要由高频振荡器、整形检波、信号处理和输出器几部分组成。其基本工作原理是：振荡器的线圈固定在开关的作用表面，产生一个交变磁场。当金属物体接近此作用表面时，该金属物体内部产生的涡流将吸取振荡器的能量，致使振荡器停振。振荡器的振荡和停振这两个信号，经整形放大后转换成二进制控制开关信号，并输出开关控制信号，如图 2-48 所示。这种接近开关所能检测的物体必须是金属导电体。接近开关具有工作稳定可靠、使用寿命长、重复定位精度高、操作频率高、动作迅速等优点，故应用越来越广泛。

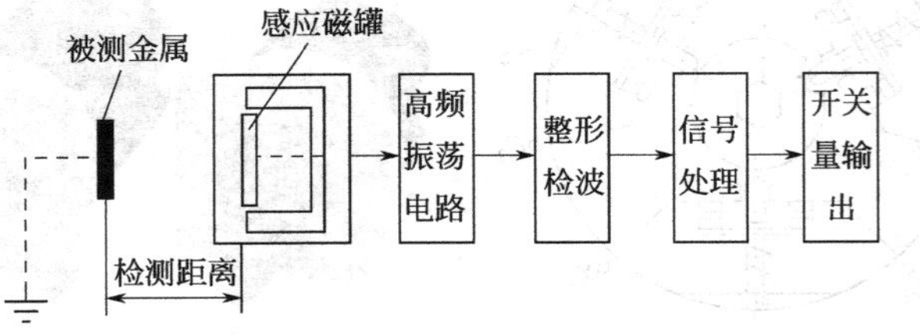

图 2-48　电感式接近开关工作流程框图

接近开关按供电方式可分为直流型和交流型，按输出形式又可分为直流两线制、直流三线制、直流四线制、交流两线制和交流三线制。两线制接近开关安装简单，接线方便，应用比较广泛，但有残余电压和漏电流大的缺点。直流三线式接近开关的输出有 NPN 和 PNP 两种，20 世纪 70 年代日本产品绝大多数是 NPN 输出，西欧各国 NPN，PNP 两种输出型都有。PNP 输出接近开关在 PLC 或计算机的控制中应用较多，NPN 输出接近开关在直流继电器控制中应用较多，在实际应用中要根据控制电路的特性选择其输出形式。

2.6.5　主令控制器

主令控制器是用来频繁地按顺序切换多个控制电路的主令电器。通过它的操作，可以对控制电路发布命令，与其他电路联锁或切换。常配合磁力启动器对绕线式异步电动机的启动、制动、调速及换向实行远距离控制，广泛用于起重机、轧钢机及其他生产机械的拖动电动机的控制系统中。主令控制器一般由外壳、触点、凸轮、转轴等组成，与万能转换开关相比，它的触点容量大些，操纵挡位也较多。主令控制器的动作过程与万能转换开关相类似，也是由一块可转动的凸轮带动触点动作。

主令控制器的结构示意图如图 2-49 所示。由图可见主令控制器是由转轴 1、凸轮块 3 与 4、动触点 8 及静触点 7、定位机构及手柄等组成。凸轮块 3 和 4 固定在方轴上，动触点 8 固定于能绕转轴 1 转动的支杆 5 上，当转动主令控制器的手柄时，会带动凸轮块 3 和 4 随之转动，当凸轮块的凸起部分转到与小轮 2 接触时，会推压小轮，使其推动支杆 5 向外张开，使动触点 8 离开静触点 7，将被控回路断开。当凸轮的凹陷部分与小轮 2 接触时，支杆 5 在反力弹簧作用下复位，使动、静触点闭合，从而接通被控回路。这样安装一串不同形状的凸轮，可使触点按一定顺序闭合与断开，从而实现一定的顺序控制要求。主令控制器的触点容量较小，由银质材料制成，并采用桥式结构，所以操作轻便，允许频繁操作频率较高。

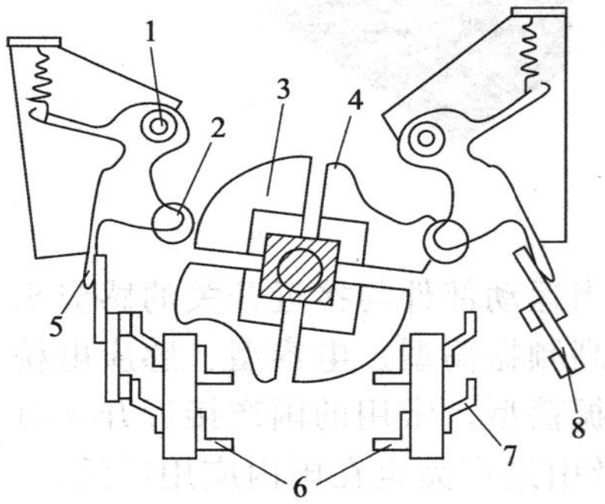

图 2-49　主令控制器结构示意图
1—转轴；2—小轮；3，4—凸轮块；5—支杆；6—接线柱；7—静触点；8—动触点

常用的主令控制器有 LK4、LK5 和 LK6 等系列。其中 LK4 系列主令控制器适用于交流 50Hz 电压至 380V 及直流电压至 220V 的电路中，为自动化传动装置中的控制元件。主令控制器可直接或经过减速器与操作机械连接而主令控制器触点根据操作机构的行程或转角按一定顺序闭合或断开。（也可借辅助电动机来驱动）。XLKT8 系列主令控制器——可调式主令控制器，适用于交流 380V 以下，直流 220V 以下，用于翻钢、拔钢、推钢、高炉上料、氧

枪提升、转炉倾动、轧机等设备，在机械传动装置中，作频繁转换控制电路，实现程序、顺序的限位、定位控制之用。图 2-50 所示为几种主令控制器外形图。

(a) LK1型　(b) LK4型　(c) XLKT8型

图 2-50　几种主令控制器外形图

2.7　控制变压器

当控制电路所用电器较多，线路较为复杂时，一般需采用变压器降压的控制电源，提高线路的安全可靠性。控制变压器主要根据所需变压器容量及一次侧，二次侧的电压等级来选择。控制变压器可根据下面两种情况来选择其容量。

(1) 依据控制电路最大工作负载所需要的功率计算

一般可根据下式计算

$$P_T \geqslant K_T \sum P_{XC} \tag{2-9}$$

式中，P_T 为所需变压器容量，V·A；K_T 为变压器容量储备系数，一般取 $K_T=1.1\sim1.25$；$\sum P_{XC}$ 为控制电路最大负载时工作的总功率，V·A。

显然对于交流电器（交流接触器、交流中间继电器及交流电磁阀线圈等），$\sum P_{XC}$ 应取吸持功率值。

(2) 变压器的容量应满足已吸合的电器在又启动吸合另一些电器时仍能吸合

可根据下面公式计算

$$P_T \geqslant 0.6\sum P_{XC} + 1.5\sum P_{sT} \tag{2-10}$$

式中，$\sum P_{sT}$ 为同时启动的电器的总吸持功率，V·A。

关于式中的系数说明：由于电磁继电器启动时负载电流的增加要下降，但一般在下降额定值的 20%时，所有吸合电器不释放，系数 0.6 就是从这一点考虑的。式中第二项系数 1.5 为经验系数，它考虑到各种电器的启动功率换算到吸持功率，以及电磁继电器在保证启动吸合的条件下，变压器容量只是该器件的启动功率的一部分等因素。最后所需变压器容量，应由以上两式中所计算出的最大容量决定。

2.8　熔断器

熔断器是当通过它的电流超过规定值达一定时间后，以它本身产生的热量使熔体熔化，从而分断电路的电器。熔断器的种类很多，结构也不同，主要有插入式熔断器、有/无填料封闭管式熔断器及快速熔断器等。通过熔体的电流与熔体熔化时间的关系称为熔化特性（亦称安秒特性)，它和热继电器的保护特性一样，都是反时限的。

选择熔断器，主要是熔断器的种类、额定电压、熔断器额定电流等级和熔体的额定电流。额定电压是根据所保护电路的电压来选择的。熔体电流的选择是熔断器选择的核心。

对于如照明线路等没有冲击电流的负载，应使熔体的额定电流等于或稍大于线路的工作电流 I，即

$$I_R \geqslant I \tag{2-11}$$

式中，I_R 为熔体额定电流。

对于一台异步电动机，熔体可按下列关系选择

$$I_R=(1.5\sim2.5)I_{nom} \text{ 或 } I_R=I_{st}/2.5 \tag{2-12}$$

式中，I_{nom}为电动机的额定电流；I_{st}为电动机的启动电流。

对于多台电动机由一个熔断器保护，熔体按下列关系选择

$$I_R \geqslant I_m/2.5 \tag{2-13}$$

式中，I_m 为可能出现的最大电流。如果几台电动机不同时启动，则 I_m 为容量最大一台电动机启动电流，加上其他各台电动机启动的额定电流。

例如，两台电动机不同时启动，一台电动机额定电流为 14.6A，一台额定电流为 4.64A，启动电流都为额定电流的 7 倍，则熔体电流为

$$I_R \geqslant (14.6\times7+4.64)/2.5=42.7(\text{A}) \tag{2-14}$$

可选用 RL1-60 型熔断器，配用 50A 的熔体。

2.9 智能电器

随着微电子技术、计算机与信息技术的发展，电器及装置智能化得到了加速发展，使得电器及装置具有自诊断、记忆功能，自动化程度及可靠性有了较大提高，而且还扩充了测量、显示、控制、参数设定、报警、数据记忆及网络通信等功能，能与中央控制计算机进行双向通信，组成监控、保护与信息传递的网络系统。

(1) 软启动器

笼型异步电动机传统的减压启动方式有星-三角启动、自耦减压启动、电抗器启动等。这些启动方式都属于有级减压启动，存在明显缺点，即启动过程中出现二次冲击电流。软启动器可以解决电动机启动时常见的一些问题：如启动电流太大，引起开关跳闸；启动时造成电网电压突降引起其他设备运行；启动时超过用电的适配容量；负载不允许突然加大力矩和加速太快；损坏易碎的负载；损坏机械传动系统（如传送带、齿轮等）；启动电流过大造成电动机烧毁等。交流电动机的软启动方式能够有效地减小电动机启动时对传动系统的破坏，消除电动机启动时产生的振荡，能减轻传动系统的启动冲击，大大缩短电动机启动电流的冲击时间，减小对电动机的热冲击负荷及对电网的影响，从而达到节约电能并延长电动机的工作寿命。软启动特别适用于经常处于轻载状态的三相交流异步电动机的降压启动和节能运行。

图 2-51 所示为软启动器工作原理图。软启动设备的功率部分由 3 对正反并联的晶闸管组成，它由电子控制线路调节加到晶闸管上的触发脉冲的角度，以此来控制加到电动机上的电压，使加到电动机上的电压按某一规律慢慢达到全电压。通过适当设置控制参数，可以使电动机的转矩和电流与负载要求得到较好的匹配。软启动器还有软制动、节电和各种保护功能。图 2-52 为 Sinoco-SS2 系列软启动控制器的外形图，它是采用微电脑控制技术，专门为各种规格的三相异步电动机设计的软启动和软停止控制设备。该系列软启动控制器覆盖了 15～315kW 的异步电动机，应用于冶金、石油、消防、矿山、石化等领域的电机传动设备。

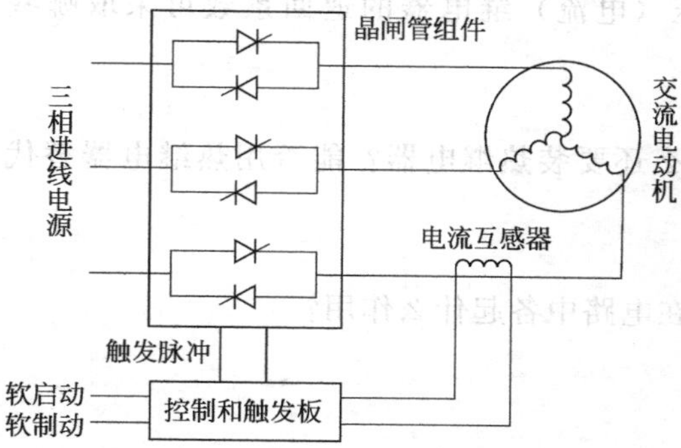

图 2-51　软启动器工作原理图

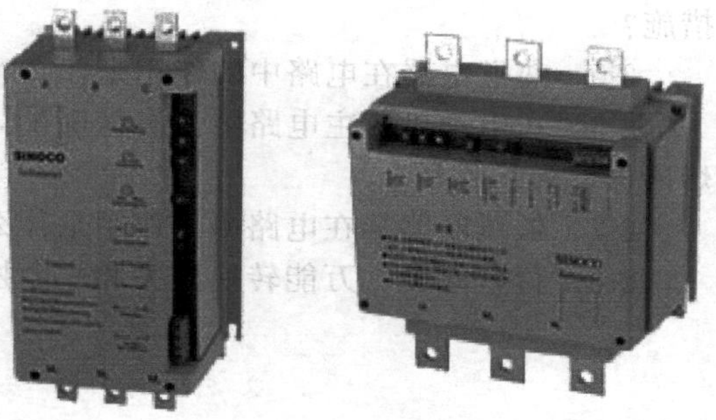
图 2-52　Sinoco-SS2 系列软启动控制器的外形图

（2）智能型断路器

智能型断路器是指具有智能化控制单元的低压断路器。

智能型断路器与普通断路器一样，也有基本框架（绝缘外壳）、触点系统和操作机构，所不同的是普通断路器上的脱扣器现在换成了具有一定人工智能的控制单元。这种智能型控制单元的核心是具有单片计算机功能的微处理器，其功能不但覆盖了全部脱扣器的保护功能（如短路保护、过流过热保护、漏电保护、缺相保护等），而且还能够显示电路中的各种参数（电流、电压、功率、功率因素等），扩充了测量、控制、报警、数据记忆及传输、通信等功能，其性能大大优于传统的断路器产品。

智能化断路器原理框图如图 2-53 所示。单片机对各路电压和电流信号进行规定的检测。当电压过高或过低时发出缺相脱扣信号。当缺相功能有效时，若三相电流不平衡超过设定值，发出缺相脱扣信号，同时对各相电流进行检测，根据设定的参数实施三段式（瞬动、短延时、长延时）电流热模拟保护。

智能化电器还有很多，例如智能型接触器、继电器以及智能型电动机保护控制器和智能型成套电控装置等。一个智能电器可实现传统意义上的几个电器产品的功能，多功能化是智能化产品的特点。近年来现场总线技术的出现，促进了传统电器进一步向智能化方向发展，使智能电器进一步实现信息化，在现场级实现 Internet/Intranet 功能，对现场的智能电器进行远程在线控制、编程和组态等，这使智能化电器进入了信息电器的新时代。

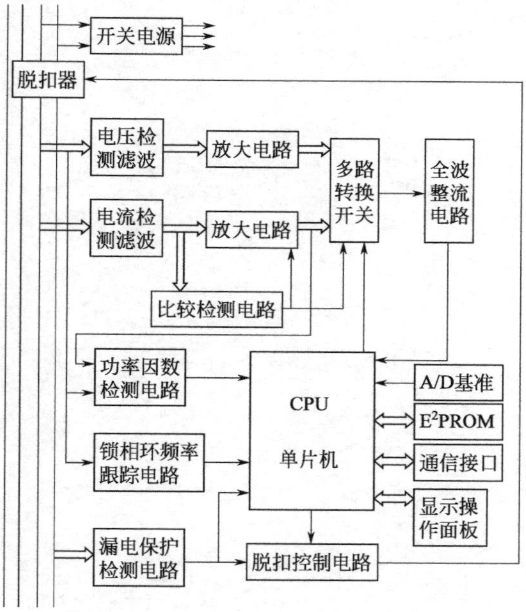

图 2-53　智能化断路器原理框图

习题与思考题

2-1　交流接触器和直流接触器能否互换使用？为什么？

2-2　在低压电器中常用的熄弧方法有哪些？

2-3　什么是电磁式电器的吸力特性与反力特性？

2-4　什么是继电器的返回系数？要提高电压（电流）继电器的返回系数可采取哪些措施？

2-5　热继电器在电路中的作用是什么？

2-6　在电动机的主电路中装有熔断器，为什么还要装热继电器？能否用热继电器替代熔断器起保护作用？

2-7　低压断路器在电路中的作用是什么？

2-8　行程开关、万能转换开关和主令控制器在电路中各起什么作用？

第3章 机械电气控制的基本电路

3.1 电器控制电路的绘制原则

电气控制系统是由许多电器元件按照一定要求连接而成的。电气线路根据电流和电压的大小可分为主电路和控制电路。主电路是流过大电流或高电压的电路，如机床主轴电动机所在的电路；控制电路是流过小电流或低电压的电路，如接触器和继电器的线圈所在电路以及耗能低的保护电路、联锁电路。为了表达机械设备电气控制系统的结构、原理等设计思路，同时也为了便于电气系统的安装、调整、使用和维修，需要将电气控制系统中各电器元件及其连接，用一定图形表示出来，这种图就是电气控制系统图。电气控制系统图就是指根据国家电气制图标准，用规定的电气符号、图线来表示系统中各电气设备、装置、元器件的连接关系的电气工程图。它不像机械图那样必须严格按机件的位置进行布局，而是可根据具体情况灵活多样地绘制。要读懂机械设备电气图样，必须了解机械设备电气制图与识图方法，掌握这种工程语言。

电气图通常包括：系统图和框图、电气原理图、电器元件布置图、电气安装接线图等。国家标准 GB/T 6988—1993～2002《电气制图》规定了电气技术领域中各种图的编制方法，如系统图和框图、电路图、接线图和接线表、功能表图与逻辑图等。

3.1.1 电气图的图形符号、文字符号及接线端子标记

在保证图面布局紧凑、清晰和使用方便的原则下选择图纸幅面尺寸，按国家标准 GB/T 14689—1993 规定，图纸幅面尺寸及其代号如表 3-1 所示。应优先选用 A4～A0 号幅面尺寸，若需要加长的图纸，可采用 A4×5～A3×3 的幅面，如果上述所列幅面仍不能满足要求，可按照 GB/T 14689—2008《技术制图　图纸幅面和格式》的规定加大幅面。

表 3-1　电气图幅面尺寸及其代号　mm

代号	尺寸	代号	尺寸
A0	841×1189	A3×3	420×891
A1	594×841	A3×4	420×1189
A2	420×594	A4×3	297×630
A3	297×420	A4×4	297×841
A4	210×297	A4×5	297×1051

（1）图形符号

所有图形符号应符合 GB 4728—1996～2000《电气简图用图形符号》的规定。当 GB 4728 给出几种形式时，应尽可能采用优选形式；在满足需要的前提下，尽量采用最简单的形式；在同一图号的图中使用同一种形式。上述标准示出的符号方位在不改变符号含义的前提下，可根据图面布置的需要旋转或镜像放置，但文字和指示方向不得倒置。常用的电气图形符号、文字符号如表 3-2 所示。

表 3-2　常用电气图形符号、文字符号表

名称		图形符号	文字符号
一般三极电源开关		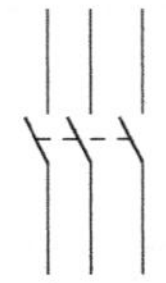	QS
低压断路器		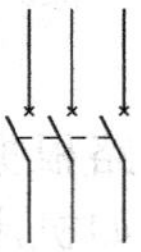	QF
行程开关	常闭触点		SQ
	复合触点	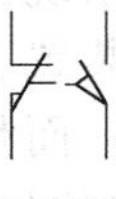	
按钮	启动	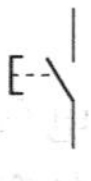	SB
	停止	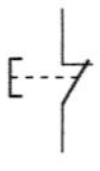	
	复合	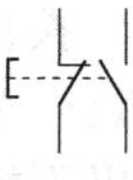	
热继电器	热元件	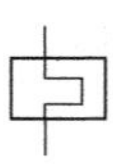	FR
	常闭触点		
熔断器式负荷开关			QM

名称		图形符号	文字符号
接触器	线圈	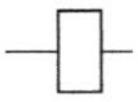	KM
	主触点	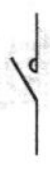	
	常开辅助触点		
	常闭辅助触点		
速度继电器	常开触点	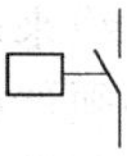	KS
	常闭触点	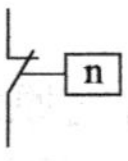	
熔断器			FU
熔断器式刀开关			QS
熔断器式隔离开关			
转换开关		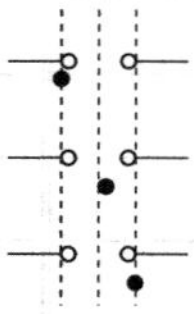	SA

名称			图形符号	文字符号
继电器	线圈		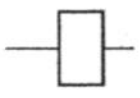	K KV KI KA
	常开触点			
	常闭触点		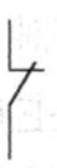	
时间继电器	得电延时型	线圈	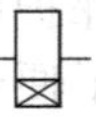	KT
		常闭触点	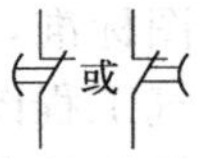	
		常开触点	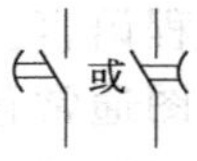	
	失电延时型	线圈	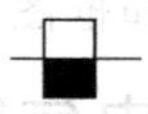	
		常开触点		
		常闭触点	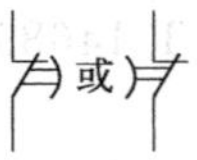	
	瞬时触点	常开触点		
		常闭触点		

续表

名称	图形符号	文字符号	名称	图形符号	文字符号
桥式整流装置	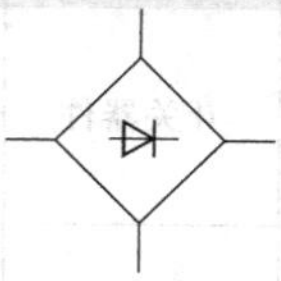	VC	三相笼型异步电动机		M
蜂鸣器	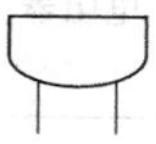	H	单相变压器	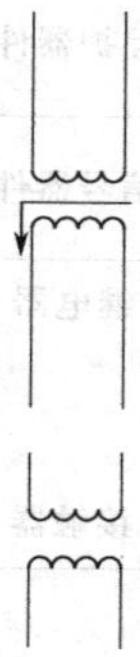	T
信号灯	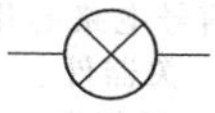	HL	整流变压器		
电阻器	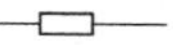	R	照明变压器		
接插器		X	控制电路电源用变压器		TC
电磁铁	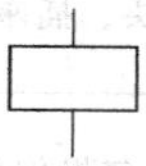	YA	直流发电机		G
直流串励电动机	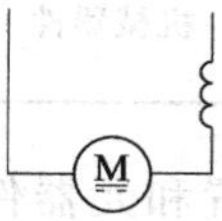	M	接近开关动合触点	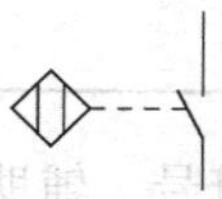	K
直流并励电动机	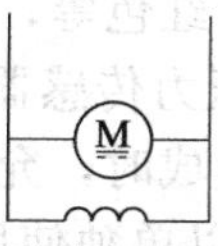		接近敏感开关动合触点	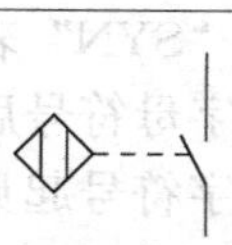	K

(2) 文字符号

电气图中的文字符号应符合 GB 7159—1987《电气技术中的文字符号制订通则》。该标准规定的文字符号适用于电气技术领域中技术文件的编制，也可表示在电气设备、装置和元器件上或其近旁，以标明电气设备、装置和元器件的名称、功能、状态和特征。文字符号分为基本文字符号和辅助文字符号。

① 基本文字符号　基本文字符号用以表示电气设备、装备、元器件以及线路的基本名称和特性。基本文字符号有单字母符号与双字母符号两种。

a. 单字母符号是按拉丁字母将各种电气设备，装置和元器件划分为 23 大类，每一大类用一个专用单字母符号表示。如“C”表示电容器类，“R”表示电阻器类，“Q”表示电力电路的开关器件等。

b. 双字母符号是由一个表示种类的单字母符号与另一字母组成，其组合形式应以单字母符号在前、另一字母在后的次序列出。只有当用单字母符号不能满足要求、需要将大类进一步划分时，才采用双字母符号，以便较详细和更具体地表述电气设备、装置和元器件。如“F”表示保护器件类，而“FU”表示熔断器，“FR”表示具有延时动作的限流保护器件，“FV”表示限压保护器件等。表 3-3 为电气技术中常用的基本文字符号。

表 3-3　电气技术中常用的基本文字符号

基本文字符号		项目种类	设备、装置、元器件举例	基本文字符号		项目种类	设备、装置、元器件举例
单字母	双字母			单字母	双字母		
A	AT	组件部件	抽屉柜	Q	QF QM QS	开关器件	断路器 电动机保护开关 隔离开关
B	BP BQ BT BV	非电量到电量变换器或电量到非电量变换器	压力变换器 位置变换器 温度变换器 速度变换器	R	RP RT RV	电阻器	电位器 热敏电阻器 压敏电阻器
F	FU FV	保护器件	熔断器 限压保护器件	S	SA SB SP SQ ST	控制、记忆、信号电路的开关器件、选择器	控制开关 按钮开关 压力传感器 位置传感器 温度传感器
H	HA HL	信号器件	声响指示器 指示灯	T	TA TC TM TV	变压器	电流互感器 电源变压器 电力变压器 电压互感器
K	KA KP KR KT KM	继电器 接触器	瞬时接触继电器 交流继电器 中间继电器 有/无延时继电器 接触器	X	XP XS XT	端子、插头、插座	插头 插座 端子板
P	PA PJ PS PV PT	测量设备 实验设备	电流表 电能表 记录仪 电压表	Y	YA YV YB	电气操作的机械器件	电磁铁 电磁阀 电磁离合器

② 辅助文字符号　辅助文字符号是用以表示电气设备、装置和元器件以及线路的功能、状态和特征的。如“SYN”表示同步，“L”表示限制，“RD”表示红色等，辅助文字符号也可放在表示种类的单字母符号后边组成双字母符号，如“SP”表示压力传感器，“YB”表示电磁制动器。为简化文字符号起见，若辅助文字符号由两个以上字母组成时，允许只采用其第一位字母进行组合，如“MS”表示同步电动机等。辅助文字符号还可以单独使用，如“ON”表示接通，“M”表示中间线，“PE”表示保护接地等。表 3-4 为电气技术中常用的辅助文字符号。

③ 文字符号组合　新的文字符号的组合形式一般为“基本符号＋辅助符号＋数字符号”。用于说明同一类电气设备、电气元件的不同编号。例如，第一个时间继电器，其符号为 KT1；第二组熔断器，其符号为 FU2。

④ 补充文字符号的原则　当规定的基本文字符号和辅助文字符号如不够使用，可按国家标准中规定的文字符号组成规律和下述原则予以补充。

a. 在不违背 GB 7159—1987 标准编制原则的条件下，可采用国际标准中规定的电气技术文字符号。

b. 在优先采用标准中规定的单字母符号、双字母符号和辅助文字符号前提下，可补充未列出的双字母符号和辅助文字符号。

c. 文字符号应按有关电气名词术语国家标准或专业标准中规定的英文术语缩写而成。基本文字符号不得超过两位字母，辅助文字符号一般不能超过三位字母。

d. 因拉丁字母“I”“O”易同阿拉伯数字“1”和“0”混淆，因此，不允许单独作为文字符号使用。

e. 文字符号的字母采用拉丁字母大写正体字。

表 3-4　电气技术中常用的辅助文字符号

序号	文字符号	名称	序号	文字符号	名称	序号	文字符号	名称
1	A	电流	23	F	快速	45	PEN	中性线共用
2	A	模拟	24	FB	反馈	46	PU	不接地保护
3	AC	交流	25	PW	正，前	47	R	右
4	A、AUT	自动	26	GN	绿	48	R	反
5	ACC	加速	27	H	高	49	RD	红
6	ADD	附加	28	IN	输入	50	R、RST	复位
7	ADJ	可调	29	INC	增	51	RES	备用
8	AUX	辅助	30	IND	感应	52	RUN	运转
9	ASY	异步	31	L	左	53	S	信号
10	B、BRK	制动	32	L	限制	54	ST	启动
11	BK	黑	33	L	低	55	S、SET	置位、定位
12	BL	蓝	34	W	主	56	STE	步进
13	BW	向后	35	M	中	57	STP	停止
14	CW	顺时针	36	M	中间线	58	SYN	同步
15	CCW	逆时针	37	M、MAN	手动	59	T	温度
16	D	延时	38	N	中性线	60	T	时间
17	D	差动	39	OFF	断开	61	TE	防干扰接地
18	D	数字	40	ON	闭合	62	V	真空
19	D	降	41	OUT	输出	63	V	速度
20	DC	直流	42	P	压力	64	V	电压
21	DEC	减	43	P	保护	65	WH	白
22	E	接地	44	PE	保护接地	66	YE	黄

（3）接线端子标记

接线端子标记是指用以连接器件和外部导电件的标记。主要用于基本件（如电阻器、熔断器、继电器、变压器、旋转电动机等）和这些器件组成的设备（如电动机控制设备）的接线端子标记，也适用于执行一定功能的导线线端（如电源接地、机壳接地等）的识别。根据GB/T 4026—1992《电器设备接线端子和特定导线线端的识别及应用字母数字系统的通则》规定。

交流系统三相电源导线和中性线用L1、L2、L3、N标记。直流系统电源正、负极导线和中间线用 L_+、L_-、M标记。保护接地线用PE标记。接地线用L标记。

带6个接线端子的三相电器，首端分别用U1、V1、W1标记；尾端用U2、V2、W2标记；中间抽头用U3、V3、W3标记。

对于同类型的三相电器，其首端或尾端在字母U、V、W前冠以数字来区别，即1U1、1V1、1W1与2U1、2V1、2W1来标记两个同类三相电器的首端，而1U2、1V2、1W2与2U2、2V2、2W2为其尾端标记。

控制电路接线端采用阿拉伯数字编号，一般由三位或三位以下的数字组成。标注方法按“等电位”原则进行，在垂直绘制的电路中，标号顺序一般由上而下编号，凡是被线圈、绕组、触点或电阻、电容等元件所间隔的线段，都应标以不同的电路标号。

3.1.2 电路图的布局

电路通常是由电源、负载、控制元件和连接导线四部分组成的。如把各种电源设备、负载设备和控制设备都看成元件，则各种电气元件和连接线就构成电路。电气图的主要表达内容就是元件和连接线。

(1) 图线的布局

电气图的图线用于表示导线、信号通路、连接线等，一般应为直线，即横平竖直，尽可能减少交叉和弯折。图线的布局方法有以下几种。

① 水平布局 水平布局是将设备和元件按行布置，使其连接线成水平布置。

② 垂直布局 垂直布局是将设备和元件按列布置，使其连接线成垂直布置。

③ 交叉布局 交叉布局是为了将相应的电路、元件对称布置，采用连接线交叉的方式进行布置。

(2) 电路或元件的布局

在电气图中，电路或元件布局的有两种方法。

① 功能布局法 功能布局法是指图中元件符号的布局只考虑便于表达其功能关系，而不考虑实际位置的布局方法。它将表达对象的不同功能部分划分为若干组，按照因果关系、动作顺序、功能联系等从左到右或从上到下进行布局。大部分电气图都采用该布局方法，如系统图、框图、电路图、功能图、逻辑图等。

② 位置布局法 位置布局法是指图中对元件符号的布局与其实际位置对应一致的布局方法。如接线图、电缆配置图等都是采用该方法，这样可以清晰表示各元件的相对位置和导线的走向及连接关系。

(3) 电气元件表示方法

电气元件在电气图中通常采用图形符号来表示，一个元件在电气图中完整图形符号的表示方法有：集中表示法、半集中表示法、分开表示法。

① 集中表示法是把设备或成套装置中一个项目各组成部分的图形符号在电气图上绘制在一起的方法。其项目的各组成部分用机械连接线（虚线）相互连接起来，连接线必须是一条直线。这种表示法只适用于简单的电路图。

② 半集中表示法是把一个项目中某些部分的图形符号在电气图中分开布置，并用机械连接符号把它们连接起来。半集中表示法中机械连接线可以弯曲、分支和交叉。

③ 分开表示法是把一个项目中某些部分的图形符号在电气图中分开布置，并用项目代号表示它们之间的关系，也称为展开法。由于分开表示法省去了项目各部分的机械连接线，因而查找各组成部分就比较困难。为了看清电气元件和设备各组成部分，还应表示出其在图中的位置。

3.1.3 电气原理图

电气原理图又称电路图，是按工作顺序用图形符号排列，详细表示电路、设备或成套装置的全部基本组成和连接关系，而不考虑其大小和实际位置的一种电气图。通常它是在系统图和框图基础上，采用图形符号并按功能布局绘制的，具有结构简单、层次分明、适合研究、分析电路的工作原理等优点，所以在设计部门和生产现场都得到了广泛的应用。电气原理图的用途是：详细理解电路、设备或成套装置及其组成部分的作用原理；为测试和寻找故障提供信息；作为编制接线图的依据。

电器原理图的绘制原则如下。

① 图上位置的表示法：在电路图的绘制中，当继电器或断路器之类的驱动部分与被驱

动部分机械联动的器件使用分开表示法绘制时，为了能迅速找到元器件的各个部分，也需要借助各部分在图上位置的说明或注释。图上位置的表示法有坐标法、电路编号法和表格法。

② 原理图中，各电器元件不画实际的外形图，而采用国家统一规定的电器元件的标准图形符号，标注也要用国家统一规定的文字符号。

③ 原理图分主电路和辅助电路两部分，如图 3-1 所示。主电路就是从电源到电动机，流过大电流的电路，主要包括开关、熔断器、接触器主触点、热继电器、电动机等，完成电动的启动、正反转、制动、调速等，通常接入 380V 交流电。辅助电路包括控制电路、照明电路、信号电路及保护电路。其中控制回路是小电流电路，它主要由继电器和接触器的线圈、主令电器、继电器触点、接触器的辅助触点及控制变压器等组成，实现启动、正反转、制动、调速基本逻辑控制，控制回路通常使用 220V、110V 交流电，或 24V 直流电。照明和指示回路用于工作状态指示和工作照明，主要由电源变压器、指示灯、照明灯、照明开关等组成。照明回路通常是 36V 交流电，指示回路通常是 6.3V 交流电等。

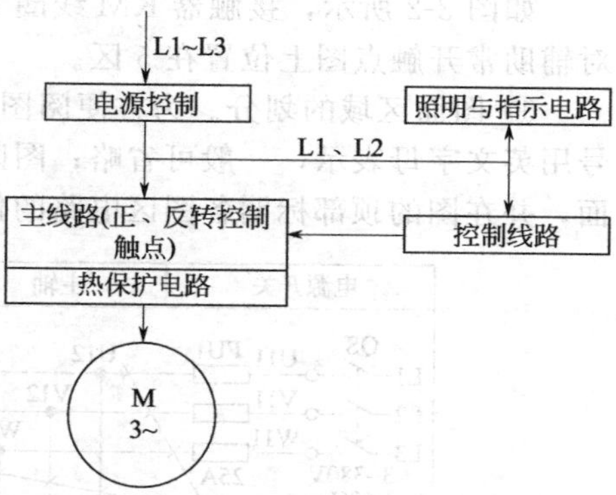

图 3-1　电气控制原理图的主要组成

④ 控制电路的分支电路，原则上按动作顺序和信号流自上而下或从左到右的原则绘制，可水平布置或垂直布置。电路图应按主电路、控制电路、照明电路、信号电路分开绘制。直流和单相电源电路用水平线画出，一般画在图样上方，相序自上而下排列。中性线（N）和保护接地线（PE）放在相线之下。主电路与电源电路垂直画出。控制电路与信号电路垂直画在两条水平电源线之间。耗电元件（如电器的线圈、电磁铁、信号灯等）直接与下方水平线连接。控制触点连接在上方水平线与耗电元件之间。当图形垂直放置时，各元器件触点图形符号以“左开右闭”绘制。当图形为水平放置时以“上闭下开”绘制。其触点动作的方向是从下向上由左到右。

⑤ 在原理图中，各个电器元件和部件在控制电路中的位置，可根据便于读图的原则安排，不必按实际位置画，同一电器元件的各个部件可以不画在一处。

⑥ 原理图中所有电器触点，都按没有通电和没有外力作用时的状态画出。对于继电器、接触器的触点，按吸引线圈不通电时的状态画出；控制器的手柄按处于零位时的状态画出；按钮、行程开关触点按不受外力作用时的状态画出。

⑦ 应尽量减少线条数量，避免线条交叉，其相交处与折弯处应成直角。电路图中的图线可以水平布置，也可以垂直布置。有直接电联系的交叉导线连接点，要用黑色圆点表示。

⑧ 在电路图上应标出各个电源电路的电压值、极性、频率及相数，对某些元器件还应标注其特性（如电阻、电容的数值等），不常用的电器（如位置传感器、手动开关等）还要标注其操作方式和功能等。

⑨ 在继电器、接触器线圈下方均列有触点表以说明线圈和触点的从属关系，即“符号位置索引”，即在相应线圈的下方，给出触点的图形符号（有时也可省去），对未使用的触点用“×”表明（或不作表明）。

接触器和继电器相应触点的索引如表 3-5 所示。

表 3-5　接触器和继电器相应触点的索引

器件	左栏	中栏	右栏
接触器 KM	主触点所在图区号	辅助常开触点所在图区号	辅助常闭触点所在图区号
继电器 K	常开触点所在图区号	—	常闭触点所在图区号

如图 3-2 所示，接触器 KM 线圈下的触点用表格表示，三对主触点图上位置在 2 区，一对辅助常开触点图上位置在 5 区。

⑩ 图面区域的划分。为方便阅图，在电路图中可将图幅分成若干个图区，图区行的代号用英文字母表示，一般可省略；图区列的代号用阿拉伯数字表示，其图区编号写在图的下面，并在图的顶部标明各图区电路的作用。CW6132 型车床电路图如图 3-2 所示。

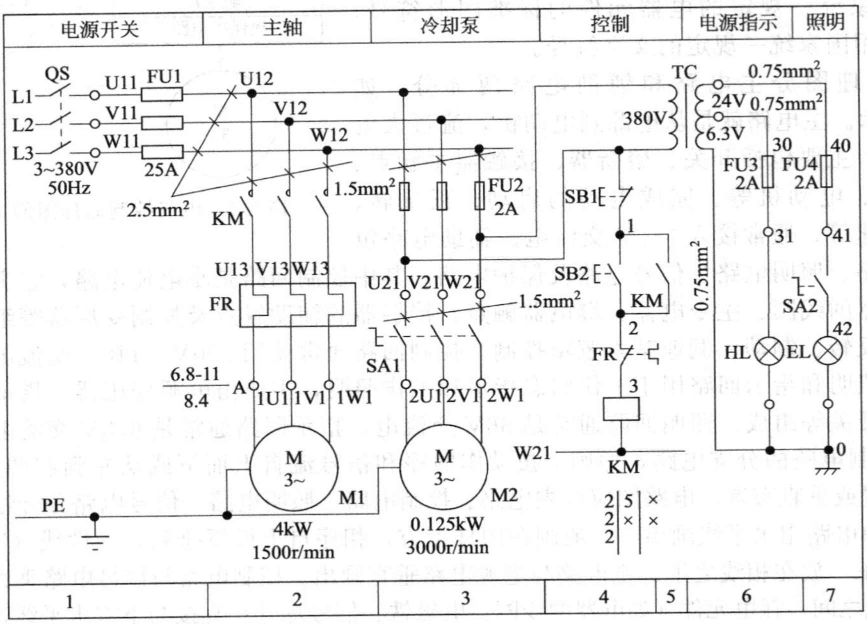

图 3-2　CW6132 型车床电路

⑪ 电源的表示法：可用图形符号表示，也可用线条和＋、－、L1、L2、L3 等文字符号表示。所有的电源线应集中绘制在电路图一侧的上部或下部。多相电源电路宜按顺序从上至下或从左至右排列。中性线应绘制在相线的下方或右方。

⑫ 电路图的简化方法：在电路图中，为了使图面更简洁，使绘图、识图及改图简单方便，可对一些常用的电路图进行简化处理。

a. 并联电路。在许多个相同电路并联时，只需画出其中一条支路，而不必画出所有支路，但在画出的支路上必须标上公共连接符号、并联的支路数以及各支路的全部项目代号。

b. 相同的电路。在电气图中部分相同电路重复出现时，仅需要详细表示出其中一个，其余的电路可用适当的说明代替。

c. 功能单元。当需要在图中表示某一部分为功能单元、结构单元或项目组时，可用点画线围框表示，围框不应与元器件符号相交。如果在所表示的一个单元围框内含有不属于本单元的元器件图形符号时，则可对这些元器件符号加双点画线围框，并加注代号或注释。

3.1.4　电器元件布置图

机械设备电器元件布置图表示各种电气设备在机床设备和电气控制柜中的实际安装位置，为机械设备的制造、安装、维修提供必要的资料。电器布置图可按电器控制系统的复杂程度集中绘制或单独绘制。在绘制此类图形时，机床轮廓线用细实线或点画线表示，所有能见到的及需要表示清楚的电器设备，均用粗实线绘制出简单的外形轮廓。各电器元件都要按照在安装底板（或电气控制箱、控制柜）中的实际安装位置绘出；元件所占据的面积按它的实际尺寸依照适当的比例绘制；一个元件的所有部件应画在一起，并用虚线框起来。各电器元件之间的位置关系视安装底板的面积大小、长宽比例及连接线的顺序来决定，并要注意不能违反安装规程。各电器元件的安装位置是由机床结构和工作要求决定的，如电动机要和被拖动的机械部件在一起，行程开关应放在要取得信号的地方，操作元件放在操作方便的地方，一般电器元件放在电气控制柜内。电器元件布置图详细绘制出电气设备、零件的安装位置。绘制电器元件布置图时要遵循以下原则。

① 在一个完整的自动控制系统中，由于各种电器元件所起的作用不同，各自安装的位置也不同。因此，在进行电器元件布置图绘制之前应根据电器元件各自安装的位置划分各组件。

根据机械设备的工作原理和控制要求，将控制系统划分为几个组成部分称为部件；根据电气设备的复杂程度，每一部分又可划分为若干组件。同一组件内，电器元件的布置应满足以下原则。

a. 体积大和较重的元件应安装在电器板的下面，发热元件应安装在电器板的上面。

b. 强电与弱电分开应注意弱电屏蔽，防止外界干扰。

c. 需要经常维护、检修、调整的电器元件，安装位置不宜过高或过低。

d. 电器元件的布置应考虑整齐、美观、对称。结构和外形尺寸较类似的电器元件应安装在一起，以利于加工、安装、配线。

e. 各种电器元件的布置不宜过密，要有一定的间距。

② 各种电器元件的位置确定之后，即可以进行电器元件布置图的绘制。电器元件布置图根据电器元件的外形进行绘制，并要求标出各电器元件之间的间距尺寸。其中，每个电器元件的安装尺寸（即外形大小）及其公差范围应严格按其产品手册标准进行标注，以作为安装底板加工依据，保证各电器元件的顺利安装。

③ 在电器元件的布置图中，还要根据本部件进出线的数量和采用导线的规格，选择进出线方式及适当的接线端子板或接插件，按一定顺序在电器元件布置图中标出进出线的接线号。为方便施工，在电器元件的布置图中往往还留有10%以上的备用面积及线槽位置。

图 3-3 所示为 CW6132 型车床控制盘电器布置示意图，图 3-4 所示为 CW6132 型车床电气设备安装位置图。图中各电器代号应与有关电路和电器清单上所有元器件代号相同。

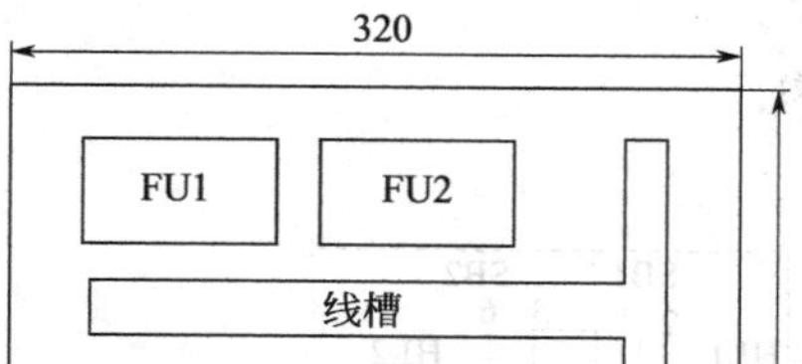

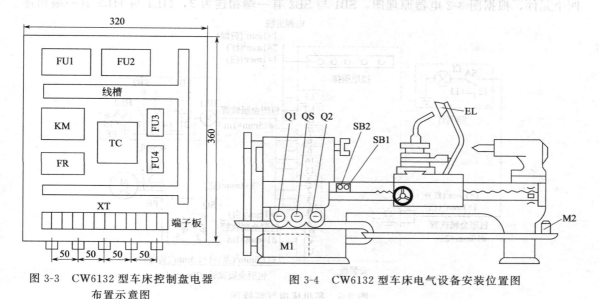

图 3-3　CW6132 型车床控制盘电器布置示意图

图 3-4　CW6132 型车床电气设备安装位置图

3.1.5 电器安装接线图

电器控制电路安装接线图，是为了安装电器设备和电器元件进行配线或检修电器故障服务的。安装图中可以显示出电器设备中各元件的空间位置和接线情况，它可在安装或检修时对照原理图使用。它是依照电器位置布置的合理性和经济性的原则安排的。对于某些较为复杂的电器设备，电器安装板上元件较多时，还可画出安装板的接线图。对于简单设备，仅画出接线图就可以了。实际工作中，接线图常与电器原理图结合起来使用。绘制安装接线图时应具体遵循以下原则。

① 各电器元件用规定的图形、文字符号绘制，各电器元件的相对位置应与实际安装的相对位置一致。各电器元件按其实际外形尺寸以统一比例绘制。

② 同一电器元件的各部件必须画在一起，并用点画线框起来。

③ 各电器元件上凡需接线的端子均应予以编号，并且要与电气原理图中的导线编号一致。

④ 在接线图中，所有电器元件的图形符号、各接线端子的编号和文字符号必须与原理图中的一致，且符合国家的有关规定。

⑤ 电气安装接线图一律采用细实线。成束的接线可用一条实线表示。接线很少时，可直接画出电器元件间的接线方式；接线很多时，接线方式用符号标注在电器元件的接线端，标明接线的线号和走向，可以单线画出或者不画出两个元件间的接线。

⑥ 安装底板内外的电器元件之间的连线需通过接线端子板进行，并按电气原理图进行接线连接。

⑦ 在接线图中应当标明配线用的电线型号、规格、标称截面。穿管或成束的接线还应标明穿管的种类、内径、长度等及接线根数、接线编号。

⑧ 注明有关接线安装的技术条件。

图 3-5 表明了该电器设备中电源进线、按钮板、照明灯、行程开关、电动机与机床安装板接线端之间的连接关系，也标注了所采用的包塑金属软管的直径和长度、连接导线的根数、截面积及颜色。如按钮板和电器安装板的连接，按钮板上有 SB1、SB2、HL1 及 HL2 四个元件，根据图 3-2 电器原理图，SB1 与 SB2 有一端相连为 3，HL1 与 HL2 有一端相连

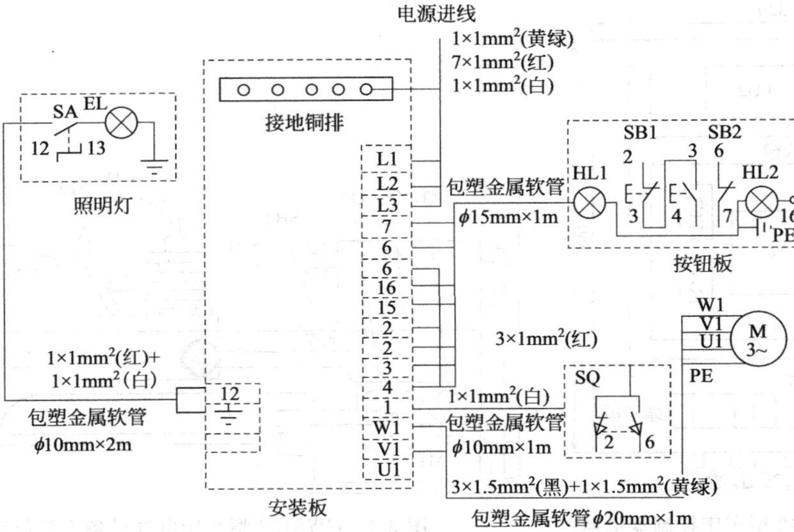

图 3-5 某机床电气接线图

为地。其余的2、3、4、6、7、15、16通过$7\times1mm^2$的红色线接到安装板上相应的接线端，与安装板上的元件相连。黄绿双色线是接到接地铜排上的。所采用的包塑金属软管的直径为ϕ15mm，长度为1m。

3.2 阅读电气图的基本方法和步骤

电气控制电路分析的基本思路是“先机后电、先主后辅、化整为零、集零为整、统观全局、总结特点”。在分析机械设备电气控制电路前，首先要了解机械设备床的主要技术性能及机械传动、液压和气动的工作原理。弄清各电动机的安装部位、作用、规格和型号。初步熟悉各种电器的安装部位、作用以及各操纵手柄、开关、控制按钮的功能和操纵方法。分析电气控制电路时，要结合说明书或有关的技术资料将整个电气控制电路划分成若干部分逐一进行分析。例如，各电动机的启动、停止、变速、制动、保护及相互间的联锁等。在仔细阅读设备说明书、了解电器控制系统的总体结构、电动机电器的分布状况及控制要求等内容之后，就可以分析电气控制原理图。

电气控制原理图通常由主电路、控制电路、辅助电路、保护及联锁环节以及特殊控制电路等部分组成。分析控制电路的最基本方法是查线读图法。

(1) 阅读图的方法

① 要具备电工学、电子技术的基础知识　在实际生产领域中，所有电路如输变配电、电力拖动、照明、电子线路、仪器仪表等，都是建立在电工、电子技术理论基础之上的。因此，要准确迅速地看懂电气图，就要具备一定的电工、电子技术理论基础，才能理解图纸所包含的内容，分析电路。电路是由各种电气元件、设备或装置组成的，必须掌握它们的用途、主要结构、工作原理及与其他元件的相互关系，才能真正看懂电路图。例如电子线路中的电阻、电容、晶体管等，电力拖动中的断路器、熔断器、继电器等。

② 结合电气图形符号和文字符号识图　电气图所用的图形符号和文字符号相当于电气技术文件的“词汇”，掌握得越多越有利于阅读和理解电气图。

③ 结合典型电路识图　典型控制电路一般是最常见、最常用的基本控制电路，如电力拖动中的启动、制动、正反转控制，电子线路中的整流、放大、振荡等。掌握熟悉各种典型控制电路，有利于对复杂控制电路的理解，能较快地分清主次环节及与其他部分的相互联系，抓住主要矛盾，从而看懂复杂的电气图。

④ 结合各类电气图的绘制特点识图　各类电气图都有各自的绘制方法及绘制特点。大型的电气图纸往往不只一张，也不只是一种图，故读图时应将各种有关的图纸联系起来，对照阅读。

⑤ 结合电气图的有关标准和规程识图　看图的主要目的是指导施工、安装、运行、维修及管理。阅读电气图时，必须熟悉与技术要求相关的国家标准或技术规程、技术规范，这样才能真正地读懂电气图。

(2) 阅读电气图的一般步骤

① 详细阅读图纸说明　首先要仔细阅读图纸的主标题栏和有关说明，如图纸目录、技术说明、电气元件明细表、施工说明等，以便对该图纸的类型、性质、作用有明确的认识，从整体上理解图纸的概况和所要表述的重点。

② 看系统图与框图　由于系统图与框图表示了系统或分系统的基本组成、相互关系及主要特征，因此紧接着就要详细看电路图，才能弄清楚它们的工作原理。

③ 电路图是看图的重点和难点　电路图是电气图的核心，也是内容最丰富、最难懂的

部分。看电路图的具体步骤：先了解电路图各组成部分的作用，分清主电路和辅助电路、交流回路和直流回路；其次按照先看主电路，再看辅助电路的顺序进行。电路通常要按从上往下、从左至右的顺序阅读，即先看电源再看各条支路，分析各条支路电气元件的工作状况及其对主电路的控制关系。看图时应注意电气与机械机构的连接关系。

④ 电路图与接线图对照阅读　接线图和电路图相互阅读，有助于看清接线图。读接线图时，要根据端子标记和回路标号从电源端顺次查，要弄清楚线路的走向和电路的连接方法以及各条支路是如何通过各个电气元件构成闭合回路的。配电盘内、外电路相互连接必须通过接线端子板，一般配电盘内有几号线，端子板上就有几号线的接点，外部电路的对应线路只要接在同号接点上即可。故看接线图时，要想把配电盘内、外的电路搞清楚，就必须弄明白端子板的接线情况。

3.3　三相异步电动机控制的基本电路

3.3.1　交流异步电动机的结构

交流电动机具有结构简单、制造方便、维修容易、价格便宜等优点，所以被广泛使用，如工厂企业中大量使用的各种机床、风机、机械泵、压缩机等。交流异步电动机按照转子的结构形式分为笼型异步电动机和绕线转子异步电动机。笼型异步电动机因具有结构简单、制造方便、价格低廉、坚固耐用、转子惯量小、运行可靠等优点，广泛应用于机床等设备。绕线式异步电动机因其转子采用绕线方式，具有调速简单、成本低的优点，广泛应用于吊车、卷扬机等中小设备。

（1）交流异步电动机的结构

三相异步电动机主要由定子、转子两大部分构成，定子与转子之间有一定的气隙，如图 3-6 所示。定子是静止不动的部分，由定子铁芯、定子绕组和机座组成。转子是旋转部分，由转子铁芯、转子绕组和转轴组成。

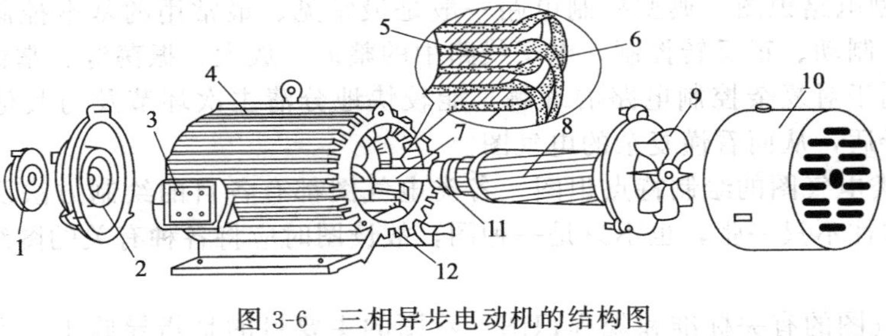

图 3-6　三相异步电动机的结构图

1—轴承盖；2—端盖；3—接线盒；4—散热筋；5—定子铁芯；6—定子绕组；7—转轴；8—转子；9—风扇；10—罩壳；11—轴承；12—机座

笼型电动机的转子绕组与定子绕组大不相同，它是在转子铁芯槽里插入铜条，再将全部铜条焊接在两个端铜环上，若将转子铁芯拿掉，则可看出，剩下来的绕组形状像个笼子，如图 3-7 所示，故称为笼型转子。对于中小功率，多采用铝离心浇铸而成。

绕线式异步电动机的转子绕组与定子绕组一样，是由线圈组成绕组放入转子铁芯槽里，转子可以通过电刷和集电环外串电阻以调节转子电流的大小和相位的方式进行调速。笼型异步电动机不能使转子电阻改变而调速，但与绕线式电动机相比，要坚固而价廉，在机床等实际工业现场使用的电动机当中，绝大多数是笼型异步电动机。

(2) 异步电动机的工作原理

异步电动机的工作原理如图 3-8 所示，三相异步电动机旋转磁场的产生如图 3-9 所示。当定子接三相对称电源后，电动机内就形成圆形旋转磁场，设其方向为顺时针旋转，速度为 n_0。若转子不转，转子笼型导条与旋转磁场有相对运动，转子导条中便感应有电动势 e，方向由右手定则确定。由于转子导条彼此在端部短路，则导条中便有感应电流，不考虑电动势与电流的相位差时，电流方向同电动势方向。因此，载流导条就在磁场中感生电磁力 f，形成电磁转矩 T，用左手定则可确定其方向与旋转磁场方向相同。转子便在方向与旋转磁场同方向的力 f（电磁转矩 T）的作用下，跟随着旋转磁场旋转起来。

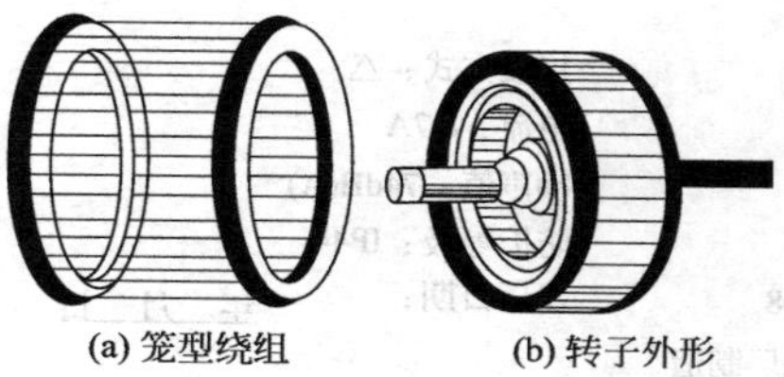

图 3-7　笼型绕组和转子外形

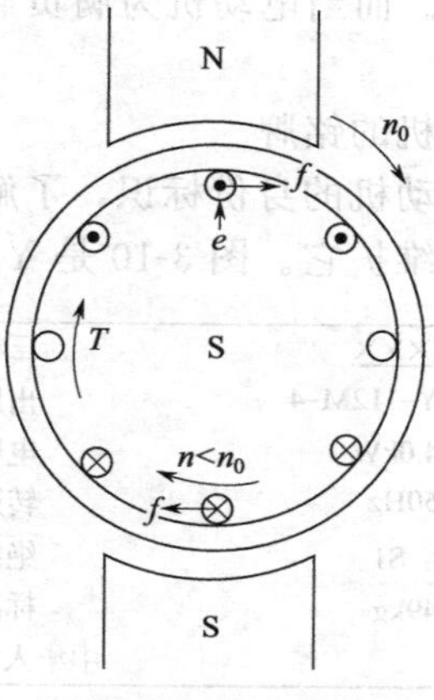

图 3-8　异步电动机的工作原理

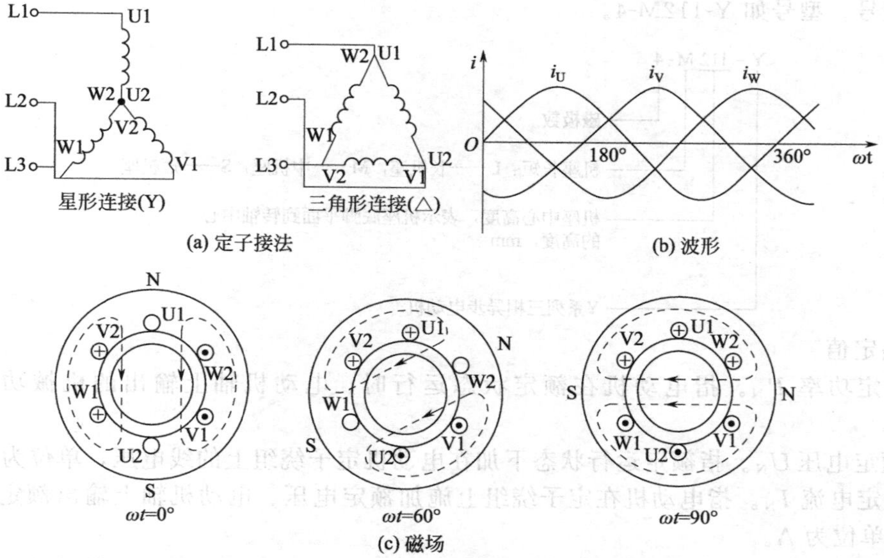

图 3-9　三相异步电动机旋转磁场的产生

转子旋转后，假设其转速为 n，只要 $n<n_0$，转子导条与磁场之间仍有相对运动，产生与转子不转时相同方向的电动势、电流及受力 f，电磁转矩 T 仍旧为顺时针方向，转子继续旋转，最终稳定运行在电磁转矩 T 与负载转矩 T_L 相平衡的状况下。

异步电动机内部磁场的旋转速度 n_0 称为同步转速。在电动机运行时，电动机轴输出机械功率，异步电动机的实际转速 n 总是低于旋转磁场转速 n_0，即转子的旋转速度 n 总是与

同步转速 n_0 不相等，故异步电动机的名称由此而来。另外，由于转子电流的产生和电能的传递是基于电磁感应现象，故异步电动机也称为感应电动机。

异步电动机的同步转速 n_0 与定子绕组磁极对数 p（等于磁极数的一半）成反比，与定子侧电源频率 f_1 成正比（对于交流电动机其定子侧的物理量习惯用下标 1 或者下标 s 表示，对其转子侧的物理量习惯用下标 2 或者下标 r 表示），因此有：$n_0=60f_1/p$。

带有负载的电动机转子实际转速 n 要比电动机的同步转速 n_0 低一些，常用转差率来描述异步电动机的各种不同运行状态。转差率 s 定义为：$s=(n_0-n)/n_0$，故近似有 $n=n_0(1-s)$。

当电动机为空载（输出的机械转矩近似为零），忽略摩擦转矩，转速近似为 n_0 时，转差率 s 近似为零。而当电动机为满负载（产生额定转矩）时，则转差率 s 一般在 1%～9% 范围内。

（3）电动机的铭牌

铭牌是电动机的身份标识，了解电动机铭牌中有关技术参数的作用和意义，有助于正确选择、使用和维护它。图 3-10 是 Y 系列三相感应电动机铭牌。

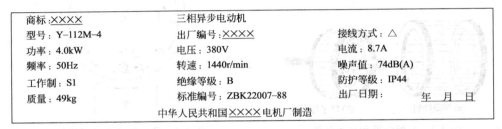

商标：××××	三相异步电动机	
型号：Y-112M-4	出厂编号：××××	接线方式：△
功率：4.0kW	电压：380V	电流：8.7A
频率：50Hz	转速：1440r/min	噪声值：74dB(A)
工作制：S1	绝缘等级：B	防护等级：IP44
质量：49kg	标准编号：ZBK22007-88	出厂日期：　年　月　日
	中华人民共和国××××电机厂制造	

图 3-10　Y 系列三相感应电动机铭牌

① 型号　型号如 Y-112M-4。

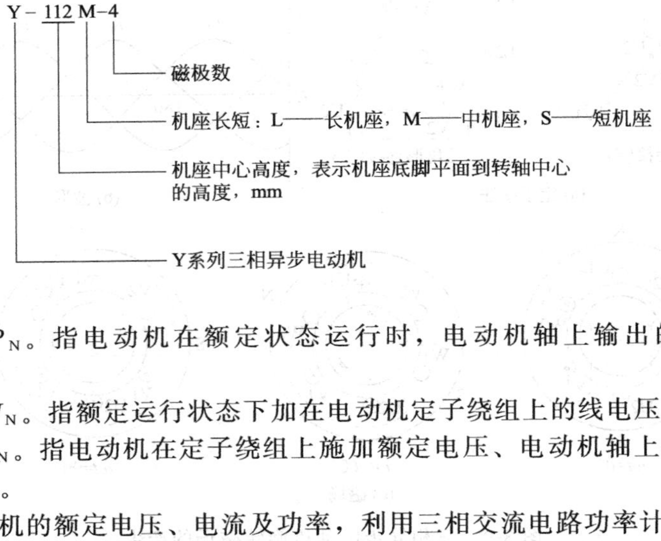

② 额定值

a. 额定功率 P_N。指电动机在额定状态运行时，电动机轴上输出的机械功率，单位为 kW。

b. 额定电压 U_N。指额定运行状态下加在电动机定子绕组上的线电压，单位为 V。

c. 额定电流 I_N。指电动机在定子绕组上施加额定电压、电动机轴上输出额定功率时的线电流，单位为 A。

可以根据电动机的额定电压、电流及功率，利用三相交流电路功率计算公式计算出电动机在额定负载时定子边的功率因数 $\cos\varphi$。例如图 3-11 所示铭牌的电动机在额定负载时的功率因数 $\cos\varphi=4000/(3^{1/2}\times380\times8.7)=0.699$。

d. 额定频率 f_N。我国规定工业用电的频率是 50Hz，国外有些国家采用 60Hz。

e. 额定转速 n_N。指电动机定子加额定频率的额定电压、轴端输出额定功率时电动机的转速，单位为 r/min。根据额定转速与额定频率可以计算出电动机的极数 p 和额定转差率 s_N。

③ 工作制式　指电动机允许工作的方式，共有S1～S10十种工作制。其中，S1为连续工作制；S2为短时工作制；其他为不同周期或者非周期工作制。

④ 噪声值（LW）　指电动机在运行时的最大噪声。一般电动机功率越大，磁极数越少，额定转速越高，噪声越大。

⑤ 绝缘等级　绝缘等级与电动机内部的绝缘材料有关。它与电动机允许工作的最高温度有关，共分A、B、E、F、H五种等级，其中A级最低，H级最高。在环境温度额定为40℃时，A级允许的最高温升为105℃，H级允许的最高温升为140℃。

⑥ 连接方法　有如图3-12所示的Y/△两种方式。请注意有些电动机只能固定一种接法，有些电动机可以切换两种工作，但要注意工作电压，防止错误接线烧坏电动机。高压大、中型容量的异步电动机定子绕组常采用Y接线，只有三根引出线。对中、小容量低压异步电动机，通常把定子三相绕组的六根出线头都引出来。根据需要可接成Y形或△形，如图3-11所示。此外，需要说明的是，在电动机直接启动时，为了减小启动冲击电流$I_Q=(4\sim7)I_N$对于电网的影响，一种简单、实用、低成本的方法是采用如图3-12所示的Y/△减压启动。启动过程用Y连接（KM和KM1闭合，KM2断开，绕组电压220V），启动过程结束后切换为△连接（KM和KM2闭合，KM1断开，绕组电压380V）运行。

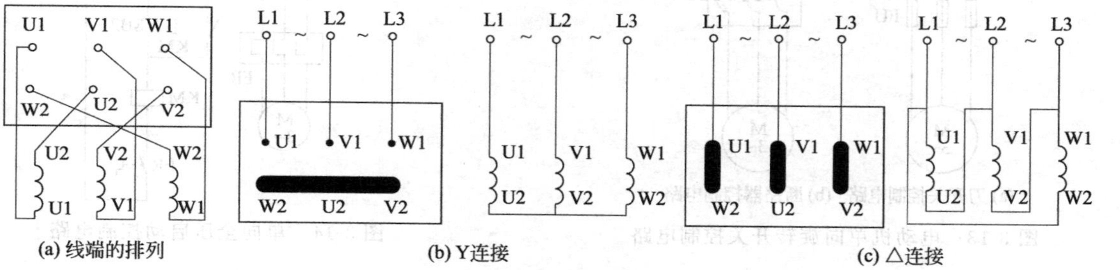

图3-11　三相异步电动机的引出线

⑦ 防护等级　IP为防护代号，第一位数字（0～6）规定了电动机防护体的等级标准。第二位数字（0～8）规定了电动机防水的等级标准。如IP00为无防护，数字越大，防护等级越高。

⑧ 其他　对于绕线转子电动机还必须标明转子绕组接法、转子额定电动势及转子额定电流；有些还标明了电动机的转子电阻；有些特殊电动机还标明了冷却方式等。

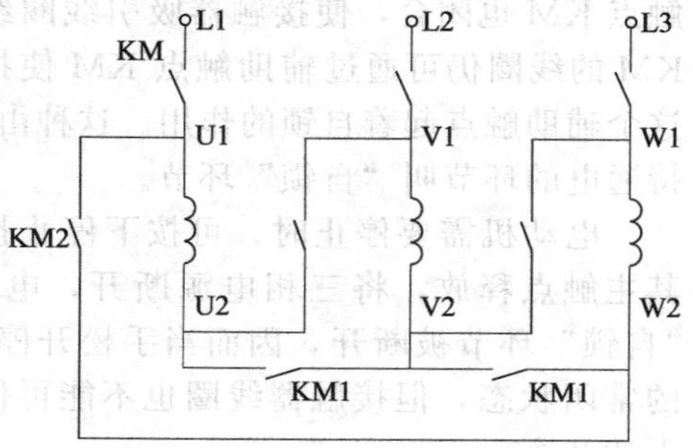

图3-12　Y/△减压启动的接线图

3.3.2　单向旋转控制电路

三相交流异步电动机的单向运转控制是继电接触控制电路中一个最基本的环节，还可以作为独立的控制电路来完成一部分电动机的电力拖动控制，这种控制属于直接启动控制。单向控制是指对电动机实现一个旋转方向的控制。三相笼型异步电动机单向旋转可用开关或接触器控制，相应的有开关控制电路和接触器控制电路。

（1）开关控制电路

图3-13所示为电动机单向旋转开关控制电路，图3-13（a）所示为刀开关控制电路，图3-13（b）所示为断路器控制电路。前者能实现短路保护，后者能实现长期过载的热保护和

过电流保护。上述控制电路所用的电气元件较少，线路也比较简单，但在启动和停止时不方便，适用于不频繁启动的小容量电动机，但不能实现远距离控制。在实际中，应用较多的是用接触器控制的电路。

（2）接触器控制电路

① 单向全压启动控制电路　图 3-14 所示的电动机单向旋转接触器控制电路，是一个常用的最简单、最基本的电动机控制电路。主电路由刀开关 QS、熔断器 FU1、接触器 KM 的主触点、热继电器 FR 的热元件与电动机 M 构成；控制回路由熔断器 FU2、停止按钮 SB1、启动按钮 SB2、接触器 KM 的线圈及其常开辅助触点、热继电器 FR 的常闭触点等几部分构成。

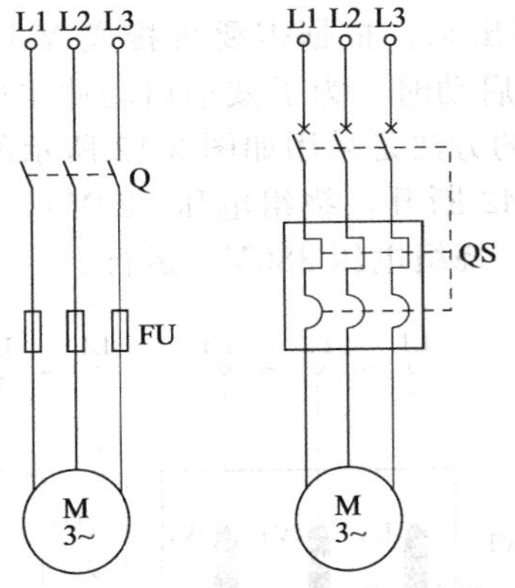

(a) 刀开关控制电路　(b) 断路器控制电路

图 3-13　电动机单向旋转开关控制电路

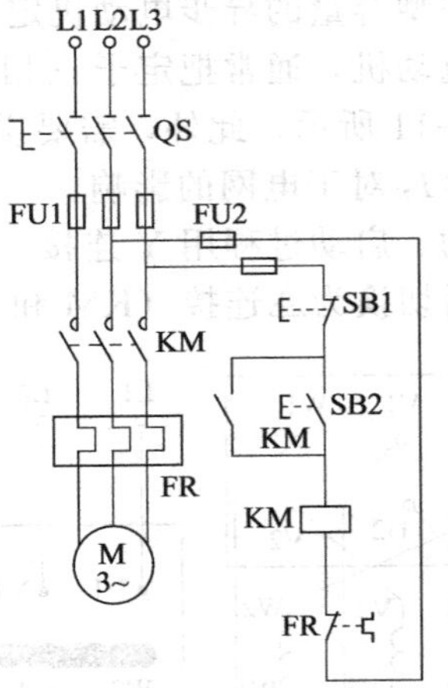

图 3-14　单向全压启动控制电路

正常启动时，合上电源开关 QS，引入三相电源，按下 SB2，交流接触器 KM 的吸引线圈通电，接触器主触点闭合，电动机接通电源直接启动运转。同时与 SB2 并联的常开辅助触点 KM 也闭合，使接触器吸引线圈经两条路通电。当手松开，SB2 自动复位时，接触器 KM 的线圈仍可通过辅助触点 KM 使接触器线圈继续通电，从而保持电动机的连续运行。这个辅助触点起着自锁的作用。这种由接触器（继电器）自身的常开触点来使其线圈长期保持通电的环节叫“自锁”环节。

电动机需要停止时，可按下停止按钮 SB1，控制电路被切断，接触器线圈 KM 断电，其主触点释放，将三相电源断开，电动机停止运转。同时 KM 的辅助常开触点也释放，“自锁”环节被断开，因而当手松开停止按钮后，SB1 在复位弹簧的作用下，恢复到原来的常闭状态，但接触器线圈也不能再依靠自锁环节通电了。图 3-14 中的电路保护环节有下述几个。

a. 短路保护。由熔断器 FU1、FU2 分别实现主电路与控制电路的短路保护。

b. 过载保护。由热继电器 FR 实现电动机的长期过载保护。当电动机出现长期过载时，串接在电动机定子电路中的发热元件使双金属片受热弯曲，经联动机构使串接在控制电路中的常闭触点断开，切断 KM 线圈电路，KM 复原，KM 主触点断开电动机电源，实现过载保护。

c. 欠压和失压保护。具有自锁电路的接触器控制具有欠压与失压保护作用。欠压保护是指当电动机电源电压降低到一定值时自动切断电动机电源的保护；失压（或零压）保护是指运行中的电动机电源断电而停转，而一旦恢复供电时，电动机不至于自行启动的保护。

电动机运行中当电源电压下降，控制电路电源电压相应下降，接触器线圈电压下降，将引起接触器磁路磁通下降，电磁吸力减小，动铁芯在反作用弹簧作用下释放，自锁触点断开，失去自锁，同时接触器主触点也断开，电动机切断电源，以免电动机因电源电压降低引起电动机电流加大，严重时烧毁电动机。

电动机运行时，电源停电，电动机停转。在恢复供电时，由于接触器线圈断电，其主触点与自锁触点均已断开，所以主电路和控制电路都不会自行接通，电动机不会自行启动，只有再次按下启动按钮 SB2 方可使电动机再次启动。

② 点动控制电路 机械设备在正常工作时，一般需要电动机处于连续运转状态，但在安装或维修时，常常需要试车或调整，此时就需要点动控制。点动控制的操作要求为：按下点动启动按钮时，常开触点接通电动机启动控制回路，电动机转动；松开按钮后，由于按钮自动复位，常开触点断开，切断了电动机启动控制回路，电动机停转。点动启、停的时间长短由操作者手动控制。图 3-15 中列出了实现点动的几种控制电路。

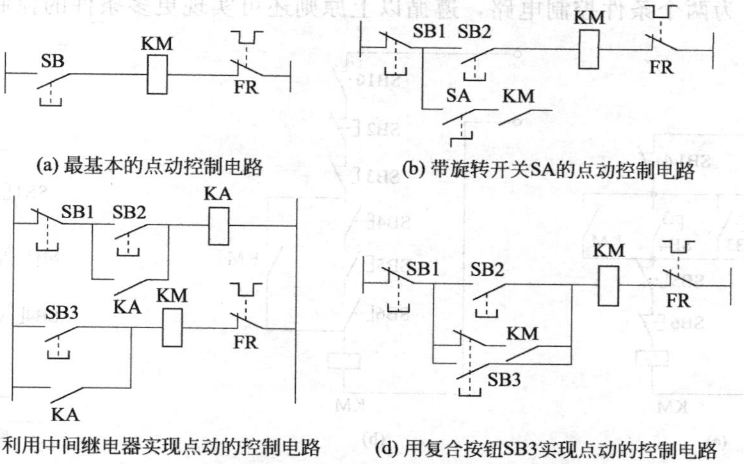

图 3-15 实现点动的几种控制电路

图 3-15（a）是最基本的点动控制电路。当按下点动启动按钮 SB 时，接触器 KM 线圈得电，主触点吸合，电动机电源接通而转动。当松开按钮 SB 时，接触器 KM 线圈失电，主触点断开，电动机被切断电源而停止运转。

图 3-15（b）是带旋转开关 SA 的点动控制电路。当需要点动操作时，将旋转开关 SA 转到断开位置，使自锁回路断开，此时按下按钮 SB2 时，接触器 KM 线圈得电，主触点闭合，电动机接通电源启动；当手松开按钮时，接触器 KM 线圈失电，主触点断开，电动机电源被切断而停止，从而实现了点动控制。当需要连续工作时，将旋转开关 SA 转到闭合位置，即可实现连续控制。这种方案比较实用，适用于不经常点动控制操作的场合。

图 3-15（c）是利用中间继电器实现点动的控制电路。利用连续启动按钮 SB2 控制中间继电器 KA，KA 的常开触点并联在 SB3 两端，控制接触器 KM，再控制电动机实现连续运转；当需要停转时，按下 SB1 按钮即可。当需要点动运转时，按下 SB3 按钮即可。这种方案的特点是在线路中单独设置一个点动回路，适用于电动机功率较大并需经常点动控制操作的场合。

图 3-15（d）是采用一个复合按钮 SB3 实现点动的控制电路。点动控制时，按下点动按钮 SB3，常闭触点先断开自锁电路，常开触点后闭合，接通启动控制电路，接触器 KM 线圈

通电，主触点闭合，电动机启动旋转。当松开 SB3 时，接触器 KM 线圈失电，主触点断开，电动机停止转动。若需要电动机连续运转，则按启动按钮 SB2，停机时按下停止按钮 SB1 即可。该方案单独设置一个点动按钮，适用于需经常点动控制操作的场合。

③ 电动机的多条件与多地点控制电路　在机械设备中，为了操作方便或安全起见，需要在两地或多地控制一台电动机。如普通铣床的工作台控制电路就是一种多地点控制电路。这为种能在两地或多地控制一台电动机的控制方式，称为电动机的多地点控制电路。多地点控制按钮的连接原则为：常开按钮均相互并联，组成“或”逻辑关系，常闭按钮均相互串联，组成“与”逻辑关系，任一条件满足，结果即可成立。图 3-16（a）是为了操作方便而设置的可三个地点分别启停操作控制的电路图；图 3-16（b）是重要机床为了安全必须三个地点同时启动操作控制的电路图。

在某些机械设备上，为保证操作安全，需要多个条件满足，设备才能工作。多条件控制按钮的连接原则为：常开按钮均相互串联，常闭按钮均相互并联，所有条件满足，结果才能成立。图 3-17 为两个条件控制电路，遵循以上原则还可实现更多条件的控制。

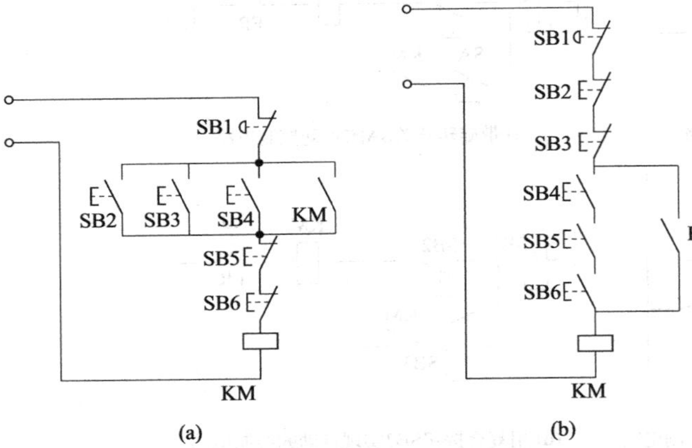

图 3-16　三个地点控制的电路图

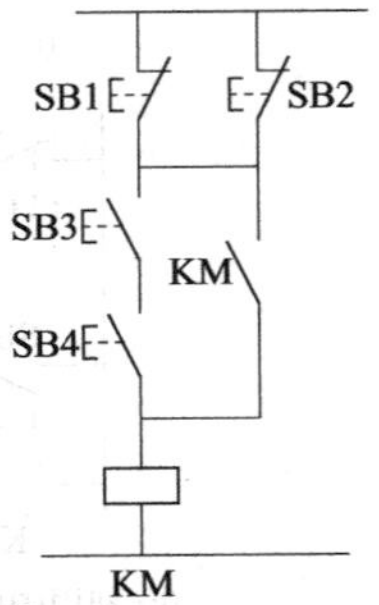

图 3-17　两个条件控制电路

④ 电动机的高低速控制电路　机械设备在加工过程中要根据材质、进刀量等变换速度，常用机械变速箱来完成。但要求变速级数较多时，会使机械变速箱过于复杂，制造困难，可采用多速电动机来配合变速，目前有双速、三速、四速电动机等类型。

图 3-18 是双速电动机高低速控制电路图。双速电动机在机床（车床、铣床等）中有较多应用。双速电动机是由改变定子绕组的连接方式即改变极对数来调速的。若将图中出线端 U1、V1、W1 接电源，U2、V2、W2 悬空，每相绕组中两线圈串联，双速电动机 M 的定子绕组接成△接法，有四个极对数（4 极电动机），低速运行；如将出线端 U1、V1、W1 短接，U2、V2、W2 接电源，每相绕组中两线圈并联，极对数减半，有两个极对数（2 极电动机），双速电动机 M 的定子绕组接成 YY 接法，高速运行。

图 3-18（a）、（b）为直接控制高/低速启动运行，控制较为简单。图 3-18（c）中，SA 为高/低速电动机 M 的转换开关，SA 有三个位置：当 SA 在中间位置时，高/低速均不接通，电动机 M 处于停机状态；当 SA 在“1”位置时低速启动接通，接触器 KM1 闭合，电动机 M 定子绕组接成△接法低速运转；当 SA 在“2”位置时电动机 M 先低速启动，延时一整定时间后，低速停止，切换高速运转状态，即接触器 KM1、KT 首先闭合，双速电动机 M 低速启动，经过 KT 一定的延时后，控制接触器 KM1 释放，接触器 KM2 和 KM3 闭合，双速电动机 M 的定子绕组接成 YY 接法，转入高速运转。

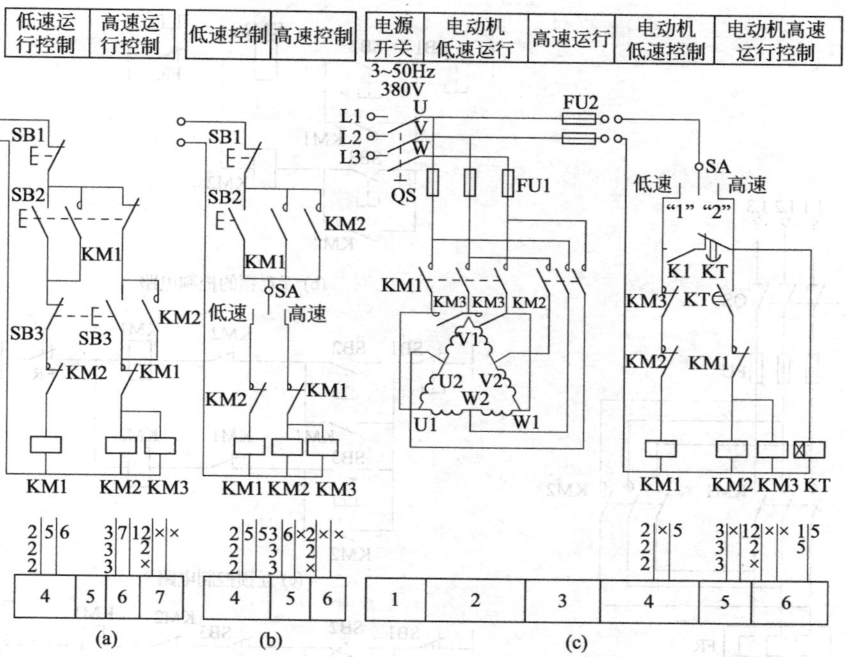

图 3-18 双速电动机高低速控制电路图

3.3.3 电动机正反向可逆控制电路

各种机械设备常要求具有上下、左右、前后、往返等相反方向的运动，如起重机吊钩的上升与下降、电梯的上下运行、机床工作台的前进与后退及主轴的正转与反转等运动的控制，这就要求电动机能够实现正反向运行。由交流电动机工作原理可知，若将接至电动机的三相电源进线中的任意两相对调，即可使电动机反向旋转。因此需要对单向运行的控制电路做相应的补充，即在主电路中设置两组接触器主触点，来实现电源相序的转换；在控制电路中对相应的两个接触器线圈进行控制，这种可同时控制电动机正转或反转的控制电路称为可逆控制电路。

(1) 按钮控制的可逆旋转控制电路

图 3-19 所示为三相交流电动机的可逆控制电路。图 3-19 (a) 为主电路，其中 KM2 和 KM1 所控制的电源相序相反，可使电动机反向运行。

图 3-19 (b) 所示的控制电路中，要使电动机正转，可按下正转启动按钮 SB2，KM1 线圈得电，其主触点 KM1 吸合，电动机正转，同时其辅助常开触点构成的自锁环节可保证电动机连续运行；按下停止按钮 SB1，可使 KM1 线圈失电，主触点脱开，电动机停止运行。要使电动机反转，可按下反转启动按钮 SB3，KM2 线圈得电，主触点 KM2 吸合，电动机反转，同时其辅助常开触点构成的自锁环节可保证电动机连续运行；按下停止按钮 SB1，可使 KM2 线圈失电，主触点脱开，电动机停止运行。可见，此控制电路可实现电动机的正反转控制，但还存在致命的缺陷。当电动机已经处于正转运行状态时，如果没有按下停止按钮 SB1，而是直接按下反转启动按钮 SB3，导致 KM2 线圈得电，则主电路中 KM2 的主触点随即吸合，这样就造成了电源线间短路的严重事故。为避免出现此类故障，需在控制电路上加以改进，如图 3-19 (c) 所示。

在图 3-19 (c) 中，分别在 KM1 的控制支路中串联了一个 KM2 的常闭触点，在 KM2 的控制支路中串联了一个 KM1 的常闭触点。这时在按下正转启动按钮 SB2，KM1 线圈得

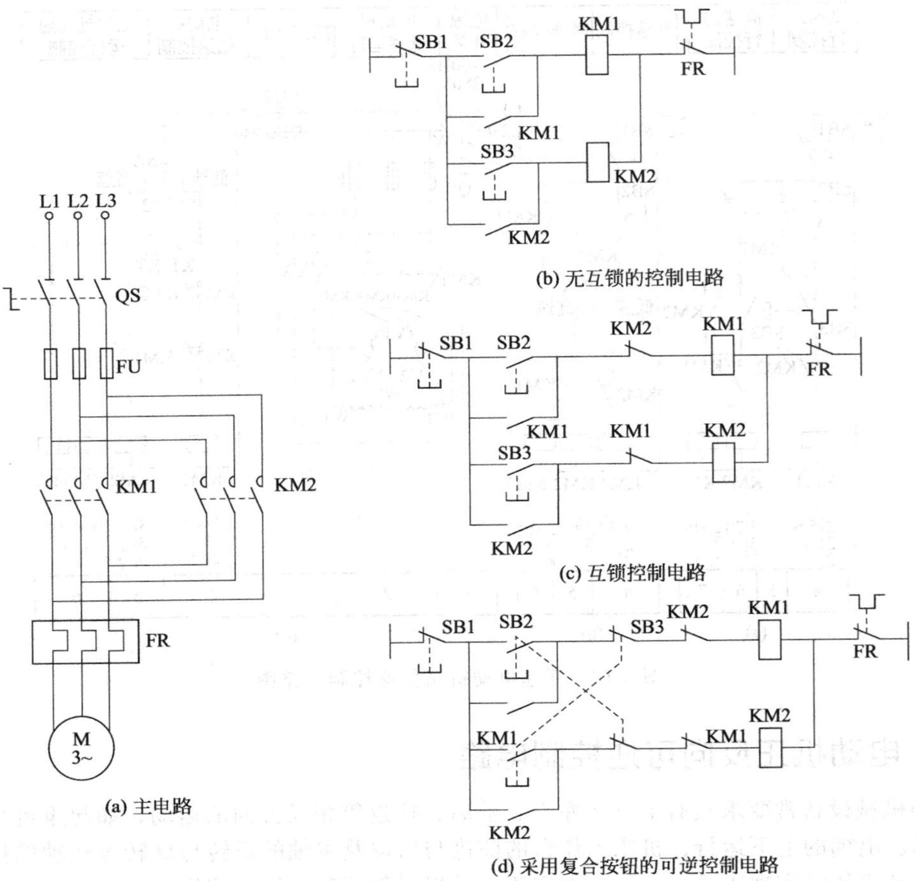

(a) 主电路

(b) 无互锁的控制电路

(c) 互锁控制电路

(d) 采用复合按钮的可逆控制电路

图 3-19　三相异步电动机可逆控制电路

电，其主触点 KM1 吸合，电动机正转的同时，其辅助常闭触点 KM1 处于动作状态，即脱开状态，使得 KM2 的控制支路处于断开状态，此时，即使再按下反转启动按钮 SB3 也无法使 KM2 的线圈得电，只有当电动机停止正转之后，即 KM1 失电后，反转控制支路才可能被接通，这样的线路就可以保证受控电动机主回路中的 KM1、KM2 主触点不会同时闭合，避免了电源线间短路的故障。这种在控制电路中利用辅助触点互相制约工作状态的控制环节，称为“互锁”环节。设置互锁环节是可逆控制电路中防止电源线间短路的保证。

根据电动机可逆运行操作顺序的不同，有“正-停-反”和“正-反-停”两种控制电路。图 3-19（c）控制电路做正反向操作控制时，必须首先按下停止按钮 SB1，然后再进行反向启动操作，因此它是“正-停-反”控制电路。但在有些生产工艺中，希望能直接实现正反转的变换控制。由于电动机正转的时候，按下反转按钮时首先应断开正转接触器线圈线路，待正转接触器释放后再接通反转接触器，为此可以采用两个复合按钮来实现。其控制电路如图 3-19（d）所示。在这个电路中既有接触器的互锁，又有按钮的互锁，保证了电路可靠工作，常用于电力拖动控制系统。正转启动按钮 SB2 的常开触点用来使正转接触器 KM1 的线圈瞬时通电，常闭触点则串接在反转接触器 KM2 线圈的电路中，用来使之释放。反转启动按钮 SB3 也按 SB2 同样安排，当按下 SB2 或 SB3 时，首先其常闭触点断开，然后才是常开触点闭合。这样在需要改变电动机运转方向时，就不必按 SB1 停止按钮了，直接操作正反转按钮即能实现电动机运转情况的改变。

(2) 行程开关控制的自动往返控制电路

在生产机械中，常需要控制某些生产机械的行程位置。启动往返控制电路用于控制电动机拖动部件在规定的位置之间自动运行，如各种机床的工作台、起重设备等，都是由行程开关来控制的正反转运动。利用生产机械运动部件上的挡铁与行程开关碰撞，使行程开关动作并使其动合触点闭合、动断触点断开以接通或断开电路，从而达到控制生产机械运动部件位置或行程的控制，称为行程控制（或位置控制、限位控制）。它是生产过程自动化中应用较为广泛的一种控制方法。

工作台自动往返运动的示意图如图 3-20（a）所示，它是在双重互锁正反转控制电路的基础上，增加了两个行程开关 ST1 和 ST2。机床工作台的工作流程和控制电路如图 3-20（b）所示。

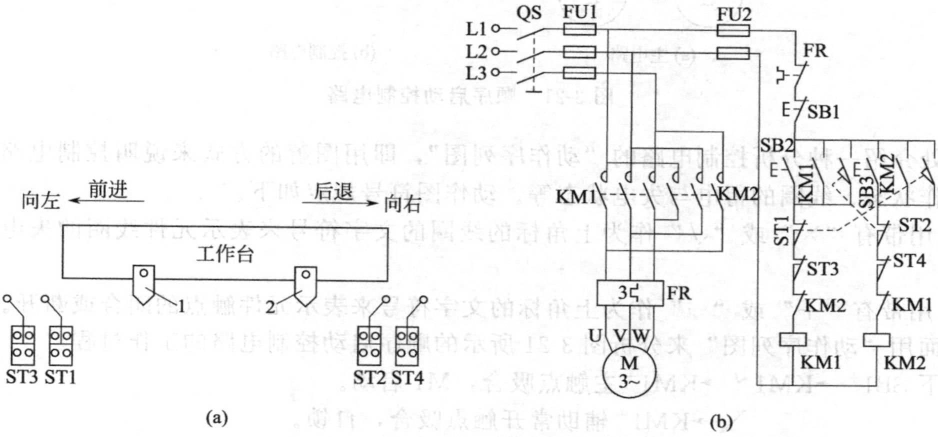

图 3-20　机床工作台的工作流程和控制电路

在图 3-20（b）所示的机床工作台控制电路中，行程开关 ST1 的动断触点串联在 KM1 控制电路中，而它的动合触点是与 KM2 的启动控制按钮 SB2 相并联，这样当工作台由 KM1 控制前进（向左）到一定位置碰触到 ST1 时，由于 ST1 断触点受压断开，KM1 失电，工作台停止前进；而 ST1 动合触点受压闭合，启动 KM2，KM2 得电自锁，控制工作台自动退回（向右）；当退至原位触碰 ST2 时，ST2 动断触点断开，又使 KM2 关断，使工作台停止后退。继而 ST2 动合触点闭合又重新启动 KM1，使工作台再次前进，即实现了工作台的自动往复工作。上述工作过程可用图 3-20（a）所示的动作图进行描述。

除行程开关 ST1 和 ST2 外，还有开关 ST3 与 ST4 安装在行程极限位置。当由于某种原因工作台到达 ST1 与 ST2 位置时，未能切断电动机电源，工作台将继续移动到极限位置，压下 ST3 或 ST4，此时可使电动机停止，避免由于超出允许位置所导致的事故，因此 ST3 与 ST4 起到超行程限位保护作用。

工作台往复工作自动循环控制电路，实现的是两个工步交替执行的顺序控制，两个行程开关交替发出切换信号，控制两个工步的转换。若在某个工艺过程中包含有多个工步时，则可由若干个行程开关顺序来实现工步转换。

3.3.4　顺序控制电路

在以多台电动机为动力装置的生产设备中，有时需按一定的顺序控制电动机的启动和停止。如 X62W 型万能铣床要求主轴电动机启动后，进给电动机才能启动工作，而加工结束时，要求进给电动机先停车之后主轴电动机才能停止。这就需要具有相应的顺序控制功能的控制电路来实现此类控制要求。图 3-21 所示为两台电动机顺序启动的控制电路。

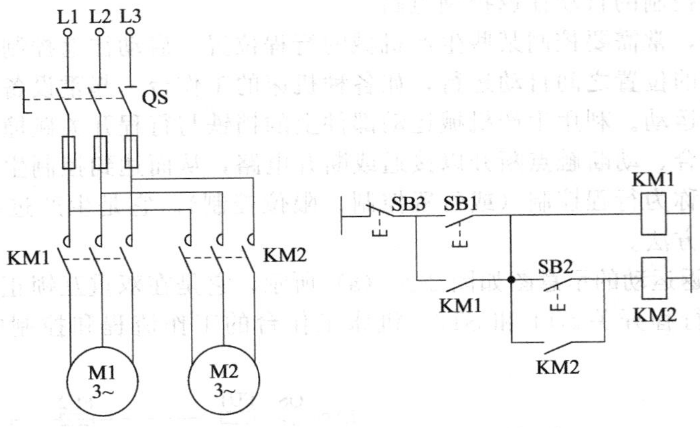

图 3-21　顺序启动控制电路

此处介绍一种分析控制电路的“动作序列图”，即用图解的方式来说明控制电路中各元件的动作状态、线圈的得电与失电状态等。动作图符号规定如下。

① 用带有“×”或“√”作为上角标的线圈的文字符号来表示元件线圈的失电或得电状态。

② 用带有“+”或“-”作为上角标的文字符号来表示元件触点的闭合或断开。

下面用“动作序列图”来分析图 3-21 所示的顺序启动控制电路的工作过程。

按下 SB1⁺→KM1√→KM1⁺主触点吸合，M1 启动。

↘→KM1⁺辅助常开触点吸合，自锁。

↘→按下 SB2⁺→KM2√→KM2⁺主触点吸合，M2 启动。

↘→KM2⁺辅助常开触点吸合，自锁。

两台电动机都启动之后，要使电动机停止运行，可进行如下操作。

按下 SB3⁻→KM1×→KM1⁻主触点释放脱开，M1 停止运转。

↘→KM2×→KM2⁻主触点释放脱开，M2 停止运转。

若想先启动 M2，操作如下：按下 SB2⁺→KM1⁻→KM2×，M2 电动机无法启动。

可见，电动机 M2 要在电动机 M1 先启动之后才可以启动，如果 M1 不工作，M2 就无法工作。此处 KM1 的常开辅助触点起到两个作用：一是构成自锁环节，保证其自身的连续运行；二是作为 KM2 得电的先决条件，实现顺序控制。

图 3-22 所示的是一个实现顺序启动逆序停车的控制电路。由 KM1 和 KM2 分别控制两台电动机 M1、M2，要求 M1 启动之后 M2 才可以启动，M2 停车之后 M1 才可以停车。现在用“动作序列图”分析此控制电路的工作过程。

启动操作：

SB2⁺→KM1√→KM1⁺主触点吸合，M1 启动。

↓　　↘→KM1⁻辅助常开触点吸合，自锁。

SB4⁺→KM2√→KM2⁺主触点吸合，M2 启动。

↘→KM2⁺辅助常开触点吸合，自锁。

停车操作：

SB3⁻→KM2×→KM2⁻主触点释放脱开，M2 停止运转。

↓

SB1⁻→KM1×→KM1⁻主触点释放脱开，M1 停止运转。

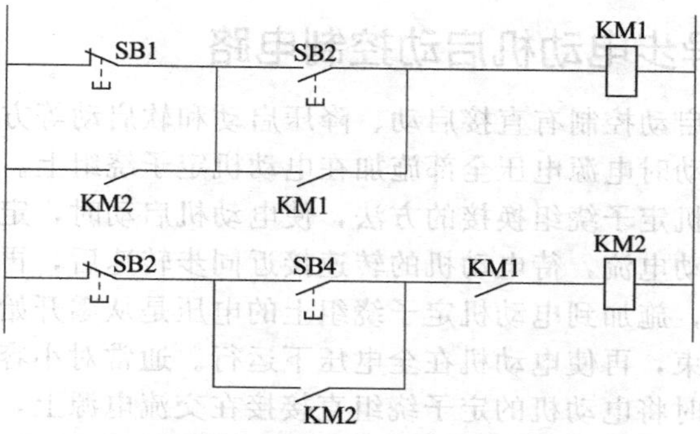

图 3-22 顺序启动逆序停车控制电路

由于 KM2 控制支路中串有 KM1 的辅助常开触点，使得 KM2 不得单独先得电，而只有在 KM1 得电之后才可以，因而实现了顺序启动的控制要求；在 KM1 的停止按钮的下面并接着 KM2 的辅助常开触点，使得 KM2 未断电的情况下，KM1 也无法断电，只有当 KM2 先断电，KM1 才可以由停止按钮 SB1 使其断电，因而实现了顺序停车的控制要求。

3.3.5 电液（气）控制电路

液压传动系统能够提供较大的驱动力，并且运动传递平稳、均匀、可靠、控制方便。当液压系统和电气控制系统组合构成电液控制系统时，很容易实现自动化，电液控制广泛应用于各种机床设备。电液控制是通过电气控制系统控制液压传动系统按给定的工作运动要求完成动作。气压传动系统系统工作原理和控制过程与液压传动系统相似。

液压系统工作时，压力阀和调速阀的工作状态经常是预先调整好的固定状态，只有方向阀根据工作循环的运动要求而变化工作状态，形成各工步液压系统的工作状态，完成不同的运动输出。因此对液压系统工作自动循环的控制，就是对方向阀工作状态进行控制。方向阀因其阀结构的不同而有不同的操作方式，可用机械、液压和电动方式改变阀的工作状态，从而改变液流方向，或接通、断开油路。电液控制中是采用电磁铁吸合推动阀芯移动改变阀工作状态的方式，实现控制。

在第 2 章中已经介绍了电磁阀的结构和工作原理，但对于不同类型的电磁阀，在使用时，其控制电路是有所不同的。如三位四通电磁阀控制的液压缸（或汽缸），带动活塞杆前进、后退或停止，其控制原理与电动机类似，即一个电磁阀得电，活塞杆前进，另一个电磁阀得电，活塞杆后退，而两电磁阀都失电时，活塞杆停止。但对于二位四通电磁阀控制的液压缸（或汽缸），则有所不同，此时活塞杆只有进、退两种运动状态，没有停止状态。

如图 3-23 所示，当电磁阀 YA 得电时，液压缸活塞杆可在压力油作用下向前推进；若 YA 失电，电磁阀的阀铁复位，活塞杆自动退回。由于电磁阀 YA 是无触点执行元件，故需要通过中间继电器来实现控制。图 3-23（b）所示为电磁阀控制电路，它可以通过控制电磁阀 YA，实现液压缸活塞杆的进、退控制。

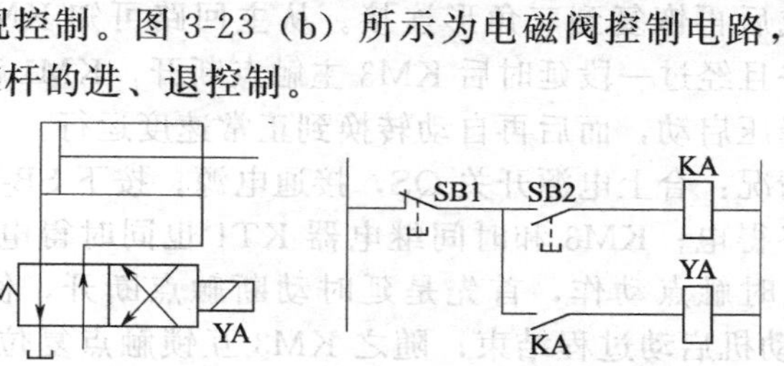

(a) 主电路　(b) 电磁阀控制电路

图 3-23 两位四通电磁阀点动、启动控制电路

3.3.6 三相笼型异步电动机启动控制电路

三相异步电动机的启动控制有直接启动、降压启动和软启动等方式。直接启动方式又称为全压启动方式，即启动时电源电压全部施加在电动机定子绕组上。降压启动方式就是利用某些设备或者采用电动机定子绕组换接的方法，使电动机启动时，定子绕组的端电压低于额定电压，从而减小了启动电流，待电动机的转速接近同步转速后，再使电动机回到电源电压下运行。软启动方式下，施加到电动机定子绕组上的电压是从零开始按预设的函数关系逐渐上升，直至启动过程结束，再使电动机在全电压下运行。通常对小容量三相异步电动机均采用直接启动方式，启动时将电动机的定子绕组直接接在交流电源上，电动机在额定电压下直接启动。直接启动时，电动机单向运行和正反向运行控制电路如图 3-15、图 3-19 和图 3-21 所示，在此不作重述。对于大、中容量的电动机，因启动电流较大，一般应采用降压启动方式，以防止过大的启动电流引起电源电压的波动，影响其他设备的正常运行。有时，即便是允许采用直接启动的电动机，但为了减小启动时对机械的冲击，也采用减压启动。不过，因为电动机的电磁转矩和端电压平方成正比，故电动机的启动转矩也就减小了。

常用的降压启动方式有星形-三角形（Y-△）降压启动、串自耦变压器降压启动、定子串电阻降压启动、软启动（固态降压启动器）、延边三角形降压启动等。延边三角形降压启动方法仅适用于定子绕组特别设计的异步电动机，这种电动机共有 9 个出线端，改变延边三角形连接时，根据定子绕组的抽头比不同，就能够改变相电压的大小，从而改变启动转矩的大小。虽然方法各异，但都是为了减小启动电流，从而减小电路电压降，而当电动机转速上升到接近额定转速时，再将电动机定子绕组电压恢复到额定电压，电动机进入正常运行。在启动过程中，时间、转速、电流等参量都发生变化，根据所选用控制信号不同，有时间原则、转速原则、电流原则的控制电路。目前，星形-三角形（Y-△）降压启动和串自耦变压器降压启动两种方式应用最广泛。

（1）星形-三角形（Y-△）降压启动控制电路

凡是正常运行时定子绕组接成三角形的笼形异步电动机，常可采用星形-三角形（Y-△）降压启动方法来限制启动电流。Y-△降压启动方法是，启动时先将电动机定子绕组接成 Y 形，这时加在电动机每相绕组上的电压为电源电压额定值的 $1/\sqrt{3}$，从而其启动转矩为△形接法时直接启动转矩的 1/3，启动电流降为△形连接直接启动电流的 1/3，减小了启动电流对电网的影响。待电动机启动后，按预先设定的时间再将定子绕组切换成△形连接，使电动机在额定电压下正常运转。与其他降压启动方法相比，Y-△降压启动方法的启动电流小、投资少、线路简单、价格便宜，但启动转矩小，转矩特性差。因而这种启动方法适用于小容量电动机及轻载状态下启动，并只能用于正常运转时定子绕组接成三角形的三相异步电动机。

图 3-24 所示的是机床电气控制中常用的三相异步电动机 Y-△降压启动控制电路，KT 为得电延时型时间继电器。在正常运行时，电动机定子绕组是连接成三角形的，启动时把它连接成星形，启动完成后再恢复到三角形连接。从主回路可知 KM1 和 KM3 主触点闭合，使电动机接成星形，并且经过一段延时后 KM3 主触点断开，KM1 和 KM2 主触点闭合再接成三角形，从而完成降压启动，而后再自动转换到正常速度运行。

控制电路的工作情况：合上电源开关 QS，接通电源；按下 SB_2，KM1 得电自锁，KM1 在电动机运转期间始终得电；KM3 和时间继电器 KT1 也同时得电，电动机 Y 接启动。延时一段时间后，KT 延时触点动作，首先是延时动断触点断开，使 KM3 失电。主回路中 KM3 主触点断开，电动机启动过程结束；随之 KM3 互锁触点复位，KT1 延时动合触点闭合，使 KM2 得电自锁，且其互锁触点断开，又使 KT1 线圈失电，KM3 不容许再得电。电动机进入△形连接正常运行状态。

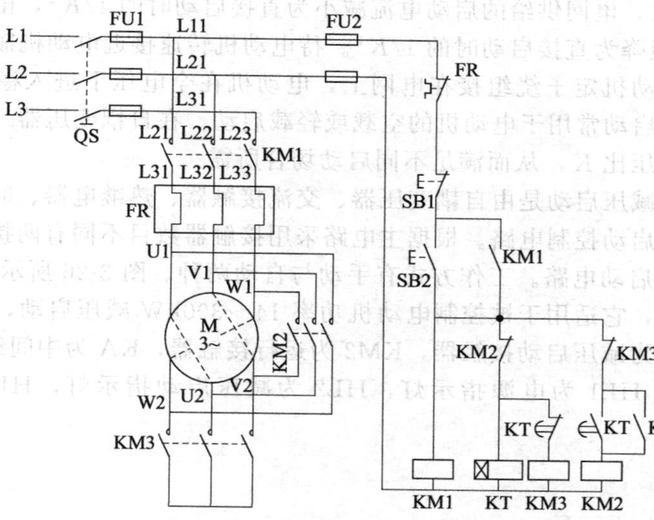

图 3-24　三相异步电动机 Y-△降压启动控制电路

（2）定子串电阻降压启动控制电路

在三相笼型异步电动机定子绕组串接电阻或电抗启动时，起电流在电阻或电抗上产生电压降，使加在电动机定子绕组上的电压低于电源电压，使启动电流减小。待电动机转速接近定转速时，再将电阻或电抗短接，使电动机在额定电压下运行。这种启动方式不受电动机接线形式的限制，较为方便。但串电阻启动时，将在电阻上消耗大量的电能，所以不宜用在经常启动的电动机上。为降低电功率损耗，可采用电抗器代替电阻，但价格较贵，成本较高。电抗减压启动通常用于高压电动机，电阻减压启动通常用于低压电动机。

图 3-25 所示的时间继电器控制串电阻降压启动控制电路。电路工作情况：合上电源开关 QS，接通电源。按下启动按钮 SB2，接触器 KM1 线圈得电，KM1 辅助自锁触点闭合，KM1 主触点闭合，电动机串电阻 R 降压启动，KM1 辅助常开触点闭合，KT 线圈得电。经过一段时间的延时，KT 延时常开触点闭合，KM2 线圈得电，KM2 辅助常闭触点断开，切断 KM1 线圈支路，KM1 线圈失电常闭触点断开，电动机启动结束；KM2 辅助自锁触点闭合，KM2 主触点闭合，电动机 M 全压运行。按下停止按钮 SB1，KM2 线圈失电，KM2 主触点断开，电动机停止运行。

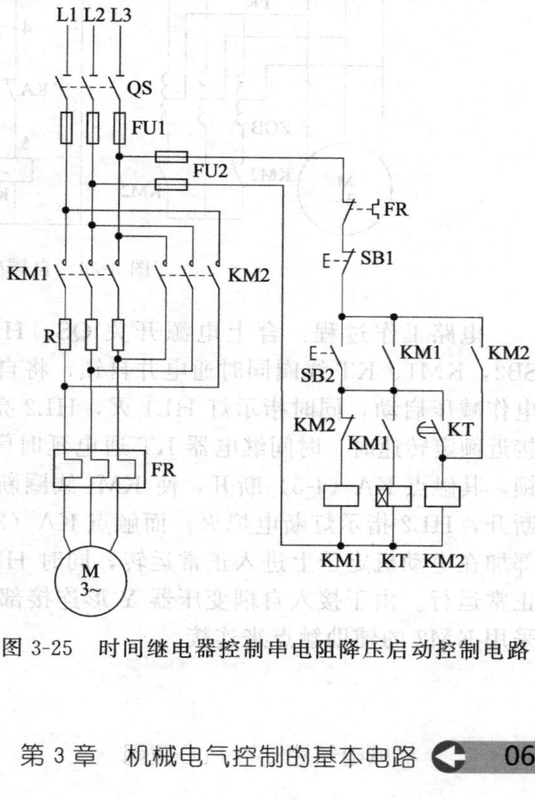

图 3-25　时间继电器控制串电阻降压启动控制电路

（3）自耦变压器降压启动控制电路

自耦变压器减压启动是将自耦变压器一次绕组接在电网上，二次绕组接在电动机定子绕组上。这样电动机定子绕组得到的电压是自耦变压器的二次电压 U_2，自耦变压器的电压比为 $K=U_1/U_2>1$。由电动机原理可知：当利用自耦变压器启动时的电压为电动

机额定电压的 $1/K$ 时，电网供给的启动电流减小为直接启动时的 $1/K^2$，由于启动转矩正比于U^2，所以启动转矩降为直接启动时的 $1/K^2$。待电动机转速接近电动机额定转速时，再切除自耦变压器，将电动机定子绕组接在电网上，电动机在全电压下进入稳态运行。由此可见，自耦变压器减压启动常用于电动机的空载或轻载启动。在自耦变压器二次绕组上有多个抽头，以获得不同电压比 K，从而满足不同启动场合所需。

自动控制的自耦减压启动是由自耦变压器、交流接触器、热继电器、时间继电器、按钮等元器件组成的减压启动控制电路。根据主电路采用接触器数目不同有两接触器控制与三接触器控制的自耦减压启动电路。工作方式有手动与自动两种。图 3-26 所示为 XQJ01 系列自耦减压启动器电路图，它适用于被控制电动机功率 14～300kW 减压启动，为两接触器控制型。图 3-33 中 KM1 为减压启动接触器，KM2 为运行接触器，KA 为中间继电器，KT 为减压启动时间继电器，HL1 为电源指示灯，HL2 为减压启动指示灯，HL3 为正常运行指示灯。

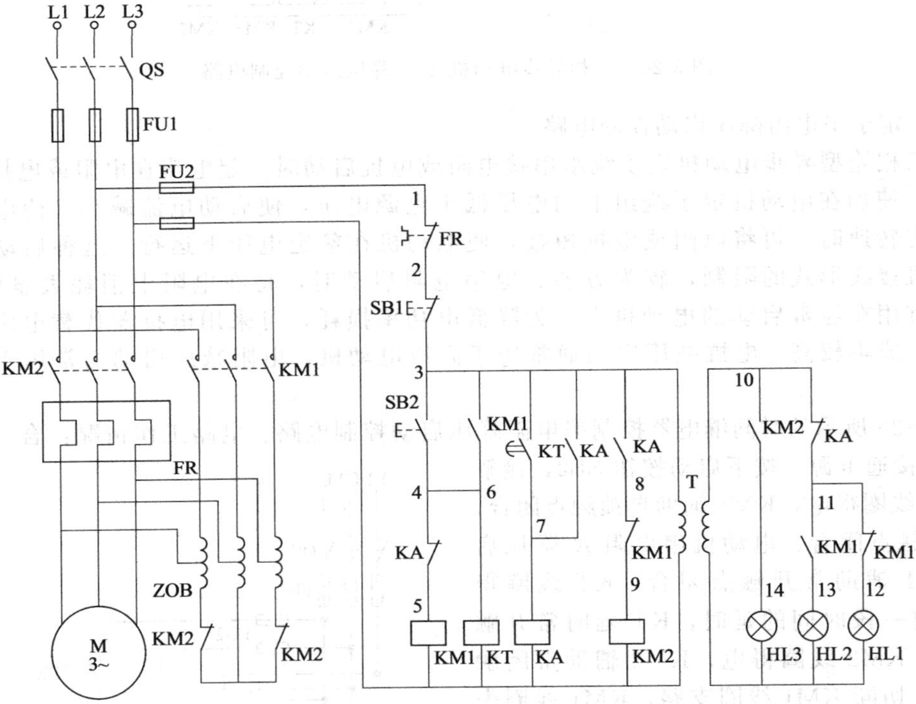

图 3-26　自耦减压启动器电路图

电路工作过程：合上电源开关 QS，HL1 灯亮，表明电源电压正常。按下启动按钮 SB2，KM1、KT 线圈同时通电并自锁，将自耦变压器 T 接入，电动机定子经自耦变压器供电作减压启动，同时指示灯 HL1 灭，HL2 亮，显示电动机正进行减压启动。当电动机转速接近额定转速时，时间继电器 KT 通电延时闭合触点 KT（3-7）闭合，使 KA 线圈通电并自锁，其触点 KA（4-5）断开，使 KM1 线圈断电释放，将自耦变压器切除；触点 KA（10-11）断开，HL2 指示灯断电熄灭；而触点 KA（3-8）闭合，使 KM2 线圈通电吸合，电源电压全部加在电动机定子上进入正常运转，同时 HL3 指示灯亮，表明电动机减压启动结束，进入正常运行。由于接入自耦变压器 Y 形连接部分的电流为自耦变压器一、二次电流之差，故采用 KM2 的辅助触点来连接。

3.4 三相绕线转子异步电动机启动控制电路

三相绕线转子异步电动机的转子绕组可通过滑环串接启动电阻以减小启动电流、提高转子电路的功率因数，提高启动转矩，适用于要求启动转矩高的场合。根据绕线转子异步电动机转子绕组在启动过程中串接装置不同分为串电阻启动与串频敏变阻器启动两种控制电路。

3.4.1 转子绕组串电阻启动电路

串接在三相转子绕组中的启动电阻，一般都连接成星形。启动时，将全部启动电阻接入，随着启动的进行，启动电阻依次被短接，在启动结束时，转子电阻全部被短接。短接电阻的方法有三相电阻不平衡短接法和三相电阻平衡短接法两种。不平衡短接法就是每一相的各级启动电阻轮流被短接。平衡短接法是三相中的各级启动电阻同时被短接。此处仅介绍用接触器控制的平衡电阻短接法启动电路。

转子串入三级电阻按时间原则短接启动电阻的启动电路如图 3-27 所示。图中 KM1 为线路接触器，KM2、KM3、KM4 为短接电阻接触器，KT1、KT2、KT3 为启动时间继电器，该电路工作情况读者可自行分析。需注意的是，电动机启动后进入正常运行时，只有 KM1、KM4 线圈长期通电，而 KT1、KT2、KT3 与 KM2、KM3 线圈的通电时间，均压缩到最低限度。这一方面是电路工作时，这些电器没有必要都处于通电状态，这样可以节省电能，延长电器寿命，更为重要的是减少电路故障，保证电路安全可靠地工作。但电路也存在下列问题：一旦时间继电器损坏，电路将无法实现电动机的正常启动和运行。另一方面，在电动机的启动过程中，由于逐级短接电阻，将使电动机电流及转矩突然增大，产生较大的机械冲击。

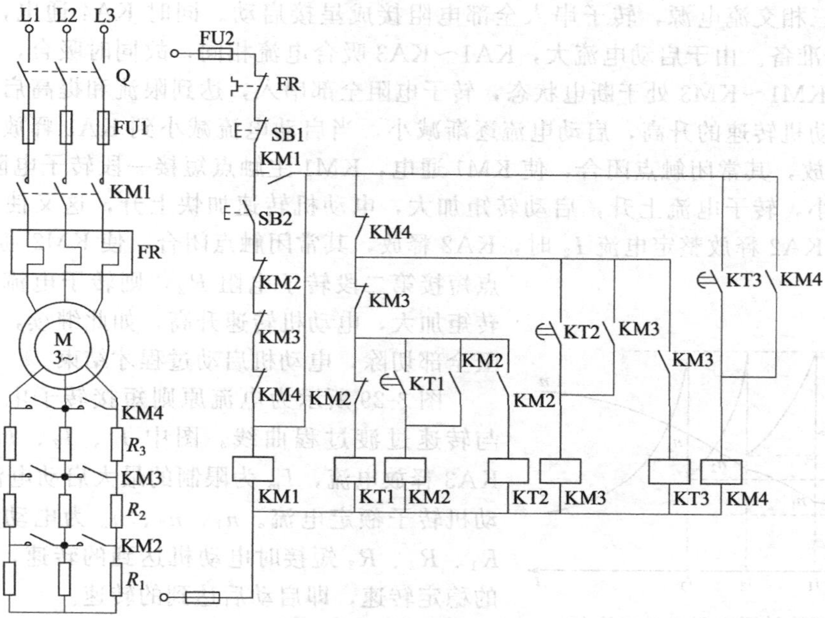

图 3-27 按时间原则短接启动电阻的启动电路

按电流原则短接启动电阻的启动电路如图 3-28 所示。它是按照电动机在启动过程中转子电流变化来控制电动机启动电阻的切除。图中 KA1、KA2、KA3 为电流继电器，其线圈串接在电动机转子电路中，调节它们的吸合电流相同，释放电流不同，且 KA1 释放电流最大，KA2 次之，KA4 释放电流最小。KA4 为中间继电器，KM1～KM3 为短接电阻接触器，KM4 为线路接触器。

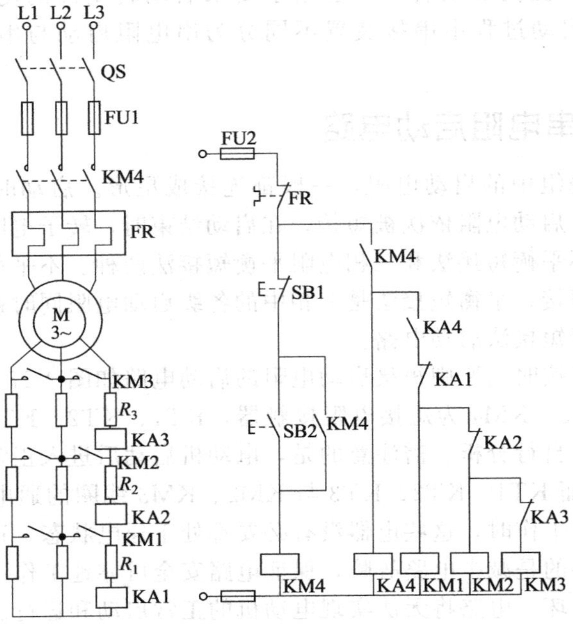

图 3-28　按电流原则短接启动电阻的启动电路

控制电路的工作情况：合上电源开关 QS，按下启动按钮 SB2，KM4 通电并自锁，电动机定子接通三相交流电源，转子串入全部电阻接成星接启动。同时 KA4 通电，为 KM1～KM3 通电作准备。由于启动电流大，KA1～KA3 吸合电流相同，故同时吸合，其常闭触点都断开，使 KM1～KM3 处于断电状态，转子电阻全部串入，达到限流和提高启动转矩的目的。随着电动机转速的升高，启动电流逐渐减小，当启动电流减小到 KA1 释放电流 I_1 时，KA1 首先释放，其常闭触点闭合，使 KM1 通电，KM1 主触点短接一段转子电阻 R_1，由于转子电阻减小，转子电流上升，启动转矩加大，电动机转速加快上升，这又使转子电流下降，当降至 KA2 释放整定电流 I_2 时，KA2 释放，其常闭触点闭合，使 KM2 通电，其主触点短接第二段转子电阻 R_2，则转子电流上升，启动转矩加大，电动机转速升高，如此继续，直至转子电阻全部切除，电动机启动过程才结束。

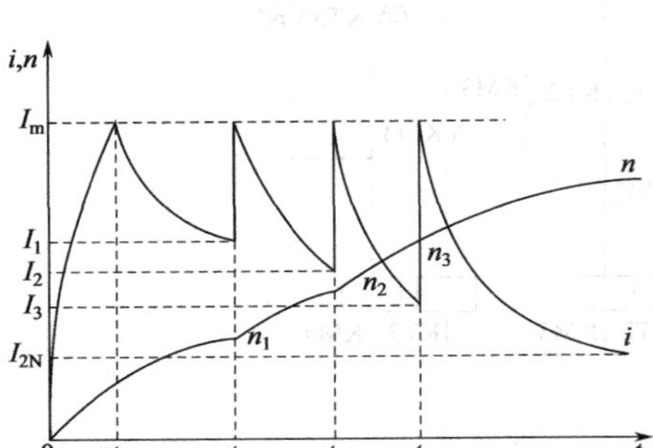

图 3-29　短接转子电阻启动电流与转速过渡过程曲线

图 3-29 所示为电流原则短接转子电阻启动电流与转速过渡过程曲线。图中 I_1、I_2、I_3 为 KA1～KA3 释放电流，I_m 为限制的最大启动电流，I_{2N} 为电动机转子额定电流。n_1、n_2、n_3 为电动机转子电阻 R_1、R_2、R_3 短接时电动机达到的转速，n 为电动机的稳定转速，即启动后达到的转速。

电路中间继电器 KA4 是为保证启动时转子电阻全部接入而设置的。若无 KA4，则当电动机启动电流由零上升，在尚未达到其吸合电流时，电流继电器 KA1～KA3 未吸合，将使 KM1～KM3 同时通电吸合，将转子电阻全部短接，电动机便进行直接启动。而设置 KA4 后，当按下启动按钮 SB2，KM4 先通电吸合，然后才使 KA4 通电吸合，再使 KA4 常开触点闭合，在这之前启动电流早已到达电流继电器的吸合整定值并已动作，KA1～KA3 的常闭触点已断开，并将 KM1～KM3 线圈电路切断，确保转子电阻全部接入，避免电动机的直接启动。

对于绕线转子电动机，当电动机容量小时一般采用凸轮控制器进行调速控制，而当电动机容量大时一般采用主令控制器进行调速控制，目前在吊车、起重机一类的生产机械上被普遍采用。图 3-30 所示为采用凸轮控制器控制的电动机正、反转和调速的线路。在电动机的转子电路中，串接三相不对称电阻，作启动和调速之用。转子电路的电阻和定子电路相关部分与凸轮控制器的各触点连接。凸轮控制器的触点展开图如图 3-30（c）所示，黑点表示该位置触点接通，没有黑点则表示不通。触点 SA1～SA5 和转子电路串接的电阻相连接，用于短接电阻，控制电动机的启动和调速。

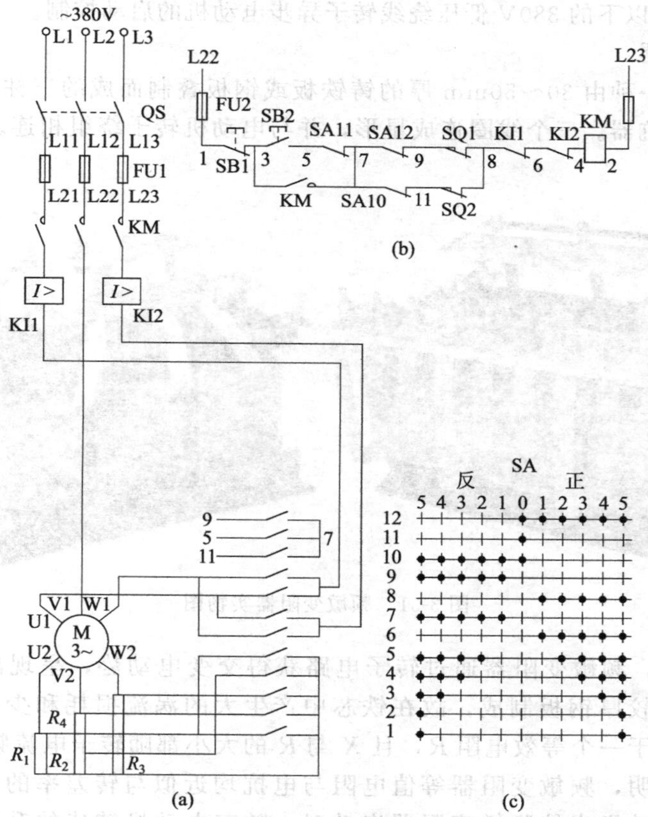

图 3-30　采用凸轮控制器控制电动机正、反转和调速的线路

工作过程如下：凸轮控制器手柄置“0”，SA10、SA11、SA12 三对触点接通→合上刀开关 QS→按下启动按钮 SB2→KM 接触器通电→KM 主触点闭合→把凸轮控制器手柄置正向“1”位→触点 SA12、SA6、SA8 闭合→电动机 M 接通电源，转子串入全部电阻（$R_1+R_2+R_3+R_4$）正向低速启动→凸轮控制器手柄位置打向正向“2”位→SA12、SA6、SA8、SA5 四对触点闭合→电阻 R_1 被切除，电动机转速上升，当凸轮控制器手柄从正向“2”位依次转向“3”“4”“5”位时，触点 SA4～SA1 先后闭合，电阻 R_2、R_3、R_4 被依次切除，

电动机转速逐步升高，直至以额定转速运转。

当凸轮控制器手柄由“0”位扳向反向“1”位时，触点 SA10、SA9、SA7 闭合，电动机 M 电源相序改变而反向启动。手柄位置从“1”位依次扳向“5”位时，电动机转子所串电阻被依次切除，电动机转速逐步升高。过程与正转相同。另外，为了安全运行，在终端位置设置了两个限位开关 SQ1、SQ2，分别与触点 SA11、SA12 串接，在电动机正、反转过程中，当运动机构到达终端位置时，挡块压动限位开关，切断控制电路电源，使接触器 KM 断电，切断电动机电源，电动机停止运转。

3.4.2 转子绕组串接频敏变阻器启动电路

三相绕线转子异步电动机转子串电阻启动，在启动过程中，由于逐级短接电阻，电流与转矩突然增大，产生一定的机械冲击，同时铸铁电阻片或镍铬电阻丝比较粗笨，控制箱体积较大，为此，可以采用我国独创频敏变阻器来替代转子电阻器。它是利用铁磁材料的频敏特性，其阻抗随转子电流频率的减小而减小，是绕线转子异步电动机转为理想的启动器，常用于容量在 300kW 及以下的 380V 低压绕线转子异步电动机的启动控制。

(1) 频敏变阻器

频敏变阻器是一种由 30～50mm 厚的铸铁板或钢板叠制而成的三柱式铁芯，在铁芯上分别套有线圈的电抗器。三个线圈连成星形，并与电动机转子绕组相连。图 3-31 为频敏变阻器实物图。

图 3-31 频敏变阻器实物图

电动机启动时，频敏变阻器通过转子电路获得交变电动势，呈现出电抗 X。由于频敏变阻器铁芯是由较厚钢板制成，故在铁芯中产生大的涡流损耗和少量的磁滞损耗，其在转子电路中相当于一个等效电阻 R，且 X 与 R 的大小都随转子电流频率的变化而变化。理论分析与实践证明，频敏变阻器等值电阻与电抗均近似与转差率的平方根成正比。因此，绕线型异步电动机串接频敏变阻器启动时，随着电动机转速的升高，转子频率的降低，其阻抗值自动减小，从而既限制了启动电流，又获得了基本恒定的启动转矩，实现了平滑无级的启动。

频敏变阻器结构简单，占地面积小，运行可靠，不需经常维修，但其功率因数低，启动转矩小，对于要求有低速运转和启动转矩大的机械不宜采用。当电动机反接时，频敏变阻器等效阻抗最大，在电动机由反接制动到反向启动的过程中，其等效阻抗随转子电流频率的减小而减小，使电动机在反接过程中转矩亦接近恒定。因此绕线转子异步电动机转子串接频敏变阻器启动尤为适用于反接制动和需要频繁正反转工作的机械。常用的频敏变阻器有 BP1、

BP2、BP3、BP4、BP6 等系列。其中 BP1 系列频敏变阻器适用于交流 50Hz，额定工作容量为 22～2240kW 的电力线路中，作为三相交流绕线式异步电动机转子回路的短时轻载及重轻载启动设备使用。

(2) 频敏变阻器启动控制电路

将断路器、接触器、频敏变阻器、电流互感器、时间继电器、电流继电器和中间继电器等组合而成频敏启动控制箱（柜）。常用的有 XQP 系列频敏启动控制箱，CTT6121 系列频敏启动控制柜、TG1 系列控制柜等。其中 TG1 系列控制柜广泛应用于冶金、矿山、轧钢、造纸、食品、纺织与发电等厂矿企业。图 3-32 为 TG1-K21 型频敏启动控制柜电路图，可用来控制低压、容量在 45～280kW 的绕线转子异步电动机的启动。图中 KM1 为线路接触器，KM2 为短接频敏变阻器接触器，KT1 为启动时间继电器，KT2 为防止 KA3 在启动时误动作的时间继电器，KA1 为启动中间继电器，KA2 为短接 KA3 的中间继电器，KA3 为过电流继电器，RD 红色信号灯为电源指示灯，GN 绿色信号灯为启动结束，进入正常运行指示灯。QF 为断路器。

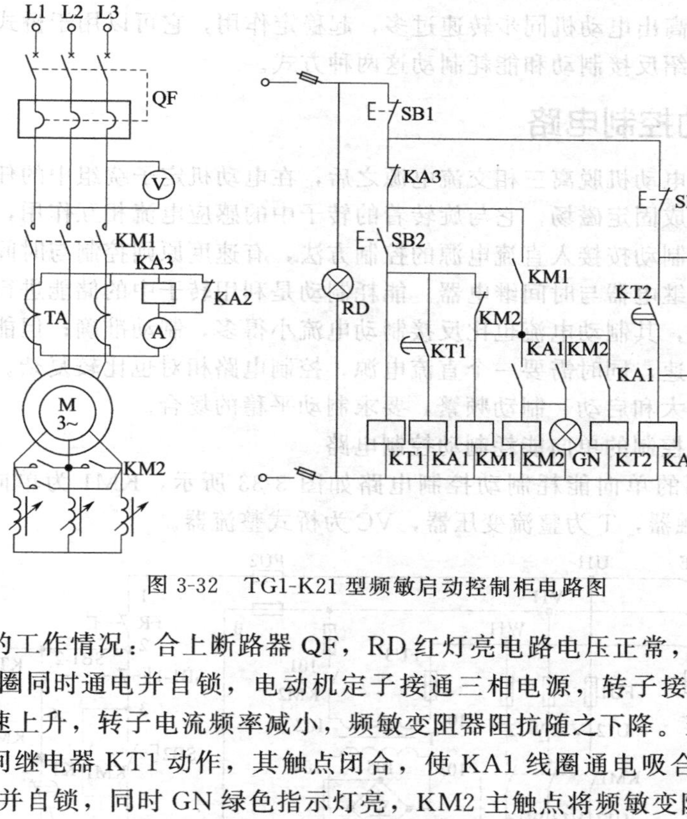

图 3-32　TG1-K21 型频敏启动控制柜电路图

控制电路的工作情况：合上断路器 QF，RD 红灯亮电路电压正常，按下启动按钮 SB2，KT1、KM1 线圈同时通电并自锁，电动机定子接通三相电源，转子接入频敏变阻器启动，随着电动机转速上升，转子电流频率减小，频敏变阻器阻抗随之下降。当电动机转速接近额定转速时，时间继电器 KT1 动作，其触点闭合，使 KA1 线圈通电吸合，KA1 的一触点使 KM2 线圈通电并自锁，同时 GN 绿色指示灯亮，KM2 主触点将频敏变阻器短接，电动机启动过程结束，KA1 的另一触点闭合，使 KT2 线圈通电吸合，经延时 KT2 动作，使 KA2 线圈通电并自锁，其触点动作。使过电流继电器 KA3 串入定子电路，对电动机进行过电流保护，故电动机启动过程中，KA3 是被 KA2 触点短接的，不致因电动机启动电流大而使 KA3 发生误动作。

时间继电器 KT1 延时时间略大于电动机实际启动时间，一般以大于电动机启动时间 2～3s 为最佳。过电流继电器 KA3 出厂时整定电流整定为定子接触器 KM1 额定电流，在使用时应根据电动机实际负载大小来调整，以便发挥过电流速断保护的作用。

3.5 三相交流电动机的制动控制电路

三相异步电动机定子绕组的电源被切断后，由于机械惯性的原因，总要经过一段时间，才可以完全停止旋转。这往往不能适应某些机械设备工艺的要求，如塔吊、机床设备等。从提高生产效率、生产安全及准确定位等方面考虑，都要求电动机能迅速停车，因此需要对电动机进行制动控制。三相异步电动机的制动方法一般有两大类，即机械制动和电气制动。机械制动是利用电磁铁操纵机械装置，强迫电动机在切断电源后迅速停车的方法。机械制动常用的有电磁抱闸制动和电磁离合器制动。电气制动是在电动机接到停车命令时，同时产生一个与原来旋转方向相反的制动转矩，迫使电动机转速迅速下降，从而实现快速停车。电气制动有反接制动、能耗制动、电容制动和超同步制动。前三种制动能使电动机转速迅速下降至零，达到停车目的；而超同步制动是使电动机运行在再生发电状态，即电动机转子在外加转矩作用下超同步运行，从而使电动机电磁转矩方向与转子旋转方向相反，从而限制电动机转速不致过高，即不致高出电动机同步转速过多，起稳定作用，它可以用于桥式起重机的制动控制中。此处主要介绍反接制动和能耗制动这两种方式。

3.5.1 能耗制动控制电路

能耗制动就是在电动机脱离三相交流电源之后，在电动机定子绕组中的任意两相立即加上一个直流电压，形成固定磁场，它与旋转着的转子中的感应电流相互作用，产生制动转矩对电动机制动。能耗制动按接入直流电源的控制方法，有速度原则控制与时间原则控制，相应的控制元件为速度继电器与时间继电器。能耗制动是利用转子中的储能进行的，所以比反接制动消耗的能量少，其制动电流也比反接制动电流小得多，制动准确；但能耗制动的制动速度不及反接制动迅速，同时需要一个直流电源，控制电路相对也比较复杂。通常能耗制动适用于电动机容量较大和启动、制动频繁，要求制动平稳的场合。

（1）时间继电器控制的单向能耗制动控制电路

时间继电器控制的单向能耗制动控制电路如图 3-33 所示，KM1 为单向运行接触器，KM2 为能耗制动接触器，T 为整流变压器，VC 为桥式整流器。

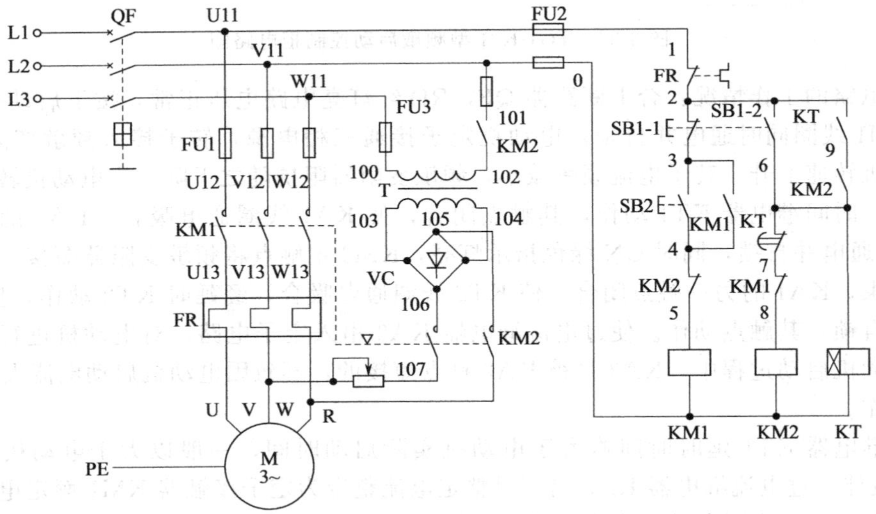

图 3-33 时间继电器控制的单向能耗制动电路图

控制电路的工作情况：合上电源开关 QF，接通电源。按下启动按钮 SB2，KM1 线圈得电，KM1 连锁触点断开，实现对制动电路 KM2 的联锁保护。KM1 主触点和自锁触点闭合，电动机 M 得电运行。

当电动机正常运行时，若按下停止按钮 SB1，其常闭触点 SB1-1 断开，切断接触器 KM1 线圈电路，使 KM1 线圈失电，KM1 主触点断开，电动机定子脱离三相交流电源后惯性旋转。KM1 联锁触点闭合解除联锁保护。同时，停止按钮常开触点 SB1-2 闭合，使时间继电器 KT 和接触器 KM2 线圈通电并自锁，KM2 主触点闭合，将两相定子绕组接入桥式整流器 VC 的电路，进行能耗制动。电动机转速迅速下降，当转速接近零时，时间继电器 KT 的整定时间到，其常闭触点断开使 KM2 和 KT 的线圈断电，制动过程结束。

(2) 速度继电器控制的双向能耗制动控制电路

如图 3-34 所示，KM1、KM2 为双向运行接触器，KM3 为能耗制动接触器，T 为整流变压器，VC 为桥式整流器。

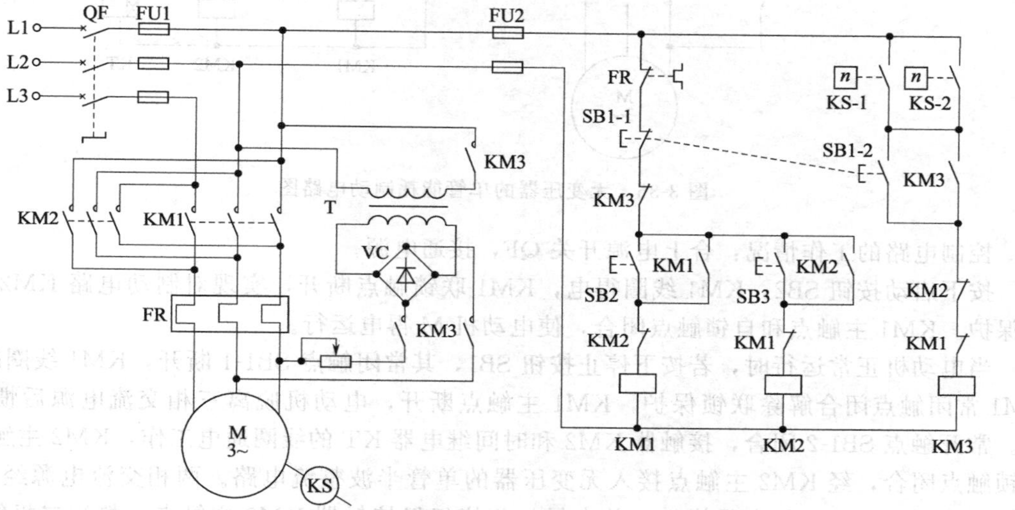

图 3-34　速度继电器控制的双向能耗制动电路图

控制电路的工作情况：合上电源开关 QF，接通电源。

按下正转启动按钮 SB2，KM1 线圈得电，KM1 两对常闭触点断开，实现对 KM2、KM3 的联锁保护。KM1 主触点和自锁触点闭合，电动机 M 得电正向运行。当电动机速度升高后，速度继电器 KS 的常开触点 KS-1 闭合，为制动作准备。

电动机作正向运行时，若需停车，可按下停止按钮 SB1，其常闭触点 SB1-1 断开，使接触器 KM1 线圈断电，KM1 常闭触点闭合解除联锁，KM1 主触点断开，电动机脱离三相交流电源后仍然惯性旋转，速度继电器 KS-1 常开触点仍然闭合，同时因 SB1-2 触点闭合，使接触器 KM3 线圈通电，KM3 主触点闭合，将直流电源加到电动机定子绕组上，电动机进行正向能耗制动，转子正向转速迅速下降。当降至 100r/min 时，速度继电器正转闭合的常开触点 KS-1 断开，KM3 线圈断电，KM3 主触点断开，定子绕组脱离直流电源，能耗制动结束。反向启动与反向能耗制动过程和上述正向情况相同。

在该控制电路中，利用接触器 KM1、KM2 和 KM3 的常闭触点，为电动机启动和制动设置了联锁保护，避免了在制动过程中由于误操作而造成电动机失控。

(3) 单管能耗制动控制电路

上述两种能耗制动控制电路均需用直流电源，由带变压器的桥式整流电路提供。为减少线路中的附加设备，对于功率较小（10kW 以下）且制动要求不高的电动机，可采用图 3-35 所示的无变压器单管能耗制动控制电路。图中 KM1 为运行接触器，KM2 为制动接触器，VD 为整流二极管，R 为限流电阻。

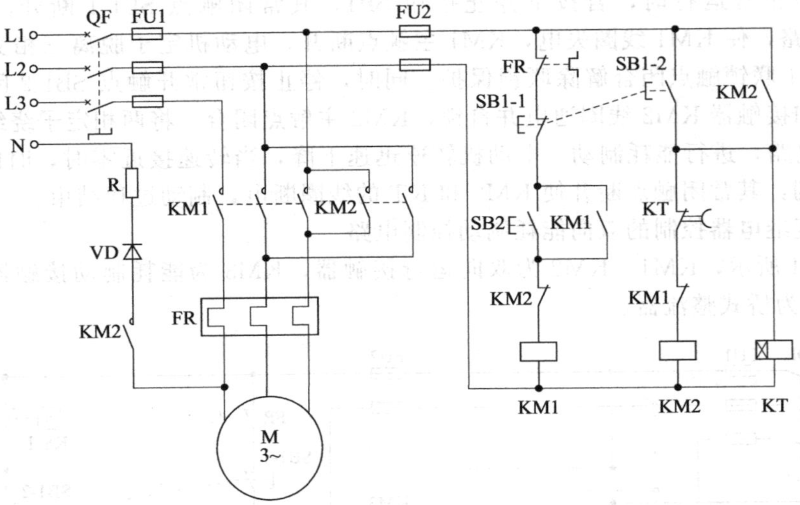

图 3-35 无变压器的单管能耗制动电路图

控制电路的工作情况：合上电源开关 QF，接通电源。

按下启动按钮 SB2，KM1 线圈得电，KM1 联锁触点断开，实现对制动电路 KM2 的联锁保护。KM1 主触点和自锁触点闭合，使电动机 M 得电运行。

当电动机正常运行时，若按下停止按钮 SB1，其常闭触点 SB1-1 断开，KM1 线圈断电，KM1 常闭触点闭合解除联锁保护，KM1 主触点断开，电动机脱离三相交流电源后惯性旋转。常开触点 SB1-2 闭合，接触器 KM2 和时间继电器 KT 的线圈通电工作，KM2 主触点和自锁触点闭合，经 KM2 主触点接入无变压器的单管半波整流电路。两相交流电源经 KM2 主触点接到电动机两相定子绕组，并由另一相绕组经接触器 KM2 主触点、整流二极管 VD 和限流电阻 R 接到零线，构成整流回路。由于定子绕组上有直流电流通过，所以电动机进行能耗制动，当其转速接近零时，KT 延时整定时间到，KM2 和 KT 线圈相继断电，制动过程结束。

3.5.2 反接制动控制电路

反接制动是靠改变电动机定子绕组的电源相序来产生制动力矩，使电动机迅速停转的方法。反接制动是在电动机断电时，接入反相序电源，即交换电动机定子绕组任意两相电源线的接线顺序，使定子绕组产生相反方向的旋转磁场，以产生制动转矩使电动机停转。电源反接制动时，转子与定子旋转磁场的相对速度接近于 2 倍的同步转速，所以定子绕组中流过的反接制动电流相当于全电压直接启动时电流的 2 倍。因此反接制动的特点之一是制动迅速，效果好，但冲击效应较大，通常仅适用于 10kW 以下小容量电动机的制动，其中对 4.5kW 以上的电动机进行反接制动时，需在定子回路中串入限流电阻 R，以限制反接制动电流。为了能在电动机转速下降至接近零时及时切除反相序电源，以防止反向再启动，而采用了速度继电器作为电动机转速的检测器件。当转速在 120～3000r/min 范围内时，速度继电器都处于动作状态；当转速低于 100r/min 时，速度继电器的触点复位，恢复到非动作状态。

（1）单向运行反接制动控制电路

如图 3-36 所示，图中 KM1 为单向运行接触器，KM2 为反接制动接触器，KS 为速度继电器，R 为反接制动电阻。

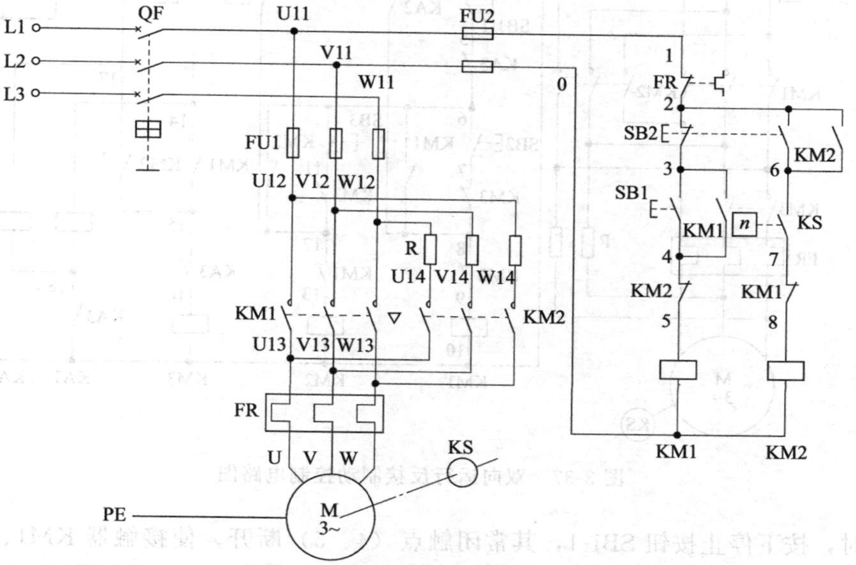

图 3-36　单向运行反接制动控制电路图

控制电路的工作情况：合上电源开关 QF，接通电源。

启动时，按下启动按钮 SB2，接触器 KM1 线圈通电并自锁，KM1 常闭触点断开，KM2 线圈回路实现联锁保护；同时 KM1 主触点闭合，电动机通电后旋转。当电动机转速上升到 120r/min 以上时，速度继电器 KS 的常开触点闭合，为制动做好准备。

停车时，按下停止按钮 SB2，其常闭触点断开，使接触器 KM1 线圈断电，KM1 主触点断开，电动机断开三相交流电源惯性旋转，速度继电器 KS 的常开触点此时依然闭合，KM1 常闭触点复位的同时 SB2 常开触点闭合，使 KM2 线圈通电并自锁，其主触点闭合，接入反向电源，定子绕组串接制动电阻开始制动。当电动机转速迅速下降接近于 100r/mm 时，KS 的常开触点复位，使 KM2 线圈断电，其主触点断开，电动机及时脱离反向电源迅速停车，反接制动过程结束。

当操作按钮 SB1 时，应一按到底，否则反接制动无法实现。当电动机转速接近零速时，需要立即切断电源以防止电动机反转。

（2）双向运行反接制动控制电路

如图 3-37 所示，图中 KM1、KM2 为双向运行接触器，KM3 为短接电阻的接触器，R 为反接制动电阻，KS 为速度继电器（速度继电器 KS-1 为正转闭合时的常开触点，KS-2 为反转闭合时的常开触点）。

控制电路的工作情况：合上电源开关 QF，接通电源。

正转启动时，按下正转启动按钮 SB2，接触器 KM1 线圈通电并自锁，KM1 辅助常闭触点（12、13）断开，对接触器 KM2 线圈电路进行联锁保护；KM1 主触点闭合，使电动机定子绕组经两相电阻 R 接通正向电源，电动机开始降压正向启动。当电动机转速上升到 120r/min 以上时，速度继电器 KS 的正转常开触点 KS-1 闭合，为制动做好准备，同时使接触器 KM3 的线圈通过 KS-1、KM1（14、15）通电工作，KM3 主触点闭合，于是电阻 R 被短接，电动机全压正转运行。

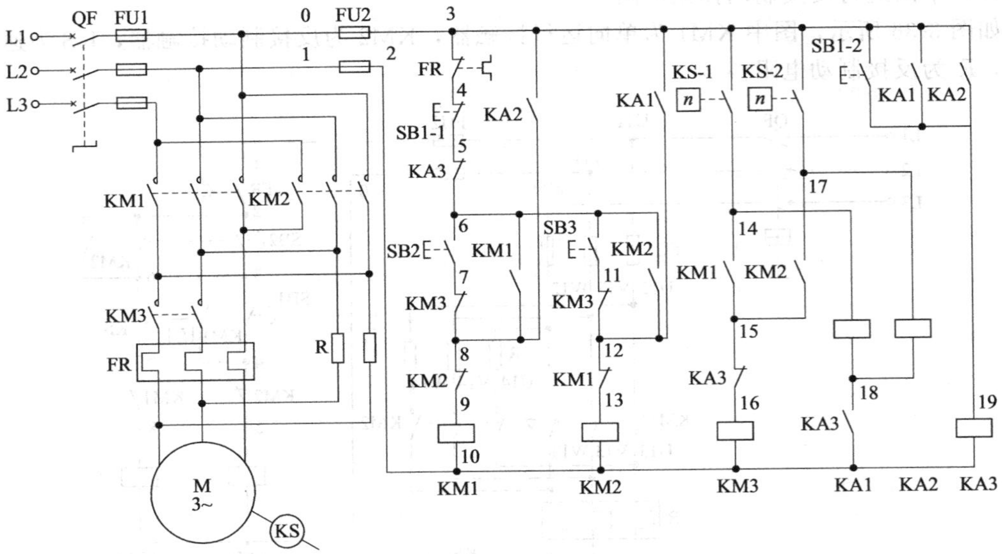

图 3-37　双向运行反接制动控制电路图

制动时，按下停止按钮 SB1-1，其常闭触点（4、5）断开，使接触器 KM1、KM3 线圈相继断电，KM1 主触点断开，电动机断开正向电源惯性旋转，速度继电器 KS-1 触点依然闭合；KM3 主触点断开，电动机定子绕组接入制动电阻 R。

此时由于 SB1-2 常开触点（3、19）闭合使 KA3 线圈通电，KA3 常闭触点（15、16）断开，对 KM3 的线圈回路进行联锁保护，KA3 常闭触点（5、6）断开，对 KM1 和 KM2 的运行回路进行联锁保护；KA3 的常开触点（10、18）闭合，使 KA1 线圈通电，KA1 自锁触点（3、19）闭合，使 KA3 线圈通电；KA1 常开触点（3、12）闭合，使接触器 KM2 线圈通电，KM2 主触点闭合，电动机接入反向电源，定子绕组串接制动电阻开始制动。电动机转速迅速下降，当接近于 100r/min 时，KS 的常开触点 KS-1 复位，使 KA1，KA3，KM2 线圈断电，KM2 主触点断开，电动机断电迅速停车制动。

电动机的反向启动和停车反接制动过程与上述工作过程相同。

3.6　电器控制电路中的保护环节

电器控制系统除了能满足被控设备生产工艺的控制要求外，在电器控制系统的设计与运行中，还要考虑到系统有发生故障和不正常工作情况的可能性。因为发生这些情况时，会导致电流增大，电压和频率降低或升高，引起电器设备和电能用户的正常工作遭到破坏，甚至导致设备的损毁。因此电器控制电路中的保护环节是电器控制系统中不可缺少的组成部分。电器控制电路常用的有以下几种保护：短路保护、过电流保护、热保护、零电压保护和欠电压保护等。

（1）短路保护

短路电流会引起电器绝缘层烧坏，电动机绕组和电器产生机械性损坏。因此，出现短路电流时，应当可靠、迅速地切断电路，同时保护装置不应因启动电流而动作。经常采用的保护方法有以下两种。

① 熔断器保护　适用于动作准确度要求不高和自动化程度较差的系统。如小容量的笼型异步电动机和小容量的直流电动机。

② 过电流继电器保护或断路器保护　过电流继电器通过控制接触器的通断电来实现断路保护作用，但需要注意的是，这会使接触器触点的容量加大。

（2）过电流保护

由于不正确启动或者过大的负载转矩而引起的过电流现象，产生的电流一般比短路电流小。频繁启动的电动机、正反转重复短时工作制的电动机容易出现过电流现象。通常，采用过电流继电器实现过电流保护，当电流达到其整定值时，瞬时切断电源。热继电器也可以用于过电流保护。

（3）热保护

电动机长期超载运行，其绕组会因温升超过允许值而损坏。因此，需要考虑采用热继电器实现热保护措施。要求负载电流越大，热继电器的动作时间越快，但是不会受到启动电流的影响而误动作。

注意，在使用热继电器的同时，还必须加入熔断器或过电流继电器的短路保护装置。

（4）零电压和欠电压保护

① 零电压保护　因电源电压消失使电动机停止工作，电动机可能自启动，造成事故。为防止电压恢复时，电动机自启动的保护为零电压保护。

② 欠电压保护　电动机运转时，电源电压过分降低，引起电动机转速下降或停止工作。也可能使得一些电器线圈释放，造成电路工作不正常。因此，当电压下降到允许的最小值时，将电动机电源切断，这种保护为欠电压保护。

零电压和欠电压保护采用电压继电器。

（5）其他保护措施

① 弱磁场保护　直流电动机磁通的过度减少会引起电动机的超速，可以采用电磁式电流继电器，实现弱磁场保护。

② 超速保护　高炉卷扬机、矿井提升机等设备有一定的运行速度的要求。为防止电动机运行速度超过预定允许的速度，采用离心开关、测速发电机实现电动机的超速保护。

（6）电动机的常用保护举例

如图 3-38 所示，快速熔断器 FU、熔断器 FU1 为短路保护；热继电器 KR 为过电流保护及热保护；欠电压继电器 KV 为欠电压保护；KM1、KM2 的常闭触点为联锁保护。

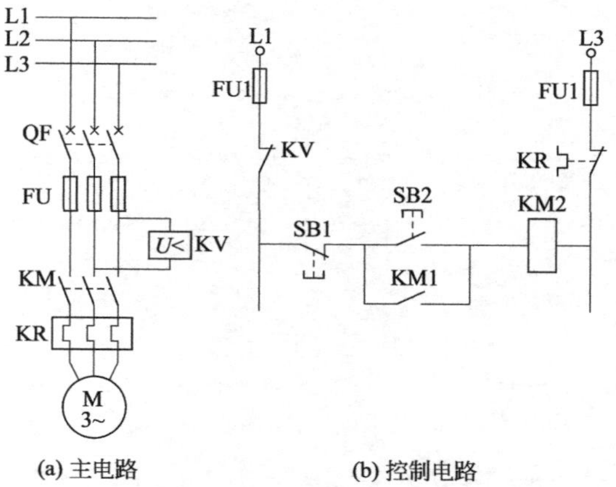

图 3-38　电动机的常用保护控制电路

习题与思考题

3-1　在电气控制线路阅读中，主要涉及哪些资料和技术文件？各有什么用途？电气原理图阅读的基本方法与步骤是什么？

3-2　图 3-39 中的电路各有什么错误？工作时会出现什么现象？应如何改正？

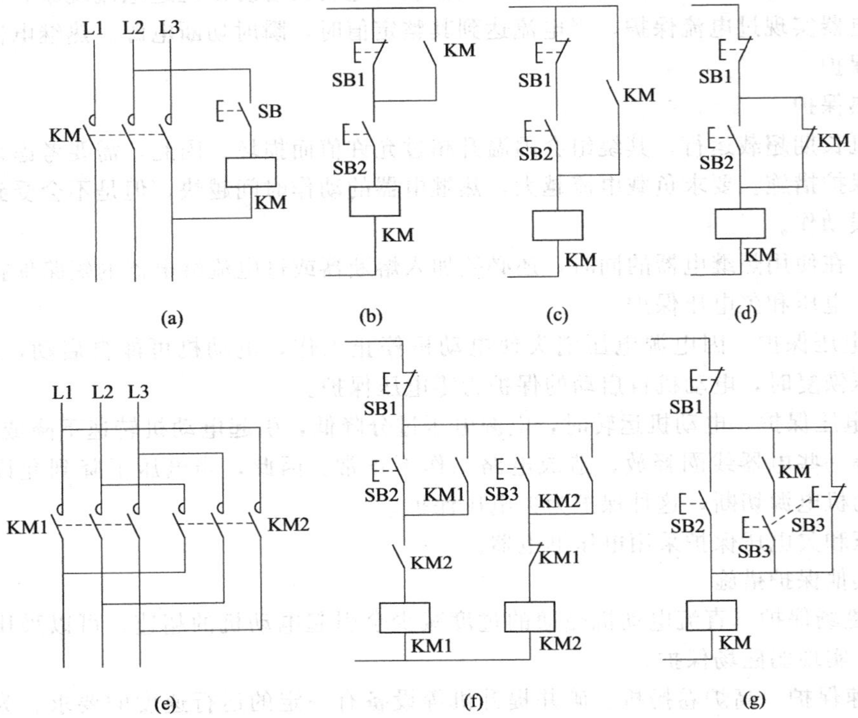

图 3-39　题 3-2 图

3-3　试设计两台笼型电动机 M1、M2 的顺序启动、停止的控制电路：M1、M2 能顺序启动，并能同时或分别停止。M1 启动后 M2 启动。M1 可点动，M2 可单独停止。

第4章　电气控制电路的设计方法

4.1　电气控制设计的主要内容

（1）电气控制系统设计的基本内容

电气控制系统设计的基本任务是根据生产机械的控制要求，设计和完成电控装置在制造、使用和维护过程中所需的图样和资料。这些工作主要反映在电气原理和工艺设计中，需完成下列设计内容。

① 拟定电气设计技术任务书。

② 提出电气控制原理性方案及总体框图（电控装置设计预期达到的主要技术指标、各种设计方案技术性能比较及实施可能性）。

③ 编写系统参数计算书。

④ 绘制电气原理图（总图及分图）。

⑤ 选择整个系统的电气元器件，提出专用元器件的技术指标并给出元器件明细表。

⑥ 绘制电控装置总装、部件、组件、单元装配图（元器件布置安装图）和接线图。

⑦ 标准构件选用与非标准构件设计［包括电控箱（柜）的结构与尺寸、散热器、导线、支架等］。

⑧ 绘制装置布置图、出线端子图和设备接线图。

⑨ 编写设计计算说明书和使用操作说明书。

（2）电气控制电路设计的基本要求

① 熟悉所设计设备电气线路的总体技术要求及工作过程，取得电气设计的基本依据，最大限度地满足生产机械和工艺对电气控制的要求。

② 优化设计方案、妥善处理机械与电气的关系，通过技术经济分析，选用性能价格比最佳的电气设计方案。在满足要求的前提下，设计出简单合理、技术先进、工作可靠、维修方便的电路。

③ 正确合理地选用电气元器件，尽可能减少元器件的品种和规格，降低生产成本。

④ 取得良好的 MTBF（平均无故障时间）指标，确保使用的安全可靠。

⑤ 设计中贯彻最新的国家标准。

4.2 电气控制设备的设计步骤

电气控制设备设计一般分为 3 个阶段：初步设计、技术设计和产品设计。

（1）初步设计

初步设计是研究系统和电气控制装置的组成，拟订设计任务书并寻求最佳控制方案的初步阶段，以取得技术设计的依据。

初步设计可由机械设计人员和电气设计人员共同提出，也可由机械设计人员提出有关机械结构资料和工艺要求，由电气设计人员完成初步设计。这些要求常常以工作循环图、执行元器件动作节拍表、检测元器件状态表等形式提供。在进行初步设计时应尽可能收集国内外同类产品有关资料进行仔细分析研究。初步设计应确定以下内容。

① 机械设备名称、用途、工艺过程、技术性能、传动参数及现场工作条件。

② 用户供电电网的种类、电压、频率及容量。

③ 有关电气传动的基本特性，如运动部件的数量和用途、负载特性、调速指标、电动机启动、反向和制动要求等。

④ 有关电气动作的特性要求，如电气控制的基本方式、自动化程序、自动工作循环的组成、电气保护及联锁等。

⑤ 有关操作、显示方面的要求，如操作台的布置、测量显示、故障报警及照明等要求。

⑥ 电气自动控制的原理性方案及预期的主要技术性能指标。

⑦ 投资费用估算及技术经济指标。

初步设计是一个呈报有关部门的总体方案设计报告，是进行技术设计和产品设计的依据。如果整体方案出错将直接导致整个设计的失败。故必须进行认真的可行性分析，并在可能实现的几种方案中根据技术、经济指标及现有的条件进行综合考虑，做出正确决策。

（2）技术设计

在通过初步设计的基础上，技术设计需要完成的内容如下。

① 对系统中某些关键环节和特殊环节做必要的实验，并写出实验研究报告。

② 绘出电气控制系统的电气原理图。

③ 编写系统参数计算书。

④ 选择整个系统的元器件，提出专用元器件的技术指标，编制元器件明细表。

⑤ 编写技术设计说明书，介绍系统原理、主要技术指标以及有关运行维护条件和对施工安装的要求。

⑥ 绘制电控装置图、出线端子图等。

（3）产品设计

产品设计是根据初步设计和技术设计最终完成的电气控制系统设备的工作图样。产品设计需要完成以下内容。

① 绘制产品总装配图、部件装配图和零件图。

② 绘制产品接线图。确定电动机的类型、数量、传动方式及拟订电动机的启动、运行、调速、转向、制动等控制要求。它是电气设计的主要内容之一，作为电气控制原理图设计及电气元器件选择的依据，是以后各部分设计内容的基础和先决条件。

4.3 电气设计的一般原则

电气控制电路的设计是电力拖动方案和控制方案的具体化。电气控制电路的设计没有固定的方法和模式，作为设计人员，应开阔思路，不断总结经验，丰富自己的知识，设计出合理的、性能价格的系统。

（1）应最大限度地实现生产机械和工艺的要求

应最大限度地实现生产机械和工艺对电气控制电路的要求。设计之前，首先要调查清楚生产要求。不同的场合对控制电路的要求有所不同，如一般控制电路只要求满足启动、反向和制动即可，有些则要求在一定范围内平滑调速和按规定的规律改变转速，出现事故时需要有必要的保护及信号预报以及各部分运动要求有一定的配合和联锁关系等。如果已经有类似设备，还应了解现有控制电路的特点以及操作者对它们的反应。这些都是在设计之前应该调查清楚的。

另外，在科学技术飞速发展的今天，对电气控制电路的要求越来越高，而新的电气元器件和电气装置、新的控制方法层出不穷，如智能式的断路器、软启动器、变频器等，电气控制系统的先进性总是与电气元器件的不断发展、更新紧密地联系在一起的。电气控制电路的设计人员应密切关注电动机、电器技术、电子技术的新发展，不断收集新产品资料，更新自己的知识，以便及时应用于控制系统的设计中，使自己设计的电气控制电路更好地满足生产的要求，并在技术指标、稳定性、可靠性等方面进一步提高。

（2）控制电路应简单经济性要求

① 尽量减少控制电源种类及控制电源的用量。在控制电路比较简单的情况下，可直接采用电网电压；当控制系统所用电器数量比较多时，应采用控制变压器降低控制电压，或采用直流低电压控制。

② 尽量减少电器元件的品种、规格与数量，同一用途的电器元件尽可能选用相同品牌、型号的产品。注意收集各种电器新产品资料，以便及时应用于设计中，使控制电路在技术指标、先进性、稳定性、可靠性等方面得到进一步提高。

③ 在控制电路正常工作时，除必须通电的电器外，尽可能减少通电电器的数量，以利于节能，延长电器元件寿命以及减少故障。

④ 尽可能减少触点使用数量，以简化线路。如图 4-1 所示，图 4-1（b）就比图 4-1（a）省去接触器的一个辅助触点。

⑤ 尽量缩短连接导线的数量和长度。设计控制电路时，应考虑各个元件之间的实际接线。特别要注意控制柜、操作台和按钮、限位开关等元件之间的连接线。如按钮一般均安装在控制柜或操作台上，而接触器安装在控制柜内，这就需要经控制柜端子排与按钮连接，所以一般都先将启动按钮和停止按钮的一端直接连接，另一端再与控制柜端子排连接，这样就可以减少一次引出线，如图 4-2 所示。

（3）保证控制电路工作的可靠和安全

为了使控制电路可靠、安全，最主要的是选用可靠的电气元器件，如尽量选用机械和电气寿命长、结构坚实、动作可靠、抗干扰性能好的电器。同时在具体线路设计中应注意以下几点。

① 用的触点容量应满足控制要求。避免因使用不当而出现触点磨损、黏滞和释放不了等故障，以保证系统工作寿命和可靠性。

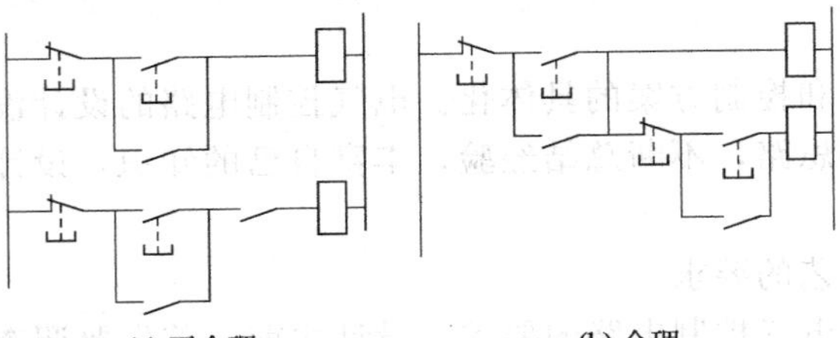

(a) 不合理　　(b) 合理

图 4-1　减少触点使用数量

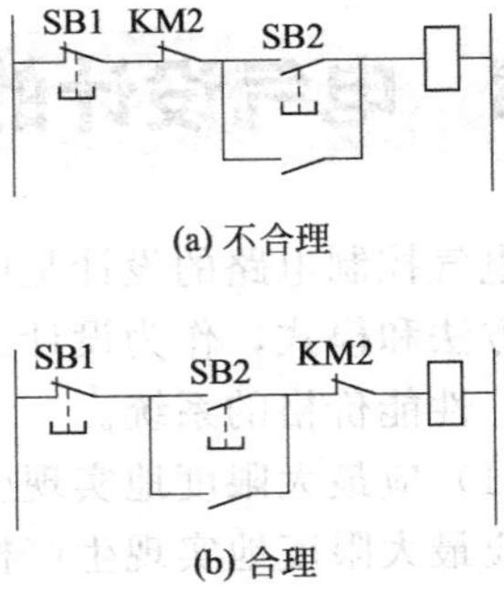

(a) 不合理　　(b) 合理

图 4-2　电器连接

② 合理安排电器元件及触点的位置。对一个串联回路，各电器元件或触点位置互换，并不影响其工作原理，但从实际连线上有时会影响到安全、节省导线等方面的问题。图 4-3 所示两种接法的工作原理相同，但是采用图 4-3（a）的接法既不安全又使接线复杂。因为行程开关 SQ 的常开、常闭触点靠得很近，此种接法下，由于不是等电位，在触点断开时产生的电弧很可能在两触点间形成飞弧而造成电源短路，很不安全，而且这种接法控制柜到现场要引出五根线，很不合理；采用图 4-3（b）所示接法只引出三根线即可，而且两触点电位相同，就不会造成飞弧。

③ 正确连接电器的线圈。在交流控制电路中，两个电器元件的线圈不能串联接入，如图 4-4 所示，即使外加电压是两个线圈额定电压之和，也是不允许的。因为每个线圈上所分配到的电压与线圈阻抗成正比，由于制造上的原因，两个电器元件总有差异，不可能同时吸合。如图 4-4（a）所示，假如交流接触器 KM2 先吸合，由于 KM2 的磁路闭合，线圈的电感显著增加，因而在该线圈上的电压降也相应增大，从而使另一个接触器 KM1 的线圈电压达不到动作电压。因此，两个电器元件需要同时动作时其线圈应并联连接，如图 4-4（b）所示。

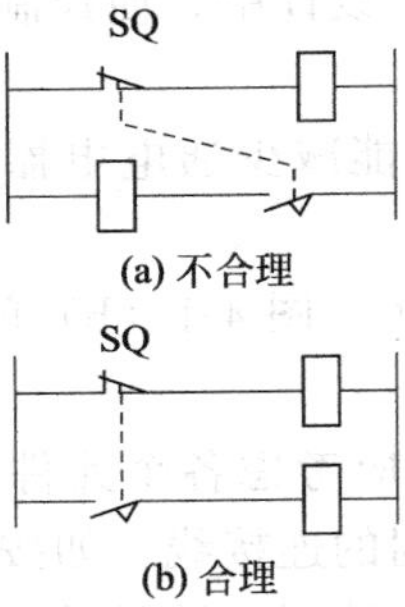

(a) 不合理　　(b) 合理

图 4-3　电器触点的连接

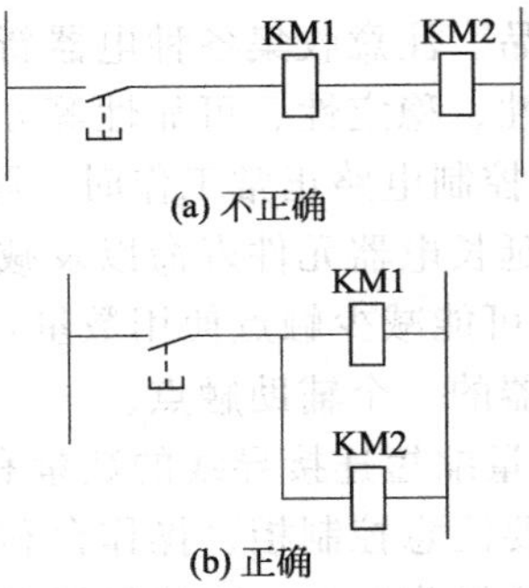

(a) 不正确　　(b) 正确

图 4-4　线圈的连接

④ 在控制电路中应避免出现寄生电路。在电器控制电路的动作过程中，意外接通的电路叫寄生电路。图 4-5 所示的是一个具有指示灯和热继电器保护的正反向控制电路。为了节省触点，显示电动机运转状态的指示灯 HL1，HL2 采用了图示接法，在正常工作时，能完成正反向启动、停止和信号指示；但当电动机正转时，出现了过载，热继电器 FR 断开时，线路就出现了寄生电路，如图 4-5 中虚线所示。由于接触器在吸合状态下的释放电压较低，因此，寄生回路电流可能使正向接触器 KM1 不能释放，起不到保护作用。如果将 FR 触点的位置移到电源进出线端，就可以避免产生寄生电路。

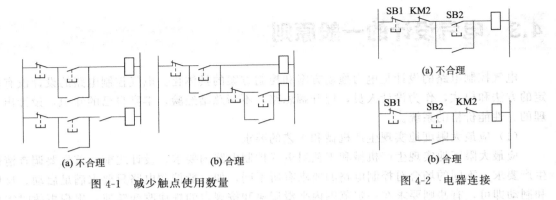

在设计电器控制电路时，要严格按照“线圈、能耗元件右边接电源（零线），左边接触点”的原则，就可降低产生寄生回路的可能性。另外，还应注意消除两个电路之间产生联系的可能性，否则应加以区分、联锁隔离或采用多触点开关分离。如将图中的指示灯分别用 KM1、KM2 另外的常开触点直接连接到左边控制母线上，加以区分就可消除寄生。

⑤ 避免发生触点“竞争”与“冒险”现象。在电器控制电路中，在某一控制信号作用下，电路从一个状态转换到另一个状态时，常常有几个电器的状态发生变化，由于电器元件总有一定的固有动作时间，往往会发生不按理论设计时序动作的情况，触点争先吸合，发生振荡，该现象称为电路的“竞争”。同样，由于电器元件在释放时，也有其固有的释放时间，因而也会出现开关电器不按设计要求转换状态，该现象称为“冒险”。“竞争”与“冒险”现象都将造成控制回路不能按要求动作，引起控制失灵。图 4-6 所示电路，当 KA 闭合时，KM1、KM2 争先吸合，而它们之间又互锁，只有经过多次振荡吸合竞争后，才能稳定在一个状态上。当电器元件的动作时间可能影响到控制电路的动作程序时，就需要用时间继电器配合控制，这样可清晰地反映电器元件动作时间及它们之间的互相配合，从而消除竞争和冒险。设计时要避免发生触点“竞争”与“冒险”现象，应尽量避免许多电器依次动作才能接通另一个电器的控制电路，防止电路中因电器元件固有特性引起配合不良后果。同样，若不可避免，则应将其区分、联锁隔离或采用多触点开关分离。

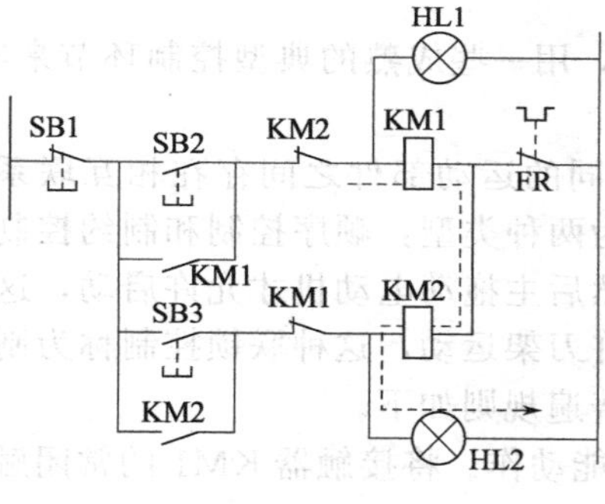

图 4-5　寄生电路

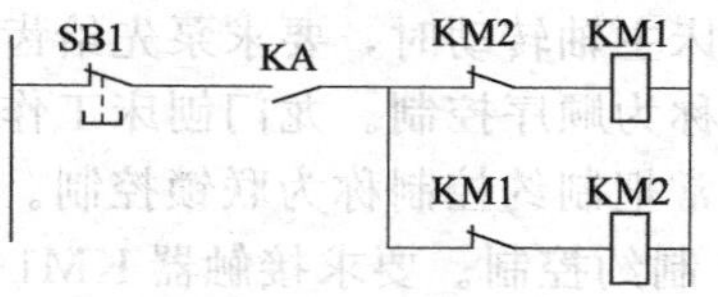

图 4-6　触点间的“竞争”与“冒险”

⑥ 电气联锁和机械联锁共用。在频繁操作的可逆线路、自动切换线路中，正、反向控制接触器之间必须设有电气联锁，必要时要设机械联锁，以避免误操作可能带来的事故。对于一些重要设备，应仔细考虑每一控制程序之间必要的联锁，要做到即使发生误操作也不会造成设备事故。重要场合应选用机械联锁接触器，再附加电气联锁电路。

⑦ 所设计的控制电路应具有完善的保护环节。电气控制系统能否安全运行，主要由完善的保护环节来保证。除过载、短路、过流、过压、失压等电流、电压保护环节外，在控制电路的设计中，常常要对生产过程中的温度、压力、流量、转速等设置必要的保护。另外，对于生产机械的运动部件还应设有位置保护，有时还需要设置工作状态、合闸、断开、事故等必要的指示信号。保护环节应做到工作可靠、动作准确，满足负载的需要，正常操作下不发生误动作，并按整定和调试的要求可靠工作，稳定运行，能适应环境条件，抵抗外来的干扰；事故情况下能准确可靠动作，切断事故回路。

⑧ 线路设计要考虑操作、使用、调试和维修的方便。例如设置必要的显示，随时反映系统的运行状态与关键参数，以便调试与维修；考虑到运动机构的调整和修理，设置必要的单机点动操作功能等。

4.4 电气控制系统的设计方法

电气控制电路的设计方法通常有两种。一种是一般设计法，也叫经验设计法。它是根据生产工艺要求，利用各种典型的线路环节，直接设计控制电路。它的特点是无固定的设计程序和设计模式，灵活性很大，主要靠经验进行。另一种是逻辑设计法，它根据生产工艺要求，利用逻辑代数来分析、设计线路。该方法设计的线路比较合理，特别适合完成较复杂的生产工艺所要求的控制电路。但是相对而言，逻辑设计法难度较大，不易掌握。

4.4.1 经验设计法

4.4.1.1 设计原则

一般的电气控制电路设计包括主电路和辅助电路设计。

(1) 主电路设计

主要考虑机床电动机的启动、点动、正反转、制动及多速电动机的调速、短路、过载、欠电压等各种保护环节以及联锁、照明和信号等环节。

(2) 控制电路设计

主要考虑如何满足电动机的各种运转功能及生产工艺要求。

① 首先根据生产工艺的要求，画出功能流程图。

② 确定适当的基本控制环节。对于某些控制要求，用一些成熟的典型控制环节来实现，主要包括联锁的控制和过程变化参量的控制电路。

a. 联锁的控制环节。在生产机械和自动线上，不同的运动部件之间存在相互联系、相互制约的关系，这种关系称为联锁。联锁控制一般分为两种类型：顺序控制和制约控制。例如，车床主轴转动时，要求泵先给齿轮箱供油润滑，然后主拖动电动机才允许启动，这种联锁控制称为顺序控制。龙门刨床工作台运动时，不允许刀架运动，这种联锁控制称为制约控制，通常把制约控制称为联锁控制。联锁控制规律的普遍规则如下。

ⓐ 制约控制。要求接触器 KM1 动作时，KM2 不能动作。将接触器 KM1 的常闭触点串接在接触器 KM2 的线圈电路中，即逻辑“非”关系。

ⓑ 顺序控制。要求接触器 KM1 动作后，KM2 才能动作。将接触器 KM1 的常开触点串接在接触器 KM2 的线圈电路中，即逻辑“与”关系。

b. 过程变化参量的控制。根据工艺过程的特点，准确地监测和反映模拟参量（如行程、时间、速度、电流等）的变化，来实现自动控制的方法，即按控制过程中变化参量进行控制的规律。

ⓐ 行程原则控制。以生产机械运动部件或机件的几何位置作为控制的变化参量，主要使用行程开关进行控制，这种方法称为行程原则控制。例如，龙门刨床的工作台往返循环的控制电路。

ⓑ 时间原则控制。以时间作为控制的变化参量，主要采用时间继电器进行控制的方法称为时间原则控制。例如，定子绕组串电阻降压启动控制电路。

ⓒ 速度原则控制。以速度作为控制的变化参量，主要采用速度继电器进行控制的方法称为速度原则控制。例如，异步电动机反接制动控制电路。

ⓓ 电流原则控制。根据生产需要，经常需要参照负载或机械力的大小进行控制。机床的负载与机械力在交流异步电动机或直流他励电动机中往往与电流成正比。因此，将电流作为控制的变化参量，采用电流继电器实现的控制方法称为电流原则控制。例如，机床的夹紧

机构，当夹紧力达到一定强度，不能再大时，要求给出信号，使夹紧电动机停止工作。

③ 根据生产工艺要求逐步完善线路的控制功能，并增加各种适当的保护措施。

④ 根据电路简单、经济和安全、可靠等原则，修改电路，得到满足控制要求的完整线路。

(3) 检查电路

反复审核电路是否满足设计原则在条件允许的情况下，进行模拟试验，逐步完善整个机床电气控制电路的设计，直至电路动作准确无误。

4.4.1.2 设计实例

下面通过C534J1立式车床横梁升降电气控制原理线路的设计实例，进一步说明经验设计法的设计过程。这种机构无论在机械传动或电力传动控制的设计中都有普遍意义，在立式车床、摇臂钻床、龙门刨床等设备中均采用类似的结构和控制方法。

(1) 电力拖动方式及其控制要求

为适应不同高度工件加工时对刀的需要，要求安装有左、右立刀架的横梁能通过丝杠传动快速做上升和下降的调整运动。丝杠的正反转由一台三相交流异步电动机拖动，同时，为保证零件的加工精度，当横梁移动到需要的高度后应立即通过夹紧机构将横梁夹紧在立柱上。每次移动前要先放松夹紧装置，因此设置另一台三相交流异步电动机拖动夹紧、放松机构，以实现横梁移动前的放松和到位后的夹紧动作。在夹紧、放松机构中设置两个行程开关SQ1与SQ2分别检测已放松与已夹紧信号。横梁升降控制要求如下。

① 采用短时工作的点动控制。

② 横梁上升控制动作过程：按上升按钮→横梁放松（夹紧电动机反转）→压下放松位置开关→停止放松→横梁自动上升（升/降电动机正转），到位放开上升按钮→横梁停止上升→横梁自动夹紧（夹紧电动机正转）→已放松位置开关松开，已夹紧位置开关压下，达到一定夹紧程度→上升过程结束。

③ 横梁下降控制动作过程：按下降按钮→横梁放松→压下已放松位置开关→停止放松，横梁自动下降→到位放开下降按钮→横梁停止下降并自动短时回升（升/降电动机短时正转）→横梁自动夹紧→已放松位置开关松开，已夹紧位置开关压下并夹紧至一定紧度，下降过程结束。

可见下降与上升控制的区别在于到位后多了一个自动的短时回升动作，其目的在于消除移动螺母上端面与丝杠的间隙，以防止加工过程中因横梁倾斜造成的误差，而上升过程中移动螺母上端面与丝杠之间不存在间隙。

④ 横梁升降动作应设置上、下极限位置保护。

(2) 设计过程

① 根据拖动要求设计主电路　由于升、降电动机M1与夹紧放松电动机M2都需要求正反转，所以采用KM1、KM2及KM3、KM4接触器主触点变换相序控制。考虑到横梁夹紧时有一定的紧度要求，故在M2正转即KM3动作时，其中一相串过电流继电器KI检测电流信号，当M2处于堵转状态，电流增长至动作值时，过电流继电器KI动作，使夹紧动作结束，以保证每次夹紧程度相同。据此便可设计出如图4-7所示的主电路。

② 设计控制电路草图　如果暂不考虑横梁下降控制的短时回升，则上升与下降控制过程完全相同，当发出“上升”或“下降”指令时，首先是夹紧、放松电动机M2反转（KM4吸合），由于平时横梁总是处于夹紧状态，行程开关SQ1（检测已放松信号）不受压，SQ2处于受压状态（检测已夹紧信号），将SQ1常开触点串在横梁升降控制回路中，常闭触点串在放松控制回路中（SQ2常开触点串在工作台转动控制回路中，用于联锁控制），因此在发出上升或下降指令时（按SB1或SB2），必然是先放松（SQ2立即复位，夹紧解除），当放松动作完成SQ1受压，KM4释放，KM1（或KM2）自动吸合实现横梁自动上升（或

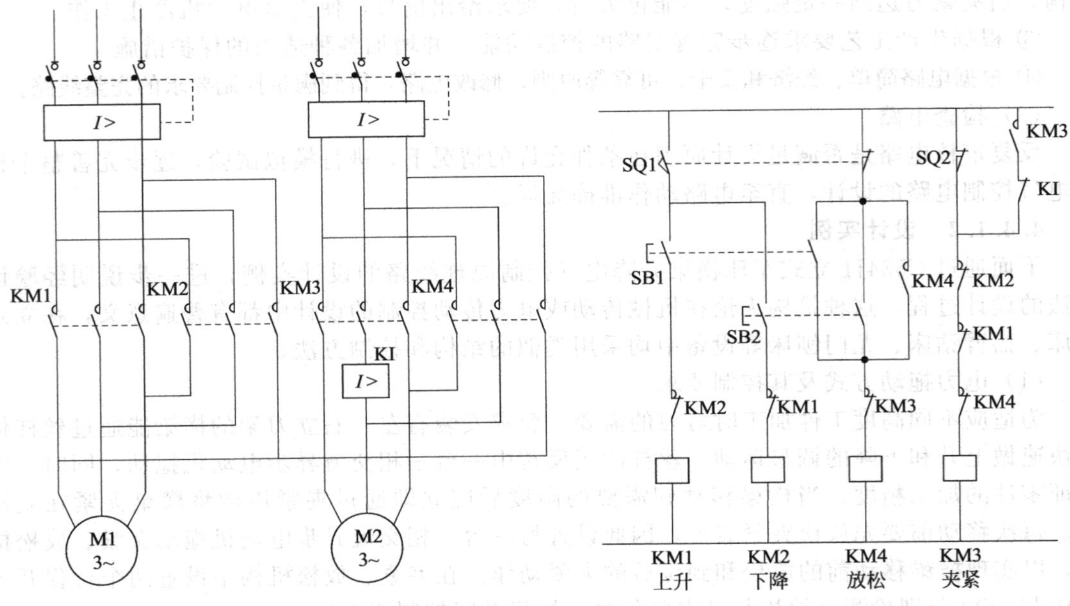

图 4-7　主电路及控制电路草图之一

下降)。上升(或下降)到位，放开 SB1(或 SB2)停止上升(或下降)，由于此时 SQ1 受压，SQ2 不受压，所以 KM3 自动吸合，夹紧动作自动发出直到 SQ2 压下，再通过 KI 常闭触点与 KM3 的常开触点串联的自保回路继续夹紧至过电流继电器动作(达到一定的夹紧度)，控制过程自动结束。按此思路设计的草图如图 4-7 所示。

③ 完善设计草图　图 4-7 设计草图功能不完善，主要是未考虑下降的短时回升。下降的短时自动回升，是满足一定条件下的结果，此条件与上升指令是"或"的逻辑关系，因此它应与 SB1 并联，应该是下降动作结束，即用 KM2 常闭触点与一个短时延时断开的时间继电器 KT 触点的串联组成，回升时间由时间继电器控制。于是便可设计出如图 4-8 所示的设计草图之二。

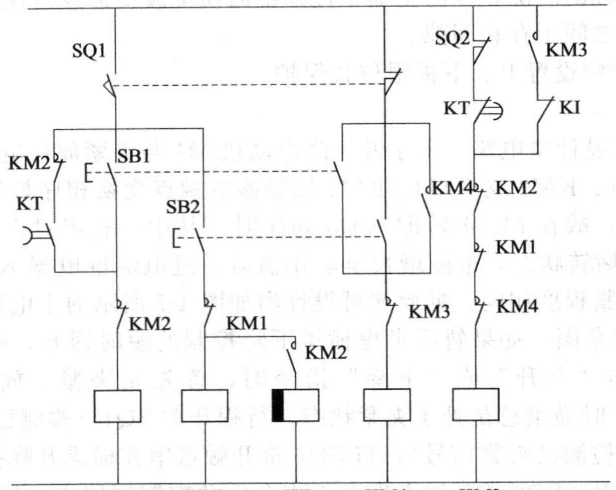

图 4-8　控制电路设计草图之二

④ 检查并改进设计草图　检查图 4-8，在控制功能上已达到上述控制要求，但仔细检查会发现 KM2 的辅助触点使用已超出接触器拥有数量，同时考虑到一般情况下不采用二常开二常闭的复合式按钮，因此可以采用一个中间继电器 KA 来完善设计，如图 4-9 所示。其中 R-M、L-M 为工作台驱动电动机 M 正反转联锁触点，即保证机床进入加工状态，不允许横梁移动。反之横梁放松时就不允许工作台转动，是通过行程开关 SQ2 的常开触点串联在 R-M、L-M 的控制回路中来实现。另一方面在完善控制电路设计过程中，进一步考虑横梁的上、下极限位置保护，采用限位开关 SQ3（上限位）与 SQ4（下限位）的常闭触点串接在上升与下降控制回路中。

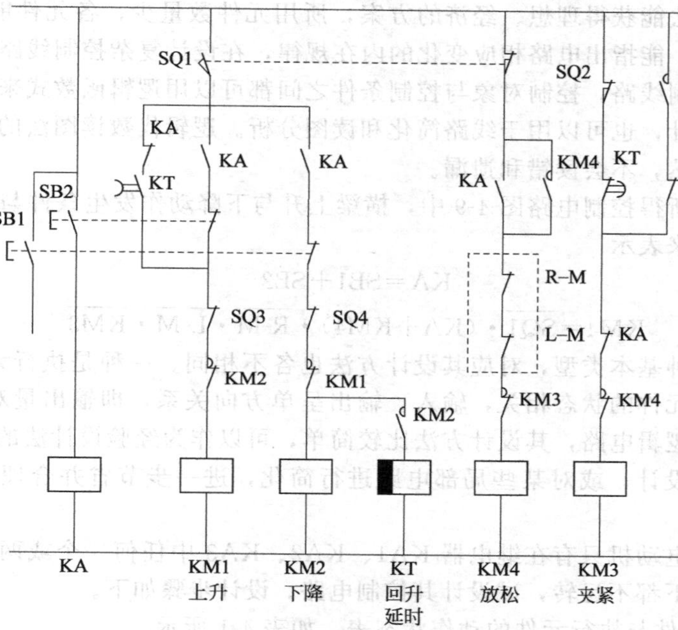

图 4-9　控制电路设计草图之三

⑤ 总体校核设计线路　控制线路设计完毕，最后必须经过总体校核，因为经验设计往往会考虑不周而存在不合理之处或有进一步简化的可能。主要检测内容有：是否满足拖动要求与控制要求；触点使用是否超出允许范围；电路工作是否安全可靠；联锁保护是否考虑周到；是否有进一步简化的可能等。

4.4.2　逻辑设计方法

逻辑设计方法是利用逻辑代数这一数学工具来进行电路设计，即根据生产机械的拖动要求以及工艺要求，将执行元件所需要的工作信号以及主令电器的接通与断开状态看成逻辑变量，并根据控制要求将它们之间的关系用逻辑函数表示，然后运用逻辑函数基本公式和运算规律进行简化，使之成为所需要的最简单的“与”“或”“非”的关系式，根据最简式画出相应的电路结构图，最后检查、完善，即能获得所需要的控制线路。

原则上，由继电接触器组成的控制电路属于开关电路，在电路中，电器元件只有两种状态：线圈通电或断电，触点闭合或断开。这种正好“对立”的状态就可以用开关代数（也称逻辑代数或布尔代数）来描述这些电器元件所处的状态和连接方法。

① 逻辑代数的代表原则和分析方法：在逻辑代数中，用“1”和“0”表示两种对立的状态，即可表示继电器、接触器、控制电路中器件的两种对立状态，具体规则如下。

a. 对于继电器、接触器、电磁铁、电磁阀、电磁离合器的线圈，规定通电状态为“1”，断电则为“0”。

b. 对于按钮、行程开关等元件，规定按下时为“1”，松开时为“0”。

② 对于器件的触点，规定触点闭合状态为“1”，触点断开时为“0”。

分析继电接触器逻辑控制电路时，为了清楚地反映器件状态，器件的线圈和其常开触点用同一字符来表示，例如 A；而其常闭触点的状态用该字符的“非”来表示，例如 $\overline{A}$；若器件为“1”状态，则表示其线圈通电，继电器吸合，其常开触点闭合，其常闭触点断开；若器件为“0”状态，则与上述相反。

采用逻辑设计法能获得理想、经济的方案，所用元件数量少，各元件能充分发挥作用，当给定条件变化时，能指出电路相应变化的内在规律，在设计复杂控制线路时，更能显示出它的优点。任何控制线路，控制对象与控制条件之间都可以用逻辑函数式来表示，所以逻辑法不仅用于线路设计，也可以用于线路简化和读图分析。逻辑代数读图法的优点是各控制元件的关系能一目了然，不会读错和遗漏。

例如，前设计所得控制电路图 4-9 中，横梁上升与下降动作发生条件与电路动作可以用下面的逻辑函数式来表示

$$\mathrm{KA}=\mathrm{SB1}+\mathrm{SB2}$$

$$\mathrm{KM4}=\overline{\mathrm{SQ1}}\cdot(\mathrm{KA}+\mathrm{KM4})\cdot\overline{\text{R-M}}\cdot\overline{\text{L-M}}\cdot\overline{\mathrm{KM3}}$$

逻辑电路有两种基本类型，对应其设计方法也各不相同。一种是执行元件的输出状态，只与同一时刻控制元件的状态相关，输入、输出呈单方向关系，即输出量对输入量无影响。这种电路称为组合逻辑电路，其设计方法比较简单，可以作为经验设计法的辅助和补充，用于简单控制电路的设计，或对某些局部电路进行简化，进一步节省并合理使用电气元件与触点。

设计要求：某电动机只有在继电器 KA1、KA2、KA3 中任何一个或两个动作时才能运转，而在其他条件下都不运转，试设计其控制电路。设计步骤如下。

① 列出控制元件与执行元件的动作状态表，如表 4-1 所示。

表 4-1 状态表

KA1	KA2	KA3	KM
0	0	0	0
0	0	1	1
0	1	0	1
0	1	1	1
1	0	0	1
1	0	1	1
1	1	0	1
1	1	1	0

② 根据表 4-1 写出 KM 的逻辑代数式

$$\mathrm{KM}=\mathrm{KA1}\cdot\overline{\mathrm{KA2}}\cdot\overline{\mathrm{KA3}}+\overline{\mathrm{KA1}}\cdot\mathrm{KA2}\cdot\overline{\mathrm{KA3}}+\overline{\mathrm{KA1}}\cdot\overline{\mathrm{KA2}}\cdot\mathrm{KA3}$$
$$+\mathrm{KA1}\cdot\mathrm{KA2}\cdot\overline{\mathrm{KA3}}+\mathrm{KA1}\cdot\overline{\mathrm{KA2}}\cdot\mathrm{KA3}+\overline{\mathrm{KA1}}\cdot\mathrm{KA2}\cdot\mathrm{KA3}$$

③ 利用逻辑代数基本公式化简最简“与或非”式

$$\mathrm{KM}=\mathrm{KA1}\cdot(\overline{\mathrm{KA2}}\cdot\overline{\mathrm{KA3}}+\overline{\mathrm{KA2}}\cdot\mathrm{KA3}+\mathrm{KA2}\cdot\overline{\mathrm{KA3}})$$
$$+\overline{\mathrm{KA1}}\cdot(\overline{\mathrm{KA2}}\cdot\mathrm{KA3}+\mathrm{KA2}\cdot\overline{\mathrm{KA3}}+\mathrm{KA2}\cdot\mathrm{KA3})$$

$$KM = KA1 \cdot (\overline{KA3} + \overline{KA2} \cdot KA3) + \overline{KA1} \cdot (KA3 + KA2 \cdot \overline{KA3})$$

$$KM = KA1 \cdot (\overline{KA2} + \overline{KA3}) + \overline{KA1} \cdot (KA2 + KA3)$$

④ 根据简化了的逻辑式绘制控制电路，如图 4-10 所示。

另一类逻辑电路被称为时序逻辑电路，其特点是，输出状态不仅与同一时刻的输入状态有关，而且还与输出量的原有状态及其组合顺序有关，即输出量通过反馈作用，对输入状态产生影响。这种逻辑电路设计要设置中间记忆元件（如中间继电器等），记忆输入信号的变化，以达到各程序两两区分的目的。其设计过程比较复杂，基本步骤如下。

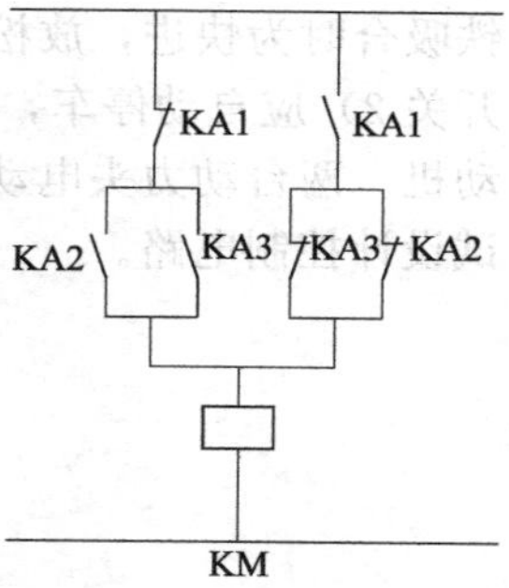

图 4-10 控制电路

① 根据拖动要求，先设计主电路，明确各电动机及执行元件的控制要求，并选择产生控制信号（包括主令信号与检测信号）的主令元件（如按钮、控制开关、主令控制器等）和检测元件（如行程开关、压力继电器、速度继电器、过电流继电器等）。

② 根据工艺要求作出工作循环图，并列出主令元件、检测元件以及执行元件的状态表，写出各状态的特征码（一个以二进制数表示一组状态的代码）。

③ 为区分所有状态（重复特征码）而增设必要的中间记忆元件（中间继电器）。

④ 根据已区分的各种状态的特征码，写出各执行元件（输出）与中间继电器、主令元件及检测元件（逻辑变量）间的逻辑关系式。

⑤ 化简逻辑式，据此绘制出相应控制线路。

⑥ 检查并完善设计线路。

随着可编程控制器（PLC）的发展，对于稍复杂的电路已经被可编程序控制器（PLC）所取代，而我们主要是通过此种方法理解电气控制线路的实质，力求用最简单的方法设计出最实用、可靠的电路。由于这种方法设计难度较大，整个设计过程较复杂，还要涉及一些新概念，因此，在一般常规设计中，很少单独采用。其具体设计过程可参阅专门论述资料，这里不再作进一步介绍。

习题与思考题

4-1 简要说明电气控制线路设计的原则和注意事项。

4-2 现有三台电动机 M1、M2、M3，要求启动顺序为：先启动 M1，再启动 M2，经过时间 5s 后启动 M3；停车时要求：先停 M3，再停 M2，经过时间 10s 后停 M1。设计此三台电动机的启动/停止控制线路。

4-3 某机床主轴由一台笼型电动机拖动，采用星形-三角形启动；润滑油泵由另外一台笼型电动机采用直接启动方式带动。试设计控制电路，其工艺要求是：

(1) 主轴电动机要求可以正向、反向运转，并能够实现点动，在停车时要求有反接制动功能；

(2) 润滑油泵电动机在主轴电动机之前启动，主轴电动机停止后才停止；

(3) 具有必要的电气保护。

4-4 设计一小车运行控制线路，小车由异步电动机拖动，其动作程序如下：

(1) 小车由原位开始前进，到终端后自动停止；

(2) 在终端停留 2min 后自动返回原位停止；

(3) 要求在前进和后退途中任意位置能启动和停止。

4-5　某箱体需加工两侧平面，加工方法是将箱体夹紧在滑台上，两侧平面用左右动力头铣削加工。加工前滑台应快速移动到加工位置（行程开关1），然后改为慢速进给。快进速度为慢进速度的20倍，滑台进给速度的改变是由齿轮变速机构和电磁铁来实现的，即磁铁吸合时为快进，放松时为慢进。滑台从快速移动到慢速进给应自动变换，切削完毕（行程开关2）应自动停车，由人工操作滑台快速退回（行程开关3）。本专用机床共有三台异步电动机。两台动力头电动机均为4.5kW，单向运转。滑台电动机功率为1.1kW，需正反转。试设计控制电路。

第 5 章 常用机械的电气控制电路

5.1 C650 卧式车床电气控制电路

5.1.1 主要结构和运动形式

C650 卧式普通车床属中型车床，加工工件回转直径最大可达 1020mm，长度可达 3000mm。其结构主要由床身、主轴变速箱、刀架、尾架、丝杠和光杠等部分组成，图 5-1 为其结构示意图与实物图。

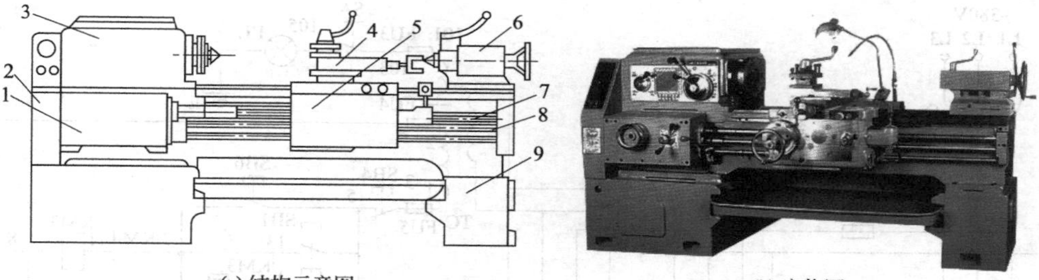

(a) 结构示意图　　(b) 实物图

图 5-1　卧式车床的结构示意图与实物图

1—进给箱；2—挂轮箱；3—主轴变速箱；4—溜板与刀架；5—溜板箱；6—尾架；7—丝杠；8—光杠；9—床身

车床的主运动为工件的旋转运动，它是由主轴通过卡盘或顶尖带动工件旋转，其承受车削加工时的主要切削功率。车削加工时，应根据刀具种类、被加工工件材料、工件尺寸、工艺要求等来选择不同的切削速度。这就要求主轴能在相当大的范围内调速，对于卧式车床，调速范围一般大于 70。车削加工时，一般不要求反转，但在加工螺纹时，为避免乱扣，要反转退刀，再纵向进刀继续加工，这就要求主轴具有正反转。车床的进给运动是溜板带动刀架的纵向或横向直线运动。其运动方式有手动或机动两种。加工螺纹时，工件的旋转速度与刀具的进给速度应有严格的比例关系。因此，车床溜板箱与主轴箱之间通过齿轮传动来连接，而主运动与进给运动由一台电动机拖动。

车床的辅助运动有刀架的快速移动、尾架的移动以及工件的夹紧与放松等。

5.1.2 中小型车床对电气控制的要求

根据车床的运动情况和工艺要求，中小型车床对其电气控制提出如下要求。

① 主拖动电动机一般选用三相笼型异步电动机，为满足调速要求，采用机械变速。

② 为车削螺纹，主轴要求能够正反转。对于小型车床主轴而言，其主轴正反转由拖动电动机正反转来实现；当主拖动电动机容量较大时，主轴的正反转则靠摩擦离合器来实现，电动机只做单向旋转。

③ 一般中小型车床的主轴电动机均采用直接启动。当电动机容量较大时，常用 Y-△减压启动。停车时为实现快速停车，一般采用机械或电气制动。

④ 车削加工时，刀具与工件温度高，需用切削液进行冷却。为此，设有一台冷却泵电动机，拖动冷却泵输出冷却液，且与主轴电动机有着联锁关系，即冷却泵电动机应在主轴电动机启动后方可选择启动与否；当主轴电动机停止时，冷却泵电动机便立即停止。

⑤ 为实现溜板箱的快速移动，由单独的快速移动电动机拖动，采用点动控制。

⑥ 电路应具有必要的保护环节和安全可靠的照明与信号指示，控制系统的电源总开关采用带漏电保护自动开关，在控制系统发生漏电或过载时，能自动脱扣以切断电源，对操作人员、电气设备进行保护。

5.1.3 电气控制电路分析

根据上述控制要求设计的 C650 卧式车床电气原理图如图 5-2 所示，其线路分析步骤如下。

(1) 主电路

组合开关 Q 将三相电源引入，FU1 为主电动机 M1 的短路保护用熔断器，KR1 为 M1 电动机过载保护用热继电器。*R* 为限流电阻，防止在点动时连续的启动电流造成电动机过

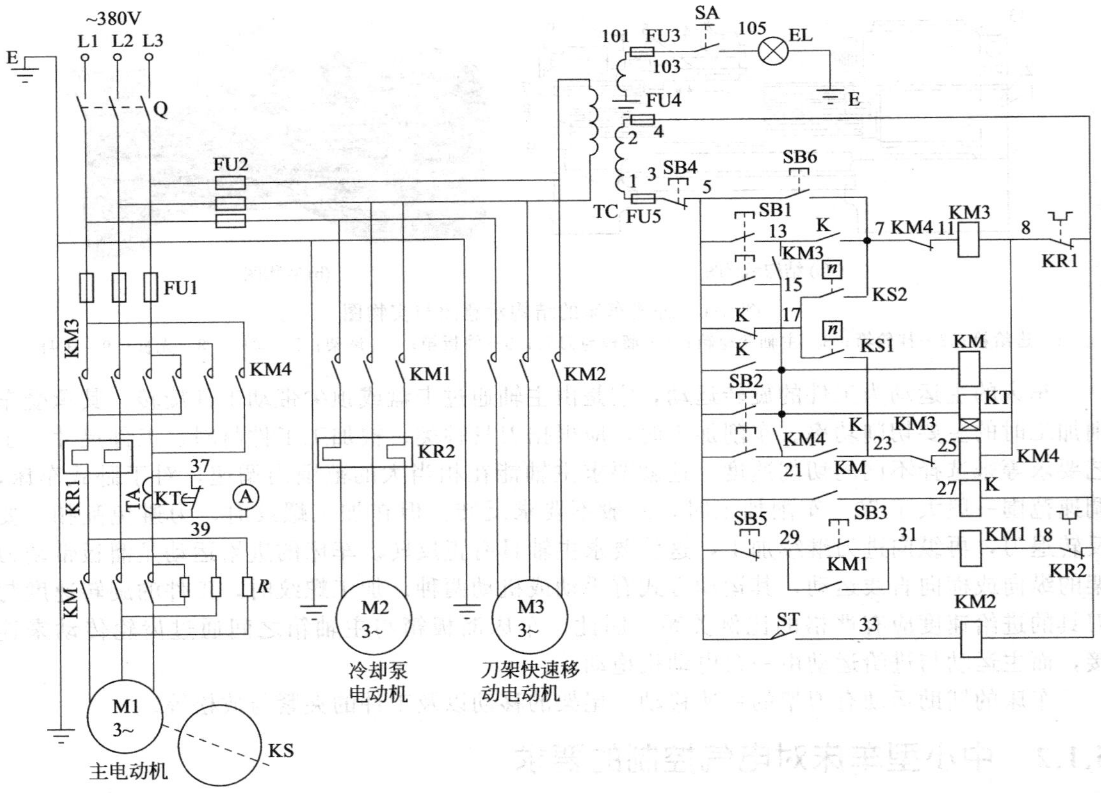

图 5-2 C650 卧式车床电气原理图

载。通过互感器 TA 接入电流表 A 以限制主电动机绕组的电流。熔断器 FU2 为 M2、M3 电动机的短路保护，接触器 KM1、KM2 分别为 M2、M3 电动机启动用接触器。KR2 为 M2 电动机的过载保护，因快速电动机 M3 短时工作，所以不设过载保护。

(2) 控制电路

① 主电动机的点动调整控制　图 5-2 中 KM3 为 M1 电动机的正转接触器，KM4 为 M1 电动机的反转接触器，K 为中间继电器。M1 电动机的点动由点动按钮 SB6 控制。按下按钮 SB6，接触器 KM3 得电吸合，它的主触点闭合，电动机定子绕组限流电阻 R 和电源接通，电动机在较低速度下启动。松开按钮 SB6，KM3 断电，电动机停止转动。在点动过程中，中间继电器 K 线圈不通电，KM3 线圈不会自锁。

② 主电动机的正反转控制　主电动机正转由正向启动按钮 SB1 和反向启动按钮 SB2 控制。按下按钮 SB2 时，接触器 KM 首先得电，它的主触点闭合将限流电阻短接，接触器 KM 的辅助触点闭合使中间继电器 K 得电，它的辅助触点（21-23）闭合，使接触器 KM4 得电吸合。KM4 的主触点将三相电源反接，电动机在满电压下反转启动。KM4 的动合触点（15-21）和 K 的动合触点（5-15）的闭合将 KM4 线圈自锁。KM4 的动断触点（7-11），KM3 的动断触点（23-25）分别在对方接触器线圈的回路中，起到电动机正转与反转的电气互锁作用。

(3) 主轴电动机的反接制动控制

C650 卧式车床采用了反接制动方式，当电动机的转速接近到零时，速度继电器的触点给出信号，切断电动机的电源。

速度继电器与被控电动机是同轴连接的，当电动机正转时，速度继电器的正转常开触点 KS1（17-23）闭合；电动机反转时，速度继电器的反转动合触点 KS2（17-7）闭合。当电动机正转时，接触器 KM3 和 KM 继电器 K 都处于得电动作状态，速度继电器的正转动合触点 KS1（17-23）也是闭合的，这样就是为电动机正转时的反接制动做好了准备。需要停车时，按下停止按钮 SB4，接触器 KM 失电，其主触点断开，电阻 R 串入主回路。与此同时 KM3 也失电，断开了电动机的电源，同时 K 失电，K 的动断触点闭合。这样就使反转接触器 KM4 的线圈通过 1-3-5-17-23-25 线路得电，电动机的电源反接，电动机处于反接状态。当电动机的转速下降到速度继电器的复位转速时，速度继电器 KS 的正转动合触点 KS1（17-23）断开，切断了接触器 KM4 的通电回路，电动机脱离电源停止。

电动机反转时的制动与正转时的制动相似。当电动机反转时，速度继电器的反转动合触点 KS2 是闭合的，需要停车时，按下停止按钮 SB4，正转接触器线圈通过 1-3-5-17-7-11 线路得电，正转接触器 KM3 吸合，将电源反接使电动机停止。

(4) 刀架的快速移动和冷却泵控制

刀架的快速移动是由转动刀架手柄压动行程开关 ST 来实现的。当手柄压动行程开关 ST 后，接触器 KM2 得电吸合，M3 电动机转动带动刀架快速移动。M2 为冷却泵电动机，它的启动与停止是通过按钮 SB3 和 SB5 控制的。此外，监视主回路负载的电流表是通过电流互感器接入的。为防止电动机启动电流对电流表的冲击，线路中采用一个时间继电器 KT。当启动时，KT 线圈通电，而 KT 的延时断开的动断触点尚未动作，电源互感器二次电流只流经该触点构成闭合回路，电流表没有电流流过。启动后，KT 延时断开的动断触点打开，此时电流流经电流表，反映出负载电流的大小。

5.2 T68 卧式镗床电气控制电路

镗床也是用于孔加工的机床，与钻床比较，镗床主要用于加工精确的孔和各孔间的距离要求较精确的零件，如一些箱体零件（机床主轴箱、变速箱等）。镗床的加工形式主要是用镗刀镗削在工件上已铸出或已粗钻的孔，除此之外，大部分镗床还可以进行铣削、钻孔、扩孔、铰孔及加工平面等。

按用途不同，镗床可分为卧式镗床、立式镗床、坐标镗床、金刚镗床和专门化镗床等。下面以常用的卧式镗床为例进行分析。T68 卧式镗床是镗床中应用较广的一种。

5.2.1 主要结构和运动形式

图 5-3 为 T68 卧式镗床的结构示意图与实物图，它主要由床身、前立柱、镗头架、工作台、后立柱和尾架等部分组成。床身是一个整体铸件，在它的一端固定有前立柱，前立柱的垂直导轨上装有镗头架，镗头架可沿着导轨垂直移动。镗头架里集中装有主轴、变速箱、进给箱与操作机构等部件。切削刀具固定在镗轴前端的锥形孔里，或装在花盘的刀具溜板上，在工作过程中，镗轴一面旋转，一面沿轴向作进给运动。花盘只能旋转，装在上面的刀具溜板可做垂直于主轴轴线方向的径向进给运动。镗轴和花盘轴是通过单独的传动链传动，因此可以独立转动。

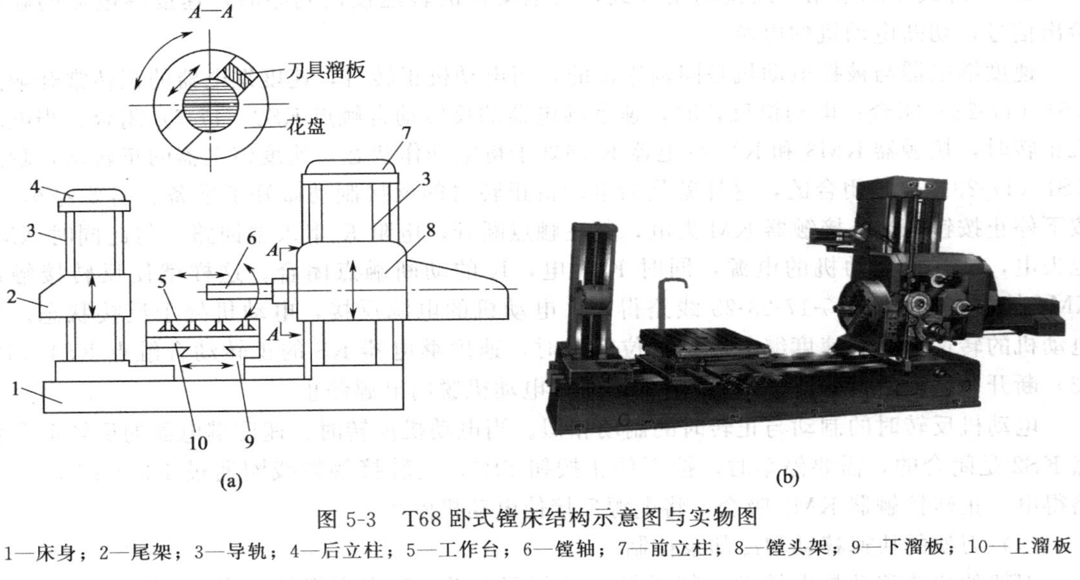

图 5-3 T68 卧式镗床结构示意图与实物图

1—床身；2—尾架；3—导轨；4—后立柱；5—工作台；6—镗轴；7—前立柱；8—镗头架；9—下溜板；10—上溜板

后立柱的尾架用来支承装夹在镗轴上的镗杆末端，它与镗头架同时升降，两者的轴线始终在一条直线上。后立柱可沿床身水平导轨在镗轴的轴线方向调整位置。

安装工件的工作台安置在床身中部的导轨上，它由上溜板、下溜板与可转动的台面组成。工作台可做平行于和垂直于镗轴轴线方向的移动，并可转动。

由以上分析可知，T68 卧式镗床的运动形式有下述三种。

① 主运动　镗轴与花盘的旋转运动。

② 进给运动　镗轴的轴向进给、花盘上刀具的径向进给、镗头的垂向进给、工作台的横向和纵向进给。

③ 辅助运动　工作台的旋转、后立柱水平移动、尾架的垂直移动及各部分的快速移动。

5.2.2 电力拖动方式和控制要求

T68 镗床的主运动与进给运动由同一台双速电动机 M1 拖动，各方向的运动由相应手柄选择各自的传动链来实现。各方向的快速运动由另一台电动机 M2 拖动。

T68 卧式镗床控制要求主要有以下几项。

① 为了适应各种工件的加工工艺要求，主轴旋转和进给都应有较宽的调速范围。本机床采用双速笼型异步电动机作为主拖动电动机，并采用机电联合调速，这样既扩大了调速范围又使机床传动机构简化。

② 进给运动和主轴及花盘旋转采用同一台电动机拖动，由于进给运动有几个方向（主轴轴向、花盘径向、主轴垂直方向、工作台横向、工作台纵向)，所以要求主电动机能正反转，并有高低两种速度供选择。高速度运转应先经低速启动，各个方向的进给应有联锁。

③ 各进给方向均能快速移动，该机床采用一台快速电动机拖动，正反两个方向都能瞬时点动。

④ 为适应调整的需要，要求主拖动电动机应能正反点动，并带有制动。本机床采用电磁铁带动的机械制动装置。

5.2.3 电气控制电路分析

T68 卧式镗床的电气原理图如图 5-4 所示。

（1）主电动机的启动控制

主电动机的点动分为正向点动和反向点动，它分别由点动按钮 SB3 和 SB4 控制。按下正向点动按钮 SB2 时，接触器 KM1 得电吸合，KM1 的动合触点（8-17）又使接触器 KM6 动作。因此，三相电源经 KM1 的主触点、限流电阻 R 和接触器 KM6 的主触点接通主电动机 M1 的定子绕组，使电动机在低速下正向旋转，松开按钮 SB3 电动机断电停止。

反向点动与正向点动的动作过程相似，只是由按钮 SB4 和接触器 KM2、KM6 的触点动作配合来实现。

主电动机正向、反向旋转控制由按钮 SB1 和 SB2 操纵。当要求电动机低速运转时，行程开关 ST 触点（12-14）处于断开位置，ST3-1 和 ST1-1 为闭合状态。按下 SB1 时，继电器 K1 得电动作。K1 有三组动合触点，第一组触点（7-6）用来接通自锁回路，第二组触点（11-4）使接触器 KM3 得电动作，KM3 的主触点将限流电阻 R 短路，KM3 的辅助触点（7-19）闭合，同时第三组触点（19-16）也闭合将接触器 KM1 线圈自锁。KM1 触点的动作又使接触器 KM6 得电吸合，由于 KM1、KM3 及 KM6 动作的结果，主电动机在满电压、定子绕组三角形接法下直接启动低速运行。

当要求电动机为高速旋转时，通过变速机构和机械动作，将行程开关 ST 的常开触点（12-14）闭合，这时按下启动按钮 SB1 后，中间继电器 K1 得电吸合，与低速运行一样，KM1、KM3 及 KM6 相继动作，使电动机在低速状态下直接启动。与此同时，已闭合的 K1 的动合触点（11-4）与 ST 的动合触点接通了时间继电器 KT 的线圈，经延时后 KT 的动断延时断开触点（17-23）打开，KM6 断电，定子绕组与电网脱离。触点（17-25）闭合，使接触器 KM7 和 KM8 得电动作。KM7、KM8 的主触点将电动机的绕组连接成双星形并重新接入电源，从而电动机从低速转为高速旋转。

反向旋转的启动过程与正向启动相同，但参与控制的电器为按钮 SB2、中间继电器 K2、时间继电器 KT、接触器 KM2、KM3、KM6、KM7、KM8。

（2）主电动机的反接制动控制

按下停止按钮后，电动机的电源反接，则电动机在反接状态下迅速制动。在电动机转速

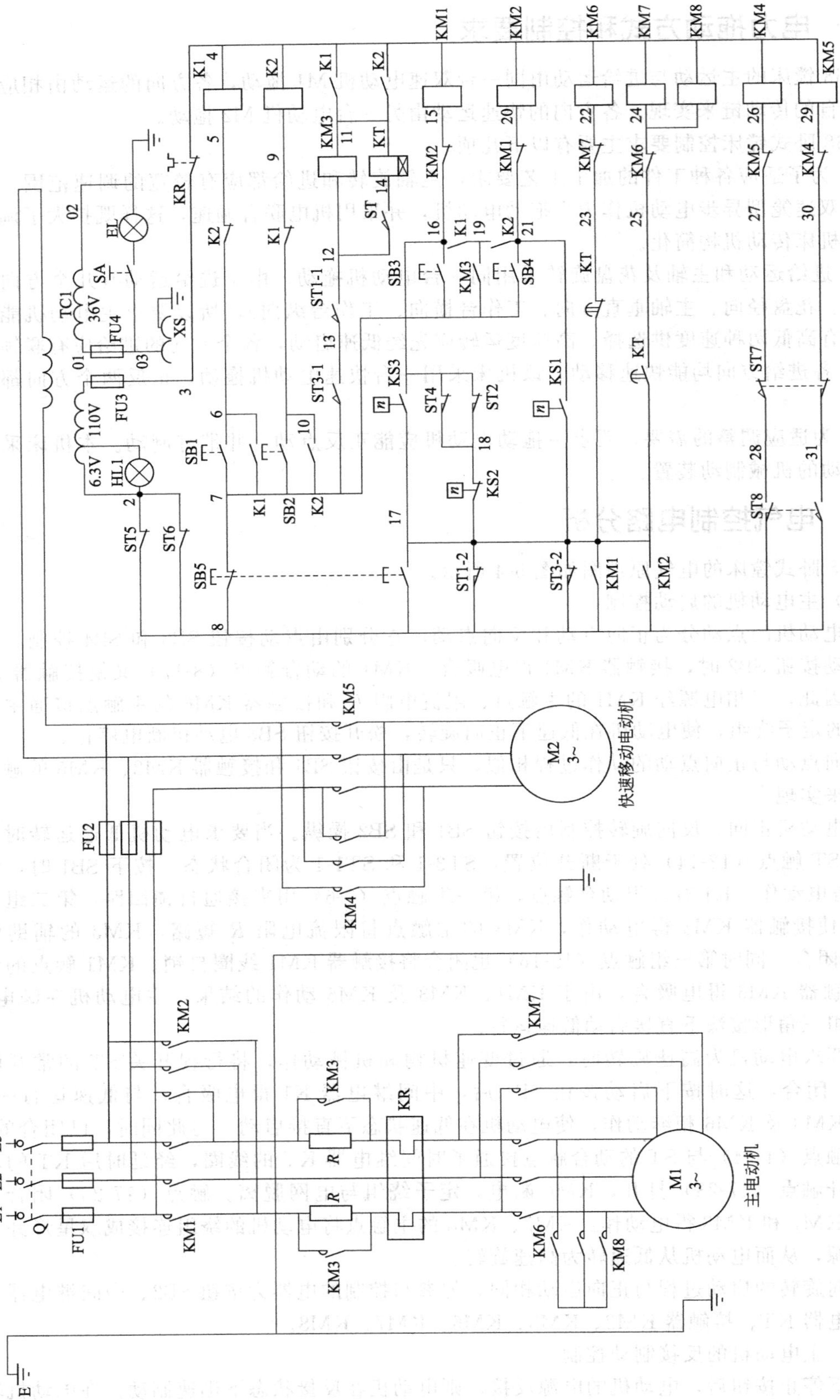

图 5-4　T68 卧式镗床电气原理图

下降到速度继电器的复位转速时，速度继电器的触点自动切断控制电路，切断电动机的电源，电动机停止转动。

当电动机正转时，则速度继电器的正转动合触点 KS1（17-21）闭合、动断触点 KS2（17-18）断开；当电动机反转时，速度继电器的反转动合触点 KS3（17-16）闭合，为电动机在正转或反转时的反接制动做好准备。

假如主电动机在停车前为低速正转，即 K1、KM1、KM3、KM6 通电吸合，速度继电器 KS 的动合触点 KS1（17-21）闭合。按下停止按钮 SB5，其 SB5 的动断触点（8-7）使 K1 和 KM3 断电释放，K1（19-16）触点断开，使 KM1 断电释放，切断了主电动机电源。按下 SB5 的同时，它的动合触点（8-17）闭合并接通了以下电路：从电源线（8）→SB5（8-17）触点→KS1（17-21）触点→KM1（21-20）触点→KM2 的线圈→电源线（4）。因此，使反转用接触器 KM2 得电动作，KM2 动作后，其 KM2 的动合触点（8-17）接通了 KM2 线圈的自锁电路，当放开停止按钮 SB5 后，KM2 继续得电动作，KM2 的（8-17）触点闭合代替了 KM1（8-17）触点，使 KM6 一直保持得电状态。KM2 和 KM6 得电，使三相电源经过 KM2 的主触点、限流电阻 R 和 KM6 主触点反接给电动机，电动机进行反接制动。当电动机的转速降低到速度继电器的复位转速时，速度继电器的正转动合触点 KS1（17-21）断开，切断了 KM2 的通电回路，使 KM2 和 KM6 相继断电释放，切断了电动机电源，电动机制动结束。

反向旋转的制动过程与正向旋转相似，此时参与控制的电器是速度继电器的反转动合触点 KS3、接触器 KM1 和 KM6。

（3）主轴或进给变速时主电动机的瞬时点动控制

该镗床变速控制特点是主轴或进给变速时主电动机可获得瞬时点动以利于齿轮进入正确的啮合状态。该机床的主轴或进给不仅可以在停车时进行，而且在机床运行中也可以变速。

当主轴变速时将变速孔盘拉出，这时使 ST1-1（13-12）断开，KM3 断电，在主电路中接入了限流电阻 R，并且 KM3 触点（7-19）断开，使 KM1 断电释放，从而主电动机脱离电源。所以该机床可以在主电动机开动的情况下调速，电动机能自动停止转动。这时旋转孔盘，选好合适的转速后，将孔盘推入，在此过程中，如果滑移齿轮的齿和固定齿轮的齿发生顶撞时，则孔盘不能推回原位，这时 ST1、ST2 没有受压，它的 ST1-2（8-17）动断触点闭合，ST2（18-16）动断触点也闭合，从而接通瞬时点动控制电路，它的通电回路为：电源（8）→ST1-2 的（8-17）触点→速度继电器的正转动断触点（17-18）→ST2 的（18-16）触点→KM2 的（16-15）触点→KM1 的线圈→电源线（4）。KM1 线圈通电动作，同时由于 ST1-2 的（8-17）触点是闭合的，已使 KM6 通电动作，所以主电动机经限流电阻 R 在低速下启动。电动机一旦转动后，速度继电器的正转动断触点（17-18）转为断开，而正转动合触点（17-21）转为闭合，使 KM1 线圈断电释放。KM2 线圈得电动作，因而主电动机又反接制动。当主电动机的转速制动到速度继电器的复位转速后，速度继电器的正转动断触点又转为闭合，从而又接通了瞬时点动电路重复上述过程。这样间歇的启动与制动使电动机缓慢旋转，以利于齿轮进入正确的啮合状态。一旦孔盘推回原位后，ST1 和 ST2 行程开关被压下，将其 ST1-2 的动断触点（8-17）和 ST2 的动断触点（18-16）断开，切断瞬时点动线路。这时 ST1 的（13-21）触点恢复闭合，使 KM3 得电动作，KM3 的动合触点（7-19）闭合又使 KM1 得电动作，主电动机在新的速度下又重新启动起来。

进给变速时点动的控制原理与主轴变速时完全相同，不过用的是行程开关 ST3 和 ST4，它们的触点在线路中的位置与 ST1 和 ST2 完全相同。

（4）主轴箱、工作台或主轴的快速移动

机床各部件的快速移动由快速手柄操纵配合快速电动机 M2 拖动来完成。快速手柄扳到正向位置时，行程开关 ST7 被压动，接触器 KM4 得电动作，快速移动电动机 M2 正转。快速手柄扳到快速位置，行程开关 ST8 被压动，接触器 KM5 通电动作，快速移动电动机反转。

(5) 主轴进刀与工作台互锁

为防止机床或刀具的损坏，主轴箱和工作台的机动进给在电路上必须互锁，即不能同时接通。它是通过行程开关 ST5 和 ST6 来实现的。当同时两种进给时，ST5 和 ST6 都被压下切断了控制回路电源，避免了机床或刀具的损坏。

5.2.4 电气控制电路的特点

① 主电动机为双速电动机，机床的主运动和进给运动共用这台电动机（5.5/7.5kW，1440/2900r/min）来拖动。低速时将定子绕组接成三角形，高速时将定子绕组接成双星形。高、低速的转换由主轴孔盘变速机构内的行程开关 ST 控制。ST 常态时接通低速，被压下时接通高速。

② 主电动机可实现正转、反转及正、反转时的点动控制，为限制电动机的启动和制动电流，在点动或制动时，定子绕组串入了限流电阻。

③ 主电动机在低速时可以直接启动，在高速时控制电路要保证先接通低速经延时再接通高速，以减小启动电流。

④ 为保证变速后齿轮进入良好的啮合状态，在主轴变速和进给变速时，主电动机要缓慢转动。该机床主轴变速时电动机的缓慢转动是通过行程开关 ST1 和 ST2 完成的，进给变速是通过行程开关 ST3 和 ST4 及速度继电器 KS 共同完成的。

5.3 交流式起重机电气控制电路

桥式起重机由可整体前后移动的横梁、左右移动的小车和固定在小车上可上下移动的主副吊钩组成。工作时，主钩或副钩将工件吊起，通过横梁和小车的移动将工件搬到另外一个地方，再将工件放下。桥式起重机厂矿、仓储部门常用的起重设备。15/3t 交流桥式起重机的外形如图 5-5 所示。

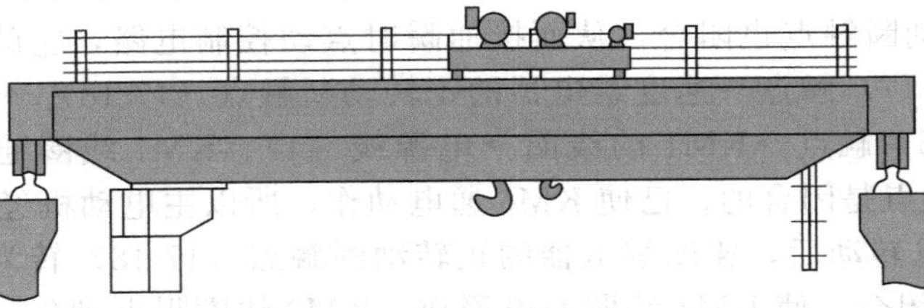

图 5-5 15/3t 交流桥式起重机外形

交流桥式起重机以主钩/副钩的起重吨位标示规格。以主钩吨位在 20t 以下的多见。传统交流桥式起重机使用起重用绕线式交流异步电动机拖动，其中横梁的移动使用 2 台相同的电动机，小车的移动使用 1 台电动机，主钩和副钩各使用 1 台电动机。5 台电动机均采用了转子串电阻调速方式，以增加启动转矩，减小启动电流。

从控制的角度而言，交流桥式起重机的 5 台电动机均需正反转。为了节省造价，简化控制电路，传统桥式起重机的 2 台大车电动机、1 台小车电动机和 1 台副钩电动机均采用凸轮控制器进行控制。主钩电动机由于动作复杂、工作条件恶劣、工作频率较高、电动机容量较大，常采用主令控制器配合继电接触器屏组成的控制电路进行控制。

传统的交流桥式起重机主电路及控制电路如图 5-6 所示。图 5-6（a）为主电路，5.6（b）为控制回路。控制电路上半部分为起重机的电源控制电路，主要为零位及限位保护，

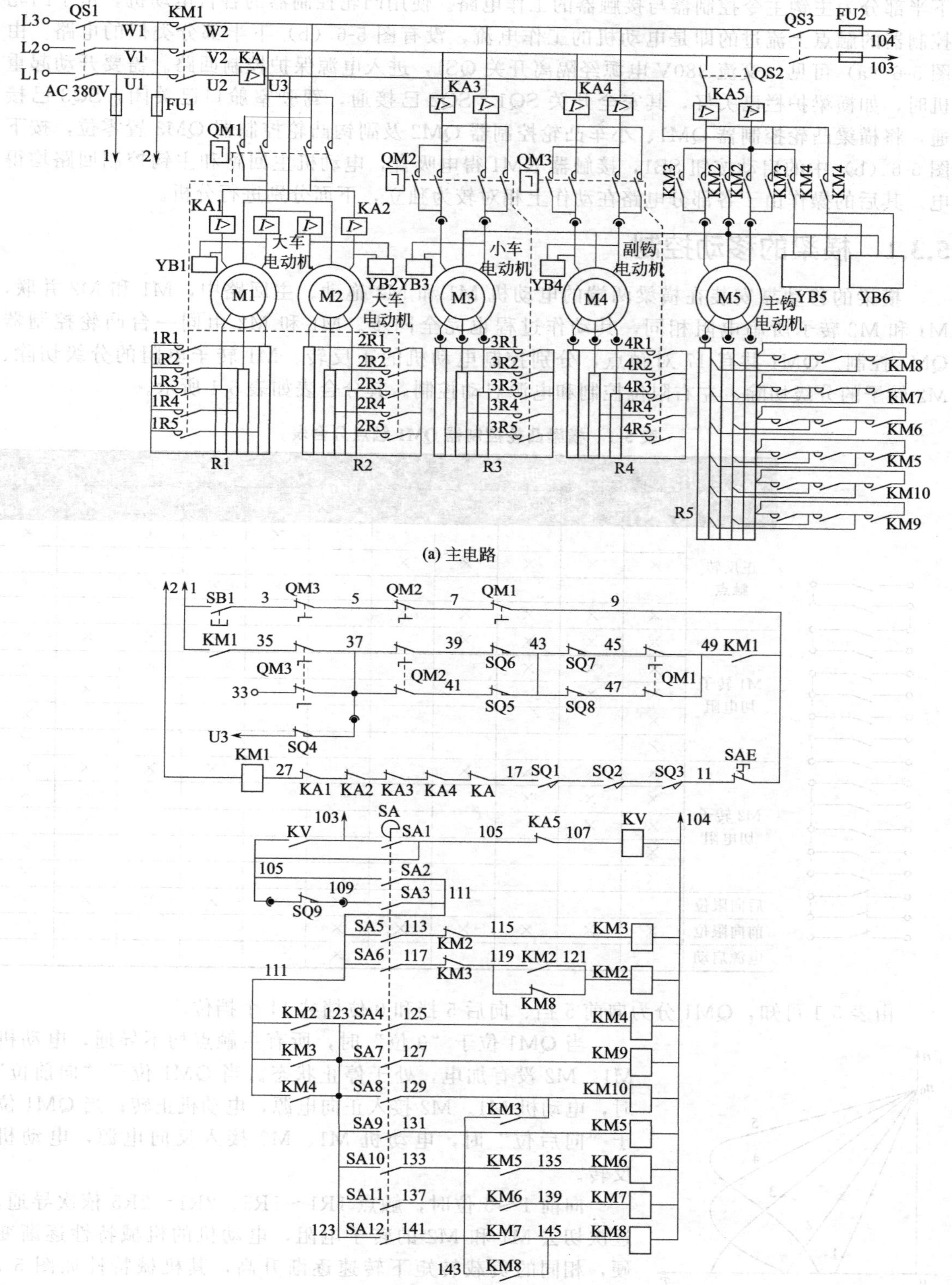

(a) 主电路

(b) 控制电路

图 5-6　交流桥式起重机电气原理图

下半部分为主钩主令控制器与接触器的工作电路。使用凸轮控制器的各台电动机，由于凸轮控制器的触点上流过的即是电动机的工作电流，没有图 5-6（b）下半部分类似的电路。由图 5-6（a）可见，交流 380V 电源经隔离开关 QS1，进入电源保护控制回路。需要开动起重机时，如横梁护栏已关好，其安全开关 SQ1、SQ2 已接通，驾驶室舱口已关闭，SQ3 已接通，将横梁凸轮控制器 QM1、小车凸轮控制器 QM2 及副钩凸轮控制器 QM3 置零位，按下图 5-6（b）中的启动按钮 SB1，接触器 KM1 得电吸合，电动机主回路和主钩控制回路均得电。其后的操作由于各部分电路在动作上相对较为独立，下面分别进行分析。

5.3.1 横梁的移动控制

横梁的移动靠安装在横梁两端的电动机 M1 和 M2 拖动。主回路中，M1 和 M2 并联，M1 和 M2 转子所串电阻相同，其动作过程也完全同步。M1 和 M2 由同一台凸轮控制器 QM1 控制。QM1 共有 17 对触点，分别控制电动机的正反转、M1 转子电阻的分级切除、M2 转子的分级切除、左右限位控制和电源启动控制。其分合表如表 5-1 所示。

表 5-1　横梁凸轮控制器 QM1 触点分合表

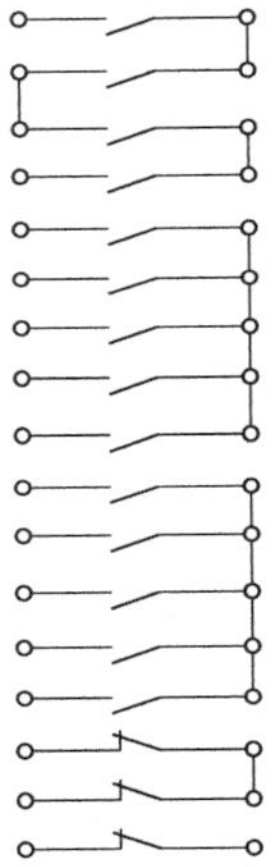

触点	向前					0 位	向后				
	5	4	3	2	1		1	2	3	4	5
正反转触点							×	×	×	×	×
	×	×	×	×	×						
							×	×	×	×	×
	×	×	×	×	×						
M1 转子切电阻	×	×	×	×				×	×	×	×
	×	×	×						×	×	×
	×	×								×	×
	×										×
	×										×
M2 转子切电阻	×	×	×	×				×	×	×	×
	×	×	×						×	×	×
	×	×								×	×
	×										×
	×										×
后向限位						×	×	×	×	×	×
前向限位	×	×	×	×	×	×					
电源启动						×					

由表 5-1 可知，QM1 分为向前 5 挡、向后 5 挡和 0 位挡共 11 个挡位。

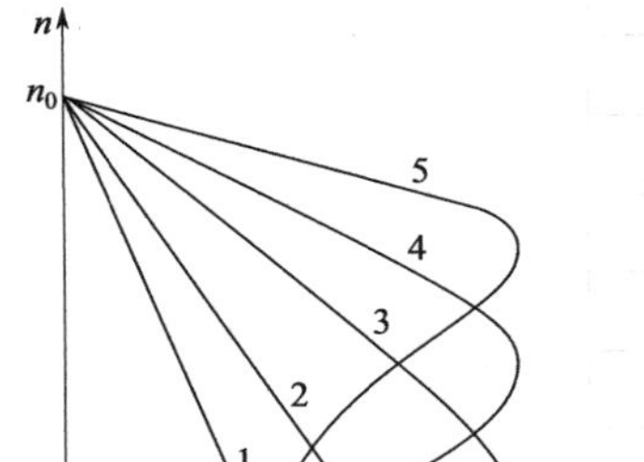

图 5-7　转子串电阻时电动机的机械特性

当 QM1 位于“0 位”时，所有主触点均不导通，电动机 M1、M2 没有加电，处于停止状态。当 QM1 位于“向前位”时，电动机 M1、M2 接入正向电源，电动机正转；当 QM1 位于“向后位”时，电动机 M1、M2 接入反向电源，电动机反转。

向前 1～5 位时，触点 1R1～1R5、2R1～2R5 依次导通，逐次切去 M1 和 M2 的转子电阻，电动机的机械特性逐渐变硬，相同的负载转矩下转速逐渐升高，其机械特性如图 5-7 所示。

向后 1～5 位时，动作过程与向前 1～5 位时相同。

电动机 M1、M2 通电运转时，电磁抱闸 YB1、YB2 得电打开，M1、M2 失电时，YB1、YB2 抱紧，起制动作用。YB1 与 M1 同步，YB2 与 M2 同步。

5.3.2 小车的移动控制

小车的左右移动由凸轮控制器 QM2 控制。QM2 触点分合表如表 5-2 所示。

表 5-2 小车凸轮控制器 QM2 触点分合表

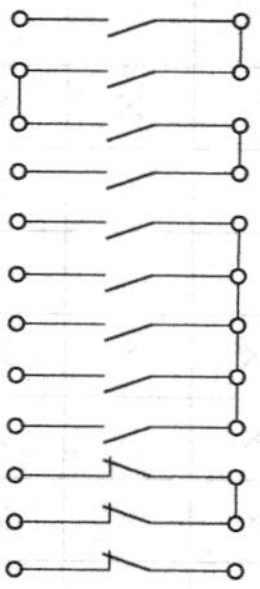

触点	向左					0 位	向右				
	5	4	3	2	1		1	2	3	4	5
正反转触点							×	×	×	×	×
	×	×	×	×	×						
							×	×	×	×	×
	×	×	×	×	×						
转子电阻切除触点	×	×	×	×				×	×	×	×
	×	×	×						×	×	×
	×	×								×	×
	×										×
	×										×
右向限位						×	×	×	×	×	×
左向限位	×	×	×	×	×	×					
电源启动						×					

同横梁前后移动控制相似，向左时电动机 M3 接入正向电源，向右时 M3 接入反向电源。凸轮控制器分别置于 1～5 挡时，M3 的转子电阻被依次切除，M3 的转速逐渐升高。

电磁抱闸 YB3 与电动机 M3 同步。

5.3.3 副钩的动作控制

副钩的上下移动由凸轮控制器 QM3 控制。QM3 触点分合表如表 5-3 所示。

表 5-3 副钩凸轮控制器 QM3 触点分合表

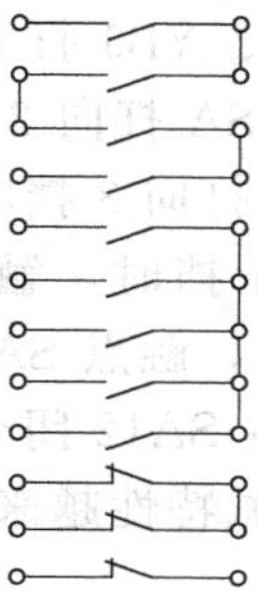

触点	向下					0 位	向上				
	5	4	3	2	1		1	2	3	4	5
正反转触点							×	×	×	×	×
	×	×	×	×	×						
							×	×	×	×	×
	×	×	×	×	×						
转子电阻切除触点	×	×	×	×				×	×	×	×
	×	×	×						×	×	×
	×	×								×	×
	×										×
	×										×
限位						×	×	×	×	×	×
	×	×	×	×	×	×					
电源启动						×					

同小车的移动控制相同，4 对触点控制电动机 M4 的转向，5 对触点逐级切除转子回路中所串的电阻。转子回路中所串的电阻阻值越小，电动机的机械特性就越硬，但不同阻值的机械特性所对应的最大转矩保持不变。

电磁抱闸 YB4 与电动机 M4 同步。

5.3.4 主钩的动作控制

主钩的控制采用了主令控制器 SA。其触点分合表如表 5-4 所示。

表 5-4 主钩主令控制器 SA 触点分合表

SA触点	接触器	功能	下降						0位	上升					
			强力			制动									
			5	4	3	2	1	0		1	2	3	4	5	6
SA1		电源启动							×						
SA2		强力	×	×	×										
SA3		限位				×	×	×		×	×	×	×	×	×
SA4	KM4	抱闸	×	×	×	×	×			×	×	×	×	×	×
SA5	KM3	反转下降	×	×	×										
SA6	KM2	正转上升				×	×	×		×	×	×	×	×	×
SA7	KM9	1 级	×	×	×		×	×		×	×	×	×	×	×
SA8	KM10	2 级	×	×	×			×			×	×	×	×	×
SA9	KM5	3 级	×	×								×	×	×	×
SA10	KM6	4 级	×										×	×	×
SA11	KM7	5 级	×											×	×
SA12	KM8	6 级	×	○	○										×
	KV	欠电压	×	×	×	×	×	×	×	×	×	×	×	×	×

注：×—触点闭合；○—转向 0 位时闭合。

主钩电动机 M5 的转子回路中共串有 7 级电阻。最下 2 级电阻为反接电阻，4 级为启动和调速电阻；最上 1 极为常串电阻，用以软化机械特性。主令控制器打向 0 位时，SA1 触点导通，欠电压继电器 KV 得电吸合并自保持，向主钩控制电路提供电源。当电压过低时，KV 动作，切断电源。

提升位共分 1～6 挡。SA 打向提升位时，触点 SA3、SA5、SA6 和 SA7 闭合，其中 SA3 经主钩限位开关为控制电路提供电源；SA5 闭合使正转接触器 KM2 得电吸合，主钩电动机 M5 正向旋转；SA6 闭合使接触器 KM4 得电吸合，电磁抱闸 YB5、YB6 打开；SA7 闭合使接触器 KM9 得电吸合，M5 转子电路中 7 级电阻切除 1 级。当 SA 打向 2 挡时，触点 SA8 闭合，接触器 KM10 得电吸合，再次切除一级转子电阻。SA 打向 3 挡时，触点 SA9 闭合，接触器 KM5 得电吸合，第 3 次切除转子电阻。SA 打向 4 挡时，触点 SA10 闭合，接触器 KM6 得电吸合，第 4 次切除转子电阻。SA 打向 5 挡时，触点 SA11 闭合，接触器 KM7 得电吸合，第 5 次切除转子电阻。SA 打向 6 挡时，触点 SA12 闭合，接触器 KM8 得电吸合，第 6 次切除转子电阻。转子电阻在切除过程中，机械特性越来越硬，转速越来越高。

主钩的下降也分为 6 个挡位，0、1、2 挡为制动挡位，此时电动机 M5 工作于反向制动状态，即 M5 接入正向电源，但由于负载的作用，使电动机反转；3、4、5 挡为强力下降挡位，M5 接入反向电源，在下拉负载的作用下，M5 的转速将超过同步转速，运行于再生发电状态。强力下降时，主令控制器 SA 的触点 SA2 闭合，SA3 断开，切除主钩限位开关

SQ9。各挡位时电动机 M5 的机械特性如图 5-8 所示。

制动“0”位时，电动机 M5 接入正向电源，但由于 SA4 没有闭合，抱闸接触器 KM4 不能吸合，电磁抱闸处于制动状态，因此 M5 不能转动，此时其转子中串有 5 级电阻，产生较大的提升转矩。

制动“1”位时，电动机 M5 接入正向电源，SA4 闭合，接触器 KM4 吸合，电磁抱闸打开；同时 SA8 断开，KM10 断电释放，M5 转子串入的电阻为 6 级。由于机械特性变软，重物将以一定的速度下放。

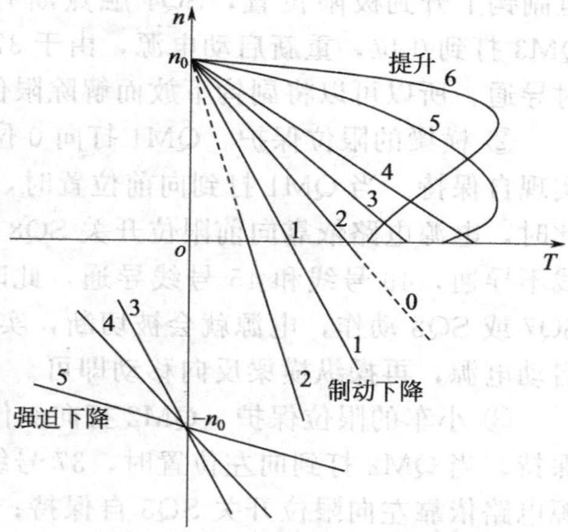

图 5-8　主钩电动机在不同挡位时的机械特性

制动“2”位时，电动机 M5 接入正向电源；同时 SA7 断开，KM9 断电释放，电动机 M5 转子回路串入所有电阻。由于机械特性很软，所以重物将以较高的速度下放。制动“1”位和制动“2”位时的重物过轻时，都有可能使主钩上升。

强力“3”位时，SA6 断开，SA5 闭合，电动机 M5 接入反向电源，使得在较轻的负载下主钩也能够下放。SA7 和 SA8 闭合，接触器 KM9 和 KM10 得电吸合，M5 转子回路串 5 级电阻运行于再生制动状态。

强力“4”位时，M5 接入反向电源。SA9 闭合，接触器 KM5 得电吸合，M5 转子回路串 4 级电阻运行于再生制动状态。机械特性较硬，可以带较重的负载。

强力“5”位时，M5 接入反向电源。SA10、SA11、SA12 闭合，接触器 KM6、KM7、KM8 得电吸合，M5 转子回路串 1 级电阻运行于再生制动状态。机械特性很硬，吊钩可以带很重的负载下放，下放的速度又不很高。此时即使打向强力“4”位和“3”位，由于线号 129、143 和 145 自保持，接触器 KM8 始终闭合，M5 仍运行于强力“5”挡，避免负载较重时，打至“4”“3”位时下放速度过高。

SA 从“强力”转向“制动”时，为了保证转子回路电阻全部串入后再转入正向运转，以免冲击电流过大，电路中只有在反转接触器 KM3 和电阻切除接触器 KM8 断电释放后，正转接触器 KM2 才能得电吸合。

抱闸接触器 KM4、转子电阻切除接触器 KM5～KM10 的电源只在电动机 M5 正转或反转时接通，因此在 111 号线和 123 号线之间并联了 KM2、KM3 的动合触点。为了避免制动“2”位向强力“3”位切换时，正转接触器 KM2 和反转接触器 KM3 同时释放的瞬间，抱闸接触器 KM4 存在瞬间断电，对下放机构产生冲击，所以在 KM2、KM3 的动合触点上又并接了 KM4 的动合触点。

5.3.5　动作的限位与保护

动作的限位与保护由电源控制电路组成。前面已经说过，只有在凸轮控制器 QM1、QM2、QM3 处于 0 位，横梁栏杆行程开关 SQ1、SQ2 闭合，舱口安全开关 SQ3 闭合时，按下电源按钮 SB1，接触器 KM1 才可能吸合，电路才能供电。当 KM1 接通后，KM1 的两处动合触点与起重机的各种限位开关串联后的电路块并在 SB1 与 QM 三触点的两端，形成 KM1 的自锁。

如果限位电路没有动作，电源电路将自保持。限位动作有以下几类。

① 副钩限位保护　KM1 自保持后，副钩限位行程开关 SQ4 经 U3 接入自保持电路。一

且副钩上升到极限位置，SQ4 触点断开，所有电源将被切断，起到保护作用。此时，将 QM3 打到 0 位，重新启动电源，由于 37 号线和 35 号线之间所接的 QM3 的触点在向下状态时导通，所以可以将副钩下放而解除限位开关的动作。

② 横梁的限位保护　QM1 打向 0 位时，按下电源启动按钮 SB1，为起重机接通电源并实现自保持。当 QM1 打到向前位置时，49 号线和 47 号线导通，49 号线和 45 号线不导通，此时，电源电路依靠向前限位开关 SQ8 自保持；当 QM1 打到向后位置时，49 号线和 47 号线不导通，49 号线和 45 号线导通，此时，电源电路依靠后向限位开关 SQ7 自保持。只要 SQ7 或 SQ8 动作，电源就会被切断，实现了保护功能。此时，只需将 QM1 打向 0 位，重新启动电源，再操纵横梁反向移动即可。

③ 小车的限位保护　QM2 打向 0 位时，按下电源启动按钮 SB1，起重机接通电源并自保持。当 QM2 打到向左位置时，37 号线和 41 号线导通，37 号线和 39 号线不通，此时，电源电路依靠左向限位开关 SQ5 自保持；当 QM2 打到向右位置时，37 号线和 41 号线不通，37 号线和 39 号线导通，此时，电源电路依靠向右限位开关 SQ6 自保持。只要 SQ5 或 SQ6 动作，电源就会被切断，实现了保护功能。此时，只需将 QM2 打向 0 位，重新启动电源，再操纵小车反向移动即可。15/3t 起重机电器元件符号表如表 5-5 所示。

表 5-5　15/3t 起重机电器元件符号表

序号	符号	名称	型号	规格
1	FU1	电源控制电路熔断器	RL1-15A	
2	FU2	主钩控制电路熔断器	PM1-15/10	
3	KA	总回路过电流继电器	JL4-150/1	
4	KA1	横梁电动机过电流继电器	JL4-15	
5	KA2	横梁电动机过电流继电器	JL4-15	
6	KA3	小车电动机过电流继电器	JL4-15	
7	KA4	副钩过电流继电器	JL4-40	
8	KA5	主钩过电流继电器	JL4-150	
9	KM1	总电源接触器	CJ2-300/3	线圈 AC 380V
10	KM2	主钩正转接触器	CJ2-150/3	线圈 AC 380V
11	KM3	主钩反转接触器	CJ2-150/3	线圈 AC 380V
12	KM4	抱闸接触器	CJ2-75/2	线圈 AC 380V
13	KM5～KM8	调速电阻切除接触器	CJ2-75/3	线圈 AC 380V
14	KM9、KM10	反接电阻切除接触器	CJ2-75/3	线圈 AC 380V
15	KV	欠电压继电器	JT4-10P	
16	M1	横梁电动机	JZR22-6	9.5kW，928r/min
17	M2	横梁电动机	JZR22-6	9.5kW，928r/min
18	M3	小车电动机	JZR12-6	4.2kW，855r/min
19	M4	副钩电动机	JZR41-8	13.2kW，708r/min
20	M5	主钩电动机	JZR63-10	72kW，572r/min
21	QM1	横梁凸轮控制器	KTJ1-50/5	
22	QM2	小车凸轮控制器	KTJ1-50/1	
23	QM3	副钩凸轮控制器	KTJ1-50/1	

续表

序号	符号	名称	型号	规格
24	QS1	总电源隔离开关	HD-9-400/3	
25	QS2	主钩电动机隔离开关	HD10-4	
26	QS3	主钩控制电路隔离开关	HD-2	
27	R1	横梁电动机转子串入总电阻	4K1-22-6/1	
28	R2	横梁电机转子串入总电阻	4K1-22-6/1	
29	R3	小车电动机转子串入总电阻	2K1-12-6/1	
30	R4	副钩电动机转子串入总电阻	2K1-41-8/2	
31	R5	主钩电动机转子串入总电阻	4P5-63-10/9	
32	SA	主钩主令控制器	LK1-12/90	
33	SAE	紧急开关	A-3161	
34	SB1	总电源起动按钮	LA-1Z-11	
35	SQ1、SQ2	横梁栏杆安全开关	LX2-111	
36	SQ3	舱口安全开关	LX2-11H	
37	SQ4	副钩限位开关	LK4-31	
38	SQ5	小车左向限位开关	LK4-11	
39	SQ6	小车右向限位开关	LK4-11	
40	SQ7	大车后向限位开关	LK4-11	
41	SQ8	大车前向限位开关	LK4-11	
42	SQ9	主钩限位开关	LK4-31	
43	YB1	横梁制动电磁抱闸	MZD1-200	单相 AC 380V
44	YB2	横梁制动电磁抱闸	MZD1-200	单相 AC 380V
45	YB3	小车制动电磁抱闸	MZD1-200	单相 AC 380V
46	YB4	副钩制动电磁抱闸	MZD1-300	单相 AC 380V
47	YB5	主钩制动电磁抱闸	MZS1-45H	三相 AC 380V
48	YB6	主钩制动电磁抱闸	MZS1-45H	三相 AC 380V

习题与思考题

5-1 从主电路的组成说明 C650 车床主电动机 M1 的工作状态和控制要求是什么。

5-2 说明 T68 镗床主轴低速控制的原理及低速启动转为高速运转的控制过程。

5-3 说明 T68 镗床主轴变速和进给变速控制过程。

5-4 简述交流式起重机电气控制的主要内容。

第6章 可编程序控制器的组成及工作原理

6.1 PLC的产生、发展及特点

6.1.1 PLC的产生

（1）存储逻辑引入工业控制

对于复杂的工业控制系统，如由数十台电动机及电器构成的生产流水线，或者是多控制回路的模拟量控制系统，各台电动机与电器间具有复杂的逻辑或关联变化关系，这样的系统如果用继电接触器构成，则可能需要几十甚至数百只继电器、接触器，大量的模拟量处理装置、成千上万根导线，包括成千上万个接线点。这样的控制装置最大的问题是容易出现故障，只要有一个电器运行不正常或一个接点出现接触不良，系统就不能正常运行。而且由于器件及接点数量大，系统维修也十分不方便。此外，系统一经制成，功能就不能改变，当需要改变设备的工作过程以提高设备的性能时，人们宁愿重新生产一套控制设备都不愿意将继电器控制柜中的线路重新连接，这非常不利于产品的更新换代。

20世纪60～70年代，社会的进步要求制造业生产出小批量、多品种、多规格、低成本、高质量的产品以满足市场的需要，这就需要经常改变生产机械的功能。当时电子技术已经有了一定的发展，计算机技术已经初露端倪，人们受到计算机存储器可以反复改写的启发，开始寻求一种以存储逻辑代替接线逻辑的新型工业控制设备。这就是后来的可编程控制器。

（2）GM十条

1968年，GM公司提出了他们关于汽车流水线的控制系统的具体控制要求：①编程方便，可现场修改程序；②维修方便，采用插件式结构；③可靠性高于继电器控制装置；④体积小于继电器控制盘；⑤数据可以直接送入管理计算机；⑥成本可与继电器控制盘竞争；⑦输入可以是交流115V（美国电压标准）；⑧输出为交流115V，容量要求在2A以上，可以直接驱动接触器、电磁阀等；⑨扩展时原系统改变最小；⑩用户存储器至少能扩展到4KB。这就是著名的“GM十条”，这些实际上提出了将继电器控制的简单易懂、使用方便、价格低廉的优点，与计算机功能完善、灵活性、通用性好的优点结合起来，将继电接触器控制硬连线逻辑转变为计算机软件逻辑编程的设想。

1969年，美国数据设备公司（DEC）为美国通用汽车公司（GM）的生产流水线研制了世界上公认的第一台可编程控制器。这是一次公开招标的研制任务，当时小型计算机已在美国出现，但人们还没有成功将计算机用于工业控制。1971 年，日本从美国引进了可编程序控制器技术，很快研制出了日本第一台可编程序控制器 DSC-18。1973 年，欧洲国家也研制出了他们的第一台可编程序控制器。我国从 1974 年开始研制，1977 年开始工业应用。

(3) 工业控制计算机的特征

① 与控制系统中的其他器件接口的问题　计算机用于工业控制主要是希望用“存储逻辑”代替“接线逻辑”，但继电接触器系统中的许多器件是计算机不可能代替的，例如，按钮、操作开关等主令设备及接触器、电磁阀等执行设备。这样一些设备在与计算机构成系统时，要通过一些接口与计算机连接。另一方面，计算机是数字运算设备，它不能直接处理模拟量，产生模拟量的传感器及需模拟量驱动的执行器在和计算机接口时，需要具备完成数模及模数转换功能的电路单元。

② 对工业生产环境的适应问题　从安全生产的角度来说，工业控制设备最重要的是可靠性。普通的为办公及家庭环境设计的计算机不能适应工业场合恶劣的环境条件，工业控制计算机需要采取抗温度、粉尘、工业噪声、电磁等多种抗干扰的措施。例如，在煤炭开采中，由于煤矿井下为爆炸性气体环境，人员和设备的工作空间较小，工作环境较为恶劣，而继电器控制系统体积大、功耗大，维护量大，接线多，可靠性差，并且机械触点开闭会产生电火花，一旦设备的防爆性能降低，将会是煤矿安全生产的重大隐患。随着 PLC 技术的发展和应用，很好地解决了继电器控制系统的存在的问题。

③ 与市场有关的技术问题　一个新设备要得到市场的认可，就需要有许多人使用它。当时的技术人员多数只了解继电接触器控制技术，因此最重要的就是以他们现有的知识为基础，使他们不需太大的气力就可以掌握 PLC 的编程应用。

针对以上三个问题，世界上许多国家的研究人员为 PLC 诞生及发展做了许多艰苦卓绝的工作，虽然在相互隔绝的情形下开展研究，但他们所经历的研制过程及产品却极为相似。

首先，各国设计生产的 PLC 都采用紧凑型箱体结构，以方便其在电器控制箱内安装。都配置了连接开关、主令电器及传感器的开关量输入口，及连接接触器、电磁阀的开关量输出口，也都生产配套了各种模拟量控制模块并配置了总线扩展接口。近年来，PLC 产品配置了基于国际流行协议的通信口。

其次，各国 PLC 在设计上都加强了抗干扰功能，各种品牌的产品的连续无故障工作时间都达到了 10 万小时以上。

最后，也是最具戏剧性的是，各国生产的 PLC 都用“继电器”命名编程元件：输入继电器、输出继电器、中间继电器、定时器、计数器，不但名字熟悉，而且可按实际继电器的工作模式分析它们的“动作”。在程序语言方面，各国也不约而同地将“梯形图”作为 PLC 最通用的编程语言。这样的安排，使熟悉继电器、接触器系统的工程技术人员不必学习就能看得懂梯形图，就会进行简单的程序设计，有利于 PLC 的快速普及和迅速发展。

(4) PLC 工业控制应用的基本模式

PLC 工业控制应用的基本模式可用概括为以下几条，并以三相异步电动机正反转运行（正-停-反）为例说明。

① 将可编程控制器接入控制系统　如图 6-1 所示，图 (a) 为主电路，图 (b) 为继电器—接触器构成的电动机正反转运行电路，图 (c) 为正反转控制 PLC 端口图，给出了按钮、接触器等元件与 PLC 连接的接线图，按钮及热继电器的触点接入 PLC 的输入口用 I0.0、I0.1、I0.2、I 0.3 编号，接触器线圈接入 PLC 的输出口用 Q0.1、Q0.2 编号。在较复杂的控制系统中，除了通过接线安排输入输出口元件外，还需安排机内编程元件，如时间控制中要安排定时器等。

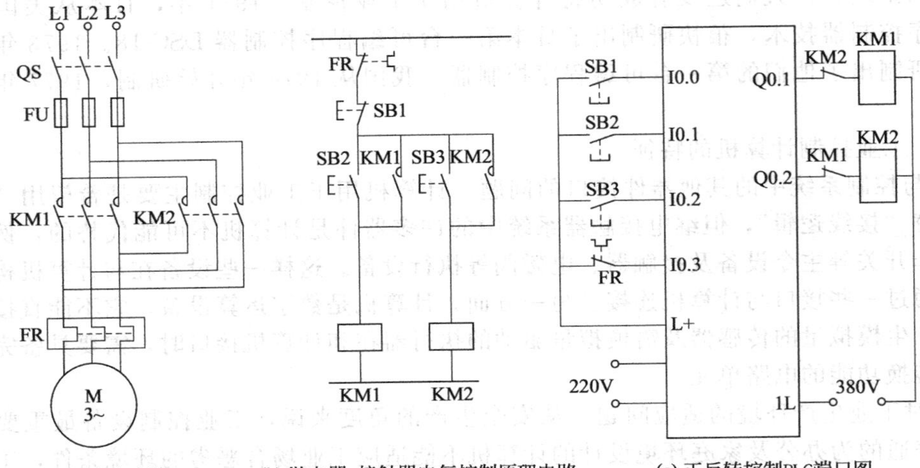

(a) 主电路　　(b) 继电器-接触器电气控制原理电路　　(c) 正反转控制PLC端口图

图 6-1　三相异步电动机正反转控制电路

② PLC 运行除了硬件连接外还需要软件，必须结合编程元件的安排，采用 PLC 厂家为该机种规定的编程语言编写用户程序，是 PLC 完成特定控制功能的依据，也是 PLC 存储逻辑的体现。用户程序反映的是 PLC 输出信号与输入信号间的逻辑或关联关系。图 6-2 为异步电动机正反转运行的应用程序，是用梯形图及指令表两种语言编制的。

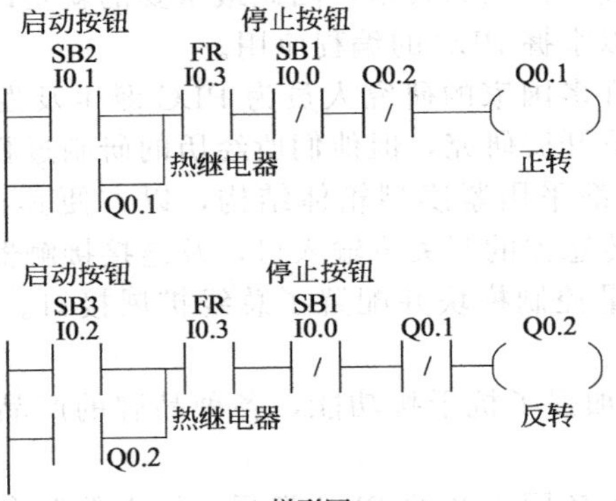


```
LD   I0.1
O    Q0.1
A    I0.3
AN   I0.0
AN   Q0.2
=    Q0.1
LD   I0.2
O    Q0.2
A    I0.3
AN   I0.0
AN   Q0.1
=    Q0.2
```

(a) 梯形图　　(b) 指令表

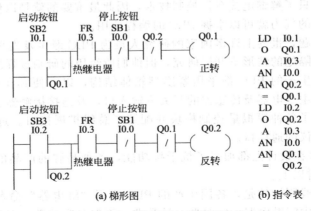

图 6-2　异步电动机正反转梯形图及指令表

梯形图与电气原理图表达逻辑关系的方式是完全相同。表 6-1 给出了梯形图与继电接触器电气原理图图形符号对照表。

表 6-1　符号对照表

元件		物理继电器	PLC 继电器
线圈		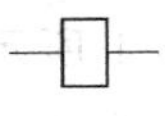	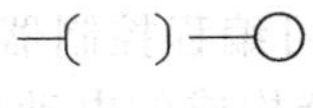
触点	动合	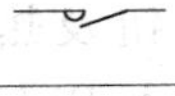	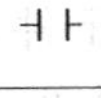
	动断	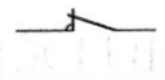	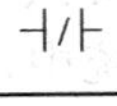

6.1.2 PLC 的发展

PLC 的发展过程大约可以分为以下几个阶段。

① 数字电路构成的雏形 PLC 阶段　1969 年，美国数字设备公司（DEC）研制世界上第一台 PLC，作为早期 PLC 代表的这台装置主要由分立元件和中小规模集成电路组成，仅可以完成简单的逻辑控制及定时、计数功能。

② 微处理器构成的实用产品阶段　20 世纪 70 年代初出现了微处理器，很快应用于 PLC，使其增加了运算、数据传送及处理等功能，成为真正具有计算机特征的工业控制装置。20 世纪 70 年代中末期，PLC 进入了实用化发展阶段，计算机技术已全面引入 PLC 中，使其功能发生了飞跃。更高的运算速度、超小型的体积、更可靠的工业抗干扰设计、模拟量运算、PID 功能及极高的性价比奠定了它在现代工业中的地位。

③ 大规模应用的成熟产品阶段　20 世纪 80 年代初，PLC 广泛地应用于先进工业国家。美国权威情报机构 1982 年的统计数字显示，大量应用可编程控制器的工业厂家占美国重点工业行业厂家总数的 82%，PLC 的应用数量已位于众多的工业自控设备之首。这个时期 PLC 的特点是大规模、高速度、高性能、产品系列化。这标志着可编程控制器已步入成熟阶段。20 世纪末期，PLC 的发展更加适应现代工业控制的需要。从控制能力看，诞生了各种各样的特殊功能单元，用于压力、温度、转速、位移等各式各样的控制场合；从控制规模看，这个时期发展了大型机及超小型机；从产品的配套能力看，生产出了各种人机界面单元、通信单元，使应用 PLC 的工业控制设备的配套更加容易。

④ 通用的网络产品阶段　随着网络通信技术飞速发展，网络功能是近年来可编程控制器发展的一个重点。通用的网络接口，卓越的通信能力使 PLC 在工业以太网及各种工业总线系统中获得了广泛的应用。

目前世界上生产 PLC 的厂家已有 200 多个。例如美国的 AB、通用、德国的西门子、日本的三菱、欧姆龙、富士电机、法国的 TE 与施耐德、韩国的三星与 LG 等。我国从 20 世纪 90 年代也开始生产可编程控制器。表 6-2 列出了部分 PLC 生产厂家及其主要产品。

表 6-2　部分 PLC 生产厂家及产品品牌

国家	公司	产品型号
美国	GE Fanuc	90TM-30 系列，90TM-70 系列
日本	三菱	F1，F2，FX，FX2，FX2N，A 系列，AnS 系列
日本	欧姆龙	C 系列，C200H，CPM1A，CQM1，CV 系列
德国	西门子	S5 系列，S7-200，S7-300，S7-400 系列

6.1.3 PLC 的功能

虽然各种 PLC 的性能、价格有较大的差异，但主要功能相近，如图 6-3 所示。不是所有的 PLC 都具有以下全部功能，有的小型 PLC 只具下述部分功能，但价格低。

① 基本控制功能　PLC 本质上是一种以计算机"位"运算为基础，按照程序的要求，通过对来自设备外围的按钮、行程开关、接触器触点等开关量（也称数字量）信号进行逻辑运算处理，并控制外围指示灯、电磁阀、接触器

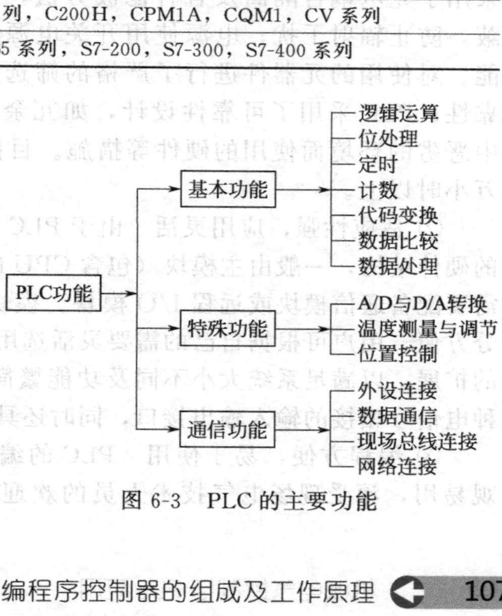

图 6-3　PLC 的主要功能

线圈的通、断的功能。逻辑控制功能是PLC必备的基本功能。早期的PLC上，顺序控制所需要的定时、计数功能需要通过定时模块与计数模块实现，但目前它已经成为PLC基本功能之一。

② 特殊控制功能　PLC的特殊控制功能包括模/数（A/D）转换、数/模（D/A）转换、温度的调节与控制、位置控制等。一般需要选用PLC的特殊功能模块来实现这些特殊控制功能。

A/D转换与D/A转换多用于过程控制或闭环调节系统。在PLC中，通过特殊的功能模块与功能指令，可以对过程控制中的温度、压力、流量、速度、位移、电压、电流等连续变化的物理量进行采样，并通过必要的运算（如PID）实现闭环自动调节。可以对这些物理量进行多种形式的显示。

在PLC中，位置控制一般是通过PLC的特殊应用指令，通过对命令的写入与状态的读取控制位置控制模块的位移量、速度、方向等。位置控制模块一般以脉冲的形式输出位置给定指令，指令脉冲再通过伺服驱动器（或步进驱动器）驱动伺服电动机（或步进电动机），带动进给传动系统实现闭环位置控制。

③ 网络与通信功能　随着信息技术的发展，网络与通信在工业控制中已经越来越重要。早期的PLC通信，一般仅仅局限于PLC与外设（编程器或编程计算机等）间的简单串行口通信。而现代PLC通信不仅可以进行PLC与外设间的通信，而且可以在PLC与PLC之间、PLC与其他工业控制设备之间、PLC与上位机之间、PLC与工业网络间进行通信，并可以通过现场总线、网络总线组成系统，使PLC可以方便地进入工厂自动化系统。

6.1.4　PLC的特点

（1）可编程控制器的特点

可编程控制器是专为在工业环境下应用而设计的工业计算机，其出现后就受到普遍重视，发展也十分迅速，在工业自动控制系统中占有极其重要的地位。它与现有的各种控制方式相比，具有如下优点。

① 可靠性特别高，抗干扰能力强　高可靠性往往是用户选择控制装置首先要考虑的因素。PLC充分考虑了工业生产环境电磁、粉尘、温度等各种干扰，在硬件和软件上采取了一系列抗干扰措施，有极高的可靠性。在PLC系统中，大量的开关动作是由无触点的半导体电路来完成的；PLC采用了大规模集成电路，使元器件和接线的数量大大减少；采用了光电耦合隔离及各种滤波方法，有效地防止了干扰信号的进入；内部采用电磁屏蔽，防止辐射干扰；电源使用开关电源，防止了从电源引入干扰；具有良好的自诊断功能。对使用的元器件进行了严格的筛选且设计时就留有余地，充分地保证了元器件的可靠性；PLC采用了可靠性设计，如冗余设计、掉电保护、故障诊断和其他针对工业生产中恶劣的环境而使用的硬件等措施。目前市场上主流的PLC其平均无故障时间都达到数万小时以上。

② 适应性强，应用灵活　由于PLC产品均成系列化生产，品种齐全，多数采用模块式的硬件结构，一般由主模块（包含CPU的模块）、电源、各种输入输出模块构成，并可根据需要配备通信模块或远程I/O模块。模块间的连接可通过机架底座或电缆来连接，因而十分方便。用户可根据自己的需要灵活选用，组合和扩展方便，进行规模上的或者控制功能上的扩展，以满足系统大小不同及功能繁简各异的控制要求。PLC既具有可与工业现场的各种电信号相接的输入输出接口，同时还具有可与上位机相接的通信接口。

③ 编程方便，易于使用　PLC的编程采用与继电器电路极为相似的梯形图语言，直观易用，深受现场电气技术人员的欢迎。近年来各生产厂家都加强了通用计算机运行的

编程软件的制作，使程序的组织及下载工作更加方便。因此，工程人员很容易接受和掌握。

④ 功能强，扩展能力强　PLC中含有数量巨大的用于开关量处理的类似继电器的元件，可轻松地实现大规模的开关量逻辑控制，这是一般的继电器系统所不能实现的。PLC可以方便地与各种类型的输入、输出量接口，实现D/A、A/D转换及PID运算，实现过程控制、数字控制等功能。

PLC具有通信联网功能，它不仅可以控制一台单机、一条生产线，还可以控制一个机群及许多条生产线。它不但可以进行现场控制，还可以用于远程监控。

⑤ PLC控制系统设计、安装、调试方便　PLC中相当于继电接触器系统中的中间继电器、时间继电器、计数器等编程元件虽数量巨大，却是用程序（软接线）代替硬接线，故安装接线工作量少。当用PLC构成控制系统时，只需将现场的各种设备与执行机构和PLC的I/O接口端子正确连接，可以使用个人计算机或手持编程器与PLC相连接后进行编程调试。而且，PLC的输入输出的接线端均有发光二极管指示，调试起来十分方便。

⑥ 维修方便，维修工作量小　PLC有完善的自诊断、履历情报存储及监视功能。对于其内部工作状态、通信状态、异常状态和I/O点的状态均有显示，便于查找故障原因，迅速处理。

⑦ PLC体积小、重量轻、易于实现机电一体化　PLC常采用箱体式结构，体积及质量只有通常的接触器大小，易于安装在控制箱中或安装在运动物体中。采用PLC的控制系统功能强大，调速、定位等功能都可以通过电气方式完成，可以大大减少机械的结构设计，有利于实现机电一体化。

(2) PLC与“继电器-接触器”控制系统的比较

在PLC出现以前的一个世纪中，“继电器-接触器”硬件电路是逻辑控制、顺序控制的唯一执行者，它结构简单，价格低廉，特别在传统机床等机械设备中，一直被广泛应用。但它与PLC控制系统相比却有许多缺点，见表6-3。

表6-3　PLC与继电器-接触器控制系统的比较

比较项目	继电器-接触器控制	可编程序控制器
控制逻辑	体积大，接线复杂，修改困难	存储逻辑体积小，连线少，控制灵活，易于扩展
控制速度	通过触点开闭实现控制作用，动作速度为几十毫秒，易出现触点抖动	由半导体电路实现控制作用，每条指令执行时间在微秒级，不会出现触点抖动
限时控制	由时间继电器实现，精度差，易受环境温度影响	用半导体集成电路实现，精度高，时间设置方便，不受环境、温度影响
设计与施工	设计、施工、调试必须顺序进行，周期长，修改困难	在系统设计后，现场施工与程序设计可同时进行，周期短，调试修改方便
可靠性与可维护性	寿命短，可靠性与可维护性差	寿命长，可靠性高，有自诊断功能，易于维护
价格	使用机械开关、继电器及接触器等，价格便宜	使用大规模集成电路，初期投资较高

(3) PLC与微机（PC）的区别

PLC是由运算器、控制器（CPU）、存储器（RAM、ROM）、I/O接口等五大件构成的，与微机有相似的构造，但又与一般的微机不同，特别是它采用了特殊的抗干扰技术，使它更能适用于恶劣环境下的工业现场控制。PLC与微机各自的特点见表6-4。

表 6-4 PLC与微机（PC）的比较

比较项目	可编程序控制设备	微机
应用范围	工业控制	科学计算、数据处理、通信等
使用环境	工业现场	具有一定温度、湿度的机房
输入/输出	控制强电设备需光电隔离	与主机采用微电联系不需光电隔离
程序设计	一般为梯形图语言，易于学习和掌握	程序语言丰富，汇编、FORTRAN、BASIC及COBOL等语句复杂，需专门计算机的硬件和软件知识
系统功能	自诊断、监控等	配有较强的操作系统
工作方式	循环扫描方式及中断方式	中断方式

（4）PLC与DCS的区别

集散控制系统（DCS）产生于20世纪70年代，它与PLC一样都是以微型计算机为基础的工业自动控制装置，但DCS发展的基础和方向与PLC有所不同。

首先，在控制功能方面，DCS是在生产过程仪表控制的基础上发展起来的计算机控制装置，控制功能侧重于模拟量处理、回路调节、状态显示等方面。而PLC是在“继电器-接触器”控制系统的基础上发展起来的计算机控制装置，控制功能侧重于开关量处理、顺序控制、逻辑运算方面。

其次，在发展趋势上，为了扩大产品的应用领域，PLC的重要发展方向是功能化、网络化。通过具有各种特殊功能的模块（如温度测量与调节模块、模拟量输入/输出模块、PID调节模块等）与网络链接手段，当代PLC已经可以很容易地通过各种现场总线（如CC-Link、PROFLBUS等）、工业以太网，构成完整的分布式PLC控制系统，应用范围不断向传统的DCS控制领域渗透。同样，作为DCS也在传统的模拟量处理、回路调节、状态显示功能的基础上，不断增加顺序控制、逻辑运算功能，以构成可以满足不同要求的集散控制系统，故就控制功能而言，两者已经行趋接近。

正如前面所述，与传统的DCS相比，PLC由于其特殊的软硬件设计，在可靠性与使用的方便灵活性上还是具有独特的优势。

6.1.5 PLC的典型应用

PLC在工矿企业的各种机械设备和生产过程的自动控制系统中得到了广泛的应用，已成为当代工业自动化的主要控制装置之一。现将其应用领域简要概括如下。

① 顺序控制　顺序控制也叫逻辑控制，主要指开关量的控制。这是PLC最基本的应用领域，也是最适合PLC的使用领域。它取代传统的继电接触器控制系统，可应用于单机控制、多机群控或生产线自动控制。例如，注塑机、印刷机械、订书机械、切纸机械、组合机床、磨床、装配生产线、包装生产线、电镀流水线及电梯控制等。

② 运动控制　运动控制指通过控制电动机的转速或转角实现运动体运动速度及位置的控制。工厂中最常见的运动控制的例子是数控机床，刀具按照给定的坐标行走。近年来许多PLC制造商在自己的产品中增加了脉冲串输出指令，使PLC方便地用于定位及调速系统。更专业的运动控制方案是选用专门的位置控制模块，PLC把描述目标位置的数据送给模块，模块移动一轴或数轴到目标位置。目前，大多数PLC制造商都提供拖动步进电动机或伺服电动机的单轴或多轴位置控制模板。该功能可广泛用于各种机械，如金属切削机床、金属成形机床、装配机械、机器人和电梯等。

③ 过程控制　过程控制指连续生产场合的控制，如石油、化工生产场合，生产一般是

不能间断的。这些场合的控制参数叫作过程参数，例如，温度、压力、速度和流量等，这些参数多为模拟量。PLC 通过模拟量单元、比例-积分-微分模块，也叫 PID（proportional integral derivative）模块或主机自带的 PID 指令实现闭环过程控制。

④ 数据处理　数据处理是计算机最擅长的工作，也是一个内容十分广泛的概念。如数据的四则运算、乘方、开方是数据处理，生产实时数据的收集筛选是数据处理，数控机床也是数据处理。PLC 具有大量的功能指令支持这些工作，使其在这些应用领域大显身手。

⑤ 通信和联网　PLC 的通信包括主机与远程 I/O 间的通信、多台 PLC 之间的通信、PLC 与其他智能设备（计算机、变频器、数控装置、智能仪表）之间的通信，可构成“集中管理、分散控制”的分布式控制系统，满足工厂自动化（FA）系统发展的需要。各 PLC 系统过程 I/O 模板按功能各自放置在生产现场分散控制，然后采用网络连接构成信息集中管理的分布式网络系统。近年来 PLC 已经在各类工业控制网络中发挥着巨大的作用。

⑥ 在计算机集成制造系统（CIMS）中的应用　近年来，计算机集成制造系统广泛应用于生产过程中。现有的 CIMS 系统多采用 3～6 级控制结构（如德国的 MTV 公司的 CIMS 系统采用 3 级结构）。一级为现场级，包括各种设备，如传感器和各种电力、电子、液压和气动执行机构生产工艺参数的检测。二级为设备控制级，它接收各种参数的检测信号，按照要求的控制规律实现各种操作控制。三级为过程控制级，完成各种数学模型的建立、过程数据的采集处理。这三级属于生产控制级，也称为 EIC 综合控制系统。

EIC 综合控制系统是一种先进的工业过程自动化系统，它包括三个方面的内容：电气控制，以电动机控制为主，包括各种工业过程参数的检测和处理；仪表控制，实现以 PID 为代表的各种回路控制功能，包括各种工业过程参数的检测和处理；计算机系统，实现各种模型的计算、参数的设定、过程的显示和各种操作运行管理。PLC 就是实现 EIC 综合控制系统的整机设备，由此可见，PLC 在现代工业中的地位是十分重要的。

6.2 可编程控制器的组成

PLC 种类繁多，但其组成结构和工作原理基本相同。用 PLC 实施控制的实质是按一定算法进行输入/输出变换，并将这个变换予以物理实现，应用于工业现场。PLC 的外观与个人计算机有较大的区别，为了便于在工业控制柜中安装，PLC 的外形常做得紧凑而工整，体积一般都比较小。PLC 使用的输出输入设备与办公计算机也有较大不同，因安装使用后只运行固定的程序，一般不配大型的键盘与显示器。

PLC 专为工业场合设计，采用了典型的计算机结构，由硬件和软件两部分组成。硬件配置主要由 CPU、电源、存储器、专门设计的 I/O 接口电路、外部设备和 I/O 扩展模块等组成，如图 6-4 所示。

(1) 电源

PLC 对供电电源要求不高，可直接采用普通单相交流电，允许电源电压在额定电压的 －15%～＋10% 范围内波动，也可用直流 24V 供电。PLC 内部有一个高质量的开关型稳压电源，为各模块提供不同电压等级的直流电源，还可为外部输入电路和外部的电子传感器（例如接近开关）提供 DC 24V 电源。驱动 PLC 负载的直流电源一般由用户提供。

(2) 中央处理器（CPU）

中央处理器是整个 PLC 的核心组成部分。它按 PLC 中系统程序赋予的功能，指挥 PLC 有条不紊地进行工作。其主要任务有：控制从编程器、上位机和其他外部设备键入的用户程

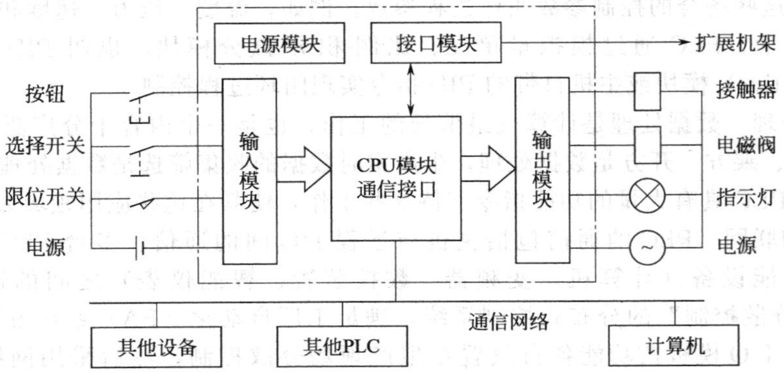

图 6-4 PLC 硬件构成图

序和数据的接收与存储；用扫描的方式通过 I/O 部件接收现场的状态或数据，并存入指定的存储单元或数据寄存器中；诊断电源、PLC 内部电路的工作故障和编程中的语法错误等；PLC 进入运行状态后，从存储器逐条读取用户指令，经过命令解释后按指令规定的任务进行数据传送、逻辑或算术运算等；根据运算结果，更新有关标志位的状态和输出寄存器的内容，再经输出部件实现输出控制、制表、打印或数据通信等功能。

区别于通用微机的是，PLC 具有面向电气技术人员的开发语言，通常用户使用虚拟的输入继电器、输出继电器、中间辅助继电器、时间继电器、计数器等，这些虚拟的继电器也称“软继电器”或“软元件”，理论上具有无限多的动合、动断触点，但只能在 PLC 上编程时使用，其具体结构对用户透明。

目前，小型 PLC 为单 CPU 系统，中型及大型 PLC 则为双 CPU 甚至多 CPU 系统，PLC 所采用的微处理器有三种。

① 通用微处理器　小型 PLC 一般使用 8 位微处理器如 8080、8085、6800 和 280 等，大中型 PLC 除使用位片式微处理器外，大都必须使用 16 位或 32 位微处理器。当前不少 PLC 的 CPU 已升级到 Intel 公司的微处理器产品，有的已经采用奔腾（Pentium）处理器，如德国西门子公司的 S7-400。采用通用微处理器的优点是价格便宜，通用性强，还可借用微机成熟的实时操作系统和丰富的软、硬件资源。

② 单片微处理器（即单片机）　它具有集成度高、体积小、价格低及可扩展等优点。如 Intel 公司的 8 位 MCS-51 系列运行速度快、可靠性高、体积小，很适合于小型 PLC。三菱公司的 FX2 系列 PLC 所使用的微处理器是 1 6 位 8098 单片机。

③ 位片式微处理器　它是独立的一个分支，多为双极型电路，4 位为一片，几个位片级相连可组成任意字长的微处理器，代表产品有 AMD-2900 系列美国 AB 公司的 PLC-3 型、西屋公司的 HPPC-1500 型和西门子公司的 S5-1500 型，都属于大型 PLC，都采用双极型位片式微处理器 AMD-2900 高速芯片。PLC 中位片式微处理器的主要作用有两个：直接处理一些位指令，从而提高了位指令的处理速度，降低了位指令处理器的压力；将 PLC 面向工程技术人员的语言（梯形图、控制系统流程图等）转换成机器语言。

模块式 PLC 把 CPU 作为一种模块，各有不同型号供用户选择。

(3) 存储器

PLC 的存储空间根据存储的内容可分为系统程序存储器和用户程序存储器。

① 系统存储器（read only memory，ROM）　系统程序相当于个人计算机的操作系统，它使 PLC 具有基本的智能，能够完成 PLC 设计者规定的各种工作。系统程序由 PLC 生产厂家设计并固化在 ROM（只读存储器）中，用户不能读取。系统工作程序有三种类型。

a. 系统管理程序。由它决定系统的工作节拍，包括 PLC 运行管理（各种操作的时间分配安排）、存储空间管理（生成用户数据区）和系统自诊断管理（如电源、系统出错、程序语法、句法检验等）。

b. 用户程序编辑和指令解释程序。编辑程序能将用户程序变为内码形式以便于程序的修改、调试。解释程序能将编程语言变为机器语句以便 CPU 操作运行。

c. 标准子程序和调用管理程序。为了提高运行速度，在程序执行中某些信息处理（I/O 处理）或特殊运算等是通过调用标准子程序来完成的。

② 用户程序存储器（random access memory，RAM） 用户存储器包括用户程序存储区和数据存储区两部分。用户程序存储区存放针对具体控制任务，用规定的 PLC 编程语言编写的控制程序。用户程序存储器的内容可以由用户任意修改或增加。用户数据存储区用来存放用户程序中使用的 ON/OFF 状态、数值、数据等，它们被称为 PLC 的编程“软”元件，是 PLC 应用中用户涉及最频繁的存储区。可采用高密度、低功耗的 CMOS RAM（由锂电池实现断电保护，一般能保持 5～10 年，经常带负载运行也可保持 2～5 年）或 EPROM 与 EEPROM。用户存储器容量是 PLC 的一项重要技术指标，其容量一般以“步”为单位（16 位二进制数为一“步”或称为“字”）。PLC 中存储单元的字长目前以 8 位的较多，也有 16 位及 32 位的。

（4）输入/输出接口（I/O 接口）

PLC 程序执行过程中需调用的各种开关量（状态量）、数字量和模拟量等各种外部信号或设定量，都通过输入电路进入 PLC，而程序执行结果又通过输出电路送到控制现场实现外部控制功能。由于生产过程中的信号电平、速率是多种多样的，外部执行机构所需的电平、速率也是千差万别的，而 CPU 所处理的信号只能是高、低电平，其工作节拍又与外部环境不一致，所以 PLC 与通用计算机 I/O 电路有着类似的作用，即电平变换、速度匹配、驱动功率放大、信号隔离等。区别之处是，PLC 产品的 I/O 单元是兼顾其工作环境和各种要求而经过精心设计和制造的。通用计算机则要求用户根据使用条件自行开发，其可靠性、抗干扰能力往往达不到系统要求。

① 开关量输入口 各种 PLC 输入电路结构基本相同，其输入方式有两种类型：一种是直流输入（直流 12V 或 24V），如图 6-5（a）所示；另一种是交流输入（交流 100～120V 或 200～240V），如图 6-5（b）所示。它们都是由装在 PLC 面板上的发光二极管（LED）来显示某一输入点是否有信号输入。外部输入器件可以是无源触点，如按钮、行程开关等，也可以是有源器件，如各类传感器、接近开关、光电开关等。图 6-5（a）是一个直流 24V 输入电路的内部原理线路，由装在 PLC 面板上的发光二极管（LED）来显示某一输入点是否有信号输入。

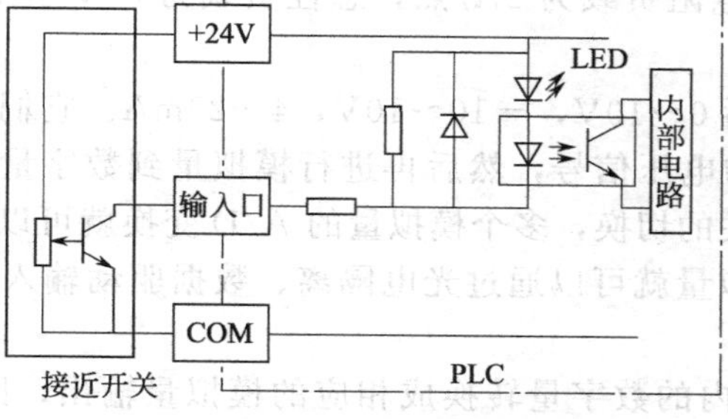

(a) 直流24V输入电路

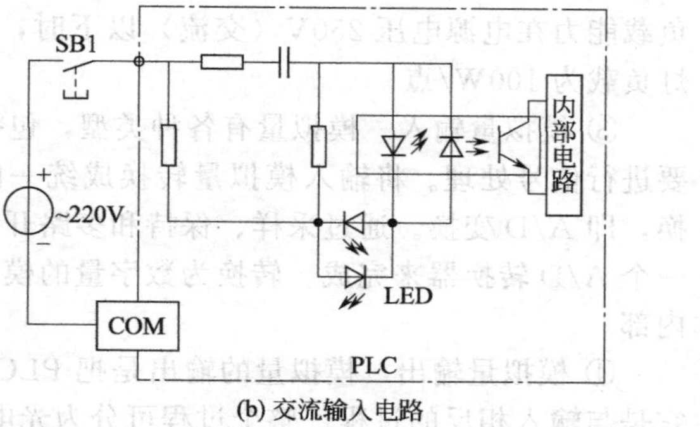

(b) 交流输入电路

图 6-5 PLC 输入电路

② 开关量输出口　开关量输出口用于连接继电器、接触器、电磁阀的线圈，是PLC的主要输出接口。开关量输出口通过隔离电路连接存储单元的输出继电器。各I/O点的通/断状态用发光二极管（LED）显示，PLC与外部接线的连接一般采用接线端子。为适应不同负载需要，各类PLC的输出都有三种方式：继电器输出、晶体管输出、晶闸管输出。继电器输出方式最常用，适用于交、直流负载，其特点是带负载能力强，但动作频率与响应速度慢。晶体管输出适用于直流负载，其特点是动作频率高，响应速度快，但带负载能力小。晶闸管输出适用于交流负载，响应速度快，带负载能力不大。三种输出方式的输出电路结构如图6-6所示。

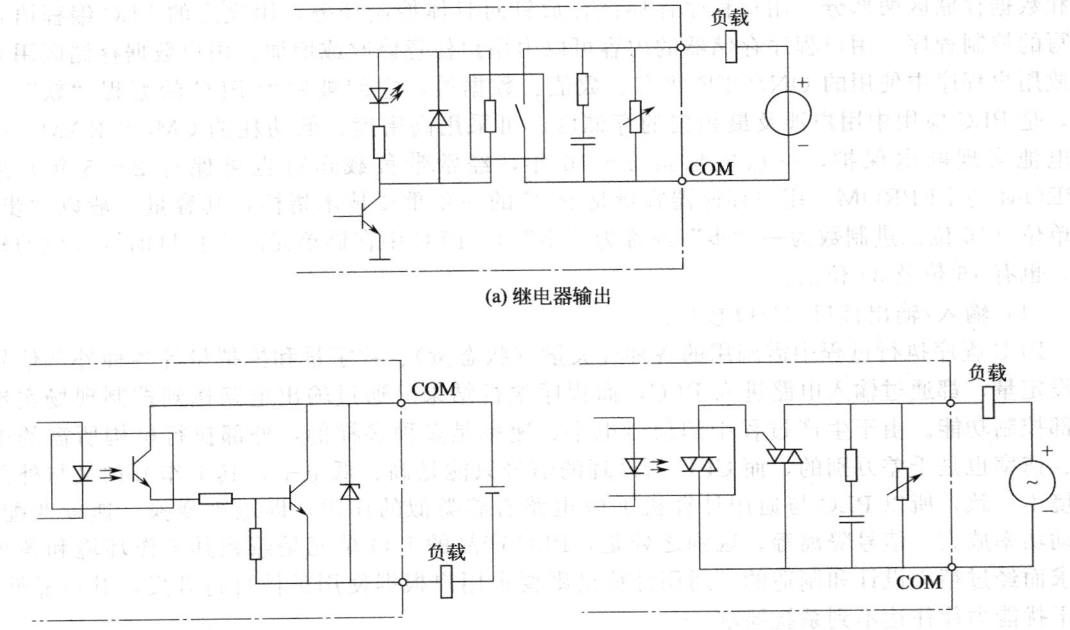

(a) 继电器输出

(b) 晶体管输出

(c) 晶闸管输出

图6-6　PLC输出电路

外部负载直接与PLC输出端子相连，输出电路的负载电源由用户根据负载要求（电源类型、电压等级、容量等）自行配备，PLC输出电路仅提供输出通道。同时考虑不同类型、不同性质负载的接线需要，通常PLC输出端口的公共端子（COM端子）分组设置。每4～8点共一个COM端子，各组相互隔离。在实际应用中应注意各类PLC输出端子的输出电流不能超出其额定值，同时还要注意输出与负载性质有关，例如FX2N型PLC继电器输出的负载能力在电源电压250V（交流）以下时，电阻负载为2A/点，感性负载为80V・A/点，灯负载为100W/点。

③ 模拟量输入　模拟量有各种类型，包括0～10V，－10～10V，4～20mA。它们首先要进行信号处理。将输入模拟量转换成统一的电压信号，然后再进行模拟量到数字量的转换，即A/D变换。通过采样、保持和多路开关的切换，多个模拟量的A/D变换就可以共用一个A/D转换器来完成。转换为数字量的模拟量就可以通过光电隔离、数据驱动输入PLC内部。

④ 模拟量输出　模拟量的输出是把PLC内的数字量转换成相应的模拟量输出，因此，它是与输入相反的过程。整个过程可分为光电隔离、数/模转换和模拟信号驱动输出等环节。PLC内的数字量经过光电隔离实现两部分电路上电气隔离，数字量到模拟量的转换由数/模

转换器（即D/A转换器）完成。转换后的模拟量再经过运算放大器等模拟器件进行相应的驱动，形成现场所需的控制信号。

（5）智能接口模块

为了进一步提高PLC的性能，各大PLC厂商除了提供以上输入输出接口外，还提供各种专用的智能接口模块，用以满足各种控制场合的要求。智能接口模块是PLC系统中的一个较为独立的模块，它们具有自己的处理器和存储器，通过PLC内部总线在CPU的协调管理下独立地进行工作。智能接口模块既扩展了PLC可处理的信号范围，又可使CPU能处理更多的控制任务。

智能接口模块包括高速脉冲计数器、定位控制智能单元、PID调节智能单元、PLC通信网络接口、PLC与计算机通信接口、传感器输入智能单元等。

（6）编程器

编程器用来生成用户程序，并用它来编辑、检查、修改用户程序，监视用户程序的执行情况。手持式编程器不能直接输入和编辑梯形图，只能输入和编辑指令表程序，因此又叫做指令编程器。它的体积小，价格便宜，一般用来给小型PLC编程，或者用于现场调试和维护。使用编程软件可以在计算机屏幕上直接生成和编辑梯形图或指令表程序，并且可以实现不同编程语言之间的相互转换。程序被编译后下载到PLC，也可以将PLC中的程序上传到计算机。程序可以存盘或打印，还可以通过网络或电话线实现远程编程和传送。

6.3 PLC的工作原理

PLC的工作状态有停止（STOP）状态和运行（RUN）状态。当通过方式开关选择STOP状态时，只进行内部处理和通信服务等内容，对PLC进行联机或离线编程。当选择RUN状态或CPU发出信号一旦进入RUN状态，就采用周期循环扫描方式执行用户程序。PLC的工作方式是采用周期循环扫描，集中输入与集中输出。这种工作方式的显著特点是可靠性高、抗干扰能力强，但响应滞后、速度慢。也就是说PLC是以降低速度为代价换取高可靠性的。

（1）循环扫描的工作原理

PLC的一个工作过程一般有5个阶段：内部处理阶段、通信处理阶段、输入采样阶段、程序执行阶段和输出刷新阶段，如图6-7所示。当PLC开始运行时，首先清除I/O映像区的内容，其次进行自诊断，然后与外部设备进行通信连接，确认正常后开始扫描。对于每个用户程序，CPU从第一条指令开始执行，按指令步序号做周期性的程序循环扫描。如果无跳转指令，则从第一条指令开始逐条执行用户程序，直至遇到结束符后又返回第一条指令，如此周而复始不断循环。整个过程扫描执行一遍所需的时间称为扫描周期。

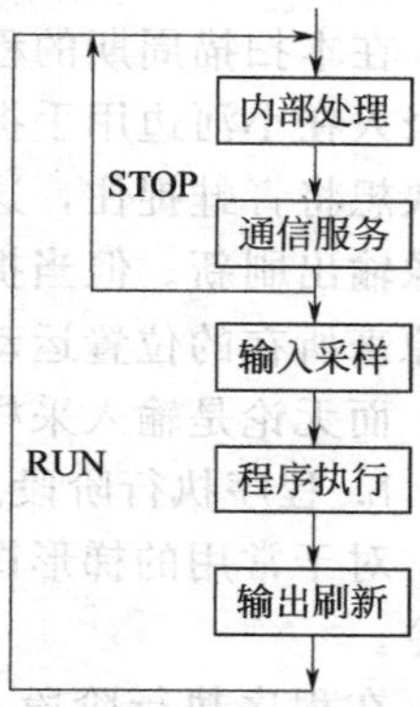

图6-7 循环扫描工作过程

① 内部处理阶段 在内部处理阶段，CPU执行监测主机硬件、对监视定时器（WDT）复位、用户程序存储器、I/O模块的状态并清除I/O映像区的内容等内部处理工作，即PLC进行各种错误检测（自诊断功能），若自诊断正常，继续向下扫描。

② 通信服务阶段 在通信处理阶段，CPU自动监测并处理各种通信端口接收到的任何信息，即检查是否有编程器、计算机或上位PLC等通信请求，若有，则进行相应处理，完成数据通

信任务。例如，PLC接收编程器送来的程序、命令和各种数据，并把要显示的状态、数据、出错信息发送给编程器进行显示，这称为“监视服务”，一般在程序执行之后进行。当PLC处于停止模式时，只执行以上两个操作；当PLC处于运行模式时，还要完成PLC执行程序的过程。

③ PLC执行程序的过程　PLC执行程序的过程分为三个阶段，即输入采样阶段、程序执行阶段和输出刷新阶段，如图6-8所示。

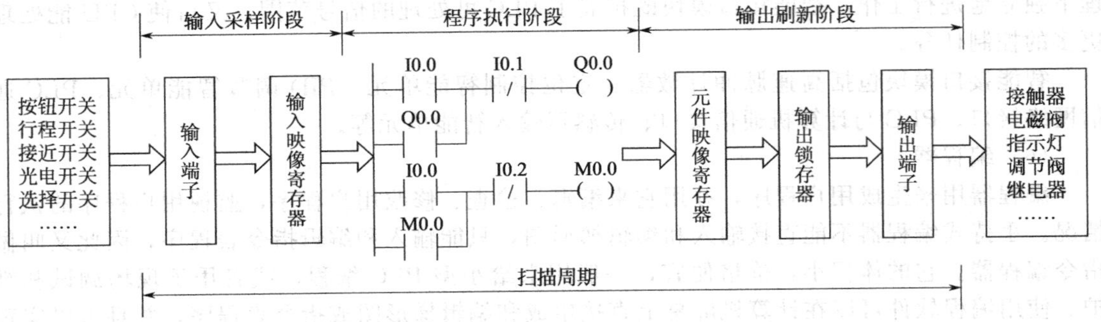

图6-8　PLC的循环扫描过程

a. 输入采样阶段。在PLC的存储器中，设置了一片区域用来存放输入信号和输出信号的状态。它们分别称为输入映像区和输出映像区。PLC的其他元件如M等也有对应的映像存储区，统称为元件映像寄存器。外部输入信号电路接通时，对应的输入映像区中的位为ON状态，则梯形图中对应的输入继电器的触点动作，即常开触点接通，常闭触点断开。外部输入信号电路断开时，对应的输入映像区中的位为OFF状态，则梯形图中对应的输入继电器的触点保持原状态，即常开触点断开，常闭触点闭合。

在输入处理阶段，PLC顺序读入所有输入端子的通断状态，并将读入的信息存入输入映像区中。此时，输入映像区中的状态被刷新。接着进入程序执行阶段，在程序执行阶段和输出刷新阶段，输入映像寄存器与外界隔离，此时即使有输入信号发生变化，其映像区中的各位的内容也不会发生改变，只有在下一个扫描周期的输入处理阶段才能被读入。这方式称为集中采样，即在一个扫描周期内，集中一段时间对输入状态进行采样。执行程序时，对输入/输出的存取通常是通过映像寄存器，而不是实际的I/O点，这样做的好处有：在整个程序执行阶段，各输入点的状态是固定不变的，程序执行完后再用输出过程映像寄存器的值更新输出点，使系统的运行稳定；用户程序读写I/O映像寄存器比读写I/O点快得多，这样可以提高程序的执行速度。

在本扫描周期的程序执行阶段发生的输入状态变化是不会影响本周期的输出的。这正像一个人在小河边用手捉青蛙时的情形。人的眼睛看到青蛙的位置，这好比是输入采样，大脑反映想将青蛙捉住，这好比程序的执行，接下来大脑指挥身体的各部分做出捕捉的动作，这就像输出刷新。但当捉青蛙的手已伸出去还没有接触到青蛙时，青蛙跳走了，手却仍然向青蛙原来所在的位置运动。这是因为手的运动是根据青蛙跳走前扫描周期中输入的信息动作的。而无论是输入采样，还是程序执行，还是输出刷新，每一个动作都需要时间。

b. 程序执行阶段。程序执行阶段又称程序处理阶段，是PLC对程序按顺序执行的过程。对于常用的梯形图程序来说，就是按从上到下、从左到右的顺序，依次执行各个程序指令。

在程序执行阶段，PLC根据用户输入的控制程序，从第一条指令开始逐条执行，并将相应的逻辑运算结果存入对应的内部辅助寄存器（输入映像寄存器）和输出状态寄存器（输出映像寄存器）。在这个过程中，只有输入映像寄存区存放的输入采样值不会发生改变，其他各种数据，如在输出映像寄存器区或系统 RAM 存储区内的状态和数据，都有可能随着程序的执行随时发生改变。同时，前面程序执行的结果可能被后面的程序所用到，从而影响后面程序的执行结果；而后面程序执行的结果不可能改变前面程序的扫描结果，只有到了下一个扫描周期再次扫描前面程序的时候，才有可能起作用。但是，在扫描过程中如果遇到程序跳转指令，就会根据跳转条件是否满足来决定程序的跳转地址。当指令中涉及输入、输出状态时，PLC 从输入映像寄存器中“读入”上一阶段存入的对应输入端子状态，从输出映像寄存器“读入”对应输出映像寄存器的当前状态。然后，进行相应的运算，运算结果再存入元件映像寄存器中。对于元件映像寄存器来说，每一个元件（输出软继电器的状态）都会随着程序执行过程而变化。当最后一条控制程序执行完毕后，转入输出刷新阶段。

c. 输出刷新阶段。在所有指令执行完毕后，一次性将程序执行结果送到输出端子，驱动外部负载。具体地说，在输出处理阶段，CPU 将输出映像区中的每位的状态传送到输出锁存器。梯形图中某一输出继电器的线圈接通时，对应的输出映像区中的位为 ON 状态。信号经输出单元隔离和功率放大后，继电器型输出单元中对应的硬件继电器的线圈通电，其常开触点闭合，使外部负载通电工作。若梯形图中输出继电器的线圈断开，对应的输出映像区中的位为 OFF 状态，在输出处理阶段之后，继电器输出单元中对应的硬件继电器的线圈断电，其常开触点断开，外部负载断开。在用户程序中如果对输出结果多次赋值，则最后一次有效。在一个扫描周期内，只在输出刷新阶段才将输出状态从输出映像寄存器中输出，对输出接口进行刷新。在其他阶段里输出状态一直保存在输出映像寄存器中。这种方式称为集中输出。

PLC 控制系统的工作与继电器控制系统的工作原理明显不同。继电器控制装置采用硬逻辑的并行工作方式，如果某个继电器的线圈通电或断电，那么该继电器的所有动合和动断触点不论处在控制线路的哪个位置上，都会立即同时动作。在图 6-9（a）中，三条继电器支路是并行工作的，当按下按钮 SB1，中间继电器 K 得电，K 的两个触点闭合，接触器 KM1、KM2 同时得电工作。这就是“并行”的含义。PLC 的情况则不同，如图 6-9（b）所示，图中方框表示 PLC，方框中的梯形图代表 PLC 中装有的控制程序，与图 6-9（a）中继电器的电路相比较，可知它们的逻辑关系相同。PLC 输入接口上接有按钮 SB1、SB2 和电池，输出接口上接有接触器 KM1、KM2，当 SB2 没有被按下，SB1 被按下时，PLC 的继电器 I0.0 及 I0.1 接通，PLC 内部继电器 M10.0 工作并使 PLC 的继电器 Q0.0 及 Q0.1 工作。但 M10.0 和 Q0.0、Q0.1 的接通工作不是同时的。以 I0.1 接通为计时起点，M10.0 接通要晚 3 条指令的执行时间，Q0.1 接通要晚 7 条指令执行的时间。

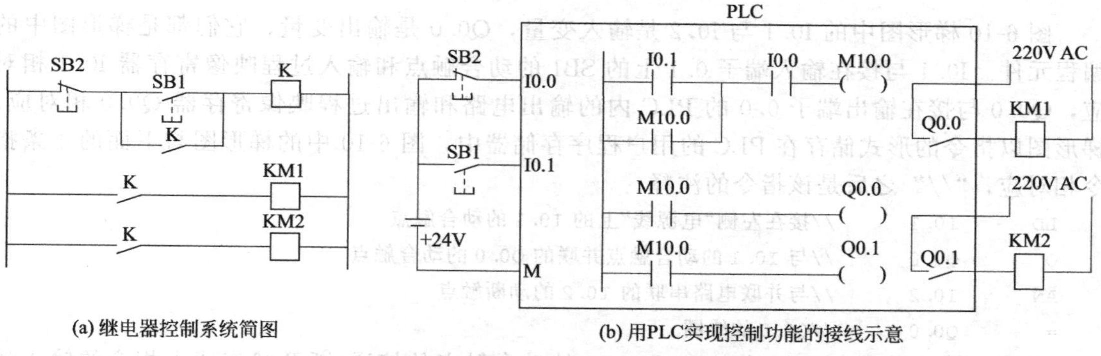

图 6-9　继电器与 PLC 控制方式比较

分时是计算机工作的特点，计算机在某个瞬间只能做一个具体的动作，这就是串行工作方式。当PLC运行时，是通过执行反映控制要求的用户程序来完成控制任务的，需要执行众多的操作，但CPU不可能同时去执行多个操作，它只能按分时操作（串行工作）方式，每一次执行一个操作，按顺序逐个执行。PLC采用扫描工作方式（串行工作方式），如果某个软继电器的线圈被接通或断开，其所有的触点不会立即动作，必须等扫描到该指令时才会动作。当然，由于PLC的扫描速度极快，所以从宏观上看输入与输出关系，处理过程似乎是同时完成的，PLC外部出现的结果似乎是同时（并行）完成的，与继电器控制装置在I/O的处理效果上并没有多大差别，但严格地说，它们是有时间差异的。

（2）PLC对输入/输出的处理原则

① 输入映像寄存器的数据取决于本扫描周期输入采样阶段输入端子板上各输入点的接通和断开状态。在程序执行和输出刷新阶段，输入映像区中的数据不会因为有新的输入信号而发生改变。

② 程序执行结果取决于用户所编程序和输入/输出映像寄存器的内容及其他各元件映像寄存器的内容。

③ 输出映像区中的数据由程序中输出指令的执行结果决定。在输入采样和输出刷新阶段，输出映像区的数据不会发生改变。

④ 输出锁存器中的数据，由上一次输出刷新期间输出映像寄存器中的数据决定。

⑤ 输出端子直接与外部负载连接，其状态由输出锁存器中的数据来确定。

（3）PLC的工作过程举例

下面用一个简单的例子来进一步说明PLC的扫描工作过程。PLC外部接线图与梯形图如图6-10所示，启动按钮SB1和停止按钮SB2的动合触点分别接在编号为0.1和0.2的输入端子，接触器KM的线圈接在编号为0.0的输出端子。若热继电器FR动作（其动断触点断开）后需要手动复位，可以将FR的动断触点与接触器KM的线圈串联，这样可以少用一个PLC的输入点。

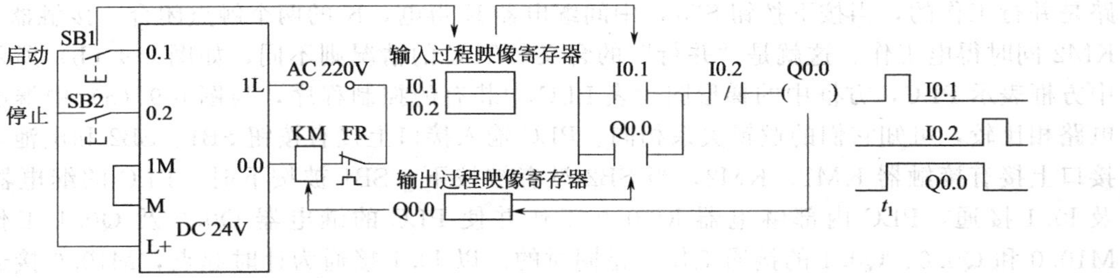

图6-10　PLC外部接线图与梯形图

图6-10梯形图中的I0.1与I0.2是输入变量，Q0.0是输出变量，它们都是梯形图中的编程元件。I0.1与接在输入端子0.1上的SB1的动合触点和输入过程映像寄存器I0.1相对应，Q0.0与接在输出端子0.0的PLC内的输出电路和输出过程映像寄存器Q0.0相对应。梯形图以指令的形式储存在PLC的用户程序存储器中，图6-10中的梯形图与下面的4条指令相对应，“//”之后是该指令的注释。

```
LD    I0.1    //接在左侧“电源线”上的 I0.1 的动合触点
O     Q0.0    //与 I0.1 的动合触点并联的 Q0.0 的动合触点
AN    I0.2    //与并联电路串联的 I0.2 的动断触点
=     Q0.0    //Q0.0 的线圈
```

在读取输入阶段，CPU将SB1和SB2的动合触点的接通/断开状态读入相应的输入过程映像寄存器，外部触点接通时将二进制数 1 存入寄存器，反之存入 0。

执行第一条指令时，从输入过程映像寄存器 I0.1 中取出二进制数，并存入堆栈的栈顶，堆栈是存储器中的一片特殊的区域。

执行第二条指令时，从输出过程映像寄存器 Q0.0 中取出二进制数，并与栈顶中的二进制数相“或”(触点的并联对应“或”运算)，运算结果存入栈顶。运算结束后只保留运算结果，不保留参与运算的数据。

执行第三条指令时，因为是动断触点，取出输入过程映像寄存器 I0.2 中的二进制数后，将它取反（如果是 0 则变为 1，如果是 1 则变为 0），取反后与前面的运算结果相“与”(电路的串联对应“与”运算)，然后存入栈顶。

执行第四条指令时，将栈顶中的二进制数传送到 Q0.0 的输出过程映像寄存器。

在修改输出阶段，CPU 将各输出过程映像寄存器中的二进制数传送给输出模块并锁存起来，如果输出过程映像寄存器 Q0.0 中存放的是二进制数 1，外接的 KM 线圈将通电，反之将断电。

I0.1、I0.2 和 Q0.0 的波形中的高电平表示按下按钮或 KM 线圈通电，当 $t<t_1$ 时，读入输入过程映像寄存器 I0.1 和 I0.2 的均为二进制数 0，此时输出过程映像寄存器 Q0.0 中存放的亦为 0，在程序执行阶段，经过上述逻辑运算过程之后，运算结果仍为 Q0.0=0，所以 KM 的线圈处于断电状态。在 $t<t_1$ 区间，虽然输入、输出信号的状态没有变化，用户程序仍一直反复不停地执行着。$t=t_1$ 时，按下启动按钮 SB1，I0.1 变为 1 状态，经逻辑运算后 Q0.0 也变为 1 状态，在输出处理阶段，将 Q0.0 对应的输出过程映像寄存器中的数据 1 送到输出模块，输出模块中与 Q0.0 对应的物理继电器的动合触点接通，接触器 KM 的线圈通电。

(4) 扫描周期和响应时间

PLC 在运行状态时，执行一次扫描操作（5 个阶段的工作过程）所需的时间称为扫描周期，它是 PLC 的重要指标之一，其典型值为 0.5～100ms。

扫描周期 T=（输入一点时间×输入端子数）+（指令执行速度×指令条数）+（输出一点时间×输出端子数）+自检时间+通信时间

可见，扫描周期的长短主要取决于 CPU 执行指令的速度、执行每条指令占用的时间及程序中指令的条数。指令执行所需的时间与用户程序的长短、指令的种类和 CPU 执行速度有很大关系。一般来说，一个扫描过程中，自检时间、通信时间、输入采样和输出刷新所占时间较少，执行指令的时间占了绝大部分。

PLC 的响应时间是指从 PLC 外部输入信号发生变化的时刻起至由它控制的有关外部输出信号发生变化的时刻之间的间隔，也称为滞后时间（通常滞后时间为几十毫秒）。它由输入电路的时间常数、输出电路的时间常数、用户程序语句的安排和指令的使用、PLC 的循环扫描方式及 PLC 对 I/O 的刷新方式等部分组成。这种现象称为 I/O 延迟响应或滞后现象。这种动作的滞后一般不会影响控制对象的工作。因为 PLC 的工作速度高，整个扫描周期只有几十至几百毫秒，这对于一般的逻辑控制是完全可以满足的。应该注意的是，这种响应滞后不仅是由 PLC 的扫描工作方式造成的，更主要是因为 PLC 输入接口的滤波环节带来的输入延迟，以及输出接口中驱动器件的动作时间带来的输出延迟，同时还与程序设计有关。滞后时间是设计 PLC 应用系统时应注意把握的一个参数。

由于 PLC 采用这种周期循环扫描工作方式，决定了响应时间的长短与收到输入信号的时刻有关。响应时间可以分为最短响应时间和最长响应时间。

① 最短响应时间　如果在一个扫描周期刚结束之前收到一个输入信号，在下一个扫描周期之前进入输入采样阶段，这个输入信号就被采样，使输入更新，这时响应时间最短，如图 6-11 所示。最短响应时间=输入延迟时间+一个扫描周期+输出延迟时间。

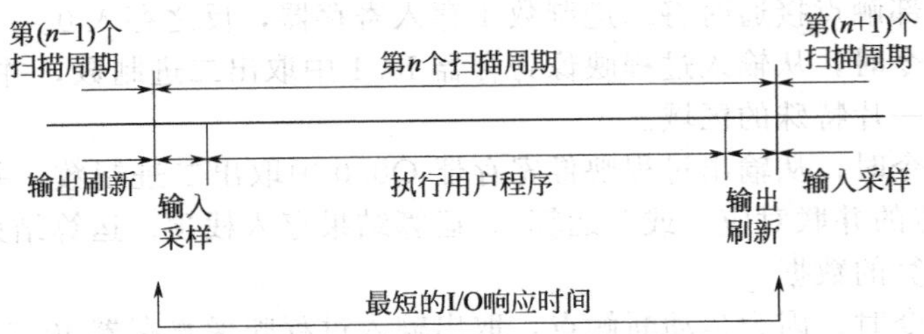

图 6-11　PLC 的最短响应时间

② 最长响应时间　如果收到一个输入信号经输入延迟后，刚好错过 I/O 刷新的时间，在该扫描周期内这个输入信号无效，要到下一个扫描周期输入采样阶段才被读入，使输入更新，这时响应时间最长，如图 6-12 所示。最长响应时间＝输入延迟时间＋两个扫描周期＋输出延迟时间。

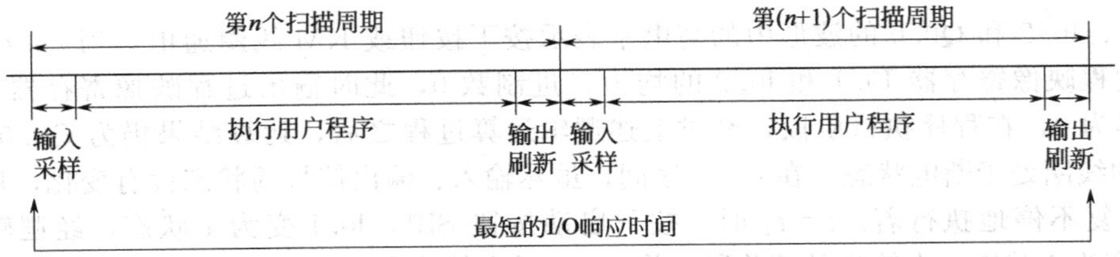

图 6-12　PLC 的最长响应时间

由于 PLC 采用循环扫描的工作方式，即对信息串行处理方式，必定导致输入、输出延迟响应，产生滞后现象。对于一般工业控制要求，这种滞后现象是允许的。对于小型 PLC，其 I/O 点数较少，用户程序较短，一般采用集中采样、集中输出、循环扫描的工作方式，虽然在一定程度上降低了系统的响应速度，但使 PLC 工作时大多数时间与外部输入/输出设备隔离，从根本上提高了系统的抗干扰能力，增强了系统的可靠性。但是，对于那些要求响应时间小于扫描周期的控制系统或窄脉冲，则不能满足。

对于响应时间小于扫描周期的控制系统，如大中型 PLC 的 I/O 点数较多，控制功能强，用户程序较长，为提高系统响应速，可使用定期采样、定期输出方式，中断程序的处理，立即 I/O 处理以及采用智能 I/O 接口（如快速响应 I/O 模块）等多种方式；对于窄脉冲，可以通过设置脉冲捕捉功能，将输入信号的状态变化锁存并一直保持到下一个扫描周期的输入阶段，让 CPU 读到为止。这两种情况均是通过与扫描周期脱离的方式来解决的。对于中断程序的处理，中断事件发生时，CPU 停止正常的扫描工作方式，立即执行中断程序，中断功能可以提高 PLC 对某些事件的响应速度。对于立即 I/O 处理，在程序执行过程中使用立即 I/O 指令可以直接存取 I/O 点。用立即 I/O 指令读输入点的值时，相应的输入过程映像寄存器的值未被更新。用立即 I/O 指令来改写输出点时，相应的输出过程映像寄存器的值被更新。

6.4　PLC 技术性能指标及分类

6.4.1　PLC 的性能指标

PLC 的主要性能指标有以下几个方面。

① 输入/输出点数　输入/输出（I/O）点数是 PLC 可以接受的输入信号和输出信号

的总和。I/O点数越多，外部可接入的输入器件和输出器件就越多，控制规模就越大。因此，I/O点数是衡量PLC规模的指标。国际上目前流行将64点及64点以下的称为微型PLC，I/O总点数在256点以下的PLC称为小型PLC；点数在256～2048点之间的为中型PLC；点数在2048点以上的为大型机，对于I/O点数大于8096点的，又称为巨型机。

② 存储容量　系统程序存放在系统程序存储器中。存储容量是指用户程序存储器的容量，用户程序存储容量决定了PLC可以容纳的用户程序的长短，一般以字为单位来计算。用户程序存储器的容量大，则可以编制出复杂的程序。每1024个字为1K字。中、小型PLC的存储容量一般在8K以下，大型PLC的存储容量可达到256K～2M。也有的PLC用存放用户程序指令的条数来表示容量，一般中、小型PLC存储指令的条数为2K条。

③ 扫描速度　扫描速度是指PLC执行用户程序的速度，是衡量PLC性能的重要指标。一般以执行1K字所用的时间来衡量扫描速度，通常以ms/K为单位。有些品牌的PLC在用户手册中给出执行各条程序所用的时间，可以通过比较各种PLC执行类似操作所用的时间来衡量扫描速度的快慢。

④ 指令的种类和数量　编程指令的种类和数量涉及PLC能力的强弱。一般，编程指令种类及条数越多，处理能力、控制能力就越强，用户编程也越简单和方便，越容易完成复杂的控制任务。

⑤ 扩展能力　PLC的可扩展能力包括I/O点数的扩展、存储容量的扩展、联网功能的扩展、各种功能模块的扩展等。在选择PLC时，经常需要考虑PLC的可扩展能力。

⑥ 内部元件的种类与数量　在编制PLC程序时，需要用到大量的内部元件来存放变量、中间结果、保持数据、定时计数、模块设置和各种标志位等信息。这些元件的种类与数量越多，表示PLC的存储和处理各种信息的能力越强。

⑦ 智能单元的数量　为了完成一些特殊的控制任务，PLC厂商都为自己的产品设计了专用的智能单元，如模拟量控制单元、定位控制单元、速度控制单元以及通信工作单元等。智能单元种类的多少和功能的强弱是衡量PLC产品水平高低的重要指标。各个生产厂家都非常重视智能单元的开发，近年来智能单元的种类日益增多，功能越来越强，使PLC的控制功能日益扩大。

6.4.2　PLC的分类

目前，PLC的种类很多，性能和规格都有很大差别。通常根据PLC的结构形式、控制模块和功能来进行分类。

(1) 按结构形式分类

① 整体式PLC　这种结构的PLC将各组成部分（I/O接口电路、CPU、存储器等）安装在一块或少数几块印刷电路板上，并连同电源一起装在机壳内，通常称为主机。其输入、输出接线端子及电源进线分别在机箱的上、下两侧，并有相应的发光二极管指示输入/输出的状态。面板上通常有编程器的插座、扩展单元的接口插座等。其特点是结构紧凑、体积小、重量轻、使用方便、价格较低，缺点是输入输出口配置数量固定。为了克服整体机的缺点，使其应用更加灵活，整体机都可配接各种扩展模块（扩展输入输出端子）及功能模块（扩展特种功能）。配接模块时主机称为基本单元，模块称为扩展单元。通常小型或超小型PLC常采用这种结构，适用于简单控制的场合。如西门子的S7-200系列产品、松下电子的FPI型产品、OMRON公司的CPM1A型产品、三菱公司的FX系列产品。

② 模块式 PLC　模块式 PLC 也称为积木式，PLC 的各个组成部分以模块的形式存在，如电源模块、CPU 模块、输入/输出模块等，通常把这些模块插到底板，安装在机架上。这种 PLC 具有装配方便、配置灵活、便于扩展、结构复杂、价格较高等特点。大型的 PLC 通常采用这种结构，一般用于比较复杂的控制场合。此类 PLC 如西门子公司的 S7-300、S7-400 的 PLC，OMRON 公司的 C200H、C2000H 系列产品，三菱公司的 QnA/AnA 等系列产品。

(2) 按控制模块分类

① 小型 PLC　小型 PLC 的 I/O 点数一般在 128 点以下，其中 I/O 点数小于 64 点的为超小型或微型 PLC。其特点是体积小、结构紧凑，整个硬件融为一体，除了开关量 I/O 以外，还可以连接模拟量 I/O 以及其他各种特殊功能模块。它能执行包括逻辑运算、计时、计数、算术运算、I 数据处理和传送、通信联网以及各种应用指令。如美国通用电气（GE）公司的 GE-I 型、日本欧姆龙公司 C20 和 C40、德国西门子公司的 S7 -200 及日本三菱电气公司的 F、F1、F2 等。

② 中型 PLC　中型 PLC 采用模块化结构，其 I/O 点数一般在 256～2048 之间。I/O 的处理方式除了采用一般 PLC 通用的扫描处理方式外，还能采用直接处理方式，即在扫描用户程序的过程中，直接读输入，刷新输出。它能连接各种特殊功能模块，通信联网功能更强，指令系统更丰富，内存容量更大，扫描速度更快。如德国西门子公司的 S7-300、SU-5 和 SU-6，我国无锡华光电子工业有限公司的 SR-400 以及日本欧姆龙公司的 C-500 等。

③ 大型 PLC　一般 I/O 点数在 2048 以上的称为大型 PLC。大型 PLC 的软、硬件功能极强，具有极强的自诊断功能，通信联网功能强，有各种通信联网的模块，可以构成三级通信网，实现工厂生产管理自动化。I/O 点数超过 8192 点的为超大型 PLC。如德国西门子公司的 S7-400、美国 GE 公司的 GE-Ⅳ、日本欧姆龙公司的 C-2000 以及三菱公司 K3 等。

以上这种按照点数的划分并不严格，随着时间的推移、科技的进步，PLC 技术会有更大的发展。此处只是帮助读者建立控制规模的概念，为以后进行系统的配置及选型使用。

(3) 按功能分类

① 低档 PLC　低档 PLC 具有逻辑运算、定时、计数、移位以及自诊断、监控等基本功能，还可有少量模拟量输入/输出、算术运算、数据传送和比较、通信等功能。

② 中档 PLC　中档 PLC 除具有低档 PLC 的功能外，还增加了模拟量输入/输出、算术运算、数据传送和比较、数制转换、远程 I/O、子程序、通信联网等功能，有些还增设中断、PID 控制等功能。

③ 高档 PLC　高档 PLC 除具有中档机功能外，还增加了带符号算术运算、矩阵运算、位逻辑运算、平方根运算及其他特殊功能函数运算、制表及表格传送等。高档 PLC 机具有更强的通信联网功能。

6.5　S7-200 PLC 系统的基本组成

S7-200 PLC 是德国西门子公司生产的超小型 PLC，它受到了广泛的关注。特别是 S7-200 CPU22X 系列 PLC（它是 S7-21X 系列的替代产品），由于它具有很多的功能模块和人机界面可供选择，可以很容易地组成 PLC 网络。同时具有功能的编程和工业控制组态软件，使得在采用 S7-22X 系列 PLC 来完成控制系统的设计时更加简单，系统的集成非常方便，受到控制工程界的广泛认同。S7 系列 PLC 还有 S7-300 和 S7-400 系列，它们分别是大中型 PLC。

S7-200 可用梯形图、语句表（即指令表）和功能块图三种语言来编程。它的指令丰富，指令功能强，易于掌握，操作方便。内置有高速计数器、高速输出、PID 控制器、RS-485 通信/编程接口、PPI 通信协议、MPI 通信协议和自由方式通信功能，I/O 端子排可以很容易地拆卸。最大可扩展到 248 点数字量 I/O 或 35 路模拟量 I/O，最多有 26KB 程序和数据存储空间。

6.5.1 物理结构

S7-200 PLC 属于叠装类结构，它是整体式与模块式的集合。S7-200 PLC 由 S7-200 CPU 模块、扩展单元、个人计算机（PC）或编程器、STEP7-Micro/WIN32 编程软件以及通信电缆等组成，如图 6-13 所示。

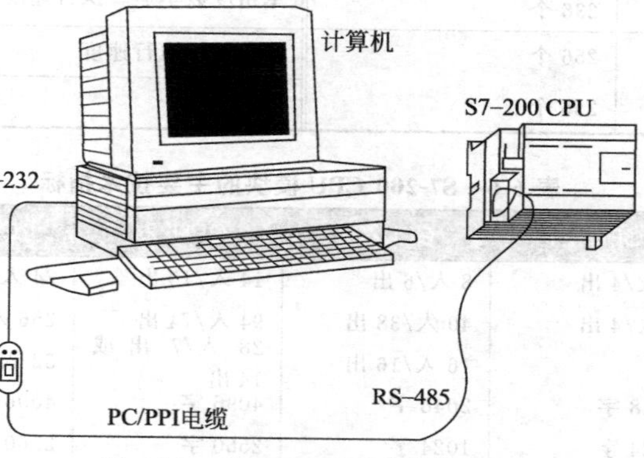

图 6-13 S7-200 PLC 系统构成

S7-200 CPU 模块是整体式结构，但扩展后的 S7-200 系统是模块化结构。S7-200 PLC 这种结构形式，使得它集中了两种结构的优点。使用 STEP7-Micro/WIN32 编程软件能很方便地对其进行编程，所以在小系统中 S7-200 应用广泛。

6.5.2 基本单元

基本单元，也称为主机，由中央处理单元（CPU）、电源及数字量输入/输出单元组成。这些都被紧凑地安装在一个独立的装置中。基本单元可以构成一个独立的控制系统。

S7-200 CPU 模块将一个微处理器、一个集成电源和数字量 I/O 点集成在一个紧凑的封装中，从而形成一个功能强大的微型 PLC，如图 6-14 所示。

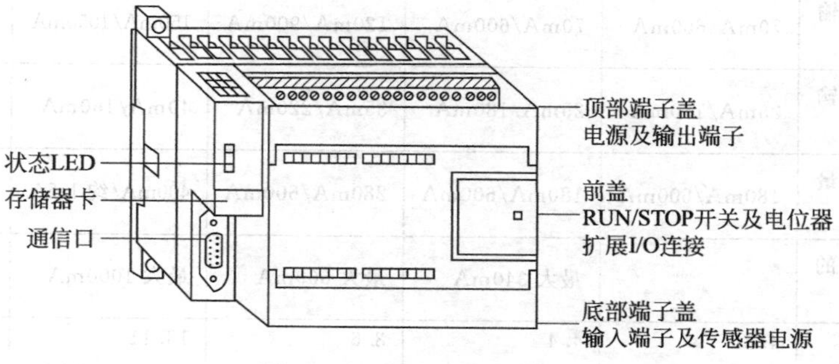

图 6-14 S7-200 CPU 模块

S7-200 有 5 种 CPU 模块，CPU 模块共有的技术指标和各 CPU 模块特有的技术指标分别见表 6-5 和表 6-6。

表 6-5　S7-200 CPU 模块共同的技术指标

用户存储器类型	EEPROM	用户存储器类型	EEPROM
最大数字量 I/O 映像区	128 点入，128 点出	顺序控制继电器	256 点
最大模拟量 I/O 映像区	32 点入，32 点出	定时中断	2 个，1ms 分辨率
内部标志位（M 寄存器） 掉电永久保存 超级电容或电池保存	256 位 112 位 256 位	硬件输入边沿中断 可选滤波时间输入	4 个 7 个，0.2～12.8ms
定时器总数 超级电容或电池保存 1ms 10ms 100ms	256 个 64 个 4 个 16 个 236 个	布尔量运算执行速度 字传送指令执行速度 定时器/计数器执行速度 单精度数学运算执行速度	0.37μs/指令 34μs/指令 50～64μs/指令 46μs/指令
计数器总数 超级电容或电池保存	256 个 256 个	实数运算执行速度	100～400μs/指令

表 6-6　S7-200 CPU 模块的主要技术指标

特性	CPU221	CPU222	CPU224	CPU226	CPU226XM
本机数字量 I/O	6 入/4 出	8 入/6 出	14 入/10 出	24 入/16 出	24 入/16 出
最大数字量 I/O	6 入/4 出	40 入/38 出	94 入/74 出	256 入/256 出	256 入/256 出
最大模拟量 I/O	—	16 入/16 出	28 入/7 出或 14 出	32 入/32 出	32 入/32 出
程序空间（永久保存）	2048 字	2048 字	4096 字	4096 字	8192 字
用户数据存储器	1024 字	1024 字	2560 字	2560 字	5120 字
扩展模块	—	2 个	7 个	7 个	7 个
数字量 I/O 映像区	10	256	256	256	256
模拟量 I/O 映像区	无	16AI/16AO	32AI/32AO	32AI/32AO	32AI/32AO
超级电容数据后备典型时间	50h	50h	190h	190h	190h
内置高速计数器	4 个（每个 30kHz）	4 个（每个 30kHz）	6 个（每个 30kHz）	6 个（每个 30kHz）	6 个（每个 30kHz）
高速脉冲输出	2 个（20kHz）	2 个（20kHz）	2 个（20kHz）	2 个（20kHz）	2 个（20kHz）
模拟量调节电位器	1 个，8 位分辨率	1 个，8 位分辨率	2 个，8 位分辨率	2 个，8 位分辨率	2 个，8 位分辨率
脉冲捕捉	6 个	8 个	14 个	14 个	14 个
实时时钟	有（时钟卡）	有（时钟卡）	有	有	有
RS-485 通信口	1	1	1	2	2
24VDC 电源 CPU 输入电流/最大负载	70mA/600mA	70mA/600mA	120mA/900mA	150mA/1050mA	150mA/1050mA
240VAC 电源 CPU 输入电流/最大负载	25mA/180mA	25mA/180mA	35mA/220mA	40mA/160mA	40mA/160mA
24VDC 传感器电源最大电流/电流限制	180mA/600mA	180mA/600mA	280mA/600mA	400mA/约 1.5A	400mA/约 1.5A
为扩展模块提供的 DC5V 的输出电流	—	最大 340mA	最大 660mA	最大 1000mA	最大 1000mA
各组输入点数	4.2	4.4	8.6	13.11	13.11
各组输出点数	4（DC 电源）	6（DC 电源）	5，5（DC 电源）	8，8（DC 电源）	8，8（DC 电源）
55°公共端输出电流总和（水平安装）	3，1（AC 电源）	3，3（AC 电源）	4，3，3（AC 电源）	4，5，7（AC 电源）	4，5，7（AC 电源）

S7-200 PLC 的电源电压有 DC 20.4～28.8V 和 AC 85～264V 两种，主机上还集成了 24V 直流电源，可以直接用于连接传感器和执行机构。它的输出类型有晶体管（DC）、继电器（DC/AC）两种输出方式，仅 DC 输出型有高速脉冲输出，最高输出频率为 20kHz。它可以用普通输入端子捕捉比 CPU 扫描周期更快的脉冲信号，实现高速计数。两路最大可达 20kHz 的高频脉冲输出，可用于驱动步进电动机和伺服电动机以实现准确定位任务。S7-200 PLC 各 CPU 电源规范见表 6-7。

表 6-7　S7-200 PLC 各 CPU 电源规范

电源类型	DC 24V 电源	AC 电源
电源电压允许范围/V	DC 20.4～28.8	AC 85～264（47～63Hz）
冲击电流/A	10（DC 28.8V）	20（AC 254V）
隔离（输入电源到逻辑电路）	不隔离	AC 1500V
掉电后的保持时间/ms	10（DC 10V）	80（AC 240V）
DC 24V 传感器电源输出	不隔离	不隔离
电压范围/V	L+减 5V	DC 20.4～28.8
纹波噪声	来自输入电源	峰-峰值＜1V
电源的内部熔断器（用户不能更换）	3A，250V，慢速熔断	2A，250V，慢速熔断

CPU 的用户存储器使用 EEPROM，后备电池（选件）可使用 200 天，布尔量运算执行时间为 0.22μs/指令，内部标志位（M）、顺序控制继电器各有 256 点，计数器和定时器各有 256 点；有两点定时中断，最大时间间隔为 255ms；有 4 点外部硬件输入中断。

CPU 221 无扩展功能，适于作小点数的微型控制器。CPU 222 有扩展功能，CPU 224 是具有较强控制功能的控制器。CPU224XP 集成有两路模拟量输入（10bit，±DC 10V），一路模拟量输出（10bit，DC0～10V 或 0～20mA），有两个 RS-485 通信口，高速脉冲输出频率提高到 100kHz，高速计数器频率提高到 200kHz，有 PID 自整定功能。这种新型 CPU 增强了 S7-200 在运动控制、过程控制、位置控制、数据监视和采集（远程终端应用）以及通信方面的功能。CPU 226 适用于复杂的中小型控制系统，可扩展到 248 点数字量和 35 路模拟量，有两个 RS-485 通信接口。

数字量输入中有 4 个用作硬件中断、6 个用于高速计数功能。除 CPU224XP 外，32 位高速加/减计数器的最高计数频率为 30kHz，可以对增量式编码器的两个互差 90°的脉冲列计数，计数值等于设定值或计数方向改变时产生中断，在中断程序中可以及时对输出进行操作。两个高速输出可以输出最高 20kHz、频率和宽度可调的脉冲列。

RS-485 串行通信接口的外部信号与逻辑电路之间不隔离，支持 PPI、PROFIBUS-DP、自由通信口协议和点对点 PPI 主站模式，可以作 MPI 从站。PPI/MPI 协议的波特率为 9.6kbit/s、19.2kbit/s 和 187.5 kbit/s；自由口协议的波特率为 1.2～115.2kbit/s。如果使用隔离中继器，波特率为 38.4kbit/s 时，单段网络最大电缆长度为 1200m，187.5kbit/s 时为 1000m；未使用隔离中继器为 50m。每段 32 个站，每个网络最多 126 个站，最多 32 个主站。MPI 共有 4 个连接，2 个分别保留给编程器（PG）和操作员面板（OP）。通信接口可以用于与运行编程软件的计算机通信、与文本显示器和操作员界面的通信以及 S7-200 CPU 之间的通信；通过自由端口模式、Modbus 和 USS 协议，可以与其他设备进行串行通信。通过 AS-i 通信接口模块，可以接入 496 个远程数字量输入/输出点。

可选的存储器卡可以永久保存程序、数据和组态信息，可选的电池卡保存数据的时间典型值为 200 天。用于断电保存数据的超级电容器充电 20min，可以充 60%的电量。仅 DC 输出型有高速脉冲输出，有 4 个上升沿和/或 4 个下降沿的边沿中断。

宽温型 PLC S7-200 SIPLUS 的温度适用范围为－25～＋70℃，相对湿度范围 98%（＋55℃）～45%（＋70℃）。其他参数和编程与 S7-200 系列相同，所有的 SIPLUS 产品都经过了－40～＋85℃连续 2 天的测试。

CPU 模块数字量输入和数字量输出的技术指标见表 6-8 和表 6-9。

表 6-8　CPU 模块数字量输入技术指标

项目	DC 24V 输入（不包括 CPU 224XP）	DC 24V 输入（CPU 224XP）
输入类型	漏型/源型 （IEC 类型 1）	漏型/源型 （IEC 类型 1，I0.3～I0.5 除外）
输入电压额定值	DC 24V，典型值 4mA	
输入电压浪涌值	35V/0.5s	
逻辑 1 信号（最小）	DC 15V，2.5mA	I0.3～I0.5 为 DC4V，8mA； 其余为 DC15V，2.5mA
逻辑 0 信号（最大）	DC 5V，1mA	I0.3～I0.5 为 DC1V，1mA； 其余为 DC5V，1mA
输入延迟	0.2～12.8ms 可选择	
连接 2 线式接近开关的允许漏电流	最大 1mA	
光隔离	AC 500V，1min	
高速计数器输入逻辑 1 电平	DC 15～30V：单相 20kHz，两相 10kHz；DC 15～26V：单相 30kHz，两相 20kHz	
CPU 224XP 的 HSC4 和 HSC4 输入	逻辑 1 电平＞DC 4V 时，单相 200kHz，两相 100kHz	
电缆长度	非屏蔽 300m，屏蔽电缆 500m，高速计数器 50m	

表 6-9　CPU 模块数字量输出技术指标

输出类型	DC 24V 输出 （不包括 CPU 224XP）	DC 24V 输出 （CPU 224XP）	继电器型输出
输出电压额定值 输出电压允许范围	DC 24V DC 20.4～28.8V	DC 24V DC 5～28.8V（Q0.0～Q0.4） DC 20.4～28.8V（Q0.5～Q1.1）	DC 24V 或 AC 250V DC 5～30V， AC 5～250V
浪涌电流	最大 8A，100ms		5A，4s，占空比 0.1
逻辑 1 输出电压 逻辑 0 输出电压	DC 20V，最大电流时 DC 0.1V，10kΩ 负载	L＋减 0.4V，最大电流时 DC 0.1V，10kΩ 负载	—
逻辑 1 最大输出电流 逻辑 0 最大漏电流 灯负载 提通状态电阻 公共端额定电流	0.75A（电阻负载） 10μA 5W 0.3Ω，最大 0.6Ω 6A	0.75A（电阻负载） 10μA 5W 0.3Ω，最大 0.6Ω 3.75A	2A（电阻负载） — DC 30W/AC 200W 新的时候最大 0.2Ω 10A
感性箱位电压	L＋减 DC 48V，1W 功耗	—	—
从关断到接通最大延时 从接通到关断最大延时 切换最大延时	Q0.0 和 Q0.1 为 2μs，其他 15μs Q0.0 和 Q0.1 为 10μs，其他 130μs —	Q0.0 和 Q0.1 为 0.5μs，其他 15μs Q0.0 和 Q0.1 为 1.5μs，其他 130μs —	— — 10ms
最高脉冲频率	20kHz（Q0.0 和 Q0.1）	100kHz（Q0.0 和 Q0.1）	1Hz

S7-200 的 DC 输出型电路用场效应晶体管（MOSFET）作为功率放大器件，继电器输出型用继电器触点控制外部负载。继电器输出的开关延时最大 10ms，无负载时触点的机械寿命为 10000000 次，额定负载时触点寿命 100000 次。非屏蔽电缆最大长度 150m，屏蔽电缆 500m。

6.5.3 数字量扩展模块

S7-200 PLC系列CPU提供一定数量的主机I/O点，当主机点数不够时，就可以使用扩展的接口模块了。S7-200 PLC的接口模块有数字量模块、模拟量模块和智能模块等。

数字量扩展模块有数字量输入扩展模块、数字量输出扩展模块和数字量输入/输出扩展模块。数字量扩展模块与外部接线的连接一般采用接线端子。模块使用可以拆卸的插座型端子板，不需断开端子板上的外部连线，就可以快速地更换模块。

(1) 数字量输入扩展模块

数字量输入扩展模块的每一个输入点可接收一个来自用户设备的数字信号（ON/OFF），典型的输入设备有按钮、限位开关、选择开关和继电器触点等。每个输入点与一个且仅与一个输入电路相连，通过PLC中的输入接口电路把现场数字信号转换成CPU能接收的标准电信号。数字量输入扩展模块可分为直流输入扩展模块和交流输入扩展模块，以适应实际生产现场中输入信号电平的多样性。

① 直流输入扩展模块（EM221 8×DC 24V）

直流输入扩展模块（EM221 8×DC 24V）有8个数字量输入端子。图6-15所示为直流输入模块端子的输入接线图，图中8个数字量输入点分为2组，1M、2M分别为2组输入点内部电路的公共端，每组需要用户提供一个DC 24V电源。

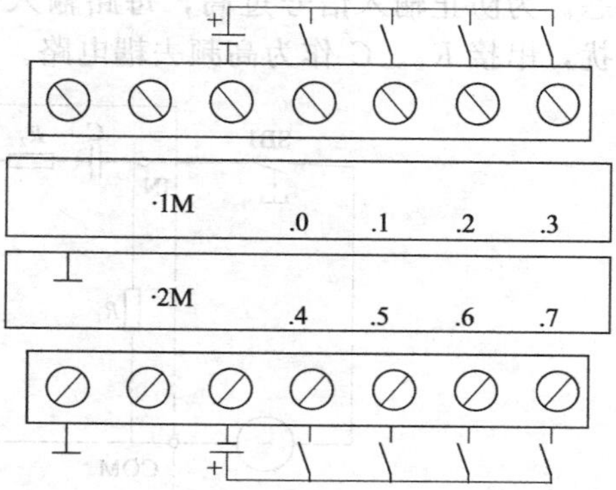

图6-15 直流输入扩展模块端子接线图

图6-16为直流输入模块的内部电路和外部接线图，图中只画出了一路输入电路，输入电流为数毫安。光电耦合器隔离了输入电路与PLC内部电路的电气连接，使外部信号通过光电耦合器变成内部电路能接收的标准信号。当现场开关闭合后，外部直流电压经过电阻 R_1 和阻容滤波后加到双向光电耦合器的发光二极管上，经光电耦合器，光敏晶体管接收光信号，并将接收的信号送入内部电路，在输入采样时送至输入映像寄存器。现场开关通/断状态对应输入映像寄存器的I/O状态，即当现场开关闭合时，对应的输入映像寄存器为“1”状态；当现场开关断开时，对应的输入映像寄存器为“0”状态。当输入端的发光二极管（VL）点亮，即指示现场开关闭合。外部直流电源用于检测输入点的状态，其极性可以任意接入。图6-16中，电阻 R_2 和电容 C 构成滤波电路，可滤掉输入信号的高频抖动。双向光电耦合器起整流和隔离的双重作用，双向发光二极管VL用于状态指示。

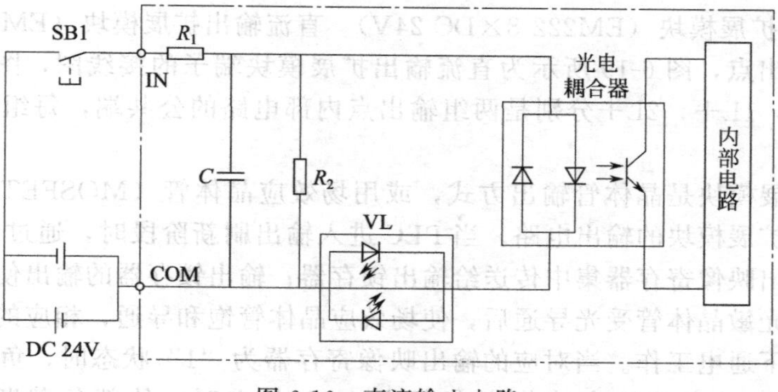

图6-16 直流输入电路

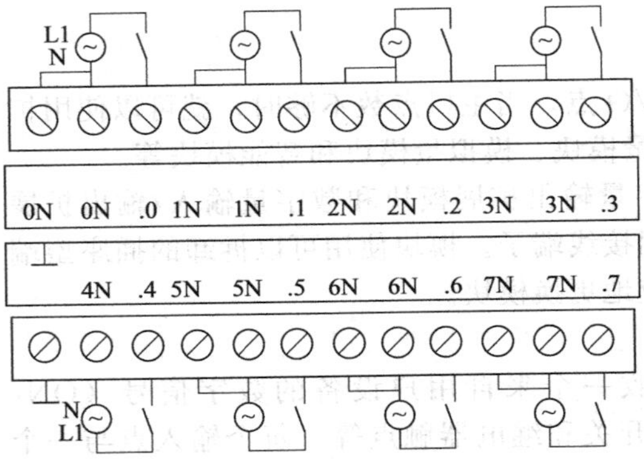

图 6-17　交流输入扩展模块端子接线图

② 交流输入扩展模块（EM221 8×AC 120/230V）　交流输入方式适合于在有油雾、粉尘的恶劣环境下使用。交流输入扩展模块（EM221 8×AC 120/230V）有 8 个分隔式数字量输入端子，交流输入扩展模块端子接线图如图 6-17 所示。图中每个输入点都占用两个接线端子，它们各自使用 1 个独立的交流电源（由用户提供）。这些交流电源可以不同相。

交流输入扩展模块的输入电路如图 6-18 所示。当现场开关闭合后，交流电源经 C、R_2、双向光电耦合器中的一个发光二极管，使发光二极管发光，经光电耦合器，光敏晶体管接收光信号，并将该信号送至 PLC 内部电路，供 CPU 处理，双向发光二极管 VL 指示输入状态。为防止输入信号过高，每路输入信号并接取样电阻 R_1 用来限幅；为减少高频信号串扰，串接 R_2、C 作为高频去耦电路。

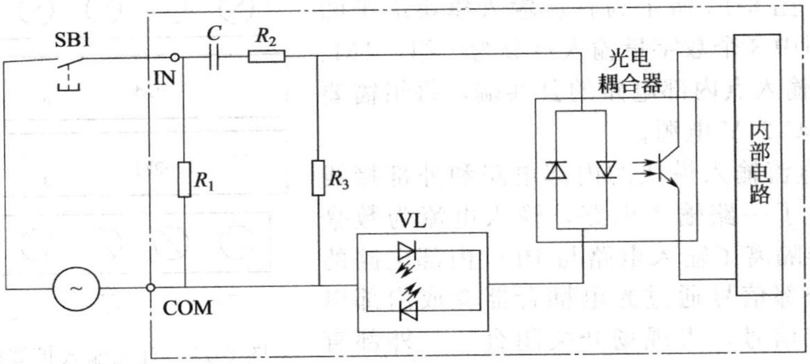

图 6-18　交流输入电路

（2）数字量输出扩展模块

数字量输出扩展模块的每一个输出点能控制一个用户的数字型（ON/OFF）负载。典型的负载包括继电器线圈、接触器线圈、电磁阀线圈、指示灯等。每一个输出点与一个且仅与一个输出电路相连，通过输出电路把 CPU 运算处理的结果转换成驱动现场执行机构的各种大功率开关信号。

由于现场执行机构所需电流是多种多样的，因而，数字量输出扩展模块分为直流输出扩展模块、交流扩展输出模块、交直流输出扩展模块三种。

① 直流输出扩展模块（EM222 8×DC 24V）　直流输出扩展模块（EM222 8×DC 24V）有 8 个数字量输出点，图 6-19 所示为直流输出扩展模块端子的接线图，图中，8 个数字量输出点分成两组，1L+，2L+分别是两组输出点内部电路的公共端，每组需用户提供一个 DC 24V 的电源。

直流输出扩展模块是晶体管输出方式，或用场效应晶体管（MOSFET）驱动。图 6-20 所示为直流输出扩展模块的输出电路。当 PLC 进入输出刷新阶段时，通过数据总线把 CPU 的运算结果由输出映像寄存器集中传送给输出锁存器；输出锁存器的输出使光电耦合器的发光二极管发光，光敏晶体管受光导通后，使场效应晶体管饱和导通，相应的直流负载在外部直流电源的激励下通电工作。当对应的输出映像寄存器为“1”状态时，负载在外部电源激励下通电工作；当对应的输出映像寄存器为“0”状态时，外部负载断电，停止工作。

图 6-20 中光电耦合器实现光电隔离，场效应晶体管作为功率驱动的开关器件，稳压管用于防止输出端过电压以保护场效应晶体管，发光二极管用于指示输出状态。

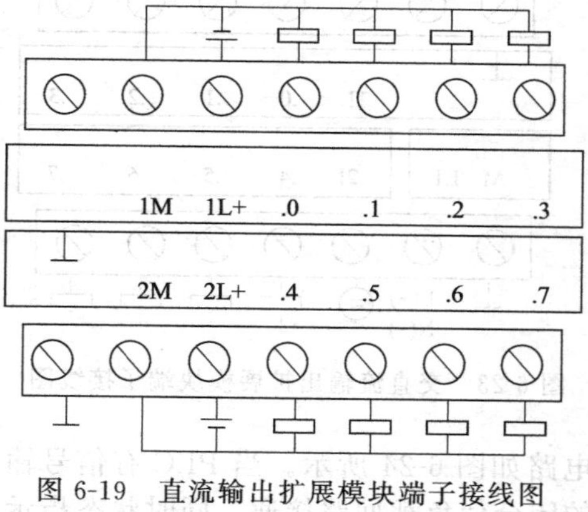

图 6-19 直流输出扩展模块端子接线图

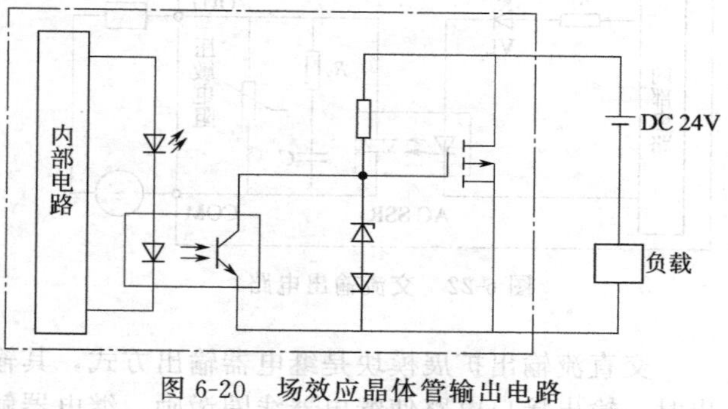

图 6-20 场效应晶体管输出电路

晶体管（或场效应晶体管）输出方式的特点是输出响应速度快。场效应晶体管的工作频率可达 20kHz。

② 交流输出扩展模块（EM222 8×AC 120/230V） 交流输出扩展模块（EM222 8×AC 120/230V）有 8 个分隔式数字量输出点，图 6-21 所示为交流输出扩展模块端子接线图。图中每个输出点占用两个接线端子，且它们各自都由用户提供一个独立的交流电源，这些交流电源可以不同相。

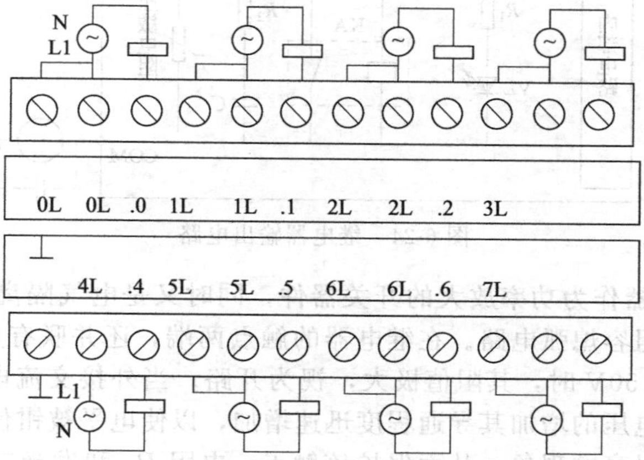

图 6-21 交流输出扩展模块端子接线图

交流输出扩展模块是晶闸管输出方式，其特点是输出启动电流大。当 PLC 有信号输出时，通过输出电路使发光二极管导通，通过光电耦合器使双向晶闸管导通，交流负载在外部交流电源的激励下得电。发光二极管 VL 点亮，指示输出有效。图 6-22 中，固态继电器（AC SSR）作为功率放大的开关器件，同时也是光电隔离器件，电阻 R_2 和电容 C 组成高频滤波电路，压敏电阻起过电压保护作用，消除尖峰电压。用双向晶闸管作为输出元件的 AC 230V 的输出模块，每点的额定输出电流为 0.5A，灯负载为 60W，最大漏电流为 1.8mA，由接通到断开的最大时间为 0.2ms 与工频半周期之和。

③ 交直流输出扩展模块（EM222 8×继电器） 交直流输出扩展模块（EM222 8×继电器）有 8 个输出点，分成两组，1L、2L 是每组输出点内部电路的公共端。每组需用户提供一个外部电源（可以是直流或交流电源）。图 6-23 所示为交直流输出扩展模块端子接线图。

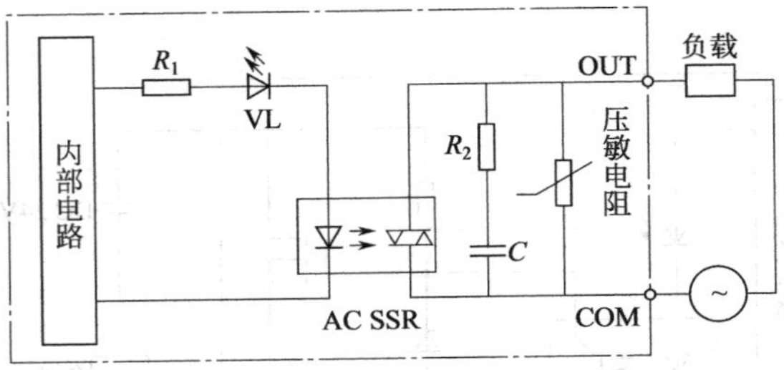

图 6-22　交流输出电路

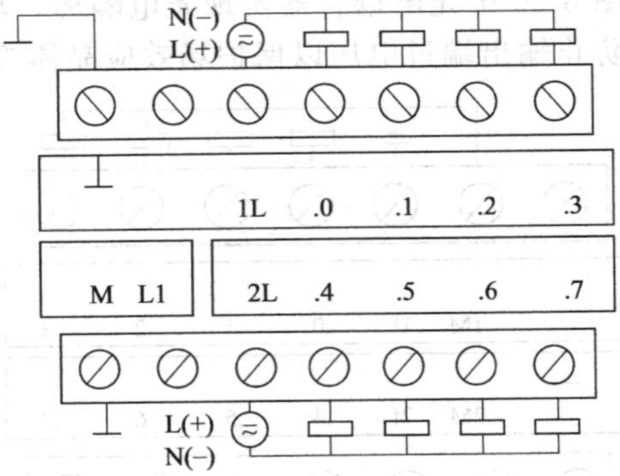

图 6-23　交直流输出扩展模块端子接线图

交直流输出扩展模块是继电器输出方式，其输出电路如图 6-24 所示。当 PLC 有信号输出时，输出接口电路使继电器线圈激励，继电器触点的闭合使负载回路接通，同时状态指示发光二极管 VL 导通点亮。根据负载的性质（直流负载或交流负载）来选用负载回路的电源（直流电源或交流电源）。输出电流的额定值与负载的性质有关，例如，S7-200 PLC 的继电器输出电路可以驱动 2A 的电阻性负载，但是只能驱动 200W 的白炽灯。输出电路一般分为若干组，对每一组的总电流也有限制。

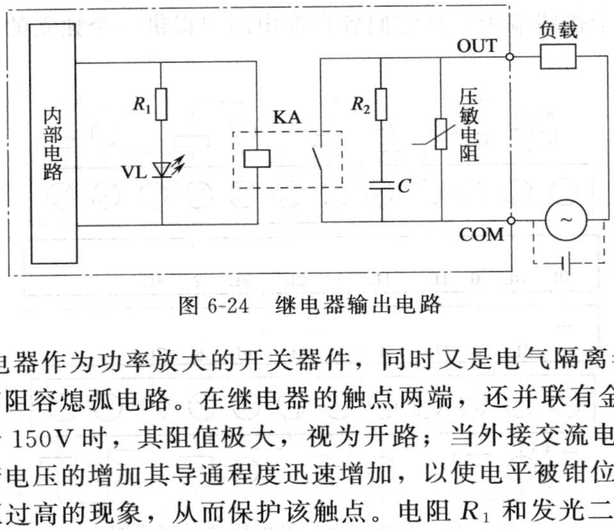

图 6-24　继电器输出电路

图 6-24 中，继电器作为功率放大的开关器件，同时又是电气隔离器件。为消除继电器触点的火花，并联有阻容熄弧电路。在继电器的触点两端，还并联有金属氧化膜压敏电阻，当外接交流电压低于 150V 时，其阻值极大，视为开路；当外接交流电压为 150V 时，压敏电阻开始导通，随着电压的增加其导通程度迅速增加，以使电平被钳位，不使继电器触点在断开时出现两端电压过高的现象，从而保护该触点。电阻 R_1 和发光二极管 VL 组成输出状态显示电路。

继电器输出模块的使用电压范围广，导通压降小，承受瞬时过电压和过电流（可达 2～4A）的能力较强，可带交流、直流负载，适应性强，但是动作速度较慢，寿命（动作次数）有一定的限制。如果系统输出量的变化不是很频繁，建议优先选用继电器型的输出模块。场效应晶体管型输出模块用于直流负载，它的反应速度快、寿命长，过载能力稍差。

（3）数字量输入/输出扩展模块

S7-200 PLC 配有数字量输入/输出扩展模块（EM223），在一块模块上，既有数字量输入点又有数字量输出点，这种模块称为组合扩展模块或输入/输出扩展模块。数字量输入/输出扩展模块的输入电路及输出电路的类型与上述介绍的相同。在同一块模块上，输入/输出电路类型的组合有多种多样，用户可根据控制需求选用。有了数字量组合模块，可使系统配置更加灵活。

（4）数字量模块的型号

西门子 S7-200 PLC 的数字量扩展模块有数字量输入模块（EM221）、数字量输出模块（EM222）和数字量混合模块（EM223）。每种模块又有不同的类型，以更好地满足实际应用需要。各模块的类型如表 6-10 所示。由于各模块的接线方法比较简单，这里不再赘述，读者可参考西门子产品选型手册。

表 6-10　数字量扩展模块类型

名称	类型	规格	电源要求
EM221	输入	8DI-DC 24V	每通道输入电流为 4mA，支持源型和漏型输入，但同一公共点输入类型必须一致。需要 DC 5V 电源提供 30mA 电流
	输入	8DI-AC 120/230V	AC 120/230V 每通道电流为 6mA/9mA。需要 DC 5V 电源提供 30mA 电流
	输入	16DI-DC 24V	每通道输入电流 4mA，支持源型和漏型输入，但同一公共点输入类型必须一致。需要 DC 5V 电源提供 70mA 电流
EM222	输出	8D-DC 24V	每路通道最大输出电流 0.75A，每个公共点最大电流 10A。需要 DC 5V 电源提供 50mA 电流
	输出	8DO-继电器	每路通道最大输出电流 2A，每个公共点最大电流 1A。需要 DC 5V 电源提供 40mA 电流
	输出	8DO-AC 120/230V	每路通道最大电流为 AC 0.5A，每个公共点最大电流为 AC 0.5A。需要 DC 5V 电源提供 110mA 电流
	输出	4DO-DC 24V	每路通道最大输出电流 0.75A，每个公共点最大电流 10A。需要 DC 5V 电源提供 40mA 电流
	输出	4DO-继电器	每路通道最大输出电流 2A，每个公共点最大电流 1A，需要 DC 5V 电源提供 30mA 电流
EM223	输入/输出	4DI/4DO-DC 24V	与 EM221/EM222 同类型的相同
	输入/输出	4DI/4DO-继电器	与 EM221/EM222 同类型的相同
	输入/输出	8DI/8DO-DC 24V	与 EM221/EM222 同类型的相同
	输入/输出	8DI/8DO-继电器	与 EM221/EM222 同类型的相同
	输入/输出	16DI/16DO-DC 24V	与 EM221/EM222 同类型的相同
	输入/输出	16DI/16DO-继电器	与 EM221/EM222 同类型的相同

6.5.4　模拟量扩展模块

工业控制中，除了用数字量信号来控制外，有时还要用模拟量信号来进行控制。在工业控制中，某些输入量（如压力、温度、流量、转速等）是模拟量，某些执行机构（如晶闸管调速装置、电动调节阀和变频器等）要求 PLC 输出模拟信号，而 PLC 的 CPU 只能处理数字量。模拟量首先被传感器和变送器转换为标准的电流或电压信号，如 4～20mA、1～5V、0～10V 等，PLC 用 A/D 转换器将它们转换成数字量，这些数字量可能是二进制的，也可能是十进制的，带正负号的电流或电压在 A/D 转换后用二进制补码表示。D/A 转换器是先将 PLC 的数字输出量转换为模拟电压或电流，然后再去控制执行机构。

模拟量 I/O 模块的主要任务就是实现 A/D 转换（模拟量输入）和 D/A 转换（模拟量输出）。例如，在温度闭环控制系统中，炉温用热电偶或热电阻检测，温度变送器将温度转换为标准电流或标准电压后送给模拟量输入模块，经 A/D 转换后得到与温度成比例的数字量，CPU 将它与温度设定值比较，并按某种控制规律对差值进行运算。将运算结果（数字量）

送给模拟量输出模块，经 D/A 转换后变为电流信号或电压信号，用来控制电动调节阀的开度，通过它控制加热用天然气的流量，实现对温度的闭环控制。

A/D 转换器和 D/A 转换器的二进制位数反映了它们的分辨率，位数越多，分辨率越高。S7-200 的模拟量扩展模块中 A/D、D/A 转换器的位数均为 12 位。模拟量输入/输出模块的另一个重要指标是转换时间。

S7-200 PLC 的模拟量模块使用比较简单，只要正确地选择好模块，了解接线方法并对模块正确接线，不需要过多的准备与操作，就能实现模拟量的输入与输出。S7-200 PLC 有 5 种模拟量扩展模块，包括 4 路模拟量输入模块 EM231、2 路模拟量输出模块 EM232、4 路模拟量输入/1 路模拟量输出混合模块 EM235、4 路热电偶输入模块 EM231 和 2 路热电阻输入模块 EM231，可以根据实际情况来选择合适的转换模块。

(1) 模拟量输入扩展模块（EM231）

模拟量输入扩展模块设有电压信号和电流信号输入端。输入信号经滤波、放大、模数转换得到数字量信号，再经光电耦合器进入 PLC 内部电路，如图 6-25 所示。

模拟量输入扩展模块（EM231）具有 4 个模拟量输入通道。每个通道占用存储器 AI 区域 2 个字节。该模块模拟量的输入值为只读数据。电压输入范围：单极性 0～10V，0～5V；双极性－5～＋5V，－2.5～＋2.5V。电流输入范围：0～20mA。该模块需要直流 24V 供电，可由 CPU 模块的传感器电源 DC 24V/400mA 供电，也可由用户提供外部电源。

模拟量到数字量的最大转换时间为 250μs，模拟量输入的阶跃响应时间为 15ms（达到稳态值的 95%时）。单极性全量程输入范围对应的数字量输出为 0～32000，双极性全量程输入范围对应的数字量输出为－32000～＋32000。电压输入时输入阻抗大于等于 10MΩ，电流输入时输入电输入阻是 250MΩ。

(2) 模拟量输出扩展模块（EM232）

模拟量输出模块的作用就是把 PLC 输出的数字量信号转换成相应的模拟量信号，以适应模拟量控制的要求。模拟量输出模块一般由光电耦合器、数模（D/A）转换器和信号驱动等环节组成，如图 6-26 所示。

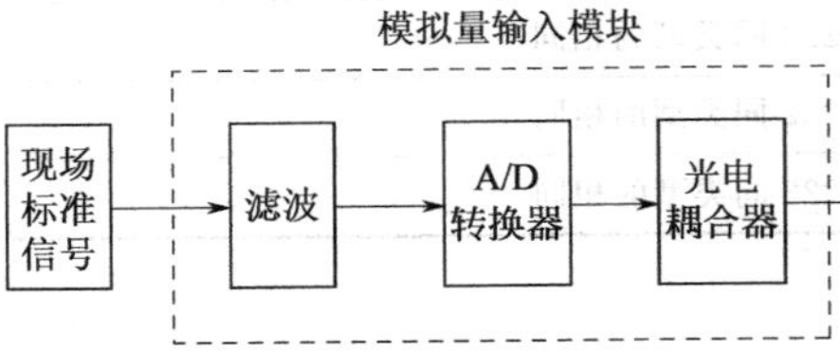

图 6-25　模拟量输入信号处理过程

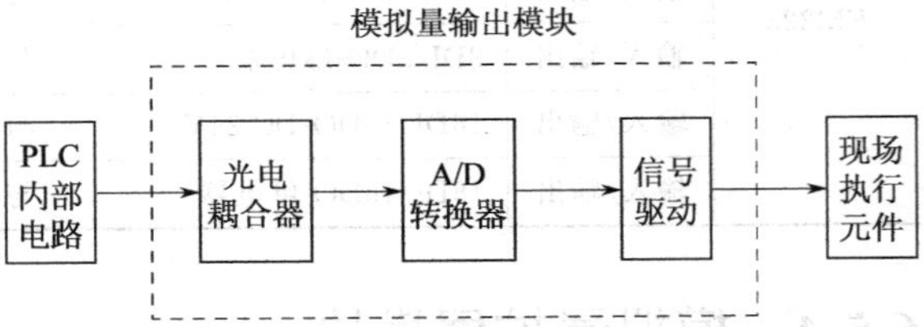

图 6-26　模拟量输出信号处理过程

模拟量输出扩展模块（EM232）具有 2 个模拟量输出通道。每个输出通道占用存储器 AQ 区域 2 个字节。模拟量输出的量程有－10～＋10V 和 0～20mA 两种，对应的数字量为－32000～＋32000 或 0～32000。满量程时电压输出和电流输出的分辨率分别为 12 位和 11 位，25℃时的精度为±0.5%。电压输出和电流输出的稳定时间分别为 100μs 和 2ms。最大驱动能力如下：电压输出时负载电阻最小值为 5kΩ，电流输出时负载电阻最大值为 500Ω。该模块需要 DC 24V 供电，可由 CPU 模块的传感器电源 DC 24V/400mA 供电，也可由用户提供外部电源。

(3) 模拟量输入/输出扩展模块（EM235）

S7-200 还配有模拟量输入/输出扩展模块（EM235），EM235 具有 4 个模拟量输入通道、1 个模拟量输出通道。该模块的模拟量输入功能同 EM231 模拟量输入模块，技术参数基本相同，只是电压输入范围有所不同：单极性为 0～10V，0～5V，0～1V，0～500mV，0～100mV，0～50mV；双极性为－10～＋10V，－5～＋5V，－2.5～＋2.5V，－1～＋1V，－500～＋500mV，－250～＋250mV，－100～＋100mV，－50～＋50mV，－25～＋25mV。

该模块的模拟量输出功能同 EM232 模拟量输出模块，技术参数也基本相同。模块需要 DC 24V 供电，可由 CPU 模块的传感器电源 DC 24V/400mA 供电，也可由用户提供外部电源。

（4）热电偶、热电阻扩展模块

温度是工业控制过程中最常见的一种模拟量，由于温度传感器在测温过程中输出的不是标准意义上的 0～10V 或 4～20mA 等线性信号，因此都需要对此进行转换。西门子 S7-200 PLC 在接温度传感器时不能使用普通的模拟量输入模块，而必须采用专用的温度模拟量模块，而且传感器不同时，模块类型也不同。常用的测温传感器有热电偶型和热电阻（RTD）型两种。为了应用方便，西门子公司专门开发了测温度模块——EM231 热电偶、热电阻扩展模块。EM231 热电偶、热电阻扩展模块具有冷端补偿电路，如果环境温度迅速变化，则会产生额外的误差，建议将热电偶和热电阻模块安装在环境温度稳定的地方。热电偶输出的电压范围为±80mV，模块输出 15 位加符号位的二进制数。

EM231 热电偶模块可用于 J、K、E、N、S、T 和 K 型热电偶，用户用模块下方的 DIP 开关来选择热电偶的类型。

热电阻的接线方式有 2 线、3 线和 4 线三种。4 线方式的精度最高，因为受接线误差的影响，2 线方式的精度最低。EM231 热电阻模块可通过 DIP 开关来选择热电阻的类型、接线方式、测量单位和开路故障的方向。连接到同一个扩展模块上的热电阻必须是相同类型的。改变 DIP 开关后必须将可编程控制器断电后再通电，新的设置才能起作用。

两种模块的采样周期为 405ms（Pt10000 为 700ms），重复性为满量程的 0.05%。

6.5.5 PROFIBUS-DP 扩展模块

EM277 PROFIBUS-DP 扩展从站模块用来将 S7-200 连接到 PROFIBUS-DP 网络，EM277 通过串行 I/O 总线连接到 S7-200CPU 模块，PROFIBUS-DP 网络经过 DP 通信端口连接到 EM277 模块，这个端口可按 9600bps～12Mbps 之间的 PROFIBUS 波特率运行。作为从站，EM277 模块接收从主站来的 I/O 配置，向主站发送数据和接收来自主站的数据。EM277 可以读写 S7-200 CPU 中定义的变量存储区中的数据块，使用户能与主站交换各种类型的数据。同样，从主站传来的数据存储在 PLC 的变量存储区后，可以传送到其他数据区。

EM277 模块的 DP 端口可以连接到网络中的一个 DP 主站上，但是仍能作为一个 MPI 从站与同一网络的 SIMATIC 编程器、S7-300 或 S7-400 CPU 等其他主站通信。模块共有 6 个连接，其中的两个分别保留给编程器（PG）和操作员面板（OP）。

6.5.6 SIMATIC NET CP243-2 通信处理器

CP243-2 是 S7-200 的 AS-i 主站，它最多可以连接 31 个 AS-i 从站。S7-200 可以同时处理两个 CP243-2，每个 CP243-2 AS-i 网络上最多能有 124 点开关量输入（DI）和 124 点开关量输出（DO），通过 AS-i 网络可以增加 S7-200 的数字量输入、输出的点数。在 S7-200 的映像区中模块占用一个数字量输入字节（状态字节）、一个数字量输出字节（控制字节）、8 个模拟量输入字和 8 个模拟量输出字。通过用户程序，用状态字节和控制字节设置模块的工作方式，模块可以在 CPU 的模拟地址区存储 AS-i 从站的 I/O 数据或存储诊断数据。或启动主站的调用，例如改变一个从站地址，通过按钮可以设置连接的所有 AS-i 从站。

6.5.7 智能扩展模块

为了满足更加复杂的控制功能的需要，PLC还配有多种智能模块，以适应工业控制的多种需求。智能模块由处理器、存储器、输入/输出单元、外部设备接口等组成。智能模块都有其自身的处理器，它是一个独立的自治系统，不依赖于主机的运行方式而独立运行。智能模块在自身系统程序的管理下，对输入的控制信号进行检测、处理和控制，并通过外部设备接口与PLC主机实现通信。主机运行时，每个扫描周期都要与智能模块交换信息，以便综合处理。常见的智能模块有PID调节模块、高速计数器模块等。

① PID调节模块能独立完成过程控制中的PID运算功能。PLC主机与之交换信息时，把调整参数、设定值传送给PID调节模块。这样，主机可免于频繁的输入、输出操作和复杂的运算工作。

② 高速计数器模块专门对现场的高速脉冲信号计数。PLC主机与之交换信息时，读出高速计数器的计数值，进行综合处理。由于PLC主机的计数操作要受扫描速度的影响，当计数频率很高、计数脉冲信号宽度小于扫描周期时，会发生计数脉冲的丢失。这时只能使用高速计数器模块进行计数。因为它是脱离PLC主机的扫描周期而独立进行计数操作的，所以能准确地对高速脉冲信号进行计数操作。

此外，还有温度传感器模块、高速脉冲输出模块、位置控制模块、阀门控制模块、通信模块等类型。随着智能模块品种的增多，PLC的应用领域也将越来越广泛，PLC的主机最终将变成一个中央信息处理机，综合处理与之相连的各种智能模块的信息。

6.6 S7-200 PLC的系统配置

6.6.1 S7-200 PLC的基本配置

S7-200 PLC任一型号的主机，都可单独构成基本配置，作为一个独立的控制系统。S7-200 PLC各型号主机的I/O是固定的，它们具有固定的I/O地址。S7-200 CPU22X系列产品的I/O配置及地址分配如表6-11所示。

表6-11 S7-200 CPU22X系列产品的I/O配置及地址分配

项目	CPU221	CPU222	CPU224	CPU226
本机数字量输入地址分配	6输入 I0.0～I0.5	8输入 I0.0～I0.7	14输入 I0.0～I0.7 I1.0～I1.5	24输入 I0.0～I0.7 I1.0～I1.7 I2.0～I2.7
本机数字量输出地址分配	4输出 Q0.0～Q0.3	6输出 Q0.0～Q0.5	10输出 Q0.0～Q0.7 Q1.0～Q1.1	16输出 Q0.0～Q0.7 Q1.0～Q1.7
本机模拟量输入/输出	无	无	无	无
扩展模块数量	无	2个模块	7个模块	7个模块

6.6.2 S7-200 PLC的扩展配置

通常S7-200 PLC系统由以下几部分构成：机架、CPU模块、数字量输入模块（EM221）、数字量输出模块（EM222）、模拟量输入模块（EM231）、模拟量输出模块

(EM232)、智能模块、通信模块等构成。但由于现场情况不同，构成不同的PLC系统时选用的硬件数目和型号也有较大的差别。S7-200主机带扩展模块进行扩展配置时会受到相关因素的限制。

(1) 允许主机所带扩展模块的数量

各类主机可带扩展模块的数量是不同的。CPU221模块不允许带扩展模块；CPU222模块最多可带2个扩展模块；CPU224模块、CPU226模块、CPU226XM模块最多可带7个扩展模块，且7个扩展模块中最多只能带2个智能扩展模块。

(2) 数字量I/O映像区的大小

S7-200 PLC各类主机提供的数字量I/O映像区区域为：128个输入映像寄存器（I0.0～I15.7）和128个输出映像寄存器（Q0.0～Q 15.7），最大I/O配置不能超过此区域。

在PLC系统中，地址的定义非常重要，它直接关系到系统的应用，因此要想熟练掌握一种PLC，就必须了解该种型号的PLC地址定义规则。PLC系统配置时，要对各类输入/输出模块的输入/输出点进行编址。主机提供的I/O具有固定的I/O地址。扩展模块的地址由I/O模块类型及模块在I/O链中的位置决定。编址时，按同类型的模块对各输入点（或输出点）顺序编址。数字量输入/输出映像区的逻辑空间是以8位（1个字节）为单位递增的。编址时，对数字量模块物理点的分配也是按8点单位来分配地址的。即使有些模块的端子数不是8的整数倍，但仍以8点来分配地址。例如，4入/4出模也占用8个输入点和8个输出点的地址，那些未用的物理点地址不能分配给I/O链中的后续模块，那些与未用物理点相对应的I/O映像区的空间就会丢失。对于输出模块，这些丢失的空间可用作内部标志位存储器；对于输入模块却不可，因为每次输入更新时，CPU都对这些空间清零。

(3) 模拟量I/O映像区的大小

主机提供的模拟量I/O映像区区域为：CPU222模块，16入/16出；CPU224模块、CPU226模块、CPU226 XM模块，32入/32出，模拟量的最大I/O配置不能超出此区域。模拟量输入扩展模块总是以2个字节递增的方式来分配空间。模拟量输出扩展模块总是以4个字节或6个字节（由具体模块来定）递增的方式来分配空间。原则是模拟量输出扩展模块的第一通道的地址必须被4整除。

(4) 内部电源的负载能力

CPU模块和扩展模块正常工作时，需要DC +5V工作电源。S7-200内部电源单元提供的DC +5V电源为CPU模块和扩展模块提供了工作电源。其中扩展模块所需的DC +5V工作电源是由CPU模块通过总线连接器提供的。在配置扩展模块时，要保证各扩展模块消耗DC +5V电源的电流总和不超过CPU模块所提供的电流值。S7-200主机的内部电源单元还提供DC +24V传感器电源。一般情况下，CPU模块和扩展模块的输入、输出端子所用的DC+24V电源是由用户外部提供。如果使用CPU模块内部的DC +24V电源的话，应保证CPU模块及各扩展模块所消耗电流的总和不超过该内部DC +24V电源所提供的最大电流。因此，系统配置后必须对主机内部DC +5V和DC +24V电源负载能力进行校验。

[例6-1] 扩展模块的I/O编址分配。某一控制系统选用CPU224，系统需要26个DC +24V数字量输入端子，8个DC +24V模拟量输入端子，22个DC +24V数字量输出端子，2个DC +24V模拟量输出端子。试配置系统的扩展模块，以满足使用要求。

在对该控制系统进行组态时要注意到CPU模块本身所带的I/O端子数。本例中CPU224带有14个输入和10个输出数字量端子，因此数字量输入/输出端子需要扩展12个输入和12个输出。因此，扩展模块可以选择EM221 8DI-DC 24V模块1块、EM222 8DO-

DC 24V 模块 1 块和 EM223 4 输入/4 输出混合模块 1 块；对于模拟量输入/输出端子，选用两个 EM 235（4/1 端子模拟量输入/输出）混合模块，就可以满足使用要求。组态上从左到右依次为 CPU224、EM223、EM221、EM235、EM222 和 EM235。各模块 I/O 端口对应的地址如图 6-27 所示。

CPU224		EM223		EM221	EM235		EM222	EM235	
I0.0	Q0.0	I2.0	Q2.0	I3.0	AIW0	AQW0	Q2.0	AIW0	AQW0
I0.1	Q0.1	I2.1	Q2.1	I3.1	AIW2	AQW2	Q2.1	AIW2	AQW2
I0.2	Q0.2	I2.2	Q2.2	I3.2	AIW4		Q2.2	AIW4	
I0.3	Q0.3	I2.3	Q2.3	I3.3	AIW6		Q2.3	AIW6	
I0.4	Q0.4	I2.4	Q2.4	I3.4			Q2.4		
I0.5	Q0.5	I2.5	Q2.5	I3.5			Q2.5		
I0.6	Q0.6	I2.6	Q2.6	I3.6			Q2.6		
I0.7	Q0.7	I2.7	Q2.7	I3.7			Q2.7		
I1.0	Q1.0								
I1.1	Q1.1								
I1.2	Q1.2								
I1.3	Q1.3								
I1.4	Q1.4								
I1.5	Q1.5								
I1.6	Q1.6								
I1.7	Q1.7								

扩展I/O

图 6-27　PLC 各模块 I/O 编址

① 数字量输入地址的分配　CPU 模块集成的输入端子数为 14 端子，占用两个字节。其中，I0.0～I0.5 为物理输入，可以连接外部输入信号；I1.6、I1.7 为 CPU 模块占用的多余输入，既不可以连接输入信号，也不能分配给后续单元。从 CPU 模块向右，PLC 安装的第一个具有输入端子的扩展模块为 4/4 端子输入/输出合模块，需要占用 1 字节的输入地址，地址从 I2.0 开始进行分配。其中，I2.0～I2.3 为物理输入，可以连接外部输入信号；I2.4～I2.7 为 CPU 模块占用的多余输入，不能再分配给后续单元。PLC 安装的第 2 个扩展模块为 8 端子输入模块，占用 1 字节的输入地址，地址从 I3.0 开始进行分配，无多余输入。

② 数字量输出地址的分配　CPU 模块集成的输出端子为 10 端子，占用两个字节。其中，Q0.0～Q1.1 为物理输出，可以连接外部输出信号；Q1.2～Q1.7 为 CPU 模块占用的多余输出，不可以连接外部输出信号，也不能分配给后续单元，但在 PLC 编程时可以作为内部标志位使用。

从 CPU 模块向右，PLC 安装的第一个具有输出端子的扩展模块为 4/4 端子输入/输出混合模块，需要占用 1 字节的输出地址，地址从 Q2.0 开始进行分配。其中，Q2.0～Q2.3 为物理输入，可连接外部输出信号：Q2.4～Q2.7 为 CPU 模块占用的多余输出，不能再分配给后续单元，但在 PLC 编程时同样可以作为内部标志位使用。

PLC 安装的第 2 个具有输出端子的扩展模块为 8 端子输出模块，占用 1 字节的输出地址，地址从 Q3.0 开始进行分配，无多余输出。

③ 模拟量输入地址的分配　CPU224 模块无集成模拟量输入端子，不占用模拟量输入地址。

从 CPU 模块向右，PLC 安装的第一个具有模拟量输入的扩展模块为 4/1 端子模拟量输入/输出混合模块，以字为单位，4 端子模拟量需要占用 8 字节，地址从 AIW0 开始进行分依次为 AIW0、AIW2、AIW4、AIW6。

PLC 安装的第 2 个具有模拟量输入的扩展模块仍然为 4/1 端子模拟量输入/输出混合模块，占用 8 个字节，地址从 AIW8 开始连续分配，依次为 AIW8、AIW10、AIW12、AIW14。

④ 模拟量输出地址的分配　CPU224 模块无集成模拟量输出端子，不占用模拟量输出地址。

从 CPU 模块向右，PLC 安装的第一个具有模拟量输出的扩展模块为 4/1 端子模拟量输入/输出混合模块，以字为单位，1 端子模拟量需要占用两个字节，但由于模拟量地址分配的最小单位是两个字，因此模块实际需要占用两个字（4 字节）。模拟量输出地址 AQW0 具有物理输出，AQW2 被占用，不可以分配给后续模块，也不可再作其他用途。

PLC 安装的第 2 个具有模拟量输出的扩展模块仍然为 4/1 端子模拟量输入/输出混合模块，模块同实际需要占用两个字（4 字节），地址从 AQW4 开始分配，AQW4 具有物理输出，AQW6 被占用，不可以分配给后续模块，也不可再用于其他用途。

S7-200 PLC 主模块与扩展模块连接时 I/O 地址的分配方式是自动分配型，本实例中数字量 I/O 地址以字节为单位进行分配，模拟量 I/O 地址以字为单位进行分配，注意根据模块的顺序分配地址，要正确理解这里地址分配的连续、有序和间断。

6.6.3　PLC 的安装与接线

（1）将 S7-200 PLC 与热源、高电压和电子噪声隔离开

PLC 是专为工业生产环境设计的控制装置，具有较强的抗干扰能力，但是，也必须严格按照技术指标规定的条件安装使用。在控制柜背板上安排 S7-200 PLC 时，应区分发热装置并把电子器件安排在控制柜中温度较低的区域内。电子器件在高温环境下工作会缩短其无故障时间。要考虑控制柜背板的布线，避免将低压信号线和通信电缆与交流供电线和高能量、开关频率很高的直流线路布置在一个线槽中。此外，按照惯例，在安装元器件时，总是把产生高电压和高电子噪声的设备与诸如 S7-200PLC 这样的低压、逻辑型设备分隔开，使 PLC 远离强烈振动源及强烈电磁干扰源。

（2）为接线和散热留出适当的空间

PLC 一般要求安装在环境温度为 0～55℃，相对湿度小于 85%，无粉尘、油烟，无腐蚀性及可燃性气体的场合中。安装时要采取封闭措施，在封闭的电器柜中安装时，要注意解决通风问题。S7-200 PLC 设备的设计采用自然对流散热方式，在器件的上方和下方都必须留有至少 25mm 的空间，以便于正常的散热。前面板与背板的板间距离也应保持至少 75mm。如果采取垂直安装方式，允许的最高环境温度与正常水平安装相比要降低 10℃，而且 CPU 应安装在所有扩展模块的下方。

（3）交流电源系统的外部接线

PLC 在工作前必须正确地接入控制系统。和 PLC 连接的主要有 PLC 的电源接线、输入输出器件的接线、通信线、接地线。从 S7-200PLC 的型号可判别其输入、输出形式。如型号为 CPU226AC/DC/继电器是工作电源为交流、直流数字输入、继电器输出的 PLC；如型号为 CPU224DC/DC/DC 是工作电源为直流（24V）、直流数字输入、直流输出的 PLC。

交流电源系统的外部电路如图 6-28 所示，用开关将电源与 PLC 隔离。可以用过电流保护设备保护 CPU 的电源和 I/O 电路，也可以为输出点分组或分点设置熔断器：所有的地线端子集中到一起后，在最近的接地点用 1.5 mm^2 的导线一点接地。

PLC 的输入器件主要有开关、按钮及各种传感器，这些都是触点类型的器件，在接入 PLC 时，每个触点的两个接头分别连接一个输入点和输入公共端。PLC 的开关量输入接线点都是螺钉接入方式，每一位信号占用一个螺钉，公共端有时是分组隔离的。开关、按钮等器件都是无源器件，PLC 内部电源能为每个输入点大约提供 7mA 工作电流，这也就限制了线路的长度。有源传感器在接入时要注意与机内电源的极性配合。模拟量信号的输入应采用专用的模拟量工作单元。

PLC 的输出口上连接的器件主要是继电器、接触器、电磁阀的线圈。这些器件均采用 PLC 机外的专用电源供电，PLC 内部不过是提供一组开关触点。接入时线圈的一端接输出点螺钉，一端经电源接输出公共端。由于输出口连接线圈种类多，所需的电源种类及电压不同，输出口与公共端常分为许多组，而且组间是隔离的。PLC 输出口的电流定额一般为 2A，大电流的执行器件应配装中间继电器。

以 CPU 222 模块为例，它的 8 个输入点 I0. 0～I0. 7 分为两组，1M 和 2M 分别是两组输入点内部电路的公共端。L_+ 和 M 端分别是模块提供的 DC 24V 电源的正极和负极。图中用该电源作输入电路的电源。6 个输出点 Q0. 0～Q0. 5 分为两组，1L 和 2 L 分别是两组输出点内部电路的公共端。

PLC 的交流电源接在 L1（相线）和 N（零线）端，此外还有保护接地（PE）端子。

（4）直流电源系统的外部接线

使用直流电源的接线方法如图 6-29 所示，用开关将电源与 PLC 隔离开，过电流保护设备、短路保护和接地的处理与交流电源系统相同。

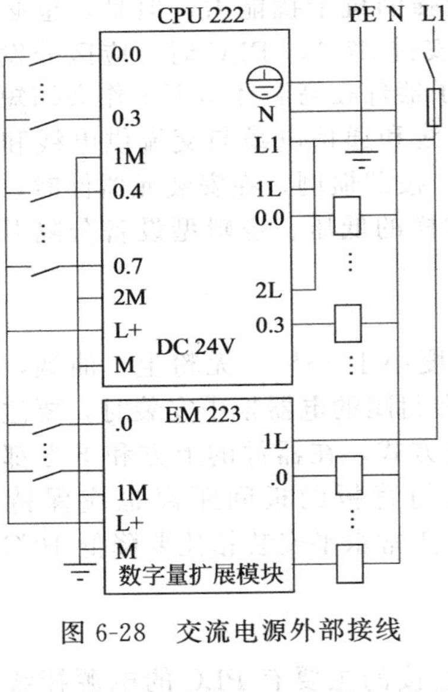

图 6-28　交流电源外部接线

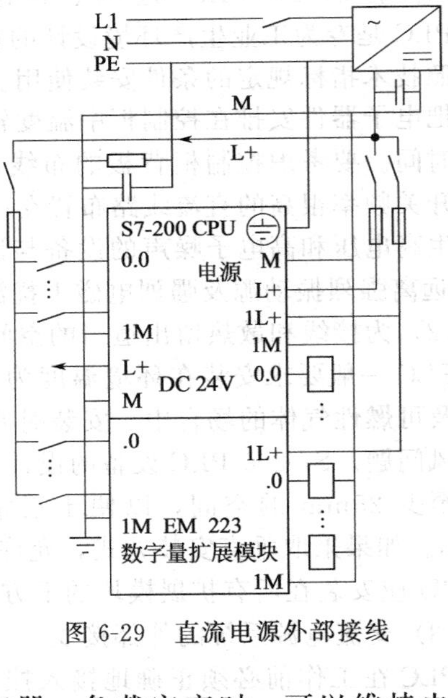

图 6-29　直流电源外部接线

在外部 AC/DC 电源的输出端安装大容量的电容器，负载突变时，可以维持电压稳定，以确保直流电源有足够的抗冲击能力。把所有的直流电源接地，可以获得最佳的噪声抑制。

未接地的直流电源的公共端 M 与保护地 PE 之间用 *RC* 并联电路连接，电容和电阻的典型值为 4700pF 和 11MΩ 电阻提供了静电释放通路，电容提供了高频噪声抑制通路。

DC 24V 电源回路与设备之间、AC 220V 电源与危险环境之间，应提供安全电气隔离。

习题与思考题

6-1　可编程控制器有哪些特点？

6-2　从软、硬件以及工作方式角度说明 PLC 的高抗干扰性能。

6-3　PLC 怎样执行用户程序？说明 PLC 在正常运行时的工作过程。

6-4　PLC 输出响应滞后的因素有哪些？

6-5　如果数字量输入的脉冲宽度小于 PLC 的循环周期，是否能够保证 PLC 检测到该脉冲？为什么？

6-6　S7-200 的接口模块有多少种类？各有什么用途？

6-7　简述 S7-200 PLC 系统的基本构成。

6-8　简述 S7-200 CPU22X 系列有哪些产品。

6-9　常用的 S7-200 的扩展模块有哪些？各适用于什么场合？

6-10　某 PLC 控制系统，经估算需要数字量输入点 20 个、数字量输出点 10 个、模拟量输入通模拟量输出通道 3 个。请选择 S7-200 PLC 的机型及其扩展模块，要求按空间分布位置对主机及各模块输入/输出点进行编址。

第7章 可编程控制器软件系统

7.1 PLC的编程语言

7.1.1 传统的PLC语言及不足

（1）传统的PLC编程语言

在PLC中有多种程序设计语言，它们是梯形图语言、布尔助记符语言、功能表图语言、功能模块图语言及结构化语句描述语言等。根据PLC应用范围，程序设计语言可以组合使用。梯形图语言和布尔助记符语言是基本程序设计语言，它通常由一系列指令组成，用这些指令可以完成大多数简单的控制功能，例如，代替继电器、计数器、计时器完成顺序控制和逻辑控制等，通过扩展或增强指令集，它们也能执行其他基本操作。功能表图语言和语句描述语言是高级的程序设计语言，它可根据需要去执行更有效的操作，例如，模拟量的控制，数据的操纵，报表的打印和其他基本程设计语言无法完成的功能。功能模块图语言采用功能模块图的形式，通过软连接的方式完成所要求的控制功能，它不仅在可编程控制器中得到了广泛的应用，在集散控制系统的编程和组态时也常常被采用，由于它具有连接方便、操作简单、易于掌握等特点，为广大工程设计和应用人员所喜爱。

梯形图程序设计语言的特点是：与电气操作原理图相对应，具有直观性和对应性；与原有继电器逻辑控制技术相一致，对电气技术人员来说，易于掌握和学习；与原有的继电器逻辑控制技术的区别是，梯形图中的能流（power flow）不是实际意义的电流，内部的继电器也不是实际存在的继电器，因此应用时，需与原有继电器逻辑控制技术的有关概念区别对待；与布尔助记符程序设计语言有一一对应关系，便于相互转换和程序的检查。

（2）传统的PLC语言的不足

由于PLC的I/O点数可以从十几点到几千甚至上万点，应用范围很广，是用量最大的一类控制器设备。由于大量的厂商在PLC的生产、开发上各自为战，导致PLC产品从软件到硬件的兼容性很差。在编程语言上，从低端产品到高端产品都支持的就是梯形图，虽然一些中、高端PLC还支持其他一些编程语言，但传统的以梯形图为代表的PLC语言存在的不足主要表现在以下方面。

① 梯形图语言规范不一致：虽然不同厂商的可编程控制器产品都可采用梯形图编程，但各自的梯形图符号和编程规则均不一致，各自的梯形图指令数量及表达方式相差较大。即使同一个厂商的不同型号产品，其梯形图语言也不完全一致。

② 程序可复用性差：现代软件工程通过程序可复用性来减少重复劳动，提高程序开发效率。而传统的梯形图程序结构性较差，很难通过调用子程序实现相同的逻辑算法和策略的

重复使用，更不用说同样的功能块在不同的可编程控制器之间使用。

③ 缺乏足够的程序封装能力：一般要求将一个复杂的程序分解为若干个不同功能的程序模块。或者说，人们在编程时希望用不同的功能模块组合成一个复杂的程序，但梯形图编程难以实现程序模块之间具有清晰接口的模块化，也难以对外部隐藏程序模块的内部数据从而实现程序模块的封装。

④ 不支持数据结构：梯形图编程不支持数据结构，无法实现将数据组织成如 Pascal、C 语言等高级语言中的数据结构那样的数据类型。对于一些复杂控制应用的编程，它几乎无能为力。

⑤ 程序执行具有局限性：由于传统可编程控制器按扫描方式组织程序的执行，因此整个程序的指令代码完全按顺序逐条执行。这对于要求即时响应的控制应用（如执行事件驱动的程序模块），具有很大的局限性。

⑥ 传统的梯形图编程在算术运算处理、字符串或文字处理等方面均不能提供强有力的支持。

⑦ 对顺序控制功能的编程，只能为每一个顺序控制状态定义一个状态位，因此难以实现选择或并行等复杂顺控操作。

上述梯形图编程语言中存在的局限性，在其他的一些编程语言中也同样存在。这种编程语言的不足影响了可编程控制器技术的推广和应用，非常有必要制定一个新的控制系统编程语言国际标准。

7.1.2 IEC 61131-3 标准的产生

IEC 英文全称是 International Electro-technical Commission，中文名称是国际电工技术委员会。IEC 成立于 1906 年，是世界上最早的国际性电工标准化机构，总部设在瑞士日内瓦，负责有关电工、电子领域的国际标准化工作。IEC 61131-3 是 IEC 61131 国际标准的第三部分，是第一个为工业自动化控制系统的软件设计提供标准化编程语言的国际标准。该标准得到了世界范围的众多厂商的支持，但又独立于任何一家公司。IEC 61131-3 国际标准随着 PLC 技术、编程语言、软件工程等的不断进步也在不断地进行着补充和完善。

IEC 61131-3 的制定，集中了美国、加拿大、德国、法国以及日本共 7 家国际性工业控制企业的专家和学者的智慧，以及数十年在工控方面的经验。这一编程语言标准的制定背景是：PLC 在标准的制定过程中正处在其发展和推广应用的鼎盛时期，而编程语言越来越成其进一步发展和应用的瓶颈之一；另外 PLC 编程语言的使用具有一定的地域特性：在北美和日本，普遍运用梯形图语言编程；在欧洲，则使用功能块图和顺序功能图编程；在德国和日本，又常常采用指令表对可编程控制器进行编程。为了扩展 PLC 的功能，特别是加强它的数据与文字处理以及通信能力，许多 PLC 还允许使用高级语言（如 BASIC、C）编程。同时，计算机技术特别是软件工程领域有了许多重要成果。因此，在制定标准时就要做到兼容并蓄，既要考虑历史传承，又要把现代软件的概念和现代软件工程的机制应用于新标准中。

IEC 61131-3 规定了两大类编程语言：文本化编程语言和图形化编程语言。前者包括指令表（instruction list，IL）语言和结构化文本语言（structured text，ST），后者包括梯形图语言（ladder diagram，LD）和功能块图（function block diagram，FBD）语言。至于顺序功能图（sequential function chart，SFC），该标准未把它单独列为编程语言的一种，而是将它在公用元素中予以规范。这就是说，不论在文本化语言，或者在图形化语言，都可以运用 SFC 的概念、句法和语法。因此，在现在所使用的编程语言中，可以在梯形图语言中使用 SFC，也可以在指令表语言中使用 SFC。所以许多文献也认为 IEC 61131-3 标准中含有 5

种编程语言规范，而 SFC 是其中的第三种图形编程语言。由于要求控制器完整地支持这 4 种语言并非易事，所以标准中允许部分实现，即不一定要求每种可编程控制器都要同时具备这些语言。目前，这些编程语言还支持编写过程控制、运动控制等其他应用系统的控制程序编写。

IEC 61131-3 正式公布后，它获得了广泛的接受和支持。首先，国际上各大 PLC 厂商都宣布其产品符合该标准，在推出其编程软件新产品时，遵循该标准的各种规定，现在 IEC 61131-3 已经成为自动控制领域的一种通用编程标准。其次，许多稍晚推出的 DCS 产品，或者 DCS 的更新换代产品，也遵照 IEC 61131-3 的规范，提供 DCS 的编程语言，而不像以前每个 DCS 厂商都搞自己的一套编程软件产品。再次，大多数基于 PC 控制的软件开发商都按照 IEC 61131-3 的编程语言标准规范其软件产品的特性。最后，正因为有了 IEC 61131-3，才真正出现了一种开放式的可编程控制器的编程软件包，它不具体地依赖于特定的可编程控制器硬件产品，这就为可编程控制器的程序在不同机型之间的移植提供了可能。

标准的出台对可编程控制器制造商、集成商和终端用户都有许多益处。技术人员不再为某一种可编程控制器的特定语言花费大量的时间学习培训，也减少对语言本身的误解；对于相同的控制逻辑，不管控制设备如何，只需相同的程序代码，为一种可编程控制器家族开发的软件，理论上可以运行在任何兼容 IEC 61131 的系统上；用户可以集中精力于具体问题的解决，消除了对单一生产商的依赖。当系统硬件或软件功能需要升级时，用户不再担心以往的投资，可以选用对特定应用更好的工具；可编程控制器厂商提供了符合 IEC 61131-3 标准的编程语言后，不再需要组织专门的语言培训，只需将注意力集中到可编程控制器自身功能的改进和提高上，也不用花费时间精力和财力考虑与其他可编程控制器的编程兼容问题。

需要说明的是，虽然许多可编程控制器制造商都宣称其产品支持 IEC 61131-3 标准，但应该看到，这种支持只是部分的，特别是对于一些低端的可编程控制器产品，这种支持就更弱了。因此，IEC 61131-3 标准的推广还有许多工作要做。

7.1.3 基于 IEC 61131-3 标准的编程软件

IEC 61131-3 标准是一个强有力的、灵活的、可移植的、开放性的工业控制编程语言国际标准。目前，欧美等国家都致力于 IEC 61131-3 标准的推广与应用，市场上基于这个标准的产品较多，如加拿大 ICS Triplex 公司的 IsaGRAF、德国 KW 公司的 MULTIPROG、德国 Infopteam 的 OPenPCS、德国 3S 公司的 CoDeSys 等。这些软件的开发商都不生产控制系统硬件产品，而是专注于 IEC 61131-3 标准的控制系统编程环境开发。这也是这些产品都具有很好的移植功能，适合于多种软、硬件平台的原因之一。

传统的 PLC 厂商近年来也加大了对 IEC 61131-3 标准的支持，它们的编程软件中已经融入了更多的 IEC 61131-3 元素。在众多的 PLC 制造商的编程软件中，相比较而言，施耐德公司的 PLC 编程软件 Unity Pro 系列对 IEC 61131-3 标准支持度较高。它可以对施耐德公司的 Atrium、Premium、M340 以及 Quantum 自动化平台进行编程，支持 IEC 61131-3 标准的 5 种编程语言。Unity Pro 有丰富的面向不同行业和应用的功能块，如过程控制功能块库可以用来建立过程回路控制；通信功能块库可以将 PLC 的通信程序与用于人机界面的应用程序结合起来；诊断功能块库除可以完成执行器监视和信号组监视外，还可以用于主动式诊断、反应式诊断、联锁诊断、过程控制条件诊断和动态诊断等。“系统”功能块库具有估算扫描时间以及若干个系统时钟的有效性、SFC 程序段的监视和系统状态显示等功能。此外，用户还可以用各种语言编写面向特定行业的功能块，扩展和丰富功能块库。

近年来，国内也有许多公司致力于基于 IEC 6113-3 标准的编程系统的开发，如北京亚控科技、浙大中自、大连理工大学计控研究所等都自行开发且拥有自主知识产权的编程系统，已经达到了较高的技术水平。

7.1.4 S7-200 PLC的编程语言

S7-200 PLC使用的STEP 7-Micro/WIN 32编程软件提供两种指令集：SIMATIC指令集与IEC 61131-3指令集。SIMATIC指令系统是西门子公司为S7-200 PLC设计的编程语言，其中的一些指令并不是IEC 61131-3规范中的标准指令，该指令通常执行时间短，可以用梯形图、功能块图和语句表三种编程语言。IEC 61131-3指令集只能用梯形图和功能块图编程语言编程，通常指令执行时间较长。EC16131-3指令集的指令较少，其中的某些“块”指令可接受多种数据格式。例如SIMATIC指令集中的加法指令被分为ADD_I（整数加）、ADD_DI（双字整数加）与ADD_B（实数加）等，IEC 61131-3的加法指令ADD则未作区分，而是通过检验数据格式，由CPU自动选择正确的指令。IEC 61131-3指令通过检查参数中的数据格式错误，还可以减少程序设计中的错误。在IEC 61131-3指令编辑器中，有些是SIMATIC指令集中的指令，它们作为IEC 61131-3指令集的非标准扩展，在编程软件帮助文件中的指令树内用红色的“+”号标记。下面以S7-200 PLC的梯形图及语句表说明应用程序的编程语言。

① 梯形图语言　梯形图（LD）是使用最广泛的PLC图形编程语言，如图7-1所示。梯形图与继电器控制系统的电路图很相似，直观易懂，很容易被工厂熟悉继电器控制的电气人员掌握，特别适用于开关量逻辑控制。和继电接触器电路图类似，梯形图（LAD）是用图形符号及图形符号间的连接关系表达控制思想的。梯形图所使用的符号主要是由触点、线圈及功能应用指令等组成。触点代表逻辑输入条件，例如外部的开关、按钮和内部条件等。线圈通常代表逻辑输出结果，用来控制外部的指示灯、交流接触器和内部的输出标志位等。这些符号加上母线及符号间的连线就可以构成梯形图。图7-1是一段梯形图的示意图，图中左右两垂直的线就是母线，左母线总是连接由各类触点组成的触点“群”或者叫触点“块”，右母线总是连接线圈或功能框（右母线可省略，图中用虚线绘制）。

理解PLC梯形图的一个关键概念是“能流”（power flow），即一种假想的“能量流”。在图7-1中，如把左边的母线假设为电源“相线”，而把右边的母线假想为电源“中性线”，当针对某个线圈的一个通路中所含的所有动合触点是接通的，所有的动断触点是闭合的，就会有“能流”从左至右流向线圈，则线圈被激励，线圈置1，线圈所属器件的动合、动断触点就会动作。与此相反，如没有“能流”流达某个线圈，线圈就不会被激励。利用能流这一概念，可以帮助更好地理解和分析梯形图，能流只能从左向右流动。要强调指出的是，“能流”是为方便梯形图的理解而引入的概念，它实际上是并不存在的。

② 指令表语言　指令表（STL）语言类与微机汇编语言中的助记符语言类似，是可编程控制器的另一种常用基础编程语言。指令表，指一系列指令按一定顺序的排列，每条指令有一定的含义，指令的顺序也表达一定的含义。指令表程序较难阅读，其中的逻辑关系很难一眼看出，所以在设计时一般使用梯形图语言。如果使用手持式编程器，必须将梯形图转换成指令表后再写PLC。在用户程序存储器中，指令按步序号顺序排列。

图7-2为指令语句构成示意图，指令往往由两部分组成：一部分由几个容易记忆的字符（一般为英文缩写词）来代表某种操作功能，称为助记符，如用“MUL”表示“乘”；另一部分则是用编程元件表示的操作数，准确地说是操作数的地址，也就是存放乘数与积的地方。指令的操作数有单个的、多个的，也有的指令没有操作数，没有操作数的称为无操作数指令（无操作数指令用来对指令间的关联作出辅助说明）。不同厂家PLC的指令不尽相同，但指令和梯形图有一定的对应关系，在各国的PLC产品中则是一致的。图7-3给出了一段梯形图所对应的指令表。

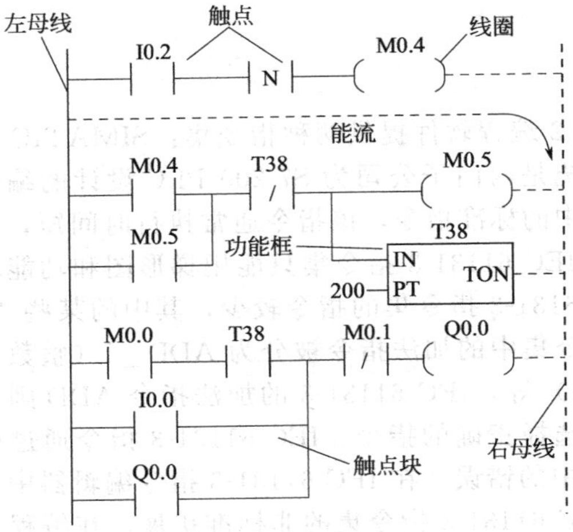

图 7-1　梯形图示例

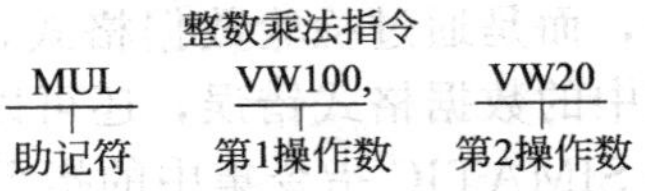

图 7-2　指令语句的构成

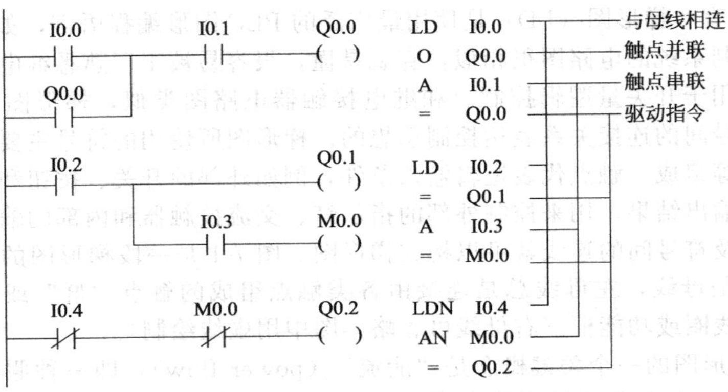

(a) 梯形图　　(b) 指令表

图 7-3　指令表编程举例

③ 顺序功能图　顺序功能图（SFC）是一种位于其他编程语言之上的图形语言，用来编制顺序控制程序，如图 7-4 所示。顺序功能图提供了一种组织程序的图形方法，在其中可以用其他语言嵌套编程。步、转换和动作是顺序功能图中三种主要的元件。顺序功能图用来描述开关量控制系统的功能，根据它可以很容易地画出顺序控制梯形图程序。

④ 功能块图　功能块图（FBD）是一种类似于数字逻辑门电路的编程语言，容易为有数字电路基础的人掌握。该编程语言用类似与门、或门的方框来表示逻辑运算关系，方框的左侧为逻辑运算的输入变量，右侧为输出变量，输入、输出端的小圆圈表示“非”运算，方框被“导线”连接在一起，信号自左向右流动。功能块图如图 7-5 所示。国内很少有人使用功能块图语言。

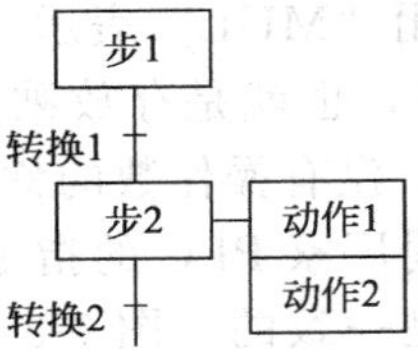

图 7-4　顺序功能图

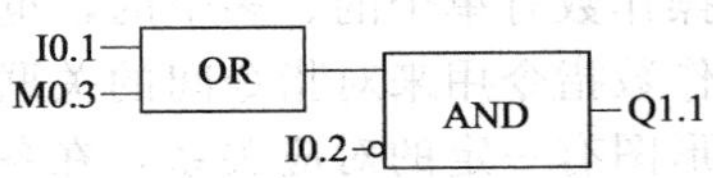

图 7-5　功能块图

⑤ 结构文本　结构文本（ST）是为 IEC 61131-3 标准创建的一种专用的高级编程语言。与梯形图相比，它能实现复杂的数学运算，编写的程序非常简洁和紧凑。

⑥ 程语言的相互转换与选用　在 S7-200 的编程软件中，用户可以选用梯形图、功能块图和语句表来编程，软件编程可以自动切换用户程序使用的编程语言。

7.2 PLC 的软件系统

7.2.1 PLC 的软件构成

PLC 作为一种具有通信功能与可扩展输入/输出接口的工业计算机，它必须具备相应的控制软件。PLC 控制软件（系统程序）根据生产厂家、型号的不同有所不同，但总体而言，可以分为系统程序和应用程序两大部分，两者相对独立。系统程序和应用程序又包括若干不同用途的组成程序。

（1）系统软件

PLC 的系统程序是指控制 PLC 系统自身运行的控制程序，它不向用户开放。PLC 系统程序不包括用来支持 PLC 编程与调试的编程软件与仿真软件，后两种属于 PLC 编程、调试用工具软件的范畴。PLC 的系统程序一般由管理程序、指令译码程序、标准功能块三部分组成，其用途各不相同。

① 系统管理程序　管理程序是系统程序的主体，主要作用是控制 PLC 进行正常工作，主要包括下述三个方面。

a. 系统运行管理。如控制 PLC 输入采样、输出刷新、逻辑运算、自诊断、数据通信等的时间次序。

b. 系统内存管理。如规定各种数据、程序的存储区域与地址，将用户程序中使用的数据、存储地址转化为系统内部数据格式及实际的物理存储单元地址等。通过系统内存管理，PLC 可以将有限的资源转变为可供用户程序使用的大量编程元件，如将实际 PLC 中存在的有限的 CTC 扩展为多个用户定时器、计数器等；并可建立起用户程序所使用的编程元件空间、程序存储空间与实际物理存储器、PIO、CTC 之间对应关系。

c. 系统自检程序。PLC 系统自检程序包括各种系统出错检测、用户程序的语法检查、句法检查、警戒时钟运行等，当系统发生上述错误时，可进行相应的报警与提示。

② 用户指令解释程序　用户指令解释程序是联系高级程序语言和机器码的桥梁。任何计算机最终都是执行机器码指令的。但用机器码编程却是非常复杂的事情。可编程控制器用梯形图语言编程，把使用者直观易懂的梯形图变成机器能懂得的机器语言，这就是解释程序的任务。指令译码需要一定的时间，它将降低 PLC 的处理速度，因此，在编制 PLC 用户程序时应尽可能简洁、明了，避免重复动作，这样不仅便于程序检查，还可以提高程序的执行速度。

③ 标准程序模块及其调用程序　在部分 PLC 中，为方便用户编程，PLC 生产厂家常将一些实现“标准动作”或特殊功能的 PLC 程序段，以类似“子程序”的形式存储于系统程序中，这样的“子程序”称为“标准功能块”。这些独立的程序块具有不同的功能，有些完成输入、输出处理，有些完成特殊运算等。用户程序中如需完成“标准功能块”动作或功能，只需通过调用相应的“标准功能块”，并对其执行条件进行赋值即可。标准功能块的数量代表了 PLC 的可编程性能，可以使用（调用）的“标准功能块”越多，用户程序编制就越容易、方便。

（2）用户程序

用户程序即是应用程序，是 PLC 使用者针对具体控制要求编制的程序。根据不同的控制要求编制不同的程序，这相当于改变 PLC 的用途，相当于改变继电器控制设备的硬接线线路，即“可编程”一词的基本含义。应用程序的编制方法决定于所使用的编程工具（编程器与编程软件），目前最为常用的编程语言是梯形图，其程序通俗易懂，编程直观方便。此外，指令表、逻辑功能图、顺序功能图、流程图以及其他高级语言也可以在不同的场合使用。

7.2.2 PLC 的程序结构

（1）PLC 程序的组成

S7-200 系列 PLC 的用户程序由逻辑块（OB、FBD、SFC）与数据块（DB）组成，如图 7-6 所示。逻辑块是构成程序的主体，由多个网络（Network）组成，而指令则是组成网络的基本元素；数据块是用于存储程序数据的存储单元。

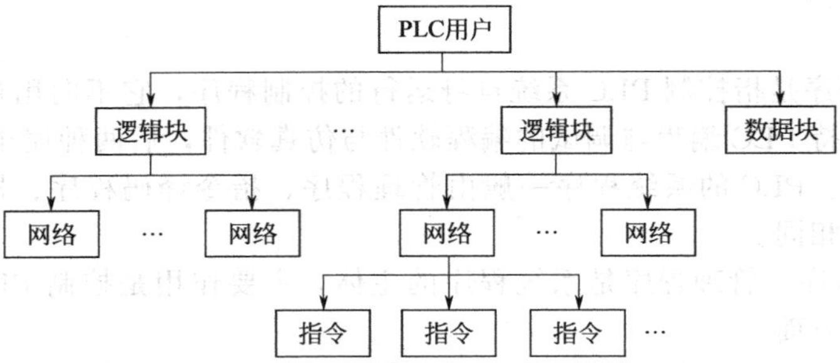

图 7-6　S7-200 系列 PLC 用户程序组成

① 逻辑块　逻辑块是指为了实现控制对象中某一部分功能而设计的相对独立的指令集合。S7-200 PLC 可以使用的逻辑块有主程序（组织块 OB1）、子程序（SBRn）、中断程序（INRn）与数据块（DB1），数据块（DBl）的数据存储需要通过变量寄存器 V 实现。PLC 可以使用的逻辑块种类与数量在不同的 PLC、不同的 CPU 模块中有所不同。

② 网络　逻辑块中功能相对独立的程序段称为网络。在 S7-200 系列 PLC 中，为了对程序进行逐段注释，引入“网络”这一概念作为基本的注释单位。网络具有一定的编号，编号通常由编辑软件自动生成。梯形图程序中的网络有规定的格式要求，网络一般应以直接连接于梯形图“主母线”的触点作为起始，即使实际程序并不要触点时，为符合格式要求，也要在编程时插入恒“1”状态触点（SM0.0）作为起始；每个网络中原则上只能有一个线圈输出，若需在同一网络中有多个线圈输出，需要用恒“1”状态触点（SM0.0）将其转化多线圈输出。当用语句表进行编程时，为了能实现语句表与梯形图的相互转化，同样要求在语句表编程时插入网络关键词；否则，语句表与梯形图将不能相互转化。

（2）指令

指令是组成 PLC 用户程序的最基本组成元素，编程的实质是运用编程语言进行各类指令的编写过程。在不同的 PLC 中，指令都有规定的格式与要求，指令的作用与功能也不尽相同，PLC 使用者必须熟练掌握各种指令。

（3）PLC 程序的结构

S7-200 的控制程序分为主程序（OB1）、子程序（SBR0～SBR63）和中断程序（INT0～INT127）3 种。

① 主程序　主程序是程序的主体，每一个项目都必须并且只能有一个主程序。在主程

序中可以调用子程序和中断程序。

主程序通过指令控制整个应用程序的执行，每次 CPU 扫描都要执行一次主程序。STEP7-Micro/WIN 32 的程序编辑器窗口下部的标签用来选择不同的程序。因为程序已被分开，各程序结束时不需要加入无条件结束指令，如 END、RET 或 RETI 等。

② 子程序　子程序是一个可选的指令的集合，仅在被其他程序调用时执行。同一子程序可以在不同的地方被多次调用，使用子程序可以简化程序代码和减少扫描时间。设计得好的子程序容易移植到别的项目中去。

③ 中断程序　中断程序是指令的一个可选集合，中断程序不是被主程序调用，它们在中断事件发生时由 PLC 的操作系统调用。中断程序用来处理预先规定的中断事件，因为不能预知何时会出现中断事件，所以不允许中断程序改写不能在其他程序中使用的存储器。

7.3　S7-200 PLC 的数据区的分配及寻址方式

PLC 的硬件系统中，与 PLC 的编程应用关系最直接就是数据存储器。计算机运行处理的是数据，数据存储在存储区中，找到待处理的数据一定要知道数据的存储地址。因此，了解数据存储器对于编制应用程序非常重要。PLC 和其他计算机一样，为了方便使用，数据存储器都作了分区，为每个存储单元编排了地址，并且经机内系统程序为每个存储单元赋予了不同的功能，形成了专用的存储元件。这就是前边提到过的编程“软”元件。为了理解方便，PLC 的编程元件用“继电器”命名，认为它们像继电器一样具有线圈及触点，且线圈得电，触点动作。当然这线圈和触点只是假想的，线圈得电不过是存储单元置 1，线圈失电，不过是存储单元置 0，也正因为如此，称为“软”元件。但这种“软”继电器也有个突出的好处，可以认为它们具有无数多对动合、动断触点，因为每取用一次它的触点，不过是读一次它的存储数据而已。

7.3.1　PLC 的数据区

① 输入映像寄存器（I）　输入映像寄存器的标识符为 I（I0.0～I15.7），在每个扫描周期的开始，CPU 对输入点进行采样，并将采样值存于输入映像寄存器中。输入映像寄存器是 PLC 接收外部输入的开关量信号的窗口。PLC 通过光电耦合器，将外部信号的状态读入并存储在输入映像寄存器中，外部输入电路接通时对应的映像寄存器为 ON（1 状态）。输入端可以外接常开触点或常闭触点，也可以接多个触点组成的串并联电路。在梯形图中，可以多次使用输入位的常开触点和常闭触点。

I、Q、V、M、S、SM、L 均可按位、字节、字和双字来存取。

② 输出映像寄存器（Q）　输出映像寄存器的标识符为 Q（Q0.0～Q15.7），在扫描周期的末尾，CPU 将输出映像寄存器的数据传送给输出模块，再由后者驱动外部负载。如果梯形图中 Q0.0 的线圈“通电”，继电器型输出模块中对应的硬件继电器的常开触点闭合，使接在标号为 0.0 的端子的外部负载工作。输出模块中的每一个硬件继电器仅有一对常开触点，但是在梯形图中，每一个输出位的常开触点和常闭触点都可以多次使用。

③ 变量存储器（V）　变量存储器用来在程序执行的过程中存放中间结果，或用来保存与任务有关的其他数据。

④ 位存储器（M）　位存储器（M0.0～M31.7）类似于继电器控制系统中的中间继电器，用来存储中间操作状态或其他控制信息。虽然称为“位存储器区”，但是也可以按字节、字或双字来存取。有些编程人员习惯于用 M 区作为中间地址，但是 S7-200 的 M 区只有 32

个字节，如果不够用，可以用 V 存储器代替 M 存储器。

⑤ 特殊存储器（SM） 特殊存储器用于 CPU 与用户之间交换信息，例如 SM0.0 一直为“1”状态，SM0.1 仅在执行用户程序的第一个扫描周期为“1”状态。SM0.4 和 SM0.5 分别提供周期为 1min 和 1s 的时钟脉冲。SM1.0、SM1.1 和 SM1.2 分别是零标志、溢出标志和负数标志。

⑥ 局部存储器（L） S7-200 PLC 有 64 个字节的局部存储器，其中 60 个可以作为暂时存储器，或给子程序传递参数。如果用梯形图编程，编程软件保留这些局部存储器的后 4 个字节。如果用语句表编程，可以使用所有的 64 个字节，但是建议不要使用最后 4 个字节。

各 POU（program organizational unit，程序组织单元，即主程序、子程序和中断程序），有自己的局部变量表，局部变量仅在它被创建的 POU 中有效；变量存储器（V）是全局存储器，可以被所有的 POU 存取。

S7-200 给主程序和中断程序各分配 64 字节局部存储器，给每一级子程序嵌套分配 64 字节局部存储器，各程序不能访问别的程序的局部存储器。

因为局部变量使用临时的存储区，子程序初次被调用时，应保证它使用的局部变量被初始化。

⑦ 定时器存储器区（T） 定时器相当于继电器系统中的时间继电器。S7-200 有三种定时器，它们的定时时间基准量分别为 1ms、10ms 和 100ms。定时器的当前值寄存器是 16 位有符号整数，用于存储定时器累计的定时时间基准增量，范围为 1～32767。

定时器的当前值大于等于设定值时，定时器位被置为 1，梯形图中对应的定时器的常开触点闭合，常闭触点断开。其线圈断电时，定时器位被复位为 0。用定时器地址（由 T 和定时器号组成，如 T5）来存取当前值和定时器位，位操作数的指令可以存取定时器位，字操作数的指令存取当前值。

⑧ 计数器存储器区（C） 计数器用来累计其计数输入端脉冲电平由低到高的次数，CPU 提供加计数器、减计数器和加减计数器。计数器的当前值为 16 位有符号整数，用来存放累计的脉冲数（1～32767）。

当计数器的当前值大于等于设定值时，计数器位被置为 1。用计数器地址（C 和计数器号，如 C20）来存取当前值和计数器位，带位操作数的指令存取计数器位，带字操作数的指令存取当前值。

⑨ 顺序控制继电器（S） 顺序控制继电器（SCR）位用于组织机器的顺序操作，与顺序控制继电器指令配合使用。

⑩ 模拟量输入（AI） S7-200 PLC 将连续变化的模拟量（如温度、压力、电流、电压等）用 A/D 转换器转换为 1 个字长（16 位）的数字量，用区域标识符 AI、表示数据长度的 W（WORD）和起始字节的地址来表示模拟量输入的地址。因为模拟量输入是一个字长，应从偶数字节地址开始存放，例如，AIW0、AIW2、AIW4 等，模拟量输入值为只读数据。

⑪ 模拟量输出（AQ） S7-200 PLC 将 1 个字长的数字用 D/A 转换器转换为现场的模拟量，用区域标识符 AQ、表示数据长度的 W 和字节的起始地址来表示存储模拟量输出的地址。因为模拟量输出是一个字长，应从偶数字节地址开始存放，例如，AQW2、AQW4、AQW6 等，用户不能读取模拟量输出值。

⑫ 累加器（AC） 累加器是可以像存储器那样使用的读/写单元，例如可以用它向子程序传递参数，或从子程序返回参数，以及用来存放计算的中间值。CPU 提供了 4 个 32 位累加器（AC0～AC3），可以按字节、字和双字来存取累加器中的数据。按字节、字只能存取累加器的低 8 位或低 16 位，按双字存取全部的 32 位，存取的数据长度由所用的指令决定。如在指令 MOV_W AC2，VW100 中，AC2 按字（W）存取。

⑬ 高速计数器（HC） 高速计数器用来累计比 CPU 的扫描速率更快的事件，其当前值和设定值为 32 位有符号整数，当前值为只读数据，高速计数器的地址由区域标识符 HC 和高速计数器号组成，如 HC2。

7.3.2 寻址方式

编程软元件的寻址涉及两个问题，一是某种可编程控制器设定的编程元件的类型及数量，不同厂家、不同型号的 PLC 所含编程元件的类型、数量及命名标示法都可能不一样；二是该种 PLC 存储区的使用方式，即寻址方式。

（1）存储器组织

存储器组织是某种 PLC 存储器类型及规模的总描述，可以是一张图，也可以是一张表，是解决第一个问题的关键。表 2-5 为西门子 S7-200 系列 PLC 存储器组织表，通过该表可以了解以下信息。

① 该种 PLC 存储单元中所编排的编程软元件的类型。如在表 7-1 中可以看到该 PLC 中设置了输入继电器、输出继电器、顺控继电器等软元件，而且每种编程软元件都用代表名称的字母标示，如输入继电器为“I”、定时器为“T”等。

② 某种存储单元地址的取值范围及数量，也即某种编程元件的数量。在表 7-1 中顺序控制继电器 S 的取值范围为 S0.0～S31.7，也即数量为 8×32＝256 个。

表 7-1 S7-200 系列 PLC 存储器分区及数量

描述	CPU221	CPU222	CPU224	CPU226	CPU226XM
用户程序大小	2K 字	2K 字	4K 字	4K 字	8K 字
用户数据大小	1K 字	1K 字	2.5K 字	2.5K 字	5K 字
输出映像寄存器（I）	I0.0～I15.7	I0.0～I15.7	I0.0～I15.7	I0.0～I15.7	I0.0～I15.7
输出映像寄存器（Q）	Q0.0～Q15.7	Q0.0～Q15.7	Q0.0～Q15.7	Q0.0～Q15.7	Q0.0～Q15.7
模拟量输入（只读）	—	AIW0～AIW30	AIW0～AIW62	AIW0～AIW62	AIW0～AIW62
模拟量输出（只写）	—	AQW0～AQW30	AQW0～AQW62	AQW0～AQW62	AQW0～AQW62
变量存储器（V）	VB0～VB2047	VB0～VB2047	VB0～VB5119	VB0～VB5119	VB0～VB10239
局部存储器（L）	LB0～LB63	LB0～LB63	LB0～LB63	LB0～LB63	LB0～LB63
位存储器（M）	M0.0～M31.7	M0.0～M31.7	M0.0～M31.7	M0.0～M31.7	M0.0～M31.7
特殊存储器（SM） 只读	SM0.0～SM179.7 SM0.0～SM29.7	SM0.0～SM299.7 SM0.0～SM29.7	SM0.0～SM549.7 SM0.0～SM29.7	SM0.0～SM549.7 SM0.0～SM29.7	SM0.0～SM549.7 SM0.0～SM29.7
定时器（T）	256（T0～T255）	256（T0～T255）	256（T0～T255）	256（T0～T255）	256（T0～T255）
有记忆接通（延迟 1ms）	T0，T64	T0，T64	T0，T64	T0，T64	T0，T64
有记忆接通（延迟 10ms）	T1～T4，T65～T68	T1～T4，T65～T68	T1～T4，T65～T68	T1～T4，T65～T68	T1～T4，T65～T68
有记忆接通（延迟 100ms）	T5～T31 T69～T95	T5～T31 T69～T95	T5～T31 T69～T95	T5～T31 T69～T95	T5～T31 T69～T95
接通/关断（延迟 1ms）	T32，T96	T32，T96	T32，T96	T32，T96	T32，T96
接通/关断（延迟 10ms）	T33～T36 T97～T100	T33～T36 T97～T100	T33～T36 T97～T100	T33～T36 T97～T100	T33～T36 T97～T100
接通/关断（延迟 100ms）	T37～T63 T101～T225	T37～T63 T101～T225	T37～T63 T101～T225	T37～T63 T101～T225	T37～T63 T101～T225
计数器（C）	C0～C255	C0～C255	C0～C255	C0～C255	C0～C255
高速计数器（HC）	HC0，HC3， HC4，HC5	HC0，HC3， HC4，HC5	HC0～HC5	HC0～HC5	HC0～HC5

续表

描述	CPU221	CPU222	CPU224	CPU226	CPU226XM
顺序控制继电器（S）	S0.0～S31.7	S0.0～S31.7	S0.0～S31.7	S0.0～S31.7	S0.0～S31.7
累加寄存器（AC）	AC0～AC3	AC0～AC3	AC0～AC3	AC0～AC3	AC0～AC3
跳转/标号	0～255	0～255	0～255	0～255	0～255
调用子程序	0～63	0～63	0～63	0～63	0～63
中断程序	0～127	0～127	0～127	0～127	0～127
正/负跳变	256	256	256	256	256
PID 回路	0～7	0～7	0～7	0～7	0～7
端口	端口 0	端口 0	端口 0	端口 0，1	端口 0，1

（2）数据类型与单位

S7-200 系列 PLC 数据类型可以是布尔型、整型和实型（浮点数）。实数采用 32 位单精度数来表示，其数值有较大的表示范围：正数为＋1.175495E－38～＋3.402823E＋38；负数为－1.175495E－38～－3.402823E＋38。表 7-2 给出了存储器长度与存储的数据范围。它从需要的角度说明了寻址的必要性。

表 7-2　不同长度数据表示的十进制和十六进数的范围

数据长度	字节（B）	字（W）	双字（D）
无符号整数	0～255 0～FF	0～65535 0～FFFF	0～4294967295 0～FFFF
符号整数	－128～＋127 80～7F	－32768～＋32767 8000～7FFF	－2147483648～＋2147483647 80000000～7FFFFFFF
实数 IEEE32 位浮点数			＋1.175495E－38～＋3.402823E＋38（正数） －1.175495E－38～－3.402823E＋38（负数）

常用的整数长度单位有位（1 位二进制数）、字节（8 位二进制数，用 B 表示）、字（16 位二进制数，用 W 表示）和双字（32 位二进制数，用 D 表示）等。

在编程中经常会使用常数。常数数据长度可为字节、字和双字，在机器内部的数据都以二进制形式存储，但常数的书写可以用二进制、十进制、十六进制、ASCII 或浮点数（实数）等多种形式。几种常数的表达形式如表 7-3 所示。

表 7-3　常数的表示方式

进制	书写格式	举例
十进制	进制数值	1052
十六进制	16＃十六进制值	16＃3F7A6
二进制	2＃二进制值	2＃1010_0011_1101_0001
ASCII 码	‘ASCII 码文本’	‘Show termimals’
浮点数（实数）	ANSI/IEEE 754—1985 标准	＋1.036782E-36（正数）
		－1.036782E-36（负数）

PLC 工作中涉及很多类型的数据。为了合理地使用存储器，各种 PLC 的存储单元都做到了既可以位的形式使用，也可按字节、字及双字使用，但不同厂家、不同牌号的 PLC 地址的标示方法不尽一样。

(3) 寻址方式

寻址方式实质上是存储单元的使用方式，也涉及存储数据的类型及长度。存储的数据是逻辑量的“是”或“非”时，占用存储单元的一位就可以了，但存储的如果是数字，情况就复杂一些，还和数字的表达形式有关，单就十进制数字来说，表达一位数字就需存储单元 4 位。或者反过来说，一定长度的存储单元能存储一定的表达形式的数字范围是有限的。取代继电器控制的数字量控制系统一般只用直接寻址。

① 直接寻址　直接寻址指定了存储器的区域、长度和位置，例如 VW790 指 V 存储区中的字，地址为 790。可以用字节（B）、字（W）或双字（DW）方式存取 V、I、Q、M、S 和 SM 存储器区。例如 VB100 表示以字节方式存取，VW100 表示存取 VB100、VB101 组成的字，VD100 表示存取 VB100～VB103 组成的双字。

a. 编址形式。若用 A 表示元件名称（I、Q、M 等），T 表示数据类型（B、W、D，若为位寻址无此项），x 表示字节地址，y 表示字节内的位地址（只有位寻址才有此项）则编址形式有以下三种。

• 按位寻址的格式为：$Ax.y$，例如 I0.0、Q0.0、SM0.0、S0.0、V0.0、L0.0 等。

• 存储区内另有一些元件是具有一定功能的硬件，由于元件数量很少，故不用指出元件所在存储区域的字节，而是直接指出它的编号。其寻址格式为：Ax，如 T0、C0、HC0、L0.0 等。

• 数据寻址格式为：ATx，如 IB0、IW0、ID0、QB0、QW0、QD0、MB0、MW0、MD0、SMB0、SMW0、SMD0、SB0、SW0、SD0、VB0、VW0、VD0、LB0、LW0、LD0、AIW0、AQW0 等。

S7-200 将编程元件统一归为存储器单元，存储器单元按字节进行编址，无论所寻址的是何种数据类型，通常应指出它所在存储区域和在区域内的字节地址。每个单元都有唯一的地址，地址用名称和编号部分组成，元件名称（区域地址符号）如表 7-4 所示。

表 7-4　元件名称及直接编址格式

元件符号（名称）	所在数据区域	位寻址格式	其他寻址格式
I（输入继电器）	数字量输入映像位区	Ax，y	ATx
Q（输出继电器）	数字量输入映像位区	Ax，y	ATx
M（通用辅助继电器）	内部存储器标志位区	Ax，y	ATx
SM（特殊标志继电器）	特殊存储器标志位区	Ax，y	ATx
S（顺序控制继电器）	顺序控制继电器存储器区	Ax，y	ATx
V（变量存储器）	变量存储器区	Ax，y	ATx
L（局部变量存储器）	局部存储器区	Ax，y	ATx
T（定时器）	定时器存储器区	Ax	Ax（仅字）
C（计数器）	计数器存储器区	Ax	Ax（仅字）
AI（模拟量输入映像寄存器）	模拟量输入存储器区	无	Ax（仅字）
AQ（模拟量输出映像寄存器）	模拟量输出存储器区	无	Ax（仅字）
AC（累加器）	累加器区	无	Ax
HC（高速计数器）	高速计数器区	无	Ax（仅双字）

b. 直接寻址方式

• 字节·位寻址（BIT）。字节·位寻址是针对逻辑变量存储的寻址方式。地址中需指出存储器位于哪一个区，字节的编号及位号。图 7-7 为字节·位寻址的例子，图 7-7（a）为位地址的表示方法，I3.4 在输入存储区中的位置已标明在图 7-9（b）中。

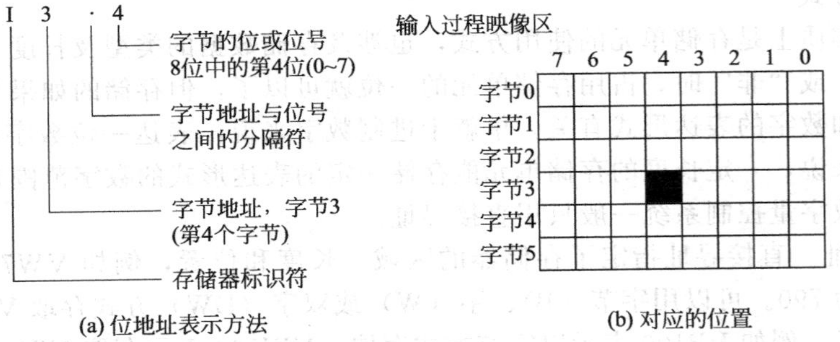

图 7-7 字节·位寻址

• 字节寻址（8BIT）。字节寻址在数据长度短于一个字节时使用。字节寻址标示存储区的类型及字节的编号。以存储区标识符、字节标识符、字节地址组合而成，如图 7-8 中的 VB100 所示。VW100 为 16 位二进制数，是由 VB100、VB101 两个字节组成，其中 VB100 中的 8 位为高 8 位，VB101 中的 8 位为低 8 位。VD100 是由 VB100、VB101、VB102、VB103 四个字节组成，其中 VB100 中的 8 位为高 8 位，VB103 中的 8 位为低 8 位。

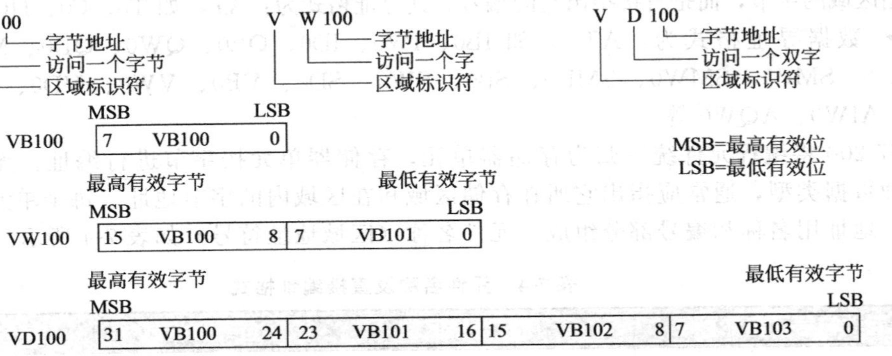

图 7-8 对同一地址进行字节、字和双字寻址的比较

• 字寻址（16BIT）。字寻址用于数据长度小于 2 个字节的场合。字寻址以存储区标识符、字标识符及首字节地址组合而成，如图 7-8 中的 VW100。

• 双字寻址（32BIT）。双字寻址用于数据长度需 4 个字节的场合。双字寻址以存储区标识符、双字标识符及首字节编号组合而成，如图 7-8 中的 VD100。

由图 7-8 还看出，在选用了同一字节地址作为起始地址分别以字节、字及双字寻址时，其所表示的地址空间是不同的。图 7-8 给出了 VB100、VW100、VD100 三种寻址方式所对应的三个存储单元所占的实际存储空间，这里要注意的是，“VB100”是最高有效字节，而且存储单元不可重复使用。

一些存储数据专用的存储单元不支持位寻址方式，主要有模拟量输入、输出存储器，累加器及计时、计数器的当前值存储器等。还有一些存储器的寻址方式与数据长度不方便统一，如累加器不论采用字节、字或双字寻址，都要占用全部 32 位存储单元。与累加器相反，模拟量输入、输出单元为字节标号，但由于 PLC 中多规定模拟量为 16 位，模拟量单元寻址时均以偶数标志。

② 间接寻址 间接寻址方式：数据存放在存储器或寄存器中，在指令中只出现所需数据所在单元的内存地址的地址。存储单元地址的地址又称为地址指针。这种间接寻址方式与计算机的间接寻址方式相同。间接寻址在处理内存连续地址中的数据时非常方便，而且可以

缩短程序所生成代码的长度，使编程更加灵活。用间接寻址方式存取数据的工作方式有 3 种：建立指针、间接存取和修改指针。

a. 建立指针。建立指针必须用双字传送指令（MOVD），将存储器所要访问的单元的地址装入用来作为指针的存储器单元或寄存器，装入的是地址而不是数据本身。建立指针的格式如下。

```
MOVD  &VB200,VD302
MOVD  &MB10,AC2
MOVD  &C2,LD14
```

其中“&”为地址符号，它与单元编号结合使用表示所对应单元的 32 位物理地址。VB200 只是一个直接地址的编号，并非其物理地址。指令中的第二个地址数据长度必须是双字长，如 VD、LD、AC 等。

b. 间接存取。指令中在操作数的前面加“*”表示该操作数为一个指针。

下面两条指令是建立指针和间接存取的应用方法。

```
MOVD  &VB200,AC0
MOVW  * AC0,AC1
```

存储区的地址及单元中所存的数据及执行过程如图 7-9 所示。

c. 修改指针。修改指针的用法如下。

```
MOVD   &VB 200,AC0     //建立指针
INCD   AC0             //修改指针,加 1
INCD   AC0             //修改指针,再加 1
MOVW   * AC0,AC1       //读指针
```

执行结果如图 7-10 所示。

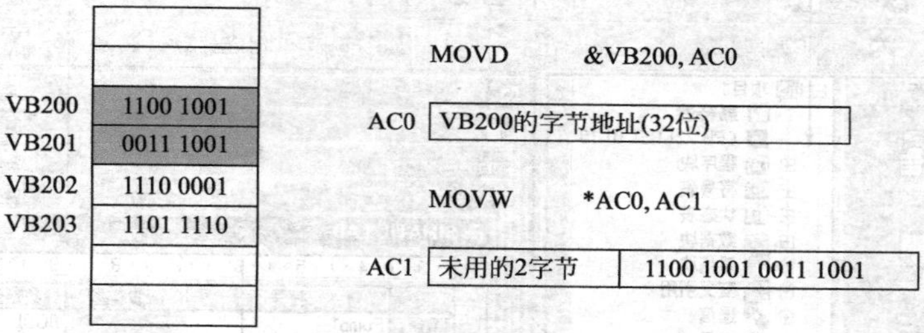

图 7-9　建立指针与间接读数

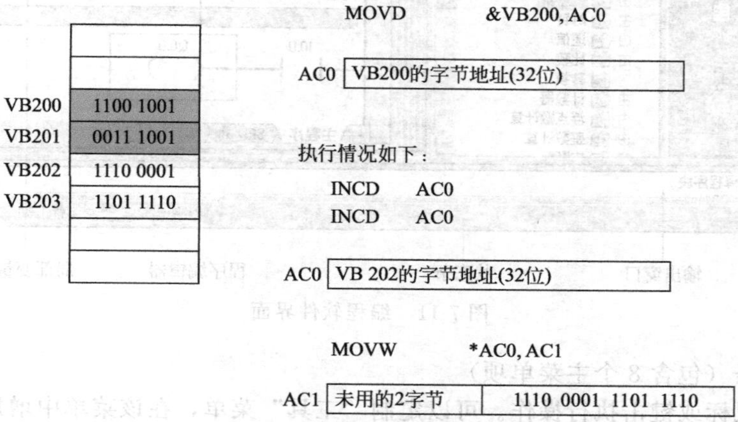

图 7-10　建立、修改、读取指针操作

7.4 PLC 的程序开发环境

应用程序编制完成后要下载到 PLC 中才能调试运行，才能最终检验程序编制正确与否。程序的下载可使用手持式编程器，这是以往用得较多的程序下载方法，是一种基于指令表的下载方式，操作较麻烦。近年来，各 PLC 厂家都相继开发了基于个人计算机的图视化编程软件。这些软件一般都具有编程及程序调试等多种功能，是 PLC 用户不可缺少的开发工具。STEP 7-Micro/win 是西门子 S7-200 编程软件，自从 1996 年发布 S7-200 以来经历了多个版本，从 STEP 7 -Micro/DOS（DOS 下运行）到 STEP 7-Micro/WIN16（运行于 16 位 Windows 下），一直到现在的 STEP 7-Micro/WIN32。现在 Micro/WIN32 就简称为 Micro/WIN。目前常见的 Micro/WIN 版本有 V4.0 和 V3.2。软件分为升级版和直接安装版，不需要授权。从 STEP 7-Micro/WIN32 V3.2 SP1 开始，Micro/WIN 开始全面支持中文。

7.4.1 STEP 7-Micro/Win 操作界面

启动 STEP 7-Micro/Win 编程软件，其主界面外观如图 7-11 所示，主要由操作栏、指令树、交叉参考、数据块、状态图窗口、符号表、全局变量表窗口、输出窗口、状态条、程序编程器窗口、局部变量表、菜单条、工具条等组成。

图 7-11 编程软件界面

(1) 菜单条（包含 8 个主菜单项）

允许使用鼠标或键击执行操作。可以定制“工具”菜单，在该菜单中增加自己的工具。

① 文件（File） 文件操作如新建、打开、关闭、保存文件，上传和下载程序，文件的

打印预览、设置和操作等。

② 编辑（Edit） 程序编辑的工具。如选择、复制、剪切、粘贴程序块或数据块，同时提供查找、替换、插入、删除和快速光标定位等功能。

③ 检视（View） 检视可以设置软件开发环境的风格，如决定其他辅助窗口（如浏览窗口、指令树窗口、工具条按钮区）的打开与关闭；包含引导条中所有的操作项目；选择不同语言的编程器（包括LAD、STL、FBD三种）；设置3种程序编辑器的风格，如字体、指令盒的大小等。

④ 可编程序控制器（PLC） PLC可建立与PLC联机时的相关操作，如改变PLC的工作方式、在线编译、查看PLC的信息、清除程序和数据、时钟、存储器卡操作、程序比较、PLC类型选择及通信设置等。在此还提供离线编译的功能。

⑤ 调试（Debug） 调试用于联机调试。

⑥ 工具（Tools） 工具可以调用复杂指令向导（包括PID指令、NETR/NETW指令和HSC指令），使复杂指令编程时工作大大简化；安装文本显示器TD200；用户化界面风格（设置按钮及按钮样式、在此可添加菜单项）；用选项子菜单也可以设置3种编辑器的风格，如字体、指令盒的大小等。

⑦ 窗口（Windows） 窗口可以打开一个或多个，并可进行窗口之间的切换；可以设置窗口的排放形式，如层叠、水平和垂直等。

⑧ 帮助（Help） 它通过帮助菜单上的目录和索引检阅几乎所有相关的使用帮助信息，帮助菜单还提供网上查询功能。而且，在软件操作过程中的任何步骤或任何位置都可以按F1键来显示在线帮助，大大方便了用户的使用。

（2）工具条（快捷按钮）

提供简便的鼠标操作，将最常用的STEP 7-Micro/WIN操作以按钮形式设到工具条。可以定制每个工具条的内容和外观。可以用“查看（View）”菜单中的“工具（Toolbars）”选项来显示或隐藏3种工具条：标准、调试和公用工具条。

（3）操作栏（浏览条）

显示编程特性的按钮控制群组，包括“查看”和“工具”两个类别。该条可用“查看（View）”菜单中“框架”\“浏览条”选项来选择是否打开。

在“查看”类别下可以选择“程序块（Program Block）”、“符号表（Symbol Table）”、“状态表（Status Chart）”、“数据块（Data Block）”、“系统块（System Block）”、“交叉引用（Cross Reference）”、“通信（Communication）”及“设置PG/PC接口”等控制按钮。单击任何一个按钮，则主窗口切换成此按钮对应的窗口。

在“工具”类别下可以选择“指令向导”“文本显示向导”“位置控制向导”“EM 253控制面板”“调制解调器扩展向导”“以太网向导”“AS-i向导”“因特网向导”“配方向导”“数据记录向导”等控制按钮。

浏览条中的所有操作都可用“指令树（InstructionTree）”窗口或“查看（View）”菜单来完成，可以根据个人的爱好来选择使用引导条或指令树。

当操作栏包含的对象因为当前窗口大小无法显示时，操作栏显示滚动按钮，使用户能向上或向下移动至其他对象。

（4）指令树（快捷操作窗口）

提供所有项目对象和为当前程序编辑器（LAD、FBD或STL）提供的所有指令的树型视图。可用“查看（View）”菜单中“框架”\“指令树（InstructionTree）”的选项来选择是否打开，并提供编程时用到的所有快捷操作命令和PLC指令。用户可以用鼠标右键点击树中“项目”部分的文件夹，插入附加程序组织单元（POU）；也可以用鼠标右键点击单个

POU，打开、删除、编辑其属性表，用密码保护或重命名子程序及中断例行程序。用户还可以用鼠标右键点击树中“指令”部分的一个文件夹或单个指令，以便隐藏整个树。

用户一旦打开指令文件夹，就可以拖放单个指令或双击，按照需要自动将所选指令插入程序编辑器窗口中的光标位置。用户可以将指令拖放在“偏好”文件夹中，排列经常使用的指令。

(5) 交叉参考

允许用户查看程序的交叉参考和组件使用信息。它提供3个方面的引用信息，即：交叉引用信息、字节使用情况信息和位使用情况信息，使编程所用的PLC资源一目了然。

(6) 数据块

允许用户显示和编辑数据块内容。该窗口可以设置和修改变量存储区内各种类型存储区的一个或多个变量值，并加注必要的注释说明。

(7) 状态图窗口

允许用户将程序输入、输出或变量置入图表中，以便追踪其状态。用户可以建立多个状态图，以便从程序的不同部分查看组件。每个状态图在状态图窗口中有自己的标签。

(8) 符号表/全局变量表窗口

允许用户分配和编辑全局符号（即可在任何POU中使用的符号值，不只是建立符号的POU)，用户可以建立多个符号表。可在项目中增加一个S7-200系统符号预定义表。它增加了程序的可读性，常用带有实际含义的符号作为编程元件代号，而不是直接用元件在主机中的直接地址。例如编程中的Start作为编程元件代号，而不用I0.3。符号表可用来建立自定义符号与直接地址之间的对应，并可附加注释，有利于程序结构清晰易读。

(9) 输出窗口（可同时或分别打开图中的5个用户窗口）

在用户编译程序时提供信息。如各程序块（主程序、子程序的数量及子程序号、中断程序的数量及中断程序号）及各块的大小、编译结果有无错误，及错误编码和位置等。当输出窗口列出程序错误时，可双击错误信息，会在程序编辑器窗口中显示适当的网络。当您编译程序或指令库时，提供信息。当输出窗口列出程序错误时，用户还可以双击错误信息，会在程序编辑器窗口中显示适当的网络。

(10) 状态条

提供用户在STEP 7-Micro/WIN中操作时的操作状态信息。状态条也称任务栏，与一般的任务栏功能相同。

(11) 程序编辑器窗口

包含用于该项目的编辑器（LAD、FBD或STL）的局部变量表和程序视图。如果需要，可以拖动分割条，扩展程序视图，并覆盖局部变量表。当用户在主程序一节（OB1）之外，建立子程序或中断例行程序时，标记出现在程序编辑器窗口的底部。可点击该标记，在子程序、中断和OB1之间移动。该编辑器可用梯形图、语句表或功能图表编程器编写用户程序，或在联机状态下从PLC上载用户程序进行读程序或修改程序。

(12) 局部变量表

包含用户对局部变量所作的赋值（即子程序和中断例行程序使用的变量）。在局部变量表中建立的变量使用暂时内存；地址赋值由系统处理；变量的使用仅限于建立此变量的POU。每个程序块都对应一个局部变量表，在带参数的子程序调用中，参数的传递就是通过局部变量表进行的。

7.4.2 软件编程应用

下面以延时脉冲产生电路控制为例进一步说明PLC编程软件的使用。

(1) 新建文件或打开文件

打开 V4.0 STEP 7 Micro/WIN SP6 编程软件或双击桌面图标，用菜单命令“文件”→“新建”，生成一个新的项目。用菜单命令“文件”→“打开”，可打开一个已有的项目。用菜单命令“文件另存为”可修改项目的名称。也可单击标准工具栏中的新建按钮，建立一个新的程序文件。

(2) 参数设置

① 设置 PLC 类型及 CPU 的版本　选择菜单命令“PLC”→“类型”，设置 PLC 的类型为 CPU 224XP。也可双击指令树“项目”目录下的 CPU 224XP REL 02.01，设置 PLC 类型及 CPU 版本。根据实际应用情况，在出现的对话框中选择 PLC 的型号及版本号。如果通信正常，也可以直接单击“读取 PLC”来直接获取 PLC 信息，如图 7-12 所示。

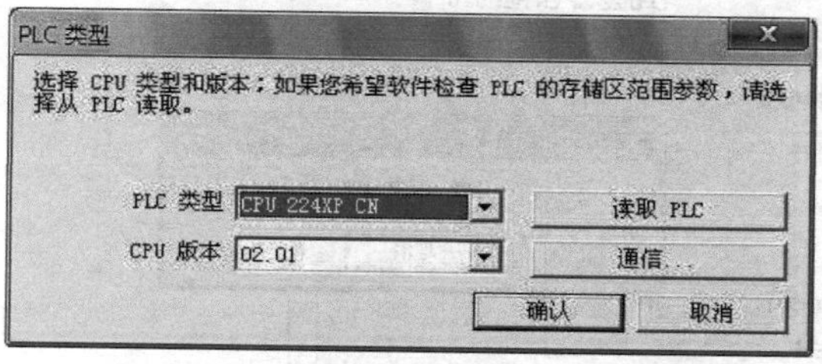

图 7-12　设置 PLC 类型及 CPU 版本

② 设置通信参数　将编程设备（如 PC）的通信地址设为 0，CPU 的默认地址为 2。PC 的接口一般使用 COM1 或 COM3（串口编程电缆接线使用 COM1 端口，USB 转 RS-485 接线使用 COM3 端口）和 USB，传送波特率为 9.6kbit/s。若建立了计算机和 PLC 的在线联系，就可以利用软件检查，设置和修改 PLC 的通信参数。步骤如下：单击浏览条中的系统块图标，单击将出现系统块对话框，如图 7-13 所示。该画面中把波特率设为 9.6kbit/s 或 187.5kbit/s（此波特率为端口与外部设备工作通信速率），其他参数按缺省设置即可，然后单击“确认”按钮。

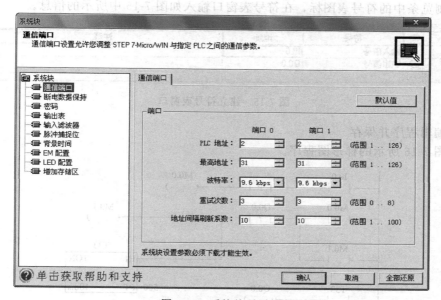

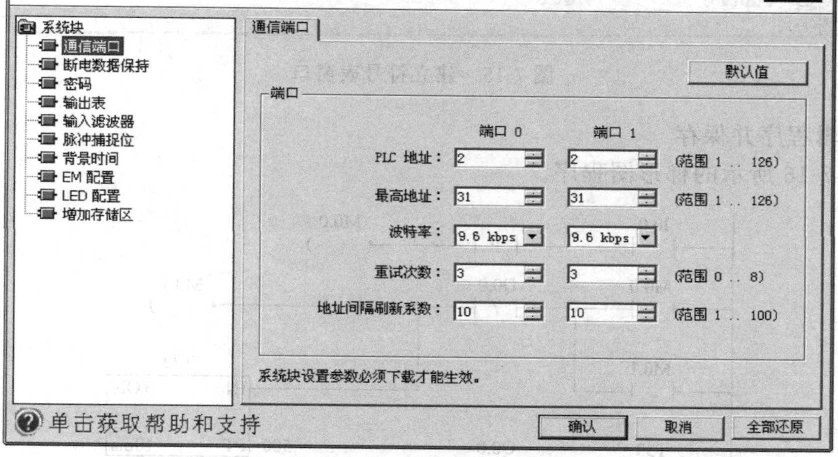

图 7-13　系统块对话框

单击“通信口（Port）”选项卡，检查各参数，确认无误后单击“确定”，如果需要修改某些参数，可以先进行有关的修改，再单击“确认（OK）”按键，待确认后退出。

单击标准工具栏中的下载按键，即可把修改后的参数下载到 PLC 主机，当然参数块的下载也可以和程序下载同时进行。

（3）与 S7-200 建立通信

① 单击浏览条中的通信图标，进入通信对话框，双击刷新图标，搜索并显示连接的 S7-200 CPU 的图标，如图 7-14 所示。

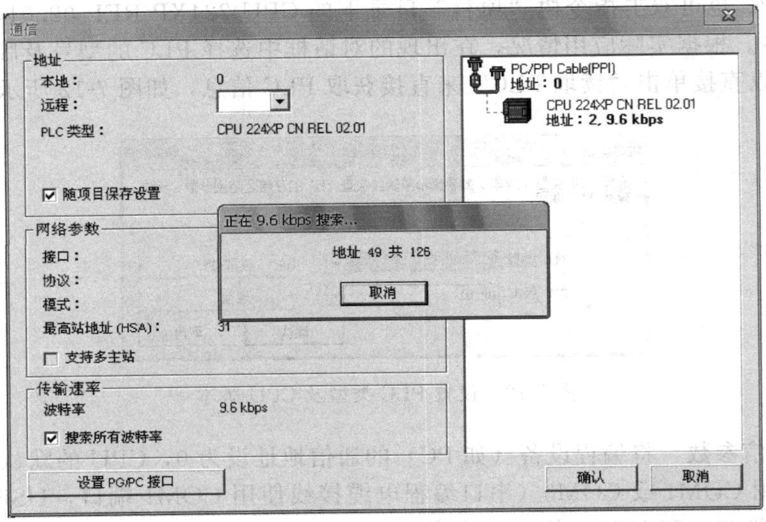

图 7-14　通信对话框

② 选择相应的 S7-200CPU 并单击“确定”。如果 STEP 7-Micro/WIN V4.0 未能找到 S7-200 CPU，应单击设置 PG/PC 接口按钮，核对通信参数设置，并重复以上步骤。

（4）建立符号表（可选）

单击浏览条中的符号表图标，在符号表窗口输入如图 7-15 中所示的信息。

			符号	地址	注释
1			输入信号	I0.0	
2			输出信号	Q0.0	
3					

图 7-15　建立符号表窗口

（5）编辑程序并保存

输入图 7-16 所示的梯形图程序。

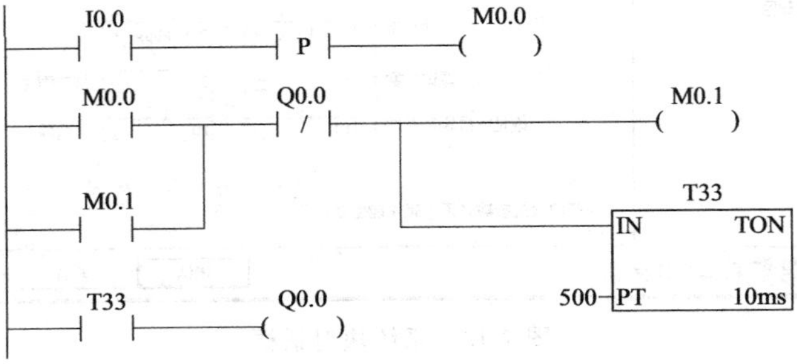

图 7-16　梯形图程序

在公用工具栏中单击切换POU注释图标和切换网络注释图标，使程序编辑窗口显示程序注释条和网络注释条，然后在相应位置输入所需要的注释信息，如图7-17所示。在其他网络的相应位置也可以输入相应的标题和注释。

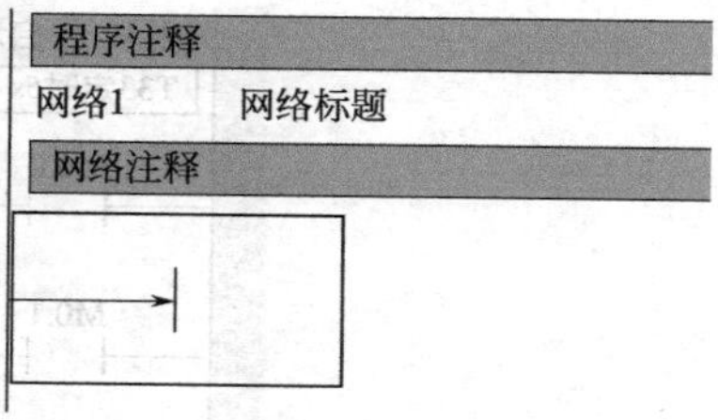

图7-17　加标题和注释

① 编辑网络1

a. 双击指令树中的位逻辑图标或者单击左侧指令的加号，可以显示全部位逻辑指令。选择常开触点，按住鼠标左键，将触点拖到网络1中光标所在的位置，或者直接双击常开触点，然后将光标移到常开触点上的红色“?? . ?”，输入I0.0，按回车键确认。

b. 同样方法输入上升沿指令和输出线圈M0.0，如图7-18所示。

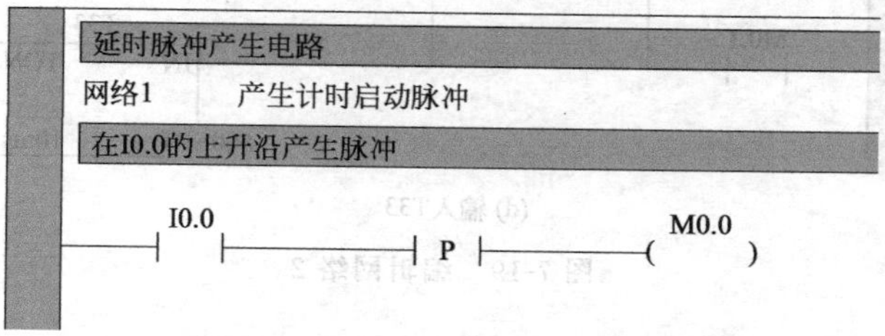

图7-18　编辑网络1

② 编辑网络2

a. 在网络标题位置输入“启动定时器T33”，在网络注释位置输入“T33定时5s”。

b. 输入常开触点M0.0之后，将鼠标放在M0.0的下方［见图7-19（a）所示的位置单击］，在位逻辑指令中双击常开触点，输入M0.1之后．按回车键；在图7-19（b）中所示的位置单击，在指令工具栏中单击向上连线按钮。

c. 将光标移到如图7-19（c）所示的位置，输入常闭触点Q0.0，线圈M0.1。

d. 将光标移到如图7-19（d）所示的“Q0.0”处，在指令工具栏中单击向下线按钮，在计时器指令中，双击打开延时定时器，输入定时器号T33，按回车键，光标会自动移至预置时间值（PT）参数，输入预置时间值“500”，按回车键确认。

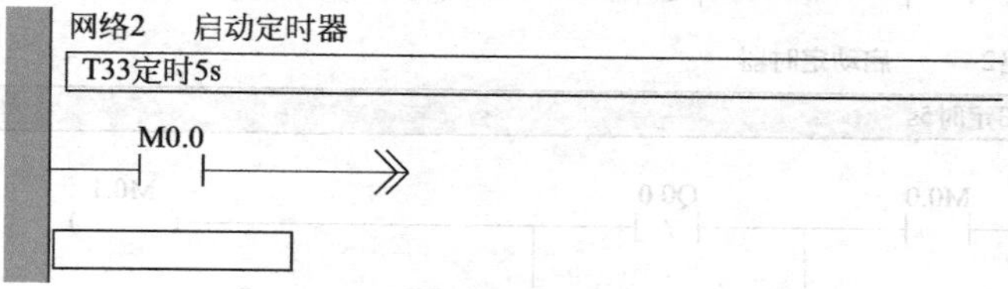

(a) 新生成行

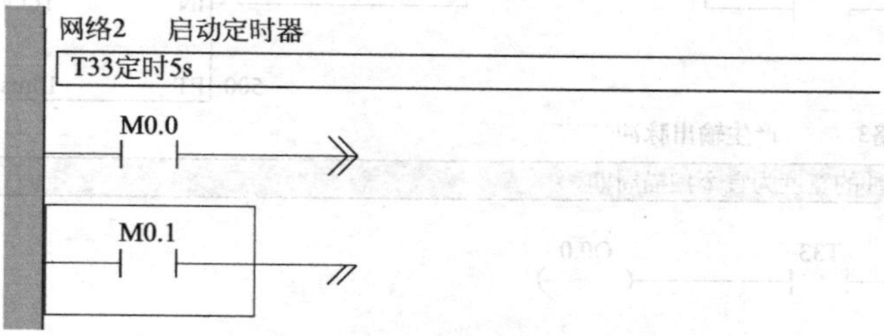

(b) 向上合并

图7-19

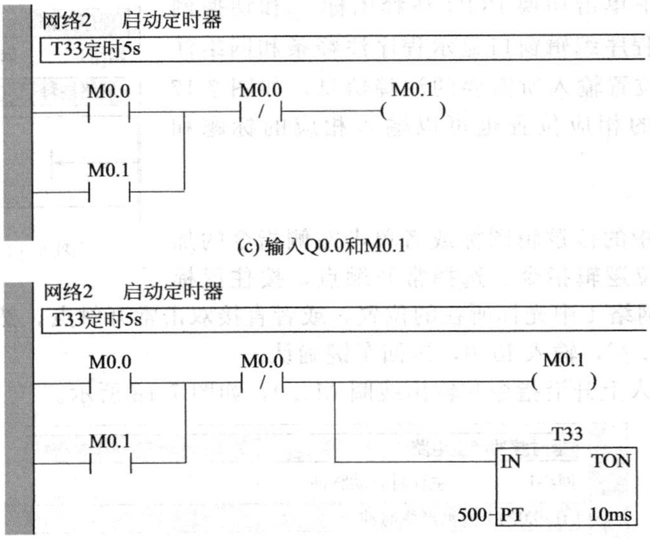

(c) 输入Q0.0和M0.1

(d) 输入T33

图 7-19 编辑网络 2

③ 编辑网络 3

a. 在网络标题位置输入“产生输出脉冲”，在网络注释位置输入“脉冲的宽度为一个扫描周期”。

b. 输入常开触点 T33 和线圈 Q0.0。

至此，完成编辑出现如图 7-20 所示窗口。下面保存程序：

在菜单栏中选择菜单命令“文件”→“保存”，在保存对话框中输入项目名，再点击“保存”即可。

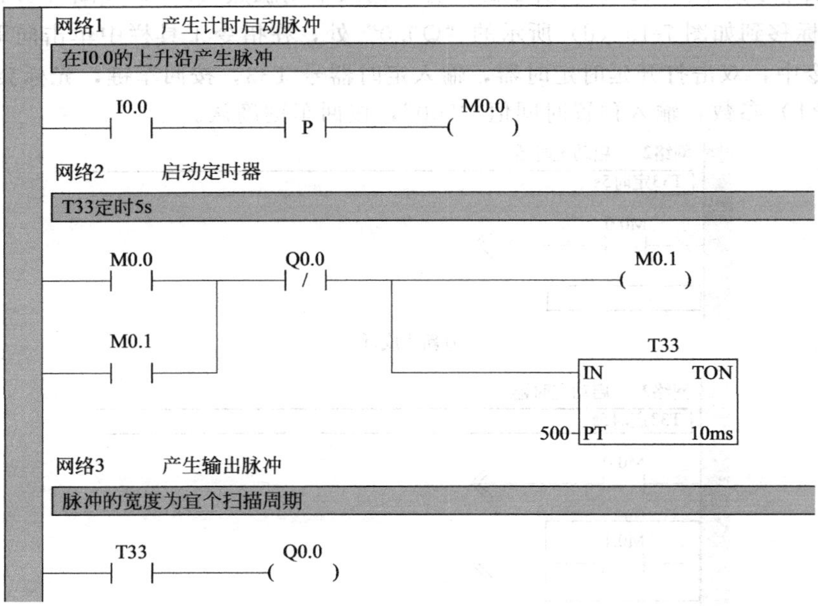

图 7-20 编程示例

(6) 编译程序

用“PLC”菜单中的“编译”或“全部编译”命令或单击标准工具栏中的编译或全部编译按钮来编译输入程序。

如果程序有错误，编译后在输出窗口显示与错误有关的信息。双击显示的某一条错误，程序编辑器中的矩形光标将移到该错误所在的位置。必须改正程序中所有的错误，编译成功后，才能下载程序。

(7) 下载

单击标准工具栏中的“下载”按钮，或选择菜单命令“文件”→“下载”，在下载对话框中选择下载程序块，单击“确认”按钮，开始下载。如果在下载程序之前PLC处于“RUN”工作模式，则在下载对话框中会弹出“设置PLC为STOP模式吗?”对话框，点击“确定”即可。

将编译好的程序下载到PLC控制器之前，也可以用“PLC”菜单中的“STOP”停止命令，将PLC控制器的控制方式设置为STOP模式，或单击工具栏的“停止”按钮，可进入STOP模式。

(8) 运行程序

下载成功后，单击工具栏的“运行”按钮，或选择菜单命令“PLC”→“RUN(运行)”，用户程序开始运行，PLC控制器上的“RUN”LED亮。运行后，用接在端子I0.0的开关模拟按钮的操作，每当I0.0输入一个高电平5S之后，Q0.0闪亮一下。

习题与思考题

7-1 简述PLC主要的编程语言的类型。

7-2 PLC的程序结构主要由哪几部分组成?

7-3 PLC有哪些主要的数据区域?哪两种主要的寻址方式?

7-4 用STEP 7-Micro/Win软件编程时需要注意和准备什么?

第8章 PLC的指令系统及编程方法

8.1 PLC的指令系统概述

用户要能准确地编写用户程序就要熟悉编写程序时所使用的各种指令。一般将 PLC 中所有指令的集合称为指令系统。一般 PLC 有上百或百余条指令，分为基本指令与功能指令。S7-200 PLC 的基本指令多用于开关量逻辑控制，主要包括位操作类指令、定时器和计数器指令、比较操作指令、移位操作指令、程序控制指令等，是使用频度最高的指令。功能指令则是为数据运算及一些特殊功能设置的指令，如传送比较、加减乘除、循环移位、程序流程、中断及高速处理等。

PLC 指令的学习及应用要注意以下三个方面。

① 指令的表达形式　每条指令都有梯形图与指令表两种表达形式，即每条指令都有图形符号和文字符号。一般编写程序时，可以单独使用梯形图或单独使用指令表，梯形图与指令表有着严格的对应关系。

② 每条指令都有各自的使用要素　如定时器指令是用来计时的，计时就离不开计时的起点及计时时间的长短，指令中一定要表现这两个方面的内容，这就是指令的要素。

③ 指令的功能　一条指令执行过后，PLC 中哪些数据出现了，哪些变化是编程者要把握的。

由于 PLC 的指令实质上是计算机的指令，是数据处理的说明，指令所涉及数据的类型、数据的长短、数据存储器的范围对正确地使用指令有着很重要的意义。不同的 CPU 模块，由于其存储区域大小的不同，使得各种数据类型的数值范围也往往是不同的。操作数的数据类型有位、字节（B）、字（W）和双字（D）。S7-200 CPU 模块的操作数范围如表 8-1 所示。在表 8-1 中的“存取方式”栏，各字母表示的是不同的存储区域标志，其含义为：I——输入过程映像存储区；Q——输出过程映像存储区；V——变量存储区；M——位存储区；SM——特殊内存区；S——顺序控制继电器存储区；T——定时器内存区；C——计数器内存区；L——局部变量存储区；AC——累加器；AI——模拟量输入；AQ——模拟量输出；HC——高速计数器内存区。

表 8-1　S7-200 CPU 模块的操作数范围

存取方式		CPU221	CPU222	CPU224	CPU224XP	CPU226	示例
位存取（字节，位）	I	0.0～15.7	0.0～15.7	0.0～15.7	0.0～15.7	0.0～15.7	I3.0
	Q	0.0～15.7	0.0～15.7	0.0～15.7	0.0～15.7	0.0～15.7	Q2.3
	V	0.0～2047.7	0.0～2047.7	0.0～8191.7	0.0～10239.7	0.0～10239.7	V2000.5

续表

存取方式		CPU221	CPU222	CPU224	CPU224XP	CPU226	示例
位存取（字节，位）	M	0.0～31.7	0.0～31.7	0.0～31.7	0.0～31.7	0.0～31.7	M16.2
	SM	0.0～156.7	0.0～299.7	0.0～549.7	0.0～549.7	0.0～549.7	SM0.2
	S	0.0～31.7	0.0～31.7	0.0～31.7	0.0～31.7	0.0～31.7	S0.0
	T	0～255	0～255	0～255	0～255	0～255	T23
	C	0～255	0～255	0～255	0～255	0～255	C14
	L	0.0～63.7	0.0～63.7	0.0～63.7	0.0～63.7	0.0～63.7	L15.2
字节存取	IB	0～15	0～15	0～15	0～15	0～15	IB3
	QB	0～15	0～15	0～15	0～15	0～15	QB2
	VB	0～2047	0～2047	0～8191	0～10239	0～10239	VB11
	MB	0～31	0～31	0～31	0～31	0～31	MB12
	SMB	0～165	0～299	0～549	0～549	0～549	SMB132
	SB	0～31	0～31	0～31	0～31	0～31	SB10
	LB	0～63	0～63	0～63	0～63	0～63	LB15
	AC	0～3	0～3	0～3	0～255	0～255	AC2
	KB（常数）	常数	常数	常数	常数	常数	100
字存取	IW	0～14	0～14	0～14	0～14	0～14	IW10
	QW	0～14	0～14	0～14	0～14	0～14	QW9
	VW	0～2046	0～2046	0～8190	0～10238	0～10238	VW100
	MW	0～30	0～30	0～30	0～30	0～30	MW21
	SMW	0～164	0～298	0～548	0～548	0～548	SMW200
	SW	0～30	0～30	0～30	0～30	0～30	SW12
	T	0～255	0～255	0～255	0～255	0～255	T24
	C	0～255	0～255	0～255	0～255	0～255	C31
	LW	0～62	0～62	0～62	0～62	0～62	LW45
	AC	0～3	0～3	0～3	0～3	0～3	AC2
	AIW	0～30	0～30	0～62	0～62	0～62	AIW12
	AQW	0～30	0～30	0～62	0～62	0～62	AQW25
	KB（常数）	常数	常数	常数	常数	常数	30000

续表

存取方式		CPU221	CPU222	CPU224	CPU224XP	CPU226	示例
双字存取	ID	0～12	0～12	0～12	0～12	0～12	ID
	QD	0～12	0～12	0～12	0～12	0～12	QD
	VD	0～2044	0～2044	0～8188	0～10236	0～10236	VD
	MD	0～28	0～28	0～28	0～28	0～28	MD
	SMD	0～162	0～296	0～546	0～546	0～546	SMD
	SD	0～28	0～28	0～28	0～28	0～28	SD
	LD	0～60	0～60	0～60	0～60	0～60	LD
	AC	0～3	0～3	0～3	0～3	0～3	AC
	HC	0～5	0～5	0～5	0～5	0～5	HC
	KB（常数）	常数	常数	常数	常数	常数	147483643

8.2 S7-200 PLC的基本指令

8.2.1 位操作类指令

位操作类指令的操作数是位，主要是对PLC存储器中的某一位进行操作，包括位输入操作指令（也称触点指令），位输出操作指令，对位进行“与”“或”“非”等逻辑运算的逻辑操作指令，对位置1的置位指令，对位置0的复位指令，以及检测位发生边沿跳变的微分操作指令等。

（1）标准触点指令

标准触点分为标准常开触点和标准常闭触点两种，其梯形图和语句表如图8-1所示。bit的寻址范围为I、Q、M、SM、T、C、V、S和L。常开触点在其寄存器位值为0时，其触点是断开的，触点的状态为OFF或0；当寄存器位值为1时，其触点是闭合的，触点的状态为ON或1。常闭触点在其寄存器位值为0时，其触点是闭合的，触点的状态为ON或1；当其寄存器位值为1时，其触点是断开的，触点的状态为OFF或0。

（2）输出指令

输出操作指令用于驱动线圈，其梯形图和语句表如图8-2所示。bit的寻址范围为I、Q、M、SM、T、C、V、S和L。

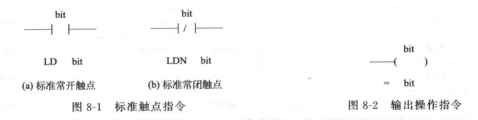

(a) 标准常开触点　(b) 标准常闭触点

图8-1 标准触点指令

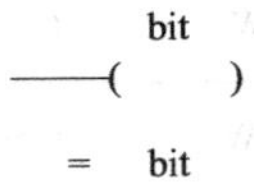

图8-2 输出操作指令

输出操作指令将输出位的新数值（前面各逻辑运算的结果）写入输出映像寄存器，并根据写入结果控制其对应的触点。如表 8-2 所示，I0.0 得电时 Q0.0 输出，I0.0 失电时 Q0.1 输出。

表 8-2　输出操作指令应用

梯形图	语句表	时序图
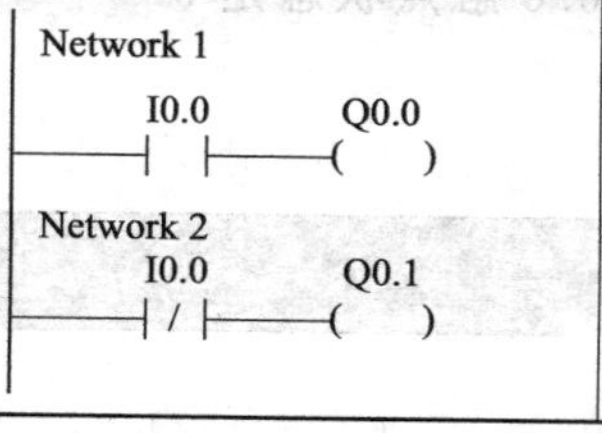	Network1 LD　I0. 0 =　Q0. 0 Network1 LDN　I0. 0 =　Q0. 1	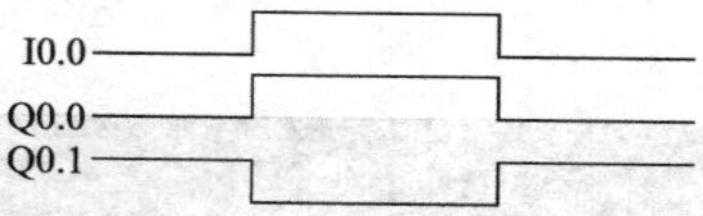

注：时序图中高低电平的含义是，无论是常开还是常闭开关，只有开关动作才是高电平，否则均为低电平。以后各时序图均沿用此规定，不再特别说明。

（3）逻辑指令

① 逻辑与操作指令　逻辑与操作指令语句表为“A bit”“AN bit”“AI bit”“ANI bit”。bit 的寻址范围为 I、Q、M、SM、T、C、V、S 和 L。

只有当两个触点的状态都是 1（ON）时，逻辑与操作才有输出。两者中只要有一个为 0（OFF），就没有输出。如表 8-3 所示，I0. 0 和 I0. 1 两个触点的状态都是 1（ON）时，Q0. 1 输出；否则，Q0. 1 不输出。

表 8-3　逻辑与操作指令应用

梯形图	语句表	时序图
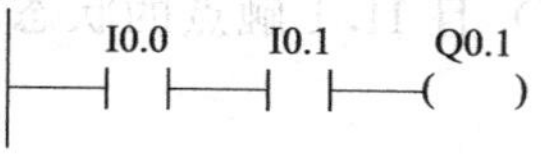	LD　I0. 0 A　I0. 1 =　Q0. 1	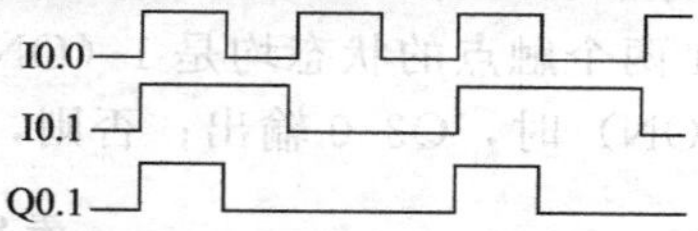

② 逻辑或操作指令　逻辑或操作指令语句表为“O bit”“ON bit”“OI bit”“ONI bit”。bit 的寻址范围为 I、Q、M、SM、T、C、V、S 和 L。

只要两个或两个以上触点中有一个触点的状态是 1（ON），逻辑或就有输出；只有当两者或两个以上都为 0（OFF）时，才没有输出。如表 8-4 所示，Network1 中 I0. 0、I0. 1 和 I0. 2 三个触点中有一个触点的状态是 1（ON）时，Q0. 0 输出；Network2 中 I0. 0 和 I0. 1 两个触点的状态均是 0（OFF）或 I0. 2 触点的状态是 0（OFF）时，Q0. 1 输出。

表 8-4　逻辑或操作指令应用

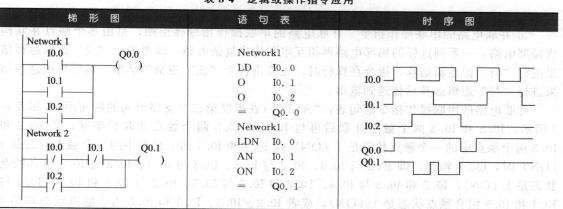

梯形图	语句表	时序图
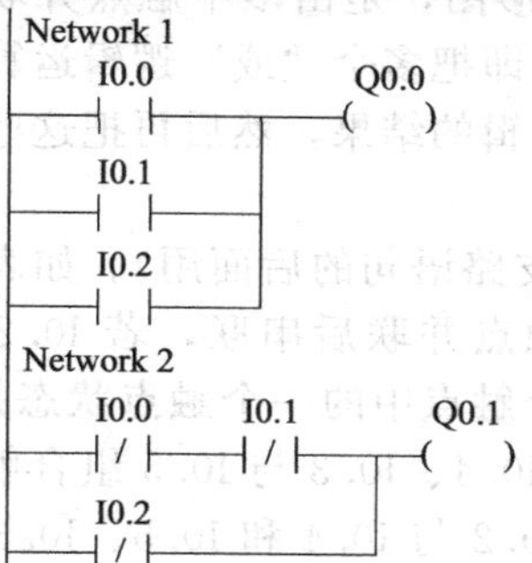	Network1 LD　I0. 0 O　I0. 1 O　I0. 2 =　Q0. 0 Network1 LDN　I0. 0 AN　I0. 1 ON　I0. 2 =　Q0. 1	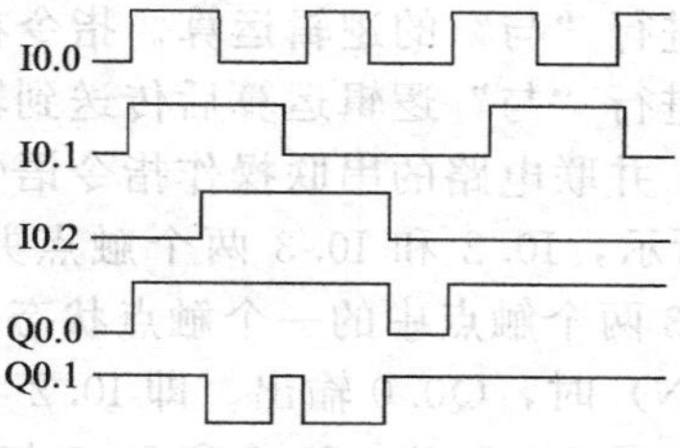

③ 逻辑非操作指令　逻辑非操作指令梯形图和语句表如图 8-3 所示。

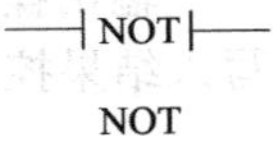

图 8-3　逻辑非操作指令

逻辑非操作就是把源操作数的状态取反作为目标操作数输出。当操作数的状态为 1（ON）时，取非后就为 0（OFF）；当操作数的状态为 0（OFF）时，取非后就为 1（ON）。逻辑非操作只能与其他指令联合使用，本身没有操作数。如表 8-5 所示，I0.0 触点状态是 1（ON）时，Q0.0 输出；I0.0 触点状态是 0（OFF）时，Q0.1 输出。

表 8-5　逻辑非操作指令应用

梯形图	语句表	时序图
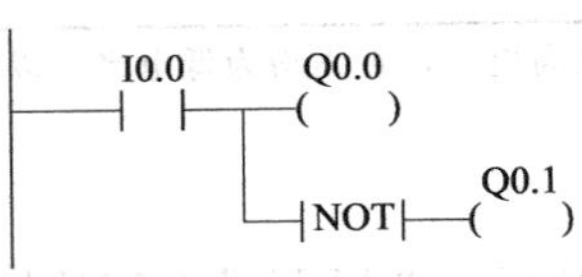	LD　I0.0 =　Q0.0 NOT =　Q0.1	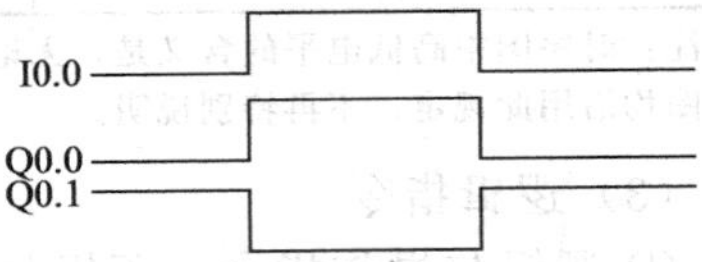

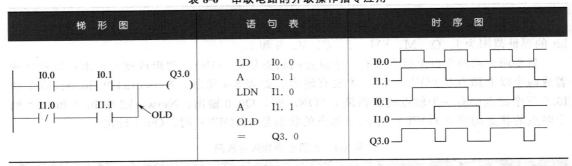

④ 串联电路的并联操作指令　串联电路的并联操作指令梯形图，是由多个触点串联构成一条支路，一系列这样的支路再相互并联构成复杂电路，即把多个“与”逻辑运算结果进行“或”的逻辑运算。指令在执行时，先算出各个“与”逻辑的结果，然后再把这些结果进行“或”逻辑运算后传送到输出。

串联电路的并联操作指令语句表：“OLD”（在并联第二个支路语句的后面用）。如表 8-6 所示，I0.0 和 I0.1 两个触点串联后再与 I1.0 和 I1.1 两个触点串联后并联，若 I0.0 和 I0.1 两个触点的状态均是 1（ON）或 I1.0 触点的状态是 0（OFF）且 I1.1 触点的状态均是 1（ON）时，Q3.0 输出；否则，Q3.0 不输出。

表 8-6　串联电路的并联操作指令应用

梯形图	语句表	时序图
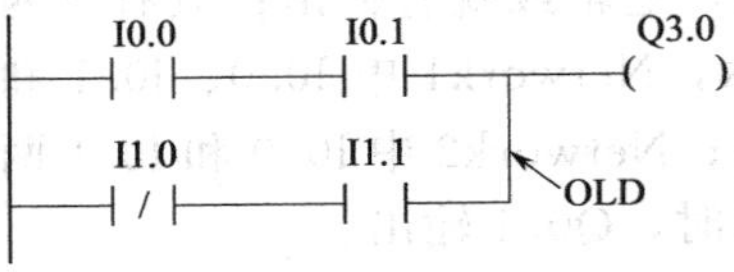	LD　I0.0 A　I0.1 LDN　I1.0 A　I1.1 OLD =　Q3.0	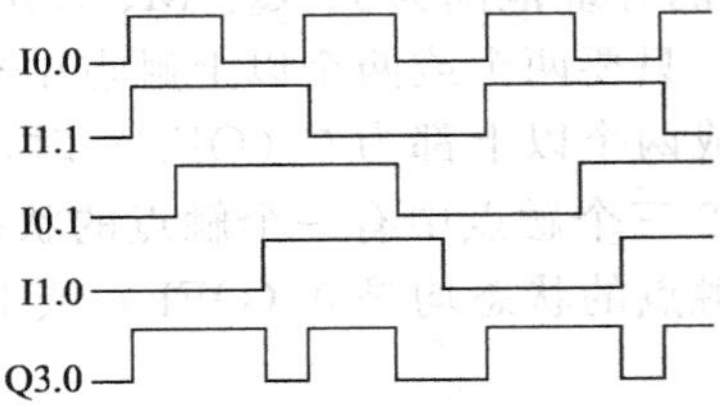

⑤ 并联电路的串联操作指令　并联电路的串联操作指令梯形图，是由多个触点并联构成局部电路，一系列这样的局部电路再相互串联构成复杂电路，即把多个“或”逻辑运算结果进行“与”的逻辑运算。指令在执行时，先算出各个“或”逻辑的结果，然后再把这些结果进行“与”逻辑运算后传送到输出。

并联电路的串联操作指令语句表：“ALD”（在串联第二个支路语句的后面用）。如表 8-7 所示，I0.2 和 I0.3 两个触点并联后再与 I0.4 和 I0.5 两个触点并联后串联，若 I0.2 和 I0.3 两个触点中的一个触点状态是 1（ON）或 I0.4 和 I0.4 两个触点中的一个触点状态是 1（ON）时，Q0.0 输出。即 I0.2 与 I0.4、I0.2 与 I0.5、I0.3 与 I0.4、I0.3 与 I0.5 组合触点状态是 1（ON），I0.2 和 I0.3 与 I0.4、10.2 和 I0.3 与 I0.5、I0.2 与 I0.4 和 I0.5、I0.3 与 I0.4 和 I0.5 组合触点状态是 1（ON），或者 I0.2、I0.3、I0.4 和 I0.5 组合触点状态均是 1

（ON）时，均能使 Q0.0 输出。

表 8-7　并联电路的串联操作指令应用

梯形图	语句表	时序图
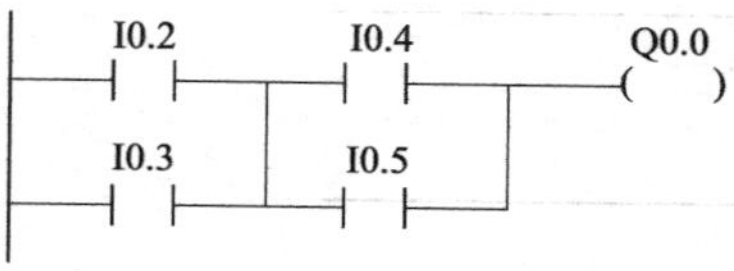	LD　I0.2 O　I0.3 LD　I0.4 O　I0.5 ALD =　Q0.0	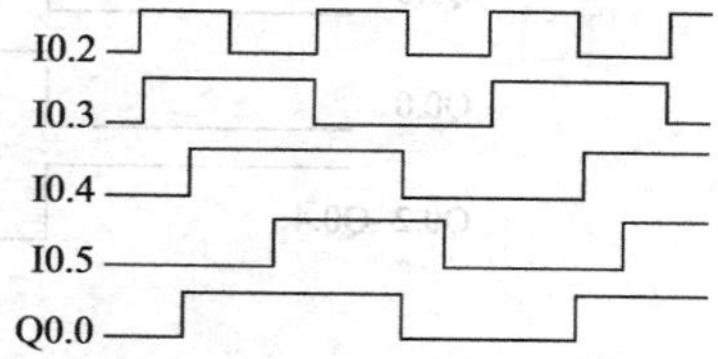

（4）置位、复位操作指令

置位即置 1，复位即置 0。置位和复位指令可以将指定位存储区某一位开始的一个或多个（最多可达 255 个）同类存储器位置 1 或置 0。当用复位指令时，如果是对定时器 T 位或计数器 C 位进行复位，则定时器位或计数器位被复位，同时，定时器或计数器的当前值被清零。置位、复位指令的梯形图和语句表如图 8-4 所示，其 bit 的寻址范围为 I、Q、M，SM、T、C、V、S 和 L；*n* 的寻址范围为 VB、IB、QB、MB、SMB、SB、LB、AC、常用 * VD、* AC 和 * LD（“ * ” 表示的是间接寻址）。

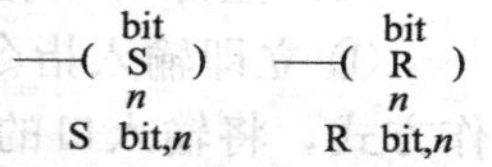

(a) 置位指令　(b) 复位指令

图 8-4　置位、复位操作指令

置位指令与复位指令执行的结构可以保持。当置位（复位）信号来临（1 或 ON）时，被置位置 1（被复位置 0），即使置位（复位）信号变为 0 以后，被置位（被复位）的状态仍然可以保持，直到使其复位（置位）信号的到来。

在机电控制系统中，需要使用按钮来控制电动机的启停。按下启动按钮，电路会瞬时接通，若没有自保持电路，松手后按钮电路会断开。但若要求在按钮松开后电动机仍然运转，同时要求在按下停止按钮后电动机停止，就要使用置位、复位指令了。

［例 8-1］　如图 8-5（a）所示的程序，动作时序图如图 8-5（b）所示。只有 I0.0 和 I0.1 同时为 ON 时，Q1.0 才会为 ON；只要 I0.0 和 I0.1 同时接通，Q0.0 就会置 1，Q0.2～Q0.4 复位为 0。当 I0.0 或 I0.1 断开时，Q0.0 保持为 1，Q0.2～Q0.4 也保持为 0。

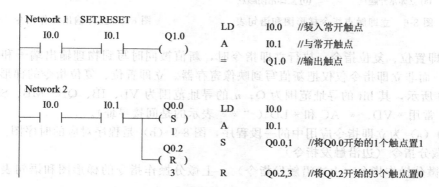

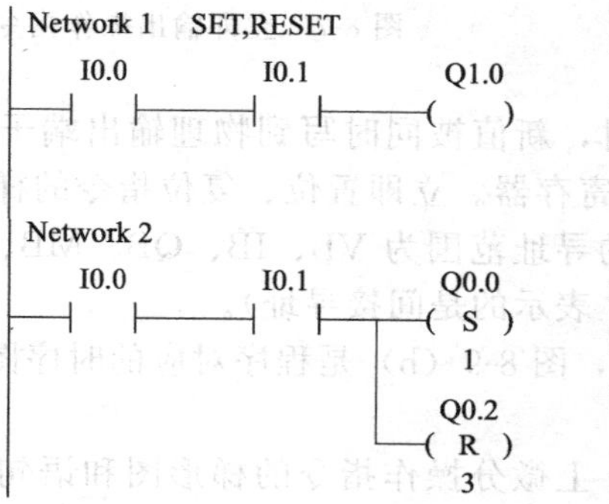


```
LD   I0.0     //装入常开触点
A    I0.1     //与常开触点
=    Q1.0     //输出触点

LD   I0.0
A    I0.1
S    Q0.0,1   //将Q0.0开始的1个触点置1
R    Q0.2,3   //将Q0.2开始的3个触点置0
```

(a) 置位与复位指令

图 8-5

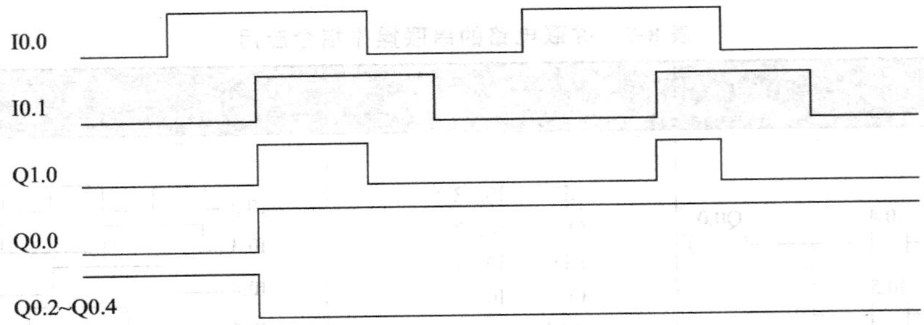

(b) 动作时序图

图 8-5　置位与复位指令和动作时序图

（5）立即 I/O 指令

① 立即输入指令　在一些型号的 PLC 中还有立即输入指令，立即输入指令采用中断工作方式，将输入口的状态立即读入 PLC，不受扫描周期的影响，是针对输入信息的取用方式而设立的指令。立即触点分为立即常开触点和立即常闭触点，其梯形图和语句表如图 8-6 所示。bit 的寻址范围为 1。

在每个标准触点指令的后面加“I”，就是立即触点指令。标准触点指令与立即触点指令的差别：执行立即指令时，CPU 立即读取其物理输入端子的值，但是不刷新对应映像寄存器的值，这类指令包括 LDI、LDNI、AI、ANI、OI 和 ONI；执行标准触点指令时，CPU 读取的是其相应映像寄存器的值。

② 立即输出操作指令　立即输出操作指令将输出位的新数值（前面各逻辑运算的结果）同时写到物理输出端子和相应的映像寄存器，而非立即指令仅仅把新值写到映像寄存器。也就是说，使用立即输出操作指令时，输出的结果不受 PLC 扫描周期的限制，而在运行到该指令时直接驱动实际输出。立即输出操作指令的梯形图和语句表如图 8-7 所示。bit 的寻址范围只能为 Q。

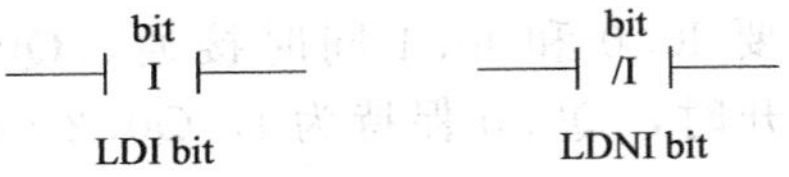

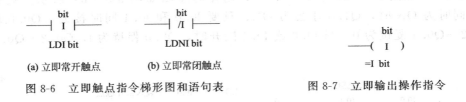

(a) 立即常开触点　(b) 立即常闭触点

图 8-6　立即触点指令梯形图和语句表

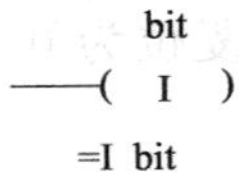

图 8-7　立即输出操作指令

③ 立即置位、复位指令　执行立即指令时，新值被同时写到物理输出端子和相应的映像寄存器，而非立即指令仅仅把新值写到映像寄存器。立即置位、复位指令的梯形图和语句表如图 8-8 所示，其 bit 的寻址范围为 Q；*n* 的寻址范围为 VB、IB、QB、MB、SMB、SB、LB、AC、常用＊VD、＊ AC 和＊LD（“＊”表示的是间接寻址）。

图 8-9（a）为立即指令应用中的一段程序，图 8-9（b）是程序对应的时序图。

（6）微分指令（边沿触发指令）

① 上微分操作指令（上边沿触发指令）　上微分操作指令的梯形图和语句表如图 8-10（a）所示。

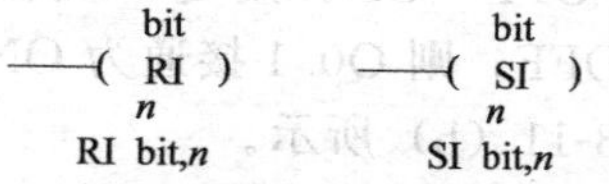

(a) 立即置位指令　(b) 立即复位指令

图 8-8　立即置位、复位操作指令梯形图和语句表

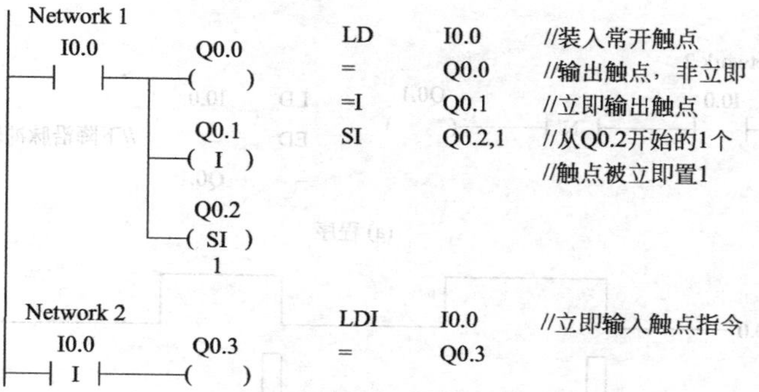

(a) 程序

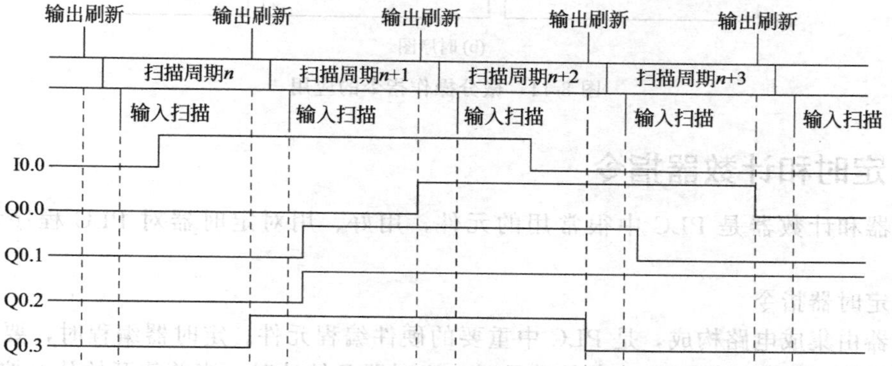

(b) 时序图

图 8-9　立即指令的应用

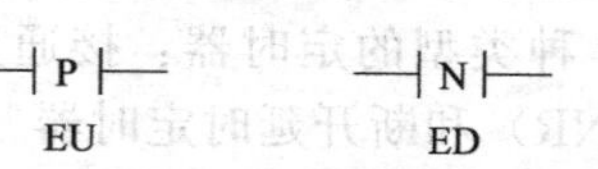

(a) 上微分操作指令　(b) 下微分操作指令

图 8-10　微分操作指令梯形图和指令表

上微分是指某一位操作数的状态由 0 变为 1 的过程，即出现上升沿的过程。上微分操作指令的功能是在这个上升沿形成一个保持一个扫描周期的脉冲。接受这一脉冲控制的器件应写在这一脉冲出现的语句之后。

② 下微分操作指令（下边沿触发指令）　下微分是指某一位操作数的状态由 1 变为 0 的过程，即出现下降沿的过程。下微分操作指令的功能是在这个下降沿形成的一个保持一个扫描周期的脉冲，接受这一脉冲控制的器件应写在这一脉冲出现的语句之后。

在 PLC 控制系统中，经常会检测输入信号的变化，也就是检测输入信号的跳变。输入信号的跳变包括由 1 变为 0 的下降沿和由 0 变为 1 的上升沿。可以将输入信号的跳变转换为脉冲，并利用输入信号的跳变实现输出信号的置位、复位控制。

在图 8-11（a）中，若 I0.0 由 OFF→ON，则 Q0.0 接通为 ON，一个扫描周期的时间后重新变成 OFF。若 I0.0 由 ON→OFF，则 Q0.1 接通为 ON，一个扫描周期的时间后重新变成 OFF。对应的动作时序图如图 8-11（b）所示。

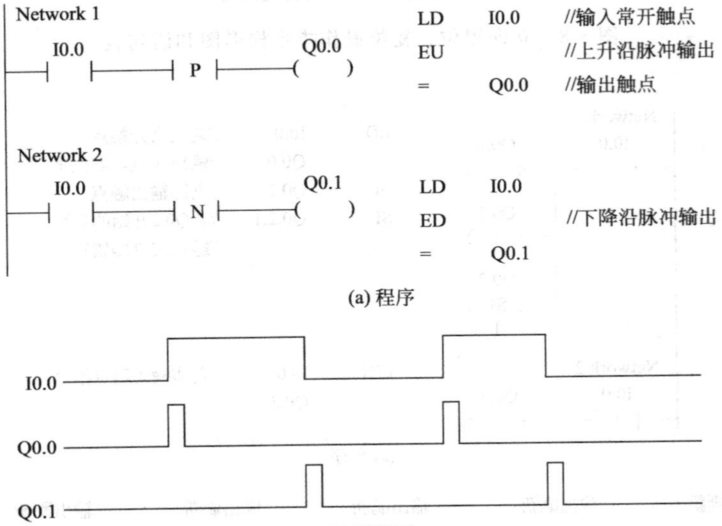

(a) 程序

(b) 时序图

图 8-11 微分操作指令的应用

8.2.2 定时和计数器指令

定时器和计数器是 PLC 中很常用的元件，用好、用对定时器对 PLC 程序设计非常重要。

（1）定时器指令

定时器由集成电路构成，是 PLC 中重要的硬件编程元件。定时器编程时，要先给出输入时间预设值。当定时器的输入条件满足时，定时器开始计时，当前值开始从 0 按一定的时间单位增加，当定时器的当前值达到预设值时，定时器动作，发出中断请求，以便 PLC 响应而做出相应的动作。利用定时器的输入与输出触点就可以得到控制所需的延时时间。

S7-200 PLC 为用户提供了 3 种类型的定时器：接通延时定时器（指令为 TON）、有记忆接通延时定时器（指令为 TONR）和断开延时定时器（指令为 TOF）。定时器的编号用 T 和常数编号，共 256 个（号码为 T0～T255）。

S7-200PLC 定时器的分辨率有 3 种：1ms、10ms 和 100ms。定时器编号一旦确定后，其分辨率也随之确定，定时器号码和分辨率等级对应关系如表 8-8 所示。虽然接通延时定时器与断开延时定时器的编号范围相同，但是不能共享相同的定时器号。例如，在对同一个 PLC 进行编程时，不能既有 TON32，又有 TOF32。

表 8-8 定时器的类型、分辨率和编号

定时器类型	分辨率/ms	最大值/s	定时器号码
保留性接通延时定时器（TONR）	1	32.767	T0，T64
	10	327.67	T1～T4，T65～T68
	100	3276.7	T5～T31，T69～T95

续表

定时器类型	分辨率/ms	最大值/s	定时器号码
接通延时定时器（TON） 断开延时定时器（TOF）	1	32.767	T32，T96
	10	327.67	T33～T36，T97～T100
	100	3276.7	T37～T63，T101～T255

从定时器的原理可以知道定时时间的计算公式：$T=\mathrm{PT}\times S$（T 为定时时间；PT 为预设值；S 为分辨率等级）。例如，TON 指令使用定时器 T97（为 10ms 定时器），预设值为 90，则实际定时时间为 $T=90\times10\mathrm{ms}=900\mathrm{ms}$。

定时器号码不仅仅是定时器的编号，它还包含两方面的变量信息：定时器位和定时器当前值。定时器位：存储定时器的状态，当定时器的当前值达到预设值 PT 时，该位发生动作。定时器当前值：存储定时器当前所累计的时间，它用 16 位符号整数来表示，故最大计数值为 32767。

① 接通延时定时器指令　接通延时定时器用于单一时间间隔的定时。接通延时定时器指令的梯形图和语句表如图 8-12 所示。其中，TON 为定时器标志符；PT 为时间设定值输入端（数据类型为 INT 型）；T*n* 为定时器编号；IN 为使能输入端（数据类型为 BOOL 型）。

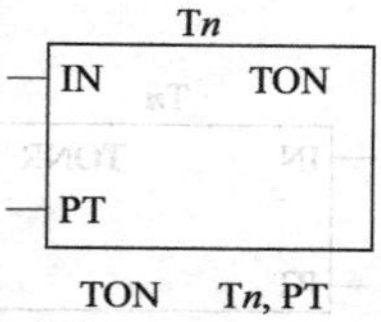

图 8-12　接通延时定时器指令的梯形图和语句表

当定时器的输入信号 IN 的状态为 0 时，定时器的当前值为 0，定时器位也为 0（常开触点断开，常闭触点闭合），定时器没有工作。当输入信号由 0 变为 1 时，定时器开始工作，然后每过一个基本时间间隔，定时器的当前值加 1。当定时器的当前值等于或大于定时器的设定值 PT 时，定时器的延时时间到了，此时定时器位由 0 转换为 1（常开触点闭合，常闭触点断开）。在定时器输出状态改变后，定时器继续计时直到定时器值为 32767（最大值）时，才停止计时，当前值将保持不变。只要当前值大于 PT 值，定时器位就为 1；若不满足这个条件，定时器位应为 0。

当 IN 信号由 1 变为 0，定时器当前值复位（置为 0），定时器位也为 0。当 IN 从 0 变为 1 后维持的时间不足以使得当前值达到 PT 值时，定时器位也不会由 0 变为 1。

如表 8-9 所示，I0.0 触点状态是 1（ON）时，接通延时定时器 T33 开始计时。若 I0.0 触点状态是 1（ON）并保持不到 0.1s 时，T33 计时达不到 0.1s，T33 常开触点不能闭合，仍为 0（OFF）状态，Q0.0 不会输出；若 I0.0 触点状态是 1（ON）并保持 0.1s 以上，T33 计时达到 0.1s 时，T33 常开触点闭合，为 1（ON）状态，Q0.0 输出，直到 I0.0 触点状态是 0（OFF）时，T33 失电，T33 常开触点断开，Q0.0 不输出。

表 8-9　接通延时定时器指令应用

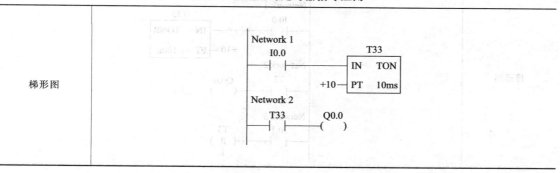

梯形图	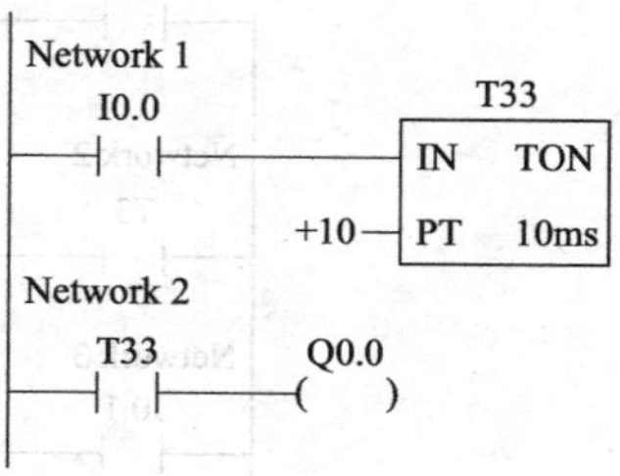

续表

语句表	Network1 LD　　I0．0 TON　T33，+10 Network2 LD　　T33 =　　　Q0．0
时序图	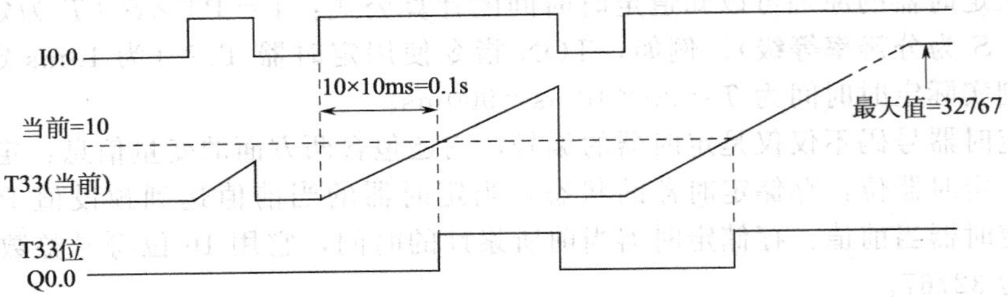

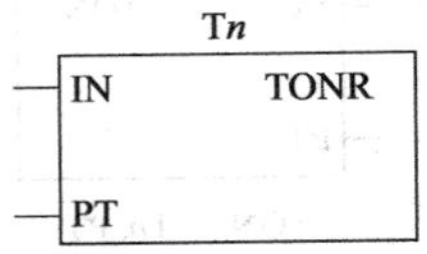

TONR　Tn, PT

图 8-13　有记忆接通延时定时器指令的梯形图和语句表

② 有记忆接通延时定时器指令　有记忆接通延时定时器用于对许多间隔的累计定时。有记忆接通延时定时器指令的梯形图和语句表如图 8-13 所示。其中，TONR 为定时器标志符；T*n* 为定时器编号；IN 为启动输入端；PT 为时间设定值输入端。

有记忆接通延时定时器的原理与接通延时定时器基本相同，其差异在于有记忆接通延时定时器的当前值在 IN 从 1 变为 0 时，定时器位和当前值保持下来。当 IN 再次从 0 变为 1 时，当前值从上次的保持值继续计数。当累计当前值达到预设值时，定时器位为 1。当前值连续计数到 32767，才停止计时。故有记忆接通延时定时器的复位不能同普通接通延时定时器的复位那样使用 IN 从 1 变为 0，TONR 定时器只能使用复位指令 R 对其进行复位操作。TONR 复位后，定时器位为 OFF，当前值为 0。

如表 8-10 所示，I0. 0 触点状态是 1（ON）时，接通有记忆接通延时定时器 T3 开始计时。若 I0. 0 触点状态是 1（ON）并保持 60ms 断开时，定时器 T3 将保持 60ms。下次 I0. 0 触点状态是 1（ON）并保持 40ms 时，定时器 T3 在 60ms 基础上，再定时 40ms 后，定时器 T3 工作，其常开触点闭合，为 1（ON）状态，Q0. 0 输出。即使 I0. 0 触点状态是 0（OFF）状态，定时器 T3 仍保持工作，其常开触点仍为 1（ON）状态，Q0. 0 输出。直到 I0. 1 触点状态是 1（ON），复位定时器 T3，T3 常开触点为 0（OFF）状态，Q0. 0 不输出。

表 8-10　有记忆接通延时定时器指令应用

梯形图	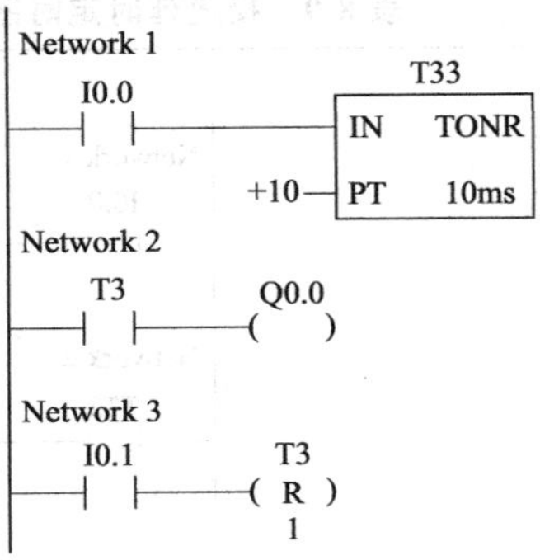

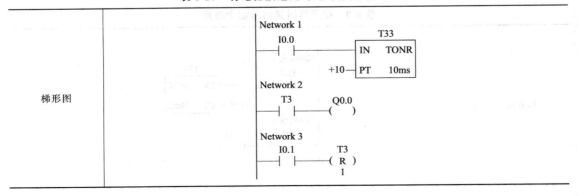

续表

语句表	Network1 LD　　I0.0 TONR T3，+10 Network2 LD　　T3 =　　　Q0.0 Network3 LD　　I0.1 R　　　T3，1
时序图	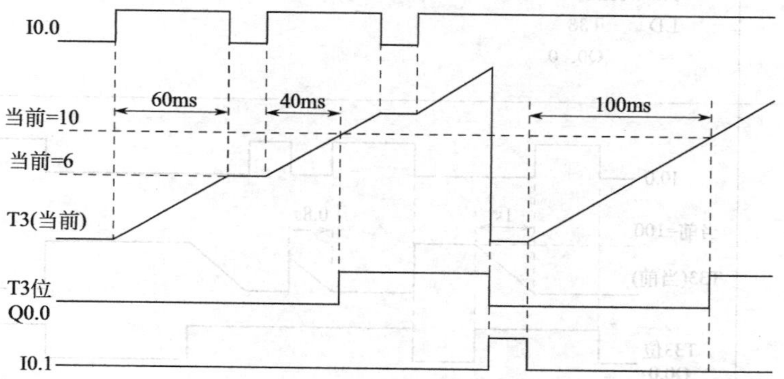

③ 断开延时定时器指令　断开延时定时器用于断电后的单一间隔时间计时。断开延时定时器指令的梯形图和语句表如图 8-14 所示。其中，TOF 为定时器标志符；Tn 为定时器编号；IN 为启动输入端；PT 为时间设定值输入端。

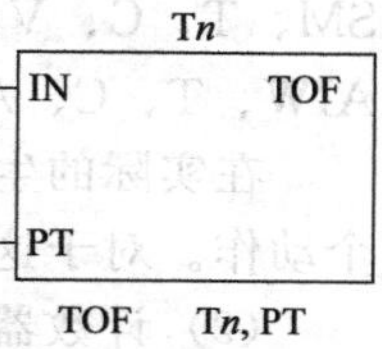

图 8-14　断开延时定时器指令的梯形图和语句表

当定时器的输入信号 IN 的状态为 1 时，定时器的当前值为 0，定时器位为 1，定时器没有工作。只有当启动信号由 1 变为 0 时，定时器开始工作，每过一个基本时间间隔，定时器的当前值加 1。当定时器的当前值达到定时器的设定值 PT 时，到了定时器的延时时间，这时定时器位由 1 转换为 0，停止计时，当前值保持不变。

当 IN 信号由 0 变为 1，则当前值复位（置为 0），定时器位为 1。当 IN 从 1 变为 0 后维持的时间不足以使得当前值达到 PT 值时，定时器位也不会由 1 变为 0。

如表 8-11 所示，若 I0.0 触点状态是 1（ON），断开延时定时器 T33 的常开触点闭合，为 1（ON）状态，Q0.0 输出。当 I0.0 触点由 1（ON）状态变为 0（OFF）状态后时，断开延时定时器 T33 开始计时，I0.0 触点为 0（OFF）状态并保持 1s 以上时，T33 计时时间到 1s 后，T33 的常开触点断开为 0（OFF）状态，Q0.0 不输出。若 I0.0 触点由 1（ON）状态变为 0（OFF）状态后并保持不到 1s 以上时，T33 计时时间达不到 1s，定时器 T33 的常开触点保持原来状态，Q0.0 也保持原来输出状态。

表 8-11　断开延时定时器指令应用

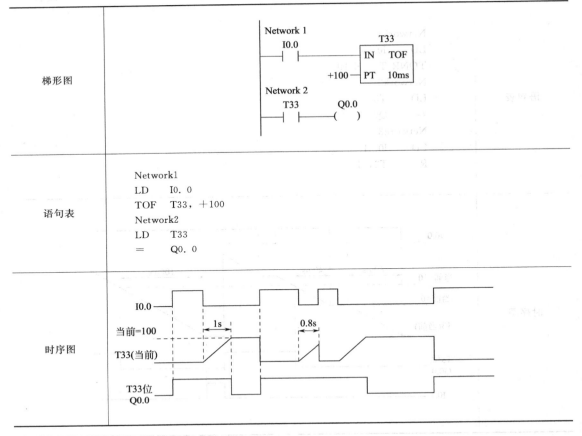

梯形图	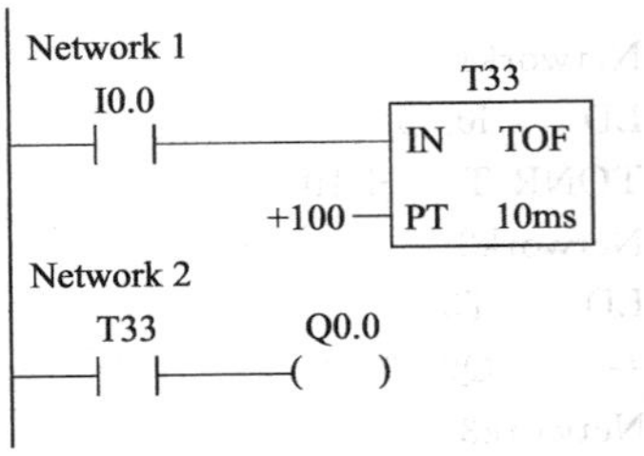
语句表	Network1 LD　　I0. 0 TOF　T33，+100 Network2 LD　　T33 =　　 Q0. 0
时序图	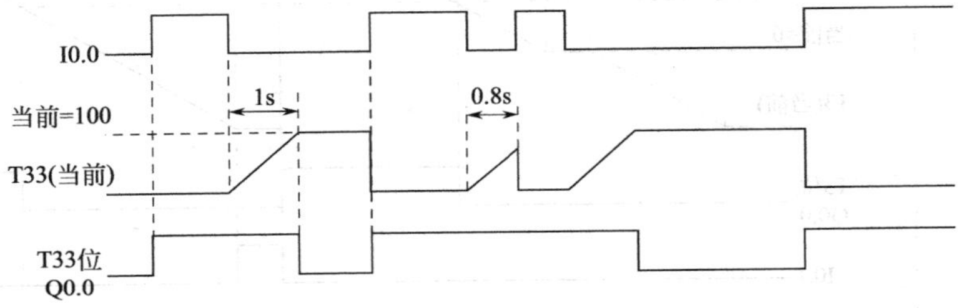

对于这 3 类定时器，其操作数的范围是相同的。输入信号 IN 的寻址范围为 I、Q、M、SM、T，C、V、S 和 L；PT 的寻址范围为 VW、IW、QW、MW、SW、SMW、LW、AIW、T、C、AC，常数、＊VD、＊LD 和＊AC。

在实际的生产控制中，经常需要在按钮操作后一定时间，或者在上电后一定时间实现某个动作。对于这类问题，合理使用定时器都可以实现这样的延迟控制。

（2）计数器指令

计数器用来累计输入脉冲的次数，经常用来对产品进行计数。计数器与定时器的结构和使用基本相似，也由集成电路构成，是应用非常广泛的编程元件。

编程时提前输入所计次数的预设值，当计数器的输入条件满足时，计数器开始运行并对输入脉冲进行计数，当计数器的当前值达到预设值时，计数器发生动作，发出中断请求，以便 PLC 响应而做出相应的动作。

S7-200 PLC 计数器有 3 种类型：增计数器（count up，CTU）、减计数器（count down，CTD）和增减计数器（count up/down，CTUD）。三种计数器共 256 个（号码为 C0～C255）。

与定时器一样，计数器号码不仅仅是计数器的编号，它包含两方面的变量信息：计数器位和计数器当前值。

计数器位：存储计数器的状态，根据满足的条件使得计数器位置“1”或置“0”。

计数器当前值：存储计数器当前所累计的脉冲个数，它用 16 位符号整数来表示，故最大计数值为 32767，最小值为－32767。

① 增计数器指令CTU　增计数器指令的梯形图和语句表如图8-15所示。其中，CTU为计数器标志符；C*n*为计数器编号；CU为计数脉冲输入端（数据类型为BOOL型）；R为复位信号输入端（数据类型为BOOL型）；PV为脉冲设定值输入端（数据类型为INT型）。

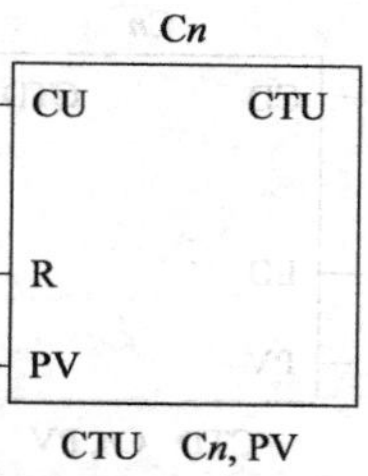

图8-15　增计数器指令的梯形图和语句表

在计数端CU每个脉冲输入的上升沿，计数器的当前值进行加1操作。当计数器的当前值大于等于设定值PV时，计数器位变为1，这时再来计数脉冲时，计数器的当前值仍不断累加，直到32767时停止计数。直到复位端R再次为1，计数器被复位。增计数器在复位端R信号为1时，计数器复位，计数器的当前值为0，计数器位也为0。只有当复位端的信号为0时，计数器才可以工作。

增计数器指令用语句表表示时，一定要按CU端、R端、PV端的顺序输入，不能颠倒。

如表8-12所示，在I0.1触点状态是1（ON）时，计数器C10复位；当I0.0触点状态由0（OFF）变为1（ON）一次，计数器就增计数一次，计数器的当前值就是I0.0端输入脉冲的上升沿数目，当计数器数值大于等于3时，计数器C10的常开触点接通为1（ON），同时输出端Q0.0接通，直到I0.1触点状态是1（ON）为止。然后进入下一个计数期。

表8-12　增计数器指令应用

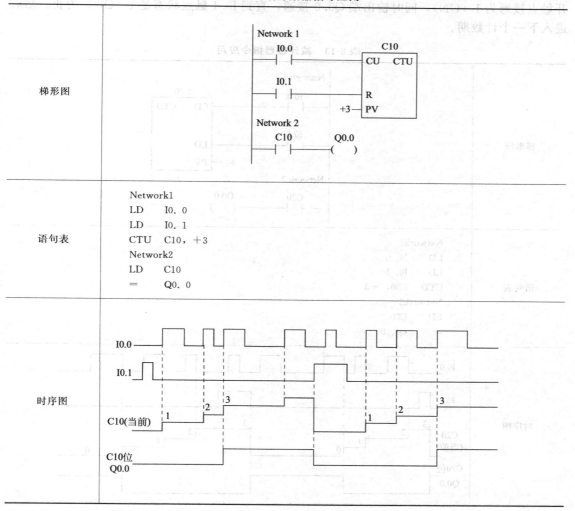

梯形图	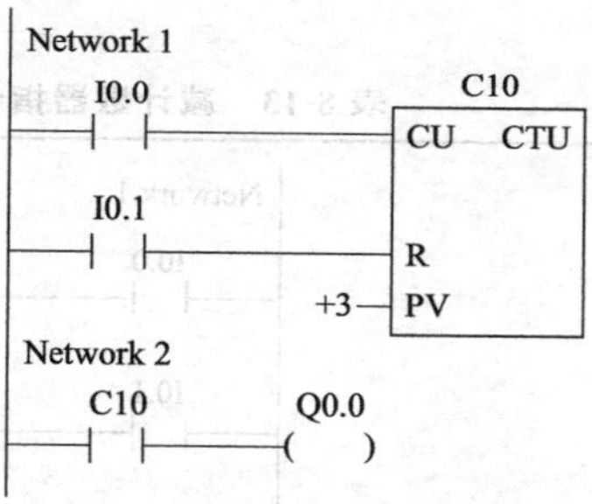
语句表	Network1 LD　I0.0 LD　I0.1 CTU　C10，+3 Network2 LD　C10 =　Q0.0
时序图	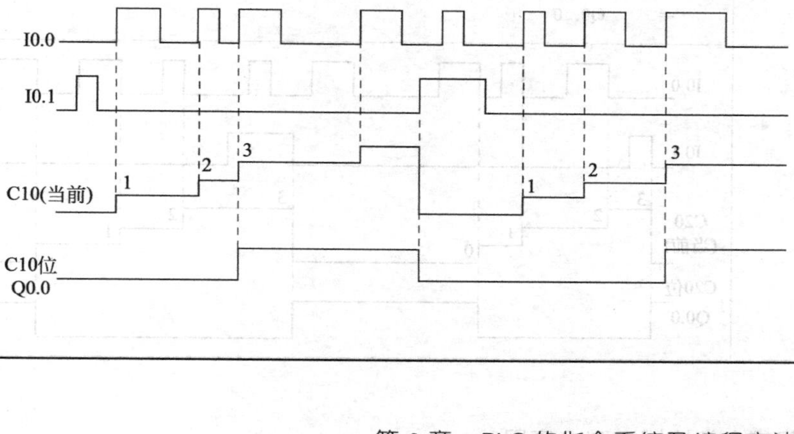

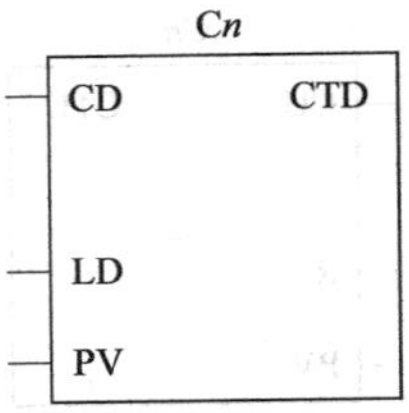

CTD Cn, PV

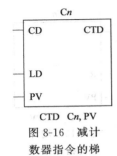

图 8-16 减计数器指令的梯形图和语句表

② 减计数器指令 CTD 减计数器指令，脉冲输入端 CD 用于递减计数。减计数器指令的梯形图和语句表如图 8-16 所示。其中，CTD 为计数器标志符；Cn 为计数器编号；CD 为计数脉冲输入端（数据类型为 BOOL 型）；LD 为装载输入端（数据类型为 BOOL 型）；PV 为脉冲设定值输入端。

减计数器在装载输入端 LD 信号为 1 时，其计数器的设定值 PV 被装入计数器的当前值寄存器。此时当前值为 PV，计数器位为 0。只有当装载输入端的信号为 0 时，计数器才可以工作。在计数端 CD 每个脉冲输入的上升沿，计数器的当前值进行减 1 操作。当计数器的当前值等于 0 时，计数器位变为 1，并停止计数。该状态一直保持到装载输入端 LD 变为 1，再次装入 PV 值之后，计数器位变为 0，才能再次重新计数。

减计数器指令用语句表表示时，一定要按 CD 端、LD 端、PV 端的顺序输入，不能颠倒。

如表 8-13 所示。在 I0.1 触点状态是 1（ON）时，计数器 C20 置数为“3”；当 I0.0 触点状态由 0（OFF）变为 1（ON）一次，计数器就减计数一次，计数器的当前值就是计数器设定值“3”减去 I0.0 端输入脉冲的上升沿数目，当计数器数值等于 0 时，计数器 C20 的常开触点接通为 1（ON），同时输出端 Q0.0 接通，直到 I0.1 触点状态是 1（ON）为止。然后进入下一个计数期。

表 8-13 减计数器指令应用

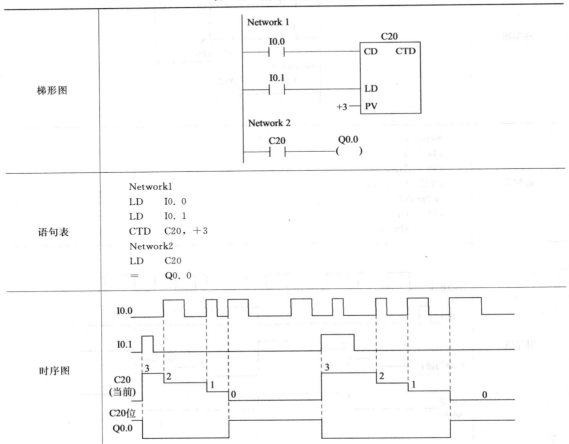

梯形图	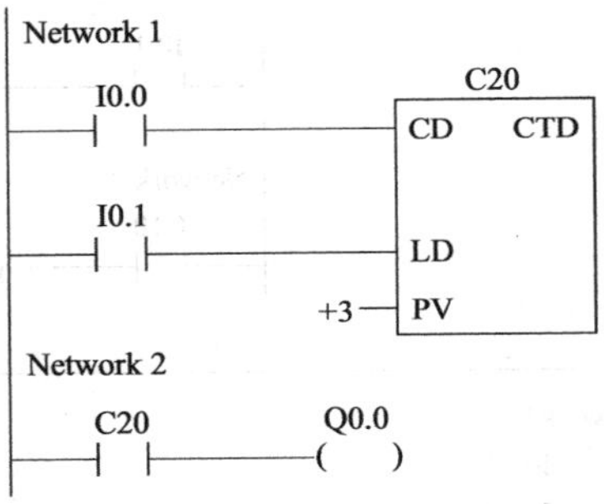
语句表	Network1 LD I0. 0 LD I0. 1 CTD C20，+3 Network2 LD C20 = Q0. 0
时序图	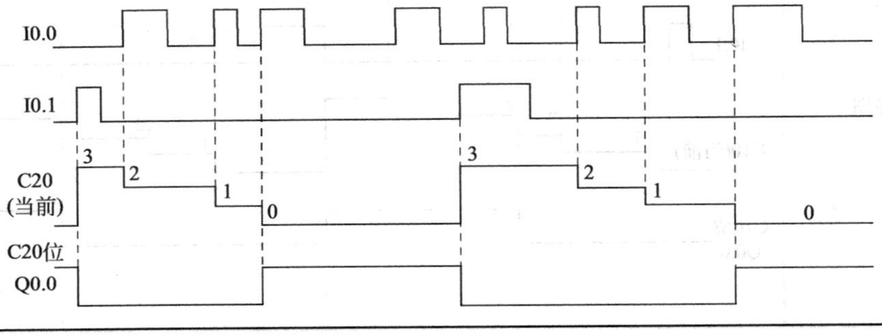

③ 增减计数器指令 CTUD　增减计数器指令有两个脉冲输入端，其梯形图和语句表如图 8-17 所示。其中，CTUD 为计数器标志符；C*n* 为计数器编号；CU 为增计数脉冲输入端；CD 为减计数脉冲输入端；R 为复位信号输入端：PV 为脉冲设定值输入端。

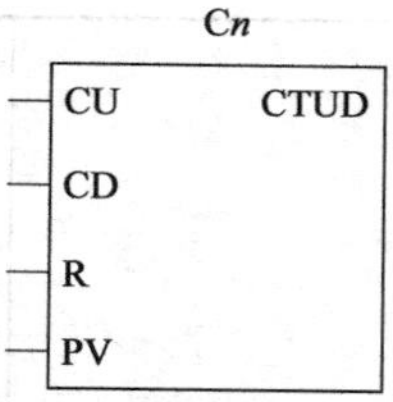

CTUD　C*n*, PV

图 8-17　增减计数器指令的梯形图和语句表

增减计数器在复位端 R 信号为 1 时，其计数器的当前值为 0，计数器位也为 0。只有在复位端 R 的信号为 0 时，计数器才可以工作。每当一个增计数输入脉冲端 CU 上升沿到来时，计数器的当前值进行加 1 操作。当计数器的当前值大于等于设定值 PV 时，计数器位变为 1。这时再来增计数脉冲时，计数器的当前值仍不断累加，达到最大值 32767 后，下一个 CU 脉冲上升沿将使计数器当前值跳变为最小值（－32768）并停止计数。每当一个减计数脉冲上升沿到来时，计数器的当前值进行减 1 操作。当计数器的当前值小于设定值 PV 时，计数器位变为 0。再来减计数脉冲时，计数器的当前值仍不断递减，达到最小值－32768 后，下一个 CD 脉冲上升沿使计数器的当前值跳变为最大值（32767）并停止计数。

增减计数器指令用语句表表示时，一定要按 CU 端、CD 端、R 端、PV 端的顺序输入，不能颠倒。

如表 8-14 所示，在 I0.2 触点状态是 1（ON）时，计数器复位；当 I0.2 触点状态是 0（OFF）时，计数器进行计数，计数器的当前值是 I0.0 端输入脉冲的上升沿数目与 I0.1 端输入的上升沿数目的差，当计数器数值大于等于 4 时，计数器 C30 位通为 1，同时输出端 Q0.0 接通。直到 I0.2 触点状态是 1（ON）为止。然后进入下一个计数期。

表 8-14　增减计数器指令的应用

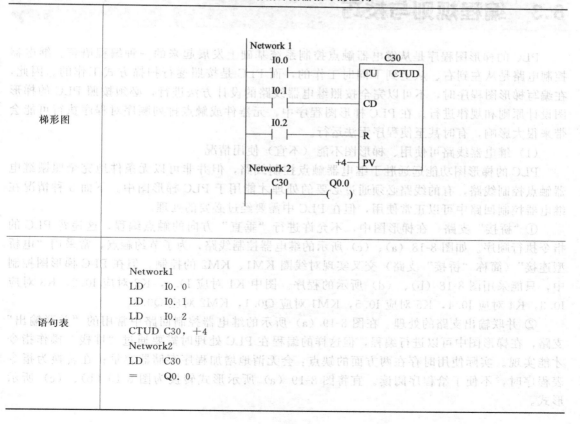

梯形图	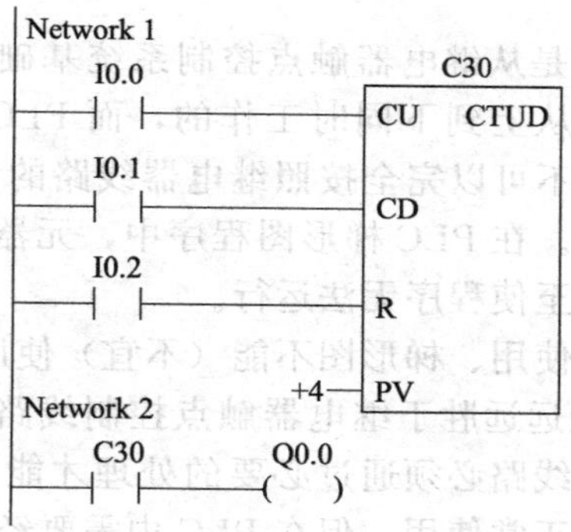
语句表	Network1 LD　I0. 0 LD　I0. 1 LD　I0. 2 CTUD C30，＋4 Network2 LD　C30 ＝　Q0. 0

时序图	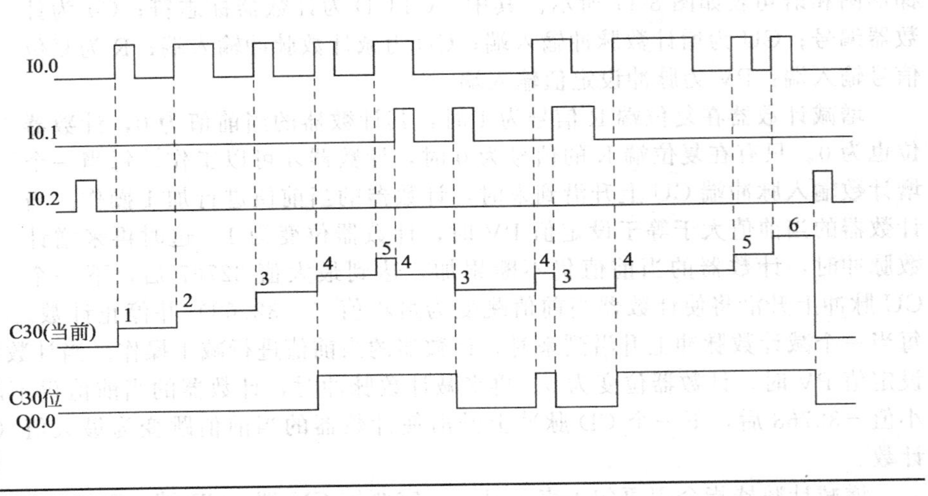

在 3 种计数器中，CU、CD、LD 和 R 的寻址范围为 I、Q、M、SM、T、C、V、S 和 L；PV 的寻址范围为 VW、IW、QW、MW、SW、SMW、LW、AIW、T、C、AC、常数、*VD、*LD 和 *AC。3 种计数器都可以用复位指令来复位。复位后，计数器位变为 0，计数器当前值变为 0（CTD 变为预设值 PV）。在一个程序中，同一个计数器号码只能使用一次，计数脉冲输入和复位信号输入同时有效时，优先执行复位操作。

8.3 编程规则与技巧

PLC 的梯形图程序是从继电器触点控制系统基础上发展起来的一种编程语言。继电器控制电路是从左到右、从上到下同时工作的，而 PLC 是按照逐行扫描方式工作的。因此，在编写梯形图程序时，不可以完全按照继电器线路的设计方法进行，必须按照 PLC 的梯形图设计原则和规律进行。在 PLC 梯形图程序中，元器件或触点排列顺序对程序执行可能会带来很大影响，有时甚至使程序无法运行。

（1）继电器线路可使用、梯形图不能（不宜）使用情况

PLC 的梯形图功能远远胜于继电器触点控制线路，但并非可以无条件地完全照搬继电器触点控制线路，有的线路必须通过必要的处理才能用于 PLC 梯形图中。下面 3 种情况在继电器控制回路中可以正常使用，但在 PLC 中需要经过必要的处理。

①“桥接”支路　在梯形图中，不允许进行“垂直”方向的触点编程，这违背 PLC 的指令执行顺序。如图 8-18（a）、（c）所示的继电器控制线路，为了节约触点，常采用“电桥型连接”（简称“桥接”支路）交叉实现对线圈 KM1、KM2 的控制。但在 PLC 梯形图控制中，只能采用图 8-18（b）、（d）所示的程序。图中 K1 对应 I0.1，K2 对应 I0.2，K3 对应 I0.3，K4 对应 I0.4，K5 对应 I0.5，KM1 对应 Q0.1，KM2 对应 Q0.2。

② 并联输出支路的处理　在图 8-19（a）所示的继电器控制回路中常用的“并联输出”支路，在梯形图中可以进行编程，但这样的编程在 PLC 处理时需要通过“堆栈”操作指令才能实现。实际使用时存在两方面的缺点：会无谓地增加程序存储器容量；在转换为指令表程序时，不便于给程序阅读。宜将图 8-19（a）所示形式转换为图 8-19（b）、（c）所示形式。

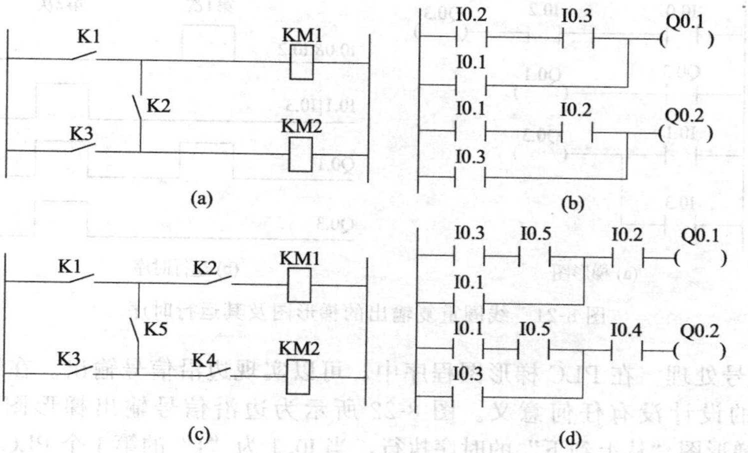

图 8-18 “桥接”支路的处理

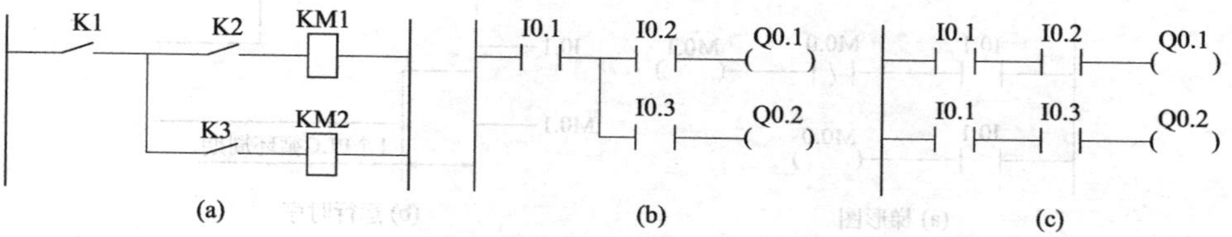

图 8-19 并联输出支路的处理

③“后置触点”的处理 在图 8-20（a）所示的继电器控制回路中，可以在继电器线圈后使用“后置触点”。但在 PLC 梯形图中，不允许在输出线圈后使用“后置触点”，必须将输出线圈后“触点”移到线圈前，如图 8-20（b）所示。图中，K1 对应 I0.1，K2 对应 I0.2，K3 对应 I0.3，KM1 对应 Q0.1，KM2 对应 Q0.2。

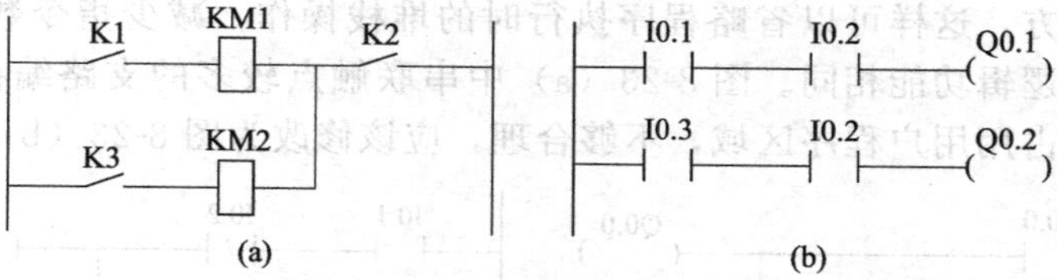

图 8-20 “后置触点”的处理

（2）梯形图能使用、继电器线路不能实现的情况

① 线圈重复 在继电器控制回路中，不能重复使用继电器线圈。但在 PLC 梯形图程序中，因编程需要，有时使用线圈重复输出（同一输出线圈重复使用）。如图 8-21（a）所示的梯形图中，输出线圈 Q0.3 重复使用（编程时可能提示线圈重复错误），Q0.3 的最终输出状态以最后执行的程序处理结果（第 2 次输出）为准。对于第 2 次输出前的程序段，Q0.3 的内部状态为第 1 次的输出状态。运行时序如图 8-21（b）所示，第 1 次输出时，当 I0.0 与 I0.2 同时为“1”、I0.1 与 I0.3 均为“0”时，Q0.1 将输出“1”，Q0.3 将输出“0”；第 2 次输出时，当 I0.0 与 I0.2 有一个为“0”、I0.1 与 I0.3 有一个为“1”时，Q0.3 将输出“1”，Q0.1 也将输出“1”。

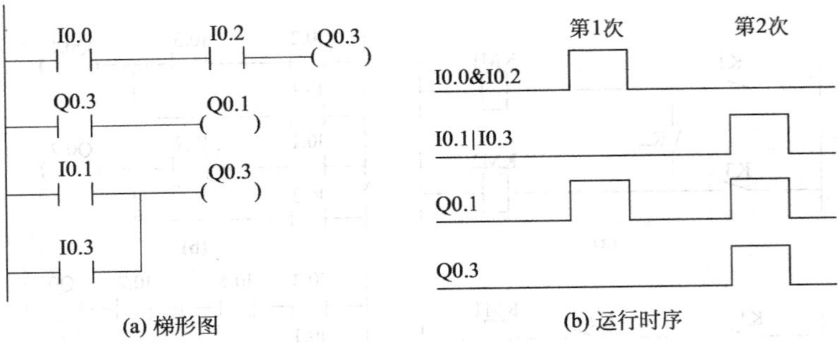

(a) 梯形图　　(b) 运行时序

图 8-21　线圈重复输出的梯形图及其运行时序

② 边沿信号处理　在 PLC 梯形图程序中，可以实现边沿信号输出。在继电器控制回路中，类似回路的设计没有任何意义。图 8-22 所示为边沿信号输出梯形图及其运行时序。PLC 严格按照梯形图“从上到下”的时序执行，当 I0.1 为“1”的第 1 个 PLC 循环周期里。可以出现 M0.0、M0.1 同时为“1”的状态，即 M0.1 可以获得宽度为 1 个 PLC 循环周期的脉冲输出。在西门子 S7-200 系列 CPU 中已有边沿信号处理的编程指令，如指令┤P├、┤N├等。

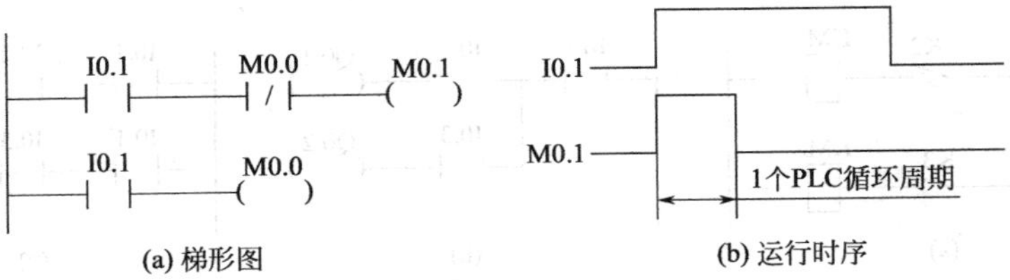

(a) 梯形图　　(b) 运行时序

图 8-22　边沿信号输出的梯形图及其运行时序

（3）梯形图程序的优化

在编写梯形图时，某些指令的先后次序调整从实现的动作上看并无区别，但是转换为语句表后，其指令条数不同，占用的存储器容量有区别。为了简化程序、减少指令，有效节约一些用户程序区域，需要对梯形图程序进行优化。

① 并联支路梯形图优化　在若干支路并联的梯形图程序中，应将串联触点较多的支路编写在梯形图的上方，这样可以省略程序执行时的堆栈操作，减少指令数。图 8-23 所示的两个梯形图实现的逻辑功能相同。图 8-23（a）中串联触点较多的支路编在梯形图下方，增加了指令条数，多占用用户程序区域，不够合理，应该修改为图 8-23（b）所示的梯形图。

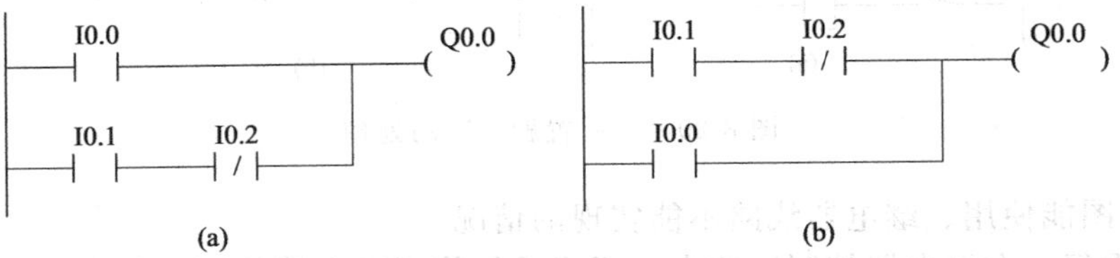

(a)　　(b)

图 8-23　并联支路梯形图优化

图 8-23（a）所示梯形图对应的语句表如下。

```
LD  I0.0
LD  I0.1
AN  I0.2
OLD
=   Q0.0
```

图 8-23（b）所示梯形所对应的语句表如下。

```
LD   I0.1
AN   I0.2
O    I0.0
=    Q0.0
```

② 串联支路梯形图优化　在梯形图设计或变换时，遵循“左沉右轻、上沉下轻”的原则，可以减少指令条数，优化梯形图程序。在串联支路中，并联触点较多的支路编在梯形图左边，这样也可以省略程序执行时的堆栈操作，减少指令条数。图 8-24 所示的两个梯形图实现的逻辑功能一样，但程序繁简程度却有差异。将串联的两支路左、右对换后，并联的两个分支上、下对换。变换后，原有的逻辑关系不变，但程序却简化了，指令数也减少了。

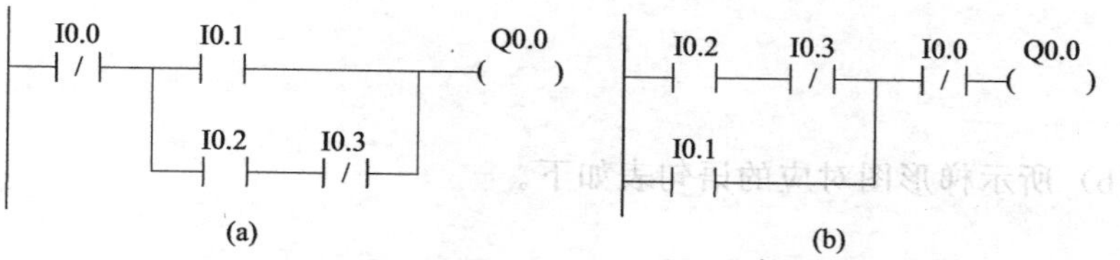

图 8-24　串联支路梯形图优化

图 8-24（a）所示梯形图对应的语句表如下。

```
LDN  I0.0
LD   I0.1
LD   I0.2
AN   I0.3
OLD
ALD
=    Q0.0
```

图 8-24（b）所示梯形图对应的语句表如下。

```
LD   I0.2
AN   I0.3
O    I0.1
AN   I0.0
=    Q0.0
```

③ 复杂逻辑梯形图优化　在一些复杂逻辑的梯形图中，应使梯形图的逻辑关系尽量清楚，便于阅读检查和输入程序。图 8-25（a）所示的梯形图结构比较复杂，逻辑关系不够清楚，用 ORB、ANB 指令编程不便区分逻辑关系。这时，可以重复使用一些触点画出它的等效电路梯形图，如图 8-25（b）所示。程序指令条数虽然增多，但逻辑关系清楚，便于阅读和编程。

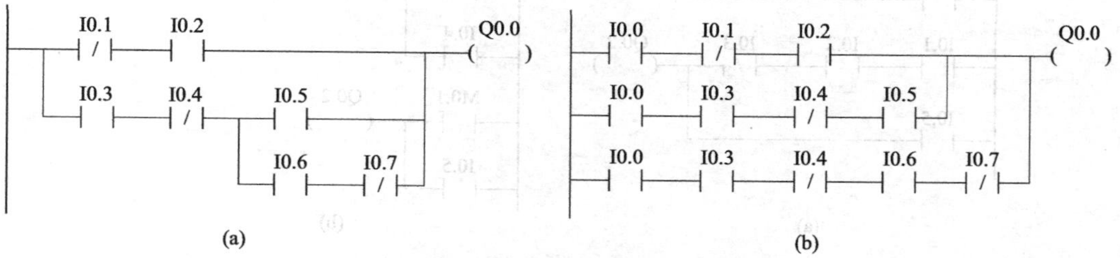

图 8-25　复杂逻辑梯形图调整

图 8-25（a）所示梯形图对应的语句表如下。

```
LD   I0.0
LDN  I0.1
A    I0.2
LD   I0.3
AN   I0.4
LD   I0.5
LD   I0.6
AN   I0.7
OLD
ALD
OLD
ALD
=    Q0.0
```

图 8-25（b）所示梯形图对应的语句表如下。

```
LD   I0.0
AN   I0.1
A    I0.2
LD   I0.0
A    I0.3
AN   I0.4
A    I0.5
OLD
LD   I0.0
A    I0.3
AN   I0.4
A    I0.6
AN   I0.7
OLD
=    Q0.0
```

④ 内部标志位存储器的使用　为了简化程序，减少指令步数，在程序设计时对于需要多次使用的若干逻辑运算的组合，应尽量使用内部标志位存储器，如图 8-26（a）改为（b）所示，这样既可以简化程序，又可以在逻辑运算条件修改时，只需修改内部标志位存储器的控制条件，即可完成所有程序的修改，为程序的修改、调整带来方便。

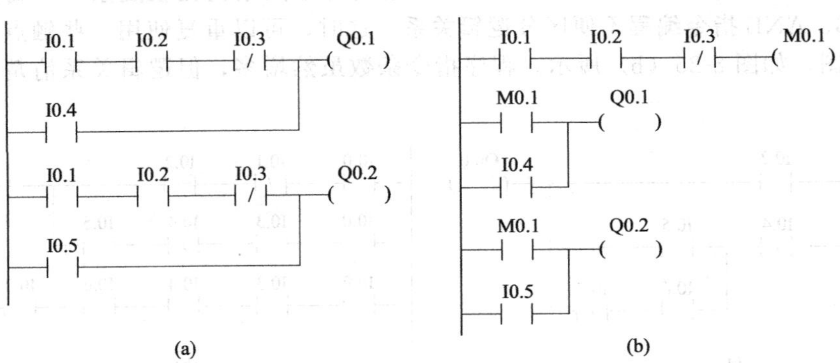

图 8-26　内部标志位存储器的使用

图 8-26（a）所示梯形图对应的语句表如下。

```
Network 1
LD  I0.1
A   I0.2
AN  I0.3
O   I0.4
=   Q0.1

Network 2
LD  I0.1
A   I0.2
AN  I0.3
O   I0.5
=   Q0.2
```

图 8-26（b）所示梯形图对应的语句表如下。

```
Network 1
LD  I0.1
A   I0.2
AN  I0.3
=   M0.1

Network 2
LD  M0.1
O   I0.4
=   Q0.1

Network 3
LD  M0.1
O   I0.5
=   Q0.2
```

8.4 S7-200 PLC 的功能指令

8.4.1 功能指令概述

功能指令（functional instruction）或称为应用程序（applied instruction）是代表 PIC 作能力的指令。其特点：数量大，一般 PLC 功能指令都有上百条；功能强，一条功能指令所能完成的工作相当于计算机汇编语言编制的一大段子程序；使用时涉及参数多，比基本指令复杂。

（1）功能指令的分类及用途

功能指令根据功能分类，不同品牌机种功能指令分类雷同，但也有不少差别。常见的类型及用途有以下几种。

① 数据处理类　传送比较、算术与逻辑运算、移位、循环移位、数据变换、编解码等指令，用于各种运算。

② 程序控制类　子程序、中断、跳转、循环及步进顺控等指令，用于程序结构及流程

的控制。

③ 特种功能类　时钟、高速计数、脉冲输出、表功能、PID 处理等指令，用于实现某些专用功能。

④ 外部设备类　输入输出口设备指令及通信指令等，用于主机内外设备间的数据交换。

(2) 功能指令的表达形式及使用要素

和基本指令类似，功能指令具有梯形图和指令表等表达形式。由于功能指令的内涵主要是指令要完成什么功能，功能指令的梯形图符号多为功能框。由于数据处理远比逻辑处理复杂，功能指令涉及的机内器件种类及数据量都比较多。表 8-15 是 S7-200 系列可编程控制器的加、减法运算指令的说明。现以此为例介绍功能指令的表达方式及使用要素。

表 8-15　整数加法和整数减法指令

指令的表达形式	操作数的含义及范围	指令功能及指令对标志位的影响
+I IN1、IN2 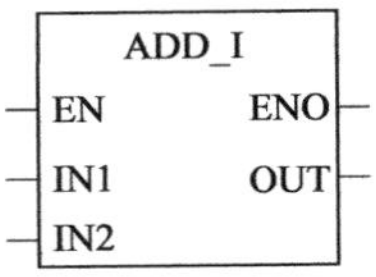 	IN1、IN2：IW、QW、VW、MW、SMW、SW、T、C、LW、AC、AIW、* VD、* AC、* LD 常数 OUT：IW、QW、VW、MW、SMW SW、LW、T、C、AC、* VD、* AC、* LD 在 LAD 中：IN1+IN2=OUT IN1-IN2=OUT 在 STL 中：IN1+OUT=OUT OUT-IN1=OUT	整数的加法和减法指令把两个 16 位整数相加或相减，产生一个 16 位结果（OUT），使 ENO=0 的错误条件是：SM1.1（溢出）、SM4.3（运行时间）、0006（间接寻址） 这些指令影响下面的特殊存储器位：SM1.0（零）；SM1.1（溢出）；SM1.2（负）
-I IN1、IN2 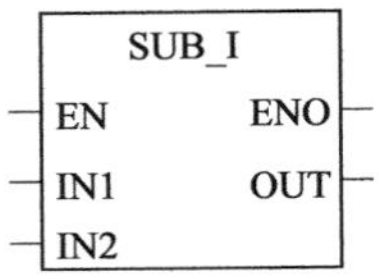 		

① 功能框及指令的标题　梯形图中功能指令多用功能框表达。功能框顶部有该指令的标题。如表 8-15 中的“ADD _ I”及“SUB _ I”分别表示整数加法及整数减法指令。标题一般由两个部分组成：前部为指令的助记符，多为英语缩写词，如加法指令中“ADDITION”简写为“ADD”；后部为参与运算的数据类型，如“I”，表示为整数。另还常见“DI”为双整数，R 表示实数，B 表示字节，W 为字，DW 为双字等。

② 语句表达格式　语句表达式一般包括两个部分：第一部分表示指令的功能；第二部分为参加运算的数据地址或数据，也有无数据的功能指令语句。第一部分即助记符，一般和功能框中指令标题相同，但也可能不同，如以上整数加法指令中使用“+I”表示整数加法。

③ 操作数类型及长度　操作数是功能指令涉及或产生的数据。功能框及语句中用“IN”及“OUT"标示的即为操作数。操作数又可分为源操作数、目标操作数及其他操作数。源操作数是指令执行后不改变其内容的操作数。目标操作数是指令执行后将改变其内容的操作数。从梯形图符号来说，功能框左边的操作数通常是源操作数，功能框右边的操作数为目标操作数，如加指令梯形图符号中“IN1”“IN2”为源操作数，“OUT”为目标操作数。有时源操作数及目标操作数也可使用同一存储单元。操作数中还有辅助操作数，常用来对源操作数和目标操作数做出补充说明。

④ 指令的执行条件及执行形式　功能框中以“EN”表示的输入为指令执行的条件。在梯形图中，“EN”连接的为编程软元件触点的组合。从能流的角度出发，当触点组合满足能流达到功能框的条件时，该功能框所表示的指令就得以执行。需要注意的是，当功能框 EN 前的执行条件成立时，该指令在每个扫描周期都会被执行一次，这种执行方式称为连续执行。而在很多场合，只希望某些功能框执行一次，即只在一个扫描周期中有效，这时可以用

脉冲作为执行条件，这种执行方式称为脉冲执行。有些功能指令用连续执行和脉冲执行结果都一样，但有些指令两种执行方式结果会大不一样，如数据交换指令，原本是指两个数据单元中的数据交换位置，如多次换位，就有可能换位和不换是一样的了。因此，在编程时必须给功能框设定合适的执行条件。

⑤ 指令执行结果对特殊标志位的影响　为了方便用户更好地了解机内运行的情况并为控制及故障自诊断提供方便，PLC 中设立了许多特殊标志位，如溢出位、负值位等。具体情况可在指令说明中查阅。

⑥ 指令的机型适用范围　某条功能指令往往并不是某系列机型中任一款都适用的，不同的 CPU 型号可适用的功能指令范围不尽相同，也可以查有关手册了解。

8.4.2 程序控制指令

程序控制指令使程序结构灵活，合理使用该指令可以优化程序结构，增强程序功能。这类指令主要包括结束、停止、看门狗复位、跳转与标号、循环、子程序和顺序控制继电器等指令。

（1）结束指令

结束指令分为有条件结束指令 END 和无条件结束指令 MEND。有条件结束指令 END，执行条件成立时结束主程序，返回主程序起点，其梯形图和语句表如图 8-27 所示。无条件结束指令 MEND，无条件终止用户程序的执行，返回主程序的第一条指令。

注意: ① 结束指令只能用在主程序，不能在子程序和中断程序中使用，而有条件结束指令可用于无条件结束前结束主程序；② 在调试程序时，在程序的适当位置插入无条件结束指令可实现程序的分段调试；③ 可以利用程序的结果状态、系统状态或外部设置切换条件来调用有条件结束指令，使程序结束。④ 使用 Micro/WIN 32 编程时，编程人员不需手工输入无条件结束指令，软件会自动在内部加上一条无条件结束指令到主程序的结尾。

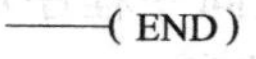

END

图 8-27　有条件结束指令的梯形图和语句表

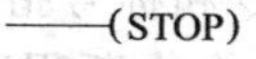

STOP

图 8-28　停止指令的梯形图和语句表

（2）停止指令

停止指令的梯形图和语句表如图 8-28 所示。停止指令 STOP 使 PLC 的工作方式从 RUN 模式进入 STOP 模式，从而立即终止用户程序的执行。STOP 指令可以用在主程序、子程序和中断程序中。如果在中断程序中执行停止指令，中断程序立即终止，并忽略全部等待执行的中断，继续执行主程序的剩余部分，并在主程序的结束处，完成从 RUN 方式到 STOP 方式的转换。

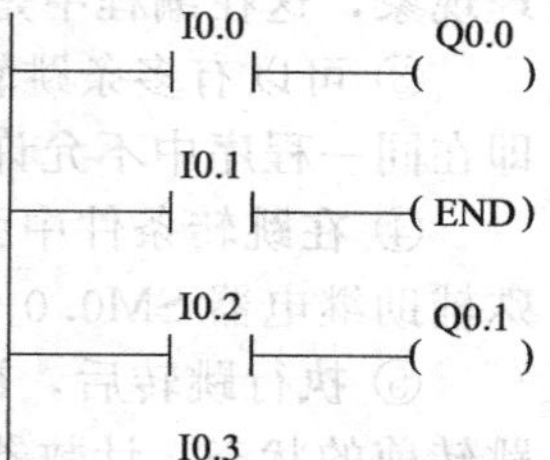

图 8-29　梯形图

STOP 指令和 END 指令通常在程序中用来对突发紧急事件进行处理，可以有效避免实际生产中的重大损失。例如，图 8-29 所示的梯形图程序中，当 I0.0 接通时，Q0.0 有输出，当 I0.1 接通时，终止用户程序，Q0.0 仍保持接通，下面的程序不会执行，并返回主程序的起始点，若 I0.0 断开时，接通 I0.2 时，则 Q0.1 有输出，若将 I0.3 接通，则 Q0.0 和 Q0.1 均复位，转为 STOP 方式。

（3）看门狗复位指令

看门狗复位指令的梯形图和语句表如图 8-30 所示。为了保证系统可靠运行，PLC 内部设置了系统监视定时器（WDT），用于监视扫描周期是否超时。每当扫描到WDT定时器时，WDT定时器将复位。WDT定时器有一设定值（100～300ms），系统正常工作时，所需扫描时间小于WDT的设定值，WDT定时器及时复位。系统在发生故障的情况下，扫描时间大于WDT设定值，该定时器不能及时复位，则报警并停止CPU运行，同时复位输出。这种故障称为WDT故障，以防止因系统故障或程序进入死循环而引起的扫描周期过长。

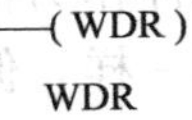

图 8-30　看门狗复位指令的梯形图和语句表

系统正常工作时，如果希望扫描时间超过WDT定时器的设定值，或者预计发生大量中断事件，或者使用循环指令使扫描时间过长，可能在WDT定时器的设定值内不能返回主程序，为防止这些情况下WDT动作，可以考虑使用看门狗复位指令，重新触发WDT，使其复位，在没有监视程序错误的条件下增加CPU系统扫描占用的时间。使用看门狗复位指令时应当小心，因为使用循环指令会造成阻止扫描完成或过度延迟扫描完成时间。

下列程序只有在扫描循环完成后才能执行：通信（自由端口模式除外）；I/O更新（立即I/O除外）；强制更新；SM位更新（SM0、SM5～SM29除外）；运行时间诊断程序；中断程序中的STOP指令；分辨率10ms和100ms定时器对于超过25s的扫描不能正确累计时间。

（4）跳转与标号指令

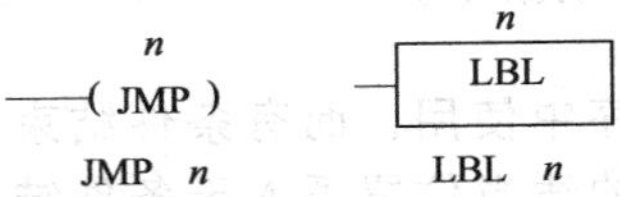

(a) 跳转指令　(b) 标号指令

图 8-31　跳转与标号指令的梯形图和语句表

在程序执行时，由于条件的不同，可能会产生一些分支，这时就需要用到跳转和标号指令，根据不同条件的判断，选择不同的程序段执行程序。跳转和标号指令的梯形图和语句表如图8-31所示。操作数n为数字0～255。当跳转条件满足时，跳转指令可以使程序流程转到具体的标号（n）处执行。标号指令用来标记指令转移目的地的位置（n）。

使用跳转指令有以下几点注意事项。

① 跳转指令和标号指令必须配合使用，而且只能使用在同一程序块中，如主程序、同一主程序或同一个中断程序，不能在不同的程序块间互相跳转。

② 由于跳转指令具有选择程序段的功能，在同一程序且位于因跳转而不会被同时执行程序段中的同一线圈不被视为双线圈。双线圈指同一程序中，出现对同一线圈的不同逻辑处理现象，这在编程中是不允许的。

③ 可以有多条跳转指令使用同一标号，但不允许一个跳转指令对应两个标号的情况，即在同一程序中不允许存在两个相同的标号。

④ 在跳转条件中引入升沿或下降沿脉冲指令时，跳转只执行一个扫描周期，但若用特殊辅助继电器SM0.0作为跳转指令的工作条件，跳转就成为无条件跳转。

⑤ 执行跳转后，被跳过程序段中各寄存器的状态：Q、M、S、C等寄存器的位将保持跳转前的状态；计数器C停止计数，当前值存储器保持跳转前的计数值。

⑥ 对于定时器来说，由于刷新方式不同故工作状态不同。在跳转期间，分辨率为1ms和10ms的定时器会一直保持跳转前的工作状态，原来工作的继续工作，到设定值后，其位的状态也会改变，输出触点动作，其当前值存储器一直累计到最大值32767才停止。对于分辨率为100ms的定时器来说，跳转期间停止工作，但不会复位，存储器里的值为跳转时的值，跳转结束后，若输入条件允许，可继续计时，但已失去了准确计时的意义，所以在跳转段里的定时器要慎用。

［例8-2］　图8-32为跳转指令应用的例子。Network4中的跳转指令使程序流程跨过一些程序分支（Network5～15）跳转到标号4处接续运行。跳转指令中的“n”与标号指令中

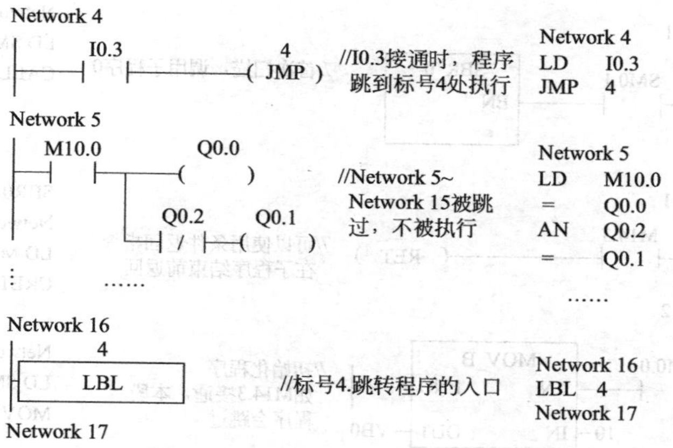

图 8-32　跳转指令实例

的“*N*”值相同。在跳转发生的扫描周期中，被跳过的程序段停止执行，该程序段涉及的各输出器件的状态保持跳转前的状态不变，不响应程序相关的各种工作条件的变化。

(5) 子程序操作指令

编写程序时，有的程序段需要多次重复使用。这样的程序段可以编成一个子程序，当满足执行条件时，主程序转去执行子程序，子程序执行完毕后，再返回来继续执行主程序。另外，有的程序段不仅需多次使用，而且要求程序段的结构不变，但每次输入和输出操作数不同。对于这样的程序段，也可以编写成一个子程序。在满足执行条件时，主程序转去执行子程序，并且每次调用时赋予该子程序不同的输入和输出操作数，子程序执行完毕再返回去继续执行主程序。

S7-200 PLC 的 STEP7-Micro/WIN 编程软件为每个子程序自动加入子程序标号和无条件子程序返回指令，无须编程人员手工输入，可用编辑软件中的菜单“编辑→插入→子程序”，以建立或插入一个新的子程序；同时，在指令窗口中可以看到新建的子程序图标。在一个程序中可以有多个子程序，其地址序号排列为 SBR_0～SBR_*n*，用户也可以在图标上直接更改子程序的名称，把它变为能描述该子程序功能的名字。不同的CPU，所允许的子程序个数也不同。对于 CPU221、CPU222、CPU224，最多可以编写 64 个子程序；对于 CPU224XP 和 CPU226，最多可编写 128 个子程序。在指令树窗口双击“调用子程序”中的子程序，就可对它进行子程序的编程。

子程序操作指令有两条：子程序调用指令和子程序返回指令，其梯形图和语句表如图 8-33 所示，*n* 为子程序标号（0～63）。

(a) 子程序调用指令　(b) 子程序返回指令

图 8-33　子程序操作指令的梯形图和语句表

子程序的调用由在主程序内使用的调用调令完成。当调用子程序时，调用指令将程序控制转移给子程序(SBR_*n*)，程序扫描将转到子程序入口处执行。当执行子程序时，子程序将执行全部指令直至满足返回条件时才返回，或者执行到子程序末尾而返回。当子程序返回时，返回到原主程序出口的下一条指令执行，继续往下扫描程序。

子程序指令在梯形图中使用的情况如图 8-34 所示。图中主程序段中安排有子程序调用指令 CALL SBR_0，SM0.1 是子程序执行的条件。子程序 SBR_0 安排在子程序段中，其中也给出了子程序条件返回指令的使用实例，当 M14.3 置 1 时，子程序 0 将在结束前返回。如子程序中没有安排 CRET 指令，子程序将在子程序运行完毕后返回。

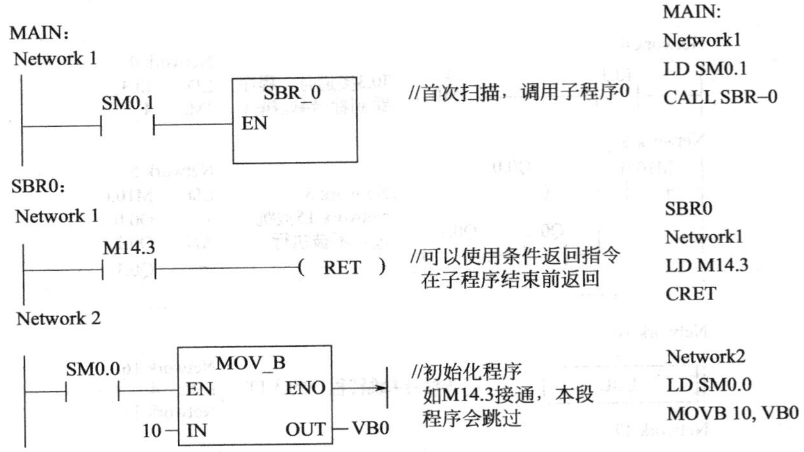

图 8-34 子程序指令实例

应用子程序操作指令应注意如下问题。

① 子程序由子程序标号开始，到子程序返回指令结束。如果需要在子程序执行过程中满足一定的条件就跳出子程序，也可以在子程序中添加子程序返回指令，从而由判断条件决定是否结束子程序调用。

② 如果在子程序的内部又对另一个程序执行调用指令，则这种调用称为子程序的嵌套。子程序嵌套的深度最多为 8 级，但是不允许子程序直接递归调用。例如，不能从 SBR _ 0 调用 SBR _ 0。但是，允许进行间接递归调用。

③ 累加器可在调用程序和被调用子程序之间自由传递，所以累加器的值在子程序调用时既不保存也不恢复。

④ 当子程序在一个扫描周期内被多次调用时，在子程序中不能使用上升沿、下降沿、定时器和计数器指令。

(6) 带参数的子程序

子程序中可以有参变量，带参变量的子程序调用极大地扩大了子程序的使用范围，增加调用的灵活性。它主要用于功能类似的子程序块的编程。子程序的调用过程如果存在数据传递，则在调用指令中应包含相应的参数。

① 子程序参数　子程序最多可以传递 16 个参数。参数在子程序的局部变量表中加以定义。参数包含下列信息：变量名、变量类型和数据类型。

a. 变量名。变量名最多用 23 个字符表示，第一个字符不能是数字。

b. 变量类型。变量类型是按变量对应数据的传递方向来划分的，可以是传入子程序(IN)、传入和传出子程序（IN _ OUT)、传出子程序（OUT）和暂时变量（TEMP）4 种。4 种类型的参数在变量表中的位置必须按以下先后顺序。

• IN 类型。IN 类型为传入子程序参数。参数可以是直接寻址数据（如 VB200)、间接数据（如 * AC1)、立即数（如 16#2344）或数据的地址值（&VB100)。

• IN _ OUT 类型。IN _ OUT 类型为传入和传出子程序参数。调用时将指定参数位置的值到子程序，返回时从子程序得到的结果值被返回到同一地址。参数可以采用直接或间接寻址，但立即数和地址值不能作为参数。

• OUT 类型。OUT 类型为传出子程序参数。它将从子程序返回的结束值送到指定的参数位置。输出参数可以采用直接寻址和间接寻址，但不能是立即数和地址编号。

• TEMP 类型。TEMP 类型是暂时变量参数。在子程序内部暂时存储数据，但不能用来与调用程序传递数据。

c. 数据类型。局部变量表中还要对数据类型进行声明。数据类型可以是：能流、布尔型、字节型、字型、双字型、整数型和实型。

• 能流：仅允许对位输入操作，是位逻辑运算的结束。

• 布尔型：用于单独的位输入和输出。

• 字节、字和双字型：这 3 种类型分别声明一个 1 字节、2 字节、4 字节的无符号输入输出参数。

• 整数、双整数型：这两种类型分别声明一个 2 字节和 4 字节的有符号输入或输出参数。

• 实型：是 32 位浮点参数。

② 参数子程序调用的规则

a. 常数参数必须声明数据类型。如值为 223344 的无符号双字作为参数传递时，必须用 DW＃223344 来指明。如果缺少常数参数的这一描述，常数可能会被当成不同类型用。

b. 输入或输出参数没有自动数据类型转换功能。如局部变量表中声明一个参数为实型，在调用时使用一个双字，则子程序中的值就是双字。

c. 参数在调用时必须按照一定的顺序排列，先是输入参数，然后是输入输出参数，最后输出参数和暂时变量。

③ 变量表的使用　按照子程序指令的调用顺序，参数值分配给局部变量存储器，起始地址是 L0.0。当在变量表中加入一个参数时，系统自动给各参数分配局部变量存储空间。使用编程软件时，地址分配是自动的。在局部变量表中要加入一个参数，单击要加入的变量类型区可以得到一个选择菜单，选择“插入”，然后选择“下一行”即可。局部变量表使用局部变量存储器 L。

如果用语句表编程，子程序调用指令的格式为：CALL 子程序号，参数 1，参数 2…参数 n，其中 n＝0～16。

［例 8-3］　以上面的指令为例，局部变量表分配如表 8-16 所示，程序段如图 8-35 所示。

表 8-16　局部变量表分配

L 地址	参数名	参数类型	数据类型	说明
无	EN	IN	BOOL	指令使能输入参数，由系统自动分配
L0.0	IN1	IN	BOOL	第一个参数，输入布尔类型，分以 L0.0 变量
LB1	IN2	IN	BYTE	第二个参数，字节类型
LD1	IN3	IN	REAL	第三个参数，实型

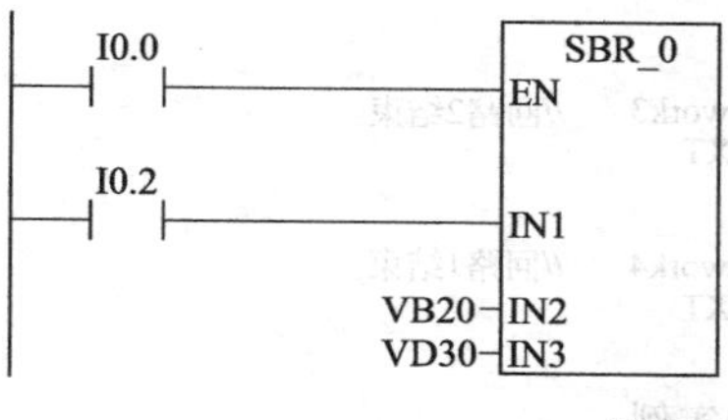


```
LD      I0.0     //装入动合触点
CALL    SBR_0,I0.2,VB20, VD30//
                 //调用子程序SBR_0
                 //含有3个参数，分别为布尔、字节和双字型
```

图 8-35　带参数的子程序调用

（7）循环指令

循环指令为解决重复执行相同功能的程序段提供了很大的方便，并且优化了程序结构。循环指令有两条：循环开始指令和循环结束指令，其梯形图和语句表如图 8-36 所示。FOR 和 NEXT 为标志符；EN 为循环允许信号输入端（数据类型为 BOOL 型）；ENO 为功能框允许输出端（数据类型为 BOOL 型）；INDX 为设置指针或当前循环次数计数器（数据类型为 INT 型）；INIT 为起始值（数据类型为 INT 型）；FINAL 为结束值（数据类型为 INT 型）。INDX 的寻址范围为 VW、IW、QW、MW、SW、SMW、LW、T、C、AC、＊VD、＊LD 和＊AC。INIT、FINAL 的寻址范围为 VW、IW、QW、MW、SW、SMW、T、C、AC、LW、AIW、常数、＊VD、＊LD 和＊AC。

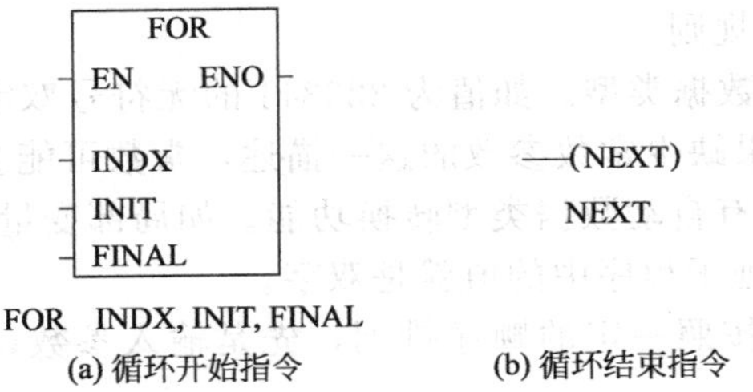

图 8-36 循环指令的梯形图和语句表

假设 INDX 为 1，FINAL 等于 10。每次执行 FOR 与 NEXT 之间的指令后，INDX 的值增加 1，而且将结果与结束值比较。如果 INDX 大于结束值时，循环停止，FOR 与 NEXT 之间的指令将被执行 10 次。如果起始值大于结束值时，则不执行循环。

使用 FOR/NEXT 循环应注意：如果启动了 FOR/NEXT 循环，除非在循环内部修改了结束值，否则循环就一直进行下去，直到结束。再次启动时，它将初始值 INIT 传送到指针 INDX 中。FOR 指令必须和 NEXT 指令配套使用。FOR 和 NEXT 允许循环嵌套，即 FOR/NEXT 循环在另一个 FOR/NEXT 循环之中，最多可嵌套 8 层，但各个嵌套之间不可有交叉现象。循环程序结构实例如图 8-37 所示。

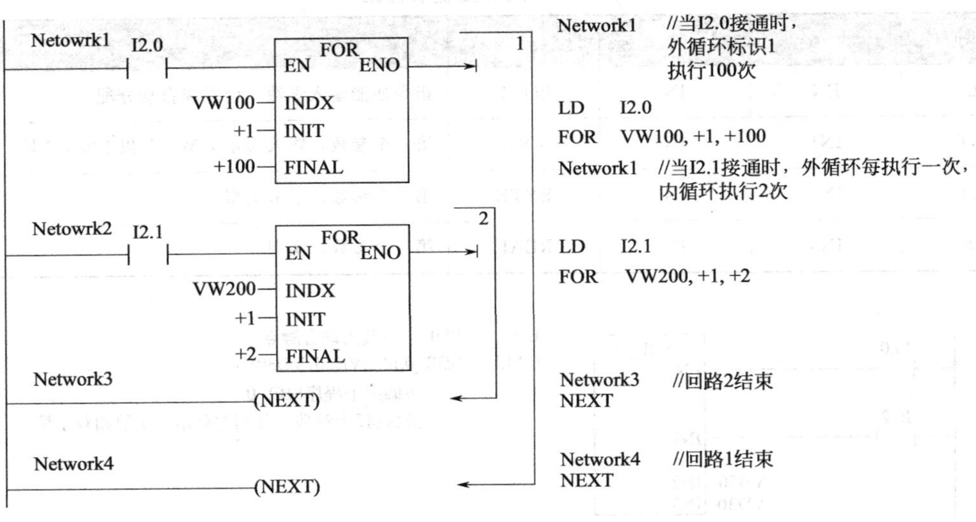

图 8-37 循环程序结构实例

(8) 顺序控制指令

顺序控制指令是PLC生产厂家为用户提供的可使功能图编程简单化和规范化的指令。S7-200PLC提供了四条顺序控制指令，其中最后一条条件顺序状态结束指令CSCRE使用较少，常用的顺序控制指令有3条：顺序控制开始指令（SCR）、顺序控制转移指令（SCRT）和顺序控制结束指令（SCRE）。顺序控制程序从SCR开始到SCRE结束。顺序控制指令仅对元件S有效，顺序控制继电器S也具有一般继电器的功能，所以对它能够使用其他指令。

① 顺序控制开始指令　顺序控制开始指令的梯形图和语句表如图8-38所示。*Sn*为顺序控制继电器位（S0.0～S31.7）。该指令定义一个顺序控制程序段的开始，*Sn*是本段的标志。当顺序控制继电器位*Sn*=1时，启动SCR *Sn*段的顺序控制程序。在执行到SCR *Sn*之前一定要使*Sn*置位才能进到SCR *Sn*顺序控制程序段。

② 顺序控制转移指令位　顺序控制转移指控的梯形图和语句表如图8-39所示。*Sn*为顺序控制继电器位（S0.0～S31.7）。该指令用来指定要启动的下一个程序段，实现本程序段与另一程序段之间的切换，*Sn*是下一个程序段的标志位。当执行该指令时，一方面对下一段的*Sn*置位，以便让下一个程序段开始工作，另一方面同时对本段的*Sn*复位，以便本程序段停止工作。

注意：只有等执行到顺序控制结束指令时，才能过渡到下一个顺序控制程序段。在使用功能图时，状态器的编号可以不按顺序编排。S7-200 PLC的顺控程序段中，不支持多线圈输出，如程序中出现多个Q0.0的线圈，则以后面线圈的状态优先输出。

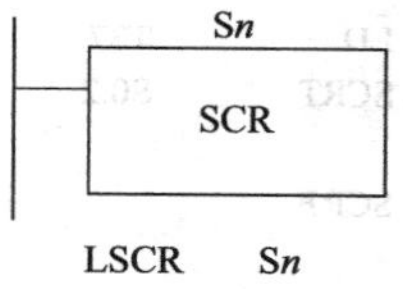

图8-38　顺序控制开始指令的梯形图和语句表

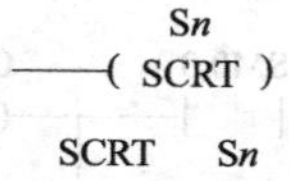

图8-39　顺序控制转移指令的梯形图和语句表

③ 顺序控制结束指令　顺序控制结束指令的梯形图和语句表如图8-40所示。该指令用于结束本程序段。一个顺序控制程序段必须用该指令来结束。使用顺序控制继电器指令时只能使用顺序控制继电器位*Sn*作为段标志位。一个顺序控制继电器位在各程序块中只能使用一次。例如，如果在主程序中使用了S2.0，就不能再在子程序、中断程序或主程序的其他地方重复使用它。在一个顺序控制程序段内不允许出现循环程序结构和条件结束，即在段内不能使用FOR、NEXT和END指令。

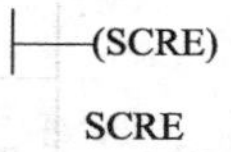

图8-40　顺序控制结束指令的梯形图和语句表

在使用功能图编程时，应先画出功能图，然后对应于功能图画出梯形图。在SCR段输出时，常用SM0.0（常ON）执行SCR段的输出操作。因为线圈不能直接与母线相连，所以需辅助SM0.0来与母线相连。

［例8-4］　图8-41所示的例子，初始化脉冲SM0.1用来置位S0.1，即把S0.1状态激活；在S0.1状态的SCR段要做的工作是置位Q0.4、复位Q0.5和Q0.6，使T37开始计时。T37计时1s后状态发生转移，T37即为状态转移条件，T37的常开触点将S0.2置位激活的同时，自动使原状态S0.1复位。在状态S0.2的SCR段，要做的工作是输出Q0.2，同时T38计时；T38计时20s后，状态从S0.2转移到S0.3，同时状态S0.2自动复位。

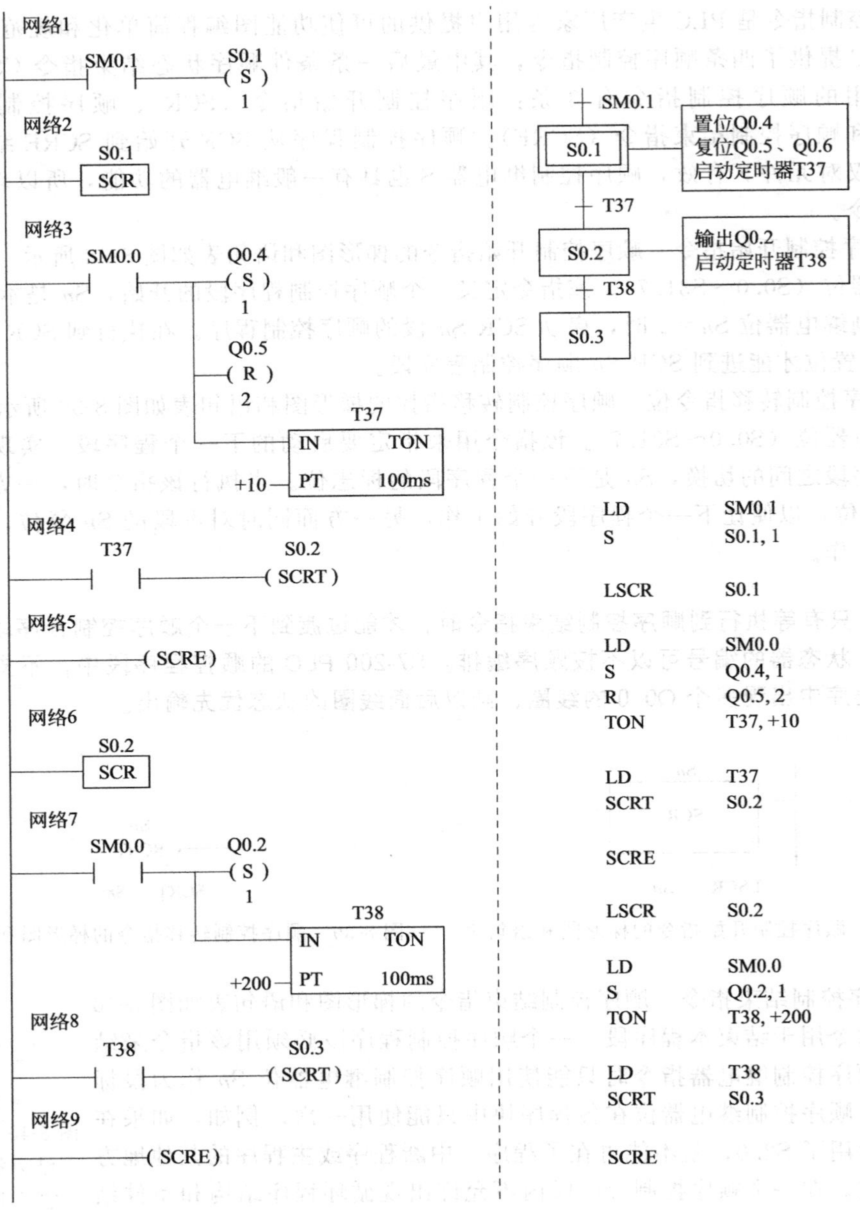

图 8-41 顺序控制指令的使用

(9) 与 ENO 指令

ENO 是梯形图和功能框图编程时指令盒的布尔能流输出端，如果指令盒的输入能流有效，而且执行没有错误，ENO 就置位，将能流向下传递。ENO 可以作为允许位，表示指令成功执行。

语句表中没有 EN 输入，但对要执行的指令，其栈顶值必为 1。可用与 ENO（AENO）指令来产生和指令盒中的 ENO 位相同的功能。

AENO 指令无操作数，且只能在语句表中使用，它将栈顶值和 ENO 位的逻辑与运算，运算结果保留在栈顶。AENO 指令使用得很少，其指令用法如图 8-42 所示。

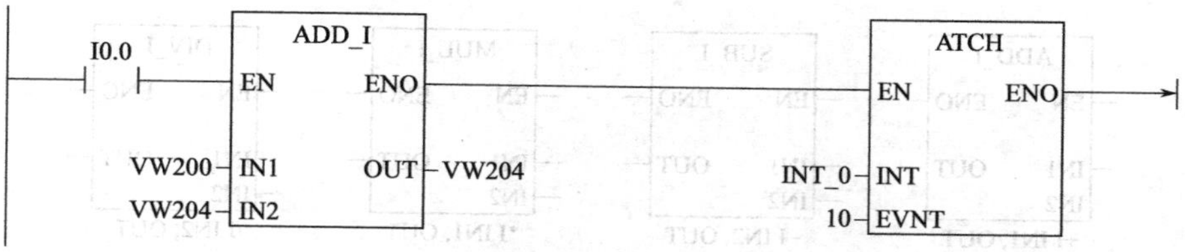

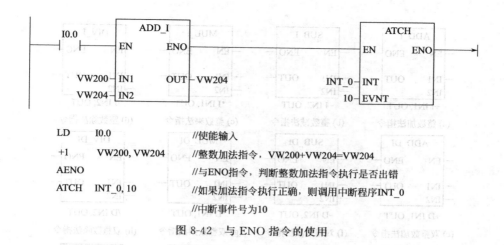

```
LD      I0.0                //使能输入
+I      VW200, VW204        //整数加法指令，VW200+VW204=VW204
AENO                        //与ENO指令，判断整数加法指令执行是否出错
ATCH    INT_0, 10           //如果加法指令执行正确，则调用中断程序INT_0
                            //中断事件号为10
```

图 8-42　与 ENO 指令的使用

8.4.3　运算指令

PLC 除了具有极强的逻辑功能外，还具备较强的运算功能。在使用算术运算指令时要注意存储单元的分配。在使用 LAD 编程时，INI、IN2 和 OUT 可以使用不一样的存储单元，这样编写的程序比较清晰易懂。但在用 STL 方式编程时，OUT 要和其中的一个 IN 操作数使用同一个存储单元，这样用起来比较麻烦，编写程序和使用计算结果时都不方便。LAD 格式与 STL 格式程序相互转化时会有不同的转换结果。因此，建议在使用算术指令和数学指令时，最好使用 LAD 形式编程。本节介绍常用的运算指令：加法指令、减法指令、乘法指令、除法指令、加 1 指令和减 1 指令。

（1）加、减、乘和除指令

加法指令实现两个有符号数的相加操作；减法指令实现两个有符号数的相减操作；一般乘法指令实现两个有符号数的相乘操作；一般除法指令实现两个有符号数的相除操作（不保留余数）。由于操作数的不同，分别可以实现整数的加、减、乘、除；双整数的加、减、乘、除和实数的加、减、乘、除。在利用加、减、乘、除指令进行运算时，如果是整数的四则指令运算，则进行运算的两操作数必须都是整数，其结果也将是整数；如果是双整数或实数的运算也一样，参与运算的两操作数也必须都是双整数或实数，运算结果也将是双整数或实数。

加、减、乘和除指令的梯形图和语句表如图 8-43 所示。指令操作数的寻址范围如表 8-17 所示。

表 8-17　数据块传送指令操作数寻址范围

输入/输出	数据类型	操作数寻址范围
IN1、IN2	整数	VW、IW、QW、MW、SW、SMW、LW、AIW、T、C、AC、常数、*VD、*LD、*AC
	双整数实数	VD、ID、QD、MD、SD、SMD、LD、HC、AC、常数、*VD、*LD、*AC
OUT	整数	VW、IW、QW、MW、SW、SMW、LW、T、C、AC、*VD、*LD、*AC
	双整数实数	VD、ID、QD、MD、SD、SMD、LD、AC、*VD、*LD、*AC

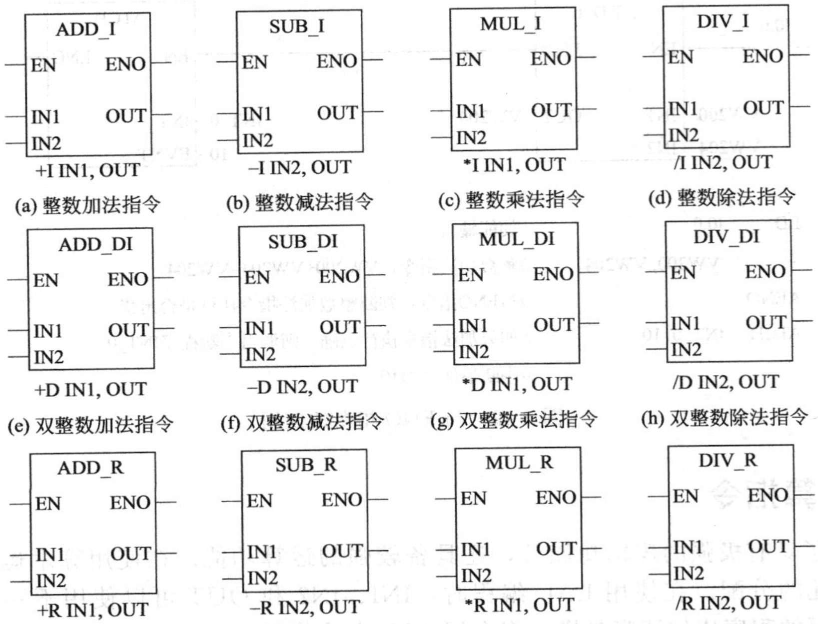

(a) 整数加法指令 (b) 整数减法指令 (c) 整数乘法指令 (d) 整数除法指令

(e) 双整数加法指令 (f) 双整数减法指令 (g) 双整数乘法指令 (h) 双整数除法指令

(i) 实数加法指令 (j) 实数减法指令 (k) 实数乘法指令 (l) 实数除法指令

图 8-43 加、减、乘和除指令的梯形图和语句表

使用梯形图时，IN1 与 IN2 运算的结果将存放在 OUT 所指向的存储器。若使用的是语句表，则常常会将某一个输入与输出共用一个存储地址单元，加法和乘法的 IN2 与 OUT 共用，减法和除法的 IN1 共用。因此语句表时的运算可以表示为

IN1＋OUT→OUT，OUT－IN2→OUT，IN1＊OUT→OUT，OUT/IN2→OUT

进行加、减、乘、除运算后会对特殊寄存器的一些位产生影响，因此在执行完这些指令后可以查看特殊寄存器里面的这些位的值，从而知道计算的结果是否正确。

受影响的特殊寄存器位有 SM1.0（零）、SM1.1（溢出位）、SM1.2（负）、SM1.3（被零除）。

① SM1.1 指示溢出错误和非法数值。如果 SM1.1 被设置，则 SM1.0 和 SM1.2 的状态不是有效的，原输入操作数不改变。

② 如果 SM1.1 和 SM1.3 没有设置，那么运算操作带有有效的结果完成，SM1.0 和 SM1.2 包含有效的状态。

③ 如果在除法操作期间 SM1.3 被设置，那么其他运算状态位保持不变。

[例 8-5] ＋I VW0，VW4（表 8-18）

表 8-18 指令＋I 执行结果

操作数	地址单元	单元长度（n 字节）	运算前值	运算结果值
IN1	VW0	2	2000	2000
IN2	VW4	2	3028	5028
OUT	VW4	2	3028	5028

［例 8-6］　＋D　VD0，VD4（表 8-19）

表 8-19　指令＋D 执行结果

操作数	地址单元	单元长度（n 字节）	运算前值	运算结果值
IN1	VD0	4	120000	120000
IN2	VD4	4	30281	150281
OUT	VD4	4	30281	150281

［例 8-7］　＋R　VD0，VD4（表 8-20）

表 8-20　指令＋R 执行结果

操作数	地址单元	单元长度（n 字节）	运算前值	运算结果值
IN1	VD0	4	200.03	200.03
IN2	VD4	4	302.815	502.845
OUT	VD4	4	302.815	502.845

［例 8-8］　－I　AC0，VW4（表 8-21）

表 8-21　指令－I 执行结果

操作数	地址单元	单元长度（n 字节）	运算前值	运算结果值
IN1	VW4	2	3000	1000
IN2	AC0	2	2000	2000
OUT	VW4	2	3000	1000

(2) 完全整数乘法指令和完全整数除法指令

一般来说，乘法计算所得到的积要比乘数的位数高，而除法运算后还有余数问题，而一般乘法运算和一般除法运算不能解决这些问题。这时就可以利用PLC数学运算指令的完全整数乘法指令和完全整数除法指令来解决这些问题。完全乘法指令是将两个符号整数的IN1和IN2相乘，产生一个32位双整数结果OUT。完全整数除法是将两个符号整数（16位）的IN1和IN2相除，产生一个32位结果，其中，低16位为商，高16位为余数。其指令的梯形图和语句表如图8-44所示。

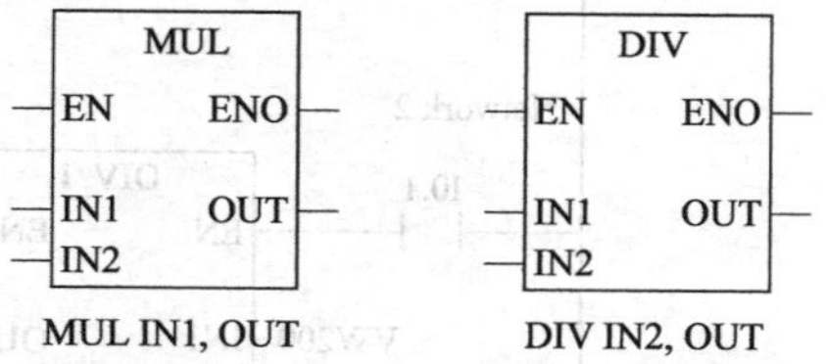

(a) 完全整数乘法指令　(b) 完全整数除法指令

图 8-44　完全整数乘、除指令的梯形图和语句表

完全整数乘、除法指令的输入操作数IN1（为整数）和IN2（为整数）的寻址范围同表8-17中IN1和IN2的整数的范围一样，输出OUT（为双整数）的寻址范围同表8-17中OUT的双整数寻址范围一样。

对于完全乘法指令，如果使用的是梯形图，其运算的结果是IN1 * IN2→OUT；如果使用的是语句表，通常将IN2与OUT的低位字（16位）共用一个地址单元，执行结果为IN1 * OUT→OUT。

［例 8-9］　*I　VW0，AC0（表 8-22）

表 8-22 指令 *I 执行结果

操作数	地址单元	单元长度（n 字节）	运算前值	运算结果值
IN1	VW0	2	20	20
IN2	AC0	2	400	8000
OUT	AC0	2	400	8000

［例 8-10］ MUL AC0，VD10（表 8-23）

表 8-23 指令 MUL 执行结果

操作数	地址单元	单元长度（n 字节）	运算前值	运算结果值
IN1	AC0	2	20	20
IN2	VW12	2	400	8000
OUT	VD10	4	400	8000

对于完全除法指令，如果使用的是梯形图，其运算的结果是 IN1/IN2→OUT；如果使用的是语句表，通常将 IN1 与 OUT 的低位字（16 位）共用一个地址单元，执行结果为 OUT/IN1→OUT。完全乘、除法指令对特殊寄存器的影响同一般的乘、除法指令对特殊寄存器的影响一样，在此不再重复。

［例 8-11］ DIV VW10，VD100

/I VW20，VW200

两条指令的编程及执行情况比较如图 8-45 所示。

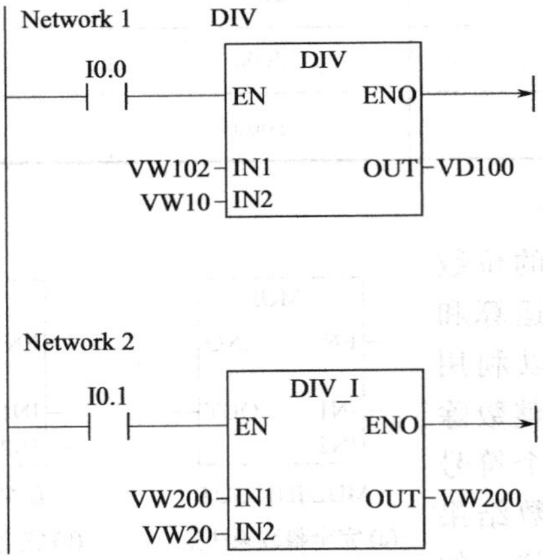


```
LD     I0.0               //使能输入端
DIV    VW10, VD100        //完全除法
//VW102/VW10=VD100

LD     I0.1               //使能输入端
/I     VW20, VW200        //整数除法
//VW200/VW20=VW200
```

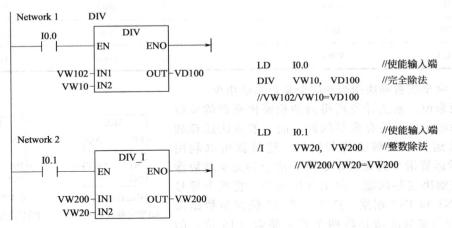

图 8-45 指令编程及执行情况比较

完全除法指令执行结果见表 8-24。

表 8-24 完全除法指令执行结果

操作数	地址单元	单元长度（n 字节）	运算前值	运算结果值	
IN1	VW102	2	2003	50	
IN2	VW10	2	40	40	
OUT	VD100	4	2003	VW100	3
				VW102	50

除法指令执行结果见表 8-25。

表 8-25　除法指令执行结果

操作数	地址单元	单元长度（*n* 字节）	运算前值	运算结果值
IN1	VW200	2	2003	50
IN2	VW20	2	40	40
OUT	VW200	4	2003	50

（3）自增和自减指令

自增和自减指令是对无符号或有符号整数进行自动加 1 或减 1 的操作。操作数可以是字节、字或双字。其中，字节增减是对无符号数操作。其梯形图和语句表如图 8-46 所示，功能是当允许信号 EN=1 时，把输入数 IN 加 1 或减 1，得到输出结果 OUT。在 LAD 中，执行结果为 IN+1→OUT 和 IN−1→OUT。在 STL 中，通常 IN 与 OUT 共用一个地址单元，执行结果为 OUT+1→OUT 和 OUT−1→OUT。操作数的寻址范围如表 8-26 所示。其操作结果会对 SM1.0（零）、SM1.1（溢出）产生影响。另外，对于字和双字的自增、自减指令，还会对 SM1.2（负）产生影响。

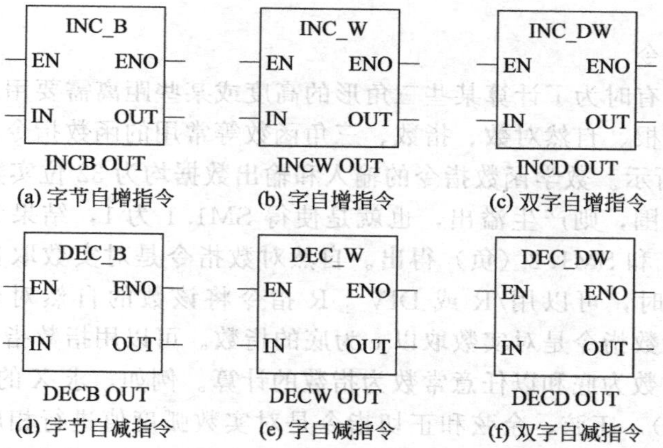

图 8-46　自增、自减指令的梯形图和语句表

表 8-26　自增、自减指令操作数寻址范围

输入/输出	数据类型	操作数寻址范围
IN	字节	VB、IB、QB、MB、SB、SMB、LB、AC、常数、*VD、*LD、*AC
	字	VW、IW、QW、MW、SW、SMW、LW、AIW、T、C、AC、常数、*VD、*LD、*AC
	双字	VD、ID、QD、MD、SD、SMD、LD、HC、AC、常数、*VD、*LD、*AC
OUT	字节	VB、IB、QB、MB、SB、SMB、LB、AC、*VD、*LD 和 *AC
	字	VW、IW、QW、MW、SW、SMW、LW、T、C、AC、*VD、*LD、*AC
	双字	VD、ID、QD、MD、SD、SMD、LD、AC、*VD、*LD、*AC

字节增和字节减例子：
```
INCB  VB40
DECB  AC0
```
字增和字减例子：
```
INCW  VW40
DECW  AC0
```
双字增和双字减例子：
```
INCD  VD40
DECD  AC0
```

［例 8-12］　某食品加工厂对饮料生产线上的盒装饮料进行计数，每 24 盒为一箱，要求能记录生产的箱数。程序及说明：用 I0.0 检测脉冲，用增计数器 C30 进行循环计数，设定值为 24，VD100 存箱数，且其初值为 0。程序如图 8-47 所示。

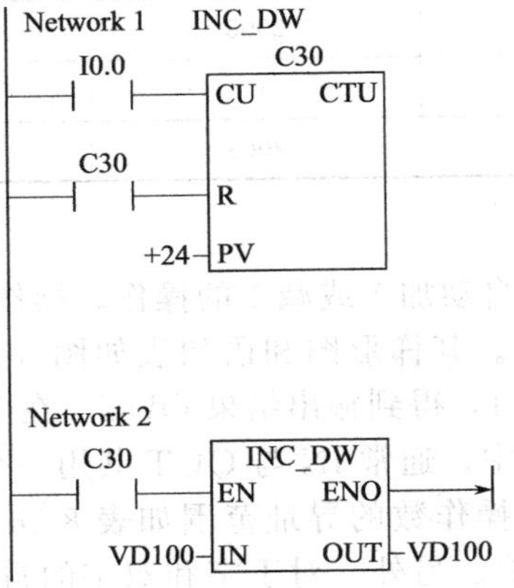

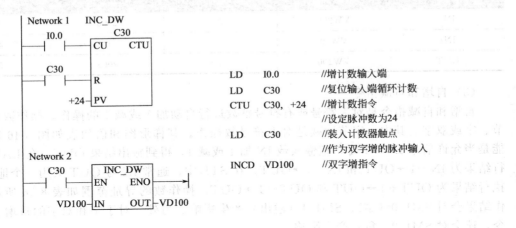

```
LD    I0.0          //增计数输入端
LD    C30           //复位输入端循环计数
CTU   C30, +24      //增计数指令
                    //设定脉冲数为24
LD    C30           //装入计数器触点
                    //作为双字增的脉冲输入
INCD  VD100         //双字增指令
```

图 8-47　双字增指令的应用

（4）数学函数指令

在工业控制中，有时为了计算某些三角形的高度或某些距离需要用到数学函数指令。数学函数指令包括平方根、自然对数、指数、三角函数等常用的函数指令。这些指令的梯形图和语句表如图 8-48 所示。数学函数指令的输入和输出数据均为 32 位实数，如果结果大于 32 位二进制数表示的范围，则产生溢出，也就是使得 SM1.1 为 1，结果为零或负值，可以由符号位 SM1.0（零）和 SM1.2（负）得出。自然对数指令是对实数取自然对数。当求解以 10 为底的常用对数时，可以用/R 或 DIV _ R 指令将该数的自然对数除以 LN10（约为 2.302585）实现。指数指令是对实数取以 e 为底的指数。可以用指数指令和自然对数指令相配合来完成以任意常数为底和以任意常数为指数的计算。例如，求 X 的 Y 次幂，输入指令：EXP（Y＊LN（X））。正弦、余弦和正切指令是对实数弧度值进行相应的计算。如果输入值为角度，要先将角度值转化为弧度值，即使用＊R 或 MUL _ R 指令将该角度值乘以 π/180°。IN 的寻址范围均为 VD、ID、QD、MD、SD、SMD、LD、AC、常数、＊VD、＊LD 和＊AC。OUT 的寻址范围均为 VD、ID、QD、MD、SD、SMD、LD、AC、＊VD、＊LD 和＊AC。

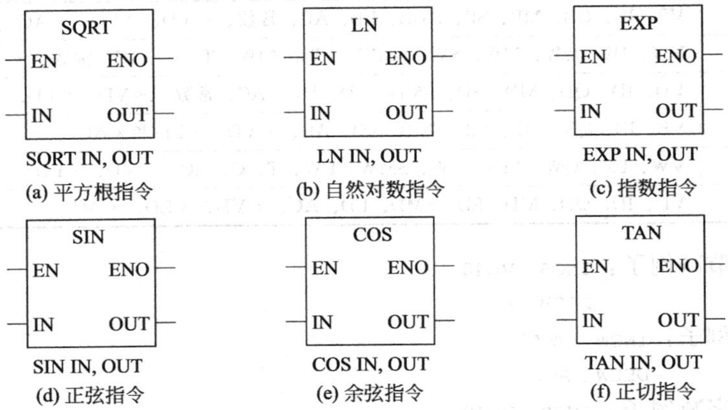

图 8-48　数学函数指令的梯形图和语句表

［例 8-13］ 求以 10 为底的 50（存于 VD0）的常用对数，结果放到 AC0。本运算程序如图 8-49 所示。

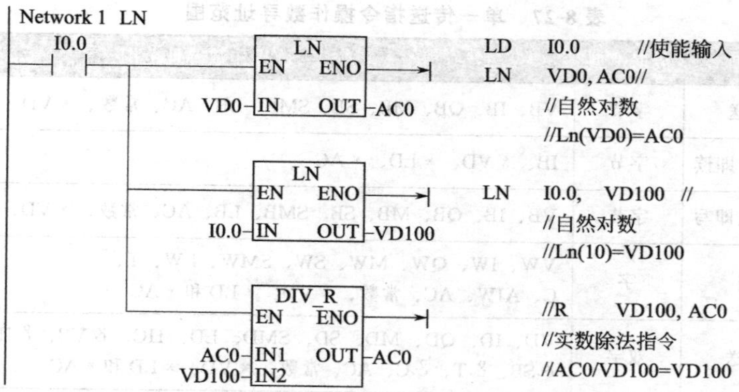

图 8-49 自然对数的应用

［例 8-14］ 求 cos110°的值，如图 8-50 所示。

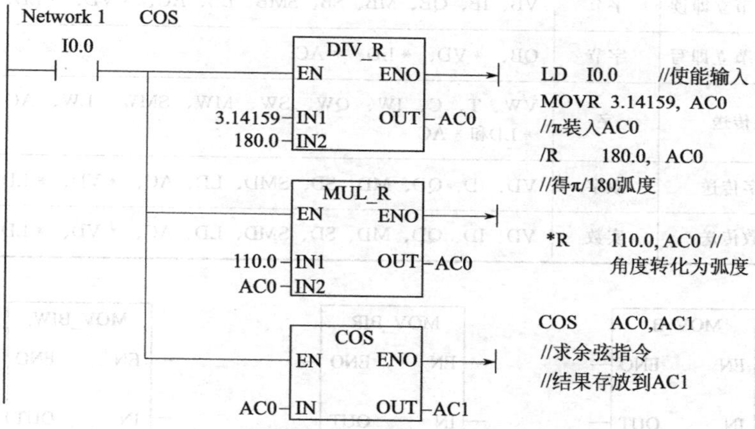

图 8-50 三角函数的应用

8.4.4 传送指令

数据传送指令用于各个编程元件之间进行数据传送，传送过程中数据值保持不变。根据每次传送数据的数量多少可分为：单一传送指令和块传送指令。另外对于这两种传送指令，按其传送的数据类型又有字节、字和双字之分。对于单一数据传送，其传送的数据类型还可以是实数。为了实现在同一个字内高、低位字节的交换，还有字节交换指令。

（1）单一传送指令

单一数据传送指令每次传送一个数据，按传送数据的类型分为：字节传送、字传送、双字传送和实数传送，其指令的梯形图和语句表如图 8-51 所示。

对于字节传送指令、字传送指令、双字传送指令及实数传送指令，其功能是实现在传送运行信号 EN＝1 时，把 IN 端口的数据传送到 OUT 所指示的存储单元。

传送字节立即读指令的功能是在传送允许信号 EN＝1 时，立即读取单字节物理输入区 IN 端口的数据，并传送到 OUT 所指的字节存储单元，一般用于对输入信号的立即响应。

传送字节立即写指令的功能是在传送允许信号 EN＝1 时，立即将 IN 单元的字节数据写到 OUT 所指的物理输出区。该指令用于把计算出的结果立即输出到负载。各类指令的操作数寻址范围如表 8-27 所示。传送指令的输出操作数不能为常数。

表 8-27　单一传送指令操作数寻址范围

输入/输出	指令类型	数据类型	操作数寻址范围
IN	字节传送	字节	VB、IB、QB、MB、SB、SMB、LB、AC、常数、*VD、*LD、*AC
	传送字节立即读	字节	IB、*VD、*LD、*AC
	传送字节立即写	字节	VB、IB、QB、MB、SB、SMB、LB、AC、常数、*VD、*LD、*AC
	字传送	字	VW、IW、QW、MW、SW、SMW、LW、T、C、AIW、AC、常数、*VD、*LD 和 *AC
	双字传送	双字	VD、ID、QD、MD、SD、SMD、LD、HC、&VB、&IB、&QB、&MB、&SB、&T、&C、AC、常数、*VD、*LD 和 *AC
	实数传送	实数	VD、ID、QD、MD、SD、SMD、LD、AC、常数、*VD、*LD、*AC
OUT	字节传送	字节	VB、IB、QB、MB、SB、SMB、LB、AC、*VD、*LD、*AC
	传送字节立即读	字节	VB、IB、QB、MB、SB、SMB、LB、AC、*VD、*LD、*AC
	传送字节立即写	字节	QB、*VD、*LD、*AC
	字传送	字	VW、T、C、IW、QW、SW、MW、SMW、LW、AC、AQW、*VD、*LD和 *AC
	双字传送	双字	VD、ID、QD、MD、SD、SMD、LD、AC、*VD、*LD 和 *AC
	实数传送	实数	VD、ID、QD、MD、SD、SMD、LD、AC、*VD、*LD 和 *AC

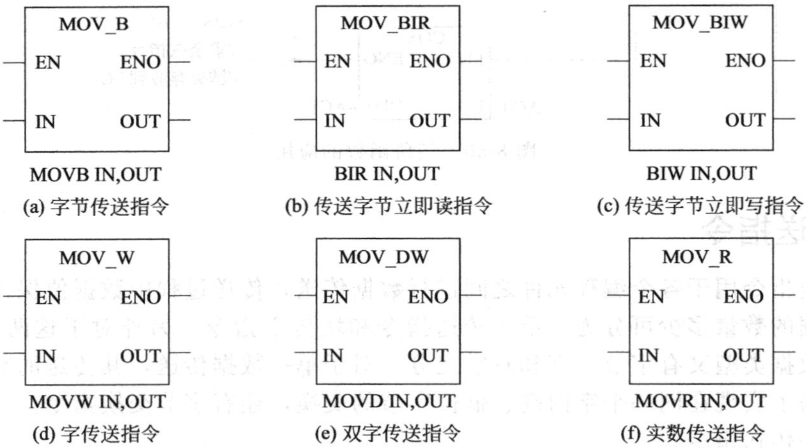

(a) 字节传送指令　(b) 传送字节立即读指令　(c) 传送字节立即写指令

(d) 字传送指令　(e) 双字传送指令　(f) 实数传送指令

图 8-51　单一数据传送指令的梯形图和语句表

传送指令的应用如图 8-52 所示，应用时，一定要注意数据类型的对应。

(2) 数据块传送指令

数据块传送指令可用来进行一次多个（最多 255 个）数据的传送。数据块类型可以是字节块、字块和双字块，其梯形图和语句表如图 8-53 所示。其功能是在传送运行信号 EN=1 的条件下，把从输入端子 IN 为起点位置的 N 个相应数据类型的数据传送到 OUT 开始的 N

个对应数据类型的存储单元中。数据块指令的操作数寻址范围如表 8-28 所示。

表 8-28　数据块传送指令操作数寻址范围

输入/输出	指令类型	数据类型	操作数寻址范围
IN	字节传送	字节	VB、IB、QB、MB、SB、SMB、LB、AC、* VD、* LD、* AC
	字传送	字	VW、IW、QW、MW、SW、SMW、LW、T、C、AIW、* VD、* LD、* AC
	双字传送	双字	VD、ID、QD、MD、SD、SMD、LD、* VD、* LD 和 * AC
OUT	字节传送	字节	VB、IB、QB、MB、SB、SMB、LB、AC、* VD、* LD * AC
	字传送	字	VW、IW、QW、MW、SW、SMW、LW、T、C、AIW、* VD、* LD、* AC
	双字传送	双字	VD、ID、QD、MD、SD、SMD、LD、* VD、* LD 和 * AC
N	全部数据块	字节	VB、IB、QB、MB、SB、SMB、LB、AC、常数、* VD、* LD、* AC

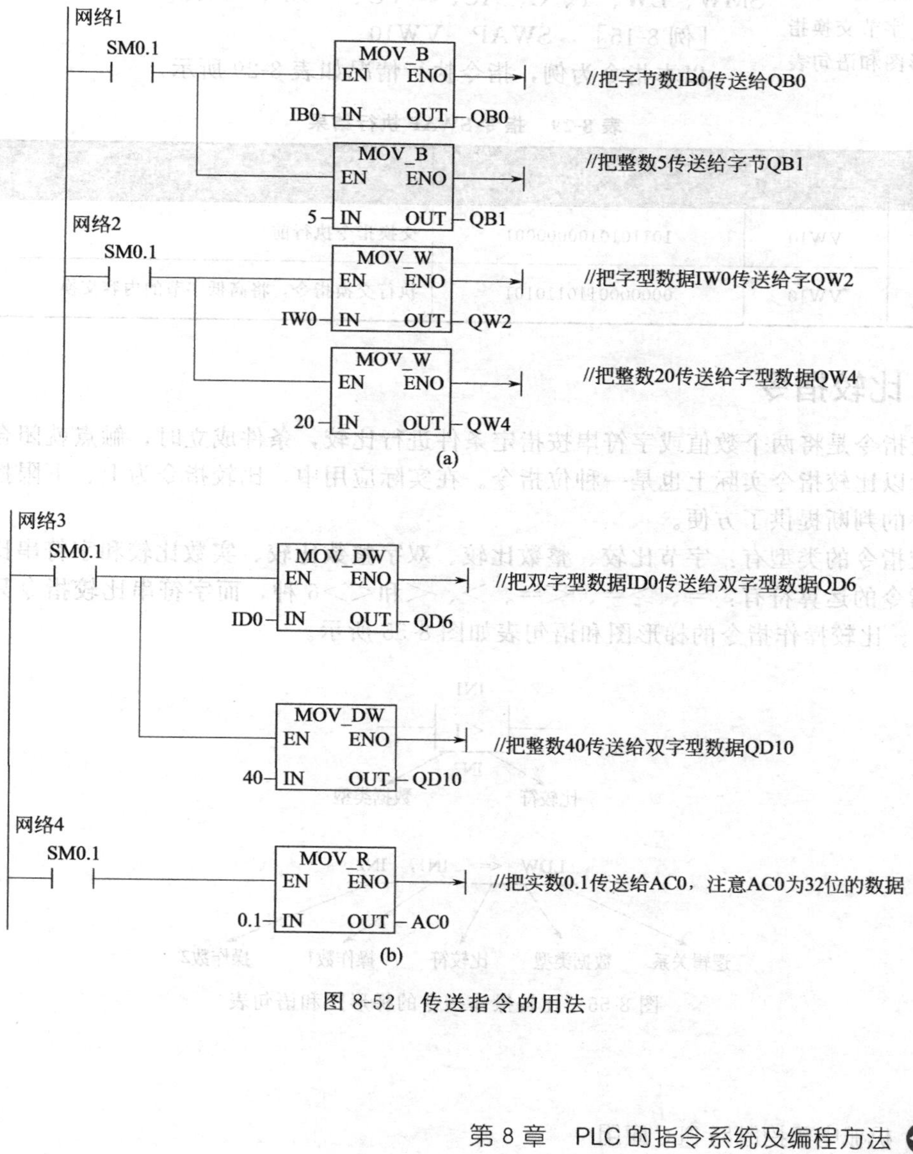

图 8-52　传送指令的用法

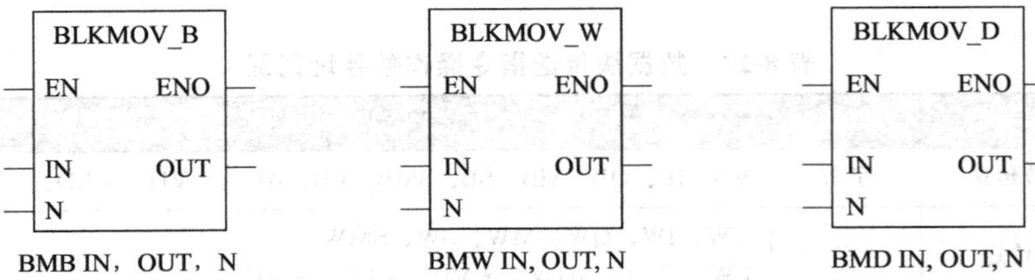

(a) 字节块传送指令　(b) 字块传送指令　(c) 双字块传送指令

图 8-53　数据块传送指令

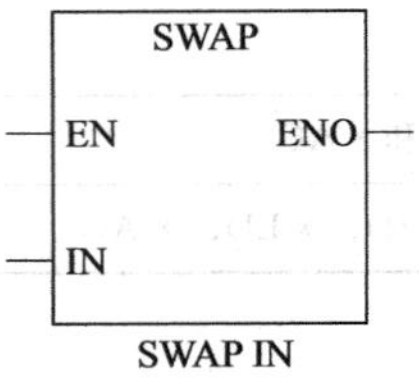

图 8-54　字节交换指令的梯形图和语句表

（3）字节交换指令

字节交换指令的梯形图和语句表如图 8-54 所示。其功能是在交换允许信号 EN=1 时，将字型输入数据 IN 高位字节与低位字节进行交换，交换的结果仍存放在 IN 存储器单元中。字节交换指令不影响特殊标志位存储器位。IN 的寻址范围为 VW，IW、QW、MW、SW、SMW、LW、T、C、AC、＊VD、＊LD、＊AC。

[例 8-15]　SWAP　VW10

以本指令为例，指令执行情况如表 8-29 所示。

表 8-29　指令 SWAP 执行结果

时间	单元地址	单元内容	说明
执行前	VW10	1011010100000001	交换指令执行前
执行后	VW10	0000000110110101	执行交换指令，将高低字节的内容交换

8.4.5　比较指令

比较指令是将两个数值或字符串按指定条件进行比较，条件成立时，触点就闭合，否则断开，所以比较指令实际上也是一种位指令。在实际应用中，比较指令为上、下限控制以及数值条件的判断提供了方便。

比较指令的类型有：字节比较、整数比较、双字整数比较、实数比较和字符串比较。数值比较指令的运算符有：=、>=、<=、>、<和<>6 种，而字符串比较指令只有=和<>2 种。比较操作指令的梯形图和语句表如图 8-55 所示。

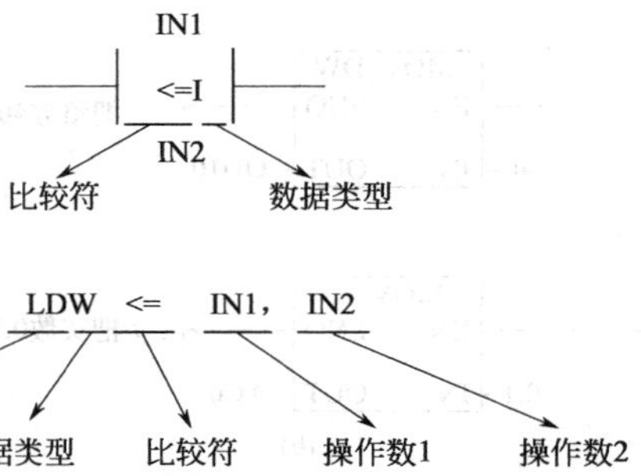

图 8-55　比较操作指令的梯形图和语句表

在梯形图中，比较符的表示有＝（等于）、＞＝（不小于）、＜＝（不大于）、＞（大）、＜（小于）和＜＞（不等于）；而在语句表中的比较符的表示分别为＝、＞＝、＜＝、＞、＜和＜＞表示。数据类型在梯形图中的表示有 B（字节）、I（整数）、D（双整数）和 R（实数）；而在语句表中的数据类型的表示分别为 B、W、D 和 R。逻辑关系表示的是比较操作后的结果与其前面位的逻辑关系，其表示有 LD（取位）、A（与关系）和 O（或关系）。不同数据类型的比较指令，其操作数的寻址范围是不同的。

① 字节比较用于比较两个字节型整数值 IN1 和 IN2 的大小，字节比较是无符号的，字节比较输入 IN1 和 IN2 的寻址范围为 IB、QB、MB、SMB、VB、SB、LB、AC、常数、* VD、* LD 和 * AC。

② 整数比较用于比较两个字型整数值 IN1 和 IN2 的大小，整数比较是有符号的（整数范围为 16＃8000～16＃7FFF 之间，即－32768～＋32767），整数比较输入 IN1 和 IN2 的寻址范围为 IW、QW、MW、SW、SMW、T、C、VW、LW、AIW、AC、常数、* VD、* LD和 * AC。

③ 双字整数比较用于比较两个双字长整数值 IN1 和 IN2 的大小，双字整数比较是有符号的（双字整数范围为 16＃80000000～16＃7FFFFFFF 之间），双整数比较输入 IN1 和 IN2 的寻址范围为 ID、QD、MD、SD、SMD、VD、LD、HC、AC、常数、* VD、* LD 和 * AC。

④ 实数比较用于比较两个双字长实数值 IN1 和 IN2 的大小，实数比较是有符号的（负实数范围为－1.175495E－38～－3.402823E＋38，正实数范围为＋1.175495E－38～＋3.402823E＋38），实数比较输入 IN1 和 IN2 的寻址范围为 ID、QD、MD、SD、SMD、VD、LD、AC、常数、* VD、* LD、* AC。

比较指令的应用如图 8-56 所示，应用时，一定要注意数据类型的对应。

[例 8-16] 一自动仓库存放某种货物，最多可达 6000 箱，需对所存的货物进出计数。货物多于 1000 箱，灯 L1 亮；货物多于 5000 箱，灯 L2 亮。控制程序如图 8-57 所示，其中 L1 和 L2 分别由 Q0.0 和 Q0.1 驱动。

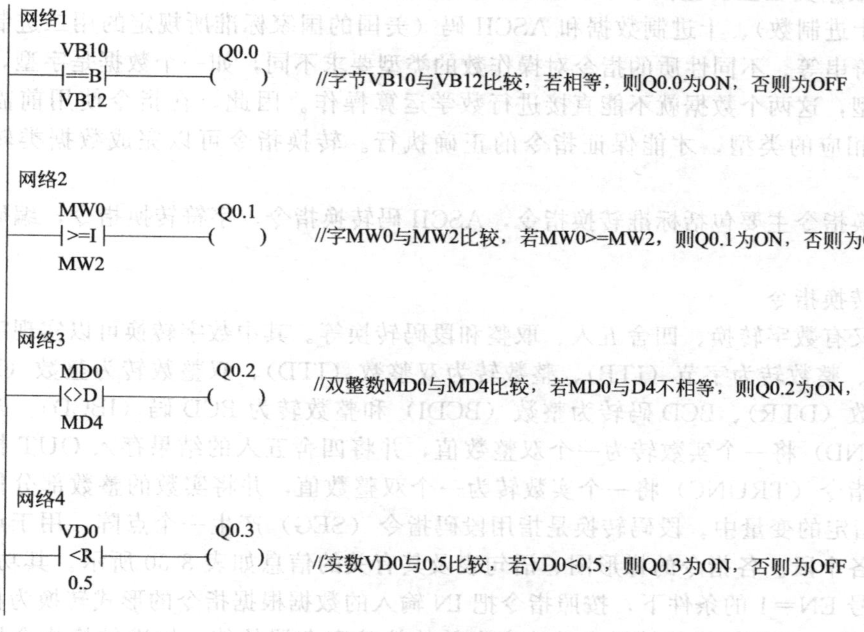

图 8-56 比较指令的用法

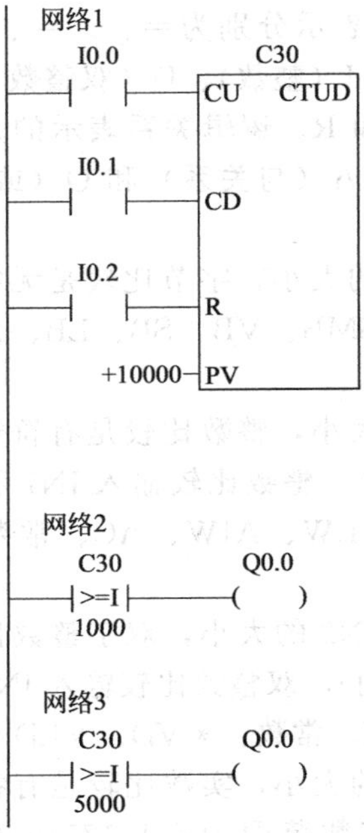


```
LD       I0.0          //增计数输入端
LD       I0.1          //减计数输入端
LD       I0.2          //复位输入端
CTUD     C30,-10000    //增减计数，设定脉冲数为10000
         1000

LDW>=    C30,1000      //比较计数器

=        Q0.0          //输出触点

LDW>=    C30,5000      //比较计数器

=        Q0.1          //输出触点
```

图 8-57　控制程序

8.4.6　数据转换指令

数据类型转换指令是对操作数的类型进行转换，主要包括数据的类型转换、码的类型转换及数据和码之间的类型转换。

PLC 中的数据类型主要包括字节、整数、双整数和实数，主要的码制有 BCD 码（用二进制数来表示十进制数）、十进制数据和 ASCII 码（美国的国家标准所规定的用二进制数代表的字符）字符串等。不同性质的指令对操作数的类型要求不同，如一个数据是字型，另一个数据是双字型，这两个数据就不能直接进行数学运算操作。因此，在指令使用前需要将操作数转化成相应的类型，才能保证指令的正确执行。转换指令可以完成数据类转换的任务。

数据的转换指令主要包括标准转换指令，ASCII 码转换指令，字符转换指令，编码、译码指令 4 类。

(1) 标准转换指令

标准转换又有数字转换、四舍五入、取整和段码转换等。其中数字转换可以实现字节转为整数（BTI）、整数转为字节（ITB）、整数转为双整数（ITD）、双整数转为整数（DTI）、双整数转为实数（DTR）、BCD 码转为整数（BCDI）和整数转为 BCD 码（IBCD）。四舍五入指令（ROUND）将一个实数转为一个双整数值，并将四舍五入的结果存入 OUT 指定的变量中。取整指令（TRUNC）将一个实数转为一个双整数值，并将实数的整数部分作为结果存入 OUT 指定的变量中。段码转换是指用段码指令（SEG）产生一个点阵，用于点亮七段码显示器的各个段。各指令的梯形图、语句表及其有关的信息如表 8-30 所示。其功能是，在输入允许信号 EN=1 的条件下，按照指令把 IN 输入的数据根据指令的形式转换为相应的数据输出到 OUT，根据转换的结果自动改变有关的特殊寄存器的值。标准转换指令操作数的寻址范围如表 8-31 所示。

表 8-30　标准转换指令

指令名称	字节转为整数	整数转为字节	整数转为双整数	双整数转为整数
梯形图	B_I EN ENO IN OUT	I_B EN ENO IN OUT	I_DI EN ENO IN OUT	DI_I EN ENO IN OUT
语句表	BT1 IN，OUT	ITB IN，OUT	ITD IN，OUT	DTI IN，OUT
备注	IN 的范围为 0～9999 的整数，若 BCD 码无效，则 SM1. 6 为 1		符号位扩展到高字节中	转换数值太大而无法输出，SM1. 1 置位且输出不变

指令名称	BCD 码转换为整数	整数转换为 BCD 码	双整数转为实数
梯形图	BCD_I EN ENO IN OUT	I_BCD EN ENO IN OUT	DI_R EN ENO IN OUT
语句表	BCDI OUT	IBCD OUT	DTR IN，OUT
备注	IN 范围为 0～9999，若 BCD 码无效，则 SM1. 6 为 1		IN 为有符号数

指令名称	四舍五入	取整指令	段码转换
梯形图	ROUND EN ENO IN OUT	TRUNC EN ENO IN OUT	SEG EN ENO IN OUT
语句表	ROUND OUT	TRUNC OUT	SEG OUT
备注	将实数 IN 转换成双整数，小数部分四舍五入	将实数 IN 转换成双整数，小数部分被舍去	

表 8-31　标准转换指令操作数的寻址范围

输入/输出	数据类型	操作数寻址范围
IN	字节	IB、QB、VB、MB、SMB、SB、LB、AC、*VD、*LD、*AC、常数
	字，整数	IW、QW、VW、MW、SMW、SW、T、C、LW、AIW、AC、*VD、*LD、*AC、常数
	双整数	ID、QD、VD、MD、SMD、SD、LD、HC、AC、*VD、*LD、*AC、常数
	实数	ID、QD、VD、MD、SMD、SD、LD、AC、*VD、*LD、*AC、常数
OUT	字节	IB、QB、VB、MB、SMB、SB、LB、AC、*VD、*LD、*AC
	字，整数	IW、QW、VW、MW、SMW、SW、T、C、LW、AC、*VD、*LD、*AC
	双整数，实数	ID、QD、VD、MD、SMD、SD、LD、AC、*VD、*LD、*AC

标准转换中，要注意各转换的内容及转换的数据类型。如果想将一个整数转换成实数以便于实现整数与实数间的运算，需要先将整数转换为双整数，然后再将双整数转换为实数，才能实现整数与实数间的运算；同样如果想将实数转换为整数，也需要将实数先转换为双整数，再将双整数转换为实数。需要注意的是，在将实数转换为整数，以及将双整数转变为整数时，不能超过转换数据的范围。

通常，把用一组四位二进制码来表示一位十进制数的编码方法称作 BCD 码。BCD 码与整数之间的转换，在实际应用中会经常遇到。例如，要将一个 2 位的十进制数利用数码管显示出来，就需要先将该数转换为 BCD 码，然后再使用段码指令，将转换后的 BCD 码转换为七段码显示器的编码，通过输出口与七段数码管相连接，才能显示。4 位二进制码共有 16 种组合，可从中选取 10 种组合来表示 0～9 这 10 个数，根据不同的选取方法，可以编制出多种 BCD 码，其中 8421BCD 码最为常用。十进制数与 8421BCD 码的对应关系如表 8-32 所示。如十进制数 7256 化成 8421 码为：0111001001010110。

表 8-32　十进制数与 8421BCD 码对应表

十进制数	0	1	2	3	4	5	6	7	8	9
8421 码	0000	0001	0010	0011	0100	0101	0110	0111	1000	1001

［例 8-17］　1 英尺（ft）＝2.54cm，英尺数由数码开关输入（BCD 码）到 IW0，编写 PLC 程序，把长度由英尺转化成厘米，厘米数由 QW0 用 BCD 码向外输出显示。PLC 程序如图 8-58 所示。

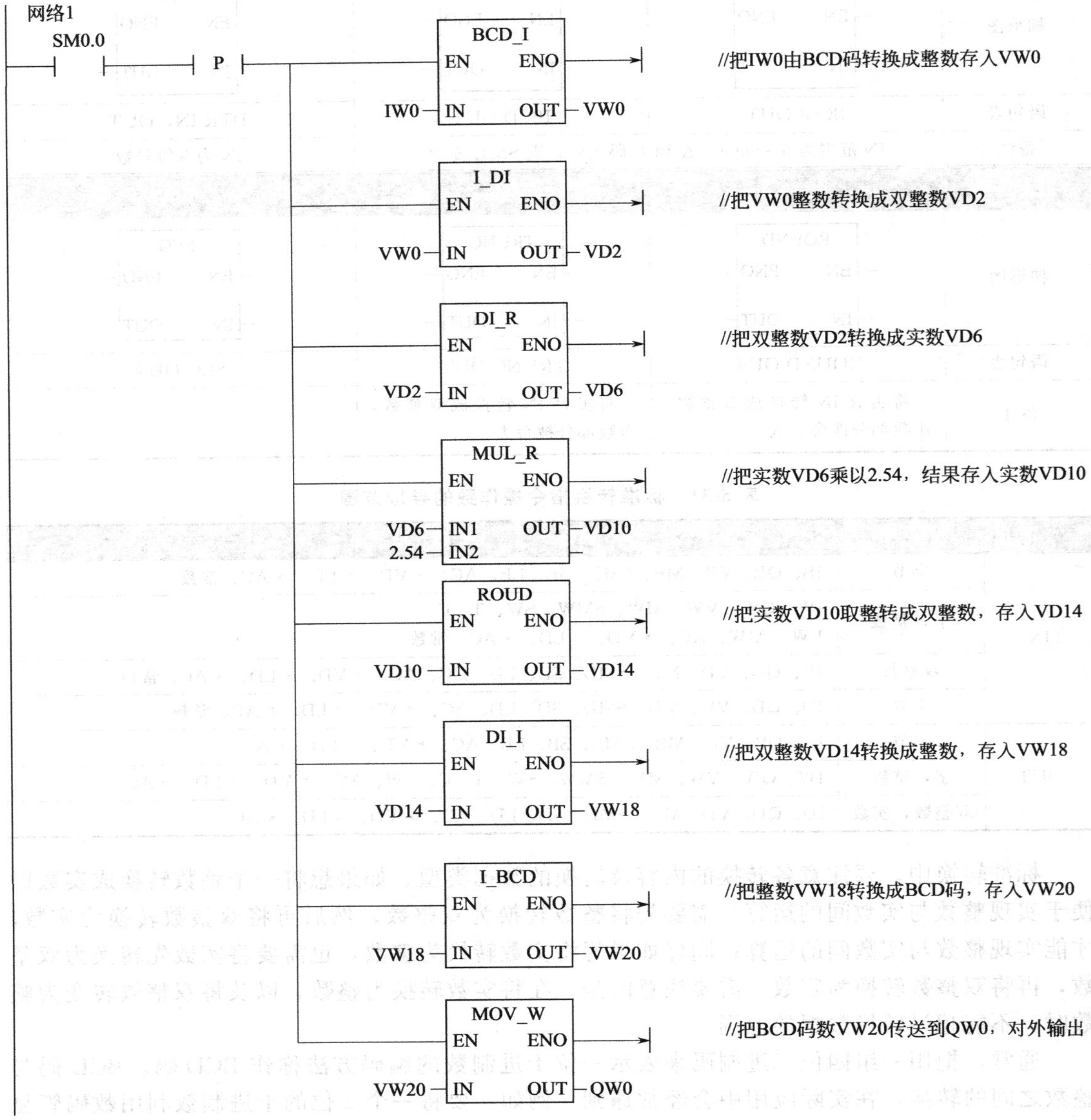

图 8-58　例 8-17 程序

段码指令是将输入字节低 4 位所表示的十六进制字符转换为七段码显示器的编码，如果要显示输入字节的高 4 位，则必须按照前面的实例把高 4 位分离出来，然后才能实现高 4 位的段码转换。表 8-33 给出了段码指令使用的七段码显示器的编码。每个七段显示码占用一字节，用它显示一个字符。

表 8-33　七段码显示器编码

输入 LSD	七段码显示器	输出-gfe dcba	输入 LSD	七段码显示器	输出-gfe dcba
0	0	0011 1111	8	8	0111 1111
1	1	0000 0110	9	9	0110 0111
2	2	0101 1011	A	A	0111 0111
3	3	0100 1111	B	b	0111 1100
4	4	0110 0110	C	C	0011 1001
5	5	0110 1101	D	d	0101 1110
6	6	0111 1101	E	E	0111 1001
7	7	0000 0111	F	F	0111 0001

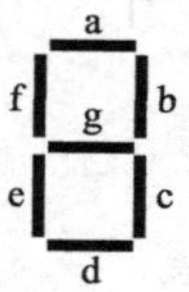

(2) 字符串转换

字符串转换是将标准字符编码 ASCII 码字符串与十六进制值、整数、双整数及实数之间进行的转换。指令可进行转换的 ASCII 码为 0～9 及 A～F 的编码。这些指令包括：ASCII 码转换十六进制指令（ATH）、十六进制到 ASCII 码（HTA）、整数到 ASCII 码（ITA）、双整数到 ASCII 码（DTA）和实数到 ASCII 码（RTA）。

ASCII 码与十六进制数之间的转换指令的梯形图和语句表如图 8-59 所示。

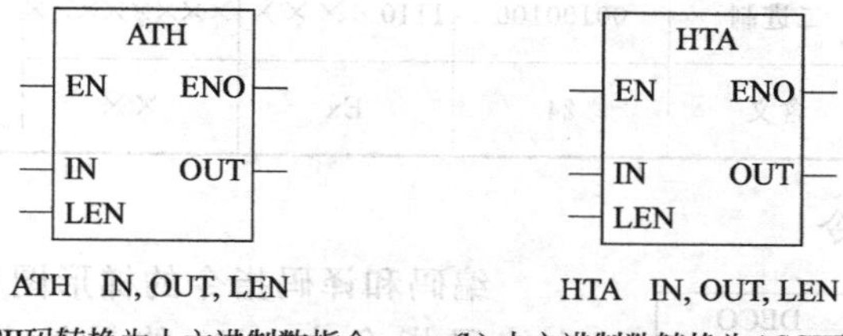

(a) ASCII码转换为十六进制数指令　(b) 十六进制数转换为ASCII码指令

图 8-59　ASCII 码与十六进制数之间的转换指令的梯形图和语句表

IN 和 OUT 的寻址范围为 VB、IB、QB、MB、SB、SMB、LB、* VD、* LD 和 * AC。

LEN 的寻址范围为 VB、IB、QB、MB、SB、SMB、LB、AC、常数、* VD、* LD 和 * AC。

ASCII 码转换为十六进制数指令的功能是，当允许信号 EN=1 时，ASCII 码转换为十六进制数指令（ATH）将从 IN 开始的长度为 LEN（最大长度为 255）的 ASCII 码转换为十六进制数，并将结果送到 OUT 开始的字节进行输出。有效的 ASCII 码输入字符是 0～9（十六进制数值 30～39）和大写字符 A～F（十六进制数值 41～46）。而十六进制数转换为 ASCII 码指令的功能是，当允许信号 EN=1 时，十六进制数转换为 ASCII 码指令（HTA）将从输入字节 IN 开始的长度为 LEN（最大长度为 255）的十六进制数字转换为 ASCII 字符，并将结果送到 OUT 开始的字节进行输出。有效的十六进制输入数值是 30～39（ASCII 码字符 0～9）和 41～46（ASCII 码大写字符 A～F）。

［例 8-18］　ATH VB10，VB20，3

如图 8-60 所示的程序介绍了 ATH 指令。本指令的执行结果见表 8-34。

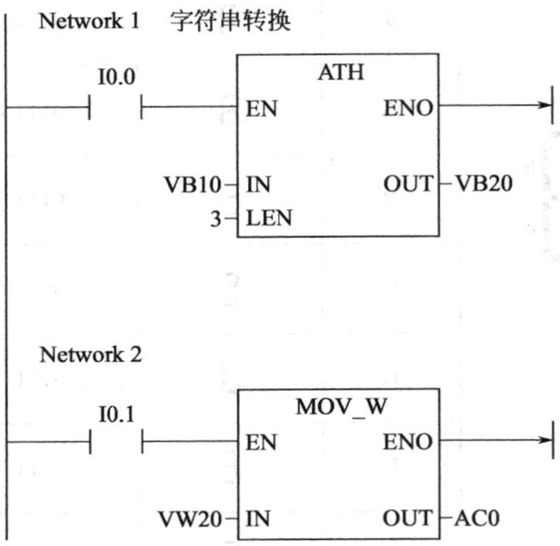

LD　　I0.0　　//使能输入
ATH　　VB10, VB20, 3
//从VB10开始的3个字符
//转换为16进制数值

LD　　I0.1
MOVW　　VW20, AC0
//字传送指令
//结果输出到AC0

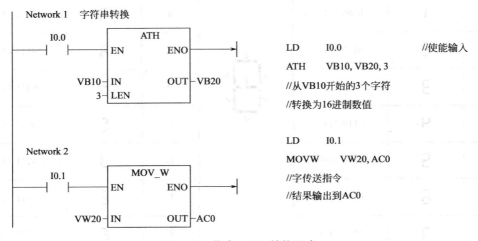

图 8-60　指令 ATH 转换程序

表 8-34　指令 ATH 执行结果

位置	首地址	含义	字节 1	字节 2	字节 3	说明
ASCII 码区	VB10	二进制	00110010	00110100	01000101	原信息的存储形式及对应的 ASCII 编码
		含义	2	4	E	
16 进制区	VB20	二进制	00100100	1110××××	××××××××	转换结果信息编码及含义
		含义	24	Ex	××	

（3）编码、译码指令

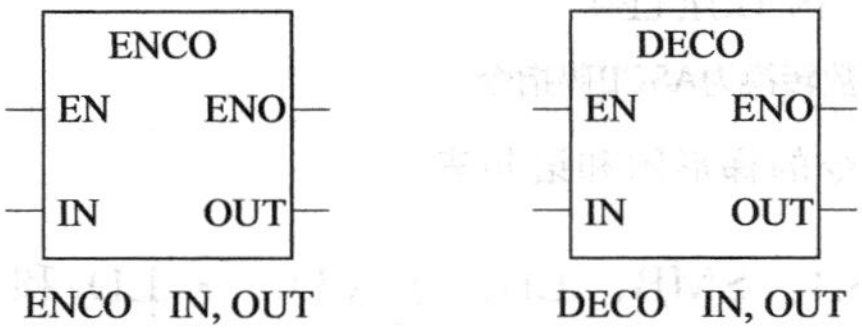

(a) 编码指令　　(b) 译码指令

图 8-61　编码和译码指令的梯形图和语句表

编码和译码指令的梯形图和语句表如图 8-61 所示。在编码指令中，IN 的寻址范围为 VW、IW、QW、MW、SW、SMW、LW、AIW、T、C、AC、常数、＊VD、＊LD 和＊AC；OUT 的寻址范围为 VB、IB、QB、MB、SB、SMB、LB、AC、＊VD、＊LD 和＊AC。在译码指令中，IN 的寻址范围为 VB、IB、QB、MB、SB、SMB、LB、AC、常数、＊VD、＊LD 和＊AC；OUT 的寻址范围为 VW、IW、QW、MW、

SW、SMW、LW、AQW、T、C、AC，*VD、*LD和*AC。

编码指令（ENCO）的功能是，当允许信号 EN=1 时，将 16 位字型输入数据 IN 中值为 1 的最低有效位的位号（0～15）编码成 4 位二进制数，输出到 OUT 所指定的字节型单元的低 4 位。也就是 OUT 的低 4 位值为数据 IN 中值为 1 的最低位的位号。

译码指令（DECO）的功能是，当允许信号 EN=1 时，根据 8 位字节型输入数据 IN 的低 4 位所表示的位号（0～15）将 OUT 所指定的字单元的对应位置 1，其他位置 0。

[例 8-19]　ENCO AC0，VB0

以本指令为例，指令执行情况见表 8-35。

表 8-35　编码指令执行结果

时间	单元地址	单元内容	说明
执行前	AC0	0000000001000000	要编码的为 AC0 中的第 6 位（始于 0 位）
	VB0	××××××××	任意值
执行后	AC0	0000000001000000	数据未变
	VB0	00000110	将位号 6 写入 VB0 的低 4 位

[例 8-20]　DECO VB0，AC0

本指令执行情况见表 8-36。

表 8-36　译码指令执行结果

时间	单元地址	单元内容	说明
执行前	VB0	00001000	要译码的位的位号为 8，存于 VB0 的低 4 位
	AC0	××××××××	任意值
执行后	VB0	00001000	数据未变
	AC0	0000000100000000	将位号 8 对应的第 8 位置 1，其他位为 0

8.4.7　移位操作指令

移位操作指令都是对无符号数进行处理的，包括移位指令、循环移位指令和寄存器移位指令。执行时只需考虑被移位存储单元的每一位数字状态，而无需考虑数据值的大小。该类指令在一个数字量输出端子对应多个相对固定状态的情况下有广泛的应用。

（1）移位指令

移位指令有右移和左移两种，根据所移位数的长度又可分为字节型、字型和双字型。移位指令的梯形图和语句表如图 8-62 所示。移位数据存储单元的移出端与 SM1.1（溢出位）相连，最后被移出的位被放到 SM1.1 位存储单元。SHR_B、SHR_W 和 SHR_DW 为字节、字和双字右移标志符；相应地，SHL_B、SHL_W 和 SHL_DW 为字节、字和双字右移标志符；EN 为移位允许信号输入端（数据类型为 BOOL 型）；ENO 为功能框允许输出端（数据类型为 BOOL 型）；IN 为移位数据输入端（数据类型为 BYTE 型、WORD 型或 DWORD 型）；OUT 为移位数据输出端（数据类型为 BYTE 型、WORD 型或 DWORD 型）；N 为移位次数输入端（数据类型为 BYTE 型）。移位指令中各有效操作数的寻址范围如表 8-37 所示。

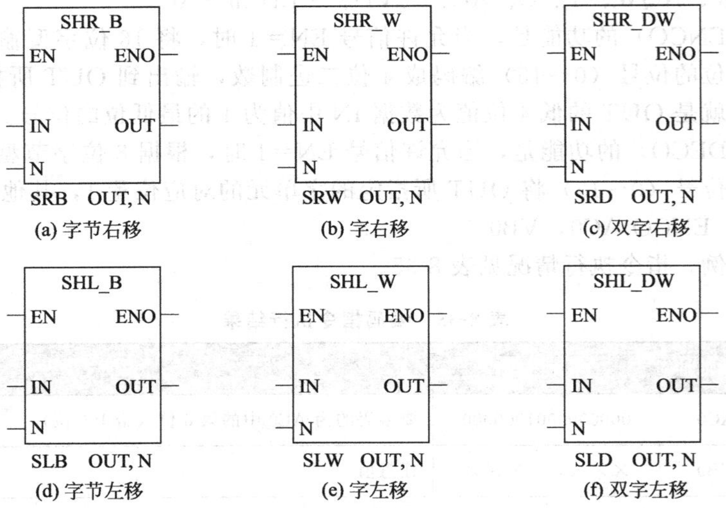

图 8-62 移位指令的梯形图和语句表

表 8-37 移位指令操作数寻址范围

输入/输出	数据类型	操作数寻址范围
IN	字节	VB、IB、QB、MB、SB、SMB、LB、AC、常数、*VD、*LD、*AC
	字	VW、IW、QW、MW、SW、SMW、LW、T、C、AIW、AC、常数、*VD、*LD、*AC
	双字	VD、ID、QD、MD、SD、SMD、LD、AC、HC、常数、*VD、*LD、*AC
OUT	字节	VB、IB、QB、MB、SB、SMB、LB、AC、*VD、*LD、*AC
	字	VW、IW、QW、MW、SW、SMW、LW、T、C、AC、*VD、*LD、AC
	双字	VD、ID、QD、MD、SD、SMD、LD、AC、*VD、*LD、*AC
N	字节	VB、IB、QB、MB、SB、SMB、LB、AC、常数、*VD、*LD、*AC

移位时，移出位进入 SM1.1，另一端自动补 0。SM1.1 始终存放最后一次被移出的位，移位次数为 N。如果所需移位次数大于移位数据的位数，则超出次数无效。如果移位操作使数据变为 0，则 SM1.0（零存储器位）自动置位。当移位允许信号 EN=1 时，被移位数 IN 根据移位类型相应的右移或左移 N 位，最左边或最右边移走的位依次用 0 填充，其结果传送到 OUT 中（在语句表中，IN 与 OUT 使用同一个单元）。字节、字和双字移位的最大实际可移位次数分别为 8、16、32。

［例 8-21］ SLB MB0，2

SRB LB0，3

以第一条指令为例，指令执行结果如表 8-38 所示。

表 8-38 指令 SLB 执行结果

移位次数	地址	单元内容	位 SM1.1	说明
0	MB0	10110101	x	移位前（SM1.1 不确定）
1	MB0	01101010	1	数左移，移出位 1 进入 SM1.1，右端补 0
2	MB0	11010100	0	数左移，移出位 0 进入 SM1.1，右端补 0

[例 8-22]　SLW　MW0，2

　　　　　SRW　W0，3

以第二条指令为例，指令执行结果如表 8-39 所示。

表 8-39　指令 SRW 执行结果

移位次数	地址	单元内容	位 SM1，1	说明
0	LW0	1011010100110011	x	移位前（SM1.1 不确定）
1	LW0	0101101010011001	1	右移，1 进入 SM1.1，左端补 0
2	LW0	0010110101001100	1	右移，1 进入 SM1.1，左端补 0
3	LW0	0001011010100110	0	右移，0 进入 SM1.1，左端补 0

(2) 寄存器移位指令

寄存器移位指令将一个数值移入移位寄存器中，它提供了一种排列和控制产品流或数据的方法。寄存器移位指令的梯形图和语句表如图 8-63 所示。其中，SHRB 为寄存器移位标志符；EN 为移位允许信号输入端（数据类型为 BOOL 型）；DATA 为移位数值输入端（数据类型为 BOOL 型，该位的值将移入移位寄存器）；S_BIT 为移位寄存器的最低位端（数据类型为 BOOL 型）；N 为移位寄存器长度输入端（数据类型为 BYTE 型）。N 的寻址范围为 VB、IB、QB、MB、SB、SMB、LB、AC、常数、*VD、*LD 和 *AC；DATA、S_BIT 的寻址范围为 I、Q、M、SM、T、C、V、S 和 L。

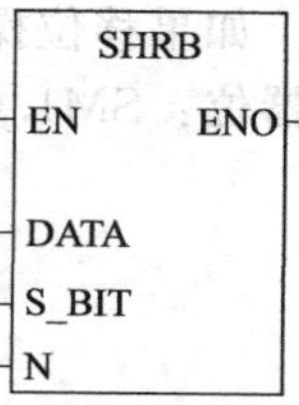

SHRB DATA, S_BIT, N

图 8-63　寄存器移位指令的梯形图和语句表

移位时，移出端与 SM1.1（溢出）相连，最后被移出的位被放到 SM1.1 位存储单元，移入端自动补以 DATA 的值。移位寄存器的长度没有字节型、字型、双字型之分，最大长度为 64 位，可正可负。移位长度 N 为正值时，正向移位，从最低字节的最低位 S_BIT 移入，从最高字节的最高位 MSB. b 移出；N 为负值时，反向移位，从最高字节的最高位 MSB. b 移入，从最低字节的最低位 S_BIT 移出。最高位的计算方法如下。

MSB. b 的字节号 MSB：[| N | −1+（S_BIT 的位号）] /8+S_BIT 的字节号。

MSB. b 的位号 b：[| N | −1+（S_BIT 的位号）] 对 8 取模。

例如，如果 S_BIT 是 V33.4，N 是 14，那么 MSB.b 是 V35.1。具体计算如下：MSB=V33+（| 14 | −1+4）/8=V33+17/8=35；因（| 14 | −1+4）对 8 取模为 1，故 b=1。

[例 8-23]　SHRB I0.5，V20.0，5

以本条指令为例，指令执行结果如表 8-40 所示。

表 8-40　指令 SHRB 执行结果

脉冲数	I0.5 值	VB20 内容	位 SM1.1	说明
0	1	10110101	x	移位前。移位时，从 V20.0 移入，从 V20.4 移出
1	1	10101011	1	移入 SM1.1，I0.5 的脉冲前值进入右端
2	1	10110111	0	0 移入 SM1.1，I0.5 的脉冲前值进入右端
3	0	10101110	1	1 移入 SM1.1，I0.5 的脉冲前值进入右端

(3) 循环移位指令

循环移位指令类似于普通移位指令，有循环右移和循环左移两种。根据所移位数的长度分别又可分为字节型、字型和双字型。循环移位数据存储单元的移出端与另一端相连，同时又与 SM1.1（溢出）相连，所以最后被移出的位被移到另一端的同时，也被放到 SM1.1 位存储单元。例如在循环右移时，移位数据的最右端位移入最左端，同时又进入 SM1.1。

SM1.1 始终存放最后一次被移出的位。

循环移位指令的梯形图和语句表如图 8-64 所示。ROR _ B、ROR _ W 和 ROR _ DW 为字节、字和双字循环右移标志符；相应地，ROL _ B、ROL _ W 和 ROL _ DW 为字节、字和双字循环左移标志符；其他操作数的含义和数据类型及其寻址范围同普通移位指令一样，此处不再重复。

移位次数与移位数据的长度有关。在循环移位指令中，如果移位次数设定值大于移位数据的位数，则执行循环移位之前，系统先对设定值取以数据长度为底的模，用小于数据长度的结果作为实际循环移位的次数。因此，字节、字和双字移位的实际移位次数分别是取 8、16、32 为底的模所得的结果。例如，字循环左移时，若移位次数设定为 36，则先对 36 取以 16 为底的模，得到小于 16 的结果 4，该指令实际循环移位 4 次。

如果移位操作使数据变为 0，则零存储器位 SM1.0 自动置位。移位指令影响的特殊存储器位：SM1.0（零）；SM1.1（溢出）。

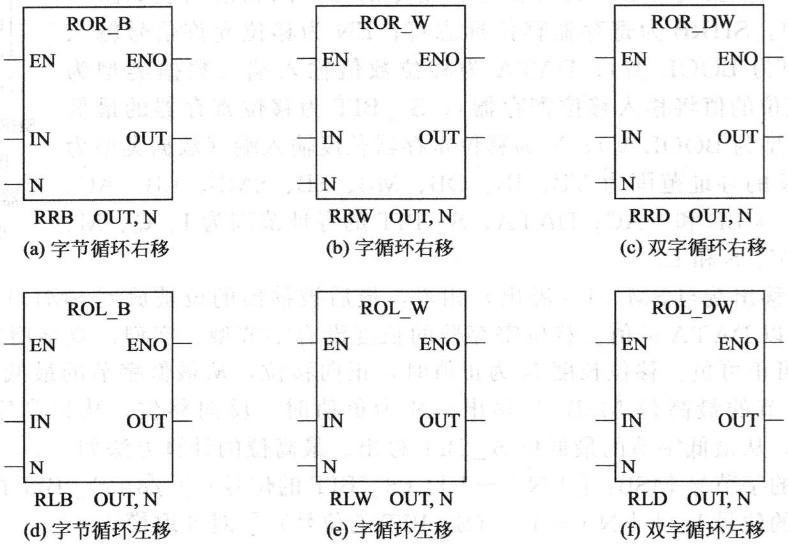

图 8-64 循环移位指令的梯形图和语句表

［例 8-24］ RLB MB0，2

RRB LB0，3

RLW MW0，2

RRW LW0，3

RLD MD0，2

RRD LD0，3

以指令 RRW LW0，3 为例，指令执行结果如表 8-41 所示。

表 8-41 指令 RRW 执行结果

移位次数	地址	单元内容	位 SM1.1	说明
0	LW0	1011010100110011	x	移位前（SM1.1 不确定）
1	LW0	1101101010011001	1	右端 1 移入 SM1.1 和 LW0 左端
2	LW0	1110110101001100	1	右端 1 移入 SM1.1 和 LW0 左端
3	LW0	0111011010100110	0	右端 0 移入 SM1.1 和 LW0 左端

［例 8-25］　本实例采用循环移位指令来实现霓虹灯上的跑马灯，即灯的亮、灭沿某一方向依次移动，给人的感觉就是灯在运动。将霓虹灯中每一灯的控制开关分别与 PLC 的输出端口 QB0 连接。根据所需显示的图案，确定 QB0 的哪些位上输出值为 1，哪些位上输出值为 0，从而确定 QB0 的值。假如根据需要所确定的 QB0 的值为 229，则其对应的二进制数为 11100101，这样与 QB0 端口相连接的 8 个灯成为亮、亮、亮、灭、灭、亮、灭、亮的图案。利用一定的方波信号就可以控制这些灯的亮、灭移动情况，其程序如图 8-65 所示。

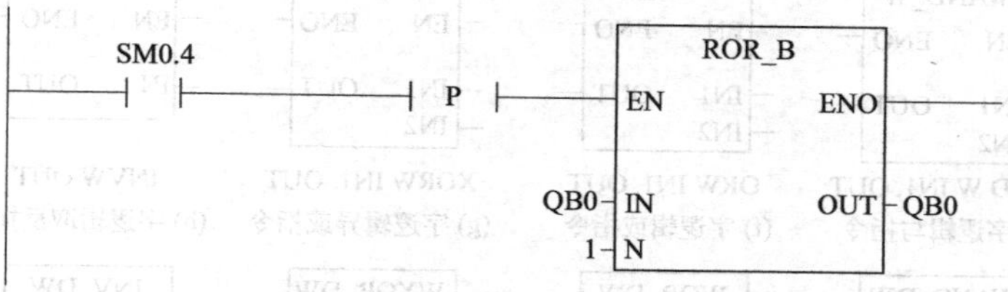

图 8-65　跑马灯程序

由于 SM0.4 是周期为 1min 的方波信号，即每经过 1min 跑马灯就会向前一步。若要跑马灯运行更快，可以使用定时器或周期较小的方波信号来控制循环移位指令；若要改变跑马灯的运动方向，只需把右移循环指令改换为左移循环指令即可；若要跑马灯显示不同的形状，只需要将 QB0 中的值显示为不同的值就可以实现了。

8.4.8　逻辑运算指令

逻辑运算是对逻辑数（无符号数）进行的逻辑处理。按运算性质的不同，有逻辑与、逻辑或、逻辑异或和取反之分；按参与运算的操作数的长度，分为字节、字和双字逻辑运算操作。逻辑运算指令梯形图和语句表如图 8-66 所示。逻辑与、或、异或指令的功能是当允许信号 EN＝1 时，把两输入操作数 IN1、IN2 按位进行逻辑与、或、异或等逻辑运算，然后得到逻辑输出结果 OUT。在语句表中，IN2 与 OUT 共用一个地址单元。逻辑取反指令的功能是，把操作数 IN 按位求反，得到逻辑输出结果 OUT。在语句表中，IN 与 OUT 共用一个地址单元。各逻辑指令操作数的寻址范围如表 8-42 所示。

表 8-42　逻辑运算指令操作数寻址范围

输入/输出	数据类型	操作数寻址范围
IN1 IN2 IN	字节	VB、IB、QB、MB、SB、SMB、LB、AC、常数、＊VD、＊LD、＊AC
	字	VW、IW、QW、MW、SW、SMW、LW、AIW、T、C、AC、常数、＊VD、＊LD、＊AC
	双字	VD、ID、QD、MD、SD、SMD、LD、HC、AC、常数、＊VD、＊LD、＊AC
OUT	字节	VB、IB、QB、MB、SB、SMB、LB、AC、＊VD、＊LD、＊AC
	字	VW、IW、QW、SW、MW、SMW、LW、T、C、AC、＊VD、＊LD、＊AC
	双字	VD、ID、QD、MD、SD、SMD、LD、AC、＊VD、＊LD、＊AC

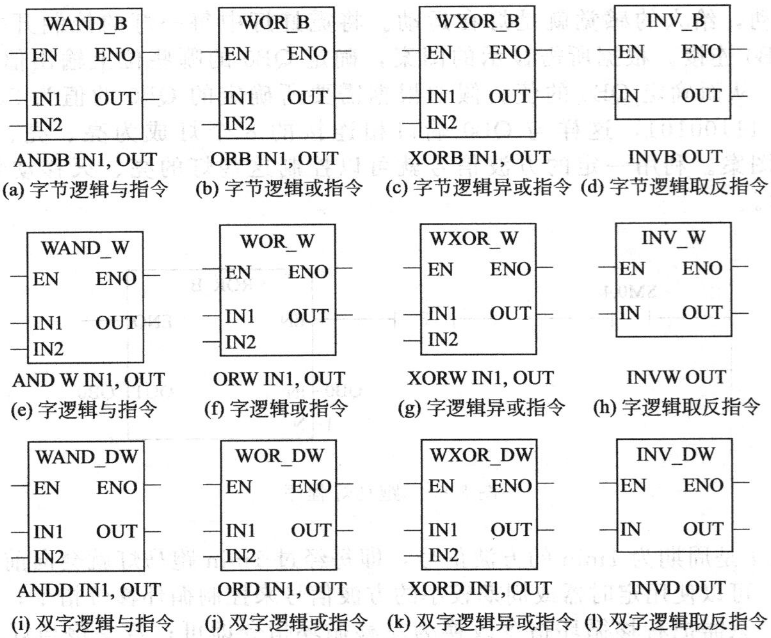

图 8-66 逻辑运算指令的梯形图和语句表

[例 8-26] ANDB VB0，AC1
ORB VB0，AC0
XORB VB0，AC2
INVB VB10

这 4 条指令的执行情况见表 8-43（各单元内容都用二进制表示）。

表 8-43 指令执行情况表

指令	操作数	地址单元	单元长度（n 字节）	运算前值	运算结果值
(1)	IN1	VB0	1	01010011	01010011
	IN2（OUT）	AC1	1	11110001	01010001
(2)	IN1	VB0	1	01010011	01010011
	IN2（OUT）	AC0	1	00110110	01110111
(3)	IN1	VB0	1	01010011	01010011
	IN2（OUT）	AC2	1	11011010	10001001
(4)	IN（OUT）	VB10	1	01010011	10101100

[例 8-27] 该例利用逻辑运算指令实现数据分离，如图 8-67 所示。在程序运行中，将 MW0 中的数据与 16＃0FFF 进行逻辑与运算后，将 MW0 的高 4 位全部变成了 0，因此实现了 MW0 的低 12 位的分离；将 MW0 中的数据与 16＃F000 进行逻辑与运算后，将 MW0 的低 12 位全部变成了 0，然后进行移位操作，将数据向右移 12 位就实现了高 4 位的分离。灵活采用进行逻辑运算的值，同时结合移位指令，可以分离出任何所需位的值。

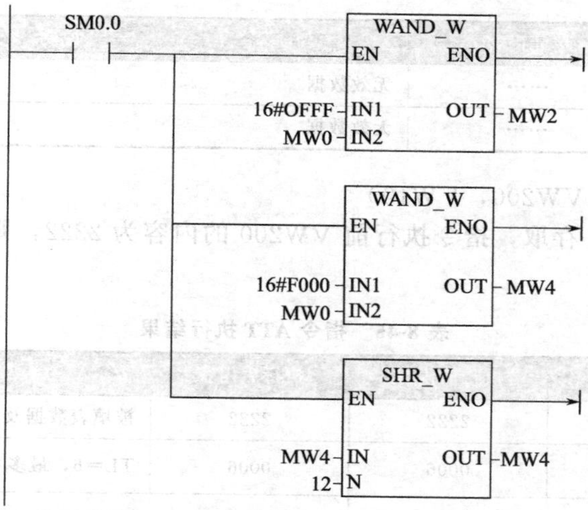

图 8-67　采用逻辑运算实现数据分离程序

8.4.9　表功能指令

PLC 所用的数据多数以数据表的形式存放在堆栈式的存储区中，为了对数据表的数据进行操作，需要使用表功能指令。表功能指令包括填表、查表、先进先出和后进先出指令。表功能指令实际就是对数据（只能是字型数据）的存取操作。

（1）填表指令

填表指令的梯形图和语句表如图 8-68 所示。DATA 为数值输入端，指出将被存储的字型数据或其地址；TBL 为表的首地址输入端，用于指明被访问的表格。DATA 的寻址范围为 VW、IW、QW、MW、SW、SMW、LW、AIW、T、C、AC、常数、＊VD、＊LD 和＊AC。TBL 的寻址范围为 VW、IW、QW、SW、MW、SMW、LW、T、C、＊VD、＊LD 和＊AC。

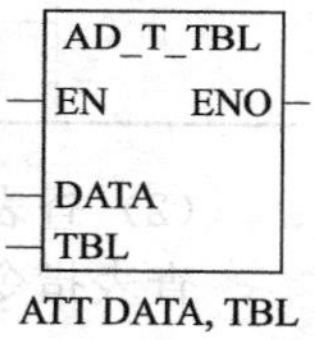

图 8-68　填表指令的梯形图和语句表

一个表由表地址（表的首地址）指明。表地址和第二个字地址所对应的单元分别存放两个参数值：第一个是最大填表数（TL）；第二个是实际填表数（EC），指出已填入表的数据个数。当允许信号 EN＝1 时，将输入字型数据添加到指定的表中。新的数据添加在表中已有数据的后面。每向表中添加一个新的数据，实际填表数 EC 会自动加 1。一个表最多可填入 100 个数据（不包括最大填表数 TL 和实际填表数 EC）。

表只对字型数据存储，表的格式见表 8-44。

表 8-44　数据表格式

单元地址	单元内容	说明
VW100	0006	TL＝6，最多可填 6 个数，VW 为表地址
VW102	0004	EC＝4，实际在表中存有 4 个数据
VW104	1203	数据 0
VW106	4467	数据 1
VW108	9098	数据 2
VW110	3592	数据 3

续表

单元地址	单元内容	说明
VW112	……	无效数据
VW114	……	无效数据

[例 8-28]　ATT VW200，VW100

如果仍是对表 8-44 存取，指令执行前 VW200 的内容为 2222，则指令执行情况如表 8-45 所示。

表 8-45　指令 ATT 执行结果

操作数	单元地址	执行前内容	执行后内容	说明
DATA	VW200	2222	2222	被填表数据及地址
TBL	VW100	0006	0006	TL=6，最多可填 6 个数，不变化
	VW102	0004	0005	EC 实际存表数由 4 加 1 变为 5
	VW104	1203	1203	数据 0
	VW106	4467	4467	数据 1
	VW108	9098	9098	数据 2
	VW110	3592	3592	数据 3
	VW112	……	2222	将 VW200 中的数据填入表中
	VW114	……	……	无效数据

(2) 查表指令

查表指令可以从字型数表中找出符合条件的数据在表中的数据编号，编号范围是0～99。

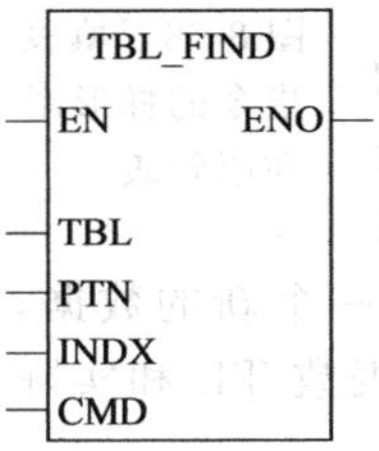

图 8-69　查表指令

查表指令的梯形图如图 8-69 所示。TBL 为表的首地址输入端，指明被访问的表格；PTN 为查表时进行比较的数据的输入端；INDX 用来指定存储地址，以存放表中符合查找条件数据的数据编号；CMD 是比较运算符编码输入端，它是一个 1～4 的数值，分别代表=、＜＞、＜和＞运算符。TBL 的寻址范围为 VW、IW、QW、MW、SW、SMW、LW、T、C、* VD、* LD 和 * AC。PIN 的寻址范围为 VW、IW、QW、MW、SW、SMW、AIW、LW、T、C、AC、常量、* VD、* LD 和 * AC。INDX 的寻址范围为 VW、IW、QW、MW、SW、SMW、LW、T、C、AC、* VD、* LD 和 * AC。

在查表指令的语句表中，运算符不采用编码形式，而是直接使用。

查表指令语句表表示：“FND=　TBL，PTN，INDX”

“FND＜＞TBL，PTN，INDX”

“FND＜TBL，PTN，INDX”

“FND＞TBL，PTN，INDX”

执行查表指令之前，应先对 INDX 的内容清 0。当允许信号 EN=1 时，从 INDX 开始搜索表 TBL，寻找符合由 PTN 和 CMD 所决定的条件的数据。如果没有发现符合条件的数据，则 INDX 的值等于 EC；如果找到一个符合条件的数据，则将该数据在表中的编号装入 INDX 中。

查表指令执行完成，找到一个符合条件的数据，如果想继续向下查找，必须先对 INDX 加 1，以重新激活查表指令。表查找指令不影响特殊存储器位。在语句表中运算符直接表示，而不用各自的编码。

［例 8-29］ FND> VW100，VW 20，AC0

如果仍是对表 8-44 进行操作，指令的执行结果见表 8-46。

表 8-46 表查找指令执行结果

操作数	单元地址	执行前内容	执行后内容	说明
PTN	VW20	2000	5000	用来比较的数据
INDX	AC0	0	5	符合查表条件的单元地址
CMD	无	4	4	4 表示为>
TBL	VW100	0006	0006	TL=6，最大填表数，不需要
	VW102	0004	0003	EC 实际存表数
	VW104	1203	1203	数据 0
	VW106	4467	4467	数据 1
	VW108	9098	9098	数据 2
	VW110	3592	3592	数据 3
	VW112	* * * *	* * * *	无效数据
	VW114	* * * *	* * * *	无效数据

（3）表取数指令

从表中取出一个字型数据有两种方式：先进先出和后进先出。与取数方式相对应，有两个表取数指令：先进先出指令和后进先出指令，如图 8-70 所示。输入端 TBL 为表格的首地址，用以指明访问的表格；输出端 OUT 指明数值取出后要存放的目标地址单元。TBL 的寻址范围为 VW、IW、W、SW、MW、SMW、LW、T、C、* VD、* LD 和 * AC。DATA 的寻址范围为 VW、IW、QW、MW、SW、SMW、LW、T、C、AQW、AC、VD、* LD 和 * AC。

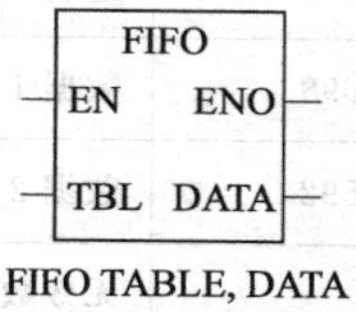

(a) 先进先出指令

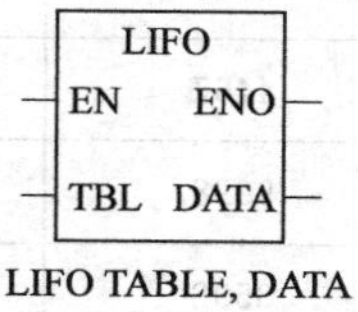

(b) 后进先出指令

图 8-70 表取数指令的梯形图和语句表

① 先进先出指令 当允许信号 EN=1 时，将表 TBL 的第一个数据项（不是第一个字）移出，并将它送到 DATA 指定的字单元中。先进先出指令移出的数据总是最先进入表中的数据。每次从表中移出一个数据，剩余数据依次上移一个字单元位置，同时实际填表数 EC 会自动减 1。

② 后进先出指令 当允许信号 EN=1 时，将表 TBL 的最后一个数据项移出，并将它送到 DATA 指定的字单元中。后进先出指令移出的数据总是最后进入表中的数据。每次从表中移出一个数据，剩余数据位置保持不变，同时实际填表数 EC 会自动减 1。

在某些场合，需要用到较多的数据，在这种情况下，可以先把数据存储到表中，然后再从表中把数据取出来。

[例 8-30] FIFO VW100，AC0

如果仍是对表 8-44 存取，则指令执行情况见表 8-47。

表 8-47 指令 FIFO 执行结果

操作数	单元地址	执行前内容	执行后内容	说明
DATA	AC0	空	1203	从表中取走的数据及输出
TBL	VW100	0006	0006	TL=6，最多可填 6 个数，不变化
	VW102	0004	0003	EC 实际存表数由 4 减 1 变为 3
	VW104	1203	4467	数据 0，剩余数据依次上移一格
	VW106	4467	9098	数据 1
	VW108	9098	3592	数据 2
	VW110	3592	……	无效数据
	VW112	……	……	无效数据
	VW114	……	……	无效数据

[例 8-31] LIFO VW100，AC0

如果仍是对表 8-44 存取，则指令执行情况见表 8-48。

表 8-48 指令 LIFO 执行结果

操作数	单元地址	执行前内容	执行后内容	说明
DATA	AC0	空	3592	从表中取走的数据输出到 AC0
TBL	VW100	0006	0006	TL=6，最多可填 6 个数，不变化
	VW102	0004	0003	EC 实际存表数由 4 减 1 变为 3
	VW104	1203	4467	数据 0，剩余数据不移动
	VW106	4467	9098	数据 1
	VW108	9098	3592	数据 2
	VW110	3592	……	无效数据
	VW112	……	……	无效数据
	VW114	……	……	无效数据

8.4.10 中断指令

中断是计算机在实时处理和实时控制中一项重要的技术，应用十分广泛。中断就是指当控制系统执行正常程序时，系统中出现了某些急需处理的异常情况或特殊请求，这时系统暂时停止执行当前程序，转去对随机发生的紧迫事件进行处理（执行中断服务程序），当该事件处理完毕后，系统自动回到原来被中断的程序继续执行。

(1) 中断源

中断事件的发生具有随机性，中断在 PLC 应用系统中的人机联系、实时处理、通信处理和网络中非常重要。S7-200PLC 可以引发的中断事件分为通信口中断、I/O 中断和时基中断 3 类，共 34 项（编号 0～33），按优先级排列的中断事件如表 8-49 所示。

表 8-49　按优先级排列的中断事件

优先级分组	组内优先级	中断事件号	中断事件说明	中断事件类别
通信中断	0	8	通信口 0：接收字符	通信口 0
	0	9	通信口 0：发送完成	
	0	23	通信口 0：接收信息完成	
	1	24	通信口 1：接收信息完成	通信口 1
	1	25	通信口 1：接收字符	
	1	26	通信口 1：发送完成	
I/O 中断	0	19	PTO0 脉冲串输出完成中断	脉冲输出
	1	20	PTO1 脉冲串输出完成中断	
	2	0	I0.0 上升沿中断	外部输入
	3	2	I0.1 上升沿中断	
	4	4	I0.2 上升沿中断	
	5	6	I0.3 上升沿中断	
	6	1	I0.0 下降沿中断	
	7	3	I0.1 下降沿中断	
	8	5	I0.2 下降沿中断	
	9	7	I0.3 下降沿中断	
	10	12	HSC0 当前值＝预置值中断	高速计数器
	11	27	HSC0 计数方向改变中断	
	12	28	HSC0 外部复位中断	
	13	13	HSC1 当前值＝预置值中断	
	14	14	HSC1 计数方向改变中断	
	15	15	HSC1 外部复位中断	
	16	16	HSC2 当前值＝预置值中断	
	17	17	HSC2 计数方向改变中断	
	18	18	HSC2 外部复位中断	
	19	32	HSC3 当前值＝预置值中断	
	20	29	HSC4 当前值＝预置值中断	
	21	30	HSC4 计数方向改变	
	22	31	HSC4 外部复位	
	23	33	HSC5 当前值＝预置值中断	

续表

优先级分组	组内优先级	中断事件号	中断事件说明	中断事件类别
定时中断	0	10	定时中断 0	定时
	1	11	定时中断 1	
	2	21	定时器 T32 CT=PT 中断	定时器
	3	22	定时器 T96 CT=PT 中断	

① 通信口中断　PLC 的串行通信口可由梯形图或语句表程序来控制。通信口的这种操作模式称为自由端口模式。在自由端口模式下，可用程序定义波特率、每个字符位数、奇偶校验和通信协议。在执行主程序时，申请中断，才能定义自由端口模式，利用接收和发送中断可简化程序对通信的控制。

② I/O 中断　I/O 中断包括上升沿或下降沿中断、高速计数器中断和脉冲串输出（PTO）中断。S7-200 CPU 用输入 I0.0～I0.3 的上升沿或下降沿产生中断，则使上升沿或下降沿发生的事件被输入端子捕获。这些上升沿或下降沿事件可被用来指示当某个事件发生时必须引起注意的条件；高速计数器中断允许响应诸如当前值等于预置值、计数器计数方向改变和计数器外部复位等事件而产生的中断，每种高速计数器通过申请中断对高速事件实时响应；脉冲串输出中断在完成指定脉冲输出时发生，指示脉冲数输出已完成，其典型应用是对步进电动机的控制。可以通过将一个中断程序连接到相应的 I/O 事件上来允许上述的每一个中断。

③ 时基中断　时基中断包括定时中断和定时器 T32/T96 中断。

定时中断可用来支持一个周期性的活动，周期时间以 1ms 为计量单位，周期时间可以是 1～255ms。对于定时中断 0，把周期时间值写入 SMB34：对于定时中断 1，把周期时间值写入 SMB35。每当达到定时时间值，相关定时器溢出，执行中断程序。定时中断可以用来以固定的时间间隔作为采样周期来对模拟量输入进行采样，也可以用来执行一个 PID 控制回路。此外，定时中断在自由口通信编程时非常有用。

当把某个中断程序连接到一个定时中断事件上时，若该定时中断被允许，就开始计时。在连接期间，系统捕捉周期时间值，因而后来对 SMB34 和 SMB35 的更改不会影响周期。为改变周期时间，首先必须修改周期时间值，然后重新把中断程序连接到定时中断事件上。当重新连接时，定时中断功能清除前一次连接时的任何累计值，并用新值重新开始计时。

一旦允许，定时中断就连续地运行。指定时间间隔每次溢出时，执行被连接的中断程序。如果退出 RUN 模式或分离定时中断，则定时中断被禁止。如果执行了全局中断禁止指令，定时中断事件会继续出现，每个出现的定时中断事件将进入中断队列等待，直到中断允许或队列满。

定时器 T32/T96 中断允许及时地响应一个给定时间间隔。这些中断只支持 1ms 分辨率隔延时接通定时器（TON）和延时断开定时器（TOF）T32 和 T96。定时器 T32 和 T96 在其他方面工作正常。一旦中断允许，当有效定时器的当前值等于预置信时，在 CPU 的正常 1ms 定时刷新中执行被连接的中断程序：首先把一个中断程序连接到 T32/T96 中断事件上，然后允许该中断。

（2）中断的优先级和排队

在 PLC 应用系统中可能有多个中断源。当多个中断源同时向 CPU 申请中断时，要求 CPU 能将全部中断源按中断性质和处理的轻重缓急来进行排队，并给予优先权。给中断源安排处理的次序就是给中断源确定中断优先级。

S7-200PLC 的中断按固定的优先级顺序执行：通信中断（最高优先级）、I/O 中断（中等优先级）、时基中断（最低优先级）。所有中断事件及优先级如表 8-49 所示。

PLC 的 CPU 接到中断请求后，先查看优先级排队，以优先级最高到最低的顺序处理事件，没有中断嵌套。在各个指定的优先级之内，CPU 按先来先服务的原则处理中断。任何时间点上，只执行一个中断程序。一旦中断程序开始执行，就要一直执行到结束，而且不会被别的中断程序甚至是更高优先级的中断程序所打断。当另一个中断正在处理时，新出现的中断需排队等待。如果有多于队列所能保存数目的中断出现，则由中断队列溢出的特殊标志存储器位表明丢失的中断事件的类型。中断队列溢出的特殊标志存储器位只在中断程序中使用，因为在队列变空或返回到主程序时，这些位会被复位。每个中断队列允许的最多中断数和中断溢出的标志位如表 8-50 所示。

表 8-50　每个中断允许的最多中断数及中断溢出的特殊标志存储器位

中断种类	中断溢出标志位（0：不溢出 1：溢出）	CPU221、CPU222 和 CPU224	CPU224XP 和 CPU226
通信中断	SM4.0	4	8
I/O 中断	SM4.1	16	16
时间中断	SM4.2	8	8

一个程序内最多可有 128 个中断。应当使中断程序短小而简单，执行时对其他处理也不要延时过长；否则，意外的条件可能会引起由主程序控制的设备操作异常。中断程序应实现特定的任务，应“越短越好”，在中断程序中禁止使用 DISI、ENI、HDEF、LSCR 和 ENB 指令。

（3）全局中断允许/禁止指令

全局中断允许/禁止指令的梯形图和语句表如图 8-71 所示。

① 全局中断允许指令　全局性地允许所有被连接的中断事件。

② 全局中断禁止指令　全局性地禁止处理所有的中断事件。执行该指令后，出现的中断事件就进入中断队列排队等候，直到全局中断允许指令重新允许中断。

CPU 进入 RUN 模式时，自动禁止所有中断。在 RUN 模式中执行全局中断允许指令后，允许所有中断。只有在全局中断允许的条件下，系统才有可能执行中断。在全局中断禁止的条件下，任何中断程序都是不会被执行的。

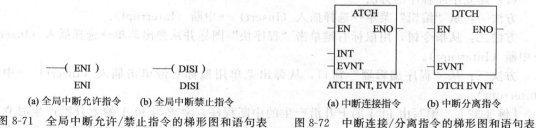

(a) 全局中断允许指令　(b) 全局中断禁止指令

图 8-71　全局中断允许/禁止指令的梯形图和语句表

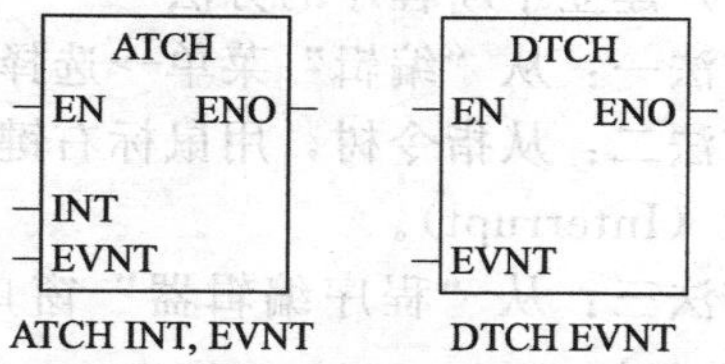

(a) 中断连接指令　(b) 中断分离指令

图 8-72　中断连接/分离指令的梯形图和语句表

（4）中断连接/分离指令

中断连接/分离指令的梯形图和语句表如图 8-72 所示。其中，INT 为字节常量，表示中断程序号，取值范围为 0～127；EVNT 为字节常量，表示中断事件号，取值范围根据 CPU 的型号有所不同，CPU 221/222 为 0～12、19～23、27～33，CPU224 为 0～23、27～33，CPU226 为 0～33。

中断连接指令用来建立某个中断事件（EVNT）和某个中断程序（1NT）之间的联系，并允许这个中断事件。在调用一个中断程序前，必须用中断连接指令，建立某中断事件与中断程序的连接。当把某个中断事件和中断程序建立连接后，该中断事件发生时会自动开中断。多个中断事件可调用同一个中断程序，但一个中断事件不能同时与多个中断程序建立连接。中断分离指令用来解除某个中断事件（EVNT）和某个中断程序（1NT）之间的联系，并禁止该中断事件，使中断回到不激活或无效状态。

（5）中断返回指令

—(RETI)

CRETI

图 8-73 中断返回指令的梯形图和语句表

中断返回指令用于中断程序中，根据前面逻辑条件决定是否从中断程序返回主程序。中断返回指令（条件返回）梯形图和语句表如图 8-73 所示。中断程序必须以无条件中断返回指令作结束。S7-200PLC 的 STEP 7-Micro/WIN 编程软件自动在中断程序结尾添加了无条件中断返回指令，不需要用户自己再在程序末尾添加。

（6）使用中断应注意的问题

① 中断程序中可以调用子程序　累加器和逻辑堆栈式的存储器在中断程序和被调用的子程序中是共用的。

② 中断程序和主程序间可以共享数据　主程序和中断程序可以相互提供要用到的数据，但要考虑中断事件异步特性的影响，要解决共享数据的一致性问题，因为中断事件会在主程序执行的任何地方出现。

有几种可以确保在主程序和中断程序之间正确共享数据的编程技巧。这些技巧或限制共享存储器单元的访问方式，或让使用共享存储器单元的指令序列不会被中断。

a. 语句表（STL）程序共享单个变量。如果共享数据是单个字节、字、双字变量，那么通过共享数据操作得到的中间值，只存储到非共享的存储器单元或累加器中，可以保证正确的共享访问。

b. 梯形图（LAD）程序共享单个变量。如果共享数据是单个字节、字或双字变量，那么只用 Move 指令（MOVB、MOVW、MOVD、MOVR）访问共享存储器单元，可以保证正确的共享访问。这些 Move 指令执行时不受中断事件影响。

c. 语句表或梯形图程序共享多个变量。如果共享数据由一些相关的字节、字或双字组成，那么可以用全局中断允许/禁止指令（DISI 和 ENl）来控制中断程序的执行。在程序开始对共享存储器单元操作的地方禁止中断，所有影响共享存储器单元的操作完成后，再允许中断，但这种方法会导致对中断事件响应的延迟。

（7）建立中断程序的方法

方法一：从“编辑”菜单→选择插入（Insert）→中断（Interrupt）。

方法二：从指令树，用鼠标右键单击“程序块”图标并从弹出菜单→选择插入（Insert）→中断（Interrupt）。

方法三：从“程序编辑器”窗口，从弹出菜单用鼠标右键单击插入（Insert）→中断（Interrupt）。

[例 8-32]　编写由 I0.1 的上升沿产生的中断程序，要求当 I0.1 的上升沿产生时立即把 VW0 的当前值变为 0。由表 8-49 可知，I0.1 上升沿产生的中断事件号为 2。因此，在主程序中用 ATCH 指令将事件号 2 和中断程序 0 连接起来，并全局开中断。主程序和中断程序如图 8-74 所示。

[例 8-33]　编程完成采样工作，用定时中断完成每 10ms 采样一次。由表 8-49 可知，定时中断 0 的中断事件号为 10。因此，在主程序中将采样周期（10ms）即定时中断的时间间隔写入定时中断 0 的特殊存储器 SMB34，并将中断事件 10 和 INT _ 0 连接，全局开中断。在中断程序 0 中，将模拟量输入信号读入，程序如图 8-75 所示。

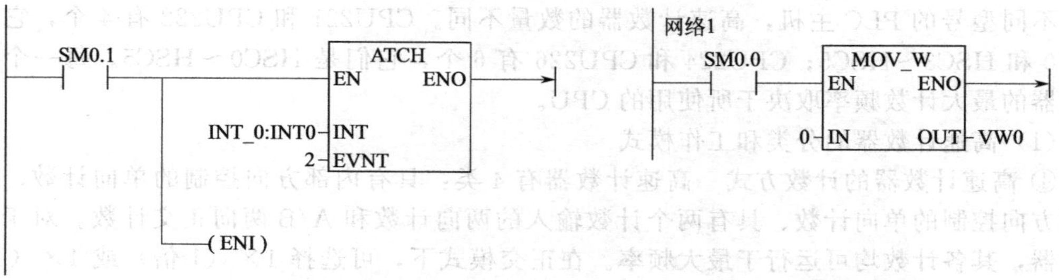

(a) 主程序　　(b) 中断程序

图 8-74　例 8-32 程序

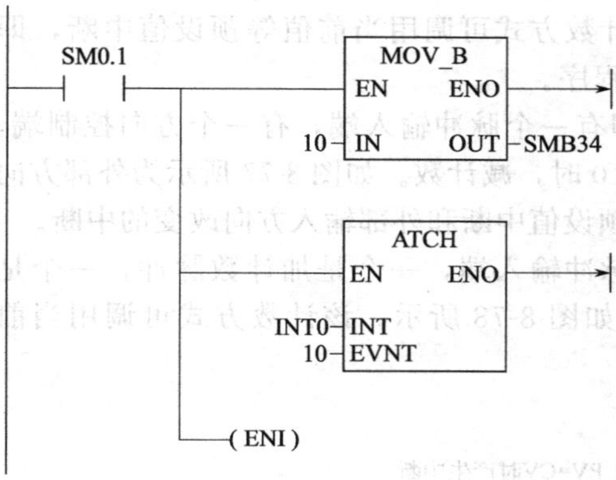

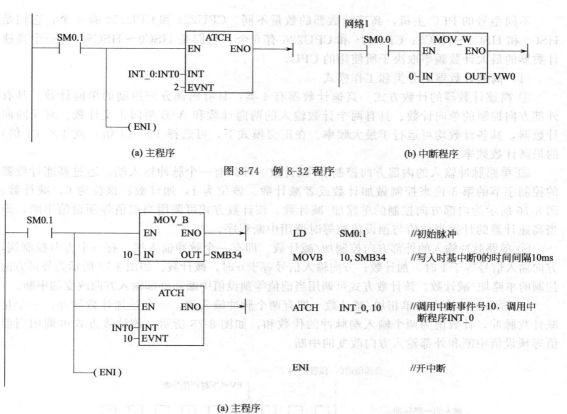

```
LD      SM0.1          //初始脉冲
MOVB    10, SMB34      //写入时基中断0的时间间隔10ms
ATCH    INT_0, 10      //调用中断事件号10，调用中
                       断程序INT_0
ENI                    //开中断
```

(a) 主程序

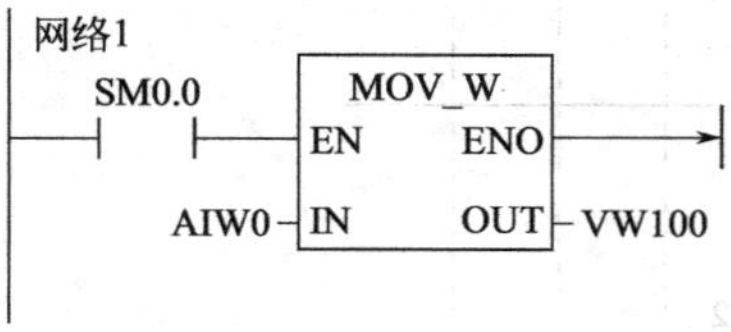


```
LD      SM0.0
MOVW    AIW0, VW100
```

(b) 中断程序

图 8-75　例 8-33 程序

8.4.11　高速处理类指令

前面介绍的计数器指令的计数频率比 PLC 扫描周期小，对比 CPU 扫描频率高的高速脉冲输入，就不能满足控制要求了。为此，S7-200 系列 PLC 设计了高速计数功能（HSC），其计数自动进行不受扫描周期的影响，最高计数频率取决于 CPU 的类型，S7-200 CPU22X 系列 PLC 最高计数频率为 30kHz，CPU224XP CN 最高计数频率为 230kHz，用于捕捉比 CPU 扫描速度更快的事件，并产生中断，执行中断程序，完成预定的操作。高速计数器最多可设置 12 种不同的操作模式。用高速计数器可实现高速运动的精确控制。

8.4.11.1　高速计数器及其指令

高速计数器是脱离主机的扫描周期独立计数的，它可以对脉宽小于主机扫描周期的高速脉冲准确计数，即高速计数器计数的脉冲输入频率比 PLC 扫描频率高得多。因此，高速计数器不像普通计数器要受 PLC 扫描速度的影响，这样可以有效防止发生计数脉冲信号丢失的现象。高速计数器常用于电动机转速检测等场合。使用时，可由编码器将电动机的转速转化成脉冲信号，再用高速计数器对转速脉冲信号进行计数，当高速计数器的当前值等于预设值、计数方向改变或发生复位时，高速计数器提供中断，利用其产生的中断事件完成预定的操作。

不同型号的 PLC 主机，高速计数器的数量不同。CPU221 和 CPU222 有 4 个，它们是 HSC0 和 HSC3～HSC5；CPU224 和 CPU226 有 6 个，它们是 HSC0～HSC5。每一个高速计数器的最大计数频率取决于所使用的 CPU。

（1）高速计数器的分类和工作模式

① 高速计数器的计数方式　高速计数器有 4 类：具有内部方向控制的单向计数、具有外部方向控制的单向计数、具有两个计数输入的两向计数和 A/B 两向正交计数。对于两向计数器，其各计数均可运行于最大频率。在正交模式下，可选择 1×（1 倍）或 4×（4 倍）的最高计数频率。

② 单路脉冲输入的内部方向控制加/减计数　即只有一个脉冲输入端，通过高速计数器的控制字节的第 3 位来控制做加计数或者减计数。该位为 1，加计数；该位为 0，减计数。图 8-76 所示为内部方向控制的单路加/减计数。该计数方式可调用当前值等预设值中断，即当高速计器的计数当前值与预设值相等时调用中断程序。

③ 单路脉冲输入的外部方向控制加/减计数　即有一个脉冲输入端，有一个方向控制端，方向输入信号等于 1 时，加计数；方向输入信号等于 0 时，减计数。如图 8-77 所示为外部方向控制的单路加/减计数。该计数方式可调用当前值等预设值中断和外部输入方向改变的中断。

④ 两路脉冲输入的单相加/减计数　即有两个脉冲输入端，一个是加计数脉冲，一个是减计数脉冲，计数值为两个输入端脉冲的代数和，如图 8-78 所示。该计数方式可调用当前值等预设值中断和外部输入方向改变的中断。

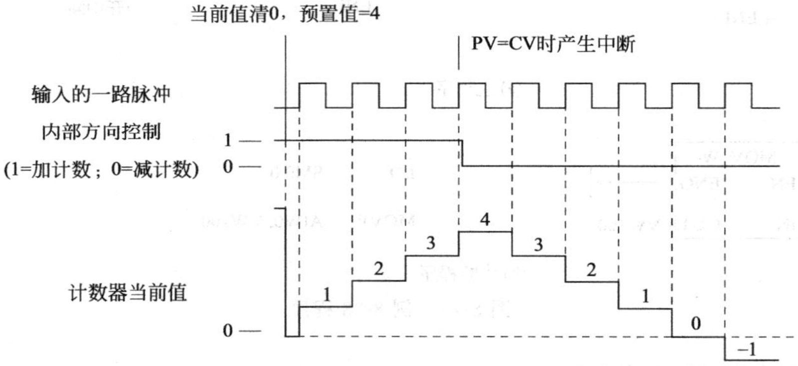

图 8-76　内部方向控制的单路加/减计数

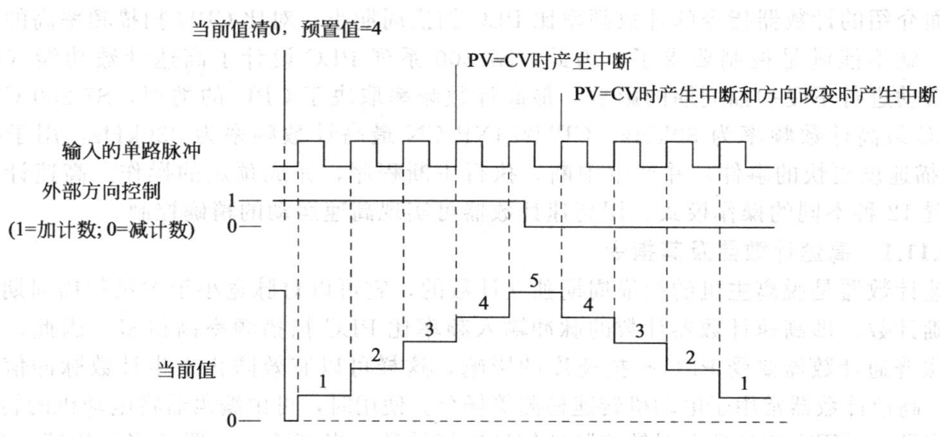

图 8-77　外部方向控制的单路加/减计数

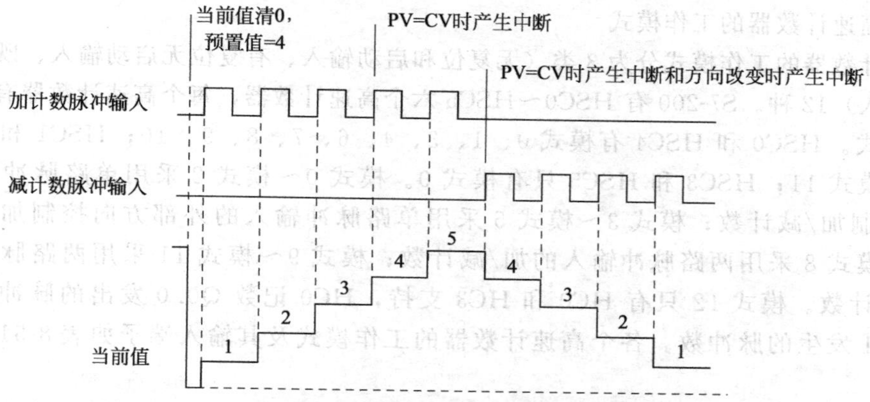

图 8-78　两路脉冲输入的单相加/减计数

⑤ 两路脉冲输入的双相正交计数　即有两个脉冲输入端，输入的两路脉冲 A 相、B 相，相位互差 90°（正交），A 相超前 B 相 90°时，加计数；A 相滞后 B 相 90°时，减计数。在这种计数方式下，可选择 1×模式（单倍频，一个时钟脉冲计一个数）和 4×模式（四倍频，一个时钟脉冲计四个数），如图 8-79 所示。

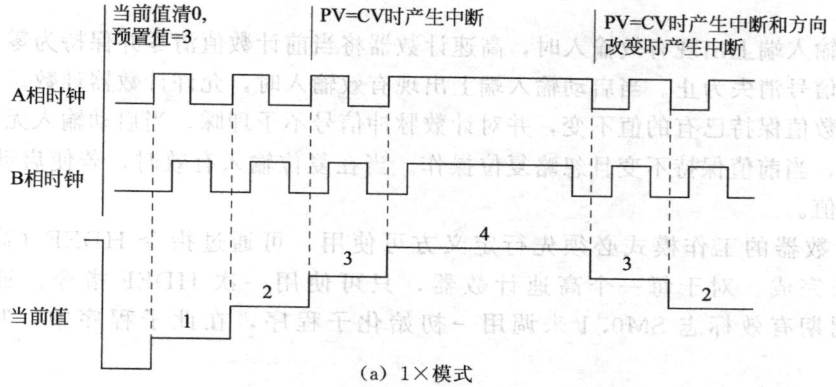

（a）1×模式

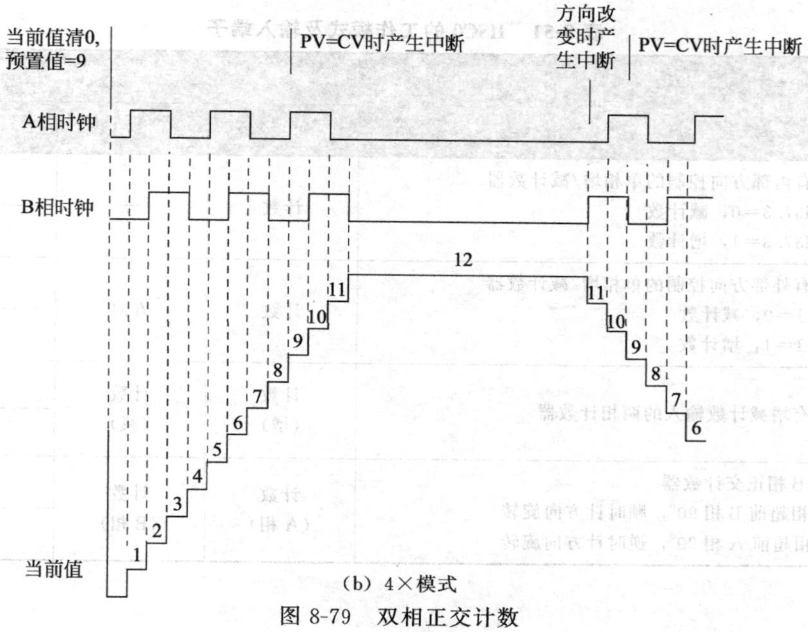

（b）4×模式

图 8-79　双相正交计数

(2) 高速计数器的工作模式

高速计数器的工作模式分为 3 类（无复位和启动输入、有复位无启动输入、既有复位又有启动输入）12 种。S7-200 有 HSC0～HSC5 六个高速计数器，每个高速计数器有多种不同的工作模式。HSC0 和 HSC4 有模式 0、1、3、4、6、7、8、9、10；HSC1 和 HSC2 有模式 0～模式 11；HSC3 和 HSC5 只有模式 0。模式 0～模式 2 采用单路脉冲输入的内部方向控制加/减计数；模式 3～模式 5 采用单路脉冲输入的外部方向控制加/减计数；模式 6～模式 8 采用两路脉冲输入的加/减计数；模式 9～模式 11 采用两路脉冲输入的双相正交计数。模式 12 只有 HC0 和 HC3 支持，HC0 记数 Q0.0 发出的脉冲数，HC3 记数 Q0.1 发生的脉冲数。各个高速计数器的工作模式及其输入端子如表 8-51～表 8-56 所示。

各高速计数器不同的输入端有专用的功能，如时钟脉冲端、方向控制端、复位端、启动端等。各高速计数器之间重复使用同一输入端子（如 I0.1、I0.4），但在同一程序中，一个输入端子只能确定为一种工作模式，不能同时分配给两种工作模式。但是高速计算器当前模式未使用的输入端均可用于其他用途，如作为中断输入端或作为数字量输入端。例如，如果在模式 2 中使用高速计数器 HSC0，模式 2 使用 I0.0 和 I0.2，则 I0.1 可用于 HSC3 或用于其他用途。

当复位输入端上出现有效输入时，高速计数器将当前计数值清零并保持为零，直至使复位端上有效信号消失为止。当启动输入端上出现有效输入时，允许计数器计数。当启动输入无效时，计数值保持已有的值不变，并对计数脉冲信号不予理睬。当启动输入无效同时复位输入有效时，当前值保持不变且忽略复位操作。当在复位输入有效时，若使启动输入有效，则清除当前值。

高速计数器的工作模式必须先行定义方可使用，可通过指令 HDEF（高速计数设定指令）来完成。对于每一个高速计数器，只可使用一次 HDEF 指令。通常是利用首次扫描周期有效标志 SM0.1 来调用一初始化子程序，在此子程序中，写入 HDEF 指令。

表 8-51　HSC0 的工作模式及输入端子

工作模式	说明	输入端子		
		I0.0	I0.1	I0.2
0	具有内部方向控制的单相增/减计数器 SM37.3=0，减计数 SM37.3=1，增计数	计数	—	—
1				复位
3	具有外部方向控制的单相增/减计数器 I0.1=0，减计数 I0.1=1，增计数	计数	方向	—
4				复位
6	具有增减计数输入的两相计数器	计数 （增）	计数 （减）	—
7				复位
9	A/B 相正交计数器 A 相超前 B 相 90°，顺时针方向旋转 B 相超前 A 相 90°，逆时针方向旋转	计数 （A 相）	计数 （B 相）	—
10				复位

表 8-52　HSC1 的工作模式及输入端子

<table>
<tr><th rowspan="2">工作模式</th><th rowspan="2">说明</th><th colspan="4">输入端子</th></tr>
<tr><th>I0.6</th><th>I0.7</th><th>I1.0</th><th>I1.1</th></tr>
<tr><td>0</td><td rowspan="3">具有内部方向控制的单相增/减计数器
SM47.3=0，减计数
SM47.3=1，增计数</td><td rowspan="3">计数</td><td rowspan="3">—</td><td>—</td><td rowspan="2">—</td></tr>
<tr><td>1</td><td rowspan="2">复位</td></tr>
<tr><td>2</td><td>启动</td></tr>
<tr><td>3</td><td rowspan="3">具有外部方向控制的单相增/减计数器
I0.7=0，减计数
I0.7=1，增计数</td><td rowspan="3">计数</td><td rowspan="3">方向</td><td>—</td><td rowspan="2">—</td></tr>
<tr><td>4</td><td rowspan="2">复位</td></tr>
<tr><td>5</td><td>启动</td></tr>
<tr><td>6</td><td rowspan="3">具有增减计数输入的两相计数器</td><td rowspan="3">计数
(增)</td><td rowspan="3">计数
(减)</td><td>—</td><td rowspan="2">—</td></tr>
<tr><td>7</td><td rowspan="2">复位</td></tr>
<tr><td>8</td><td>启动</td></tr>
<tr><td>9</td><td rowspan="3">A/B 相正交计数器
A 相超前 B 相 90°，顺时针方向旋转
B 相超前 A 相 90°，逆时针方向旋转</td><td rowspan="3">计数
(A 相)</td><td rowspan="3">计数
(B 相)</td><td>—</td><td rowspan="2">—</td></tr>
<tr><td>10</td><td rowspan="2">复位</td></tr>
<tr><td>11</td><td>启动</td></tr>
</table>

表 8-53　HSC2 的工作模式及输入端子

<table>
<tr><th rowspan="2">工作模式</th><th rowspan="2">说明</th><th colspan="4">输入端子</th></tr>
<tr><th>I1.2</th><th>I1.3</th><th>I1.4</th><th>I1.5</th></tr>
<tr><td>0</td><td rowspan="3">具有内部方向控制的单相增/减计数器
SM57.3=0，减计数
SM57.3=1，增计数</td><td rowspan="3">计数</td><td rowspan="3">—</td><td>—</td><td rowspan="2">—</td></tr>
<tr><td>1</td><td rowspan="2">复位</td></tr>
<tr><td>2</td><td>启动</td></tr>
<tr><td>3</td><td rowspan="3">具有外部方向控制的单相增/减计数器
I1.3=0，减计数
I1.3=1，增计数</td><td rowspan="3">计数</td><td rowspan="3">方向</td><td>—</td><td rowspan="2">—</td></tr>
<tr><td>4</td><td rowspan="2">复位</td></tr>
<tr><td>5</td><td>启动</td></tr>
<tr><td>6</td><td rowspan="3">具有增减计数输入的两相计数器</td><td rowspan="3">计数
(增)</td><td rowspan="3">计数
(减)</td><td>—</td><td rowspan="2">—</td></tr>
<tr><td>7</td><td rowspan="2">复位</td></tr>
<tr><td>8</td><td>启动</td></tr>
<tr><td>9</td><td rowspan="3">A/B 相正交计数器
A 相超前 B 相 90°，顺时针方向旋转
B 相超前 A 相 90°，逆时针方向旋转</td><td rowspan="3">计数
(A 相)</td><td rowspan="3">计数
(B 相)</td><td>—</td><td rowspan="2">—</td></tr>
<tr><td>10</td><td rowspan="2">复位</td></tr>
<tr><td>11</td><td>启动</td></tr>
</table>

表 8-54　HSC3 的工作模式及输入端子

工作模式	说明	输入端子 I0.1
0	具有内部方向控制的单相增/减计数器 SM137.3=0，减计数 SM137.3=1，增计数	计数

表 8-55 HSC4 的工作模式及输入端子

工作模式	说明	输入端子		
		I0.3	I0.4	I0.5
0	具有内部方向控制的单相增/减计数器 SM147.3=0，减计数 SM147.3=1，增计数	计数	—	—
1				复位
3	具有外方向控制的单相增/减计数器 I0.4=0，减计数 I0.4=1，增计数	计数	方向	—
4				复位
6	具有增减计数输入的两相计数器	计数（增）	计数（减）	—
7				复位
9	A/B 相正交计数器 A 相超前 B 相 90°，顺时针方向旋转 B 相超前 A 相 90°，逆时针方向旋转	计数（A 相）	计数（B 相）	—
10				复位

表 8-56 HSC5 的工作模式及输入端子

工作模式	说明	输入端子 I0.4
0	具有内部方向控制的单相增/减计数器 SM157.3=0，减计数 SM157.3=1，增计数	计数

(3) 高速计数器控制字与状态字

① 控制字节　每个高速计数器都设定了一个控制字节，通过对控制字节中指定位的编程，可以根据操作要求设置字节中各控制位，如复位与启动输入信号的有效状态、计数速率、计数方向、允许写入计数方向、允许写入预设值、允许写入当前值和允许执行高速计数指令等。控制字节中各控制位的功能如表 8-57 所示。

表 8-57 高速计数器控制字节中各控制位的功能

HSC0	HSC1	HSC2	HSC3	HSC4	HSC5	说明
SM37.0	SM47.0	SM57.0	SM137.0	SM147.0	SM157.0	复位有效电平控制： 0=复位信号高电平有效；1=低电平有效
SM37.1	SM47.1	SM57.1	SM137.1	SM147.1	SM157.1	启动有效电平控制： 0=启动信号高电平有效；1=低电平有效
SM37.2	SM47.2	SM57.2	SM137.2	SM147.2	SM157.2	正交计数器计数速率选择： 0=4x 计数速率；1=1x 计数速率
SM37.3	SM47.3	SM57.3	SM137.3	SM147.3	SM157.3	计数方向控制位： 0=减计数；1=加计数
SM37.4	SM47.4	SM57.4	SM137.4	SM147.4	SM157.4	向 HSC 写入计数方向： 0=无更新；1=更新计数方向
SM37.5	SM47.5	SM57.5	SM137.5	SM147.5	SM157.5	向 HSC 写入新预置值： 0=无更新；1=更新预置值

续表

HSC0	HSC1	HSC2	HSC3	HSC4	HSC5	说明
SM37.6	SM47.6	SM57.6	SM137.6	SM147.6	SM157.6	向 HSC 写入初始值： 0＝无更新；1＝更新初始值
SM37.7	SM47.7	SM57.7	SM137.7	SM147.7	SM157.7	HSC 指令执行允许控制： 0＝禁用 HSC；1＝启用 HSC

表 8-57 中的前 3 位（0、1 和 2 位）只有在 HDEF 指令执行时，才进行设置，在程序中其他位置不能更改（默认值为启动和复位为高电平有效，正交计数速率为 4 倍，即 4 倍输入计数频率）。第 3 位和第 4 位可以在工作模式 0、1 和 2 下直接更改，以单独改变计数方向。后 3 位可以在任何模式下，并在程序中更改，以单独改变计数器的当前值、预设值或对高速计数器禁止计数。

② 状态字节　每个高速计数器都设定了一个状态字节，将当前计数方向状态、当前值等于预设值状态和当前值大于预设值状态存放在特殊标志位存储器的相应位中。每个高速计数器状态字节的状态位如表 8-58 所示，状态字节的 0～4 位不用。程序运行时根据运行状况自动使某些位置位，可以通过程序来读相关位的状态，用以判断条件，实现相应的操作。

表 8-58　高速计数器的状态位

HSC0	HSC1	HSC2	HSC3	HSC4	HSC5	说明
SM36.5	SM46.5	SM56.5	SM136.5	SM146.5	SM156.5	当前计数方向状态位： 0＝减计数；1＝加计数
SM36.6	SM46.6	SM56.6	SM136.6	SM146.6	SM156.6	当前值等于预设值状态位： 0＝不相等；1＝等于
SM36.7	SM46.7	SM56.7	SM136.7	SM146.7	SM156.7	当前值大于预设值状态位： 0＝小于或等于；1＝大于

(4) 高速计数器指令

高速计数器指令有两条：高速计数器定义指令 HDEF 和高速计数器指令 HSC。

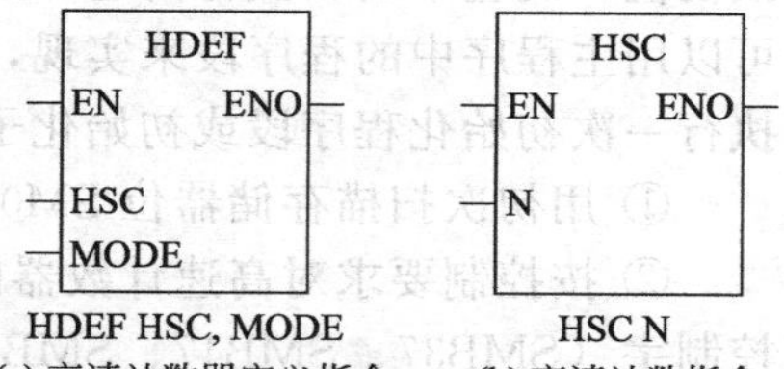

(a) 高速计数器定义指令　(b) 高速计数指令

图 8-80　高速计数器指令的梯形图和语句表

高速计数器定义指令 HDEF 指定高速计数器（HSCx）的工作模式。工作模式的选择即选择了高速计数器的输入脉冲、计数方向、复位和启动功能。每个高速计数器使用之前必须使用该指令，而且每个高速计数器只能用一条“高速计数器定义”指令。高速计数器定义指令 HDEF 的梯形图和语句表如图 8-80（a）所示。其中 HSC 为高速计数器编号，字节型常量，范围是 0～5；MODE 为工作模式，字节型常量，范围是 0～11。当 EN 输入有效时，为指定的高速计数器分配一种工作模式，即用来建立高速计数器与工作模式之间的联系。

高速计数器指令 HSC 根据高速计数器控制位的状态和按照 HDEF 指令指定的工作模式，控制高速计数器。高速计数指令 HSC 的梯形图和语句表如图 8-80（b）明示。其中 N 指定高速计数器的号码，字节型常量，范围是 0～5。当 EN 输入有效时，根据高速计数器特殊标志位存储器位的状态，并按照高速计数器定义指令指定的工作模式，设置高速计数器并控制其工作。

(5) 高速计数器指令的使用

① 每个高速计数器都有一个 32 位初始值和一个 32 位预置值，初始值和预设值均为带

符号的整数值。要设置高速计数器的初始和新预置值，必须设置控制字节，令其第五位和第六位为 1，允许更新预置值和初始值，初始值和预置值写入特殊内部标志位存储区。然后执行 HSC 指令，将新数值传输到高速计数器。初始值和预置值占用的特殊内部标志位存储区如表 8-59 所示。每个高速计数器都有固定的特殊标志位存储器与之相配合，完成高速计数功能。

表 8-59　高速计数器使用的特殊标志位存储器

高速计数器	状态字节	控制字节	新当前值双字	新预设值双字
HSC0	SMB36	SMB37	SMD38	SMD42
HSC1	SMB46	SMB47	SMD48	SMD52
HSC2	SMB56	SMB57	SMD58	SMD62
HSC3	SMB136	SMB137	SMD138	SMD142
HSC4	SMB146	SMB147	SMD148	SMD152
HSC5	SMB156	SMB157	SMD158	SMD162

除控制字节以及预设值和初始值外，还可以使用数据类型 HC（高速计数器当前值）加计数器号码（0、1、2、3、4 或 5）读取每台高速计数器的当前值。因此，读取操作可直接读取当前值，但只有用上述 HSC 指令才能执行写入操作。

② 执行 HDEF 指令之前，必须将高速计数器控制字节的位设置成需要的状态，否则将采用默认设置。默认设置为：复位和启动输入高电平有效，正交计数速率选择 4× 模式。执行 HDEF 指令后，就不能再改变计数器的设置。

③ 执行 HSC 指令时，CPU 检查控制字节和有关的初始值和预置值。

（6）高速计数器指令的初始化

为高速计数器选择工作模式、设置控制字节、执行高速计数器定义指令、设定当前值和预设值、设置中断和执行高速计数指令等，称为高速计数器的初始化。高速计数器的初始化可以用主程序中的程序段来实现，但通常用子程序来实现。高速计数器在运行之前，必须要执行一次初始化程序段或初始化子程序。高速计数器指令的初始化说明如下。

① 用初次扫描存储器位 SM0.1＝1 调用执行初始化操作的子程序。

② 按控制要求对高速计数器的控制字节赋值。在初始化程序中，根据希望的控制设置控制字（SMB37、SMB47、SMB137、SMB147、SMB157），如设置 SMB47＝16＃F8，则为：允许计数，允许写入初始值，允许写入预置值，更新计数方向为加计数，若为正交计数设为 4× 模式，复位和启动设置为高电平有效。

③ 执行高速计数器定义指令。执行 HDEF 指令，设置 HSC 的编号（0～5），设置工作模式（0～11）。如 HSC 的编号设置为 1，工作模式输入设置为 11，则为既有复位又有启动的正交计数工作模式。

④ 将新当前值装入新当前值双字中。把初始值写入 32 位当前值寄存器（SMD38、SMD48、SMD58、SMD138、SMD148、SMD158）。如写入 0，则清除当前值，用指令 MOVD0，SMD48 实现。

⑤ 将新预设值装入新预设值双字中。把预置值写入 32 位预置值寄存器（SMD42、SMD52、SMD62、SMD142、SMD152、SMD162）。如执行指令 MOVD 1000，SMD52，则设置预置值为 1000。若写入预置值为 16＃00，则高速计数器处于不工作状态。

⑥ 设置中断事件。为了捕捉当前值等于预置值的事件，将条件 CV＝PV 中断事件（如事件 13）与一个中断程序相联系。为了捕捉计数方向的改变，将方向改变的中断事件（如

事件 14）与一个中断程序相联系。为了捕捉外部复位，将外部复位中断事件（如事件 15）与一个中断程序相联系。

⑦ 执行全局中断允许指令（ENI）允许 HSC 中断。

⑧ 执行 HSC 指令使 S7-200 对高速计数器进行编程。

⑨ 编写中断程序。

［例 8-34］　采用测频方法测量电动机的转速。用测频法测量电动机的转速是指在单位时间内采集编码器脉冲的个数，因此可以选用高速计数器对转速脉冲信号进行计数，同时用时基来完成定时。确定了单位时间内的脉冲个数，再经过一系列计算就可得到电动机的转速。下面的程序只是有关 HSC 的部分。设计步骤如下。

① 选择高速计数器 HSC0，并确定工作模式为 0。用 SM0.1 对高速计数器进行初始化。

② 令 SMB37＝16＃F8，其功能为：计数方向为增、允许更新计数方向、允许写入新初始值，允许写入新预置值，允许执行 HSC 指令。

③ 执行 HDEF 指令，输入端 HSC 为 0，MODE 为 0。

④ 写入初始值，令 SMD38＝0。

⑤ 写入时基定时设定值，令 SMB34＝200。

⑥ 执行中断连接 ATCH 指令，中断事件号为 10。执行中断允许指令 ENI，重新启动时基定时器，清除高速计数器的初始值。

⑦ 执行 HSC 指令，对高速计数器编程。主程序和中断程序如图 8-81 所示。

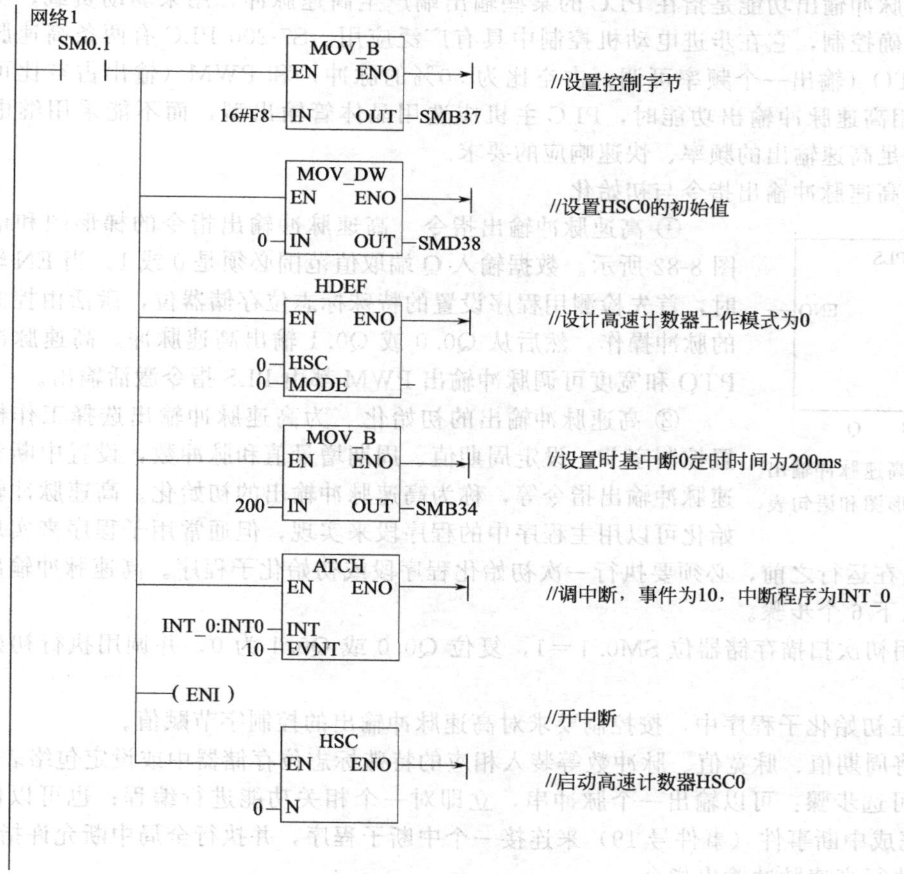

(a) 主程序

图 8-81

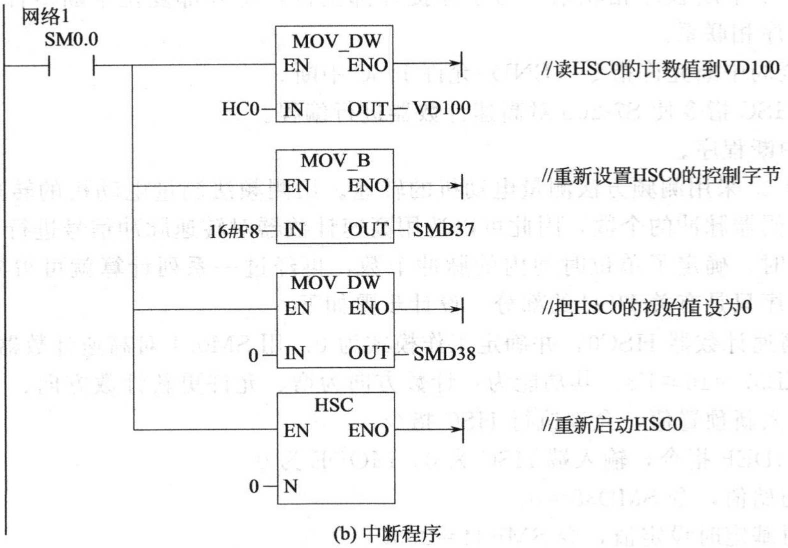

(b) 中断程序

图 8-81　例 8-34 程序

8.4.11.2　高速脉冲输出及其指令

高速脉冲输出功能是指在 PLC 的某些输出端产生高速脉冲，用来驱动负载，实现高速输出和精确控制，它在步进电动机控制中具有广泛应用。S7-200 PLC 有两条高速脉冲输出指令：PTO（输出一个频率可调，占空比为 50%的脉冲）和 PWM（输出占空比可调的脉冲）。使用高速脉冲输出功能时，PLC 主机应选用晶体管输出型，而不能采用继电器输出型，以满足高速输出的频率、快速响应的要求。

（1）高速脉冲输出指令与初始化

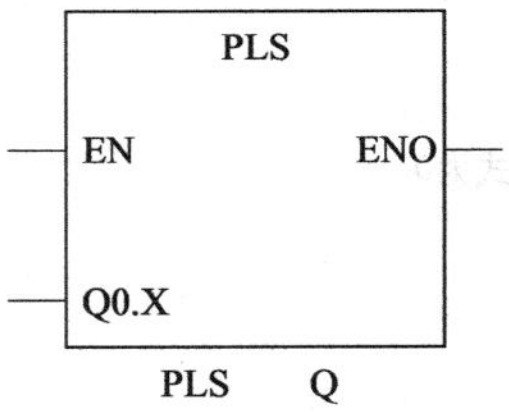

图 8-82　高速脉冲输出指令的梯形图和语句表

① 高速脉冲输出指令　高速脉冲输出指令的梯形图和语句表如图 8-82 所示。数据输入 Q 端取值范围必须是 0 或 1。当 EN 输入有效时，首先检测用程序设置的特殊标志位存储器位，激活由控制位定义的脉冲操作，然后从 Q0.0 或 Q0.1 输出高速脉冲。高速脉冲串输出 PTO 和宽度可调脉冲输出 PWM 都由 PLS 指令激活输出。

② 高速脉冲输出的初始化　为高速脉冲输出选择工作模式，设置控制字节，设定周期值、周期增量值和脉冲数，设置中断和执行高速脉冲输出指令等，称为高速脉冲输出的初始化。高速脉冲输出的初始化可以用主程序中的程序段来实现，但通常用子程序来实现。高速脉冲输出在运行之前，必须要执行一次初始化程序段或初始化子程序。高速脉冲输出的初始化分为以下 6 个步骤。

a. 用初次扫描存储器位 SM0.1=1，复位 Q0.0 或 Q0.1 为 0，并调用执行初始化操作的子程序。

b. 在初始化子程序中，按控制要求对高速脉冲输出的控制字节赋值。

c. 将周期值、脉宽值、脉冲数等装入相应的特殊标志位存储器中或设定包络表。

d. 可选步骤：可以输出一个脉冲串，立即对一个相关功能进行编程；也可以使用脉冲串输出完成中断事件（事件号 19）来连接一个中断子程序，并执行全局中断允许指令。

e. 执行高速脉冲输出指令。

f. 退出子程序。

(2) 高速脉冲输出

高速脉冲输出有高速脉冲串输出 PTO 和宽度可调脉冲输出 PWM 两种形式。高速脉冲输出 PTO 主要用来输出指定数量的方波（占空比 50%，用户可以控制方波的周期和脉冲数；宽度可调脉冲输出 PWM 主要用来输出占空比可调的高速脉冲串，用户可以控制脉冲的周期和脉冲宽度。

每种 PLC 主机最多提供两个 PTO/PWM 发生器产生高速脉冲串或脉冲宽度可调的波形，一个发生器分配在输出端 Q0.0，另一个分配在输出端 Q0.1。高速脉冲输出端子与输出映像寄存器共用 Q0.0 和 Q0.1，但同一个输出端子只能用于一种功能。如果 Q0.0 和 Q0.1 在程序执行时用于高速脉冲输出，则只能作高速脉冲输出使用，其通用功能被自动禁止，任何输出刷新、输出置位、立即输出等指令都无效。只有高速脉冲输出不用的输出端子，才可能作普通数字量输出端子使用。Q0.0 和 Q0.1 编程用于高速脉冲输出，但未执行高速脉冲输出指令时，可以用普通位操作指令设置这两个输出位，以控制高速脉冲的起始和终止电平。

① 高速脉冲输出使用的特殊标志位存储器　每个高速脉冲输出对应一定数量的特殊标志位存储器。这些存储器包括控制字节存储器、状态字节存储器和参数数值存储器。它们用以控制高速脉冲的输出形式，反映输出状态和参数值。特殊标志位存储器的分配如表 8-60 所示。

表 8-60　高速脉冲输出使用的特殊标志位存储器的分配

Q0.0 的存储器	Q0.1 的存储器	名称及描述
SMB66	SMB76	状态字节，在 PTO 方式下，跟踪脉冲串的输出状态
SMB67	SMB77	控制字节，控制 PTO/PWM 脉冲输出的基本功能
SMW68	SMW78	周期值，字型，PTO/PWM 的周期值，范围为 10～65535μs 或 2～65535ms
SMW70	SMW80	脉宽值，字型，PWM 的脉宽值，范围为 0～65535μs 或 0～65535ms
SMD72	SMD82	脉冲数，双字型，PTO 的脉冲数，范围为 1～4294967295
SMB166	SMB176	段数，多段管线 PTO 进行中的段数
SMW168	SMW178	起始地址，多段管线 PTO 包络表起始字节相对变量存储器 V0 的偏移量

每个高速脉冲输出都设定了一个状态字节，程序运行时，根据运行状态使某些位自动置位。可以通过程序来读相关位的状态，用此状态作为判断条件实现相应的操作。状态字节中各状态位的功能如表 8-61 所示。

表 8-61　高速脉冲输出的状态位的功能

Q0.0 的状态位	Q0.1 的状态位	描述
SM66.0～SM66.3	SM76.0～SM76.3	不用
SM66.4	SM76.4	PTO 包络因增量计算错误终止，0＝无错误；1＝终止
SM66.5	SM76.5	PTO 包络因用户命令终止，0＝无错误；1＝终止
SM66.6	SM76.6	PTO 管线溢出，0＝无溢出；1＝溢出
SM66.7	SM76.7	PTO 空闲，0＝执行中；1＝空闲

每个高速脉冲输出都对应一个控制字节，通过对控制字节指定位的编程，根据操作要求设置字节中各控制位，如脉冲输出允许、PTO/PWM模式选择、单段/多段选择、更新方式、时间基准和允许更新等。控制字节中各控制位的功能如表8-62所示。

表 8-62 高速脉冲输出的控制位的功能

Q0.0的控制位	Q0.1的控制位	描述
SM67.0	SM77.0	PTO/PWM更新周期值允许，0=不更新；1=允许更新
SM67.1	SM77.1	PWM更新脉冲宽度值允许，0=不更新；1=允许更新
SM67.2	SM77.2	PTO更新输出脉冲数允许，0=不更新；1=允许更新
SM67.3	SM77.3	PTO/PWM时间基准选择，0=μs单位时基；1=ms单位时基
SM67.4	SM77.4	PWM更新方式，0=异步更新；1=同步更新
SM67.5	SM77.5	PTO单段/多段方式，0=单段管线；1=多段管线
SM67.6	SM77.6	PTO/PWM模式选择，0=选用PTO模式；1=选用PWM模式
SM67.7	SM77.7	PTO/PWM脉冲输出允许，0=禁止；1=允许

② 高速脉冲串输出PTO　高速脉冲串输出PTO主要用来输出指定数量的方波（占空比为50%），用户可以控制方波的周期和脉冲数。状态字节中的最高位用来指示脉冲串输出是否完成。脉冲串输出完成同时可以产生中断，因而可以调用中断程序完成指定操作。

高速脉冲串输出PTO的周期单位可以是μs或ms，为16位无符号数据，周期变化范围是10～65535μs或2～65535ms。通常设定周期值为偶数，若设置为奇数，则会引起输出波形占空比的轻微失真。如果编程时设定周期单位小于最小值，则系统默认按最小值进行设置。

高速脉冲串输出PTO的脉冲数用双字无符号数表示，取值范围是1～4294967295。如果编程时指定脉冲数为0，则系统默认脉冲数为1个。

高速脉冲串输出PTO按指定的脉冲数和脉冲周期来控制脉冲串。如果要输出多个脉冲串，则允许脉冲串排队，以形成管线。当前输出的脉冲串完成之后，立即输出新脉冲串，这保证了脉冲串顺序输出的连续性。根据管线的实现方式，将PTO分为两种：单段管线和多段管线。

单段管线中只能存放一个脉冲串的控制参数（入口），一旦启动了一个脉冲串进行输出，就需要用指令立即为下一个脉冲串更新特殊标志位寄存器，并再次执行脉冲串输出指令。当前脉冲串输出完成之后，自动输出下一个脉冲串。重复这一操作可以实现多个脉冲串的输出。单段管线中的各脉冲串可以采用不同的时间基准。单段管线输出多个高速脉冲时，编程复杂，而且有时参数设置不当会造成脉冲串之间的不平滑转换。

多段管线在变量存储器区V建立一个包络表。包络表中存储各个脉冲串的参数，相当于有多个脉冲串的入口。多段管线可以用高速脉冲输出指令PLS启动。运行时，自动从包络表中按顺序读出每个脉冲串的参数进行输出。编程时必须装入包络表起始变量（V存储器区）的偏移地址，运行时只使用特殊存储器的控制字节和状态字节。多段管线的包络表格式由包络段数和各段构成。每段长度为8字节，包括脉冲周期值16位、周期增量值16位和脉冲计数值32位。包络表的格式如表8-63所示。

表 8-63 多段管线包络表的格式

从包络表起始地址的字节偏移	段	说明
VB_n		段数（1～255）；数值 0 产生非致命错误，无 PTO 输出
VB_{n+1}	段 1	初始周期（2～65 535 个时基单位）
VB_{n+3}		每个脉冲的周期增量（符号整数：－32 768～32 767 个时基单位）
VB_{n+5}		脉冲数（1～4 294 967 295）
VB_{n+9}	段 2	初始周期（2～65 535 个时基单位）
VB_{n+11}		每个脉冲的周期增量（符号整数：－32 768～32 767 个时基单位）
VB_{n+13}		脉冲数（1～4 294 967 295）
VB_{n+17}	段 3	初始周期（2～65 535 个时基单位）
VB_{n+19}		每个脉冲的周期增量值（符号整数：－32 768～32 767 个时基单位）
VB_{n+21}		脉冲数（1～4 294 967 295）

注：周期增量值为整数微秒或毫秒。

多段管线编程非常简单，而且具有按照周期增量存储器的数值自动增减周期的能力，这在步进电动机的加速和减速控制时非常方便。多段管线使用时的局限性是，在包络表中所有脉冲串的周期必须采用同一个基准，而且当多段管线执行时，包络表的各段参数不能力该变。

［例 8-35］ 设置控制字节。用 Q0.0 作为高速脉冲输出，对应的控制字节为 SMB67，如果希望定义的输出脉冲操作为 PTO 操作，允许脉冲输出，多段 PTO 脉冲串输出，时基为 ms，设定周期值和脉冲数，则应向 SMB67 写入 2＃10101101，即 16＃AD。

通过修改脉冲输出（Q0.0 或 Q0.1）的特殊存储器 SM 区（包括控制字节），然后再执行 PLS 指令 PLC 就可发出所要求的高速脉冲。

［例 8-36］ 有一启动按钮接于 I0.0，停止按钮接于 I0.1。要求当按下启动按钮时，Q0.0 输出 PTO 高速脉冲，脉冲的周期为 30ms，个数为 10000 个。若输出脉冲过程中按下停止按钮，则脉冲输出立即停止。编写单段管线 PTO 脉冲输出程序，程序如图 8-83 所示。

③ 宽度可调脉冲输出 PWM PWM 是脉宽可调的高速脉冲输出，通过控制脉宽和脉冲的周期，实现控制任务。

a. 周期和脉宽。周期和脉宽时基为微秒或毫秒，均为 16 位无符号数。周期的范围从 50～65 535ms，或从 2～65 535ms。若周期小于 2 个时基，则系统默认为两个时基。脉宽范围从 0～65 535ms 或从 0～65 535ms。若脉宽大于或等于周期，占空比为 100%，是输出连续接通。若脉宽为 0，占空比为 0%，则输出断开。

b. 更新方式。有两种改变 PWM 波形的方法：同步更新和异步更新。同步更新：不需改变时基时，可以用同步更新。执行同步更新时，波形的变化发生在周期的边缘，形成平滑转换。异步更新：需要改变 PWM 的时基时，则应使用异步更新。异步更新使高速脉冲输出功能被瞬时禁用，与 PWM 波形不同步。这样可能造成控制设备震动。常见的 PWM 操作是脉冲宽度不同，但周期保持不变，即不要求时基改变。因此先选择适合于所有周期的时基，尽量使用同步更新。

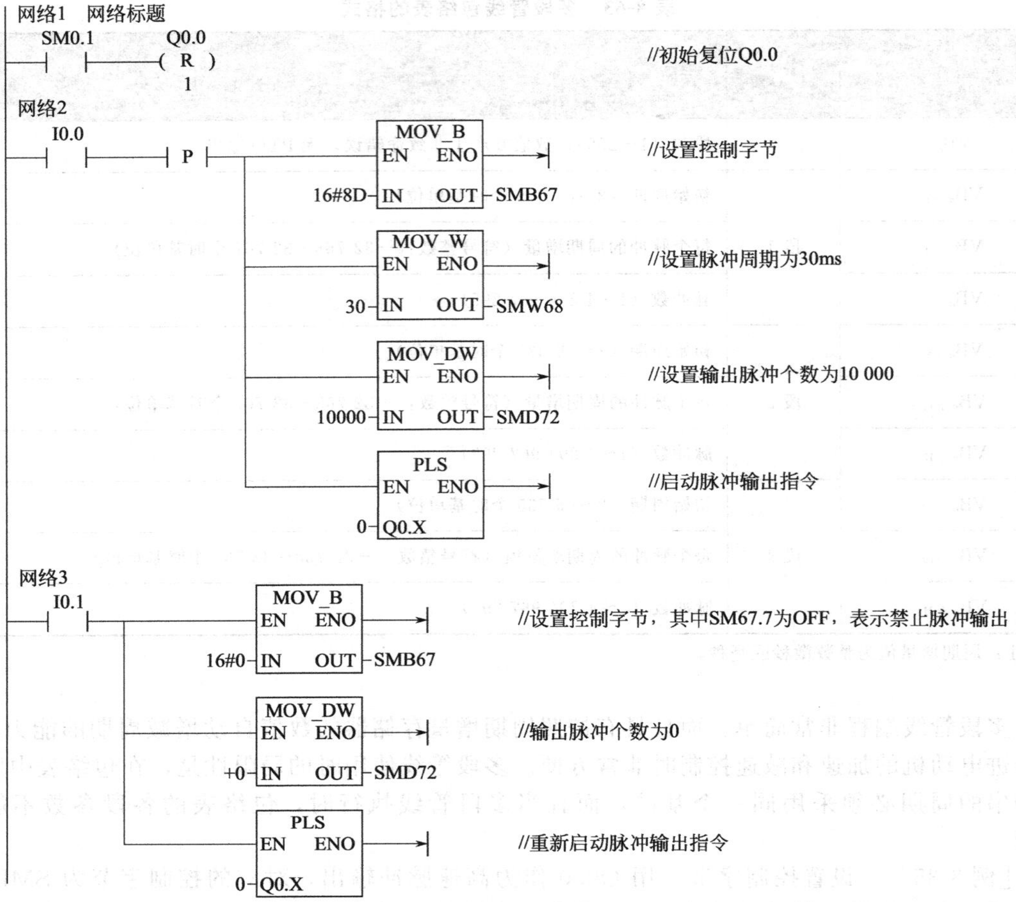

图 8-83　例 8-36 程序

c. PWM 的使用。使用高速脉冲串输出时，要按以下步骤进行。

• 确定脉冲发生器。它包括两个方面工作，即根据控制要求，一是选用高速脉冲串输出端；二是选择工作模式为 PWM。

• 设置控制字节。按控制要求设置 SMB67 或 SMB77。

• 写入周期值和脉冲宽度值。按控制要求将脉冲周期值写入 SMW68 或 SMW78，将脉宽值写入 SMW70 或 SMW80。

• 执行 PLS 指令。经以上设置并执行指令后，即可用 PLS 指令启动 PWM，并由 Q0.0 或 Q0.1 输出。

［例 8-37］　试设计程序，从 PLC 的 Q0.0 输出高速脉冲。该串脉冲脉宽的初始值为 0.5s，周期固定为 5s，其脉宽每周期递增 0.5s，当脉宽达到设定的 4.5s 时，脉宽改为每周期递减 0.5s，直到脉宽减为 0。以上过程重复执行。

由于每个周期都有操作，所以须把 Q0.0 接到 I0.0，采用 I0.0 上升沿中断的方法完成脉冲宽度的递增和递减。编写两个中断程序，一个中断程序实现脉宽递增，一个中断程序实现脉宽递减，并设置标志位 M0.0，在初始化操作时使其置位，执行脉宽递增中断程序，当脉宽达到 4.5s 时，使其复位，执行脉宽递减中断程序。在子程序中完成 PWM 的初始化操作，选用输出端为 Q0.0，控制字节为 SMB67，控制字节设定为 16＃DA（允许 PWM 输出，Q0.0 为 PWM 方式，同步更新，时基为 ms，允许更新脉宽，不允许更新周期）。程序如图 8-84 所示。

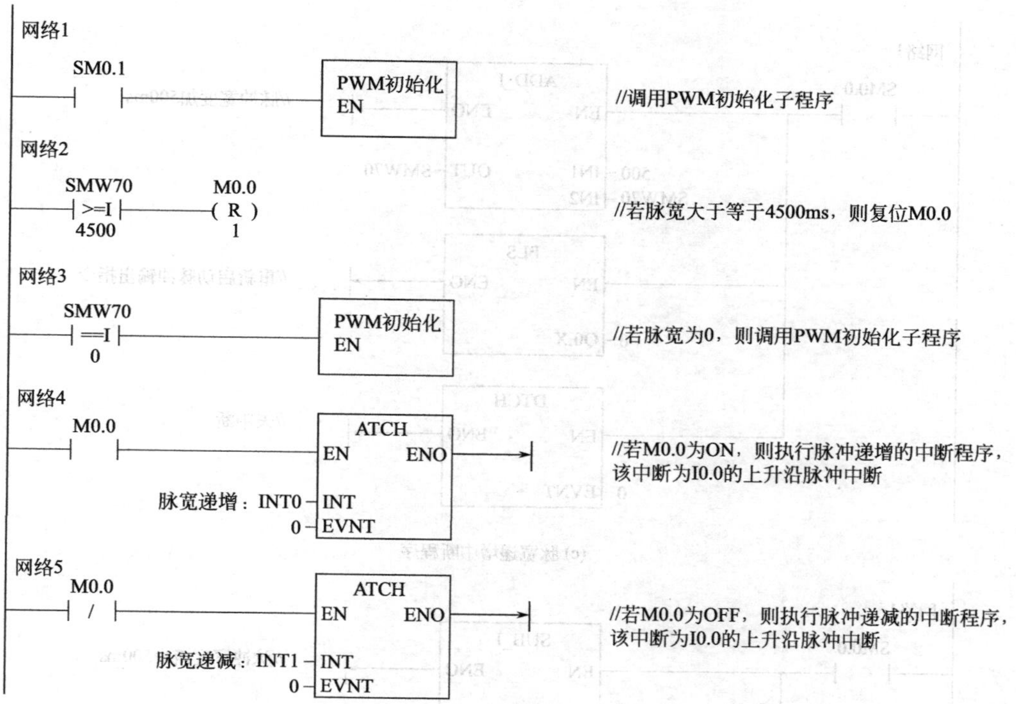

(a) 主程序

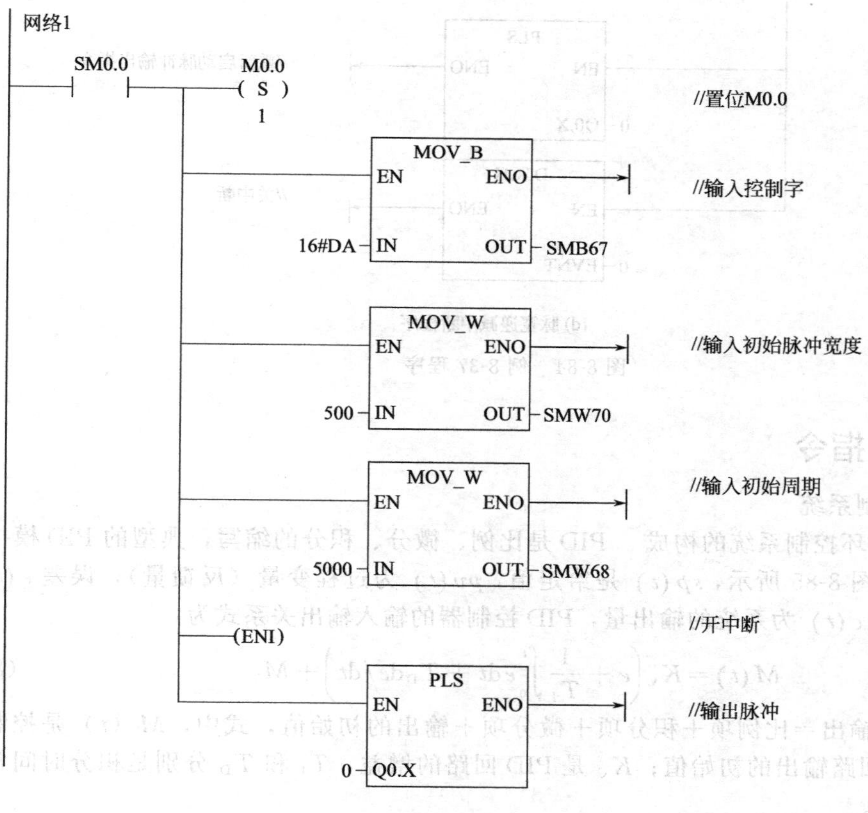

(b) PWM初始化子程序

图 8-84

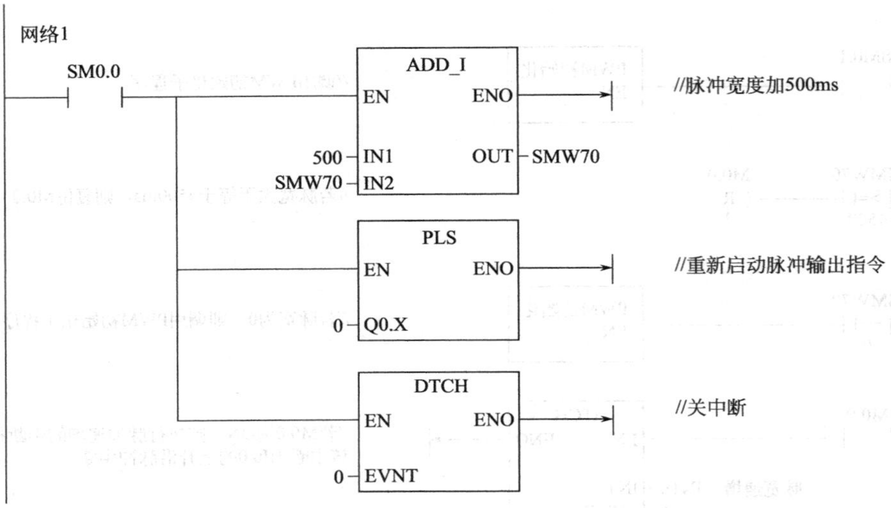

(c) 脉宽递增中断程序

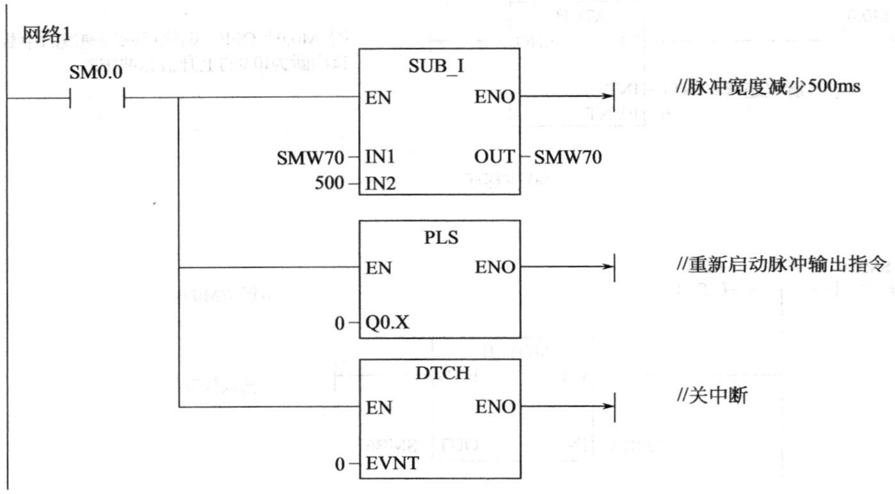

(d) 脉宽递减中断程序

图 8-84　例 8-37 程序

8.4.12　PID 指令

（1）闭环控制系统

① 模拟量闭环控制系统的构成　PID 是比例、微分、积分的缩写，典型的 PID 模拟量闭环控制系统如图 8-85 所示，$sp(t)$ 是给定值，$pv(t)$ 为过程变量（反馈量），误差 $e(t)=sp(t)-pv(t)$ ，$c(t)$ 为系统的输出量，PID 控制器的输入输出关系式为：

$$M(t)=K_C\left(e+\frac{1}{T_I}\int_0^t e\,dt+T_D de/dt\right)+M_0 \tag{8-1}$$

即控制器的输出＝比例项＋积分项＋微分项＋输出的初始值，式中，$M(t)$ 是控制器的输出，M_0 是回路输出的初始值；K_C 是 PID 回路的增益，T_I 和 T_D 分别是积分时间常数和微分时间常数。

在 P、I、D 这三种控制作用中，比例部分与误差信号在时间上是一致的，只要误差一

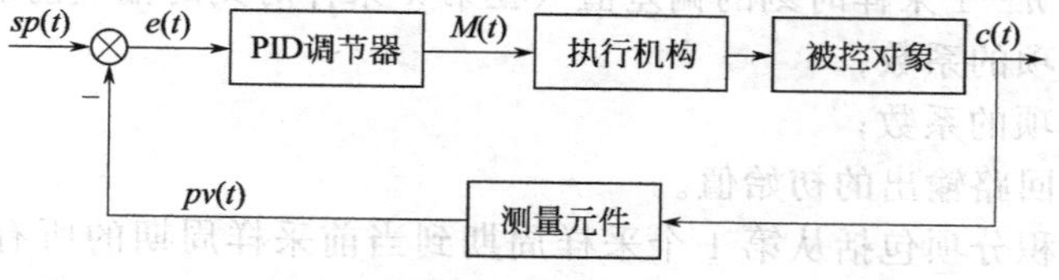

图 8-85 闭环控制系统方框图

出现，比例部分就能及时地产生与误差成正比例的调节作用，具有调节及时的特点。比例系数 K_C 越大，比例调节作用越强，系统的稳态精度越高。但是对于大多数系统，K_C 过大会使系统的输出量振荡加剧，稳定性降低。

积分项与偏差有关，只要偏差不为零，PID 控制的输出就会因积分作用而不断变化，直到偏差消失，系统处于稳定状态，所以积分的作用是消除稳态误差，提高控制精度，但积分的动作缓慢，给系统的动态稳定带来不良影响，很少单独使用。从式中可以看出：积分时间常数增大，积分作用减弱，消除稳态误差的速度减慢。

微分项则与偏差的变化率有关系，偏差越大，其控制作用越强，以抑制偏差的增大；偏差的变化减小，其控制作用就减弱，以抑制偏差的减小。微分项根据误差变化的速度（即误差的微分）进行调节，具有超前和预测的特点。微分时间常数 T_D 增大时，超调量减少，动态性能得到改善，如 T_D 过大，系统输出量在接近稳态时可能上升缓慢。

② PID 控制器的优点　PID 控制作为最早实用化的控制算法已有 60 多年的历史，是应用最广泛的工业控制算法，现在有 90%以上的闭环控制采用 PID 控制器，被称为控制领域的常青树。PID 控制控制具有以下优点。

a. 不需要被控对象的数学模型。自动控制理论中的分析和设计方法主要是建立在被控对象的线性定常系数数学模型的基础上的。这种模型忽略了实际系统中的非线性和时变性，与实际系统有较大的差距。对于许多工业控制对象，根本就无法建立较为准确的数学模型，因此自动控制理论的设计方法很难用于大多数控制系统。PID 控制算法简单易懂，可以不必弄清系统的数学模型，只要能检测出偏差，即可对系统实现准确、无静差的稳定控制。

b. 结构简单，容易实现。PID 控制器的结构典型，程序设计简单，计算工作量较小，各参数调整方便，容易实现多回路控制、串级控制等复杂的控制。

c. 有较强的灵活性和适应性。根据被控对象的具体情况，可以采用 PID 控制器的多种变种和改进的控制方式，例如，PI、PD、PID、带死区的 PID 等，被控量微分 PID、积分分离 PID 和变速积分 PID 等，但比例控制一般是必不可少的。随着智能控制技术的发展，PID 控制与神经网络控制等现代控制方法结合，可以实现 PID 控制器的参数自整定，使 PID 控制器具有经久不衰的生命力。V4.0 版的 WIN32 提供了 PID 参数自整定功能。

d. 使用方便。现在已有很多 PLC 厂家提供具有 PID 控制功能的产品，例如，PID 闭环控制模块、PID 控制指令和 PID 控制系统功能块等，它们使用起来简单方便，只需要设置此参数即可。STEP 7-Micro/WIN 的 PID 指令向导使 PID 指令的应用更加简单方便。

（2）PID 算法

PID 控制系统的输入输出关系前面已经进行了叙述，但由于计算机是数字化工作模式，在处理连续函数时，需将之离散化。PID 输入输出关系式的离散形式如下

$$M_n = K_C e_n + K_I \sum_{i=1}^{n} e_i + K_D (e_n - e_{n-1}) + M_0 \tag{8-2}$$

式中　M_n——在第 n 采样时刻 PID 回路输出的计算值；

K_C——PID 控制回路增益；

e_n——在第 n 采样时刻的偏差值；

e_{n-1}——在第 $n-1$ 采样时刻的偏差值（在第 n 采样时刻的偏差前值）；

K_I——积分项的系数；

K_D——微分项的系数；

M_0——PID 回路输出的初始值。

式（8-2）中，积分项包括从第 1 个采样周期到当前采样周期的所有误差。计算中，没有必要保存所有采样周期的误差项，只需保存积分项前值 MX 即可，即

$$M_n = K_C e_n + K_I e_n + K_D(e_n - e_{n-1}) + MX = MP_n + MI_n + MD_n \tag{8-3}$$

式中 M_n——积分前项值；

MP_n——在第 n 采样时刻的比例项；

MI_n——在第 n 采样时刻的积分项；

MD_n——在第 n 采样时刻的微分项。

① 比例项　比例项 MP_n 是增益 K_C 和偏差 e 的乘积，增益 K_C 决定输出对偏差的灵敏度。增益为正的回路为正作用的回路，反之为反作用回路。选择正、反作用回路的目的是使系统处于负反馈控制。该项可以写为

$$MP_n = K_C e_n = K_C(SP_n - PV_n) \tag{8-4}$$

式中 SP_n——在第 n 采样时刻的给定值；

PV_n——在第 n 采样时刻的过程变量值。

② 积分项。积分项 MI_n 与偏差的和成正比。该项可以写为

$$MI_n = K_I e_n + MX = \frac{K_C T_S}{T_I}(SP_n - VP_n) + MX \tag{8-5}$$

式中 T_S——积分时间常数。

T_I——积分时间常数。

积分项前值 MX 是第 n 采样周期前所有积分项之和。在每次计算出 MI_n，之后都要用 MI_n 去更新 MX。第一次计算时，MX 的初值被设置为 M_0。采样周期 T_S 是重新计算输出的时间间隔，而积分时间常数 T_I 控制积分项在整个输出结果中影响的程序。

③ 微分项　微分项 MD_n 与偏差的变化成正比，该项可以写为

$$MD_n = K_D(e_n - e_{n-1}) = \frac{K_C T_D}{T_S}[(SP_n - PV_n) - (SP_{n-1} - PV_{n-1})] \tag{8-6}$$

为了避免给定值变化的微分作用而引起的跳变，可设定给定值不变（$SP_n = SP_{n-1}$），由此式（8-6）可写为

$$MD_n = \frac{K_C T_D}{T_S}(PV_n - PV_{n-1}) \tag{8-7}$$

式中 T_D——微分时间常数；

SP_{n-1}——第 $n-1$ 个采样时刻的给定值；

PV_{n-1}——第 $n-1$ 个采样时刻的过程变量值。

（3）PID 指令

PID 指令：使能有效时，根据回路参数表中的过程变量当前值、控制设定值及 PID 参数进行 PID 计算。PID 指令的梯形图和语句表如图 8-86 所示。

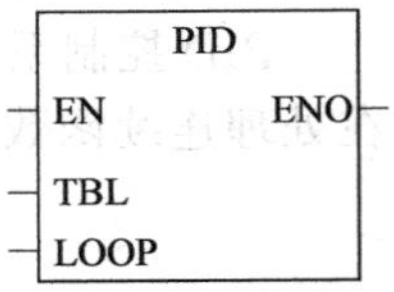

PID TBL, LOOP

图 8-86　PID 指令的梯形图和语句表

① TBI：参数表起始地址，数据类型为字节，限用 VB 区域。

② LOOP：回路号，常量（0～7），数据类型为字节，限用 VB 区域。程序中可使用 8 条 PID 指令，不能重复使用。

③ 使 ENO=0 的错误条件：0006（间接地址），SM1.1（溢出，参数

表起始地址或指令中指定的 PID 回路指令号码操作数超出范围）。

④ PID 指令不对参数表输入值进行范围检查。必须保证过程变量和给定值积分项前值和过程变量前值在 0.0～1.0 之间。

⑤ 循环表存储 9 个参数，用于控制和监控循环运算，它们分别是：过程变量当前值 PV_n、过程变量前值 PV_{n-1}、给定值 SP_n、输出值 M_n、增益 K_C、采样时间 T_S、积分时间 T_I、微分时间 T_D 和积分前项值 MX。

⑥ 使能流输出 ENO 断开的出错条件：0006（间接寻址）；SM1.1（溢出）；SM4.3（运行时间）。

（4）PID 控制回路选项

在很多控制系统中，有时只采用一种或两种控制回路。例如，可能只要求比例控制回路或比例和积分控制回路。通过设置常量参数值选择所需的控制回路。

① 如果不需要积分回路（即在 PID 计算中无“I”），则应将积分时间 T_I 设为无限大。由于积分项 M_0 的初始值，虽然没有积分运算，积分项的数值也可能不为零。

② 如果不需要微分运算（即在 PID 计算中无“D”），则应将微分时间 T_D 设定为 0.0。

③ 如果不需要比例运算（即在 PID 计算中无“P”），但需要 I 或 ID 控制，则应将增益值 K_C 指定为 0.0。因为 K_C 是计算积分和微分项公式中的系数，将循环增益设为 0.0 会导致在积分和微分项计算中使用的循环增益值为 1.0。

（5）PID 指令的使用

PID 指令使用的关键有三步。

① 建立 PID 回路表　PID 算法中包含 9 个用来控制和监视 PID 运算的参数，在 PID 指令使用时要建立一个 PID 回路表，用来给这些参数分配一个存放的地址单元。回路表中所有的地址都是双字地址，共占用 36 字节，其格式如表 8-64 所示。

表 8-64　PID 控制回路的参数表

偏移地址	域	格式	类型	描述
0	过程变量（PV_n）	双字—实数	输入	过程变量，必须为 0.0～1.0 之间
4	设定值（SP_n）	双字—实数	输入	给定值，必须为 0.0～1.0 之间
8	输出值（M_n）	双字—实数	输入/输出	输出值，必须为 0.0～1.0 之间
12	增益（K_c）	双字—实数	输入	增益是比例常数，可正可负
16	采样时间（T_s）	双字—实数	输入	单位为 s，必须是正数
20	积分时间（T_I）	双字—实数	输入	单位为 min，必须是正数
24	微分时间（T_D）	双字—实数	输入	单位为 min，必须是正数
28	积分项前值（MX）	双字—实数	输入/输出	积分项前项，必须为 0.0～1.0 之间
32	过程变量前值（PV_{n-1}）	双字—实数	输入/输出	最近一次 PID 运算的过程变量值

② 回路输入量的转换及归一化　每个PID回路有两个输入量：给定值（SP）和过程变量（PV）。给定值一般是一个固定的值。过程变量与PID回路输出有关，可以衡量输出对控制系统作用的大小。在汽车速度控制系统的实例中，过程变量应该是测量轮胎转速的测速计输入。由于给定值和过程变量都是实际的工程量，其幅度、范围及测量单位都会不同，用PLC完成PID运算时，就需要把实际的测量输入量、设定值和回路表中的其他输入参数进行标准化处理，即用程序将它们转化为PLC能够识别及处理的数据，也即把它们转化为无量纲的归一化纯量，采用浮点数形式。归一化的方法如下。

第一步，将工程实际值由16位整数值转换成浮点型实数值。下面的指令序列提供了实现这种转换的方法。

```
XORD  AC0,AC0     //清累加器 AC0
ITD    AIW0,AC0   //将输入值转换为双整数（设模拟量采集数据通道地址为 AIW0）
DTR   AC0,AC0     //将 32 位双整数转换成实数
```

第二步，将实数格式的工程实际值转化为0.0～1.0之间的无量纲相对值。可以用下面的算式来标准化给定值或过程变量

$$R_{\text{norm}}=(R_{\text{raw}}/span)+offset$$

式中　R_{norm}——工程实际值的归一化值；

R_{raw}——工程实际值的实数形式值，未归一化处理；

$offset$——调整值，标准化实数又分为单极性（以0.0为起点在0.0～1.0之间变化）和双极性（围绕0.5上下变化）两种，对于单极性$offset$为0.0，对于双极性$offset$为0.5；

$span$——值域大小，可能的最大值减去可能的最小值，单极性为32 000（典型值），双极性为64 000（典型值）。

下面的指令把双极性实数标准化为0.0～1.0之间的实数，通常用在第一步转换之后。

```
/R  64000.0，AC0     //使累加器中的数值标准化
+R  0.5,AC0          //加上偏置,使其在 0.0～1.0 之间
MOVR  AC0,VD100      //标准化的值存入回路表，设 TABLE 表地址为 VB200
```

③ 回路输出值转换成刻度整数值　回路输出值一般是控制变量，也是一个标准化实数运行的结果。这一结果同样也要用程序将其转化为相应的16位整数，然后周期性地传送到AQW输出，用以驱动模拟量的负载。例如，在汽车速度控制中，可以是油阀开度的设置。这一过程是给定值或过程变量的标准化转换的逆过程。

第一步，把回路输出转换成按工程量标定的实数值

$$R_{\text{scal}}=(M_n-offet)\times Span$$

式中　R_{scal}——按工程量标定的实数格式的回路输出；

M_n——回路输出的归一化实数值。

$offset$及$span$的定义与前述相同。这一过程可以用下面的指令序列完成。

```
MOVR  VD208,AC0        //把回路输出值移入累加器
-R       0.5，  AC0    //双极性场合时减去偏移量 0.5
*R      64000，  AC0   //将 AC0 的值乘以取值范围，变为成比例实数值
```

第二步，将回路输出的刻度转换成16位整数，可通过下面的指令序列来完成。

```
ROUND   AC0,AC0     //把实数四舍五入取整，变为 32 位整数
DTI       AC0,LW0   //把 32 位整数转换为 16 位整数
MOVW    LW0,AQW0    //把 16 位整数写入模拟输入寄存器
```

（6）PID控制实例

一供水水箱，通过变频器驱动的水泵供水，维持水位在满水位的70%，满水位为

200cm，过程变量 PV_n 为水箱的水位（由水位检测计提供），设定值为 70%，PID 输出控制变频器，即控制水泵电动机的转速。

① PID 回路参数表　PID 回路参数表如表 8-65 所示。

表 8-65　供水水箱 PID 控制参数表

地址	参数	数值
VB200	过程变量当前值 PV_n	水位检测计提供的模拟量经 A/D 转换后的标准化数值
VB204	给定值 SP_n	0.7
VB208	输出值 M_n	PID 回路的输出值（标准化数值）
VB212	增益 K_c	0.3
VB216	采样时间 T_s	0.1
VB220	积分时间 T_I	30
VB224	微分时间 T_D	0（关闭微分作用）
VB228	上一次积分值 MX	根据 PID 运算结果更新
VB232	上一次过程变量 PV_{n-1}	最近一次 PID 的变量值

② 程序分析

a. I/O 分配。模拟量输入：AIW0；模拟量输出：AQW0。

b. 程序。编写符号如表 8-66 所示，在此表中标记了 PID 回路用到各元件的符号。控制程序如图 8-87 所示。

表 8-66　符号表

序号	符号	地址
1	设定值	VD204
2	回路增益	VD212
3	采样时间	VD216
4	积分时间	VD220
5	微分时间	VD224
6	控制输出	VD208
7	检测值	VD200

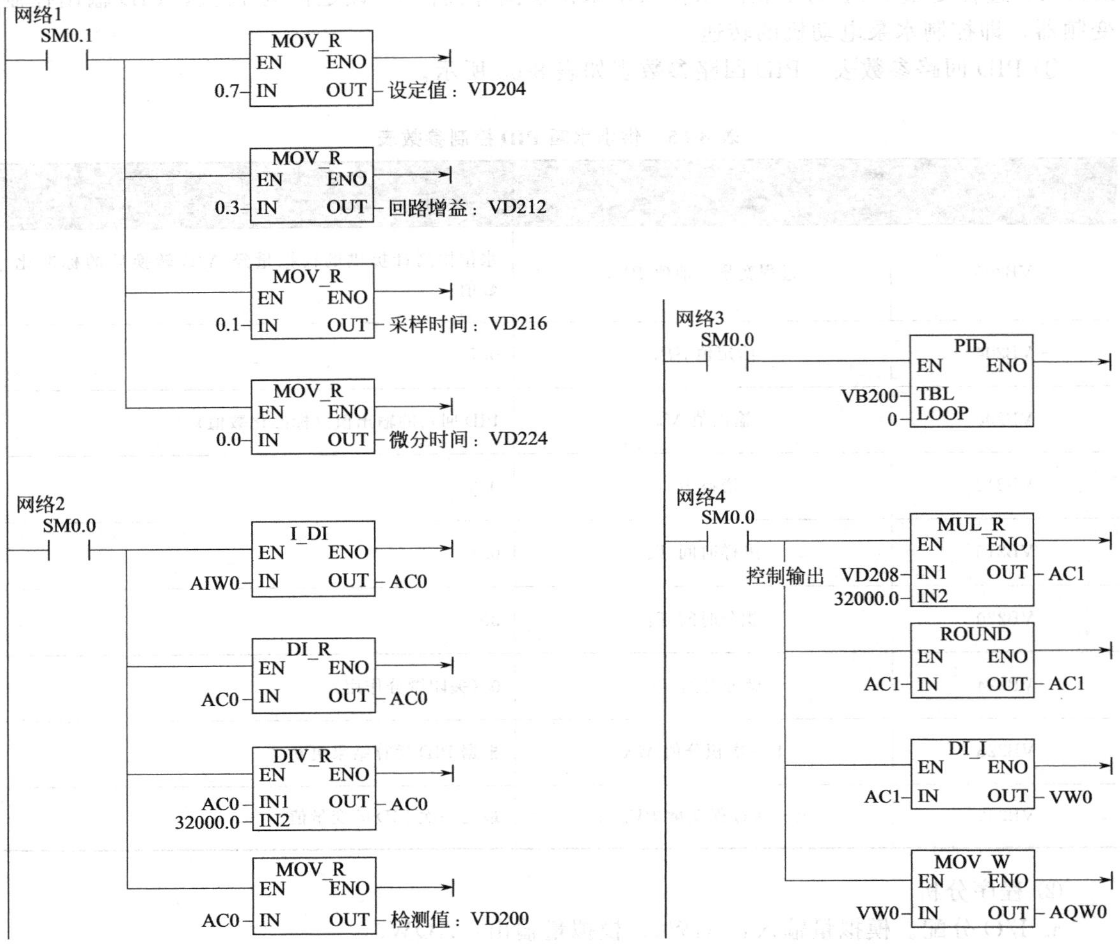

图 8-87 PID控制程序

习题与思考题

8-1 设计抢答器 PLC 控制系统，控制要求如下：（1）抢答台 A、B、C、D，有指示灯，抢答键；（2）裁判员台，指示灯，复位按键；（3）抢答时，有 2s 声音报警。

8-2 设计 PLC 三速电动机控制系统。控制要求：启动低速运行 3s，KM1，KM2 接通；中速运行 3s，KM3 通（KM2 断开）；高速运行 KM4，KM5 接通（KM3 断开）。

8-3 设计喷泉电路。要求：喷泉有 A、B、C 三组喷头。启动后，A 组先喷 5s，后 B、C 同时喷，5s 后 B 停，再 5s 后 C 停，而 A、B 又喷，再过 2s，C 也喷，持续 5s 后全部停，再过 3s 后重复上述过程。

8-4 设计产品数量检测 PLC 控制系统。如图 8-88 所示，传送带传输工件，用传感器通过的产品数量，每 24 个产品机械手动作一次。机械手动作后，延时 2s，将机械手电磁铁切断复位。

8-5 用寄存器移位指令（SHR），设计一个路灯照明系统的控制程序，3 路灯按 H1→H2→H3 的顺序依次点亮。各路灯之间点亮的间隔时间为 10h。

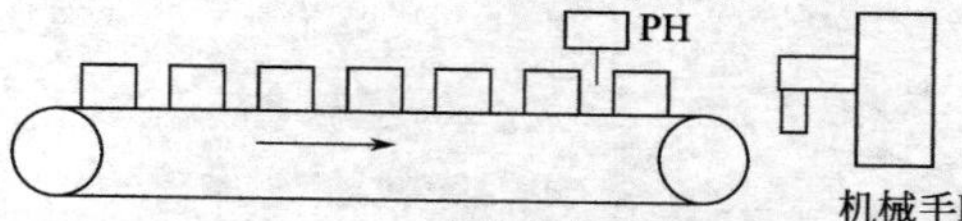

图 8-88　产品数量检测示意图

8-6　用循环移位指令设计一个彩灯控制程序，8 路彩灯串按 H1→H2→H3→…→H8 的顺序依次点亮，且不断重复循环。各路彩灯之间的间隔时间为 0.2s。

8-7　当 I0.1 为 ON 时，定时器 T32 开始定时，产生每秒一次的周期脉冲。T32 每次定时时间到时调用一个子程序，在子程序中将模拟量输入 AIW0 的值送 VW10，设计主程序和子程序。

8-8　第一次扫描时将 VB0 清 0，用定时中断 0，每 100ms 将 VB0 加 1，VB0＝100 时关闭定时中断，设计主程序和中断子程序。

第9章　顺序控制梯形图的设计方法

顺序功能图（sequential function chart，SFC）是描述控制系统的控制过程、功能和特性的一种通用的技术语言，是设计 PLC 的顺序控制序的有力工具，又称为状态转移图、状态图或流程图。在 IEC 的 PLC 编程语言标准（IEC 61131-3）中，顺序功能图排在第一位。我国也于 1986 年颁布了顺序功能图的国家标准。顺序功能图 SFC 用于编制复杂的顺控程序，用顺序功能图设计顺序控制程序比直接用指令编程更简单，结构更清晰，可读性好，程序的调试和运行也很方便，也越来越多为电气技术人员所接受。设计过程比较规范，也相当直观，可以极大地提高工作效率。S7-200 PLC 采用顺序功能图法设计时，可用顺序控制继电器（SCR）指令、置位/复位（S/R）指令、移位寄存器指令（SHRB）等实现编程。

9.1　功能图的基本概念

顺序功能图是根据生产工艺和工序所对应的顺序和时序将控制输出划分为若干个时段，每一个时段对应设备运作的一组动作（步、路径和转换），该动作完成后根据相应的条件转换到下一个时段完成后续动作，并按系统的功能流程依次完成状态转换。顺序功能图能清晰地反映系统的控制时序和逻辑关系，是 PLC 设计顺序控制的理想方法。顺序功能图用约定的几何图形、有向线段和简单的文字来说明和描述 PLC 的处理过程及程序的执行步骤。

（1）步（又称为状态）

步是控制系统中一个相对不变的性质，对于一个稳定的情形。步的符号如图 9-1（a）所示。矩形框中可写该步的编号或代码。

① 初始步　初始步是功能图运行的起点，一个控制系统至少要有一个初始步的图形符号为双框线，如图 9-1（b）所示。在实际使用时，有时也有画单线矩形框的，有时画一条横线表示功能图的开始。

② 工作步　工作步是控制系统正常运行时的步。根据控制系统是否运行，步可分为活动步和静步两种。活动步是指当前正运行的步，静步是当前没有运行的步。

③ 与步对应的动作　在每个稳定步下，一般会有相应的动作。动作的表示方法如图 9-2 所示。

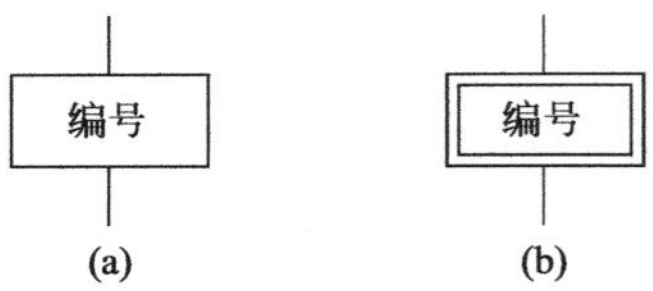

图 9-1　步的图形符号

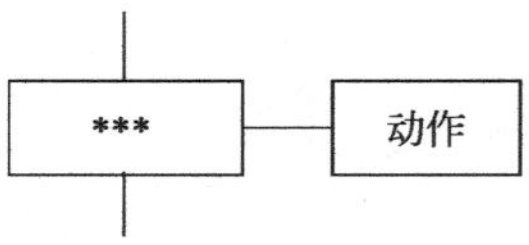

图 9-2　步动作的表示

（2）有向连线

在顺序功能图中，随着时间的推移和转换条件的实现，将会发生步的活动状态的进展，这种进展按有向连线规定的路线和方向进行。在画顺序功能图时，将代表各步的方框按它们成为活动步的先后顺序排列，并且用有向连线将它们连接起来。步的活动状态习惯的进展方向是从上到下或从左至右，在这两个方向有向连线上的箭头可以省略。如果不是上述方向，应在有向连线上用箭头注明进展方向。在可以省略箭头的有向连线上，为了更便于理解也可以加箭头。

如果在画图时有向连线必须中断，例如，在复杂的图中，或者用几个图来表示一个顺序功能图，应在有向连线中断之处标明下一步的标号和所在页数。

（3）转换与转换条件

为了说明从一个步到另一个步的变化，要用转换概念。转换的方向用一个方向线段来表示，两个步之间的有向线段上在用一段横线表示这一转移。转换的符号如图 9-3 所示。

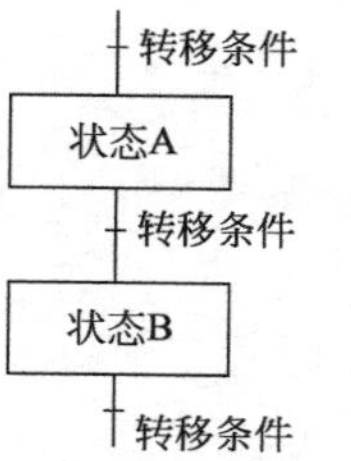

图 9-3　转换符号

转换是一种条件，当此条件成立时，称做转换使能。该转换如果能够使步发生转换，则称触发。一个转换能够触发必须满足的条件是：步为活动步及转换使能。

转换条件是指使系统从一个步向另一个步转换的必要条件。通常用文字、逻辑方程及符号来表示。

9.2　顺序功能图

（1）顺序功能的主要类型

根据功能图中有无分支及实现转换的不同，功能图的主要类型有 3 种：单序列、选择序列和并行序列，其他结构都是这 3 种结构的复合。

① 单序列　单序列由一系列相继激活的步组成，每一步的后面仅有一个转换，每一个转换的后面只有一个步，如图 9-4（a）所示，单序列的特点是没有分支和合并。

② 选择序列　选择序列的开始称为分支，转换符号只能标在水平连线之下，如图 9-4（b）所示。图 9-4（b）中，步 5 是活动步，并且转换条件 h=1，则选择的方向是从步 5→步 8；如果步 5 是活动步，并且 k=1，则选择的方向是从步 5→步 10。

在步 5 之后选择序列的分支处，每次只允许选择一个序列，如果将选择条件 k 改为 $k\bar{h}$，则当 k 和 h 同时为 1 状态时，将优先选择 h 对应的序列。

选择序列的结束称为合并，如图 9-4（b）所示，几个选择序列合并到一个公共序列时，用需要重新组合的序列相同数量的转换符号和水平连线来表示，转换符号只允许标在水平连线上。

如果步 9 是活动步，并且转换条件 j=1，则发生由步 9→步 12 的进展。如果步 11 是活动步，并且 n=1，则产生由步 11→步 12 的进展。

允许选择序列的某一条分支上没有步，但是必须有一个转换。这种结构称为“跳步”。跳步是选择序列的一种特殊情况。

③ 并行序列　并行序列的开始称为分支，当转换的实现导致几个序列同时激活时，这些序列称为并行序列，如图 9-4（c）所示。图 9-4（c）中，当步 3 是活动步，并且转换条件 e=1 时，4 和 6 这两步同时变为活动步，同时步 3 变为不活动步。为了强调转换的同步实现，水平连线用双线表示。步 4、6 被同时激活后，每个序列中活动步的进展将是独立的。在表示同步的水平双线之上，只允许有一个转换符号。并行序列用来表示系统的几个同时工作的独立部分的工作情况。

并行序列的结束称为合并，当直接连在双线上的所有前级步（步 5、7）都处于活动状态，并且转换条件 i=1 时，才会发生步 5、7 到步 10 的进展，步 5、7 立即变为不活动步，而步 10 变为活动步。在表示同步的水平双线下，只允许有一个转换符号。

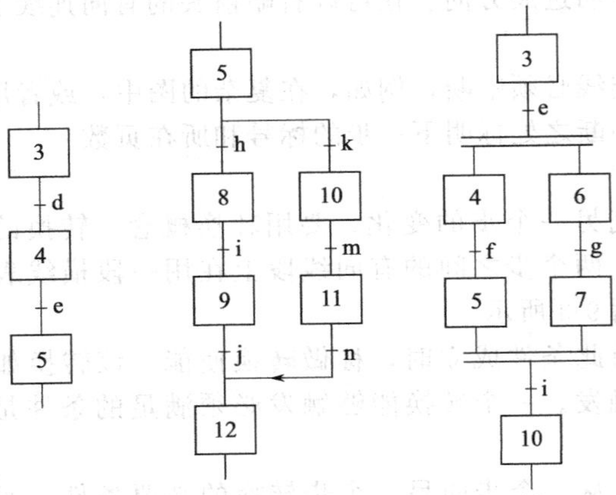

图 9-4　单序列、选择序列与并行序列

（2）顺序功能图实现转换的基本原则

① 转换实现的条件　在顺序功能图中，步的活动状态的进展是由转换的实现来完成的。转换的实现必须同时，满足以下两个条件。

a. 该转换所有的前级步都是活动步。

b. 相应的转换条件得到满足。

② 转换实现应完成的操作　转换实现时应完成以下两个操作。

a. 使所有由有向连线与相应转换符号相连的后续步都变为活动步。

b. 使所有由有向连线与相应转换符号相连的前级步都变为不活动步。

③ 绘制顺序功能图的注意事项

a. 两个步绝对不能直接相连，必须用一个转换将它们隔开。

b. 两个转换也不能直接相连，必须用一个步将它们隔开。

c. 顺序功能图中的初始步一般对应于系统等待启动的初始状态，这一步可能没有什么输出处于 1 的状态，因此在画顺序功能图时很容易遗漏这一步。初始步是必不可少的，一方面因为该步与它的相邻步相比，从总体上说输出变量的状态各不相同；另一方面如果没有该步，无法表示初始状态，系统也无法返回停止状态。

d. 自动控制系统应能多次重复执行同一工艺过程，因此在顺序功能图中一般应有步和有向连线所组成的闭环，即在完成一次工艺过程的全部操作之后，应从最后一步返回初始步，系统停留在初始状态。在连续循环工作方式时，将从最后一步返回下一工作周期开始运行的第一步。

e. 如果选择有断电保持功能的存储器位（M）来代表顺序功能图中的各位；在交流电源突然断电时，可以保存当时的活动步对应的存储器位的状态。系统重新上电后，可以使系统从断电瞬时的状态开始继续运行。如果用没有断电保持功能的存储器位代表各步，进入 RUN 工作方式时，它们均赴于 0 状态，必须将初始化步预置为活动步，否则因为顺序功能图中没有活动步，系统无法工作。如果系统有自动、手动两种工作方式；顺序功能图是用来描述自动工作过程的，这时还应在系统由手动工作方式进入自动工作方式时，用一个适当的信号将初始步置为活动步，并将非初始步置为不活动步。

9.3 顺序功能图的编程方法及梯形图表示

根据顺序控制系统的功能要求，采用不同的方法设计顺序功能图，然后再方便地将功能图转化为 PLC 的梯形图。为了便于将顺序功能图转化为梯形图，一般将步代号及转换条件和各步的动作与命令用代表各步的编程元件的地址（如 M0.1）表示。系统处于初始状态时，与初始步对应的编程元件应置为 1，而其他的编程元件应置为 0，因为在没有并行序列或并行序列未处于活动状态时，只能有一个活动步。在以下各种方法中，假设程序开始时，系统已处于要求的初始状态下，并且其余各步的编程元件均为 0 状态。初始步的转换利用初始化脉冲 SM0.1 触发。

9.3.1 使用通用逻辑指令的方法

通用逻辑指令是指与 PLC 的触点和输出线圈相关的指令，如 AN、O、＝等，它是 PLC 最基本的指令。这种编程方法适用于各种型号的 PLC，是顺序功能图最基本的编程方法。在顺序控制中，各步按照顺序先后接通和断开，就像电动机按顺序地接通和断开一样，因此可以像处理电动机的启动、保持、停止那样，用典型的启保停电路解决顺序控制的问题。

（1）单序列的编程

根据功能图理论，设步 M_i 的前级步是活动的（$M_{i-1}=1$），并且转换条件成立（$I_i=1$），步 M_i 应变为活动步。如果将 M_i 视为电动机，而 M_{i-1} 和 I_i 视为其启动开关，则 M_i 的启动电路由 M_{i-1} 和 I_i 的常开触点串接而成，如图 9-5 所示。I_i 一般为非存储型触点，因此还要用 M_i 的常开触点实现自锁。同样，当 M_i 的后续步 M_{i+1} 变为活动步时，M_i 应变为静态步，因此应将 M_{i+1} 的常闭触点与 M_i 的线圈串联。

下面以冲床动力头进给运动控制为例，介绍单序列的编程。

［例 9-1］图 9-6 所示的是某一专用冲床动力头的进给运动示意图，系统的一个周期分为快进、工进、快退 3 步，另外还设置有一个等待启动的初始步。动力头初始状态停留在最左边，限位开关 I0.1 状态为 1。启动按钮为 I0.0，Q0.0～Q0.2 控制 3 个电磁阀，这 3 个电磁阀依次控制快进、工进和快退 3 步。按下启按钮，动力头的运动如图 9-6 所示，工作一个循环后，动力头返回并停留在初始位置。该实例可用通用逻辑指令，置位、复位（S、R）指令和顺序控制 SCR 指令的方法编程。下面用通用逻辑指令方法编程实现。

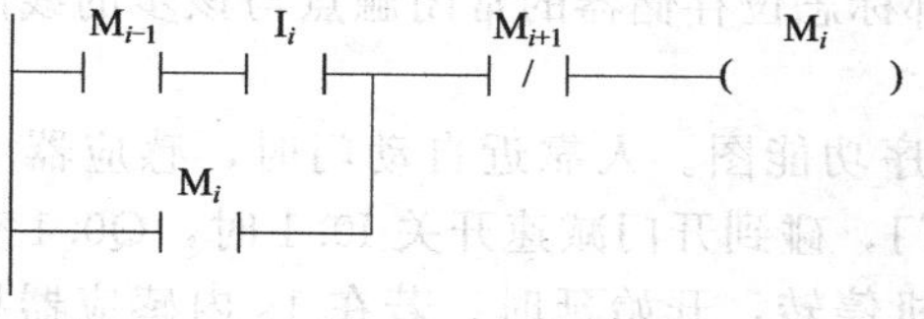

图 9-5 顺序控制“基本电路”

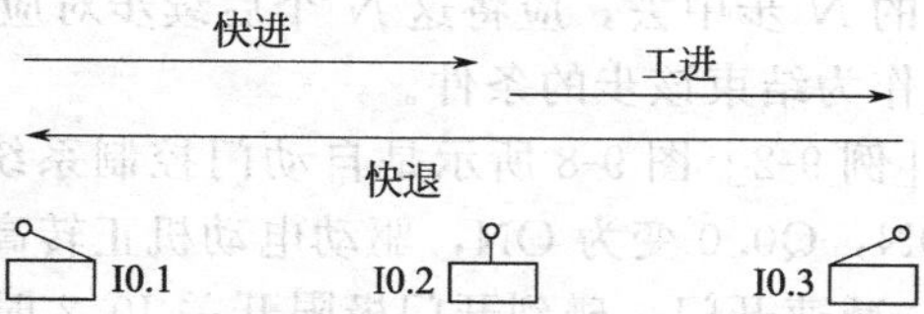

图 9-6 冲床动力头进给运动示意图

图 9-7（a）所示的是系统的功能图。根据功能图及上述编程方法，可以很容易地得到系统的梯形图，如图 9-7（b）所示。对于步 M0.0，设 M_i＝M0.0，由功能图可知，M_{i-1}＝M0.3，I_i＝I0.1，M_{i+1}＝M0.1，因此将 M0.3 和 I0.1 的常开触点串联作为 M0.0 的启动电路。在启动电路中还并联了 M0.0 的自保持触点。后续步 M0.1 的常闭触点串入 M0.0 的线圈，M0.1 接通时 M0.0 断开。在 PLC 开始运行时应将 M0.0 置为 1；否则，系统无法工作。因此，把仅在第一个扫描周期接通的 SM0.1 的常开触点与上述电路并联。

在功能图中，步划分的依据是输出量的变化，因此步与输出量的关系也比较简单。若某一输出量仅在某一步中有输出，例如Q0.2仅在步M0.3中输出，此时可以将其线圈与对应步的存储器位M0.3的线圈并联。而在几步中有同一输出时，例如Q0.1在步M0.1和M0.2中均输出，为避免双线圈输出，采用M0.1和M0.2的常开触点并联后驱动Q0.1。

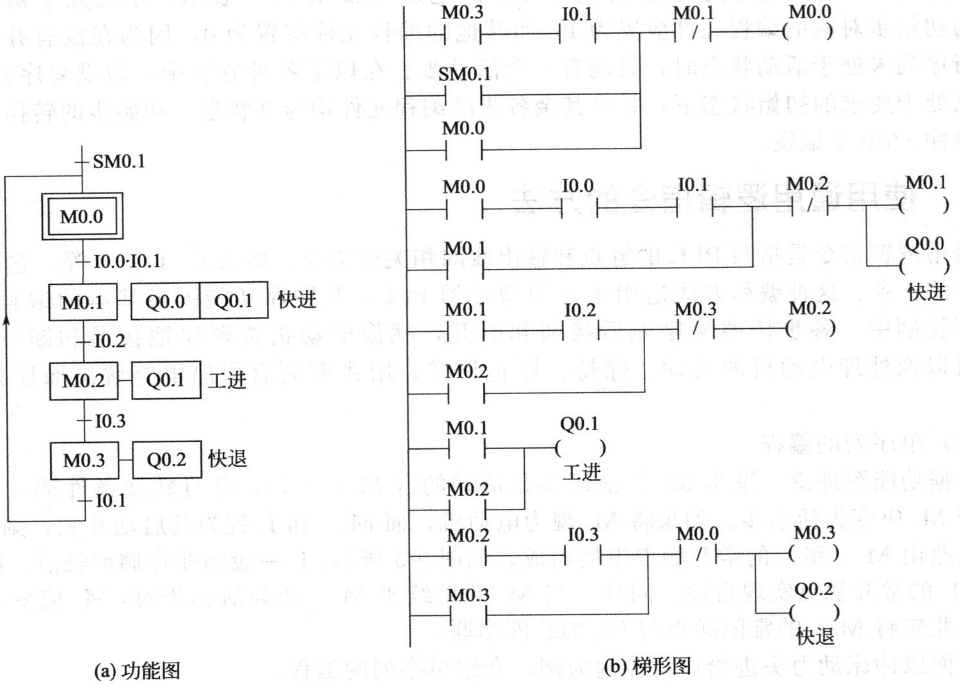

图9-7　冲床动力头进给运动控制系统功能图及梯形图

(2) 选择序列的编程

选择序列编程的关键在于处理分支和合并，转换实现的基本规则是设计复杂系统梯形图的基本规则。下面以自动门控制系统为例，介绍选择序列中的分支与合并编程。

① 分支的编程　如果某一步的后面有一个由 N 条分支组成的选择序列，该步可能转到不同的 N 步中去，应将这 N 个后续步对应的内部标志位存储器的常闭触点与该步的线圈串联，作为结束该步的条件。

[例9-2] 图9-8所示是自动门控制系统的顺序功能图。人靠近自动门时，感应器I0.0为ON，Q0.0变为ON，驱动电动机正转高速开门，碰到开门减速开关I0.1时，Q0.1变为ON，减速开门。碰到开门极限开关I0.2时电动机停转，开始延时。若在1s内感应器检测到无人，Q0.2变为ON，启动电动机反转高速关门。碰到关门减速开关I0.3时，Q0.3变为ON，改为减速关门，碰到关门极限开关I0.4时电动机停转。在关门期间若感应器检测到有人停止关门，T38延时1s后自动转换为高速开门。

步M0.4之后有一个选择序列的分支，当它的后续步M0.5、M0.6变为活动步时，它应变为不活动步。因此需将M0.5和M0.6的常闭触点与M0.4的线圈串联。同样M0.5之后也有一个选择序列的分支，处理方法同M0.4，如图9-9所示。

② 合并的编程　对于选择序列的合并，如果每一步之前有 N 个转换（有 N 条分支在该

步之前合并后进入该步），则代表该步的内部标志位存储器 M 的启动电路由 N 条支路并列而成，各支路由某一前级步对应的内部标志位存储器的常开触点与相应转换条件对应的触点或串联而成。

在图 9-8 中，步 M0.1 之前有一个选择序列的合并，当步 M0.0 为活动步且转换条件 I0.0 满足，或者 M0.6 为活动步，并且转换条件 T38 满足时，步 M0.1 都应变为活动步，即控制 M0.1 的启动、保持、停止电路的启动条件应为 M0.0 和 I0.0 的常开触点串联电路与 M0.6 和 T38 的常开触点串联电路进行并联，如图 9-9 所示。

（3）并行序列的编程

并行序列编程类似于选择序列编程，其关键也是对其分支和合并的处理。下面以专用钻床部分控制程序为例，介绍并行序列中的分支与合并编程。

① 分支的编程　某并行序列某一步 M_i 的后面有 N 条分支，如果转换条件成立，并行序列中各单序列中的第一步应同时变为活动步，对控制这些步的启动、保持、停止电路使用相同的启动电路，实现这一要求，只需将 N 个后续步对应的软继电器的常闭触点中的任意一个与 M_i 的线圈串联，作为结束步 M_i 的条件。

［例 9-3］图 9-10（a）所示的是专用钻床部分控制系统的部分控制程序顺序功能图。图中 M0.2 之后有一个并行序列的分支，当步 M0.2 为活动步，并且转换条件 I1.0＝1 时，步 M0.3 和 M0.5 同时变为活动步，即 M0.2 和 I1.0 的常开触点串联电路同时作为控制步 M0.3 和步 M0.5 的启动电路，如图 9-10（b）所示。

② 合并的编程　当并行序列合并时，只有当各并行序列的最后一步都是活动步且转换条件成立时，才能完成并行序列的合并。因此，合并后的步的启动电路应有 N 条并联支路中最后一级步的继电器的常开触点与相应转换条件对应的电路串联而成。而合并后的步的常闭触点分别作为各并行序列的最后一步断开的条件。

图 9-10（a）中步 M0.6 之前有一个并行序列的合并，该转换实现的条件是所有的前级步（步 M0.4 和步 M0.6）都是活动步且转换条件 I1.3＝1 满足。由此可知，应将 M0.4、M0.6 和 I1.3 的常开触点串联，作为控制步 M0.6 的启动电路，如图 9-10（b）所示。

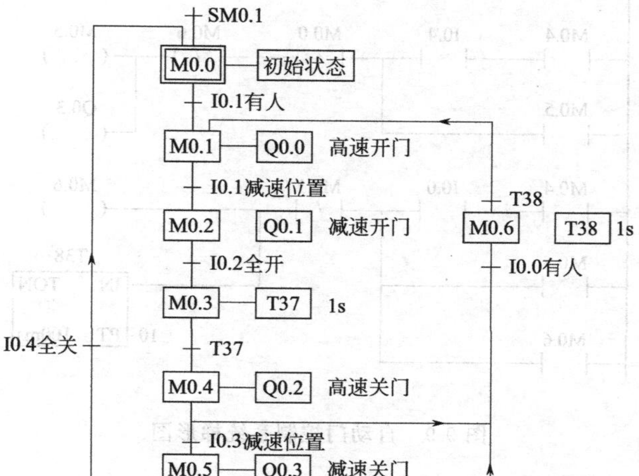

图 9-8　自动门控制系统顺序功能图

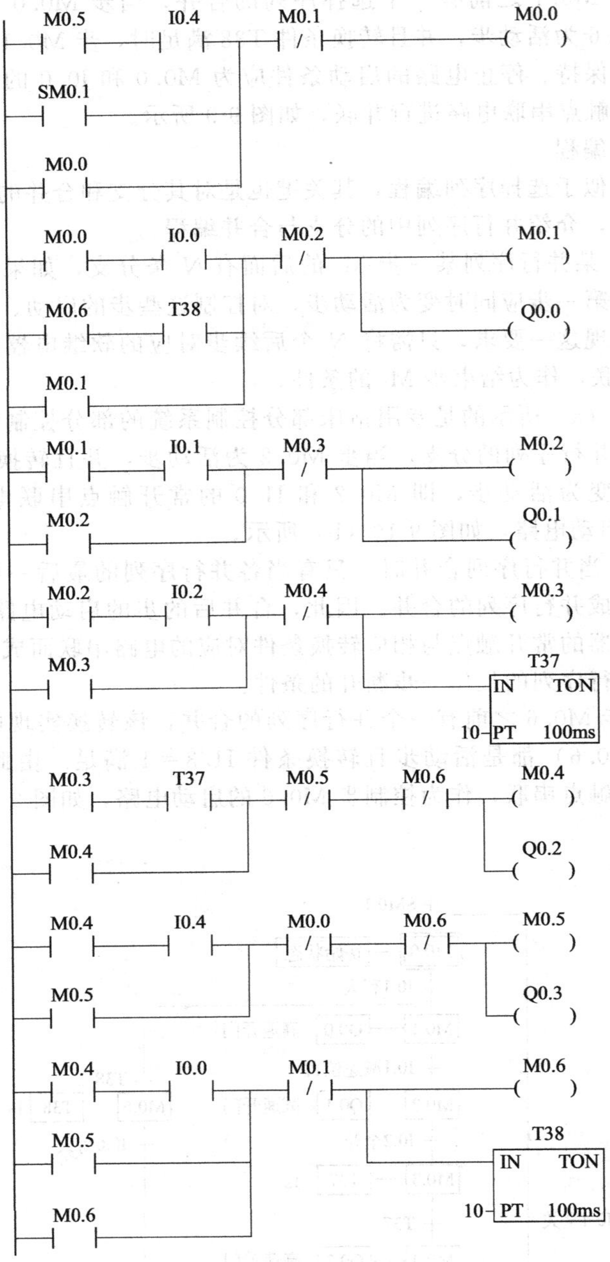

图 9-9　自动门控制系统梯形图

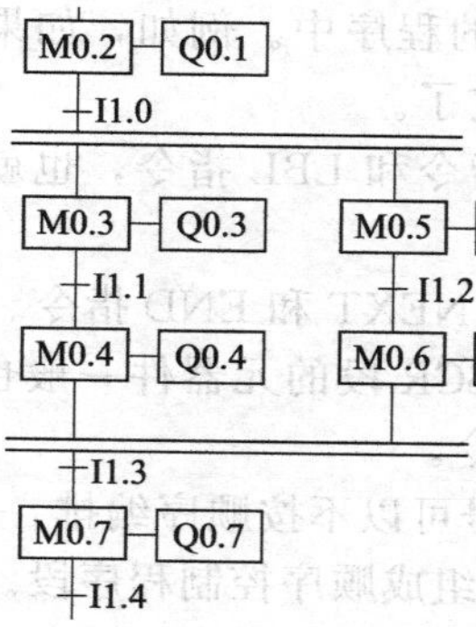

(a) 功能图

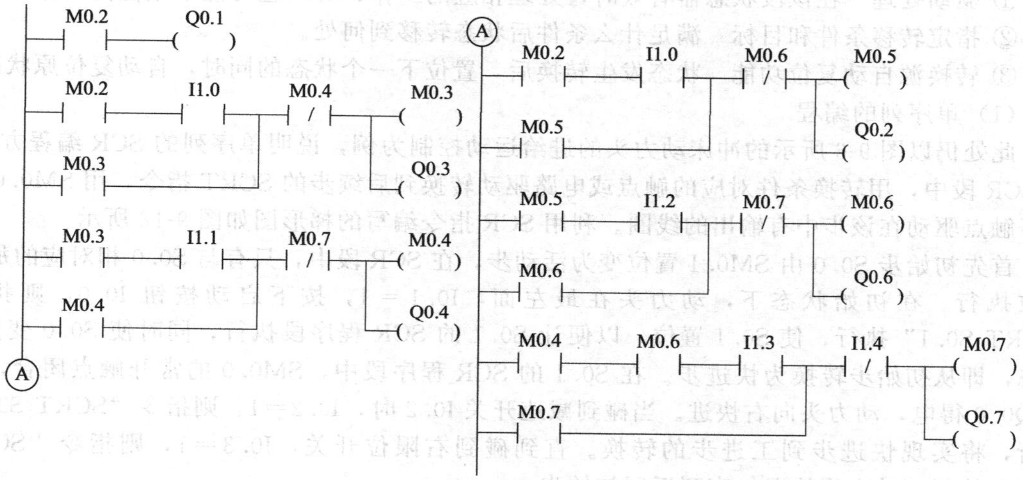

(b) 梯形图

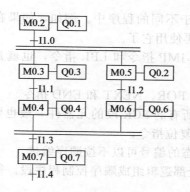

图 9-10　专用钻床部分控制程序功能图及梯形图

9.3.2　使用 SCR 指令的方法

顺序控制指令（图 9-11）是 PLC 生产厂家为用户提供的可使功能图编程简单化和规范化的指令 S7-200 PLC 提供了 3 条顺序控制指令 LSCR、SCRT 和 SCRE。LSCR S _ bit 语句表示顺序状态开始，操作对象为顺序控制继电器（S），范围为 S0. 0～S31. 7。SCRT S _ bit 语句表示顺序状态转移，操作对象为顺序控制继电器（S），范围为 S0. 0～S31. 7。SCRE S _ bit 语句表示顺序状态结束，无操作对象图。由以上可以看出，顺序控制指令的操作对象为顺序继电器 S，S 也称为状态器，每一个 S 位都表示功能图中的一个状态，S 的范围为 S0. 0～ S31. 7。

注意： 使用 CSCRE 指令可以结束正在执行的 SCR 段；使条件发生处和 SCRE 之间的指令不再执行。该指令不影响 S 位和堆栈。使用 CSCRE 指令后会改变正在进行的状态转移操作，所以要谨慎使用。

SCR 指令使用使用时，有以下几个注意事项。

① 顺序指令仅对元件 S 有效，顺序控制继电器 S 也具有一般继电器的功能，所以对它能够使用其他指令。

② SCR 段程序能否执行取决于该状态器（S）是否被置位，SCRE 与下一个 LSCR 之间的指令逻辑不影响下一个 SCR 段程序的执行。

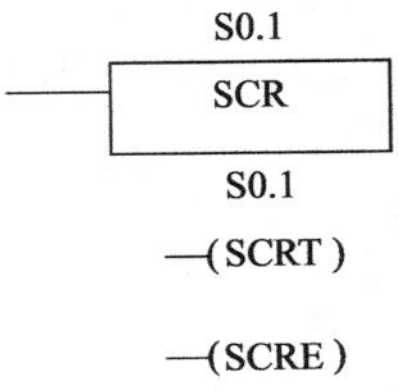

图 9-11　SCR 指令

③ 不能把同一个 S 位用于不同的程序中。例如，如果在主程序中用了 S0.1，则子程序中就不能再使用它了。

④ 在 SCR 段中不能使用 JMP 指令和 LBL 指令，也就是说不允许跳入、跳出或内部跳转。

⑤ 在 SCR 段中不能使用 FOR、NEXT 和 END 指令。

⑥ 在状态发生转移后，所有的 SCR 段的元器件一般也要复位；如果希望继续输出，可使用置位/复位指令。

⑦ 在使用功能图时，状态的编号可以不按顺序编排。

LSCR 与 SCRE 之间的全部逻辑组成顺序控制程序段。每一个 SCR 程序段一般有以下 3 种功能。

① 驱动处理　在该段状态器有效时，处理相应的工作；有时也可能不做任何工作。

② 指定转移条件和目标　满足什么条件后状态转移到何处。

③ 转换源自动复位功能　状态发生转换后，置位下一个状态的同时，自动复位原状态。

(1) 单序列的编程

此处仍以图 9-6 所示的冲床动力头的进给运动控制为例，说明单序列的 SCR 编程方法。在 SCR 段中，用转换条件对应的触点或电路驱动转换到后续步的 SCRT 指令，用 SM0.0 的常开触点驱动在该步中有输出的线圈。利用 SCR 指令编写的梯形图如图 9-12 所示。

首先初始步 S0.0 由 SM0.1 置位变为活动步，在 SCR 段中，只有与 S0.0 相对应的那一段被执行。在初始状态下，动力头在最左面，I0.1＝1，按下启动按钮 I0.0，则指令“SCRT S0.1”执行，使 S0.1 置位，以便让 S0.1 的 SCR 程序段执行，同时使 S0.0 变为 0 状态，即从初始步转换为快进步。在 S0.1 的 SCR 程序段中，SM0.0 的常开触点闭合，线圈 Q0.0 得电，动力头向右快进。当碰到减速开关 I0.2 时，I0.2＝1，则指令“SCRT S0.2”执行，将实现快进步到工进步的转换。直到碰到右限位开关，I0.3＝1，则指令“SCRT S0.3”执行，动力头快退，直到返回初始步。

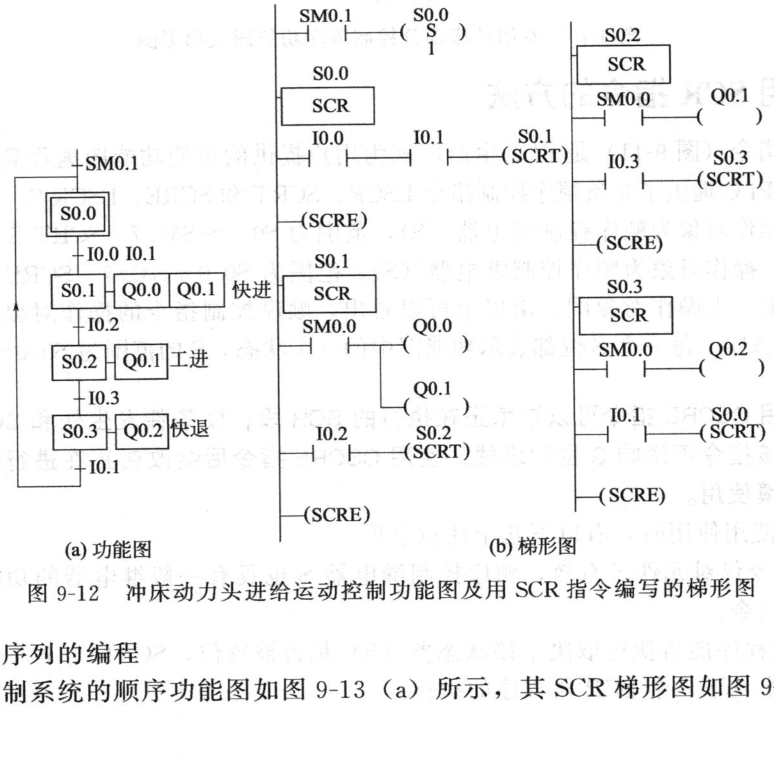

图 9-12　冲床动力头进给运动控制功能图及用 SCR 指令编写的梯形图

(2) 选择序列的编程

自动门控制系统的顺序功能图如图 9-13 (a) 所示，其 SCR 梯形图如图 9-13 (b) 所示。

在梯形图中，其前级步的SCR程序段中有几条分支，就有几条支路，每条支路由转换条件对应的触点和SCRT指令串联而成。当前级步为活动步，哪条分支的转换件满足，转换就向哪条分支步发展。在自动门控制系统的顺序功能图中，S0.4后有一分支，当它为活动步且I0.3=1时，则后续步S0.5变为活动步，S0.4变为静态步。如果步S0.4为活动步且I0.0=1时，则后续步S0.6变为活动步，S0.4变为静态步。

对于选择序列的合并，在每一个选择序列的最后一步对应的SCR程序段中，分别用各自的转换条件所对应的触点驱动指令“SCRT S*n*”，其中S*n*为实现转换合并后的第一步，来实现选择序列的合并。在图9-13（a）中，步S0.1前有一个选择序列的合并。当S0.0为活动步且转换条件I0.0=1时，或者S0.6为活动步且延时时间T38为1s时，步S0.1都应变为活动步。因此，在S0.0和S0.6对应的SCR程序段中，分别用I0.0和T38的常开触点驱动指令“SCRT S0.1”就能实现选择序列的合并。

（3）并列序列的编程

当并行序列有分支时，在梯形图中是在并行序列前级步所对应的SCR段中，利用转换条件所对应的触点同时驱动并行序列各分支首步的SCRT指令实现的。图9-14中步S0.2后是一个并行序列的分支，当S0.2为活动步且转换条件I0.1=1时，步S0.3和步S0.5同时变为活动步，而S0.2变为静态步。因此，在S0.2的SCR程序段中，用I0.1的常开触点同时驱动指令“SCRT S0.3，SCRT S0.5”使步S0.3和步S0.5同时置位，成为活动步，而步S0.2被自动复位，变为静态步。

当并行序列合并时，只有当所有前级步为活动步且转换条件满足时，才同时实现状态转换，完成新状态的启动。对于这类情况，一般使用置位、复位的编程方法。图9-14中步S0.7前是一个并行序列的合并，当步S0.4和步S0.6同时为活动步且转换条件I1.3=1时，S0.7为活动步，而步S0.4和步S0.6同时变为静态步。因此，将步S0.4和步S0.6的常开触点与转换条件I1.3对应的常开触点串联，来控制对S0.7的置位及步S0.4和步S0.6同位复位，从而S0.7成为活动步，而步S0.4和步S0.6变为静态步。

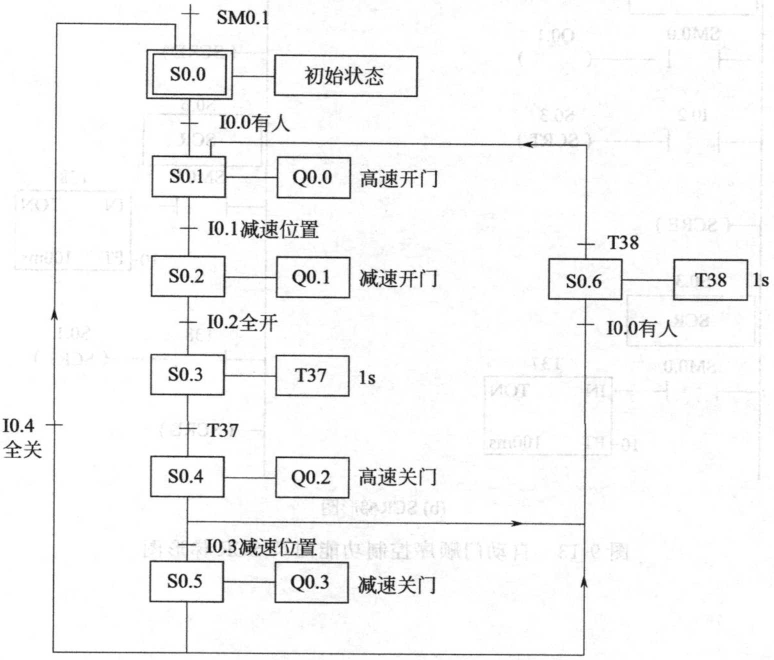

(a) 自动门顺序控制功能图

图9-13

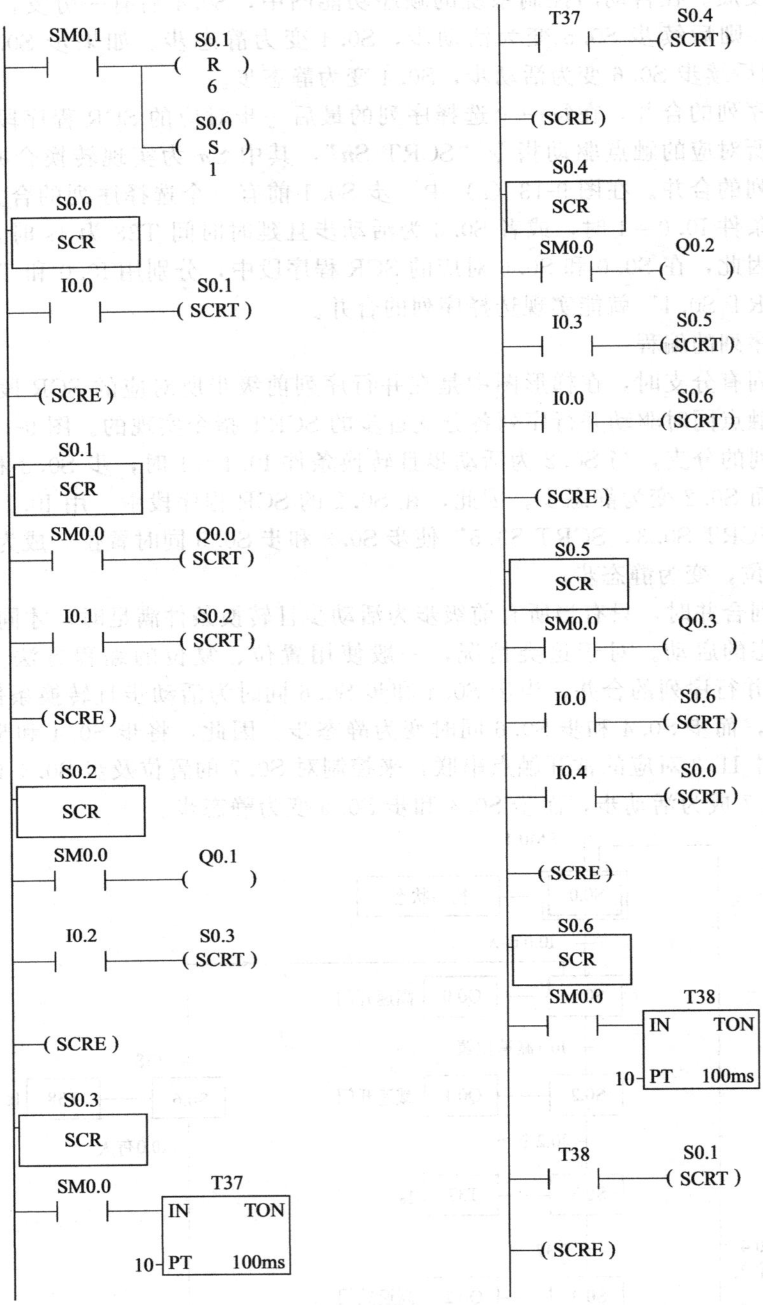

(b) SCR梯形图

图 9-13　自动门顺序控制功能图及 SCR 梯形图

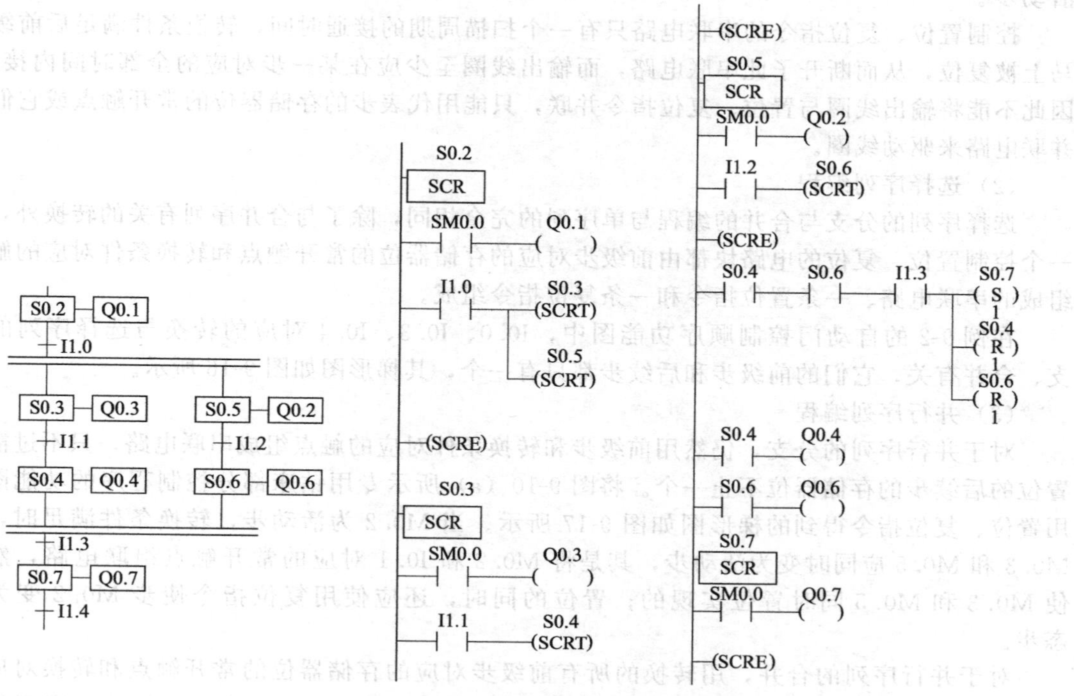

图 9-14　专用钻床部分程序功能图及梯形图

9.3.3　使用置位、复位（S、R）指令的方法

几乎各种型号的 PLC 都有置位、复位（S、R）指令或相同功能的编程元件。使用 S、R 指令同样也可以实现顺序功能控制。下面介绍使用 S、R 指令的以转换条件为中心的编程方法。以转换条件为中心，是指同一种转换在梯形图中只能出现一次，而对辅助存储器位可重复进行置位、复位。

以转换条件为中心的编程思路：设步 M_i 是活动的（$M_i=1$），并且其后的转换条件成立（$I_{i+1}=1$），则步 M_i 应被复位，而后续步 M_{i+1} 应被置位（接通并保持）。因此，可将 M_i 的常开触点和 I_{i+1} 对应的常开触点串联用作 M_i 复位和 M_{i+1} 置位的条件，该串联电路即通用逻辑电路中的启动电路。而置位、复位则采用置位、复位指令。在任何情况下，代表步的存储器位的控制电路都可以用该方法设计，每一个转换对应一个这样的控制置位和复位的电路块，有多少个转换就有多少个这样的电路块。这种方法很有规律，梯形图与实现转换的基本规则之间有着严格的对应关系。设计用于复杂功能图梯形图时，不容易遗漏和出错。

（1）单序列编程

采用置位、复位（S、R）指令方法重新设计例 9-1 的冲床动力头进给运动控制。图 9-6 所示冲床动力头的梯形图如图 9-15 所示。以步 M0.2 为例，若步 M0.2 要实现转换，必须满足两个条件，首先 M0.2 是活动步，即 M0.2＝1，其次为转换条件满足，即 I0.3＝1。在梯形图中，可用 M0.2 和 I0.3 的常开触点组成串联电路表示上述条件。当电路接通时，两个条件同时满足。此时应将该转换的后续步变为活动步，即用置位指令“S M0.3，

1”将 M0.3 置位；同时还应使用复位指令“R M0.2，1”将 M0.2 复位，使之变为不活动步。

控制置位、复位指令的串联电路只有一个扫描周期的接通时间，转换条件满足后前级步马上被复位，从而断开了此串联电路，而输出线圈至少应在某一步对应的全部时间内接通，因此不能将输出线圈与置位、复位指令并联，只能用代表步的存储器位的常开触点或它们的并联电路来驱动线圈。

（2）选择序列编程

选择序列的分支与合并的编程与单序列的完全相同，除了与合并序列有关的转换外，每一个控制置位、复位的电路块都由前级步对应的存储器位的常开触点和转换条件对应的触点组成的串联电路、一条置位指令和一条复位指令组成。

在例 9-2 的自动门控制顺序功能图中，I0.0、I0.3、I0.4 对应的转换与选择序列的分支、合并有关，它们的前级步和后续步都只有一个，其梯形图如图 9-16 所示。

（3）并行序列编程

对于并行序列的分支，仍然用前级步和转换条件对应的触点组成串联电路，只不过需要置位的后续步的存储器位不止一个。将图 9-10（a）所示专用钻床部分控制程序的功能图利用置位、复位指令得到的梯形图如图 9-17 所示。当 M0.2 为活动步，转换条件满足时，步 M0.3 和 M0.5 应同时变为活动步，其是将 M0.2 和 I0.1 对应的常开触点组联电路，然后使 M0.3 和 M0.5 同时置位实现的；置位的同时，还应使用复位指令使步 M0.2 变为静态步。

对于并行序列的合并，用转换的所有前级步对应的存储器位的常开触点和转换对应的触点组成串联电路，驱动相应步的置位和复位，这时被复位的步的个数与并行序列的个数相同。I1.3 对应的转换之前有一个并行序列的合并，根据所讲述的方法，应将 M0.4、M0.6 和 I1.3 的常开触点串联，作为使后续步 M0.7 置位和 M0.4 和 M0.6 复位的条件。

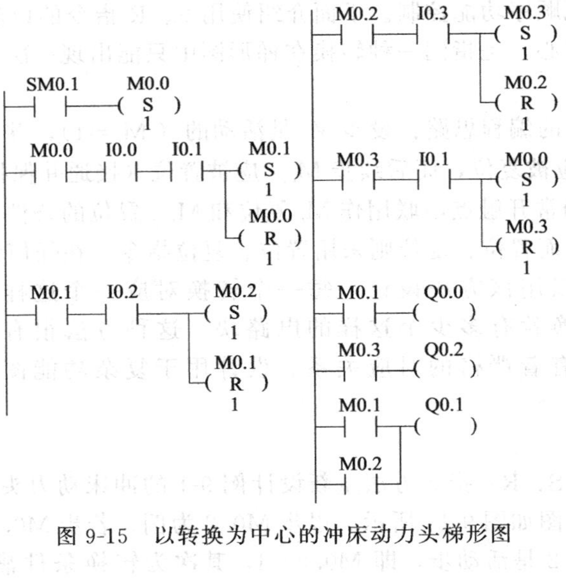

图 9-15 以转换为中心的冲床动力头梯形图

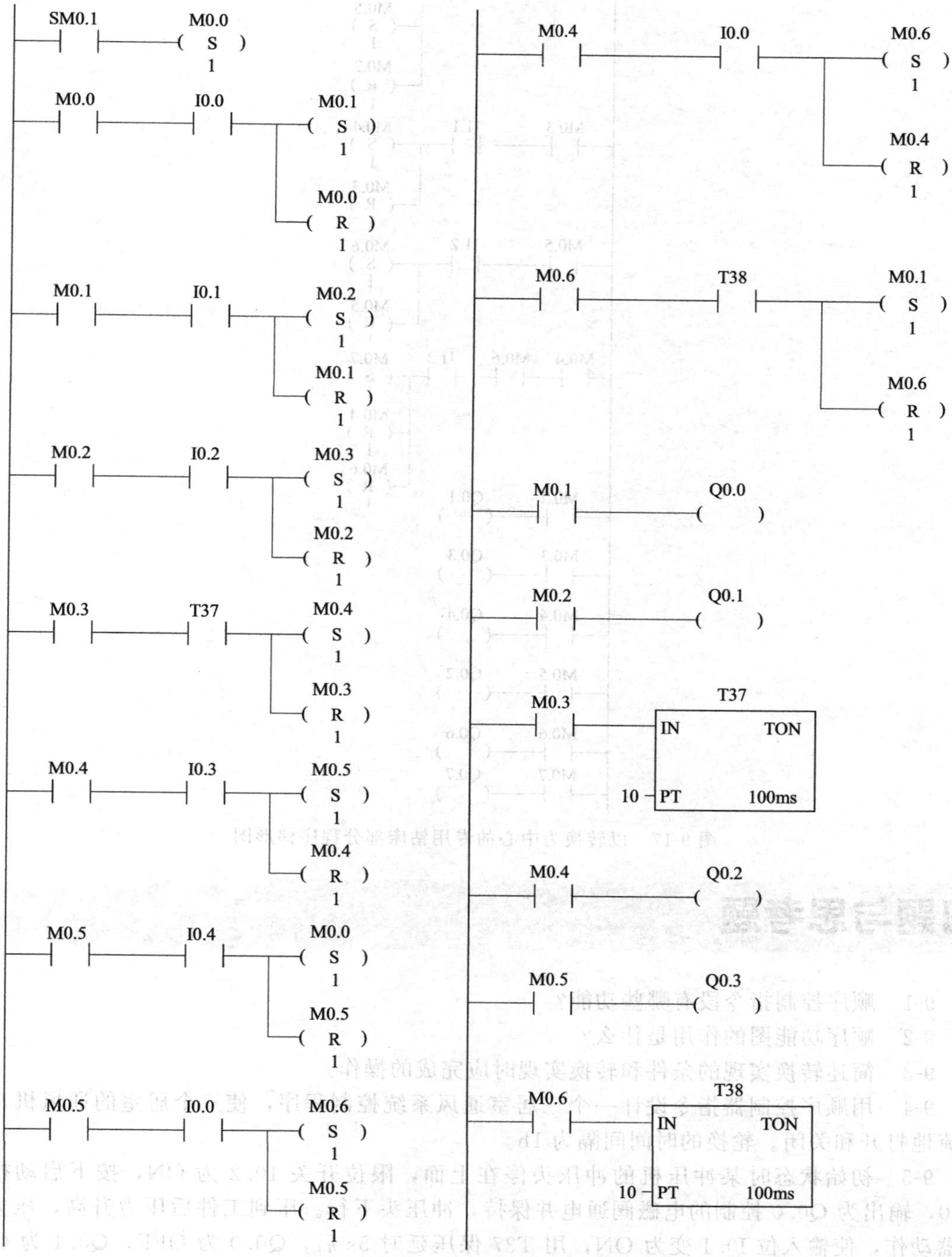

图 9-16　以转换为中心的自动门梯形图

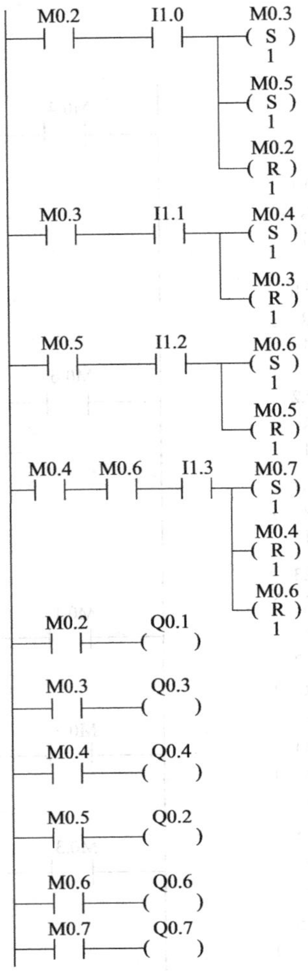

图 9-17　以转换为中心的专用钻床部分程序梯形图

习题与思考题

9-1　顺序控制指令段有哪些功能？

9-2　顺序功能图的作用是什么？

9-3　简述转换实现的条件和转换实现时应完成的操作。

9-4　用顺序控制器指令设计一个三居室通风系统控制程序，使三个居室的通风机自动轮流地打开和关闭。轮换的时间间隔为 1h。

9-5　初始状态时某冲压机的冲压头停在上面，限位开关 I0.2 为 ON，按下启动按钮 I0.0，输出为 Q0.0 控制的电磁阀通电并保持，冲压头下行。压到工件后压力升高，压力继电器动作，使输入位 I0.1 变为 ON，用 T37 保压延时 5s 后，Q0.0 为 OFF，Q0.1 为 ON，上行电磁阀通电，冲压头上行。返回到初始位置时碰到限位开关 I0.2，系统回到初始化状态，Q0.1 为 OFF，冲压头停止上行。运用顺序功能图法，写出梯形图程序。

第 10 章 PLC 控制系统的设计与应用

10.1 PLC 控制系统的设计方法及步骤

可编程控制器技术主要应用于自动化控制工程中，根据实际工程要求合理组合成控制系统。在此介绍组成可编程控制器控制系统的一般方法。

10.1.1 PLC 控制系统设计的基本步骤

（1）系统设计的主要内容

① 拟定控制系统设计的技术条件。技术条件一般以设计任务书的形式来确定，它是整个设计的依据；

② 选择电气传动形式和电动机、电磁阀等执行机构；

③ 选择 PLC 的型号；

④ 编制 PLC 的输入/输出分配表或绘制输入/输出端子接线图；

⑤ 根据系统设计的要求编写软件规格说明书，然后再用相应的编程语言（常用梯形图）进行程序设计；

⑥ 了解并遵循用户认知心理学，重视人机界面的设计，增强人机之间的友善关系；

⑦ 设计操作台、电气柜及非标准电器元部件；

⑧ 编写设计说明书和使用说明书。

根据具体任务，上述内容可适当调整。

（2）系统设计的基本步骤

可编程控制器应用系统设计与调试的主要步骤，如图 10-1 所示。

① 充分了解和分析被控对象的工艺条件和控制要求

a. 被控对象就是受控的机械、电气设备、生产线或生产过程。

b. 控制要求主要指控制的基本方式、应完成的动作、自动工作循环的组成、必要的保护和联锁等。熟悉被控对象的工艺要求，确定必须完成的动作及动作完成的顺序，归纳出顺序功能图。对较复杂的控制系统，还可将控制任务分成几个独立部分，这种可化繁为简，有利于编程和调试。

② 确定 I/O 设备 根据被控对象对 PLC 控制系统的功能要求，确定系统所需的用户输入、输出设备。常用的输入设备有按钮、选择开关、行程开关、传感器等，常用的输出设备有继电器、接触器、指示灯、电磁阀等。

③ 选择合适的 PLC 类型 根据已确定的用户 I/O 设备，统计所需的输入信号和输出信号的点数，选择合适的 PLC 类型，包括机型的选择、容量的选择、I/O 模块的选择、电源

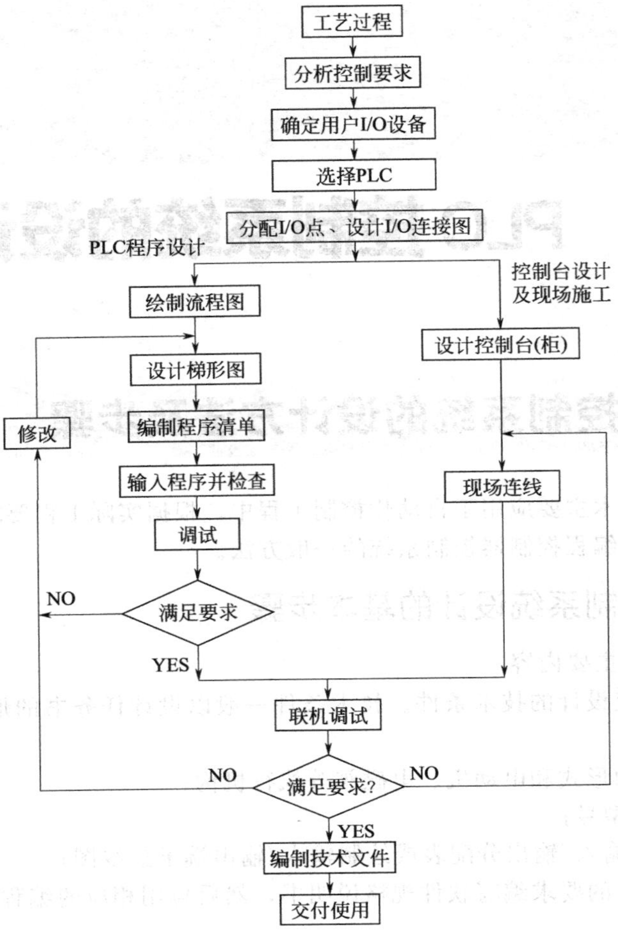

图 10-1 PLC 应用系统设计与调试的主要步骤

模块的选择等。

④ 分配 I/O 点 分配 PLC 的输入/输出点，编制出输入/输出分配表或者画出输入/输出端子的接线图。接着就可以进行 PLC 程序设计，同时可进行控制柜或操作台的设计和现场施工。

⑤ 设计应用系统梯形图程序 根据工作功能图表或状态流程图等设计出梯形图即编程。这一步是整个应用系统设计的最核心工作，也是比较困难的一步，要设计好梯形图，首先要十分熟悉控制要求，同时还要有一定的电气设计的实践经验。

⑥ 将程序输入 PLC 当使用编程软件或简易编程器将程序输入 PLC 时，需要先将梯形图转换成指令助记符，以便输入。当使用可编程序控制器的辅助编程软件在计算机上编程时，可通过上下位机的连接电缆将程序下载到 PLC 中去。

⑦ 进行软件测试 程序输入 PLC 后，应先进行测试工作。在程序设计过程中，难免会有疏漏的地方，因此在将 PLC 连接到现场设备上去之前，必须进行软件测试，以排除程序中的错误，同时也为整体调试打好基础，缩短整体调试的周期。

⑧ 应用系统整体调试 在 PLC 软硬件设计和控制柜及现场施工完成后，就可以进行整个系统的联机调试，如果控制系统是由几个部分组成，则应先进行局部调试，然后再进行整体调试；如果控制程序的步序较多，则可先进行分段调试，然后再连接起来总调。调试中发

现的问题，要逐一排除，直至调试成功。

⑨ 编制技术文件 系统技术文件包括说明书、电气原理图、电器布置图、电气元件明细表、PLC梯形图。

10.1.2 PLC硬件系统设计

根据所选用的PLC产品，了解其使用性能。按随机提供的资料结合实际需求，同时考虑软件编程的情况进行外电路的设计，绘制电气控制系统原理接线图。

(1) PLC型号的选择

在作出系统控制方案的决策之前，要详细了解被控对象的控制要求，从而决定是否选用PLC进行控制。在控制系统逻辑关系较复杂（需要大量中间继电器、时间继电器、计数器等)、工艺流程和产品改型较频繁、需要进行数据处理和信息管理（有数据运算、模拟量的控制、PID调节等)、系统要求有较高的可靠性和稳定性、准备实现工厂自动化联网等情况下，使用PLC控制是很必要的。目前，国内外众多的生产厂家提供了多种系列功能各异的PLC产品，使用户眼花缭乱、无所适从。所以全面权衡利弊、合理地选择机型才能达到经济实用的目的。一般选择机型要以满足系统功能需要为宗旨，不要盲目贪大求全，以免造成投资和设备资源的浪费。机型的选择可从以下几个方面来考虑。

① 确定PLC的控制规模。控制要求明确后要确定一下所设计系统的规模。规模涉及开关量输入输出的数量，也涉及系统的一些特殊要求。例如，系统有模拟量输入输出时，需要考虑模拟量接口的类型及数量；有脉冲串输出要求时，需考虑相应的功能单元的能力及数量；有通信要求时，要考虑适用的通信协议及通信口的数量。

② 对输入/输出点的选择 要先弄清楚控制系统的I/O总点数，再按实际所需总点数的15%～20%留出备用量（为系统的改造等留有余地）后确定所需PLC的点数。盲目选择点数多的机型会造成一定浪费。在选择PLC机型时，还要确定是PLC单机还是PLC网络，一般80点以内的系统选用不须扩展模块的PLC机。一般考虑选用大公司的PLC产品；当输入回路中电源为AC 85～240V、DC 24V时，应加装电源净化元件，PLC内、外接DC 24V“－”端和“COM”端不共接；输出回路中输出方式：继电器输出适用于不同公共点间带不同交、直流负载，晶体管输出适宜高频动作。

另外要注意，一些高密度输入点的模块对同时接通的输入点数有限制，一般同时接通的输入点不得超过总输入点的60%；PLC每个输出点的驱动能力（A/点）也是有限的，有的PLC每点输出电流的大小还随所加负载电压的不同而异；一般PLC的允许输出电流随环境温度的升高而有所降低等。在选型时要考虑这些问题。

PLC的输出点可分为共点式、分组式和隔离式几种接法。隔离式的各组输出点之间可以采用不同的电压种类和电压等级，但这种PLC平均每点的价格较高。如果输出信号之间不需要隔离，则应选择前两种输出方式的PLC。

③ 对存储容量的选择 对用户存储容量只能做粗略的估算。在仅对开关量进行控制的系统中，可以用输入总点数乘10字/点＋输出总点数乘5字/点来估算；计数器/定时器按3～5字/个估算；有运算处理时按5～10字/量估算；在有模拟量输入/输出的系统中，可以按每输入/（或输出）一路模拟量需80～100字的存储容量来估算；有通信处理时按每个接口200字以上的数量粗略估算。最后，一般按估算容量的50%～100%留有裕量。对缺乏经验的设计者，选择容量时留有裕量要大些。

④ 对I/O响应时间的选择 PLC的I/O响应时间包括输入电路延迟、输出电路延迟和扫描工作方式引起的时间延迟（一般在2～3个扫描周期）等。对开关量控制的系统，PLC和I/O响应时间一般都能满足实际工程的要求，可不必考虑I/O响应问题。但对模拟量控

制的系统，特别是闭环系统就要考虑这个问题。

⑤ 根据输出负载的特点选型 不同的负载对 PLC 的输出方式有相应的要求。例如，频繁通断的感性负载，应选择晶体管或晶闸管输出型的，而不应选用继电器输出型的。但继电器输出型的 PLC 有许多优点，如导通压降小，有隔离作用，价格相对较便宜，承受瞬时过电压和过电流的能力较强，其负载电压灵活（可交流、可直流）且电压等级范围大等。所以动作不频繁的交、直流负载可以选择继电器输出型的 PLC。

⑥ 对在线和离线编程的选择 离线编程示指主机和编程器共用一个 CPU，通过编程器的方式选择开关来选择 PLC 的编程、监控和运行工作状态。编程状态时，CPU 只为编程器服务，而不对现场进行控制。专用编程器编程属于这种情况。在线编程是指主机和编程器各有一个 CPU，主机的 CPU 完成对现场的控制，在每一个扫描周期末尾与编程器通信，编程器把修改的程序发给主机，在下一个扫描周期主机将按新的程序对现场进行控制。计算机辅助编程既能实现离线编程，也能实现在线编程。在线编程需购置计算机，并配置编程软件，并根据需要决定采用何种编程方法。

⑦ 根据是否联网通信选型 若 PLC 控制的系统需要联入工厂自动化网络，则 PLC 需要有通信联网功能，即要求 PLC 应具有连接其他 PLC、上位计算机及 CRT 等的接口。大、中型机都有通信功能，目前大部分小型机也具有通信功能。

⑧ 对 PLC 结构形式的选择 在功能和 I/O 点数相同的情况下，整体式比模块式价格低。但模块式具有功能扩展灵活，维修方便（换模块），容易判断故障等优点，要按实际需要选择 PLC 的结构形式。确定机型时，还要结合市场情况，考察 PLC 生产厂家的产品及其售后服务、技术支持、网络通信等综合情况，选定性能价格比好一些的 PLC 机型。

(2) 分配输入/输出点

一般输入点和输入信号、输出点和输出控制是一一对应的。分配好后，按系统配置的通道与接点号，分配给每一个输入信号和输出信号，即进行编号。有些情况下，也有两个信号共用一个输入点，那样就应在接入输入点前，按逻辑关系接好线（如两个触点先串联或并联），然后再接到输入点。

① 确定 I/O 通道范围 不同型号的 PLC，其输入/输出通道的范围是不一样的，应根据所选 PLC 型号，查阅相应的编程手册。

② 内部辅助继电器 内部辅助继电器不对外输出，不能直接连接外部器件，而是在控制其他继电器、定时器/计数器时作数据存储或数据处理用。从功能上讲，内部辅助继电器相当于传统电控柜中的中间继电器。未分配模块的输入/输出继电器区以及未使用 1∶1 链接时的链接继电器区等均可作为内部辅助继电器使用。根据程序设计的需要，应合理安排 PLC 的内部辅助继电器，在设计说明书中应详细列出各内部辅助继电器在程序中的用途，避免重复使用。参阅有关操作手册。

③ 分配定时器/计数器 PLC 的定时器/计数器数量分别见有关操作手册。

10.1.3 PLC 软件系统设计一般步骤

软件设计的主要任务是根据控制系统要求将顺序功能图转换为梯形图，在程序设计时最好将使用的软元件（如内部继电器、定时器、计数器等）列表，标明用途，以便于程序设计、调试和系统运行维护、检验时查阅。在了解 PLC 程序结构后，具体地编制程序。一般编写 PLC 程序需经过以下几个步骤。

① 对系统任务分块 分块的目的就是把一个复杂的工程，分解成多个比较简单的小任务。这样就把一个复杂的大问题化为多个简单的小问题。这样可便于编制程序。

② 编制控制系统的逻辑关系图 逻辑关系图可以反映出某一逻辑关系的结果是什么，

这一结果又应该导出哪些动作。这个逻辑关系可以是以各个控制活动顺序为基准，也可能是以整个活动的时间节拍为基准。逻辑关系图反映了控制过程中控制作用与被控对象的活动，也反映了输入与输出的关系。

③ 绘制各种电路图　绘制各种电路的目的，是把系统的输入输出所设计的地址和名称联系起来。在绘制 PLC 的输入电路时，不仅要考虑到信号的连接点是否与命名一致，还要考虑到输入端的电压和电流是否合适，也要考虑到在特殊条件下运行的可靠性与稳定条件等问题。特别要考虑到能否把高压引导到 PLC 的输入端，把高压引入 PLC 输入端，会对 PLC 造成比较大的伤害。在绘制 PLC 的输出电路时，不仅要考虑到输出信号的连接点是否与命名一致，还要考虑到 PLC 输出模块的带负载能力和耐电压能力。此外，还要考虑到电源的输出功率和极性问题。在整个电路的绘制中，还要考虑设计的原则努力提高其稳定性和可靠性。虽然用 PLC 进行控制方便、灵活，但是在电路的设计上仍然需要谨慎、全面。

④ 编制 PLC 程序并进行模拟调试　在绘制完电路图之后，就可以着手编制 PLC 程序。在编程时，除了要注意程序要正确、可靠之外，还要考虑程序要简捷、省时、便于阅读、便于修改。编好一个程序块要进行模拟试验，这样便于查找问题，便于及时修改。由外接信号源加进测试信号，可用按钮或小开关模拟输入信号，用指示灯模拟负载，通过各种指示灯的亮暗情况了解程序运行的情况，观察输进/输出之间的变化关系及逻辑状态是否符合设计要求，并及时修改和调整程序，直到满足设计要求为止。

⑤ 制作控制台与控制柜　在绘制完电器、编完程序之后，就可以制作控制台和控制柜了。在时间紧张的时候，这项工作也可以和编制程序并列进行。在制作控制台和控制柜的时候要注意选择开关、按钮、继电器等器件的质量，规格必须满足要求。设备的安装必须注意安全、可靠，如屏蔽问题、接地问题、高压隔离问题等必须妥善处理。

⑥ 现场调试　现场调试是整个控制系统完成的重要环节。在模拟调试合格的条件下，将 PLC 与现场设备连接。现场调试前要全面检查整个 PLC 控制系统，包括电源、接地线、设备连接线、I/O 连线等。在保证整个硬件连接正确无误的情况下才可送电。将 PLC 的工作方式置为“RUN”。反复调试，消除可能出现的题目。当试运一定时间且系统运行正常后，可将程序固化在具有长久记忆功能的存储器中，做好备份。任何程序的设计很难说不经过现场调试就能使用的。只有通过现场调试才能发现控制回路和控制程序不能满足系统要求之处；只有通过现场调试才能发现控制电路和控制程序发生矛盾之处；只有进行现场调试才能最后实地测试和最后调整控制电路和控制程序，以适应控制系统的要求。

⑦ 编写技术文件并现场试运行　经过现场调试以后，控制电路和控制程序基本被确定了，整个系统的硬件和软件基本没有问题了。这时就要全面整流技术文件，包括整理电路图、PLC 程序、使用说明及帮助文件。

到此工作基本结束。

10.2　PLC 系统控制程序设计方法

PLC 控制程序在整个 PLC 控制系统中处于核心地位。PLC 程序设计也有一定的规律可循，对于一些特定的功能，通常都有相对固定的设计方法，常用的程序设计方法有经验设计法、逻辑设计法、时序图设计法、移植设计法、顺序功能图设计法等。在程序设计过程中用哪种方法并不固定，经常是多种设计方法的融会贯通。只有在熟悉硬件，掌握基本指令和常用编程方法的基础上多借鉴、多实践、多总结，才能掌握 PLC 程序设计技术。

10.2.1 经验设计法

经验设计法是一种常用的 PLC 控制系统梯形图设计方法，常用于控制方案 I/O 点数规模不大的控制系统梯形图设计。经验设计法是在一些基本控制程序或典型控制程序的基础上，根据被控制对象的不同要求，进行选择组合，并多次反复调试和修改梯形图，有时需增加一些辅助触点和中间点环节，才能达到控制要求。这种方法没有规律可遵循，设计所用的时间和设计质量与性能的经验有很大的关系，因而称为经验设计法。

(1) 设计步骤

用经验设计法设计 PLC 程序时大致可以按以下四个步骤来进行。

① 准确分析控制要求，合理确定控制系统中 I/O 端子，并画出 I/O 端子接线图。分析控制系统的任务要求，确定输入/输出设备，在尽量减少 PLC 输入和输出端子的情况下，分配控制系统中 I/O 端子，选择 PLC 类型，画出 I/O 端子接线图。

② 以输入信号与输出信号控制关系的复杂程度，划分系统，确定各输出信号的关键控制点。在明确控制要求的基础上，以输入信号与输出信号控制关系的复杂程度，将控制系统划分为简单控制系统和复杂控制系统。对于简单控制系统，输入信号控制要求相对简单，用启动基本控制程序编程方法设计完成相应输出信号的编程。对于较复杂的控制系统，输出控制信号要求相对复杂些，要确定各输出信号的关键控制点。在以空间位置为主的控制中，关键点为引起输出信号状态改变的位置点；在以时间为主的控制中，关键点为引起输出信号状态变化的时间点；有时还要借助内部标志位存储器来编程。

③ 设计各输出信号的梯形图控制程序。确定了各输出信号关键控制点后，用启保停基本控制程序及其他基本控制程序的编程方法。首先设计关键输出控制信号的梯形图，然后根据控制要求，设计出其他输出信号的梯形图。

④ 修改和完善程序。在各输出信号的梯形图基础上，按梯形图编程原则检查各梯形图，更正错误，合并优形图，补充遗漏的控制功能。

(2) 设计特点

经验设计法一般适合于设计一些简单的梯形图程序或复杂系统的某一局部程序（如手调程序等）。如果用来设计复杂系统梯形图，存在以下问题。

① 梯形图的可读性差，系统维护困难。用经验设计法设计的梯形图是按设计者的经验和习惯的思路进行设计的。因此，即使是设计者的同行，要分析这种程序也很困难，更不要说维修人员了，这给 PLC 系统的维护和改进带来许多困难。

② 考虑不周，设计麻烦，设计周期长。用经验设计法设计复杂系统的梯形图程序时，要用大量的中间元件来完成记忆、连接互锁等功能，由于需要考虑的因素很多，它们往往又交织在一起，分析起来很困难，也很容易遗漏一些问题。修改某一局部程序时，很可能会对系统其他部分程序产生意想不到的影响，往往花了很长时间，还得不到一个满意的结果。

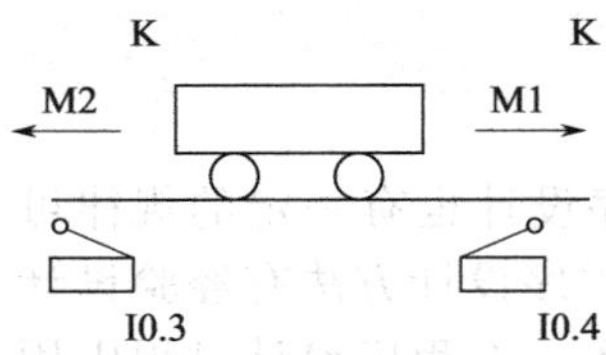

图 10-2 小车自动左右往复运动系统示意图

[例 10-1] 自动送料小车控制的经验设计。小车开始时停在左限位开关 SQ1 处。按下右行启动按钮 SB2，小车右行，到限位开关 SQ2 处时停止运动，10s 后定时器 T38 的定时到，小车自动返回原位置，如图 10-2 所示。

① 明确控制要求，画出 I/O 端子接线图　根据题目说明可知，其输入信号有 SB1、SB2、SB3、SQ1、SQ2 和热继电器 FR；输出信号有 KM1 和 KM2。考虑到控制系统的可靠性，在 PLC 输出的外部电路 KM1 和 KM2 的线圈前增加其常闭触点作硬件互

锁。PLC 的外部接线图如图 10-3 所示。

② 设计各输出信号的梯形图控制程序　由于输出信号仅 KM1 和 KM2，为简单控制系统。小车的左行和右行控制的实质是电动机的正、反转控制。因此，可以在电动机正、反转 PLC 控制设计的基础上，设计出满足要求的梯形图，如图 10-4（a）所示。

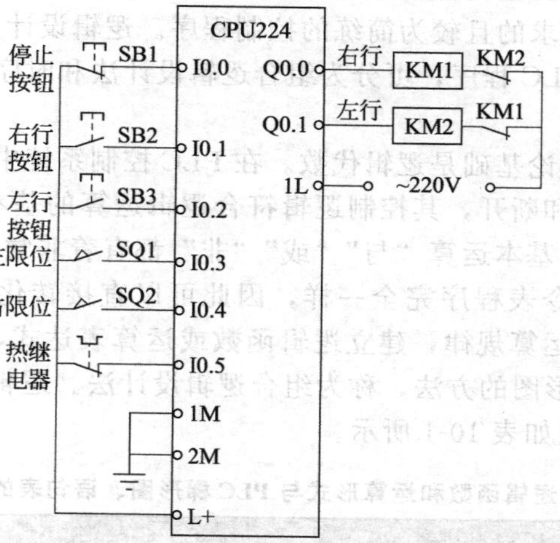

图 10-3　PLC 外部接线图

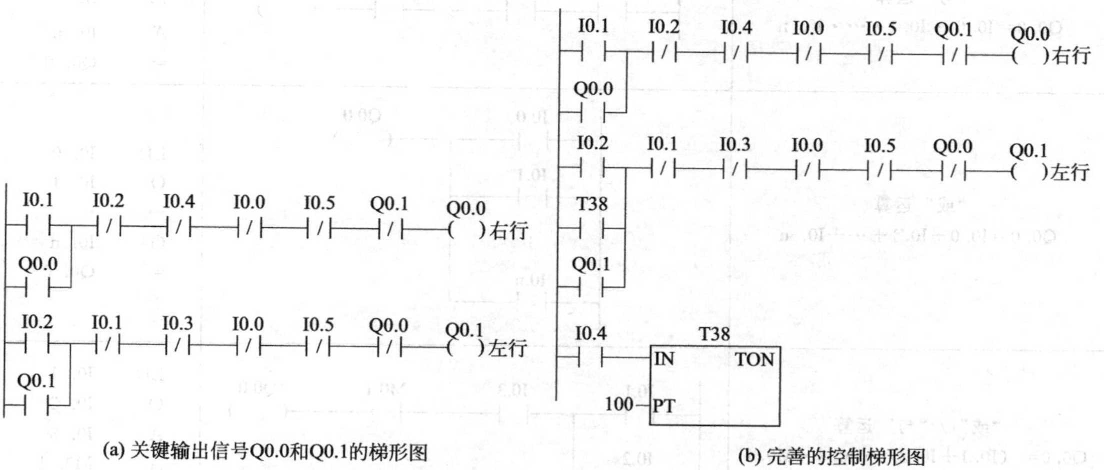

图 10-4　PLC 控制梯形图

③ 修改和完善程序　在关键输出信号 Q0.0 和 Q0.1 的梯形图基础上，补充遗漏的定时控制功能，优化后的梯形图如图 10-4（b）所示。

以上题目中控制小车的左、右行的实质是控制电动机的正、反转，使用前述电动机的正、反转控制，结合启保停基本控制程序完成梯形图程序设计。设计程序时，为了使小车向右的运动自动停止，将右限位开关对应的 I0.4 的常闭触点与控制右行的 Q0.0 串联。为了在右端使小车暂停 10 s，用 I0.4 的常开触点来控制定时器 T38。T38 的定时时间到，则其常开触点闭合，给控制 Q0.1 的启保停控制（启动、保持、停止、控制）提供启动信号，使 Q0.1 通电，小车自动返回。小车离开 SQ2 所在的位置后，I0.4 的常开触点断开，T38 被复位。回到 SQ1 所在位置时，I0.3 的常闭触点断开，使 Q0.1 断电，小车停在起始位置。

10.2.2 逻辑设计方法

在某些控制系统中，控制电路中的元器件只有通、断两种逻辑状态。对于这种主要针对开关量进行控制的系统，采用逻辑设计法比较好。可以将元器件只有通、断逻辑状态视为以触点为通、断状态为逻辑变量的逻辑函数，对经过化简的逻辑函数，利用 PLC 的逻辑指令可以顺利地设计出满足要求的且较为简练的控制程序。逻辑设计方法是以逻辑组合或逻辑时序的方法和形式来设计 PLC 程序，可分为组合逻辑设计法和时序逻辑设计法两种。

（1）组合逻辑设计法

组合逻辑设计法的理论基础是逻辑代数。在 PLC 控制系统中，各输入/输出状态以“1”和“0”的形式表示接通和断开，其控制逻辑符合逻辑运算的基本规律，可用逻辑运算符表示。由于逻辑代数的 3 种基本运算“与”“或”“非”都有着非常明确的物理意义，逻辑函数表达式的结构与 PLC 指令表程序完全一样，因此可以直接转化。将 PLC 的控制逻辑运算“与”“或”“非”的基本运算规律，建立逻辑函数或运算表达式，根据这些逻辑函数和运算表达式设计 PLC 控制梯形图的方法，称为组合逻辑设计法。逻辑函数运算表达式与 PLC 梯形图、语句表的对应关系如表 10-1 所示。

表 10-1 逻辑函数和运算形式与 PLC 梯形图、语句表的对应关系表

逻辑函数和运算形式	梯形图	语句表
“与”运算 Q0. 0=I0. 0 · I0. 1 · … · I0. n	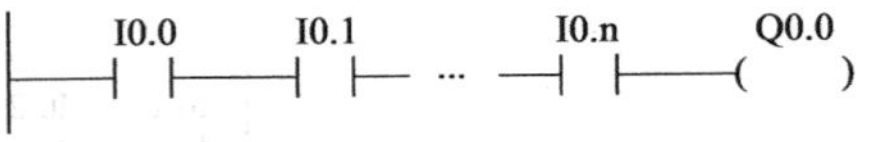	LD I0. 0 A I0. 1 … … A I0. n = Q0. 0
“或”运算 Q0. 0=I0. 0+I0. 1+…+I0. n	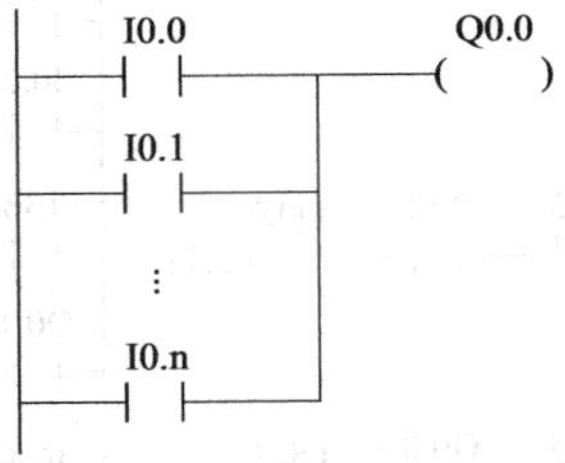	LD I0. 0 O I0. 1 … … O I0. n = Q0. 0
“或”/“与”运算 Q0. 0=（I0. 1+I0. 2）· I0. 3 · M0. 1	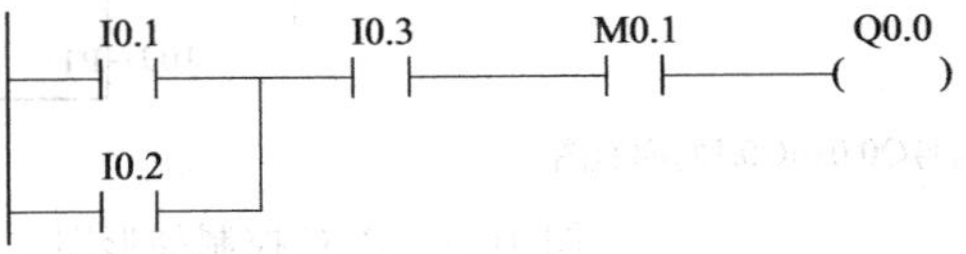	LD I0. 1 O I0. 2 A I0. 3 A M0. 1 = Q0. 0
“与”/“或”运算 Q0. 0=I0. 1 · I0. 2+I0. 3 · I0. 4	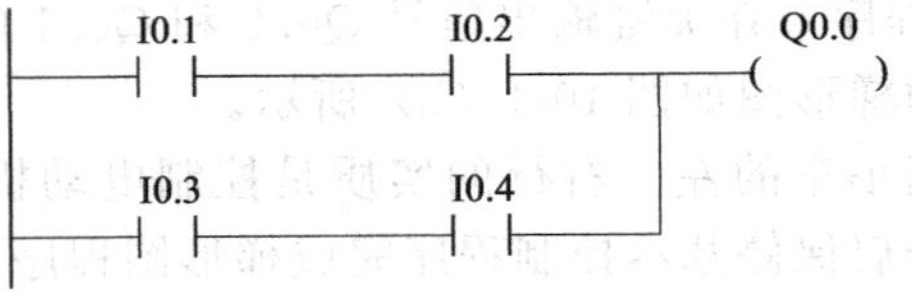	LD I0. 1 A I0. 2 LD I0. 3 A I0.4 OLD = Q0. 0
“非”运算 Q0. 0（I0. 1）= $\overline{\text{I0. 1}}$	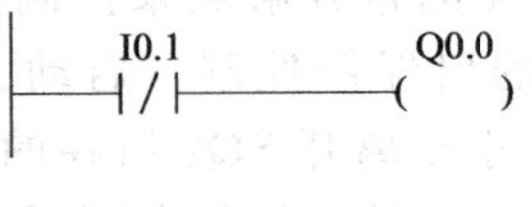	LDN I0. 1 = Q0. 0

① 设计步骤　用组合逻辑设计法进行 PLC 程序设计一般分为以下 5 个步骤。

a. 明确控制系统的任务和控制要求。通过分析工艺过程，明确控制系统的任务和控制要求，绘制工作循环和检测元件图，得到各种执行元件功能表，分配 I/O 端子。

b. 绘制 PLC 控制系统状态转换表。通常 PLC 控制系统状态转换表由输出信号状态表、输入信号状态表、状态转换主令表和中间元件状态表四个部分组成。状态转换表全面、完整地展示了 PLC 控制系统各部分、各时刻的状态和状态之间的联系与转换，非常直观，对建立 PLC 控制系统的整体联系状态变化的概念有很大帮助，是进行 PLC 控制系统分析和设计的有效工具。

c. 建立逻辑函数关系。有了状态转换表，便可建立控制系统的逻辑函数关系，内容包括列写中间元件的函数式和列出执行元件（输出端子）的逻辑函数式两个内容。这两个函数式组，既是机械或生产过程内部逻辑关系和变化规律的表等形式，又是构成控制系统实现控制目标的具体控制程序。

d. 编制 PLC 程序。编制 PLC 程序就是将逻辑设计的结果转化为 PLC 的程序。PLC 作为工业控制计算逻辑设计的结果（逻辑函数式）能够很方便地过渡到 PLC 程序，特别是语句表表形式，结构和形式都与逻辑函数非常相似，很容易直接由逻辑函数式转化。当然，如果设计者能把梯形图程序作为一种过渡，或者选用的 PLC 的编程器具有图形输入功能，则也可以把逻辑函数式转化为梯形图程序。

e. 程序的完善和补充。程序的完善和补充是逻辑设计法的最后一步，包括手动调整工作方式的设计、半自动工作方式的选择、自动工作循环、保护措施等。

② 方法特点　组合逻辑设计法设计思路清晰，所编写的程序易于优化，是一种较为实用可靠的程序设计方法。它既有严密可循的规律性、明确可行的设计步骤，又具有简便、直观和十分规范的特点。

[例 10-2]　通风系统运行状态监控。在一个通风系统中，有 4 台电动机驱动 4 台风机运转。为了保证工作人员的安全，一般要求至少 3 台电动机同时运行。因此，用绿、黄、红三色柱状指示灯来对电动机的运动状态进行指示。当 3 台以上电动机同时运行时，绿灯亮，表示系统通风良好；当两台电动机同时运行时，黄灯亮，表示通风状况不佳，需要改善；少于两台电动机运行时，红灯亮起并闪烁，发出警告表示通风太差，需马上排除故障或进行人员疏散。

① 根据控制任务和要求，分配 I/O 地址，设计 PLC 接线图。据控制系统的任务和要求，用 I0.0、I0.1、I0.2、I0.3 分别表示 4 台电动机运行状态检测传感器，当电动机运行时有信号输入，停止时无信号输入；用 Q0.0、Q0.1 和 Q0.2 表示绿、黄、红三色柱状指示灯指示的通风状况。该系统 PLC 接线图如图 10-5 所示。

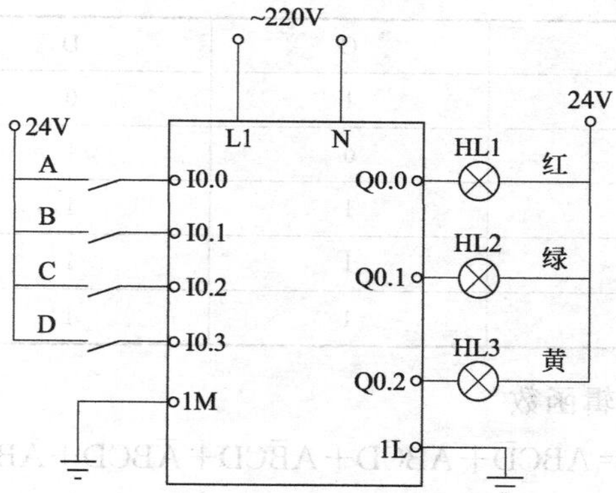

图 10-5　风机状态监视 PLC 接线图

② 绘制 PLC 控制系统状态转换表、建立逻辑函数关系、画出梯形图。用 A、B、C、D 来分别表示 4 台风机的运行状态，分别用 F1、F2、F3 表示红灯、绿灯和黄灯。3 盏灯的状态与系统的 3 种工作状态一一对应，下面分别针对这 3 种工作状态建立逻辑表达式。

a. 红灯闪烁。用“0”表示风机停止和指示灯“灭”，用“1”表示风机运行和指示灯“亮”（红灯的闪烁也用“亮”这种状态表示）。该种情况下的工作状态表如下。

A	B	C	D	F1
1	0	0	0	1
0	1	0	0	1
0	0	1	0	1
0	0	0	1	1
0	0	0	0	1

由状态表可得 F1 的逻辑函数

$$F1=A\overline{B}\,\overline{C}\,\overline{D}+\overline{A}B\overline{C}\,\overline{D}+\overline{A}\,\overline{B}C\overline{D}+\overline{A}\,\overline{B}\,\overline{C}D$$

化简后得

$$F1=\overline{A}\,\overline{B}\,(\overline{C}D+C\overline{D})\,+\overline{C}\,\overline{D}\,(\overline{A}+\overline{B})$$

根据该逻辑函数画出梯形图，如图 10-6 所示。

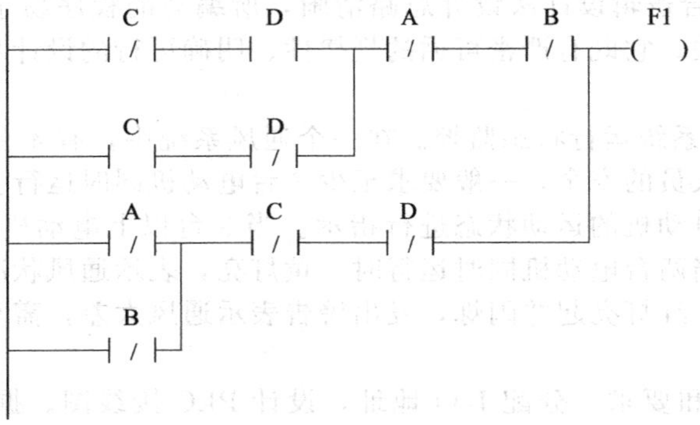

图 10-6　风机状态监视——红灯控制梯形图

b. 绿灯亮。其工作状态表如下。

A	B	C	D	F2
1	1	1	0	1
1	1	0	1	1
1	0	1	1	1
0	1	1	1	1
1	1	1	1	1

由状态表可得 F2 的逻辑函数

$$F2=ABC\overline{D}+AB\overline{C}D+A\overline{B}CD+\overline{A}BCD+ABCD$$

化简后得

$$F2=AB(C+D)+CD(A+B)$$

根据该逻辑函数画出梯形图，如图 10-7 所示。

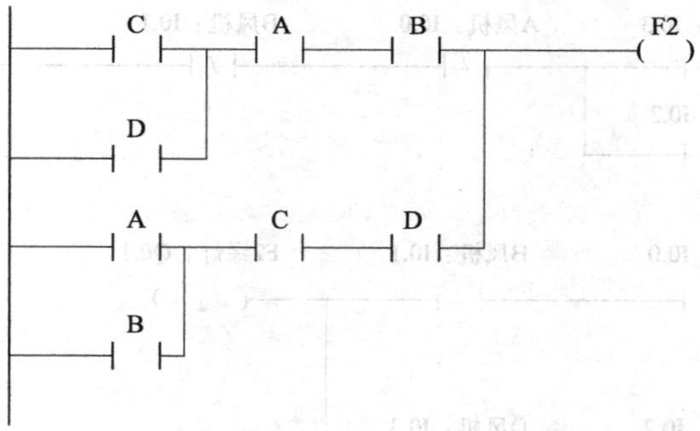

图 10-7 风机状态监视——绿灯控制梯形图

c. 黄灯亮。其工作状态表如下。

A	B	C	D	F2
1	1	0	0	1
1	0	1	0	1
1	0	0	1	1
0	1	1	0	1
0	1	0	1	1
0	0	1	1	1

由状态表可得 F3 的逻辑函数

$$F3=AB\overline{C}\overline{D}+A\overline{B}C\overline{D}+A\overline{B}\overline{C}D+\overline{A}BC\overline{D}+\overline{A}B\overline{C}D+\overline{A}\overline{B}CD$$

化简后得

$$F3=(\overline{A}B+A\overline{B})(\overline{C}D+C\overline{D})+AB\overline{C}\overline{D}+\overline{A}\overline{B}CD$$

根据该逻辑函数画出梯形图，如图 10-8 所示。

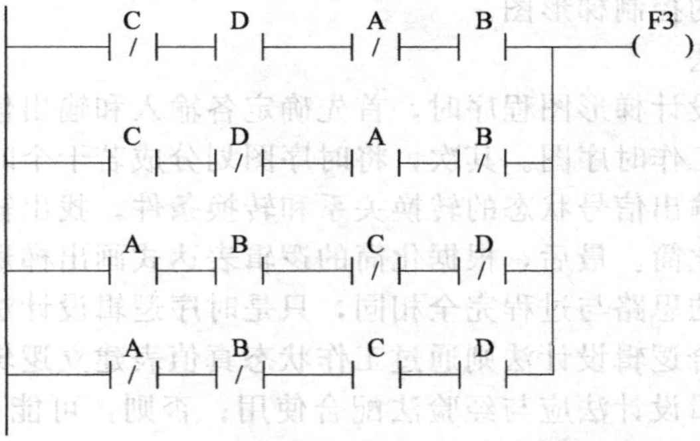

图 10-8 风机状态监视——黄灯控制梯形图

③ 完善梯形图控制程序。合并规整红、绿、黄灯的控制梯形图，转换成完善的 S7-200 PLC 梯形图控制程序，如图 10-9 所示。在红灯控制程序中，常开触点 SM0. 5 是特殊存储器标志位，用来发生秒脉冲，以实现红灯闪烁。

在用组合逻辑设计 PLC 控制梯形图时，必须分析清楚控制对象，将控制对象分解成若

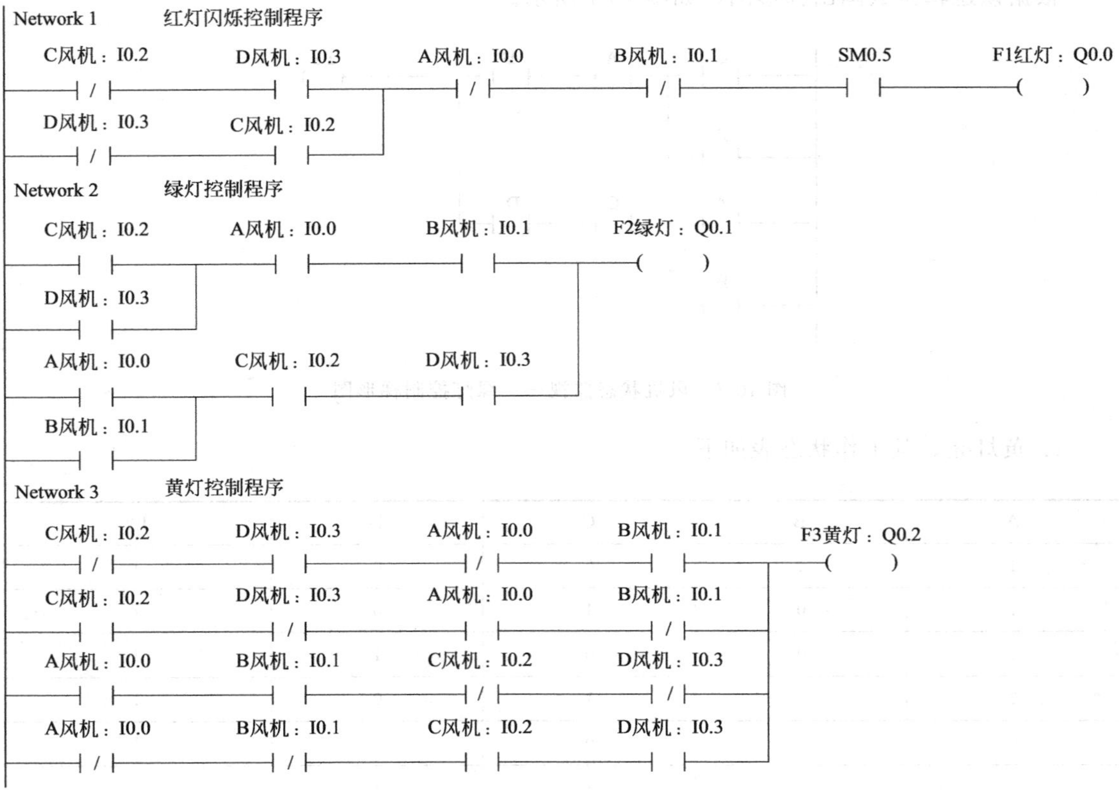

图 10-9 风机状态监视梯形图

干个小控制单元。这些小控制单元要便于建立工作状态逻辑表，得到逻辑函数表达式，画出控制单元梯形图，这是设计的关键所在。在组合各单元梯形图时，还需要合并重组个别相同逻辑和相反逻辑，根据需要可以使用特殊存储器标志位，简化或优化控制功能。图 10-9 所示梯形图中的 F1 与 F2 逻辑函数梯形图进行了合并，还增加了特殊存储器标志位 SM0.5。当然，对于控制对象本身已是不可分解的小单元，可以直接建立工作状态逻辑表，得到逻辑函数表达式，画出最终的控制梯形图。

(2) 时序逻辑设计法

用时序逻辑设计法设计梯形图程序时，首先确定各输入和输出信号之间的时序关系，画出各输入和输出信号的工作时序图。其次，将时序图划分成若干个时间区段，找出区段间的分界点，弄清分界点处输出信号状态的转换关系和转换条件，找出输出与输入及内部触点的对应关系，并进行适当化简。最后，根据化简的逻辑表达式画出梯形图。由此可见，时序逻辑设计与组合逻辑设计的思路与过程完全相同，只是时序逻辑设计法是通过控制时序图建立逻辑函数表达式，而组合逻辑设计法则通过工作状态真值表建立逻辑函数表达式。

一般而言，时序逻辑设计法应与经验法配合使用；否则，可能会使逻辑关系过于复杂。下面以电动机交替运行控制实例介绍其设计过程。

[例 10-3] 电动机交替运行控制。有 M1 和 M2 两台电动机，按下启动按钮后，M1 运转 10min，停止 5min，M2 与 M1 相反，即 M1 停止时 M2 运行，M1 运行时 M2 停止，如此循环往复，直至按下停止按钮。

① 根据控制任务和要求，分配 I/O 地址，设计 PLC 接线图。根据控制系统的任务和要求，用 I0.0 和 I0.1 分别表示两台电动机循环工作的开、关按钮；用 Q0.0 和 Q0.1 输出控

制M1和M2电动机周期性交替运行。该电动机控制系统系统的I/O接线图如图10-10所示。

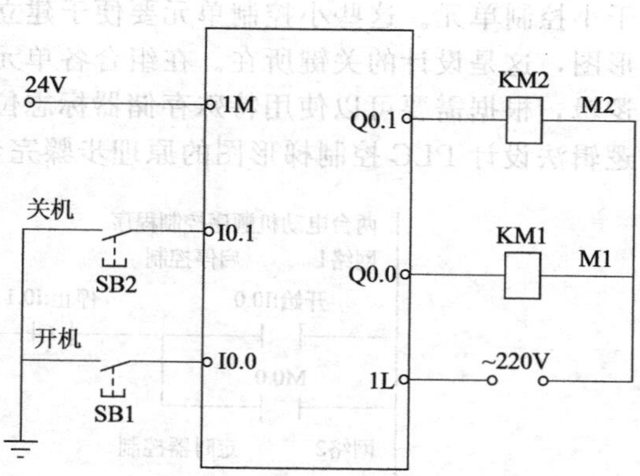

图10-10 两台电动机顺序控制

② 画出两台电动机的工作时序图。由于电动机M1、M2周期性交替运行，运行周期T为15 min，则考虑采用延时接通定时器T37（定时设置10 min）和T38（定时设置为15 min）控制这两台电动机的运行。当按下开机按钮I0.0后，T37与T38开始计时，同时电动机M1开始运行。10 min后T37定时时间到，并产生相应动作，使电动机M1停止，M2开始运行。当定时器T38到达定时时间15 min时，T38产生相应动作，使电动机M2停止，M1开始运行，同时将自身和T37复位，程序进入下一个循环。如此往复，直到关机按钮被按下，两个电动机停止运行，两个定时器也停止定时。

为了使逻辑关系清晰，用中间继电器M0.0作为运行控制继电器。根据控制要求两台电动机顺序控制时序图如图10-11所示。

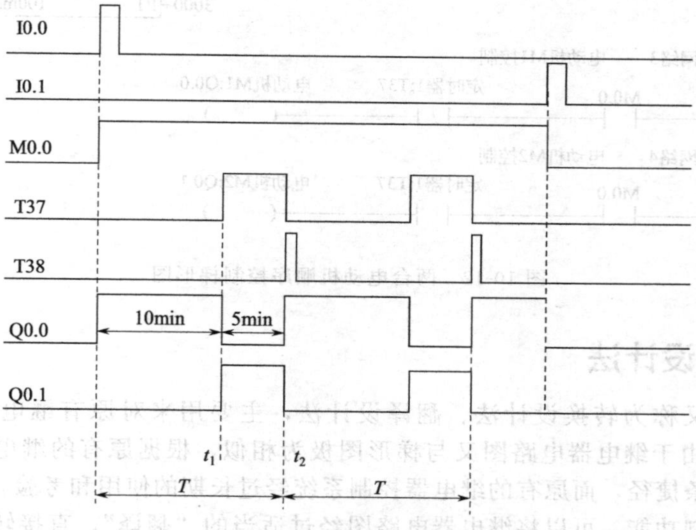

图10-11 两台电动机顺序控制时序图

③ 建立逻辑函数关系。由图10-11可以看出，t_1、t_2时刻电动机M1、M2的运行状态发生改变，由前后分析列出电动机运行的逻辑表达式为

$$Q0.0=M0.0\cdot\overline{T37}\quad Q0.1=M0.0\cdot T37$$

④ 画出控制梯形图。根据Q0.0和Q0.1的逻辑表达式，结合编程经验，得到图10-12所示的梯形图。

从本例中可以看出，在获取信号灯状态变化的时间点时，该程序所采用的定时器均同时定时和同时复位。即在一个工作周期内，各定时器定时时间均是相对于t_0时刻的绝对时间。当然也可以用“相对时间”来获得信号灯状态变化时间点，即一个定时器定时结束时启动另一个定时器。二者相比，采用前者能使思路清晰，编程较简单。而后者使逻辑复杂，编程较困难。

在用时序逻辑设计PLC控制梯形图时，必须分析清楚控制对象，将控制对象分解成若干小控制单元。这些小控制单元要便于建立工作状态时序逻辑函数表达式，画出控制单元梯形图，这是设计的关键所在。在组合各单元梯形图时，还需要合并重组个别相同逻辑或相反逻辑，根据需要可以使用特殊存储器标志位，简化或优化控制功能。可见时序逻辑法与组合逻辑法设计 PLC 控制梯形图的原理步骤完全一致。

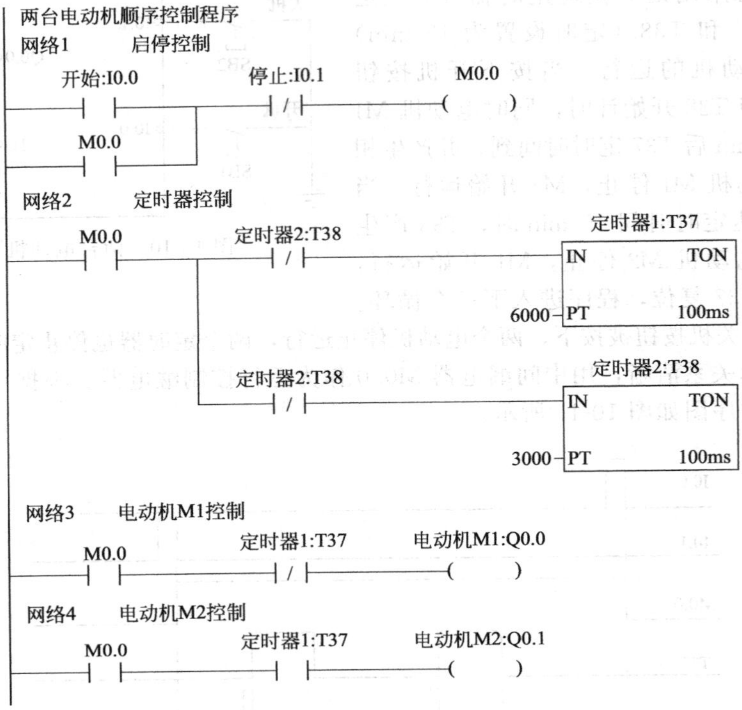

图 10-12　两台电动机顺序控制梯形图

10.2.3　移植设计法

移植设计法又称为转换设计法、翻译设计法，主要用来对原有继电器控制系统进行 PLC 改造控制。由于继电器电路图又与梯形图极为相似，根据原有的继电器电路图来设计梯形图显然是一条捷径，而原有的继电器控制系统经过长期的使用和考验，已经被证明能完成系统要求的控制功能，可以将继电器电路图经过适当的“翻译”，直接转化为具有相同功能的 PLC 梯形图程序，因此“移植设计法”的实质就是将继电器控制线路转换为 PLC 控制并设计梯形图程序的方法。

（1）设计步骤

继电器电路图是一个纯粹的硬件电路图。将它改为 PLC 控制时，需要用 PLC 的外部接线图和梯形图来等效继电器电路图。在分析 PLC 控制系统的功能时，可以将 PLC 想象成为一个控制箱，其外部接线图描述了这个控制箱的外部接线，梯形图是这个控制箱的内部“线路图”，梯形图中的输入位和输出位是这个控制箱与外部世界联系的“接口继电器”，这样就可以用分析继电器电路图的方法来分析 PLC 控制系统。在分析梯形图时，可以将输入位的接触点想象成对应的外部输入器件的触点，将输出位的线圈想象成对应的外部负载的线圈。外部负载的线圈除了受梯形图的控制外，还能受外部触点的控制。将继电器电路图转换成为功能相同的 PLC 的外部接线图和梯形图的步骤如下。

① 了解并熟悉被控设备：首先对原有的被控设备的工艺过程和机械的动作情况进行了解，

并对其继电器电路图进行分析，熟悉并掌握继电器控制系统的各组成部分的功能和工作原理。

② 确定 PLC 的输入信号和输出负载：对于继电器电路图中的交流接触器和电磁阀等执行机构，如果用 PLC 的输出来控制，它们的线圈在 PLC 的输出端。按钮、操作开关和行程开关、接近开关等提供 PLC 的数字量输入信号。继电器电路图中的中间继电器和时间继电器的功能用 PLC 内部的存储量和定时器来完成，它们与 PLC 的输入位、输出位无关。

③ 根据控制功能和规模选择 PLC，确定输入、输出端子：根据系统所需要的功能和规模选择 CPU 模块、电源模块、数字量输入和输出模块，对硬件进行组态，确定输入/输出模块在机架中的安装位置和它们的起始地址。根据所属 PLC，确定各数字量输入信号与输出负载对应的输入位和输出位的地址，画出 PLC 的外部接线图。各输入和输出在梯形图中的地址取决于它们的模块的起始地址和模块中的接线子号。

④ 确定与继电器电路图中的中间、时间继电器对应的梯形图中的存储器和定时器、计数器的地址。

⑤ 设计梯形图：根据两种电路转换得到的 PLC 外部电路和梯形图元件及其元件号，将原继电器电路的控制逻辑转换成对应的 PLC 梯形图。

(2)设计特点

移植设计法将继电器控制线路转换为 PLC 控制，一般不需要改动控制面板及器件，可以降低硬件改造费用和改造工作量，保持了系统原有的外部特性。对操作人员来讲，除了提高控制系统的可靠性之外，改造前后的系统没有什么差别，不需改变长期形成的操作习惯。

[例 10-4] 某三速异步电动机的继电器控制移植设计为 PLC 控制系统。某三速异步电动机启动和自动加速的继电器控制电路如图 10-13 所示，将该继电器控制电路图移植设计为功能相同的 PLC 控制系统（画外部接线图，编制梯形图程序）。

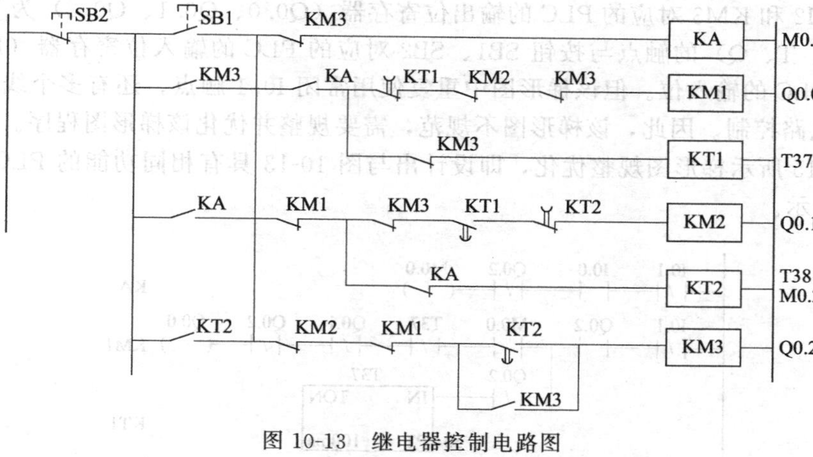

图 10-13 继电器控制电路图

① 电动机继电器控制原理 在图 10-13 所示继电器控制电路图中，SB1 为启动按钮；SB2 为停止按钮；接触器 KM1 控制电动机启动；KM2 用于控制电动机加速，加速时间到后，用 KM3 控制电动机稳定运行；KA 为辅助的中间存储器；KT1 和 KT2 为时间继电器，用于电动机的启动和加速阶段的时间控制。当按下 SB1 按钮，KA 得电，其常开触点闭合，KA 自锁，KM1 首先得电，电动机启动，同时 KT1 也得电并开始计时，计时到后，其常开触点闭合，常闭触点断开，此时 KM1 断电，KM2 得电，电动机加速运转，同时 KT2 也得电并开始计时，计时到后，其常开触点闭合，KM3 得电，而 KM1、KM2 均断电，电动机稳定运行，当按下 SB2 按钮，电动机停止。图 10-13 所示继电器控制电路图实现电动机的启

动、加速运转到稳定运行，直到停止的控制过程。

② 确定输入/输出信号　根据前面分析可知，其输入信号有 SB1、SB2；输出信号有 KM1、KM2 和 KM3。设继电器控制系统与 PLC 控制系统中信号的对应关系：SB1（常开触点）用输入位寄存器 I0.0 代替，SB2（常闭触点）用输入位寄存器 I0.1 代替；KM1、KM2 和 KM3 分别用输出位寄存器 Q0.0、Q0.1 和 Q0.2 代替。

③ 选择 PLC，并画出 PLC 的外部接线图　根据控制需要，选择西门子 CPU222，根据 I/O 控制信号，同时考虑 KM1、KM2、KM3 主触点可能因断电时灭弧延时，或者电弧烧合而断不开，造成主电路短路而故障等因素，故在 PLC 输出的外部电路 KM1、KM2 和 KM3 的线圈前增加其常闭触点作硬件时其 I/O 接线图如图 10-14 所示。

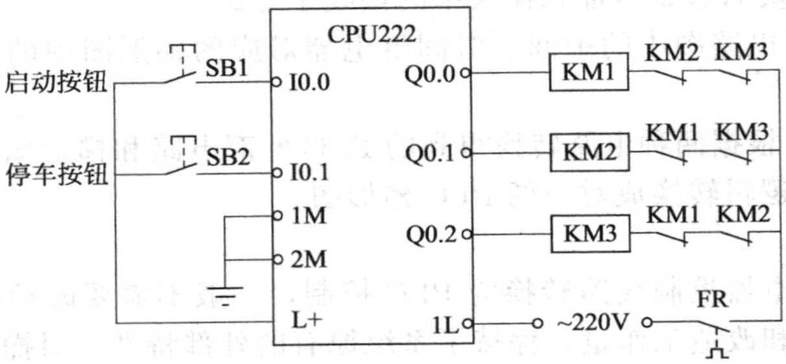

图 10-14　PLC 的外部接线图

④ 编制梯形图程序　由继电器控制电路图绘制出对应梯形图程序，如图 10-15 所示。在图 10-15 所示梯形图中，继电器控制电路图中的中间存储器和时间继电器（KA、KT1 和 KT2）的功能用 PLC 的内部标志位存储器（M0.0）和定时器（T37、T38）完成；与接触器 KM1、KM2 和 KM3 对应的 PLC 的输出位寄存器（Q0.0、Q0.1、Q0.2）为 PLC 的输出位；它们(M、T、Q）的触点与按钮 SB1、SB2 对应的 PLC 的输入位寄存器（I0.0、I0.1）的触点构成 PLC 的输入位。但该梯形图中重复使用常闭 I0.1 触点，还有多个线圈都受某一触点串并联电路控制。因此，该梯形图不规范，需要规整并优化该梯形图程序。

将图 10-15 所示梯形图规整优化，即设计出与图 10-13 具有相同功能的 PLC 控梯形图，如图 10-16 所示。

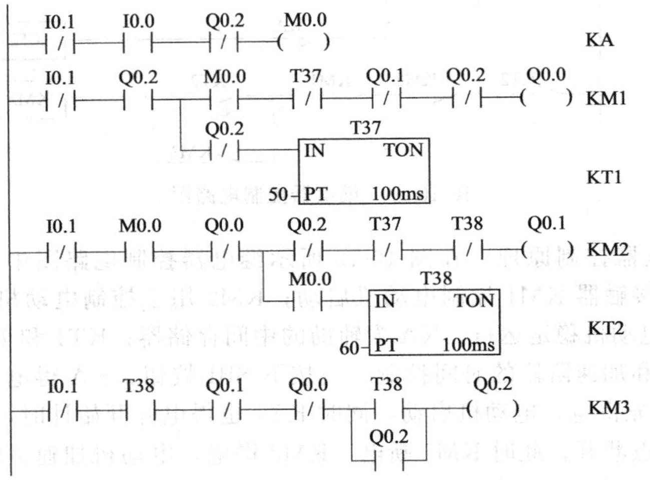

图 10-15　梯形图

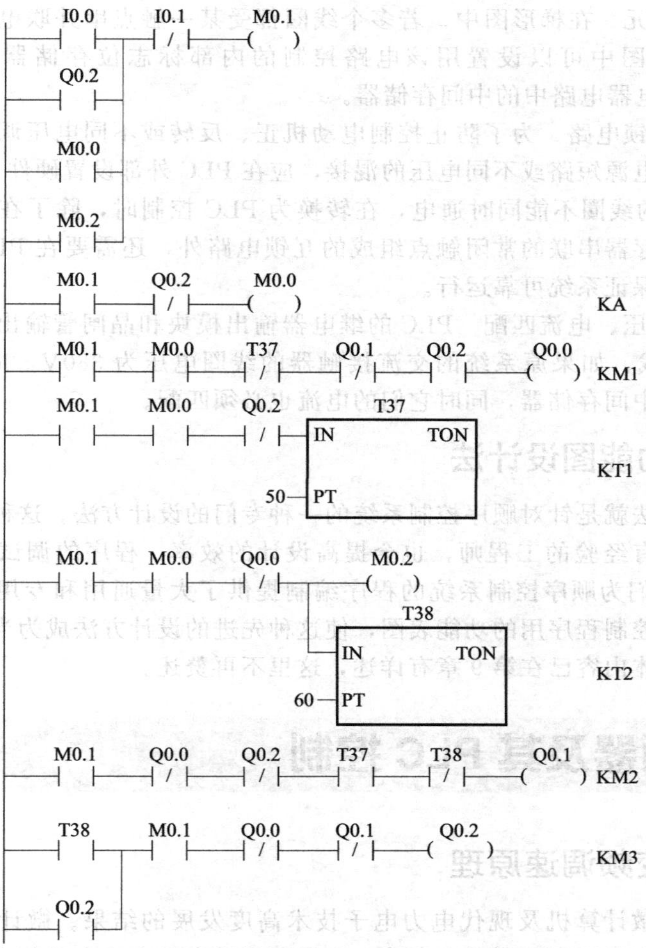

图 10-16 规整优化的梯形图

梯形图和继电器电路虽然表面上看起来差不多，实质上有本质区别。根据继电器电路图设计 PLC 的外部接线图和梯形图时应注意以下问题。

① 应遵循梯形图语言中的语法规则　在继电器电路图中，触点可以放在线圈的左边，也可以放在线圈的右边。但是，在梯形图中，输出位寄存器（线圈）必须放在电路的最右边。例如，图 10-15 中 KM1 和 KT1 线可以放在 KM3 的左边，但在梯形图中 KM1 和 KT1 线圈对应的 Q0.0 和 T37 存储器只能放在其所在行的最右端。

② 适当分离继电器电路图中的某些电路　继电器电路图时的一个基本原则是尽量减少图中使用的触点的个数，因为这意味节约成本，但是这往往会使某些线圈的控制电路交织在一起。在设计梯形图时首要的问题是设计的思路要清楚，设计出的梯形图容易阅读和理解，并不是特别在意是否多用几个触点，因为这不会增加硬件的成本，只是在输入程序时需要多花一点时间。例如图 10-16 中增加了内部标志位存储器 M0.2 及其触点。

③ 尽量减少 PLC 的输入和输出端子　PLC 的价格与 I/O 端子数有关，因此减少输入、输出信号的点数是降低硬件费用的重要措施。例如，在 PLC 外部接线图中将图 10-15 中的热继电器 FR（图中未画出）直接接直流电源上，而不占用输入/输出端子，达到降低硬件费用的目的。在 PLC 的外部输入中，各输入端可以接常开触点或常闭触点，也可以接触点组成

的串、并联电路。PLC不能识别外部电路的结构和触点类型，只能识别外部电路的通/断。

④ 设置中间单元　在梯形图中，若多个线圈都受某一触点串并联电路控制，为了简化编程电路，在梯形图中可以设置用该电路控制的内部标志位存储器（如图10-16中的M0.1），它类似继电器电路中的中间存储器。

⑤ 设立外部联锁电路　为了防止控制电动机正、反转或不同电压调速的两个或多个接触器同时动作造成电源短路或不同电压的混接，应在PLC外部设置硬件互锁电路。图10-14中的KM1～KM3的线圈不能同时通电，在转换为PLC控制时，除了在梯形图中设置与它们对应的输出位寄存器串联的常闭触点组成的互锁电路外，还需要在PLC外部电路中设置硬件互锁电路，以保证系统可靠运行。

⑥ 外部负载电压、电流匹配　PLC的继电器输出模块和晶闸管输出模块只能驱动电压不高于220V的负载，如果原系统的交流接触器的线圈电压为380V，应将线圈换成220V的，也可设置外部中间存储器，同时它们的电流也必须匹配。

10.2.4　顺序功能图设计法

顺序控制设计法就是针对顺序控制系统的一种专门的设计方法。这种设计方法很容易被初学者接受。对于有经验的工程师，也会提高设计的效率，程序的调试修改、阅读也很方便。PLC的设计者们为顺序控制系统的程序编制提供了大量通用和专用的编程软件，开发了专门供编制顺序控制程序用的功能表图，使这种先进的设计方法成为当前程序设计的主要方法。该方法的具体内容已在第9章有详述，这里不再赘述。

10.3　变频器及其PLC控制

10.3.1　变压变频调速原理

交流变频器是微计算机及现代电力电子技术高度发展的结果。微计算机是变频器的核心，电力电子器件构成了变频器的主电路。从发电厂送出的交流电的频率是恒定不变的，在我国是50Hz。交流电动机的同步转速

$$N_1=\frac{60f_1}{p}$$

式中　N_1——同步转速，r/min；

f_1——定子频率，Hz；

p——电动机的磁极对数。

异步电动机转速

$$N=N_1(1-s)=\frac{60f_1}{P}(1-s)$$

式中　s——异步电机转差率，$s=(N_1-N)/N_1$，一般小于3%。

N_1与送入电动机的电流频率f_1成正比例或接近于正比例。因而，改变频率可以方便地改变电动机的运行速度，也就是说变频对于交流电动机的调速来说是十分合适的。

三相异步电动机定子每相感应电动势有效值为

$$E_g=4.44f_1N_1K_1\varphi_m$$

式中　N_1——定子每相绕组串联匝数；

K_1——基波绕组系数；

φ_m——每极气隙磁通量。

由上式可见，在 E_g 一定时，若电源频率 f_1 发生变化，则必然引起磁通 φ_m 变化。当 φ_m 变弱时，电动机铁芯就没被充分利用，导致电动机电磁转矩减小；若 φ_m 增大，则会使铁芯饱和，从而使励磁电流过大，增加电动机的铜损耗和铁损耗，降低了电动机的效率，严重时会使电动机绕组过热，甚至损坏电动机。因此，在电动机运行时，希望磁通 φ_m 保持恒定不变。所以在改变 f_1 的同时，必须改变 E_g，即必须保证 E_g/f_1 = 常数。因此，在改变电动机频率时，应对电动机的电压进行协调控制，以维持电动机磁通的恒定。为此，用于交流电气传动中的变频器实际上是变压变频器，即 VVVF（variable voltage variable frequency）。

10.3.2 变频器的基本结构和分类

根据电源变换的方式，变频调速分为间接变换方式（交-直-交变频）和直接变换方式（交-交变频）。交-交变频是利用晶闸管的开关作用，从交流电源控制输出不同频率的交流电供给异步电动机进行调速的一种方法。交-直-交变频是把交流电通过整流器变为直流电，再用逆变器将直流电变为频率可变的交流电供给异步电动机。目前常用的通用变频器即属于交-直-交变频，其基本结构原理如图 10-17 所示。由图可知，变频器主要由主回路（包括整流器、中间直流环节、逆变器）和控制回路组成。变频器还有丰富的软件，各种功能主要靠软件来完成。

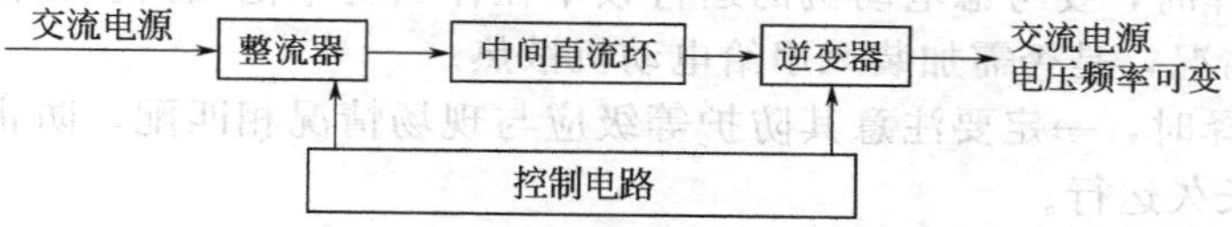

图 10-17 变频器的基本结构原理

交-直-交变频还可以分为电压型变频和电流型变频。电压型变频的整流输出经电感电容滤波，具有恒压源特性；电流型变频的整流输出经直流电抗器滤波，具有恒流源特性。

变频器的分类方式很多，除了按电源变换方式分类外，还可以按逆变器开关方式分类，即 PAW 方式和 PWM 方式。PAM 控制是 pulse amplitude modulation（脉冲振幅调制）控制的简称；PWM 控制是 pulse width modulation（脉冲宽度调制）控制的简称，是在逆变电路部分同时对输出电压（电流）的幅值和频率进行控制的控制方式。在这种控制方式中，以较高频率对逆变电路的半导体开关元器件进行开闭，并通过改变输出脉冲的宽度来达到控制电压（电流）的目的。目前在变频器中多采用正弦波 PWM 控制方式，即通过改变 PWM 输出的脉冲宽度，使输出电压的平均值接近正弦波，这种方式也称为 SPWM 控制。

变频器还可以按控制方式分为 V/F（电压/频率）控制、转差频率控制和矢量控制三种。其中，V/F 控制属于开环控制，而转差频率控制和矢量控制属于闭环控制，二者的主要区别在于 V/F 控制方式中没有进行速度反馈，而在转差频率控制方式和矢量控制方式利用了速度传感器的速度闭环控制。

10.3.3 变频器的选用、运行和维护

(1) 负载的分类

变频器的正确选择对于控制系统的正常运行是非常关键的。选择变频器时必须要充分了解变频器所驱动的负载特性。负载特性分为：恒转矩负载、恒功率负载和平方转矩负载。

① 恒转矩负载 负载转矩 T 与转速 n 无关，任何转速下 T 总保持恒定或基本恒定。如传送带、搅拌机、挤出机以及吊车、提升机等负载都属于恒转矩负载。变频器拖动恒转矩性

质的负载时，低速下的转矩要足够大，并且有足够的过载能力。如果在低速情况下运行时，要考虑异步电动机的散热情况，避免电动机温升太高。

② 恒功率负载　机床主轴、造纸机、卷取机、开卷机等要求转矩与转速成反比，而功率基本保持不变。需指出的是，在低速运行时，受机械强度的限制，T 不可能无限增大，负载还是转变为恒转矩类型。电动机在恒磁通调速时，最大容许输出转矩不变，属于恒转矩调速；而在弱磁调速时，最大容许输出转矩与速度成反比，属于恒功率调速。如果电动机的恒转矩和恒功率调速的范围与负载的恒转矩和恒功率范围一致时，即“匹配”的情况下，电动机的容量与变频器的容量均最小。

③ 平方转矩负载　负载转矩 T 与转速 n 的平方成正比。这种负载所需的功率 P 与速度 n 的立方成正比。最典型的如离心泵、离心风机。当所需流量、风量减少时，利用调速的方式来调节流量、风量，可以大幅度地节约电能。但是此种负载通常不应超过工频运行。

（2）变频器的选型

根据负载类型选择变频器类型。

① 选择变频器具体型号是以电动机额定电流值为依据，以电动机的额定功率为参考值。变频器最大输出电流应大于电动机的额定电流值。

② 变频器与电动机的距离过长时，为防止电缆对地耦合与变频器输出电流中谐波叠加而造成的电动机端子处电压升高的影响，应在变频器的输出端安装输出电抗器。

③ 变频器选择时，要考虑电动机的运行频率在什么功率范围内。在低速范围内，应考虑电动机的温升情况，是否需加装风扇给电动机散热。

④ 变频器选择时，一定要注意其防护等级应与现场情况相匹配，防止现场的粉末或水分影响变频器的长久运行。

（3）变频器的安装、运行及维护

① 变频器安装及连接　变频器的安装应按照变频器说明书的要求进行安装。固定变频器的本体后，在接线时，应严格按照随机说明书的各项说明进行接线，千万不要接错线。

② 变频器的运行及维护

a. 按照随机说明书核对主线路和控制线路是否正确，确认无误后，给变频器上电。

b. 在变频器上电后，对变频器进行调试，确认电动机的转向、运行频率、电流、转速等指标是否达到工艺的要求。

为使变频器能长期可靠运行，应进行日常检查和定期检查。在运行时，应检查变频器的运行电流、电压是否平衡，是否有突变声音。在停机时，可以采用目视和嗅觉检查，对变频器的显示、控制、冷却部分以及主电路进行检查。

10.3.4　变频器的操作方式及使用

和 PLC 一样，变频器是一种可编程的电气设备。在变频器接入电路工作前，要根据通用变频器的实际应用修订变频器的功能码。功能码一般有数十甚至上百条，涉及调速操作端口指定、频率变化范围、力矩控制、系统保护等各个方面。功能码在出厂时已按默认值存储。修订是为了使变频器的性能与实际工作任务更加匹配。变频器与外界交换信息的接口很多，除了主电路的输入与输出接线端外，控制电路还设有许多输入输出端子，另有通信接口及一个操作面板，功能码的修订一般就通过操作面板完成。图 10-18 所示为通用变频器操作面板图，图 10-19 所示为通用变频器的接线图。

变频器的有以下几种输出频率控制方式。

① 操作面板控制方式　它是通过操作面板上的按键手动设置输出频率的一种操作方式。具体操作又有两种方法：一种方法按面板上频率上升或频率下降的按钮调节输出频率；另一

种方法是通过直接设定频率数值调节输出频率。

② 外部输入端子数字量频率选择操作方式　变频器常设有多段频率选择功能。各段频率值通过功能码设定，频率段的选择通过外部端子选择。变频器通常在控制端子中设置一些控制端，如图 10-19 中的端子 X1、X2、X3，它们的 7 种组合可选择 7 种工作频率值。这些端子的接通组合可通过机外设备，如 PLC 控制实现。

③ 外输入端子模拟量频率选择操作方式　为了方便与输出量为模拟电流或电压的调节器、控制器的连接，变频器还设有模拟量输入端，如图 10-19 中的 C1 端为电流输入端，11、12、13 端为电压输入端，当接在这些端口上的电流或电压量在一定范围内平滑变化时，变频器的输出频率在一定范围内平滑变化。

④ 通信数字量操作方式　为了方便与网络接口，变频器一般都设有网络接口，都可以通过通信方式接收频率变化指令，不少变频器生产厂家还为自己的变频器与 PLC 通信设计了专用的协议，如西门子公司的 USS 协议即是 400 系列变频器的专用通信协议。

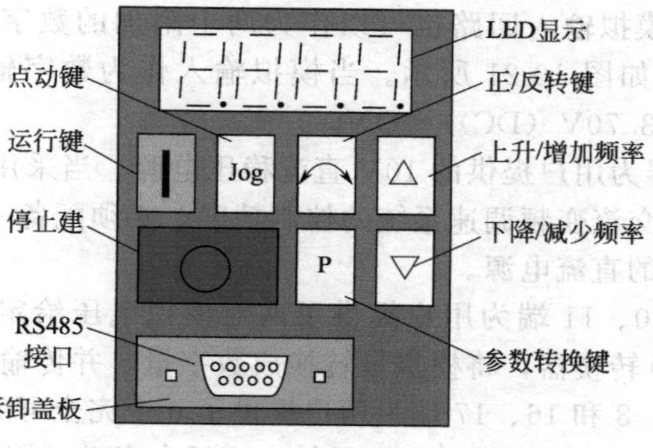

图 10-18　通用变频器的操作面板

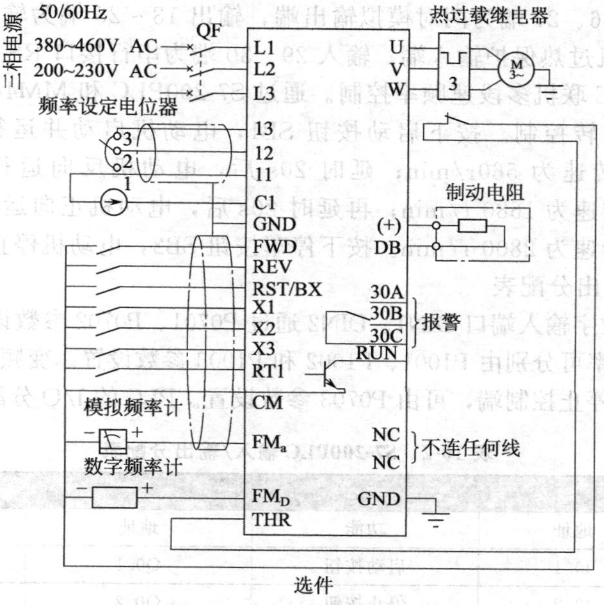

图 10-19　通用变频器的接线图

10.3.5 MM440 变频器 PLC 控制

MicroMaster 440 变频器简称 MM440 变频器，是西门子公司生产的一种适合于三相电动机速度控制和转矩控制的变频器系列，获得了较为广泛的应用。MM440 变频器由微处理器控制，采用具有现代先进技术水平的绝缘栅双极型晶体管 IGBT 作为功率输出器件，因而具有很高的运行可靠性和功能的多样性。其脉冲宽度调制的开关频率是可选的，因而可降低电动机运行的噪声。同时，全面而完善的保护功能为变频器和电动机提供了良好的保护。该变频器在恒定转矩控制方式下功率范围为 120W ~ 200kW，在可变转矩控制方式下功率可达 250kW，有多种型号可供用户选用。

MM440 变频器的电路如图 10-20 所示，包括主电路和控制电路两部分。主电路完成电能的转换（整流、逆变），控制电路处理信息的收集、变换和传输。

MM440 变频器的控制电路由 CPU、模拟输入（AIN1、AIN2）、模拟输出（AOUT1、AOUT2）、数字输入（DIN1 ~ DIN6）、继电器输出（RL1、RL2、RL3）、操作板等组成，如图 10-20 所示。两个模拟输入回路也可以作为两个附加的数字输入 DIN7 和 DIN8 使用，此时的外部线路的连接如图 10-21 所示。当模拟输入作为数字输入时，电压门限值如下：1.75V（DC）=OFF，3.70V（DC）=ON。

端子 1、2 是变频器为用户提供的 10V 直流稳压电源。当采用模拟电压信号输入方式输入给定频率时，为提高交流变频调速系统的控制精度，必须配备一个高精度的直流稳压电源作为模拟电压信号输入的直流电源。

模拟输入 3、4 和 10、11 端为用户提供了两对模拟电压给定输入端，作为频率给定信号，经变频器内的 A/D 转换器，将模拟量转换成数字量，并传输给 CPU 来控制系统。

数字输入 5、6、7、8 和 16、17 端为用户提供了 6 个完全可编程的数字输入端，数字信号经光电隔离输入 CPU，对电动机进行正反转、正反向点动、固定频率设定值控制等。

端子 9 和 28 是 24V 直流电源端。端子 9（24V）在作为数字输入使用时也可用于驱动模拟输入，要求端子 2 和 28（0V）必须连接在一起。

输出 12、13 和 26、27 端为两对模拟输出端；输出 18 ~ 25 端为输出继电器的触点；输入 14、15 端为电动机过热保护输入端；输入 29、30 端为串行接口 RS-485（USS 协议）端。

[例 10-5] PLC 联机多段速频率控制。通过 S7-200PLC 和 MM440 变频器联机，实现电动机三段速频率运转控制。按下启动按钮 SB1，电动机启动并运行在第 1 段，频率为 10Hz，对应电动机转速为 560r/min；延时 20s 后，电动机反向运行在第 2 段，频率为 30Hz，对应电动机转速为 1680 r/min；再延时 20s 后，电动机正向运行在第 3 段，频率为 50Hz，对应电动机转速为 2800 r/min。按下停车按钮 SB2，电动机停止运行。

（1）PLC 输入输出分配表

MM440 变频器数字输入端口 DIN1、DIN2 通过 P0701、P0702 参数设为三段固定频率控制端，每一个频段的频率可分别由 P1001、P1002 和 P1003 参数设置。变频器数字输入端口 DIN3 设为电动机的运行、停止控制端，可由 P0703 参数设置。PLC 的 I/O 分配如表 10-2 所示。

表 10-2 S7-200PLC 输入/输出分配表

输入			输出	
外接元件	地址	功能	地址	功能
SB1	I0.1	启动按钮	Q0.1	DIN1，3 速功能
SB2	I0.2	停止按钮	Q0.2	DIN2，3 速功能
			Q0.3	DIN3，启停功能

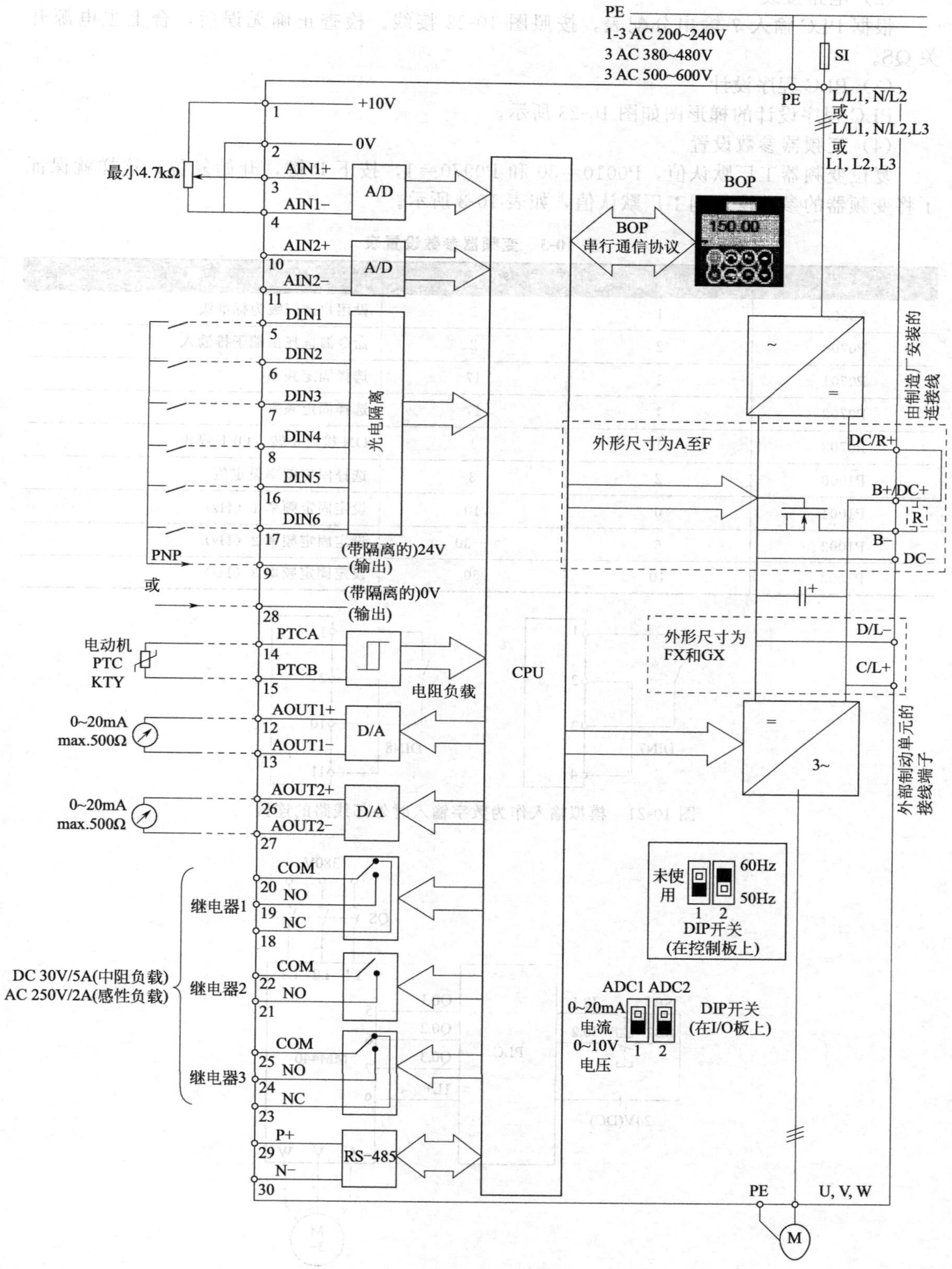

图 10-20　MM440 变频器电路图

(2) 电路接线

根据 PLC 输入 7 输出分配表，按照图 10-22 接线。检查正确无误后，合上主电源开关 QS。

(3) PLC 程序设计

PLC 程序设计的梯形图如图 10-23 所示。

(4) 变频器参数设置

复位变频器工厂默认值，P0010=30 和 P0970=1，按下 P 键，开始复位，这样就保证了将变频器的参数恢复到工厂默认值，如表 10-3 所示。

表 10-3 变频器参数设置表

参数号	出厂值	设置值	说明
P0003	1	2	设用户访问级为标准级
P0700	2	2	命令源选择由端子排输入
P0701	1	17	选择固定频率
P0702	1	17	选择固定频率
P0703	1	1	ON 接通正转，OFF 停止
P1000	2	3	选择固定频率设定值
P1001	0	10	设定固定频率 1 (Hz)
P1002	5	−30	设定固定频率 2 (Hz)
P1003	10	50	设定固定频率 3 (Hz)

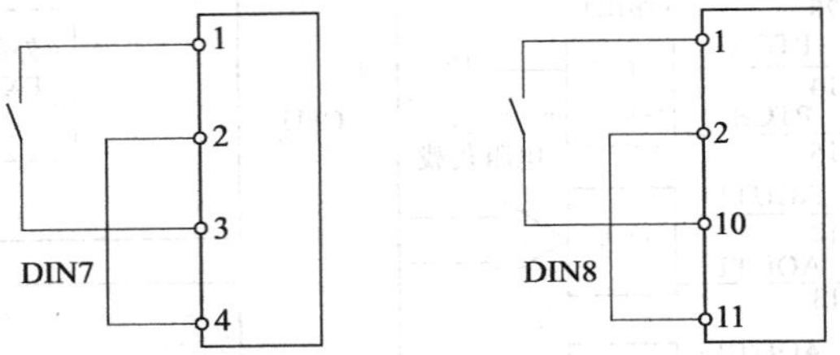

图 10-21 模拟输入作为数字输入时外部线路的连接

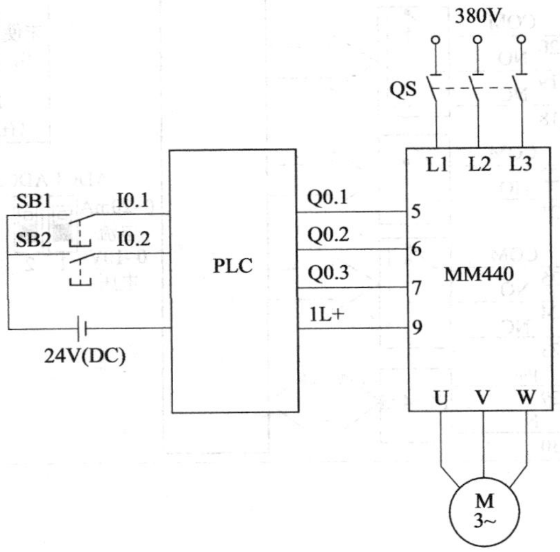

图 10-22 PLC 和 MM440 变频器联机三段速控制电路

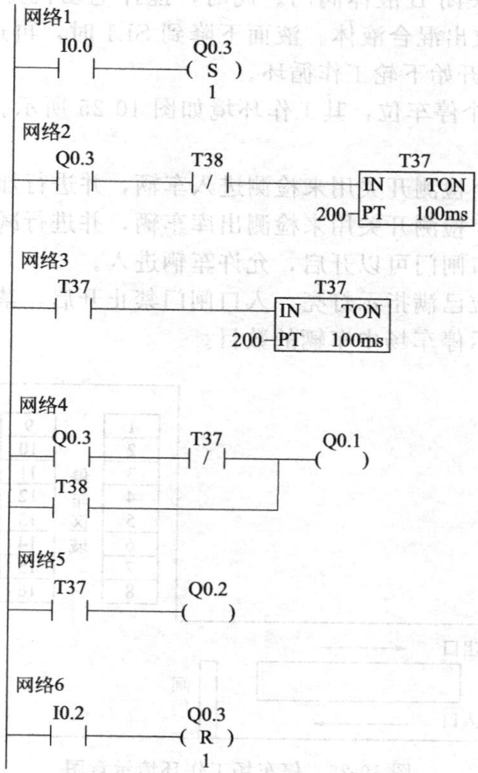

图 10-23　PLC 程序设计的梯形图

习题与思考题

10-1　可编程控制器控制系统设计有哪些原则？

10-2　PLC 软件设计主要有几种方法？

10-3　移植设计法需要注意什么问题？

10-4　逻辑设计法的核心问题是什么？

10-5　设计 PLC 控制汽车拐弯灯的梯形图。汽车驾驶台上有一个开关，有三个位置分别控制左闪灯亮、右闪灯亮和关灯。当开关扳到 S1 位置时，左闪灯亮（要求亮、灭时间各为 1s）；当开关扳到 S2 位置时，右闪灯亮（要求亮、灭时间各为 1s）；当开关扳到 S0 位置，关闭左、右闪灯；如果驾驶员开灯后忘了关灯，则过 1.5 min 后自动停止闪灯。

10-6　图 10-24 所示为两种液体的混合装置示意图，SL1、SL2、SL3 液位传感器，当液面淹没时接通，A 液体和 B 液体的注入与混合液体的流出分别由电磁阀 YV1、YV2、YV3 控制，M 为搅拌电动机，试编写 PLC 程序实现以下要求：

(1) 初始状态：当投入运行时，容器内为放空状态。

(2) 启动操作：按下启动按钮 SB1，装置就开始按规定动作工作。A 液体阀门打开，A 液体注入容器。当液压到达 SL2 时，关闭 A 液体阀门，同时打开 B 液体阀

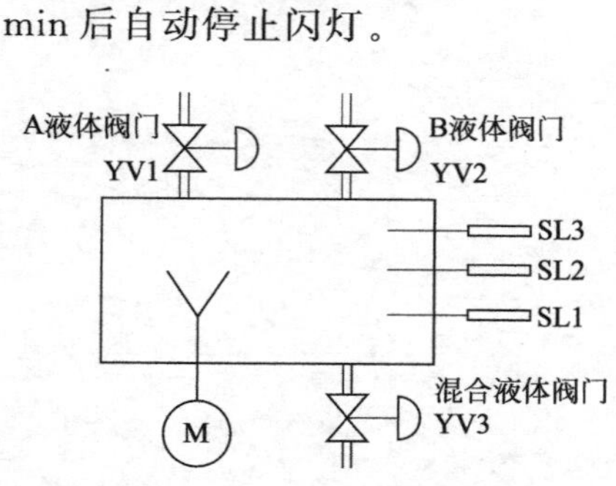

图 10-24　两种液体混合装置示意图

门。当液压到达 SL3 时，关闭 B 液体阀门。此时，搅拌电动机开始转动，1 min 后停止搅拌，混合液体阀门打开，放出混合液体。液面下降到 SL1 时，再过 20 s 后容器放空，混合液体阀门 YV3 关闭。接着开始下轮工作循环。

10-7 停车场共有 16 个停车位，其工作环境如图 10-25 所示。要求编写 PLC 控制程序实现如下功能。

(1) 在入口处设置一个检测开关用来检测进入车辆，并进行加计数。

(2) 在出口处设置一个检测开关用来检测出库车辆，并进行减计数。

(3) 车位不满时，入口闸门可以开启，允许车辆进入。

(4) 车位停满时，车位已满指示灯亮，入口闸门禁止开启，禁止车辆进入。

(5) 用 7 段数码管显示停车场中车辆的数目。

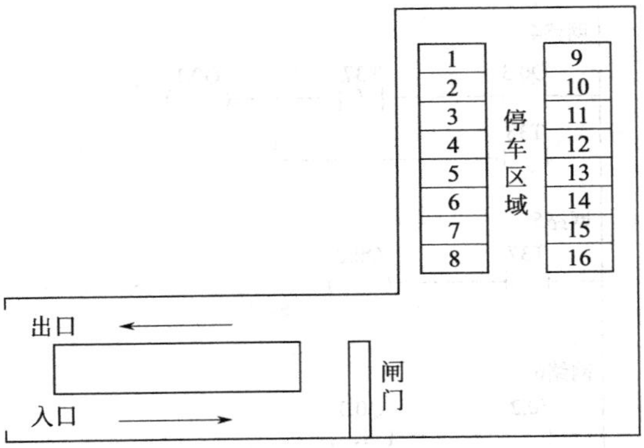

图 10-25 停车场工作环境示意图

第 11 章 PLC 人机界面与网络通信

11.1 人机界面

11.1.1 人机界面概述

（1）人机界面的基本概念

人机界面顾名思义就是人与控制过程交流信息的窗口，人可以通过这个窗口下达控制指令，也可以通过这个窗口观测被控系统的运行状态。人机界面把控制过程变得清楚与透明。很多工业被控对象要求控制系统具有很强的人机界面功能，用来实现操作人员与计算机控制系统之间的数据交换。作为控制系统的一种重要核心部件，PLC 与人机界面的结合是必不可少的。人机界面装置用来显示 PLC 的 I/O 状态和各种系统信息，接收操作人员发出的各种命令和设置的参数，并将它们传送到 PLC。过去采用按钮、开关和指示灯等作为人机界面装置，提供的信息少且操作困难，采用数码管和拨码开关，又会占用大量的 I/O 资源。

人机界面（human machine interface，HMI）又称为人机接口。从广义上说，HMI 泛指计算机与操作人员交换信息的设备。在控制领域，HMI 一般特指用于操作人员与控制系统之间进行对话和相互作用的专用设备。人机界面是按工业现场环境应用来设计的，正面的防护等级为 IP65，背面的防护等级为 IP20，坚固耐用，其稳定性和可靠性与 PLC 相当，能在恶劣的工业环境中长时间连续运行，因此人机界面是 PLC 的最佳搭档。

人机界面可以承担的主要任务如下。

① 过程可视化　在人机界面上动态显示过程数据（即 PLC 采集的现场数据）。

② 操作员对过程的控制　操作员通过图形界面来控制过程，如操作员可以用触摸屏画面上的输入域来修改系统的参数，或者用画面上的按钮来启动电动机等。

③ 显示报警　过程的临界状态会自动触发报警，如当变量超出设定值时。

④ 记录功能　顺序记录过程值和报警信息，用户可以检索以前的生产数据。

⑤ 输出过程值和报警记录　如可以在某一轮班结束时打印输出生产报表。

⑥ 过程和设备的参数管理　将过程和设备的参数存储在配方中，可以一次性将这些参数从人机界面下载到 PLC，以便改变产品的品种。

在使用人机界面时，需要解决画面设计和通信的问题。HMI 设备作为一个网络通信主站与 S7-200 CPU 相连，因此也有通信协议、站地址及通信速率等属性。通过串行通信在两者之间建立数据对应关系，即 CPU 内部存储区与 HMI 输入/输出元素间的对应关系，如图 11-1 所示。例如 HMI 上的按键对应于 CPU 内部 Mx. x 的数字量“位”，按下按键时 Mx. x 置位（为“1”），释放按键时 Mx. x 复位（为“0”）；或者 HMI 上某个一个字（Word）

长的数值输入（或者输出）域，对应于 CPU 内部 V 存储区 VWx。只有建立了这种对应关系，操作人员才可以与 PLC 内部的用户程序建立交互联系。这种联系，以及在 HMI 上究竟如何安排、定义各种元素，都需要在软件中配置，俗称“组态”。

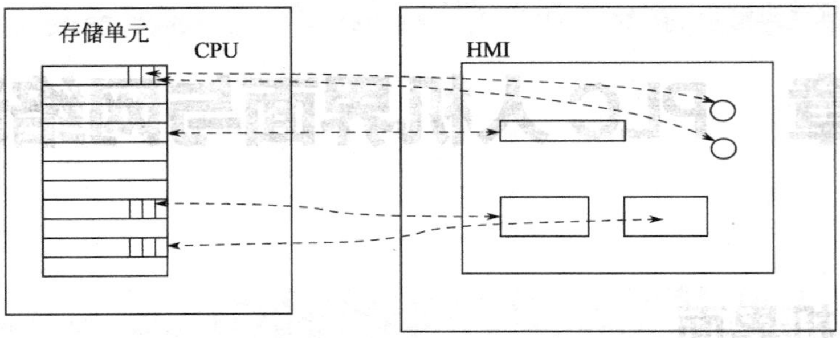

图 11-1　S7-200 CPU 存储区和 HMI 元素的对应

人机界面生产厂家用组态软件很好地解决了 HMI 画面设计和通信的问题，组态软件使用方便、易学易用。使用组态软件可以很容易地生成人机界面的画面，还可以实现某些动画功能。人机界面用文字或图形动态地显示 PLC 中开关量的状态和数字量的数值，通过各种输入方式，将操作人员的开关量命令和数字量设定值传送到 PLC。

(2) 人机界面的功能

人机界面最基本的功能是显示现场设备（通常是 PLC）中开关量的状态和寄存器中数字变量的值，用监控画面向 PLC 发出开关量命令，并修改 PLC 寄存器中的参数。

① 对监控画面组态　“组态”一词有配置和参数设置的意思。人机界面用个人计算机上运行的组态软件来生成满足用户要求的监控画面，用画面中的图形对象来实现其功能，用项目来管理这些画面。使用组态软件可以很容易地生成人机界面的画面，用文字或图形动态地显示 PLC 中开关量的状态和数字量的数值。通过各种输入方式，将操作人员的开关量命令和数字量设定值传送到 PLC。画面的生成是可视化的，一般不需要用户编程，组态软件的使用简单方便，且容易掌握。在画面中生成图形对象后，只需要将图形对象与 PLC 中的存储器地址联系起来，就可以实现控制系统运行时 PLC 与人机界面之间的自动数据交换。

② 人机界面的通信功能　人机界面具有很强的通信功能，配备有多个通信接口，可使用各种通信接口和通信协议，人机界面能与各主要生产厂家的 PLC 通信，还可以与运行组态软件的计算机通信。通信接口的个数和种类与人机界面的型号有关。用得最多的是 RS-232C 和 RS-422/485 串行通信接口，有的人机界面配备有 USB 或以太网接口，有的可以通过调制解调器进行远程通信。西门子人机界面的 RS-485 接口可以使用 MPI/PROFIBUS-DP 通信协议。有的人机界面还可以实现一台触摸屏与多台 PLC 通信，或多台触摸屏与一台 PLC 通信。

③ 编译和下载项目文件　编译项目文件是指将建立的画面及设置的信息转换成人机界面可以执行的文件。编译成功后，需要将组态计算机中的可执行文件下载到人机界面的 Flash EPROM（闪存）中，这种数据传送称为下载。为此首先应在组态软件中选择通信协议，设置计算机侧的通信参数，同时还应通过人机界面上的 DIP 开关或画面上的菜单设置人机界面的通信参数。

④ 运行阶段　在控制系统运行时，人机界面和 PLC 之间通过通信来交换信息，从而实现人机界面的各种功能。不需要为 PLC 或人机界面的通信编程，只需要在组态软件中和人机界面中设置通信参数，就可以实现人机界面与 PLC 之间的通信。

11.1.2 人机界面的硬件装置

人机界面技术是在计算机技术的基础上发展起来的，因此人机界面包含硬件装置和软件两个方面，下面分别从这两个方面介绍对西门子人机界面情况。

(1) 计算机

在环境条件较好的控制室内，可以直接采用计算机作为人机界面。控制室是目前的网络化控制系统的一个重要节点，是它所管辖范围内设备信息的汇集处。控制室内的监控设备往往起到承上启下的作用，向上级管理网络发送现场信息，以及向现场设备传送上级下达的控制指令。作为集中监控的场所，控制室也是向操作人员表达系统信息的重要地点。计算机本身就具有良好的界面，同时具有容量大、操作简便等特点，大型的人机界面组态软件，如“intouch”“IFix”“组态王”等都是直接在计算机上运行的。西门子公司出品的大型组态软件“WinCC”也是专门在计算机上使用的。

(2) 纯按键面板

西门子纯按键面板 PP7、PP17 系列产品采用“即插即用”的安装方式，方便简单，只需要使用相应的安装开孔和总线电缆，从而大大降低了安装时间与成本。面板与控制系统的连接使用 PROFIBUS-DP 或 MPI 通信方式，并预装有带耐用多色表面 LED 的按键，所有的按键和数字量输入都可以单独组态为按钮或开关。

面板上的按钮可以通过组态与 PLC 中的位地址连接，可由这些按钮改变 PLC 内部位的状态，达到控制生产过程的目的。同时可以通过按钮上集成的 LED 显示 PLC 内部位的状态，以此来监控生产过程的运行情况。图 11-2 (a) 所示为 PP17-Ⅱ按钮面板。按键面板的组态是通过背面的液晶显示器和 6 个按钮完成的，如图 11-2 (b) 所示，不须专门的组态软件。

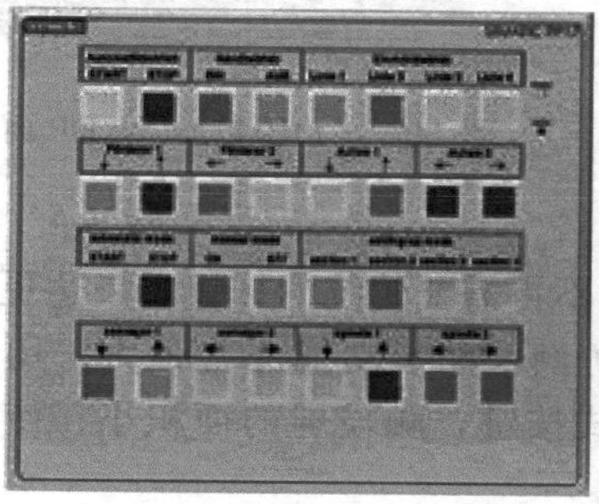

(a) PP7-Ⅱ

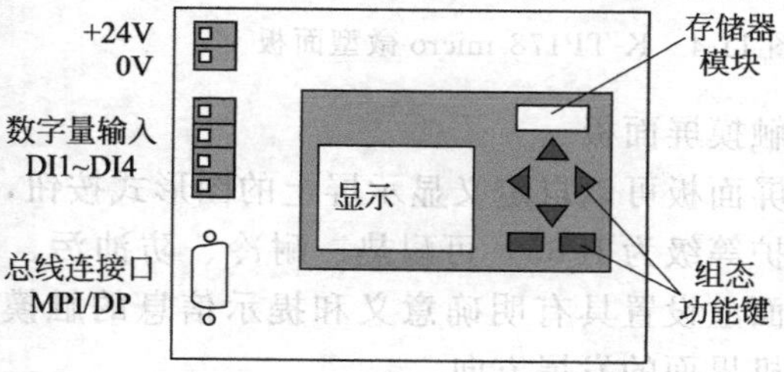

(b) PP17-Ⅱ背面

图 11-2 PP17 按键面板

(3) 文本显示器与微型面板

现在的人机界面几乎都使用液晶显示屏，小尺寸的人机界面只能显示数字和字符，称为文本显示器，大一些的可以显示点阵组成的图形。显示器颜色有单色、8 色、16 色、256 色或更多的颜色。

① 文本显示器 文本显示器 (text display，TD) 是一种廉价的单色操作员界面，一般只能显示几行数字、字母、符号和文字，不能显示图形。例如 TD400C (图 11-3) 是新一代文本显示器，完全支持西门子 S7-200 PLC，4 行中文文本显示，与 S7-200 PLC 通过 PPI 高速通信，速率可达到 187.5kb/s，STEP 7-Micro/WIN4.0 SP4 中文版组态，HMI 程序存储于 PLC，不需单独下载，便于维护。

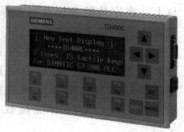

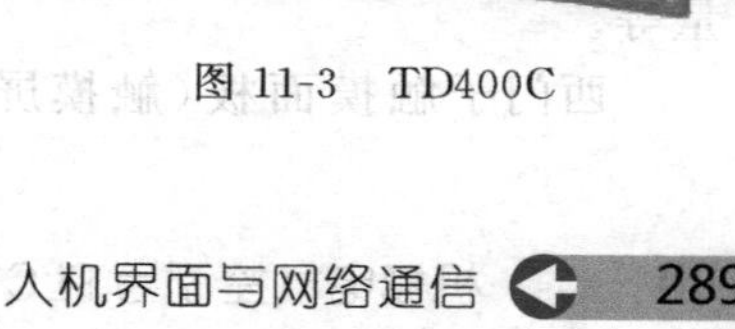

图 11-3 TD400C

② 微型面板　微型面板是专门为使用 SIMATIC S7-200 小型 PLC 的应用而定制的。它们带有文本显示屏或触摸屏。微型面板主要有 OP 73 micro、TP 177 micro、K-TP178 micro 等系列产品。其中，K-TP178 micro 微型面板是为中国用户量身定制的触摸屏，它专门与 S7-200 配合使用，屏幕为 5.7in，蓝色 4 级灰度显示。面板采用 32 位 ARM7 处理器，性能优异，操作界面为触摸屏＋按键方式，并具有操作声音提示功能，具有 1MB 超大存储空间，可组态 500 个画面和 2000 条报警信息。在操作安全方面具有强大的密码保护功能，能进行 50 个用户组管理。K-TP178 micro 触摸屏具有较高的鲁棒性，能够防冲击和振动，并防水耐脏。K-TP177 micro 微型面板如图 11-4 所示。

（4）键控式面板

键控式面板将操作键与显示屏相结合，虽然还不是真正意义上的触摸屏，但键控式面板也有十分强大的功能，以确保高效的控制和监视。基于文本的显示设备可直接显示状态信息；基于图形的显示设备可显示曲线及棒图。此外，OP 系列还免费提供参量管理、线性转换、可变限值变量、可装载固件、在线语言选择及更多功能。键控式面板主要有 OP77B、OP177B、OP277、OP77A 等产品。OP177B PN/DP 面板如图 11-5 所示。

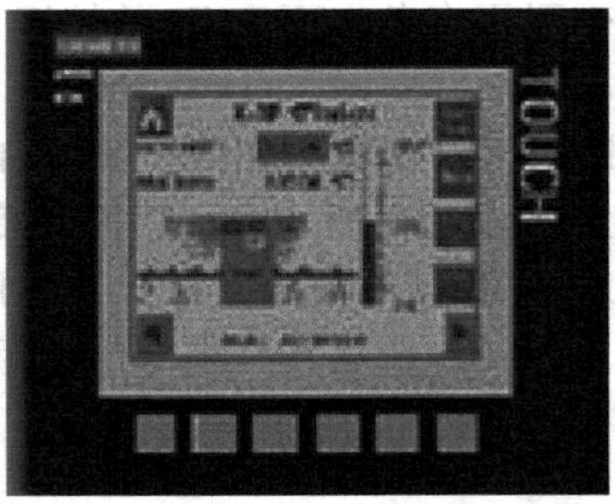

图 11-4　K-TP178 micro 微型面板

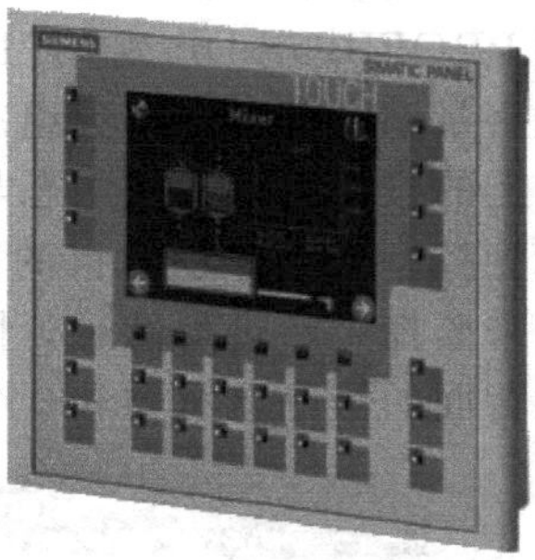

图 11-5　OP177B PN/DP 面板

（5）触摸屏面板

触摸屏面板可以自定义显示屏上的图形式按钮，不再需要传统的按钮，表达更直观。前面板的防护等级为 IP65，可耐热、耐冷、防油污、防潮，图形功能非常强大。用户可在触摸屏的画面上设置具有明确意义和提示信息的触摸式按键，触摸屏的面积小，使用直观方便，是人机界面的发展方向。

触摸屏是一种最直观的操作设备，只要用手指触摸屏幕上的图形对象，计算机便会执行相应的操作。人的行为和机器的行为变得简单、直接、自然，达到完美统一。用户可以用触摸屏上的文字、按钮、图形和数字信息等，来处理或监控不断变化的信息。

触摸屏是一种透明的绝对定位系统，首先它必须是透明的，透明问题是通过材料技术来解决的。其次是它能给出手指触摸处的绝对坐标，绝对坐标系统的特点是每一次定位的坐标与上一次定位的坐标没有关系，触摸屏在物理上是一套独立的坐标定位系统，每次触摸的位置转换为屏幕上的坐标。

触摸屏系统一般包括两个部分：检测装置和控制器。检测装置安装在显示器的显示表面，用于检测用户的触摸位置，再将该处的信息传送给触摸屏控制器。控制器的主要作用是接收来自触摸点检测装置的触摸信息，并将它转换成触点坐标，判断出触摸的意义后送给 PLC。它同时能接收 PLC 发来的命令并加以执行，如动态地显示开关量和模拟量等。

西门子触摸面板（触摸屏）包括 TP170A、TP170B 和 TP270。它们都使用 Microsoft

Windows CE3.0 操作系统。可用于 S7 系列 PLC 和其他主要生产厂家的 PLC，用组态软件 WinCC flexible 来组态。它们有 5 种在线语言，可以使用 MPI/PROFIBUS-DP 通信协议。其中 TP170A 是用于 S7 系列 PLC 的简单任务的经济型触摸屏，采用 5.7in 蓝色 STN-LCD，4 级灰度，支持位图、图标和背景图画，动态对象有棒图，有一个 RS-232 接口和一个 RS-422/485 接口。TP270 采用 5.7in 或 10.4in 256 色 STN 触摸屏，通过改进的显示技术，提高了亮度。可以通过 CF 卡、MPI 和可选的以太网接口备份或恢复，可以远程下载/上载组态和硬件升级。有 2 个 RS-232 接口、1 个 RS-422/485 接口和 1 个 CF 卡插槽，可以通过 USB、RS-232 串口和以太网接口驱动打印机。TP270 和 OP270 可以使用标准的 Windows 数据存储格式（*.csv），用标准工具软件（如 Excel）处理保存的数据。

（6）移动面板

移动面板是基于 Microsoft Windows CE 操作系统的移动 HMI 设备。在涉及大型生产工厂、复杂或隔离系统、长传送线和生产线以及材料处理的应用中，选择移动面板可使调试工程师或其操作员始终位于动作控制中心，能及时观看工件或过程，从而可以快速响应操作要求。移动面板的接线箱可以随时随地接入，并且能确保运行中无故障地热插拔。移动面板主要有 Mobile177、Mobile277 等系列产品。移动面板 Mobile Panel 170 是基于 Microsoft Windows CE 操作系统的移动 HMI 设备，它有一个串口和一个 MPI/PROFIBUS-DP 接口，两个接口都可以用于传送项目，具有棒图、趋势图、调度器、打印、带缓冲的报警和配方管理功能，用 CF 卡备份配方数据和项目。图 11-6 所示为 Mobile Panel 170 移动面板。

（7）操作员面板

操作员面板 OP3、OP7、OP77B、OP170B 和 OP270 通过密封薄膜键进行操作、控制与监视。操作员面板有很多按键，与触摸屏显示器相比，操作员面板上的密封薄膜键比较耐油污。OP3（图 11-7）是为小型程序和 S7 系列 PLC 而设计的，也可以用作掌上设备，液晶显示器有背光 LED，可显示 2 行，每行 20 个字符，有 18 个系统键，其中 3 个是软键，用 ProTool/Lite 组态。

图 11-6 Mobile Panel 170 移动面板

图 11-7 OP3

（8）多功能面板

多功能面板（multi panel，MP）是性能最高的人机界面，高性能、具有开放性和可扩展性是其突出特点。它采用 Microsoft Windows CE V3.0 操作系统，用 WinCC flexible 组态，用于高标准的复杂机器的可视化。可以使用 256 色矢量图形显示功能、图形库和动画功能。它有过程值和信息归档功能、曲线图功能和在线语言选择功能。图 11-8 所示为 MP370 多功能触摸面板。MP 系列多功能面板有两个 RS-232 接口、RS-422/485 接口、USB 接口和 RJ45 以太网接口，RS-485 接口可以使用 MPI、PROFIBUS-DP 协议，还可以通过各种通信接口传送组态。而距离较长时可以用调制解调器、SIMATIC TeleService 或 Internet，通过 WinCCflexible 的 SmartService 进行传输。此外它还有 PC 卡插槽和 CF 卡插槽。

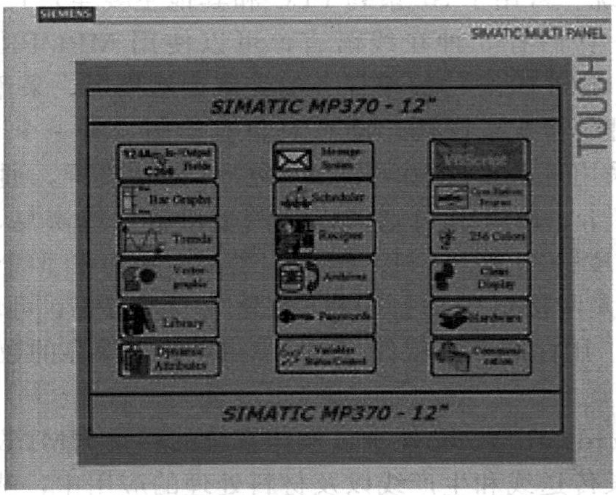

图 11-8　MP370 多功能触摸面板

11.1.3　人机界面的组态软件

（1）SIMATIC WinCC

SIMATIC WinCC 是在计算机上使用的人机界面组态软件，是一种可扩展的过程可视化系统（supervisory control and data acquisitio，SCADA，数据采集与监视控制系统），能高效控制自动化过程。SIMATIC WinCC 基于 Windows 平台，可实现完美的过程可视化，能为各种工业领域提供完备的操作和监视功能，涵盖从简单的单用户系统直到采用冗余服务器和远程 Web 客户端解决方案的分布式多用户系统。WinCC 的一个重要特点是其整体开放性，可方便地与标准程序和用户程序组合在一起使用，建立人机界面，精确地满足实际需要。

WinCC 可以作为后台服务运行，可将 I/O 服务器、数据归档服务器和 Web 服务器放置在安全数据中心。用户不需鼠标、键盘和显示器，甚至不需登录即可运行。集成 SIMATIC Logon，使用 Windows 用户验证机制，对于采用 IE 的 Web 客户端，有效避免了针对 IE 的木马，增强了系统安全性。支持 Windows Vista 及其界面风格，支持玻璃材质、渐进色、光影效果和阴影等效果。采用全新的动画播放控件（avi、gif 等），并支持. NET 和 XAML 控件，能够完美显示在线趋势、功能曲线、配方控件。

WinCC 系统最大提供 256K 点外部 I/O，并支持超大系统。系统集成由第三方驱动，如 Modbus TCP、Ethemet/IP，可作为系统平台软件，集成其他子系统。

（2）WinCC flexible

WinCC flexible 是在 Protool 人机界面组态软件的基础上发展而来的，并兼容 Protool，综合了 WinCC 的开放性和扩展性，以及 Protool 的易用性的新型人机界面组态软件。它支持多种语言，可以全球通用。除了用于 HMI 设备组态以外，WinCC flexible 高级版的运行软件还可以运行于计算机。WinCC flexible 具有开放的扩展功能，带有 Visual Basic 脚本功能，集成了 ActiveX 控件，可以将人机界面集成到 TCP/IP 网络。WinCC flexible 软件由三个部分组成：工程系统、运行系统和选件。

① WinCC flexible 工程系统（简称 ES），是用于处理组态任务的软件，采用模块化设计。西门子为各种不同的 HMI 设备量身订制了不同价格和性能档次的版本，如微型版、压缩版、标准版和高级版，随着版本的逐步升高，软件的功能及支持的设备范围也不断扩展。

② WinCC flexible 运行系统是用于过程可视化的软件，运行系统在过程模式下执行项

目，实现与自动化系统之间的通信、图像在屏幕上的可视化、各种过程操作、记录过程值和报警事件。运行系统支持一定数量的过程变量（Powertags），该数量由许可证确定。

③ WinCC flexible 选件可以扩展软件的标准功能，每个选件都需要一个许可证。

通过 WinCC flexible，才能使西门子 HMI 设备具有实际的功能，WinCC flexible 软件与 HMI 设备共同构成 HMI 控制系统，并完成下列任务。

a. 过程可视化。过程显示在 HMI 设备上。HMI 设备上的画面可根据过程变化动态更新。这基于过程的变化。

b. 操作员对过程的控制。操作员可以通过 GLH（图形用户界面）来控制过程。例如，操作员可以预置控件的参考数值或启动电动机。

c. 显示报警。过程的临界状态会自动触发报警。例如，当超出设定值时报警。

d. 归档过程值和报警。HMI 系统可以记录报警和过程值。该功能使用户可以记录过程值序列，并检索以前的生产数据。

e. 过程值和报警记录。HMI 系统可以输出报警和过程值报表。例如，用户可以在某一轮班结束时打印输出生产数据。

f. 过程和设备的参数管理。HMI 系统可以将过程和设备的参数存储在配方中。例如，可以一次性将这些参数从 HMI 设备下载到 PLC，以便改变产品版本进行生产。

（3）画面的生成与组态

画面是操作人员在生产过程中所要面对的直接界面。画面的制作是 HMI 组态的一项重要内容。画面是由静态元件和动态元件组成的。静态元件（如文本或图形对象）用于静态显示，在设备运行时，它们的状态不会发生变化，不需要变量与之连接，不能由 PLC 进行更新。动态元件指的是用图形、字符、数字趋势图和棒图等画面元件来显示 PLC 或 HMI 设备存储区中变量的当前状态或当前值。因此，动态元件的状态受变量的控制，需要设置与它连接的变量。

在项目生成时，系统会自动生成一个初始画面，如图 11-9 所示的工作区。通过画面编辑器下方的属性视图，可以对画面的属性进行设置。至此，项目创建完成，后续的组态工作可以在这个项目下继续进行。每一个元件都有对应属性视图，在属性视图中一般有以下项目。

⇨“常规”项：用来设置元件最重要和基本的属性。

⇨“属性”项：常用于静态设置，如文本的字体大小、对象的位置和访问权限等。

⇨“动画”项：用于对象外观或位置的动态设置，要用变量接口来实现。

⇨“事件”项：用于设置在特定事件发生时执行的系统函数。

WinCC flexible 组态项目的创建是 HMI 设备软件开发的第一步，主要完成 HMI 设备的确定、与 PLC 通信协议的确定，以及变量和基本画面的确定。

在图 11-9 所示的用户组态界面中，用户在工作区编辑项目对象，在属性视图区选取对象属性。使用界面右侧的工具箱，可以快速创建对象。不同型号的 HMI 设备，在工具箱中的可用对象是不同的。此时，可以对这一初步建立的项目进行保存。

① 菜单和工具栏　菜单和工具栏是大部分软件应用的基础，通过操作了解菜单中的各种命令和工具栏中各个按钮很重要。像大部分软件一样，菜单中浅灰色的命令和工具栏中浅灰色的按钮在当前条件下不能使用。如只有在执行了“编辑”菜单中的“复制”命令后，“粘贴”命令才会由浅灰色变成黑色，表示可以执行该命令。

② 项目视图　图 11-9 中左上角的窗口是项目视图，包含了可以组态的所有元件。生成项目时自动创建了一些元件，如名为“画面 1”的画面和画面模板等。项目中的各组成部分在项目视图中以树形结构显示，分为 4 个层次：项目、HMI 设备、文件夹和对角。项目视

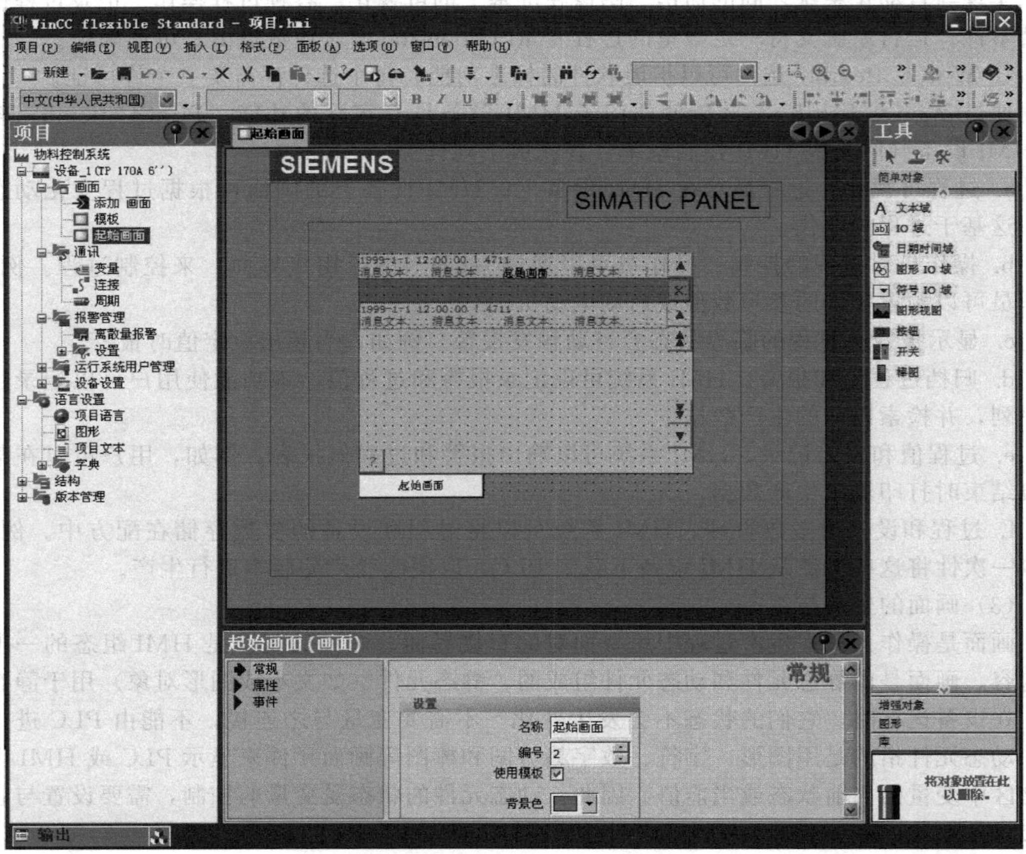

图 11-9 用户组态界面

图的使用方式与 Windows 的资源管理器相似。作为每个编辑器的子元件，用文件夹以结构化的方式保存对象。在项目窗口中，还可以访问 HMI 设备的设置、语言设置和版本管理。

③ 工作区 用户在工作区编辑项目对象，除了工作区之外，可以对其他窗口（如项目视图和工具箱等）进行移动、改变大小和隐藏等操作。工作区上的编辑器标签处可以同时打开 20 个编辑器。

④ 属性视图 属性视图用于设置在工作区中选取的对象的属性，输入参数后按回车键生效。属性窗口一般在工作区的下面。在编辑画面时，如果未激活画面中的对象，在属性对话框中将显示该画面的属性，可以对画面的属性进行编辑。

⑤ 工具箱中的对象 工具箱中可以使用的对象与 HMI 设备的型号有关。工具箱包含过程画面中需要经常使用的各种类型的对象。如图形对象或操作员控制元件，工具箱还提供许多库，这些库包含许多对象模板和各种不同的面板，可以用“视图”中的“工具”命令显示或隐藏工具箱视图。

根据当前激活的编辑器，“工具箱”包含不同的对象组。打开“画面”编辑器时，工具箱提供的对象组有简单对象、增强对象、图形和库。不同的人机界面可以使用的对象也不同。简单对角中有线、折线、多边形、矩形、文本域、图形视图、按钮、开关、IO 域等对象。增强对象提供增强的功能，这些对象的用途之一是显示动态过程，如配方视图、报警视图和趋势图等。库是工具箱视图元件，是用于存储常用对象的中央数据库。只需对库中存储的对象组态一次，以后便可以多次重复使用。

WinCC flexible 的库分为全局库和项目库。全局库存放在 WinCC flexible 的安装上的一个文件夹中，全局库可用于所有的项目，它存储在项目的数据库中，可以将项目库中的元件复制到全局库中。

⑥ 输出视图　输出视图用来显示在项目投入运行之前自动生成的系统报警信息，如组态中存在的错误等会在输出视图中显示。可以用“视图”菜单中的“输出”命令来显示或隐藏输出视图。

⑦ 对象视图　对象窗口用来显示在项目视图中指定的某些文件夹或编辑器中的内容，执行“视图”菜单中的“对象”命令，可以打开或关闭对象视图。

(4) 建立 HMI 设备与 PLC 之间的连接

单击界面左侧项目视图中“通讯”文件夹下属的“连接”图标，打开连接编辑器，如图 11-10 所示。连接表中自动出现与 S7-200 的连接，默认名为“连接_1”。连接表的下方是默认属性视图。图中的参数为默认值，是项目向导自动生成的，一般直接采用默认值，用户也可以根据情况修改。

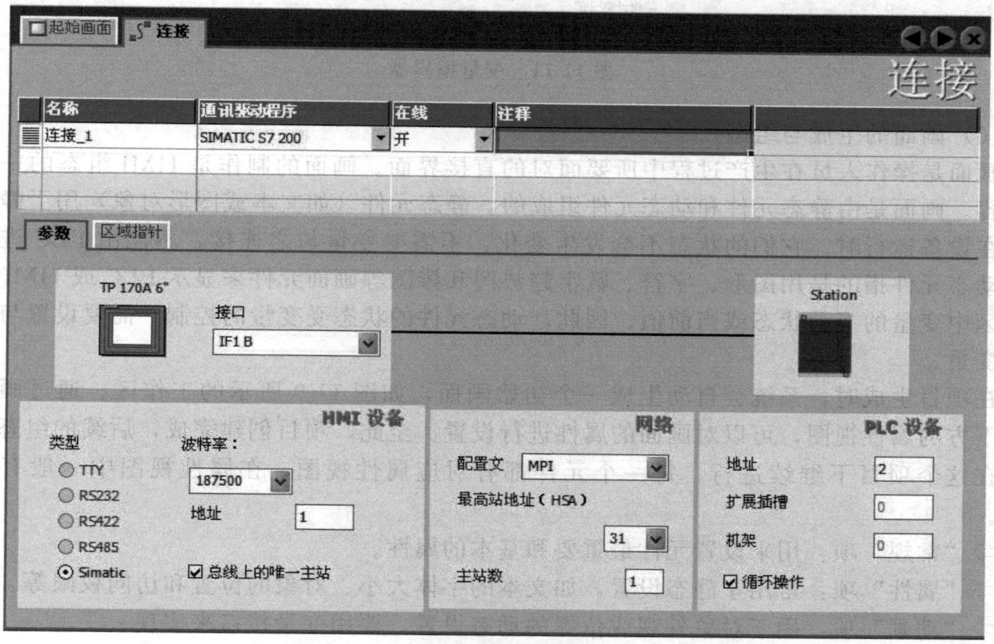

图 11-10　连接编辑器

(5) 变量的生成与组态

① 变量的分类　变量分为外部变量和内部变量，每个变量都要给出一个符号名和数据类型。外部变量是 HMI 与 PLC 进行数据交换的纽带，是 PLC 中定义的存储单元的映像，其状态和数值随 PLC 程序的执行而改变。内部变量存储在 HMI 中，与 PLC 没有连接关系，用于 HMI 设备内部计算或执行其他任务，并且只有 HMI 可以访问。内部变量用名称来区分，没有地址。

② 变量的生成与属性设置　变量的生成与设置是通过变量编辑器完成的。双击项目视图中“通信”文件夹下变量图标，就可以打开变量编辑器，如图 11-11 所示。双击变量表中的空白行，软件将会自动生成一个新的变量。变量的每个属性可以通过界面下方属性视图中相对应的项目进行设置；也可以通过双击每个编辑器属性表格，或者单击属性项表格边上

的下拉列表按钮来设置。

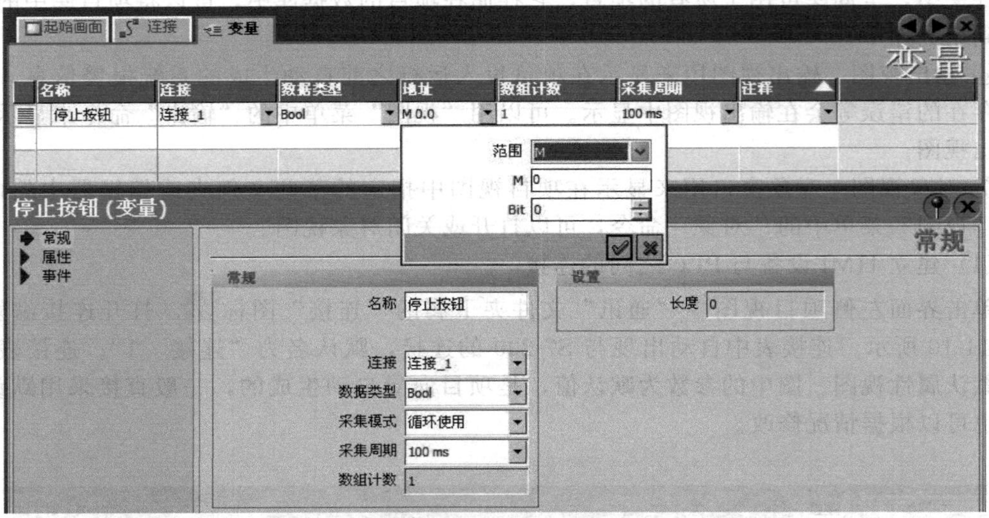

图 11-11　变量编辑器

（6）画面的生成与组态

画面是操作人员在生产过程中所要面对的直接界面。画面的制作是 HMI 组态的一项重要内容。画面是由静态元件和动态元件组成的。静态元件（如文本或图形对象）用于静态显示，在设备运行时，它们的状态不会发生变化，不需要变量与之连接，不能由 PLC 进行更新。动态元件指的是用图形、字符、数字趋势图和棒图等画面元件来显示 PLC 或 HMI 设备存储区中变量的当前状态或当前值。因此，动态元件的状态受变量的控制，需要设置与它连接的变量。

在项目生成时，系统会自动生成一个初始画面，如图 11-9 所示的工作区。通过画面编辑器下方的属性视图，可以对画面的属性进行设置。至此，项目创建完成，后续的组态工作可以在这个项目下继续进行。每一个元件都有对应属性视图，在属性视图中一般有以下项目。

⇨“常规”项：用来设置元件最重要和基本的属性。

⇨“属性”项：常用于静态设置，如文本的字体大小、对象的位置和访问权限等。

⇨“动画”项：用于对象外观或位置的动态设置，要用变量接口来实现。

⇨“事件”项：用于设置在特定事件发生时执行的系统函数。

WinCC flexible 组态项目的创建是 HMI 设备软件开发的第一步，主要完成 HMI 设备的确定、与 PLC 通信协议的确定以及变量和基本画面的确定。

11.2　通信基础知识

随着计算机网络技术的发展以及各企业对工厂自动化程度要求的不断提高，自动控制也从传统的集中式向多元化分布式方向发展。为了适应这种形式的发展，世界各国 PLC 生产厂家纷纷给自己的产品增加了通信及联网的功能，现在即使是微型和小型的 PLC 也都具有了网络通信接口。特别是在现场总线技术成为工业自动化热点应用技术的今天，更要求 PLC 必须具备能和标准现场总线联网的功能，开放性和多功能的网络通信要求成为 PLC 的必备条件。PLC 通信包括 PLC 间的通信、PLC 与上位计算机间的通信以及和其他智能设备间的通信。PLC 通信的实质就是计算机的通信，使得众多的独立控制任务构成一个控制工程整体，形成模块控制体系。PLC 与计算机连接组成网络，将 PLC 用于控制工业现场，计算机用于编程、显示和管理等任务，构成“集中管理、分散控制”的分布式控制系统（DCS）。S7-200 PLC 强大、廉价的网络通信功能是其在现在的工业自动化领域得到广泛应用的重要原因。本章首先介绍一些工业通信网络的基本知识，然后主要介绍西门子 S7-200 PLC 的通信网络及其配置，并通过举例介绍其通信指令的使用。

11.2.1 并行通信与串行通信

终端与其他设备（例如其他终端、计算机和外部设备）通过数据传输进行通信。数据传输可以通过并行通信和串行通信两种方式进行。

（1）并行通信

在计算机和终端之间的数据传输通常是靠电缆或信道上的电流或电压变化实现的。如果一组数据的各数据位在多条线上同时被传送，这种传输称为并行通信，如图 11-12 所示。例如，老式打印机的打印口和计算机的通信就是并行通信。并行通信以字节或字为单位的数据传输方式，除了 8 根或 16 根数据线、1 根公共线外，还需要通信双方联络用的控制线。

并行数据传送特点是：各数据位同时传送，传送速度快、效率高，多用在实时、快速的场合。并行传送的数据宽度可以是 1~128 位，甚至更宽，但是有多少数据位就需要多少根数据线，因此传送的成本高。在集成电路芯片的内部、同一插件板上各部件之间、同一机箱内各插件板之间的数据传送都是并行的。并行数据传送只适用于近距离的通信，通常小于 30m。

（2）串行通信

串行通信是指通信的发送方和接收方之间数据信息的传输是在单根数据线上，以每次一个二进制的 0、1 为最小单位逐位进行传输，如图 11-13 所示。例如，常用的优盘的 USB 接口就是串行通信。

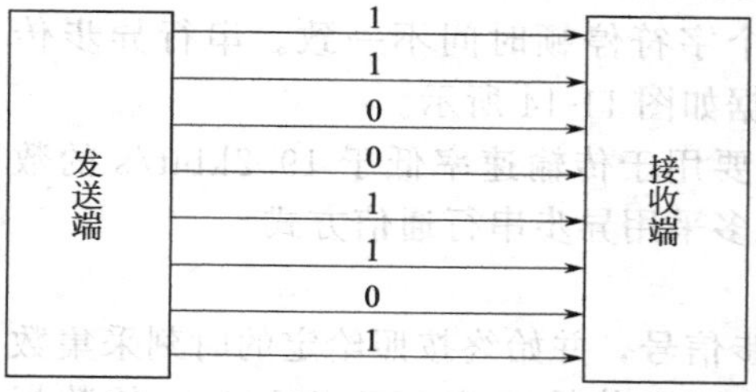

图 11-12　并行通信

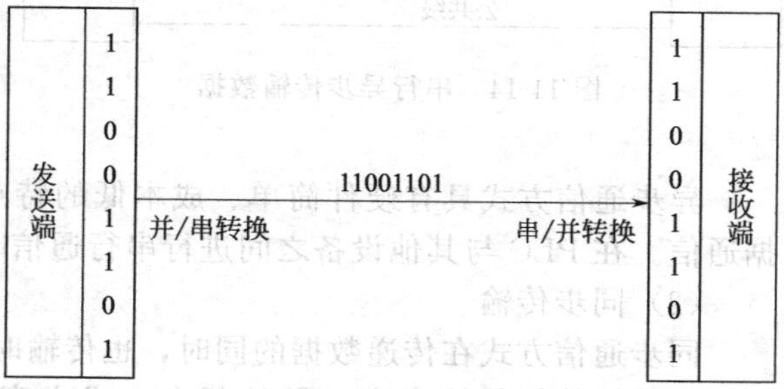

图 11-13　串行通信

串行数据传送的特点是：数据传送按位顺序进行，最少只需要一根传输线即可完成，节省传输线。与并行通信相比，串行通信还有较为显著的优点：传输距离长，可以从几米到几千米；在长距离内串行数据传送速率会比并行数据传送速率快；串行通信的通信时钟频率容易提高；串行通信的抗干扰能力十分强，其信号间的互相干扰完全可以忽略。

由于串行通信的接线少、成本低，所以它在数据采集和控制系统中应用广泛，产品也多种多样。串行通信是一种趋势，随着串行通信速率的提高，以前使用并行通信的场合，现在完全或部分被串行通信取代，如打印机的通信，现在基本被串行通信取代，再如个人计算机硬盘的数据通信，现在已经被串行通信取代。计算机和 PLC 间均采用串行通信方式。

11.2.2 异步通信与同步通信

串行传输中，数据是一位一位按照到达的顺序依次传输的，每位数据的发送和接收都需要时钟来控制。发送端通过发送时钟确定数据位的开始和结束，接收端需要在适当的时间间隔对数据流进行采样来正确地识别数据。接收端和发送端必须保持步调一致，否则数据传输就会出现差错。为解决以上问题，串行传输可采用异步传输和同步传输两种方法。从用户的角度上说，两者最主要的区别在于通信方式的“帧”不同。

同步通信方式在传递数据的同时，也传输时钟同步信号，并始终按照给定的时刻采集数据。其传输数据效率高，硬件复杂，成本高，一般用于传输速率高于 20kbit/s 的数据通信。

(1) 异步传输

异步通信方式也称起止方式，字符是数据传输单位。它在发送字符时，要先发送起始位，然后是字符本身，最后是停止位，字符之后还可以加入奇偶校验位。

在通信的数据流中，字符间异步，字符内部各位间同步。异步通信方式的“异步”主要体现在字符与字符之间通信没有严格的定时要求。异步传送中，字符可以是连续地、一个一个地发送，也可以是不连续地、随机地单独发送。在一个字符格式的停止位之后，立即发送下一个字符的起始位，开始一个新的字符的传输，叫做连续的串行数据发送，即帧与帧之间是连续的。断续的串行数据传送是指在一帧结束之后维持数据线的“空闲”状态，新的起始位可在任何时刻开始。一旦传送开始，组成这个字符的各个数据位将被连续发送，并且每个数据位持续的时间是相等的。接收端根据这个特点与数据发送端保持同步，从而正确地恢复数据。收/发双方则以预先约定的传输速率，在时钟的作用下，传送这个字符中的每一位。

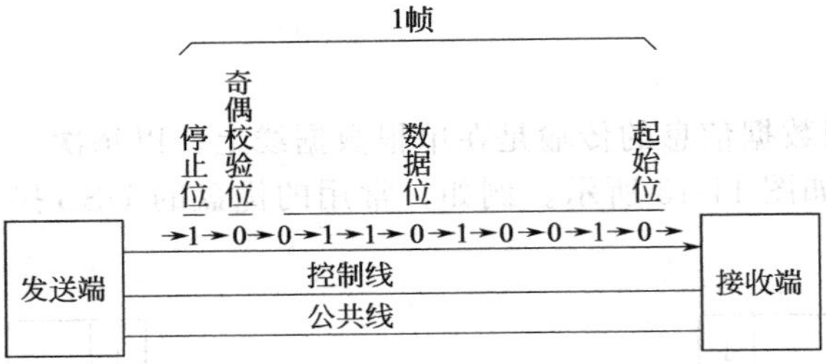

图 11-14 串行异步传输数据

在串行通信中，数据是以帧为单位传输的，帧有大帧和小帧之分，小帧包含一个字符，大帧含有多个字符。异步通信采用小帧传输，一帧中有 10～12 个二进制数据位，每一帧有一个起始位、7～8 个数据位、1 个奇偶校验位（可以没有）和停止位（1 位或两位）组成，被传送的一组数据相邻两个字符停顿时间不一致。串行异步传输数据如图 11-14 所示。

异步通信方式具有硬件简单、成本低的特点，主要用于传输速率低于 19.2kbit/s 的数据通信。在 PLC 与其他设备之间进行串行通信时，大多采用异步串行通信方式。

(2) 同步传输

同步通信方式在传递数据的同时，也传输时钟同步信号，并始终按照给定的时刻采集数据。其传输数据的效率高，硬件复杂，成本高，一般用于传输速率高于 20kbit/s 的数据通信。

在同步传输方式中，比特块以稳定的比特流的形式传输，数据被封装成更大的传输单位，称为帧。每个帧中含有多个字符代码，而且字符代码与字符代码之间没有间隙以及起始位和停止位。和异步传输相比，数据传输单位的加长容易引起时钟漂移。为了保证接收端能够正确地区分数据流中的每个数据位，收发双方必须通过某种方法建立起同步的时钟。可以在发送器和接收器之间提供一条独立的时钟线路，由线路的一端（发送器或者接收器）定期地在每个比特时间中向线路发送一个短脉冲信号，另一端则将这些有规律的脉冲作为时钟。这种技术在短距离传输时表现良好，但在长距离传输中，定时脉冲可能会和信息信号一样受到破坏，从而出现定时误差。另一种方法是通过采用嵌有时钟信息的数据编码位向接收端提供同步信息。

同步通信采用大帧传输数据。同步通信的多种格式中，常用的为 HDLC（高级数据链路控制）帧格式，其每一帧中有 1 字节的起始标志位、2 字节的收发方地址位、2 字节的通信状态位、多个字符的数据位和 2 字节的循环冗余校验位。串行同步传输数据如图 11-15 所示。

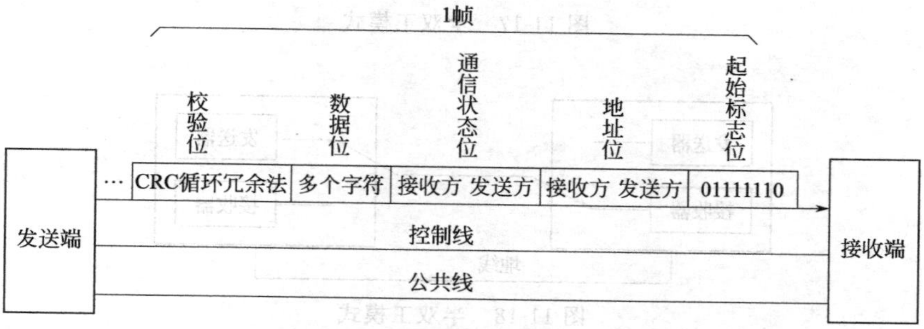

图 11-15　串行同步传输数据

11.2.3　串行通信工作模式

通过单线传输信息是串行数据通信的基础。数据通常是在两个站（点对点）之间进行传送，按照数据流的方向可分成：单工、半双工、全双工三种传送模式。

（1）单工模式

单工模式指数据只能实现单向传送的通信方式。通信双方中，一方固定为发送端，另一方则固定为接收端。信息只能沿一个方向传送，使用一根传输线，如图 11-16 所示。

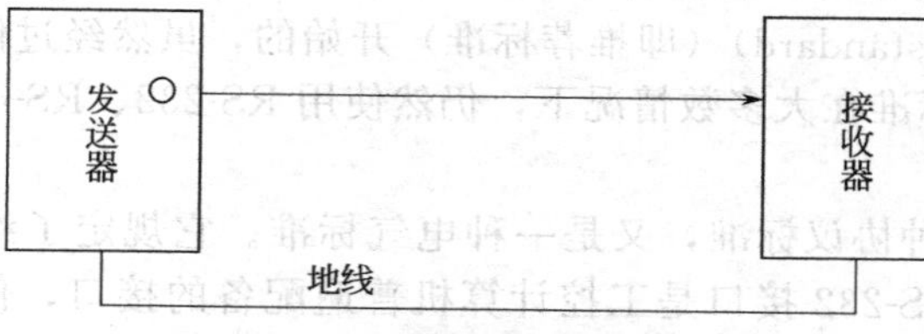

图 11-16　单工模式

单工模式一般用在只向一个方向传送数据的场合，不可以进行数据交换。例如计算机与打印机之间的通信是单工形式，因为只有计算机向打印机传送数据，而没有相反的数据传送。还有在某些通信信道中，如单工无线发送等。

（2）全双工模式

在全双工方式中，每一端都有发送器和接收器，有两条传送线，可在交互式应用和远程监控系统中使用，信息传输效率较高。由于通常需要两对双绞线连接，通信线路成本高。例如，RS-422 就是双工通信方式。全双工数据通信分别由两根可以在两个不同的站点同时发送和接收的传输线进行传送，通信双方都能在同一时刻进行发送和接收操作，如图 11-17 所示。

（3）半双工模式

半双工模式使用同一根传输线，既可发送数据又可接收数据，但不能同时发送和接收。在任何时刻只能由其中的一方发送数据，另一方接收数据。因此半双工模式既可以使用一条数据线，也可以使用两条数据线，如图 11-18 所示。

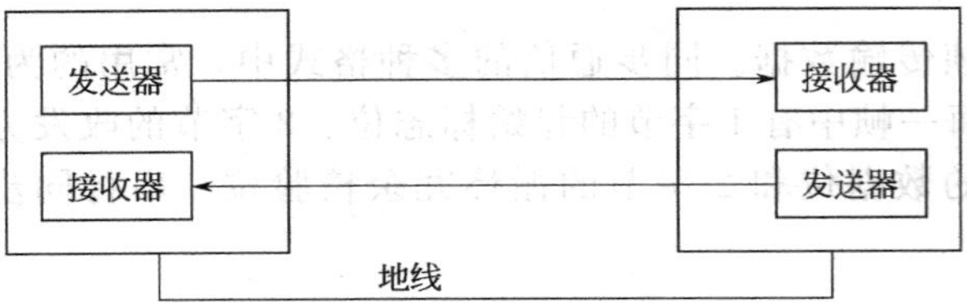

图 11-17 全双工模式

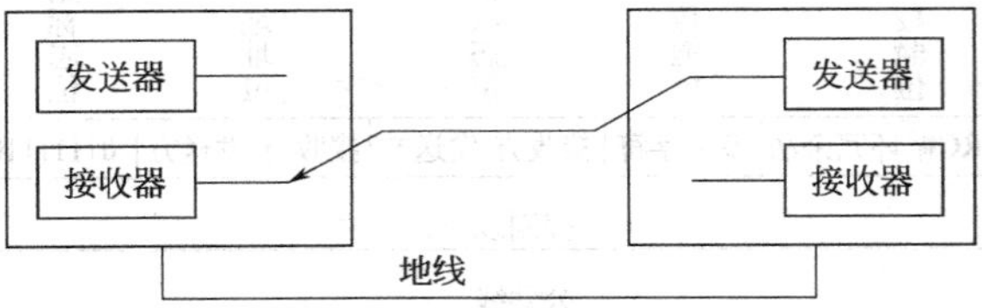

图 11-18 半双工模式

半双工模式中每端需有一个收/发切换电子开关，通过切换来决定数据向哪个方向传输。因为有切换，所以会产生时间延迟，信息传输效率低些。通常需要一对双绞线连接，与全双工相比，通信线路成本低。例如，RS-485 只用一对双绞线时就是“半双工”通信方式。

11.2.4 串行通信的接口标准

串行接口技术简单成熟，性能可靠，价格低廉，对软、硬件条件要求都很低，广泛应用于计算机及相关领域，遍及调制解调器（Modem）、各种监控模块、PLC、摄像头云台、数控机床、单片机及相关智能设备。常用的几种接口都是美国电子工业协会 EIA（electronic industries association）公布的，它们有 EIA-232、EIA-485、EIA-422 等，它们的前身是以字头 RS（recommended standard）（即推荐标准）开始的，虽然经过修改，但差别不大。所以现在的串行通信接口标准在大多数情况下，仍然使用 RS-232、RS-485、RS-422 等。

（1）RS-232 接口

RS-232 接口既是一种协议标准，又是一种电气标准。它规定了终端和通信设备之间信息交换的方式和功能。RS-232 接口是工控计算机普遍配备的接口，使用简单、方便。它采用按位串行的方式，单端发送、单端接收，所以数据传送速度低，抗干扰能力差，传送波特率为 300bit/s、600bit/s、1200bit/s、4800bit/s、9600bit/s、19200bit/s 等。它的电路如图 11-19 所示。在通信距离近、传送速率低和环境要求不高的场合应用较广泛。

（2）RS-485 接口

RS-485 接口是一种最常用的串行通信协议。它使用双绞线作为传输介质，具有设备简单、成本低等特点。如图 11-20 所示，RS-485 接口采用两线差分平衡传输，其一根导线上的电压值是另一根上的电压值取反，接收端的输入电压为这两根导线电压值的差值。

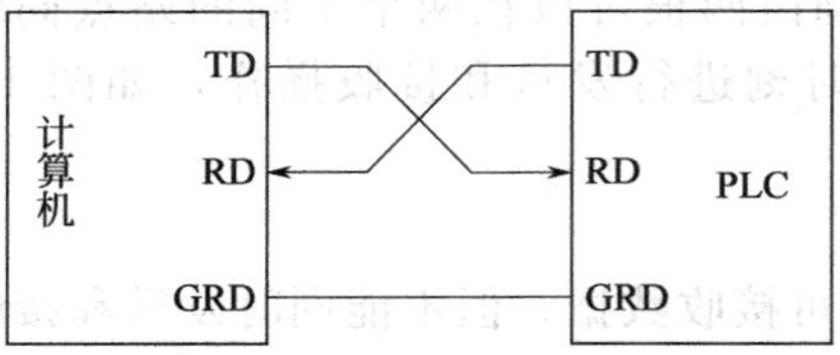

图 11-19 RS-232 接口电路

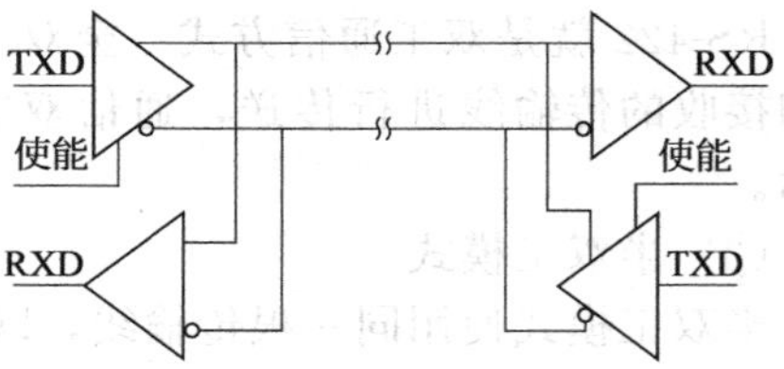

图 11-20 RS-485 接口电路

差分电路的最大优点是可以抑制噪声。因为噪声一般会同时出现在两根导线上，RS-485 的一根导线上的噪声电压会被另一根导线上出现的噪声电压抵消，因此可以极大地削弱噪声对信号的影响。差分电路另一个优点是不受节点间接地电平差异的影响；在非差分（即单端）电路中，多个信号共用一根接地线，长距离传送时，不同节点接地线的电平差异可能相差数伏，有时甚至会引起信号的误读，但差分电路则完全不会受到接地电平差异的影响。由于采用差动接收和平衡发送的方式传送数据，RS-485 接口的传输有较高的通信速率（波特率可达 10Mbit/s 以上）和较强的抑制共模干扰能力。

RS-485 总线工业应用成熟，而且大量的已有工业设备均提供 RS-485 接口。目前 RS-485 总线仍在工业应用中具有十分重要的地位。西门子 PLC 的 PPI 通信、MPI 通信和 PROFIBUS-DP 现场总线通信的物理层都是 RS-485 通信，而且都是采用相同的通信线缆和专用网络接头。西门子提供两种网络接头，即标准网络接头和编程端口接头，可方便地将多台设备与网络连接，编程端口接头允许用户将编程站或 HMI 设备与网络连接，而不会干扰任何现有网络连接。编程端口接头通过编程端口传送所有来自 S7-200 CPU 的信号（包括电源针脚），这对于连接由 S7-200 CPU（例如 SIMATIC 文本显示）供电的设备尤其有用。标准网络接头的编程端口接头均有两套终端螺钉，用于连接输入和输出网络电缆。这两种接头还配有开关，可选择网络偏流和终端。

西门子的专用 PROFIBUS 电缆中有两根线，一根为红色，上标有“B”，一根为绿色，上面标有“A”，这两根线只要与网络接头上相对应的“A”和“B”接线端子相连即可（如“A”线与“A”接线端相连）。网络接头直接插在 PLC 的 PORT 口上即可，需要其他设备。

注意: 三菱的 FX 系列 PLC 的 RS-485 通信要加 RS-485 专用通信模块和终端电阻。

（3）RS-422 接口

RS-422 接口传输线采用差动接收和差动发送方式传送数据，也有较高的通信速率（可达 10Mbit/s 以上）和较强的抗干扰能力，适合远距离传输，工厂应用较多。

RS-422 与 RS-485 的区别在于 RS-485 采用的是半双工传送方式，RS-422 采用全双工传送方式；RS-422 用两对差分信号线，RS-485 只用一对差分信号线。

RS-232、RS-422 与 RS-485 标准只对接口的电气特性做出规定，而不涉及接插件、电缆或协议，在此基础上用户可以建立自己的高层通信协议。RS-232、RS-422、RS-485 电气参数比较见表 11-1。

表 11-1　RS-232、RS-422、RS-485 电气参数比较

规定		RS-232	RS-422	RS-485
工作方式		单端	差分	差分
节点数		1 收、1 发	1 发 10 收	1 发 32 收
最大传输电缆长度/m		15	121	121
最大传输速率		20kbit/s	10Mbit/s	10Mbit/s
最大驱动输出电压/V		±25	−0.25～+6	−7～+12
驱动器输出信号电平（负载最小值）/V	负载	±5～±15	±2.0	±1.5
驱动器输出信号电平（空载最大值）/V	空载	±25	±6	±6

续表

规定	RS-232	RS-422	RS-485
驱动器负载阻抗/Ω	3000～7000	100	54
接收器输入电压范围/V	±15	－10～＋10	－7～＋12
接收器输入门限/mV	±3000	±200	±200
接收器输入电阻/Ω	3000～7000	4000（最小）	≥12 000
驱动器共模电压/V		－3～＋3	－1～＋3
接收器共模电压/V		－7～＋7	－7～＋12

11.2.5 IEEE802 通信标准

IEEE（国际电工与电子工程师学会）的 802 委员会于 1982 年颁布了一系列计算机局域网分层通信协议标准草案，总称为 IEEE802 标准。它把 OSI 的底部两层分解为逻辑链路控制层（LLC）、媒体层访问层（MAC）和物理传输层。前两层对应于 OSI 中的数据链路层，数据链路层是一条链路（Link）两端的两台设备进行通信时所共同遵守的规则和约定。

IEEE802 的媒体访问控制层对应用于三种已建立的标准，即带冲突检测的载波侦听多路访问（CSMA/CD）协议、令牌总线（token bus）和令牌环（token ring）。

（1）CSMA/CD

CSMA/CD（carrier-sense multiple access collision detection）通信协议的基础是 XEROX 等公司研制的以太网（Ethernet），各站共享一条广播式的传输总线，每个站都是平等的，采用竞争方式发送信息到传输线上，即任何一站都可以随时广播报文，并为其他各站接收。当某个站识别到报文上的接收站名与本站的站名相同时，便将报文接收下来。由于没有专门的控制站，两个或多个站可能因为同时发送信息而发生冲突，造成报文作废，因此必须采取措施来防止冲突事件的发生。

发送站在发送报文之前，先监听一下总线是否空闲，如果空闲；则发送报文到总线上，称之为“先听后讲”。为了防止冲突，在发送报文开始的一段时间内，仍然监听总线，采用边发送边接收的办法，把接收到的信息和自己发送的信息相比较，若相同则继续发送，称之为“边听边讲”；若不相同则发生冲突，立即停止发送报文，并发送一段简短的冲突标志码（阻塞码序列）。通常把这种“先听后讲”和“边听边讲”相结合的方法称为 CSMA/CD（带冲突检测的载波侦听多路访问），其控制策略是竞争发送、广播式传送、载体监听、冲突检测、冲突后退和再试发送。

在以太网发展的初期，通信速率较低。如果网络中的设备较多，信息交换比较频繁，可能会经常出现竞争和冲突，影响信息传输的实时性。随着以太网传输速率的提高（100～1000Mbit/s），这一问题已经基本解决。由于采取了一系列措施，工业以太网较好地解决了实时性问题，在工业控制中得到了广泛的应用。大型工业控制系统最上层的网络几乎全部采用以太网，以太网将会越来越多地用于工业控制网络中的底层网络。

（2）令牌总线

IEEE802 标准中的工厂媒质访问技术是令牌总线，其编号为 802. 4，它吸收了通用汽车公司支持的 MAP（manufacturing automation protocol，制造自动化协议）系统的内容。

在令牌总线中，媒体访问控制是通过传递一种称为令牌的特殊标志来实现的。按照逻辑顺序，令牌从一个装置传递到另一个装置，传递到最后一个装置后，再传递给第一个装置，如此周而复始，形成一个逻辑环。令牌有“空”“忙”两个状态，令牌开始运行时由指定站产生一个空令牌沿逻辑环传送。任何一个要发送信息的站都要等到令牌传给自己，判断为空令牌时才发送信息。发送站首先把令牌置成“忙”，并写入要传送的信息、发送站名和接收站名，然后将载有信息的令牌送入逻辑环传输。令牌沿逻辑外循环一周后返回发送站时，信息已被接收站复制，发送站将令牌置为“空”，送入逻辑环继续传送，以供其他站使用。如果在传送过程中令牌丢失，由监控站向网中注入一个新的令牌。

令牌传递式总线能在很重的负荷下提供实时同步操作，传输效率高，适于频繁、较短的数据传输，因此它最适合于需要进行实时通信的工业控制网络系统。

(3) 令牌环

令牌环媒质访问方案是IBM开发的，它在IEEE 802标准中的编号为802.5，它有些类似令牌总线。在令牌环上，最多只能有一个令牌绕环运动，不允许两个站同时发送数据。令牌环从本质上看是一种集中控制式的环，环上必须有一个中心控制站负责网络工作状态的检测和管理。

11.2.6 现场总线

现场总线是20世纪80年代中后期在工业控制中逐步发展起来的。随着微处理器技术的发展，其功能不断增强，而成本不断下降。计算机技术飞速发展，同时计算机网络技术也迅速发展起来了。计算机技术的发展为现场总线的诞生奠定了技术基础。另外，智能仪表也出现在工业控制中，智能仪表的出现为现场总线的诞生奠定了应用基础。在原模拟仪表的基础上增加具有计算功能的微处理器芯片，在输出的4～20mA直流信号上叠加了数字信号，使现场输入输出设备与控制器之间的模拟信号转变为数字信号。

国际电工委员会（IEC）对现场总线（Fieldbus）的定义为：一种应用于生产现场，在现场设备之间、现场设备和控制装置之间实行双向、串行、多节点的数字通信网络。现场总线有广义与狭义之分。狭义的现场总线就是指基于EIA485的串行通信网络。广义的现场总线泛指用于工业现场的所有控制网络。广义的现场总线包括狭义现场总线和工业以太网。工业以太网是用于工业现场的以太网，一般采用交换技术，即交换式以太网技术。工业以太网以TCP/IP为基础，与串行通信的技术体系是不同的。在工业控制中，现场总线的概念因场合不同而不同，应根据不同场合加以区别。

现场总线以开放的、独立的、全数字式的双向多变量通信取代现场模拟信号。现场总线I/O集检测、数据处理、通信为一体，可以代替变送器、调节器、记录仪等模拟量仪表，它可以直接安装在现场导轨槽上。现场总线I/O的接线极为简单，只需一根电缆，从主机开始，沿数据链从一个现场总线I/O连接到下一个现场总线I/O。使用现场总线后，可以节约配线、安装、调试和维护等方面的费用，现场总线I/O与PLC可以组成高性价比的DCS系统。使用现场总线后，工作人员可以在控制室内实现远程监控，可以在中央控制室内对现场设备进行参数调整，还可以通过现场设备的自诊断功能预测故障和寻找故障。

1984年国际电工技术委员会/国际标准协会（IEC/ISA）就开始制定现场总线的标准，然而统一的标准至今仍未完成。很多公司推出其各自的现场总线技术，但彼此的开放性和相互操作性难以统一。经过12年的讨论，终于在1999年年底通过了IEC61158现场总线标准，这个标准容纳了8种互不兼容的总线协议。后来又经过不断讨论和协商，在2003年4月，IEC61158 Ed.3现场总线标准第3版正式成为国际标准，确定了10种不同类型的现场总线为IEC61158现场总线，见表11-2。

表 11-2 IEC61158 的现场总线

类型编号	名称	发起的公司
Type1	TS61158 现场总线	原来的技术报告
Type2	ControlNet 和 Ethernet/IP 现场总线	美国 Rockwell 公司
Type3	PROFIBUS 现场总线	德国 Siemens 公司
Type4	P-NET 现场总线	丹麦 Process Data 公司
Type5	FF HSE 现场总线	美国 Fisher Rosemount 公司
Type6	SwiftNet 现场总线	美国波音公司
Type7	World FIP 现场总线	法国 Alstom 公司
Type8	INTERBUS 现场总线	德国 Phoenix Contact 公司
Type9	FF HI 现场总线	现场总线基金会
Type10	PROFINET 现场总线	德国 Siemens 公司

11.2.7 PLC 数据通信介质

通信介质就是在通信系统中位于发送端与接收端之间的物理通路。通信介质可分为导向性和非导向性介质两种。导向性介质有双绞线、同轴电缆和光纤等，这种介质将引导信号的传播方向；非导向性介质一般通过空气传播信号，它不为信号引导传播方向，如短波、微波和红外线通信等。

(1) 双绞线

双绞线是一种廉价而又广为使用的通信介质，它由两根彼此绝缘的导线按照一定规则以螺旋状绞合在一起的。这种结构能在一定程度上减弱来自外部的电磁干扰及相邻双绞线引起的串音干扰（串扰）。但在传输距离、带宽和数据传输速率等方面仍有其一定的局限性。双绞线常用于建筑物内局域网数字信号传输。这种局域网所能实现的带宽取决于所用导线的质量、长度及传输技术。只要选择、安装得当，在有限距离内数据传输速率可达到 10Mbit/s。当距离很短且采用特殊的电子传输技术时，传输速率可达 100Mbit/s。

在实际应用中，通常将许多对双绞线捆扎在一起，用起保护作用的塑料外皮将其包裹起来制成电缆。采用上述方法制成的电缆就是非屏蔽双绞线电缆。为了便于识别导线和导线间的配对关系，双绞线电缆中每根导线使用不同颜色的绝缘层。为了减少双绞线间的相互串扰，电缆中相邻双绞线一般采用不同的绞合长度。非屏蔽双绞线电缆价格便宜、直径小、节省空间、使用方便灵活、易于安装，是目前最常用的通信介质。

美国电器工业协会（EIA）规定了六种质量级别的双绞线电缆，其中 1 类线档次最低，只适于传输语音；6 类线档次最高，传输频率可达到 250MHz。网络综合布线一般使用 3～5 类线。3 类线传输频率为 16MHz，数据传输速率可达 10Mbit/s；4 类线传输频率为 20MHz，数据传输速率可达 16Mbit/s；5 类线传输频率为 100MHz，数据传输速率可达 100Mbit/s。

非屏蔽双绞线易受干扰，缺乏安全性。因此，往往采用金属包皮或金属网包裹以进行屏蔽，这种双绞线就是屏蔽双绞线。屏蔽双绞线抗干扰能力强，有较高的传输速率，100m 内可达到 155Mbit/s。但其价格相对较贵，需要配置相应的连接器，使用时不是很方便。

(2) 同轴电缆

同轴电缆由内、外层两层导体组成。内层导体是由一层绝缘体包裹的单股实心线或绞合线（通常是铜制的），位于外层导体的中轴上；外层导体是由绝缘层包裹的金属包皮或金属网。同轴电缆的最外层是能够起保护作用的塑料外皮。同轴电缆的外层导体不仅能够充当导体的一部分，而且还起到屏蔽作用。这种屏蔽一方面能防止外部环境造成的干扰，另一方面能阻止内层导体的辐射能量干扰其他导线。与双绞线相比，同轴电线抗干扰能力强，能够应用于频率更高、数据传输速率更快的情况。对其性能造成影响的主要因素来自衰损和热噪声，采用频分复用技术时还会受到交调噪声的影响。虽然目前同轴电缆大量被光纤取代，但它仍广泛应用于有线电视和某些局域网中。

目前得到广泛应用的同轴电缆主要有 50Ω 电缆和 75Ω 电缆这两类。50Ω 电缆用于基带数字信号传输，又称基带同轴电缆。电缆中只有一个信道，数据信号采用曼彻斯特编码方式，数据传输速率可达 10Mbit/s，这种电缆主要用于局域以太网。75Ω 电缆是 CATV 系统使用的标准，它既可用于传输宽带模拟信号，也可用于传输数字信号。对于模拟信号而言，其工作频率可达 400MHz。若在这种电缆上使用频分复用技术，则可以使其同时具有大量的信道，每个信道都能传输模拟信号。

(3) 光纤

光纤是一种传输光信号的传输媒介。处于光纤最内层的纤芯是一种横截面积很小、质地脆、易断裂的光导纤维，制造这种纤维的材料可以是玻璃也可以是塑料。纤芯的外层裹有一个包层，它由折射率比纤芯小的材料制成。正是由于在纤芯与包层之间存在着折射率的差异，光信号才得以通过全反射在纤芯中不断向前传播。在光纤的最外层则是起保护作用的外套。通常都是将多根光纤扎成束并裹以保护层制成多芯光缆。

光纤有多种分类方式。根据制作材料的不同，光纤可分为石英光纤、塑料光纤、玻璃光纤等；根据纤芯折射率的分布不同，光纤可以分为突变型光纤和渐变型光纤；根据传输模式不同，光纤可分为多模光纤和单模光纤；根据工作波长的不同，光纤可分为短波长光纤、长波长光纤和超长波长光纤。

单模光纤的带宽最宽，多模渐变光纤次之，多模突变光纤的带宽最窄。单模光纤适于大容量远距离通信，多模渐变光纤适于中等容量中等距离的通信，而多模突变光纤只适于小容量的短距离通信。

在实际光纤传输系统中，还应配置与光纤配套的光源发生器件和光检测器件。目前最常见的光源发生器件是发光二极管（LED）和注入激光二极管（ILD）。光检测器件是在接收端能够将光信号转化成电信号的器件，目前使用的光检测器件有光电二极管（PIN）和雪崩光电二极管（APD），光电二极管的价格较便宜，然而雪崩光电二极管却具有较高的灵敏度。

与一般的导向性通信介质相比，光纤具有抗干扰性好、保密性强、使用安全等特点。它是非金属介质材料，具有很强的抗电磁干扰能力，这是传统的电通信所无法比拟的。光纤具有抗高温和耐蚀性能，可以抵御恶劣的工作环境。当然光纤也存在一些缺点，如系统成本较高、不易安装与维护、质地脆易断裂等。

上述几种传输介质，双绞线价格便宜，对低通信容量的局域网来说，双绞线的性能价格比是最好的。楼宇内的网络线就可以使用双绞线，与同轴电缆相比，双绞线的带宽受到限制。同轴电缆的价格介于双绞线与光纤之间，当通信容量较大且需要连接较多设备时，选择同轴电缆较为合适。光纤与双绞线和同轴电缆相比，其优点有：频带宽、速度高、体积小、重量轻、衰减小、能电磁隔离、误码率低。因此，对于高质量、高速度或要求长距离传输的数据通信网，光纤是非常合适的传输介质。随着技术的发展和成本的降低，光纤在局域网中将得到更加广泛的应用。

11.3 西门子 PLC 通信

把 PLC 与 PLC、PLC 与计算机、PLC 与人机界面或 PLC 与智能装置通过信道连接起来，实现通信，以构成功能更强、性能更好、信息流畅的控制系统，一般称为 PLC 联网。若不是多个 PLC 或计算机，仅为两个 PLC、一个 PLC 与一个计算机或一个 PLC 与人界面建立连接，一般不称为联网，而叫做链接（Link）。PLC 联网之后，还可通过中间站点或其他网桥进行网与网互联，以组成更为复杂的网与通信系统。

链接或联网是 PLC 通信的物质基础，而实现通信才是 PLC 联网的目的。PLC 通信的目的是与通信对象交换数据，增强 PLC 的控制功能，实现被控制系统的全盘自动化、调程化、信息化及智能化。PLC 与 PLC、PLC 与计算机、PLC 与人机界面以及 PLC 与其他智能装置间的通信，可调高 PLC 的控制能力及扩大 PLC 控制地域，简化系统布线、维修，并增强其可靠性，可便于对系统监视与操作，可简化系统安装与维修，可使自动化从设备级，发展到生产线级、车间级以至于工厂级，实现在信息化基础上自动化（e 自动化），为实现智能化工厂（Smart Factory）、透明工厂（TranSparent Factory）及全集成自动化系统提供技术支持。

11.3.1 西门子工业通信网络

西门子提出的全集成自动化（TIA）系统的核心内容包括组态和编程的集成、数据管理的集成以及通信的集成。通信网络是这个系统非常重要、关键的组件，提供了各部件和网络间完善的通信功能。SIMATIC NET 是西门子公司网络产品的总称，它包含了三个主要的层次：工业以太网、现场总线 PROFIBUS、现场总线 AS-i，以下分别作简单的介绍。

（1）工业以太网网络

将 S7-200 PLC 接入以太网，计算机应安装以太网卡，S7-200 PLC 配备以太网模块 CP 243-1 或互联网模块 CP243-1 IT。安装了 STEP 7-Micro/WIN 之后，计算机上将会有一个标准的浏览器，可以用它访问 CP243-1 IT 模块的主页。使用以太网时，在编程软件中应配置 TCP/IP。在“通信”对话框中，应为网络中的每个以太网/互联网模块指定远程 IP 地址。

① 工业以太网通信处理器 CP243-1　CP243-1 用于将 S 7-200 PLC 系统连接到工业以太网中，可以使用 STEP7-Micro/WIN 对 S7-200 进行远程组态、编程和诊断。一台 S7-200 PLC 可以通过以太网与其他的 S7-200、S7-300 或 S7-400 PLC 控制器进行通信，最多可以建立 8 个连接。集成 OPC 服务器之后，可以实现 PC 应用。CP243-1 可以与不同类型的 S7-200 CPU 相连接，但每个 S7-200 CPU 只能连接 1 个 CP243-1。如果连接有多个 CP243-1，将不能保证 S7-200 PLC 系统正常运行。CP243-1 以太网模块提供了一个预设的、全球范围内的唯一的 MAC 地址，此地址不能被改变。

② 因特网模块 CP243-1 IT　CP243-1 IT 因特网模块是用于连接 S7-200 PLC 系统到工业以太网（IE）的通信处理器。可以使用 STEP 7-Micro/WIN 通过以太网对 S7-200 PLC 进行远程组态、编程和诊断。S7-200 PLC 可以通过以太网和其他 S7-200、S7-300 和 S7-400 PLC 控制器进行通信。它还可以和 OPC 服务器进行通信。可以使用 STEP 7-Micro/WIN（V3. 2 SP3 或以上）对 CP243-1 IT 进行组态。

CP243-1 IT 因特网模块全面兼容 CP243-1 以太网模块。为 CP243-1 以太网模块写的用户程序，可以在 CP243-1 IT 因特网模块上运行。同样，每个 S7-200 CPU 只能连接一个 CP243-1 IT 因特网模块。CP243-1 IT 因特网模块提供一个预设的、全球范围内唯一的 MAC

地址，此地址不能被改变。

CP243-1 IT 因特网模块除了具有一般的以太网通信功能外，还具有 IT 功能：作为发送 E-mail 的 SMTP 客户机，除了文本信息以外，还可以传送嵌入式的变量，最多可组态 32 封 E-mail，每封最多 1024 个字符。作为 Web 服务器，用户可以在计算机上利用普通浏览器访问页面，实现部分人机界面功能。作为 HTTP 服务器，可以同时用最多 4 个 Web 浏览器访问 S7-200 系统的过程数据和状态数据，提供 S7-200 系统诊断和过程变量访问的 HTML 页面。使用它的 FTP 通信功能，CPU 可将数据块作为文件发送到其他 PC，读取和删除其他 PC 的文件（客户机功能）。对于大多数操作系统平台都可通过 FTP 进行通信。

③ 以太网网络配置举例　图 11-21 是一个简单的 S7-200 PLC 组成的以太网系统。工控机通过以太网与 2 个 S7-200 PLC 进行通信，2 个 PLC 分别控制以太网模块 CP243-1 和互联网模块 CP243-1 IT。PLC 通过以太网交换数据，安装 WIN32 的 PC 可通过标准浏览器来访问 CP243-1 IT 的主页。

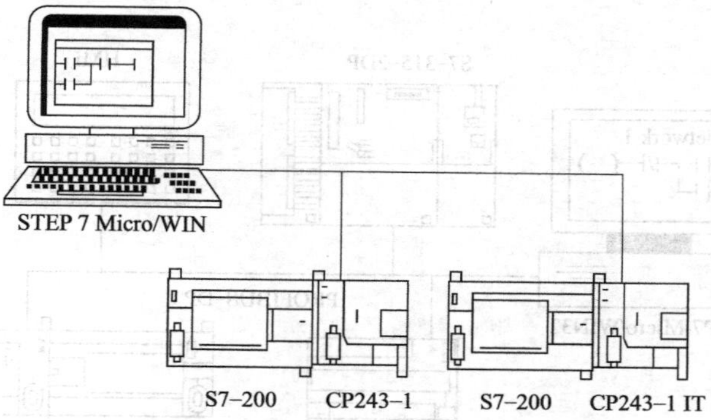

图 11-21　S7-200PLC 组成的以太网

（2）PROFIBUS 网络

① PROFIBUS 网络简介　PROFIBUS 网络（又称为 SINEC L2 网络）位于西门子 PLC 网络的第二层，用于车间级和现场级之间的通信，它遵从 PROFIBUS 协议。PROFIBUS 协议通常用于实现与分布式 I/O 的高速通信。它可以使用不同厂家的 PROFIBUS 设备，这些设备可以包含普通的 I/O 模块、电动机控制器以及 PLC。PROFIBUS 网络通常可以有一个主站及若干个 I/O 从站。S7-200 系列 PLC 可以作为从站通过 EM277 接入 PROFIBUS 网络。

EM277 PROFIBUS-DP 从站模块是一种智能扩展模块，EM277 通过串行 I/O 总线连接到 S7-200 CPU，PROFIBUS 网络通过其 DP 通信端口连接到 EM277，波特率为 9.6kbit/s～12Mbit/s，它与 S7-200 PLC 的兼容性如表 11-3 所示。

表 11-3　EM277 PROFIBUS-DP 模块对 S7-200 PLC 的兼容

CPU	描述
CPU222 版本 1.10 或者更高	CPU222DC/DC/DC/和 CPU222AC/DC/继电器
CPU224 版本 1.10 或者更高	CPU224DC/DC/DC/和 CPU222AC/DC/继电器
CPU224XP 版本 1. 10 或者更高	CPU224XPDC/DC/DC/和 CPU222AC/DC/继电器
CPU226 版本 1.10 或者更高	CPU226DC/DC/DC/和 CPU222AC/DC/继电器

作为 DP 从站，EM277 模块接收从主站来的多种不同的 170 配置，向主站发送和接收不同数量的数据。这种特性使用户能修改所传输的数据量，以满足实际应用的需要。与许多 DP 从站不同的是，EM227 模块不仅能传输 I/O 数据，还能读写 S7-300 CPU 中定义变量数据块。这样，就可以使用户能与主站交换任何类型的数据。首先将数据移到 S7-200 CPU 中的变量存储器，就可将输入、计数值、定时器值或其他计算值传送到主站。类似地，从主站来的数据存储在 S7-200 CPU 中的变量存储器内，并可移到其他数据区。EM227、PROFIBUS-DP 模块的 DP 端口可连接到网络上的一个 DP 主站上，但仍能作为一个 MPI 从站与同一个网络上 SIMATIC 编程器或 S7-300/S7-400 CPU 等其他主站进行通信。

② PROFIBUS 网络举例　图 11-22 所示为一个西门子 PROFIBUS 网络。在该网络中，主站为 S7-300PLC（CPU 型号为 S7-315-2DP），EM277 模块作为 PROFIBUS 网络的从站，S7-315-2DP 通过 EM277 读写 S7-200 的 V 存储区中的数据，HMI 通过 EM277 监控 S7-200，STEP 7-Micro/WIN32 通过 EM277 对 S7-200 进行编程。网络支持的波特率为 9.6kbit/s～12Mbit/s。

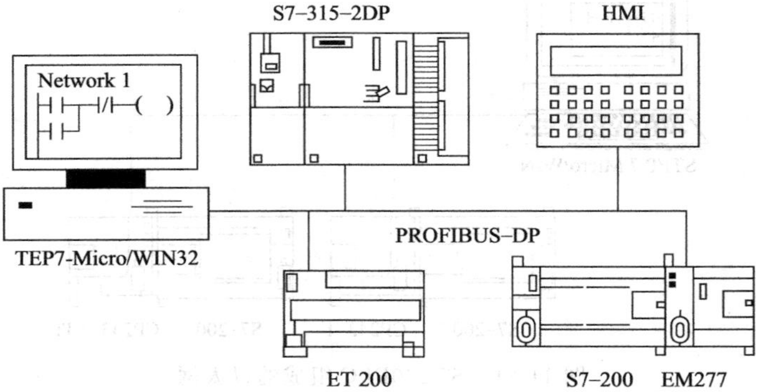

图 11-22　PROFIBUS 网络

(3) AS-i 网络

AS-i 网络主要用于连接需要传送开关量的传感器和执行器。AS-i 属于主从式网络，每个网段只能有一个主站。主站是网络通信的中心，负责网络的初始化以及设置从站的地址和参数等。通过 CP243-2，S7-200 系列 PLC 可以方便地作为 AS-i 的主站进行工作。CP243-2 是 SIMATIC S7-200（CPU22X）的 AS-i 主站通信处理器，最多可以连接 31 个 AS-i 从站。S7-200 可以连接两个 CP243-2，每个 CP243-2 的 AS-i 网络最多有 124 点数字量输入（DI）和 124 点数字量输出（DO），通过 AS-i 网络可以增加 S7-200 的数字量输入、输出的点数。

在 S7-200 PLC 的映像区中，CP243-2 占用一个数字量输入字节（状态字节）、一个数字量输出字节（控制字节）以及 8 个模拟量输入字和 8 个模拟量输出字。因此 CP243-2 占用两个逻辑插槽。通过用户程序，用状态和控制字节设置 CP243-2 的工作模式。根据工作模式的不同，CP243-2 在 S7-200 模拟地区既可以存储 AS-i 从站的 I/O 数据或存储诊断值，也可以使主站调用（例如改变一个从站地址）。通过按钮，可以设定所连接的所有 AS-i 从站，不需要 CP 组态软件。在 STEP 7-Micro/WIN 软件中，可以通过 AS-i 向导来完成网络的配置。

11.3.2　S7-200 PLC 通信连接方式

(1) 计算机与 PLC 的连接

用户把带异步通信适配器的计算机与 PLC 互联通信时通常采用如图 11-23 所示的两种结构形式。一种为点对点结构，即一台计算机的 COM 口与 PLC 的编程器接口或其他异步通信口之间实现点对点链接，见图 11-23（a）；另一种为多点结构，即一台计算机与多台 PLC 通过一条通信总线相连接，见图 11-23（b）。多点结构采用主从式存取控制方法，通常以计算机为主站，多台 PLC 为从站，通过周期轮询进行通信管理。

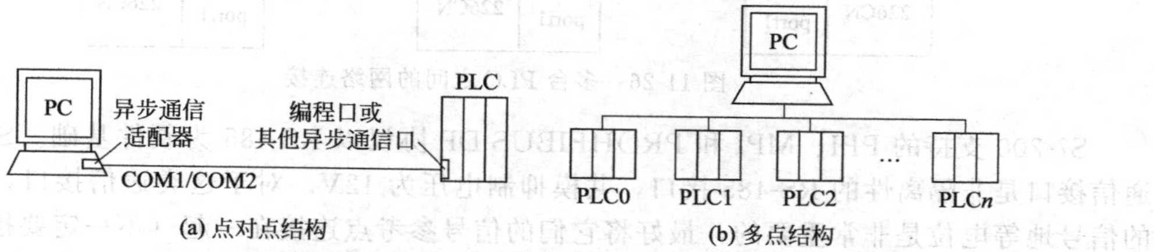

图 11-23 计算机与 PLC 的互联的结构形式

目前计算机与 PLC 互联通信方式主要有以下几种。

① 通过 PLC 开发商提供的系统协议和网络适配器，构成特定公司产品的内部网络，其通信协议不公开。互联通信必须使用开发商提供的上位组态软件，并采用支持相应协议的外设。这种方式其显示画面和功能往往难以满足不同用户的需要。

② 购买通用的上位组态软件，实现计算机与 PLC 的通信。这种方式除了要增加系统投资外，其应用的灵活性也受到一定的局限。

③ 利用 PLC 厂商提供的标准通信口或由用户自定义的自由通信口实现计算机与 PLC 互联通信。这种方式不需要增加投资，有较好的灵活性，特别适合于小规模控制系统。

小型 PLC 的编程器接口一般都是 RS-422 或 RS-485，而计算机的串行通信接口是 RS-232C，计算机在通过编程软件与 PLC 交换信息时，需要配接专用的带转接的编程电缆通信适配器。如为了在计算机上实现编程软件与 S7-200 系列 PLC 之间的程序传送，需要用 PC/PPI 编程电缆进行 RS-232C/RS-485 转换后再与 PLC 编程口连接，如图 11-24 所示。

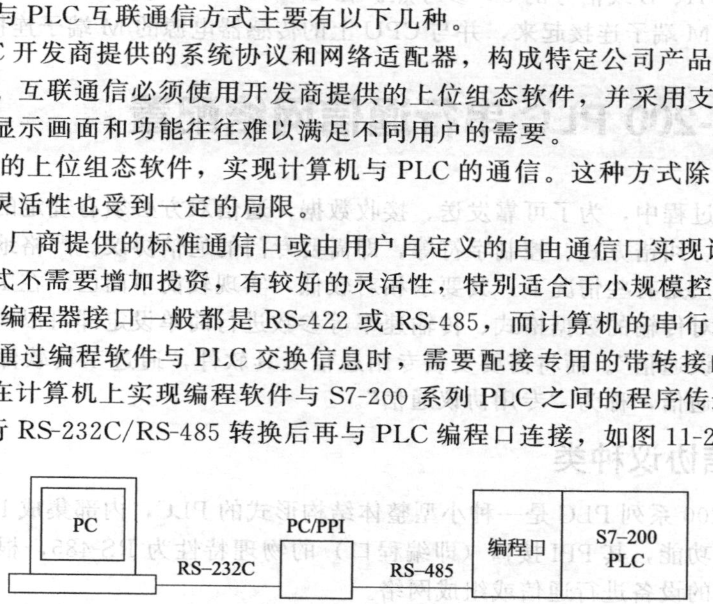

图 11-24 计算机与 PLC 的连接

(2) PLC 与 PLC 之间的连接

① 两台 PLC 之间的连接　PLC 之间的通信较为简单，可以使用专用的通信协议，如 PPI 协议。两台 PLC 之间的信息交换时，将一台 PLC 作为主站，另一台作为从站，如图 11-25 所示。

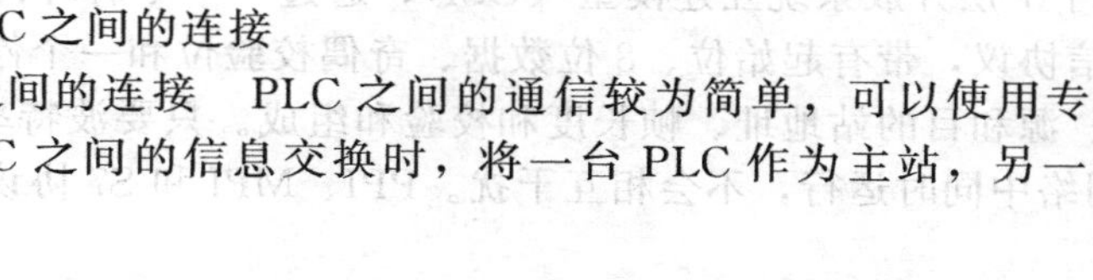

图 11-25 两台 PLC 之间的连接

② 多台 PLC 之间的网络连接　两台以上的 PLC 实现连接时，将 1 台 PLC 作为主站，其余的 PLC 作为从站，如图 11-26 所示（其中，Profibus 电缆含 3 个网络总线连接器）。从站之间不直接通信，从站之间的信息沟通都通过主站进行。

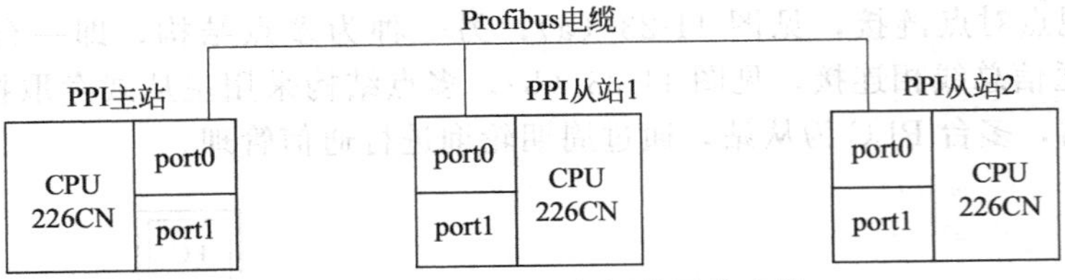

图 11-26 多台 PLC 之间的网络连接

S7-200 支持的 PPI、MPI 和 PROHFIBUS-DP 协议以 RS-485 为硬件基础。S7-200CPU 通信接口是非隔离性的 RS-485 接口，共模抑制电压为 12V。对于这类通信接口，它们之间的信号地等电位是非常重要的，最好将它们的信号参考点连接在一起（不一定要接地）。

S7-200 CPU 联网时，应将所有 CPU 模块输出的传感器电源的 M 端子用导线连接起来。M 端子实际上是 A、B 线信号的 0V 参考点。在 S7-200 CPU 与变频器通信时，应将所有变频器通信端口的 M 端子连接起来，并与 CPU 上的传感器电源的 M 端子连接。

11.4 S7-200 PLC 串行通信网络配置

在数据传输过程中，为了可靠发送、接收数据，通信双方必须有规定的数据格式、同步方式、传输速率、纠错方式、控制字符等，即需要专门的通信协议。严格地说，任何通信均需要通信协议，只是有些情况下，其要求相对较低，实现较简单而已。在 PLC 控制系统中，习惯上将仅需要对传输的数据格式、传输速率等参数进行简单设定即可以实现数据交换的通信，称为"无协议通信"。而将需要安装专用通信工具软件，通过工具软件中的程序对数据进行专门处理的通信，称为"专用协议通信"。

11.4.1 通信协议种类

西门子 S7-200 系列 PLC 是一种小型整体结构形式的 PLC，内部集成 PPI 接口为用户提供了强大的通信功能，其 PPI 接口（即编程口）的物理特性为 RS-485，根据不同的协议通过此接口与不同的设备进行通信或组成网络。

S7-200 支持多种通信协议，见表 11-4。点对点接口（PPI）、多点接口（MPI）和 PROFIBUS 协议基于 7 层开放系统互连模型（OSI），通过一个令牌环网来实现。它们都是基于字符的异步通信协议，带有起始位、8 位数据、奇偶校验位和一个停止位。通信帧由起始字符和结束字符、源和目的站地址、帧长度和校验和组成。只要波特率相同，3 个协议可以在一个 RS-485 网络中同时运行，不会相互干扰。PPI、MPI 和 S7 协议没有公开，其他通信协议是公开的。

表 11-4 S7-200 PLC 的网络通信协议简表

<table>
<tr><th>协议类型</th><th>端口位置</th><th>接口类型</th><th>传输介质</th><th>通信速率/kbit·s⁻¹</th><th>备注</th></tr>
<tr><td rowspan="2">PPI</td><td>EM241 模块</td><td>RJ11</td><td>模拟电话线</td><td>33.6</td><td></td></tr>
<tr><td rowspan="2">CPU 口 0/1</td><td rowspan="2">DB-9 针</td><td rowspan="2">RS-485</td><td>9.6、19.2、187.5</td><td>主、从站</td></tr>
<tr><td rowspan="2">MPI</td><td>19.2、187.5</td><td>仅作从站</td></tr>
<tr><td rowspan="2">EM227 模块</td><td rowspan="2">DB-9 针</td><td rowspan="2">RS-485</td><td>19.2～12Mbit/s</td><td rowspan="2">通信速率自适应，仅作从站</td></tr>
<tr><td>PROFIBUS-DP</td><td>9.6kbit/s～12Mbit/s</td></tr>
</table>

续表

<table>
<tr><th>协议类型</th><th>端口位置</th><th>接口类型</th><th>传输介质</th><th>通信速率/kbit · s^{-1}</th><th>备注</th></tr>
<tr><td>S7</td><td>CP 243-1/
CP 243-1 IT</td><td>RJ45</td><td>以太网</td><td>10Mbit/s 或 100Mbit/s</td><td>通信速率自适应</td></tr>
<tr><td>AS-i</td><td>CP 243-2</td><td>接线端子</td><td>AS-i</td><td>循环周期 5/10ms</td><td>主站</td></tr>
<tr><td>USS</td><td rowspan="2">CPU 口 0</td><td rowspan="2">DB-9 针</td><td rowspan="2">RS-485</td><td rowspan="2">1200～115.2</td><td>主站，自由端口库指令</td></tr>
<tr><td rowspan="2">Modbus RTU</td><td>主/从站，自由端口库指令</td></tr>
<tr><td>EM241 模块</td><td>RJ11</td><td>模拟电话线</td><td>33.6</td><td></td></tr>
<tr><td>自由端口</td><td>CPU 口 0/1</td><td>DB-9 针</td><td>RS-485</td><td>1200～115.2</td><td></td></tr>
</table>

协议定义了主站和从站，网络中的主站向网络中的从站发出请求，从站只能对主站发出的请求作出响应，自己不能发出请求。主站也可以对网络中的其他主站的请求作出响应。从站不能访问其他从站。安装了 STEP 7-Micro/WIN 的计算机和 HMI（人机界面）是通信主站，与 S7-200 通信的 S7-300/400 往往也作为主站。在多数情况下，S7-200 在通信网络中作为从站。协议支持一个网络中的 127 个地址（0～126），最多可以有 32 个主站，网络中各设备的地址不能重叠。运行 STEP 7-Micro/WIN 的计算机的默认地址为 0，操作员面板的默认地为 1，PLC 的默认地址为 2。某些 S7-200CPU 有两个通信口，它们可以在不同的模式和通信速率下工作。下面简要介绍 S7-200PLC 支持的通信协议。

(1) PPI 协议

PPI 是点到点的主从协议（point to point interface），它是西门子专门为 S7-200 系列 PLC 开发的一个通信协议。主要应用于对 S7-200 的编程、S7-200 之间的通信以及 S7-200 与 HMI 产品的通信。可以通过 PC/PPI 电缆或两芯屏蔽双绞线进行联网。支持的波特率为 9.6 kbit/s、19.2 kbit/s 和 187.5 kbit/s。PPI 是一个主/从协议。在这个协议中，S7-200 一般作为从站，自己不发送信息，只有当主站（如西门子编程器、HMI）给从站发送申请时，从站才进行响应。如果在用户程序中将 S7-200 设置（由 SMB30 设置）为 PPI 主站模式，则这个 S7-200 CPU 在 RUN 模式下可以作为主站。一旦被设置为 PPI 主站模式，就可以利用网络读（NETR）和网络写（NETW）指令来读写另外一个 S7-200 中的数据。当 S7-200 CPU 作为 PPI 主站时，它仍可以作为从站响应来自其他主站的申请。

PPI 通信协议是一个令牌传递协议，对于一个从站可以响应多少个主站的通信请求，PPI 协议没有限制，但是在不加中继器的情况下，网络中最多只能有 32 个主站，包括编程器、HMI 产品或被定义为主站的 S7-200 PLC。PPI 高级协议允许网络设备建立一个设备与设备之间的逻辑连接。对于 PPI 高级协议，每个设备连接的个数是有限制的。每个通信口可连接 4 个，EM277 可连接 6 个。所有的 S7-200 CPU 都支持 PPI 和 PPI 高级协议，而 EM227 模块仅仅支持 PPI 高级协议。

(2) MPI 协议

多点通信（multi-point interface，MPI）是 S7 系列产品之间的一种专用通信协议。MPI 协议可以是主/主协议或主/从协议。S7-200 PLC 可以通过通信接口连接到 MPI 网上，主要应用于 S7-300/400 CPU 与 S7-200 PLC 通信的网络中。应用 MPI 协议组成的网络，通信支持的波特率为 19.2kbit/s 或 187.5kbit/s。通过此协议，实现作为主站的 S7-300/400 CPU 与 S7-200 PLC 通信。如果要求波特率高于 187.5kbit/s，S7-200 必须使用 EM277 模块连接网络，计算机必须通过通信处理器卡（CP）来连接网络。在 MPI 网中，S7-200 PLC 作为从站，从站之间不能通信，S7-300/400 PLC 作为主站，当然主站也可以是编程器或 HMI 产品。MPI 协议可以是主/主协议或主/从协议，协议如何操作有赖手通信设备的类型。如果是 S7-300/400 CPU 之间通信，那就建立主/主连接，因为所有的 S7-300/400 CPU 在网站中都是主站。如果设备是一个主站与 S7-200 CPU 通信，那么就建立主/从连接，因为 S7-200 CPU 是从站。

应用 MPI 协议组成网络时，在 S7-300 和 S7-400 CPU 的用户程序中可以利用 XGET 和 XPUT 指令来读写 S7-200 的的 V 存储区，通信数据包最大为 64B。在编程软件中设置 PPI 协议时，应选中“多主网络”和“高级 PPI”复选框。如果使用的是 PPI 多主站电缆，可以忽略这两个复选框。

（3）PROFIBUS 协议

PROFIBUS-DP 协议通信主要用于分布式 I/O 设备（远程 I/O）的高速通信。许多厂家生产类型众多的 PROFIBUS 设备，例如 I/O 模块、电机控制器和 PLC。S7-200 CPU 可以通过 EM277 PROFIBUS-DP 扩展模块的方法连接到 Profibus-DP 协议支持的网络中。协议支持的波特率为 9600kbit/s～12Mbit/s。PROFIBUS 网络通常有一个主站和几个 I/O 从站。主站通过配置可以知道所连接的 I/O 从站的型号和地址。主站初始化网络时需核对网络上的从站设备与配置的从站是否匹配。运行时主站可以像操作自己的 I/O 一样对从站进行操作，即不断地把数据写到从站或从从站读取数据。当 DP 主站成功地配置一个从站时，它就拥有了该从站。如果在网络中有另外一个主站，它只能有限地访问属于第一个主站的从站数据。

（4）USS 协议

变频器具有调节范围宽、精度高、可靠性好、效率高、操作方便和便于与其他设备接口和通信等优点，在工业控制中的应用越来越广泛。如果用 PLC 的开关量、模拟量模块与变频器交换信息，存在的主要问题有：需要占用 PLC 较多的开关量 I/O 点，或使用价格昂贵的模拟量模块；现场的布线多，且容易引入噪声干扰；PLC 从变频器获得的信息和对变频器的控制手段都很有限。如果 PLC 通过通信来监控变频器，可以有效地解决上述问题，通信方式使用的接线少，传送的信息量大，可以连续地对多台变频器进行监视和控制。

USS 协议是西门子传动产品（变频器等）通信的一种协议。S7-200 提供 USS 协议的指令，用户使用这些指令可以方便地实现对变频器的控制。西门子变频器均带有一个 RS-485 串行通信口。PLC 作为主站，最多 31 个变频器作为通信链路中的从站。通过串行 USS 总线最多可接 30 台变频器（从站），然后用一个主站进行控制，包括变频器的启/停、频率设定、参数修改等操作，总线上的每个传动装置都有一个从站号（在传动设备的参数中设定），主站依靠此从站号识别每个传动装置。USS 协议是一种主-从总线结构，从站只有在接收到主站的请求报文后才可以向主站发送数据，从站之间不能直接进行信息交换。另外也可以是一种广播通信方式，一个报文同时发给所有 USS 总线上的传动设备。

（5）用户自定义协议（自由口通信模式）

自由口通信（freeport mode）模式是指 CPU 串行通信口可由用户程序控制，自定义通信协议。应用此通信方式，S7-200 PLC 可以与任何已知通信协议，具有串口的智能设备和控制器（例如，打印机、条码阅读器、调制解调器、变频器、上位 PC 等）进行通信，当然也可用于两个 CPU 之间的通信。当连接的智能设备具有 RS-485 接口时，可以通过双绞线进行连接。当连接的智能设备具有 RS-232 接口时，可以通过 PC/PPI 连接起来进行自由口通信。此时通信支持的波特率为 1.2～115.2kbit/s。

在自由口通信模式下，通信协议完全由用户程序控制。通过设定特殊存储字节 SMB30（端口 0）或 SMB130（端口 1）允许自由口模式，用户程序可以通过使用发送中断、接收中断、发送指令（XMT）和接收指令（RCV）对通信口操作。应注意的是，只有在 CPU 处于 RUN 模式时才能允许自由口模式，此时编程器无法与 S7-200 进行通信。当 CPU 处于 STOP 模式时，自由口模式通信停止，通信模式自动转换成正常的 PPI 协议模式，编程器与 S7-200 恢复正常的通信。

（6）TCP/IP

S7-200 配备了以太网模块 CP-243-1 或互联网模块 CP-243-1 IT 后，支持 TCP/IP 以太网通信协议。

11.4.2 PPI 网络通信

在 S7-200 系统中，PPI 通信是常用的一种通信方式，此处对此种通信进行比较详细的介绍。PPI 网络可分为以下三类：单主站的 PPI 网络、多主站的 PPI 网络和复杂的 PPI 网络。

（1）单主站的 PPI 网络

编程设备通过 PC/PPI 电缆或通信卡（如 CP5611 等）与 S7-200 PLC 通信，完成对 S7-200 PLC 的编程、监控等操作，如图 11-27（a）所示。HMI 产品（如 TD200、TP 或 OP）通过标准 RS-485 电缆与 S7-200 PLC 通信，图 11-27（b）所示的都是应用 PPI 协议组成的网络。而且图中所示的两个网络中都只有单一的主站，如编程设备（STEP 7-Micro/WIN）、HMI 产品，在这两个网络中 S7-200 PLC 都是从站，只响应来自主站的请求。

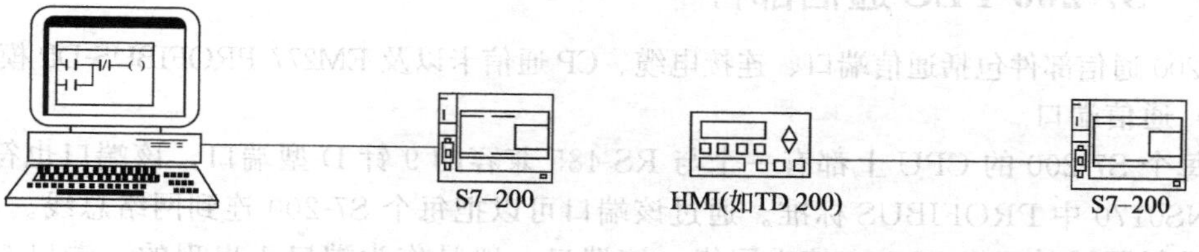

(a) PC与S7-200 PLC的PPI通信　　(b) HMI产品与S7-200 PLC的PPI通信

图 11-27　主站的 PPI 网络

（2）多主站的 PPI 网络

图 11-28 所示为网络中有多个主站的网络，编程设备通过 PC/PPI 电缆或通信卡与 S7-200 PLC 连接，HMI 产品与 S7-200 PLC 通过网络连接器及双绞线连接，网络应用 PPI 协议进行通信。在网络中，S7-200 PLC 作为从站响应网络中所有主站的通信请求，任意主站均可以读写 S7-200 PLC 中的数据。因为 PPI 协议是一种主从通信协议，所以在网络中的多个主站之间不能相互通信。

（3）复杂的 PPI 网络

图 11-29 是两种复杂的 PPI 网络结构。在图中如果一个 S7-200 PLC 除作为 HMI 或 PC 的从站外，在用户程序中还被定义为 PPI 主站模式，则这个 S7-200 PLC 就可以应用网络读（NETR）和网络写（NETW）指令读写另外作为从站的 S7-200 PLC 中的数据，但与网络中其他主站（编程器 PC 或 HMI）通信时还是作为从站，即此时只能响应主站请求，不能发出请求。在图 11-29 中每个 HMI 监控一个 S7-200 PLC，另外 S7-200 PLC 还应用网络读（NETR）和网络写（NETW）指令读写作为从站的 S7-200 PLC 中的数据。

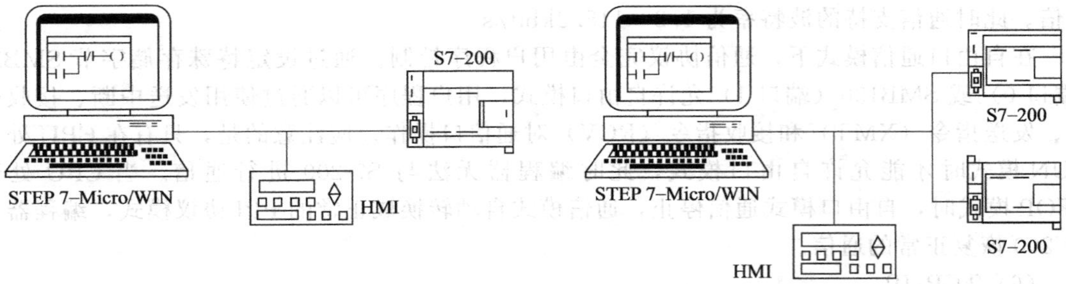

(a) 多个主站、一个从站的网络　　(b) HMI及S7-200PLC点对点通信

图 11-28　多主站 PPI 网络

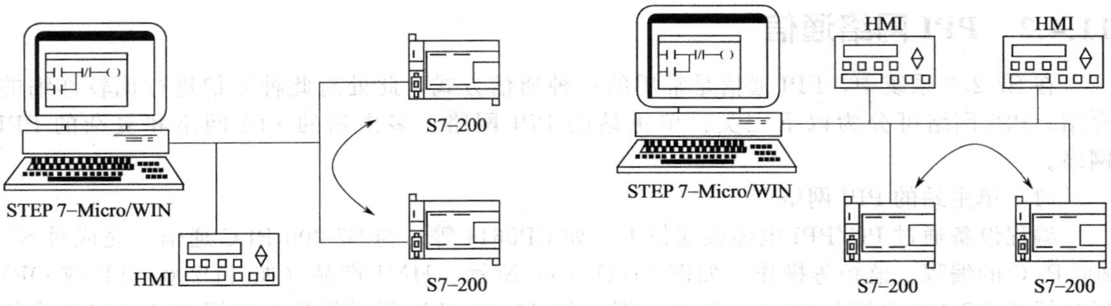

(a) S7-200 PLC点对点通信　　(b) HMI及S7-200 PLC点对点通信

图 11-29　复杂的 PPI 网络

11.4.3　S7-200 PLC 通信部件

S7-200 通信部件包括通信端口、连接电缆、CP 通信卡以及 EM277 PROFIBUS-DP 模块等。

（1）通信端口

在每个 S7-200 的 CPU 上都有一个与 RS-485 兼容的 9 针 D 型端口，该端口也符合欧洲标准 ENS0170 中 PROFIBUS 标准。通过该端口可以把每个 S7-200 连到网络总线。

在进行调试时，将 S7-200 接入网络，该端口一般是作为端口 1 出现的，端口 0 为所连接的调试设备的端口。

（2）连接电缆

① PC/PPI 电缆　由于 PC 计算机及笔记本电脑等设备的串口为 RS-232 信号，而 PLC 的通信口为 RS-485 信号，两者之间要进行通信，必须有装置将这两种信号相互转换。PC/PPI 电缆就是一种实现该功能的部件，它有两种不同的型号，隔离型的 PC/PPI 电缆和非隔离型的 PC/PPI 电缆。

电缆的一端为 RS-232 端口，另一端为 RS-485 端口，中间为用于设置 PC/PPI 电缆属性的 5 个开关（也有 4 个开关的 PC/PPI 电缆）。电缆上的 5 个开关可以设置电缆通信时的波特率及其他的配置项。开关 1～开关 3 用于设置波特率。开关 4 和开关 5 用来设置 PC/PPI 电缆在通信连接中所处的位置。

进行通信时，如果数据从 RS-232 向 RS-485 传输，则电缆是发送状态，反之是接收状态。接收状态与发送状态的相互转换需要一定时间，称为电缆的转换时间。转换时间与所设置的波特率有关。通常情况下，电缆处于接收状态，当检测到 RS-232 发送数据时，电缆立即从接收状态转换为发送状态。若电缆处于发送状态的时间超过电缆转换时间，电缆将自动切换为接收状态。

在应用中使用PC/PPI电缆作为传输介质时，如果使用自由口进行数据传输，程序设计时必须考虑转换时间的影响。比如在接收到RS-232设备的发送数据请求后，S7-200进行响应时，延迟时间必须大于等于电缆的切换时间。否则，数据不能正确地传输。

② PROFIBUS电缆　当通信设备距离较远时，可使用PROFIBUS电缆进行连接，PROFIBUS网络电缆用屏蔽双绞线，其截面积大于 $0.22mm^2$，阻抗位为100～200Ω，电缆电容小于60pF/m。网络的最大长度为1200m。

(3) 网络连接器

利用西门子公司提供的网络连接器可以很容易地把多个设备连到网络中。两种连接器都有两组螺钉连接端子，可以用来连接输入连接电缆和输出连接电缆。通过网络连接器上的选择开关可以对网络进行偏置和终端匹配。两个连接器中的一个连接器仅提供连接到CPU的接口，而另一个连接器增加了一个编程接口。带有编程接口的连接器可以把SIMATIC编程器或操作面板增加到网络中，而不用改动现有的网络连接。编程口连接器把CPU来的信号传到编程口（包括电源引线），这个连接器对于连接从CPU取电源的设备（例如TD200或OP3）比较适用。

RS-485网络，特别是PROFIBUS网络两端的连接器都必须接入终端电阻，而接入终端电阻后，"输出"端后面的网段就被隔离了，所以整个PROFIBUS网络的每个末端的连接器都必须使用"输入"端。连接器的内部原理及使用如图11-30所示。

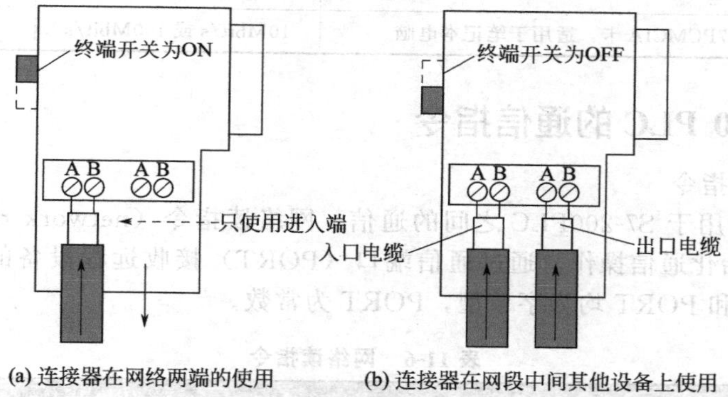

图11-30　RS-485连接器的使用

(4) 网络中继器

网络中继器利用中继器可以延长网络通信距离，允许在网络中加入设备，并且提供了一个隔离不同网络环的方法。在一个串联网络中，最多可以使用9个中继器，但是网络的总长度不能超过9600m。在9600kbit/s的波特率下，50m距离之内，一个网段最多可以连接32个设备。

(5) EM277 PROFIBUS-DP模块

EM277 PROFIBUS-DP模块是专门用于PROFIBUS-DP协议通信的智能扩展模块，如图11-31所示。EM277机壳上有一个RS-485接口，通过接口可将S7-200系列CPU连接至网络，它支持PROFIBUS-DP和MPI从站协议。其上的地址选择开关可进行地址设置，地址范围为0～99。PROFIBUS-DP是由欧洲标准EN50170和国际标准IEC 611158定义的一种远程I/O通信协议。遵守这种标准的设备，即使是由不同公司制造的，也是兼容的。DP表示分布式外围设备，即远程I/O，PROFIBUS表示过程现场总线。EM277模块作为PROFIBUS-DP协议

图11-31　EM277 PROFIBUS-DP模块

下的从站，实现通信功能。

（6）CP 通信卡

S7-200 PLC 在组成不同类型网络时，对计算机的要求不一样。在组成 PPI 网络时使用 PPI 电缆将 RS-232 接口转化为 RS-485 接口即可，但要组成 MPI 网络、PROFIBUS 网络时，就需要在计算机上配置 CP 通信卡。

在运行 Windows 操作系统的个人计算机（PC）上安装了 STEP 7-Micro/WIN32 编程软件后，PC 可以作为网络中的主站。CP 通信卡的价格较高，但使用它可以获得非常高的通信速率。台式计算机与笔记本电脑使用不同的通信卡。

表 11-5 给出了可以提供用户选择的 STEP 7-Micro/WIN32 支持的通信硬件和波特率。S7-200 还可以通过 EM277 PROFIBUS-DP 模块连接到 PROFIBUS-DP 现场总线网络，各通信卡提供一个与 PROFIBUS 网络相连的 RS-485 通信口。

表 11-5　STEP 7-Micro/WIN32 支持 CP 卡和协议

配置	波特率	协议
RS－232/PPI 和 USB/PPI 多主站电缆	9.6kbit/s～187.5kbit/s	PPI
CP5511 类型、CP5512 类型 IIPCMCIA 卡，适用于笔记本	9.6kbit/s～12Mbit/s	PPI、MPI、Profibus
CP5611（版本 3 以上）PCI 卡，适用于台式机	9.6kbit/s～12Mbit/s	PPI、MPI、Profibus
CP1613、S7613、CP1612、SoftNet7CPI 卡	10Mbit/s 或 100Mbit/s	TCP/IP
CP1612、SoftNet7PCMCIA 卡，适用于笔记本电脑	10Mbit/s 或 100Mbit/s	TCP/IP

11.4.4　S7-200 PLC 的通信指令

（1）网络读写指令

网络读写指令用于 S7-200PLC 之间的通信。网络读指令（network read，NETR），如表 11-6 所示。初始化通信操作，通过通信端口（PORT）接收远程设备的数据并保存在表（TBL）中。TBL 和 PORT 均为字节型，PORT 为常数。

表 11-6　网络读指令

梯形图	语句表	描述	梯形图	语句表	描述
NETR	NETR TBL，PORT	网络读	RCV	RCV TBL，PORT	接收
NETW	NETW TBL，PORT	网络写	GET _ ADDR	GPA TBL，PORT	读取口地址
XMT	XMT TBL，PORT	发送	SET _ ADDR	SPA TBL，PORT	设置口地址

网络写指令 NETW（network write）初始化通信操作，通过指定的端口（PORT）向远程设备写入表（TBL）中的数据。

NETR 指令可以从远程站点上最多读取 16B 的信息，NETW 指令可以向远程站点最多写入 16B 的信息。可以在程序中使用任意条数的 NETR 和 NETW 指令，但是在任意时刻最多只能有 8 条 NETR/NETW 指令被同时激活。网络读写指令如图 11-32 所示。

可以在 S7-200 的系统手册中查找到 TBL 表中各参数的定义，并根据它们来编写网络读写程序。在网络读写通信中，只有主站需要调用 NETR/NETW 指令。用编程软件中的网络读写向导来生成网络读写程序更为简单方便，该向导允许用户最多配置 24 个网络操作。

［例 11-1］　使用指令向导实现两台 S7-224 CPU 之间的数据通信。2 号站为主，3 号站为从站，编程用的计算机的站地址为 0。要求用 2 号站的 I0.0～I0.7 控制 3 号站的 Q0.0～Q0.7，用 3 号站的 I0.0～I0.7 控制 2 号站的 Q0.0～Q0.7。

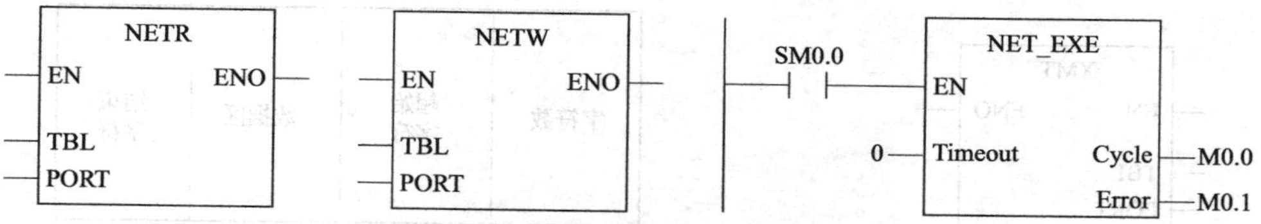

图 11-32　网络读写指令

两台 S7-200 系列 PLC 与装有编程软件的计算机通过 RS-485 通信接口和网络连接器，组成一个使用 PPI 协议的单主站通信网络。用双绞线分别将两个 RS-485 连接器的 A 端子连在一起，两个连接器的 B 端子连在一起。作为实验室应用，也可以用标准的 9 针 DB 型连接器来代替网络连接器。

执行菜单命令“工具”→“指令向导”，在出现的对话框的第一页选择“NETR/NETW”(网络读写)。每一页的操作完成后，单击“下一步”按钮。

在第 2 页设置网络操作的项数为 2，在第 3 页选择使用 PLC 的通信端口 0，采用默认的子程序名称“NET_EXE”。

在第 3 页设置第 1 项操作为“NETR”，要读取的字节数为 1，从地址为 3 的远程 PLC 读取它的 IB0，并存储在本地 PLC 的 QB0 中。

单击“下一项操作”按钮，设置操作 2 为“NETW”，将本地 PLC 的 IB0 写到地址为 3 的远程 PLC 的 QB0。

单击“下一步”按钮，在第 4 页设置子程序使用的 V 存储区的起始地址。向导中的设置完成后，在编程软件指令树最下面的“调用于程序”文件夹中，将会出现子程序 NET_EXE。在指令树的文件夹“\符号表\向导”中，自动生成了名为“NET_SYMS”的符号表，它给出了操作 1 和操作 2 的状态字节的地址和超时错误标志的地址。

在 2 号站的主程序中调用 NET_EXE（图 11-32），该子程序执行用户在 NETR/NETW 向导中设置的网络读写功能。INT 型参数“Timeout”(超时)为 0 表示不设置超时定时器，为 1～32767 则是以秒为单位的定时器时间。

每次完成所有的网络操作时，都会触发 BOOL 变量“Cycle”(周期)。BOOL 变量“Error”(错误)为 0 表示没有错误，为 1 时有错误，错误代码在 NETR/NETW 的状态字节中。

将程序下载到 2 号站的 CPU 模块(主站)中，设置另一台 PLC 的站号为 3，将系统块下载到它的 CPU 模块。将两台 PLC 上的工作方式开关置于 RUN 位置，改变两台 PLC 的输入信号的状态，可以用 2 号站的 I0.0～I0.7 控制 3 号站的 Q0.0～Q0.7，用 3 号站的 I0.0～I0.7 控制 2 号站的 Q0.0～Q0.7。

(2) 发送指令

发送指令 XMT(TraRSmit)启动自由端口模式下数据缓冲区(TBL)的数据发送。通过指定的通信端口(PORT)发送存储在数据缓冲区中的信息，如图 11-33 所示。

XMT 指令可以方便地发送 1～255 个字符，如果有中断程序连接到发送结束事件上，在发送完缓冲区中的最后一个字符时，端口 0 会产生中断事件 9，端口 1 会产生中断事件 26。可以监视发送完成状态位 SM4.5 和 SM4.6 的变化，而不是用中断进行发送，例如向打印机发送信息。TBL 指定的发送缓冲区的格式如图 11-34 所示，起始字符和结束字符是可选项，第一个字节“字符数”是要发送的字节数，它本身并不发送出去。

如果将字符数设置为 0，然后执行 XMT 指令，以当前的波特率在线路上产生一个 16bit 的 break(间断)条件。发送 break 与发送任何其他信息一样，采用相同的处理方式。完成 break 发送时产生一个 XMT 中断，SM4.5 或 SM4.6 反映 XMT 的当前状态。

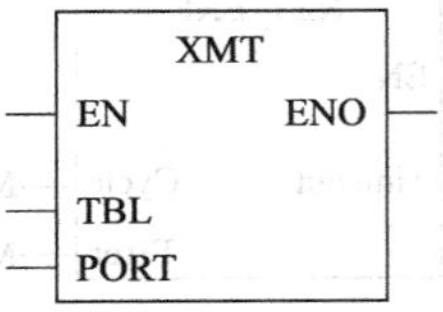

图 11-33　发送指令图

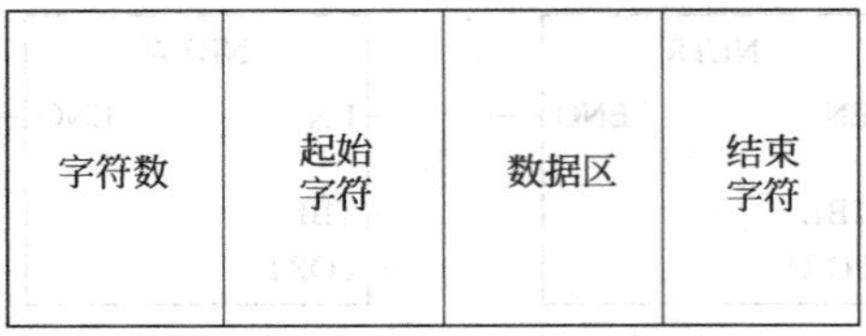

图 11-34　发送缓冲区格式

（3）接收指令

接收指令 RCV(receive)初始化或中止接收信息的服务，如图 11-35 所示。通过指定的通信端口(PORT)，接收的信息存储在数据缓冲区(TBL)中。数据缓冲区(图 11-34)中的第一个字节用来累计接收的字节数，它本身不是接收到的，起始字符和结束字符是可选项。

RCV 指令可以方便地接收一个或多个字符，最多可以接收 255 个字符。如果有中断程序连接到接收结束事件上，在接收完最后一个字符时，端口 0 产生中断事件 23，端口 1 产生中断事件 24。可以监视 SMB86 或 SMB186 的变化，而不是用中断进行报文接收。SMB86 或 SMB186 为非零时，RCV 指令未被激活或接收已经结束。正在接收报文时，它们为 0。当超时或奇偶校验错误时，自动中止报文接收功能。必须为报文接收功能定义一个启动条件和一个结束条件。也可以用字符中断而不是用接收指令来控制接收数据，每接收一个字符产生一个中断，在端口 0 或端口 1 接收一个字符时，分别产生中断事件 8 或中断事件 25。在执行连接到接收字符中断事件的中断程序之前，接收到的字符存储在自由端口模式的接收字符缓冲区 SMB2 中，奇偶状态（如果允许奇偶校验的话）存储在自由端口模式的奇偶校验错误标志位 SM3.0 中。奇偶校验出错时应丢弃接收到的信息，或产生一个出错的返回信号。端口 0 和端口 1 共用 SMB2 和 SMB3。

（4）获取与设置通信口地址指令

获取通信口地址指令 GPA 指令（get port address）用来读取 PORT 指定的 CPU 通信接口的站地址，并将数值写 ADDR 指定的地址中，如图 11-36 所示。设置通信口地址指令 SPA（set port address）用来将通信口站地址（PORT）设置为 ADDR 指定的数值。新地址不能永久保存，断电后又上电，通信口地址仍将恢复为用系统块下载的地址。上述 4 条指令中的 TBL、PORT 和 ADDR 均为字节型，PORT 为常数。

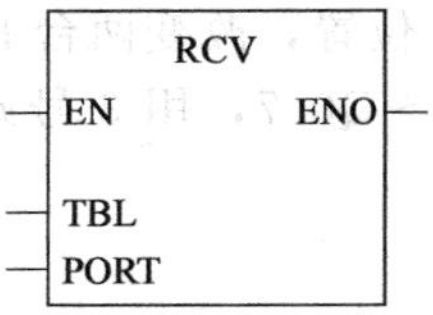

图 11-35　接收指令

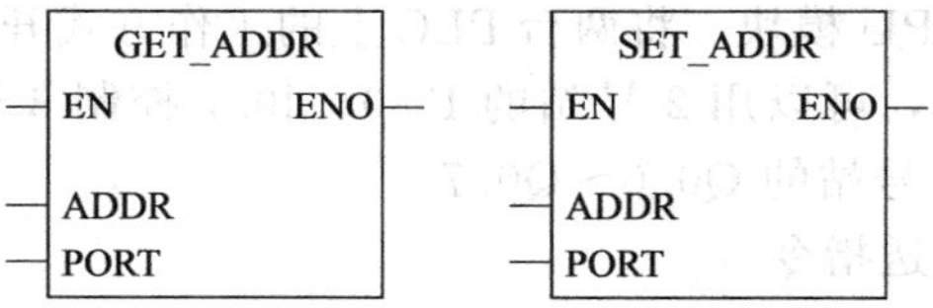

图 11-36　获取与设置通信口地址指令

11.4.5　S7-200 PLC 的自由端口通信

CPU 串行通信接口可以由用户程序控制，S7-200 PLC 这种操作模式称为自由端口协议模式。梯形图程序可以使用接收完成中断、字符接收中断、发送完成中断、发送指令和接收指令来控制通信过程。在自由端口模式下，通信协议完全由用户程序控制和定义。自由端口通信协议模式为计算机或其他的串行通信接口的设备与 S7-200 PLC 之间的通信提供了一种廉价、灵活的方法。计算机与 PLC 通信时，为了避免通信中各方争用通信线，一般采用主从方式，即计算机为主机，PLC 为从机，只有主机才能有权主动发送请求报文，从机收到后返回响应报文。

(1) 自由端口通信应注意的问题

① 电缆切换时间的处理　使用 RS-232 PC/PPI 多主站电缆（PC/PPI 电缆）时，在以下两种情况中，S7-200 PLC 在编写用户程序时应考虑电缆的切换时间：一种是在 S7-200 接收到 RS-232 设备发送的请求信息之后，S7-200 PLC 必须延时一段时间才能发送数据，延时时间应该大于或等于电缆的切换时间；另一种是在 S7-200 PLC 接收到 RS-232 设备的应答信息之后，S7-200 PLC 必须延时一段时间才能发送下一条信息，延时时间大于或等于电缆的切换时间。电缆切换时间如表 11-7 所示。在以上两种情况中，延时会使 RS-232 PC/PPI 多主站电缆有足够的时间从发送模式切换到接收模式，使数据能从 RS-485 端口传送到 RS-232 端口。

表 11-7　RS-232 PC/PPI 多主站电缆切换时间

波特率/bit・s^{-1}	切换时间/ms	波特率/bit・s^{-1}	切换时间/ms
115220	0.15	4800	4
57600	0.2	2400	7
38400	0.5	1200	14
19200	1	600	28
9600	2		

② 异或校验　校验是提高通信可靠性的重要措施之一。在校验中用的较多的是异或校验方式，即将每一帧中的第一个字符（不包括起始字符）到该帧中正文的最后一个字符作异或运算，并将异或结果（异或校验码）作为报文的一部分发送到接收端。接收方计算出接收到的数据的异或校验码，并与发送方传过来的校验码比较，如果不同，可以判定通信有误，要求重发，程序应控制重发的次数。若计算的校验码与接收到的校验码相同，则认为发送成功。计算校验码是在子程序中完成的。下面给出计算校验码的子程序 FCS。

为了具有通用性，首先创建计算异或校验码子程序 FCS 的局部变量，如表 11-8 所示。子程序的输入变量为需异或校验的数据区的地址指针 PNT 和需校验的数据字节数 NUMB，输出变量为校验码 XORC。

表 11-8　校验码计算子程序的局部变量

名称	变量类型	数据类型	注释
PNT	IN	DWORD	数据区首选地址指针
NUMB	IN	BYTE	数据区字节数（字节型）
NUMI	TEMP	INT	数据区字节数（整型）
TEMPI	TEMP	INT	循环变量
XORC	OUT	BYTE	异或校验码

下面用语句表来设计计算异或校验的子程序。

求异或校验码的子程序 FCS：

```
网络 1
LD      SM0.0                   //程序初始化
MOVB    0,# XORC                //将异或值清零
BIT     # NUMB,# NUMI           //输入字节数转换为整数
```

```
FOR         # TEMP1,+ 1,# NUMI
网络 2
LD          SM0.0
XORB        * # PNT,# XORC              //异或运算
INCD        # PNT                       //指针值加 1
网络 3
NEXT
```

③ 防止结束字符与数据字符混淆　因为报文的结束字符只有 8 位，接收到的报文数据区内出现与结束字符相同的数据字符的概率很大，它们可能会与结束字符混淆，使报文接收提前结束。针对这种情况，可以在发前对数据进行某种处理，例如，在选择结束字符为某些特殊的值，将数据字符转换为 BCD 码或 ASCII 码后再发送，接收方接收到的数据后将其还原为原来的数据格式，这样可以避免出现上述情况，但会增加编程的工作量和数据的传送时间。

接收字符中断可以对接收到的每一个字符进行判断和处理，也能解决数据字符与结束字符混淆的问题。例如，发送方在报文中提供发送的数据字符的字节数，接收方在字符中断程序中对接收到的数据字符计数，据此来判断是否应该停止报文。不过采用这种方式会增加中断程序的处理量和中断处理时间。

(2)自由端口通信举例

① 使用接收报文中断　本程序功能为上位 PC 和 PLC 之间的通信，PLC 接收上位 PC 发送的一串字符，直到接收到回车符(16＃ 0A)为止，PLC 又将信息发送回 PC。接收缓冲区的数据如表 11-9 所示。

表 11-9　接收缓冲区的数据

VB100	VB101	VB102	VB103	VB104	VB105
接收到的字节数	起始字符	数据字节数	数据区	校验码	结束字符

主程序如下。

```
网络 1                                  //初始化
LD       SM0.7                          //PLC 工作在 RUN 状态
EU
O        SM0.1                          //首次扫描
MOVB     16# 09,SMB30                   //初始化自由通信协议
                                        //选择 9600bit/s,8 位数据位,无校验
MOVB     16# B0,SMB87                   //初始化 RCV 信息控制信息
                                        //RCV 允许,检测信息结束字符
                                        //检测空闲线空闲条件
MOVB     0,SMB88                        //起始符为 0
MOVB     16# 0A,SMB89                   //设定结束字符为 16# 0A(回车)
MOVB     5,SMW90                        //设置空闲超时为 5ms
MOVB     100,SMB94                      //设定最多接收字符为 100 个字符
ATCH     INT_0,23                       //接收完成事件连接到中断
ATCH     TNT_2,9                        //发送完成事件连接到中断
ENI                                     //中断事件
RCV      VB100,0                        //端口指向接收缓冲区 VB100
LDN      SM0.7
```

```
EU
R       SM30.0,1        //设置为 PPI 协议(SM30.0= 0)
DTCH    23              //禁止各种中断
DTCH    9
DTCH    10
```

中断程序 INT_0:

网络 1

```
                        //接收完成中断
LDB=    SMB86,16# 20    //接收状态显示接到结束字符
MOVB    10,SMB34        //连接一个 10ms 的时基中断,触发发送
                        //接收到的信息字符
ATCH    INT_1,10
CRETI
NOT                     //接收未完成
RCV     VB100,0         //启动一个新的接收
```

定时中断程序 INT_1:

网络 1

```
LD      SM0.0
DTCH    10              //断开定时器中断
XMT     VB100,0         //在端口向用户返回信息
```

发送完成中断程序 INT_2:

网络 1

```
LD      SM0,0
RCV     VB100,0         //发送完成,允许另一个接收
```

② 使用接收字符中断的 PLC 通信程序举例　用字符中断方式接收数据,以起始字符作为接收报文的开始,异或运算的数据范围为字节数和所有传送的数据。除了没有结束字符外,接收数据缓冲区的起始地址为 VB100。VD86 是接收缓冲区的指针,VB90 存放 PLC 计算出的异或校验结果,VB89 存放在计算机发送来的数据区字节数。因为没有使用接收指令,在初始化子程序中不需要设置 SM87～M94 等。

主程序如下。

```
LD      SM0.7           //若转换到 RUN 模式
EU
O       SM0.1           //或首次扫描
CALL    SBR_0           //调用初始化子程序,进入自由端口模式
LDN     SM0.7           //若转换到 TEAM 模式
EU
R       SM30.0,1        //设置为 PPI 协议(SM30.0= 0)
DTCH    8               //禁止各种中断
DTCH    10
                        //初始化子程序 SBR_0
LD      SM0.0
MOVB    16# 05,SMB30    //19200bit/s,8 位数据,无奇偶校验,1 位停止位
```

```
ATCH    INT_0,8            //出现接收字符中断时执行 INT_0
ENI                        //允许中断
                           //子程序 SBR_1,将接收到的字符依次放入接收缓冲区
LD      SM0.0
INCB    VB100              //接收字节数加 1
INCD    VD86               //接收缓冲区指针加 1
MOVB    SMB2,* VD86        //将接收到的字符存入 VD86 指向的地址
                           //接收报文起始字符的中断程序 INT_0
LDB< > SMB2,0              //如不是起始字符 0
CRETI                      //中断返回
LD      SM0.0              //是起始字符 0
MOVB    0,VB100            //将接收字节计数器 VB100 清零
MOVD    &VB100,VD86        //指针 VD86 指向接收缓冲区首地址 VB100
CALL    SBR_1              //将起始字符存入接收缓存区的 VB101
ATCH    INT_1,8            //接收字符中断连接到 INT_1
                           //接收报文数据区字节数的中断程序 INT_1
LD      SM0.0
CALL    SBR_1              //存放接收到的报文数据区字节数
MOVB    SMB2,VB99          //将报文数据区字节数存于 VB99
MOVB    VB99,VB90          //校验码字节 VB90 初始化
ATCH    INT_2,8            //字符中断事件连接到中断程序 INT_2
                           //接收数据区数据的中断程序 INT_2
LD      SM0.0
CALL    SBR_1              //将收到的数据存入接收缓冲区
XORB    SMB2,VB90          //将数据区的数据逐字节异或,计算校验码
DECB    VB99               //数据字节计数器减 1
LD      SM1.0              //零标志 SM1.0= 1,表示 VB99= 0,接收已完成
ATCH    INT_3,8            //字符中断事件连接到中断程序 INT_3
                           //处理校验码的中断程序 INT_3,SMB2 中是接收到的校验码
LDB< > VB90,SMB2           //如果有校验码错误
S       Q1.0,1             //将校验错误指示位 Q1.0 置 1
ATCH    INT_0,8            //重新启动接收
CRETI                      //中断返回
NOT                        //报文结束且校验正常
R       Q1.0,1             //复位校验错误指示位
CALL    SBR_1              //将校验码字节存入接收缓存区
DTCH    8                  //接收报文结束,准备发送,暂时禁止接收
MOVB    5,SMB34            //定时 5ms,提供 PPI 电缆接收/发送模式切换时间
ATCH    INT_4,10           //启动定时中断
                           //中断程序 INT_4,PPI 电缆切换时间
LD      SM0.0
DTCH    10                 //关闭定时中断 0
XMT     VB100,0            //回送接收到的数据
ATCH    INT_0,8            //准备接收下一帧报文
```

习题与思考题

11-1　人机界面的概念及承担主要任务是什么？

11-2　工业通信中数据传输方式是什么？其同步方式又是什么？

11-3　RS-485 串行通信方式的特点是什么？

11-4　简述令牌总线防止多站争用总线采取的控制策略。

11-5　有 S7-200 PLC 的网络通信模块有哪些？

11-6　S7-200 PLC 网络通信协议有哪些？它们各有何特点？

11-7　如何理解自由端口通信的功能？

11-8　在计算机通信中为什么需要对接收到的数据进行校验？简述异或校验实现的方法。

11-9　在自由端口模式下，怎样解决报文的结束字符与数据字符混淆的问题？

参 考 文 献

[1] 杨后川，张瑞等.西门子 S7-200 PLC 应用 100 例.北京：电子工业出版社，2013.

[2] 李江全，严海娟等.西门子 PLC 通信与控制应用编程实例.北京：中国电力出版社，2012.

[3] 王华忠，郭丙君等.电气与可编程控制原理及应用. 北京：化学工业出版社，2011.

[4] 梁德成. 西门子 S7-200PLC 入门和应用分析. 北京：中国电力出版社，2010.

[5] 郑凤翼，兰秀林等.西门子 S7-200 PLC 应用 100 例.北京：电子工业出版社，2013.

[6] 陈继文，杨红娟等.机械设备电气控制及应用实例. 北京：化学工业出版社，2012.

[7] http://wenku.baidu.com/view/c4bc900b581b6bd97f19ea5c.html

[8] 向晓汉，苏高峰. 西门子 PLC 工业通信完全精通教程.北京：化学工业出版社，2013.

[9] http://wenku.baidu.com/view/d853a5ce9ec3d5bbfd0a745b.html

[10] 吴志敏，阳胜峰. 西门子 PLC 与变频器、触摸屏综合应用教程.北京：中国电力出版社，2011.

[11] http://wenku.baidu.com/view/2ee59bf74693daef5ef73d56.html

[12] 天煌教仪器西门子 SMART700 触摸屏的使用说明书.

[13] 张万忠.可编程控制入门与应用实例.北京：中国电力出版社，2005.

[14] 高安邦，成建生，陈银燕.机床电气与 PLC 控制技术项目教程. 北京：机械工业出版社，2010.

[15] 攀金荣.欧姆龙 CJ1 系列 PLC 原理与应用.北京：机械工业出版社，2009.